— 大数据系列丛书 —

大数据分析

——基于R语言

[印] 塞玛·阿查亚（Seema Acharya）著 / 李媚 译

清华大学出版社
北 京

北京市版权局著作权合同登记号　图字：01-2018-8447

Seema Acharya
Data Analytics Using R，First Edition
ISBN：9789352605248

图书在版编目（CIP）数据

大数据分析：基于 R 语言/（印）塞玛·阿查亚（Seema Acharya）著；李媚译.—北京：清华大学出版社，2020.8
（大数据系列丛书）
书名原文：Data Analytics Using R
ISBN 978-7-302-55732-6

Ⅰ.①大…　Ⅱ.①塞…　②李…　Ⅲ.①程序语言－应用－数据处理　Ⅳ.①TP274

中国版本图书馆 CIP 数据核字（2020）第 110828 号

责任编辑：郭　赛
封面设计：傅瑞学
责任校对：焦丽丽
责任印制：沈　露

出版发行：清华大学出版社
网　　址：http://www.tup.com.cn，http://www.wqbook.com
地　　址：北京清华大学学研大厦 A 座　　**邮　　编**：100084
社 总 机：010-62770175　　**邮　　购**：010-83470235
投稿与读者服务：010-62776969，c-service@tup.tsinghua.edu.cn
质量反馈：010-62772015，zhiliang@tup.tsinghua.edu.cn
课件下载：http://www.tup.com.cn，010-83470236
印 装 者：三河市君旺印务有限公司
经　　销：全国新华书店
开　　本：185mm×260mm　　**印　　张**：30.75　　**字　　数**：744 千字
版　　次：2020 年 8 月第 1 版　　**印　　次**：2020 年 8 月第1 次印刷
定　　价：89.00 元

产品编号：082192-01

本书目标

我们正处于激动人心的时代！除了面向过程和面向对象的编程语言，统计计算和大规模数据分析任务需要一种新的计算机语言，这类语言的主要目标是支持各种类型的统计分析和数据分析任务，而不是开发新的软件。目前，人们已经可以对大量的数据进行不同的分析，并为不同的行业运营提供广泛而有效的见解。然而，目前存在的问题是缺乏针对不同目的的数据分析的支持、工具和技术。R 是一种开源的统计和分析语言，它的出现拯救了我们。

读者对象

本书的读者对象包括各级 IT 专业人员，确定 IT 发展战略的主管人员、系统管理员、数据分析师和负责推动战略举措的决策者等。本书将帮助读者从一个新手变成一名专业的数据分析师。

本书也将成为商业用户、管理学毕业生和商业分析师感兴趣的读物。

本书结构

本书共 12 章，每章的内容安排如下。

第 1 章。介绍 R 及 R 软件包的安装，使读者通过 find.package()、install.packages()、library()、vignette()和 packageDescription()函数利用任意 R 包进行工作。

第 2 章。利用 dir()和 list()函数分析目录下的内容，并利用 str()、summary()、ncol()、nrow()、head()、tail()和 edit()等函数轻松地分析数据集。

第 3 章。本章帮助读者熟悉从 csv 文件、电子表格、网络、JASON 文档、XML 等导入数据的过程，熟悉 MySQL、PostgreSQL、SQLite 和 JasperDB 等数据库在 R 中的使用方法。

第 4 章。主要关于数据框的操作，帮助读者将不同类型的数据存入数据框，并从数据框中提取数据，执行 dim()、nrow()、ncol()、str()、summary()、names()、head()、tail()和 edit()等 R 函数，以理解数据框中的数据；帮助读者实现对数据的描述性统计(如频数、均值、中值、众数、标准差等)。

第 5 章。讨论常用于基于预测变量预测结果变量值(目标或响应值)的回归分析。

第 6 章。介绍逻辑回归、二项逻辑回归模型和多元逻辑回归模型。

第 7 章。关于分类问题，帮助读者引入一个决策树以执行分类，并利用创建的决策树模型预测结果变量的值。

第 8 章。介绍探索时间序列数据，帮助读者使用 scan()和 ts()函数读取时间序列数据，对其应用线性滤波，并对时间序列数据进行分解；通过合适的绘制图对时间序列数据进行可视化。

第 9 章。帮助读者利用 hclust()函数实现在 R 中的聚类，讨论 R 中的 k-means 算法。

第 10 章。帮助读者在给出特定事务和项集的情况下确定关联规则，同时使用支持度、置信度和提升度对关联规则进行评价；讨论在 R 中实现关联规则的挖掘，创建给定项集的二元关联矩阵，创建项矩阵，确定项频率，使用 apriori()函数和 eclat()函数。

第 11 章。帮助读者在 R 中实现对文本的挖掘。

第 12 章。使用 doParallel 包和 foreach 包在 R 中进行并行计算。

在线学习中心

本书提供附加的内容支持，这些内容可以通过扫描下方二维码获得下载链接，该链接包含以下内容。

教师资源：

- PPT；
- 习题解答手册。

学生资源：

- 重要的参考资料链接；
- 问题库；
- 进一步阅读的建议。

如何使本书发挥最大作用

严格遵循以下规则，可以很容易地通过本书获得最大的收益。

- 仔细阅读，根据示例中的指令说明亲自动手实践，不要跳过任何示例，如有需要，则再重复一遍，或者直到概念被牢牢记住。
- 探索所有 R 函数和命令的各种选项。
- 完成各章最后的巩固练习。
- 收集公开的数据集，并对其应用书中的数据挖掘算法和分析技术。

下一步该做什么

本书尽力解析 R 作为统计数据分析和可视化工具的能力，并为读者介绍几种数据挖掘算法和图表表示/可视化方法。建议读者从头读到尾，当然也可以直接阅读最感兴趣的部分。

给教师的话

本书在确定各章的顺序时，也考虑到了每章中各个主题的顺序，这将有助于教师和学生从这本书的目录中划分出教学大纲。完整的目录可以作为一个学期的教学大纲；如果已有关于数据分析、数据科学或分析及可视化的教学大纲，也可以将本书的一些章节添加进去，从而使其更完整。

本书已确保讨论的每一个工具和组件都有足够的实践内容，使教师能够更高效地教学，并为学生提供充足的实战练习。

Seema Acharya

目录
Contents

第 6 章 逻辑回归 \173

第7章 决策树 \211

第8章 R中的时间序列 \249

第 1 章
Chapter 1

R 概 述

学习成果

通过本章的学习,您将能够:

- 安装 R;
- 安装任意 R 软件包;
- 使用 R 软件包中的函数,如 find.package()、install.packages()、library()、vignette()和 packageDescription()。

1.1 概述

除了现有的面向过程和面向对象的编程语言之外,统计计算和大规模数据分析任务还需要一种新的计算机语言,该语言将会支持这些任务,而不是开发新的软件。如今可通过不同的方法对已有的大量数据进行分析,从而为各种行业的多种经营方式提供广泛且有价值的见解。对于不同的数据分析中所缺少的支持、工具及技术问题,通过引入 R 语言的方法已经得到了解决。

1.1.1 R 是什么

R 是一种脚本语言或编程语言,它为统计计算、数据科学和图形学提供了一种环境。R 的灵感来自于贝尔实验室的统计语言 S,并且极大地与其兼容。尽管 R 与 S 之间有很大的不同,但是由 S 所编写的代码可以不经修改地运行在 R 环境中。R 已经十分流行,以至于它成为计算统计、可视化和数据科学中的一个重要工具。

1.1.2 为什么是 R

R 为统计计算和数据分析开辟了巨大的空间,它提供各种统计分析技术,如经典测试和分类、时间序列分析、聚类、线性与非线性建模和图形操作。R 支持的技术是高度可扩展的。

S 是统计计算的先驱,但它只是一个专有的解决方案,开发人员并不能随时使用它。相比之下，根据GNU许可证，R是可以自由获得的。因此，R有助于开发者群体的研究与开发工作。

R之所以流行和广泛使用的另一个原因是它对图形的强大支持，它可以从数据分析中提供良好(well-developed)、高质量的绘图。图中可以包含数学公式和符号，如果有必要，用户还可以完全控制图形中符号的选择和使用。因此，除了健壮性，用户体验和用户友好性也是R的两个特点。

从以下几点描述为什么要使用R(如图1.1所示)。

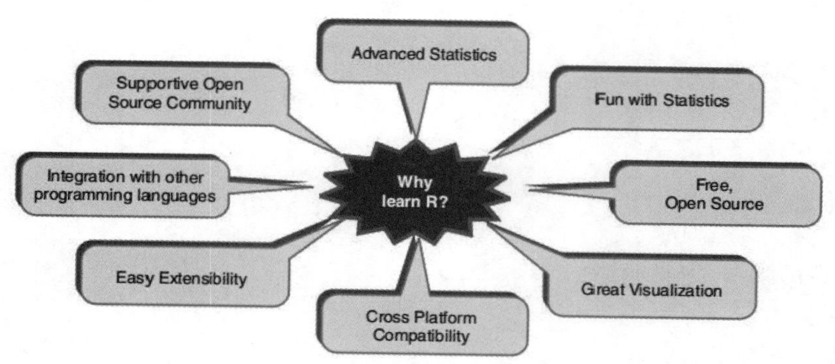

图1.1　学习R语言的优势

- 如果需要在应用程序中运行统计计算，请学习并部署R，它很容易与其他编程语言集成，如Java、C++、Python和Ruby。
- 如果你希望执行快速分析，以了解数据的含义。
- 如果你正在解决一个优化问题。
- 如果你需要使用可重用库解决一个复杂问题，请利用R提供的2000多个免费库。
- 如果你想创建引人注目的图表。
- 如果你立志成为一名数据科学家。
- 如果你想从统计学中得到乐趣。
- R是免费的。根据自由软件基金会(Free Software Foundation)的GNU通用公共许可协议条款，R的源代码形式是可用的。
- R可用于Windows、Mac和多种UNIX平台(包括FreeBSD和Linux等)。
- 除了能够进行统计操作外，R还是一种通用的编程语言，它可以自动化数据分析和创建新的功能。
- R有很好的工具以创建图形，如条形图、散点图、多面板格子图(multipanel lattice)等。
- R具有面向对象和面向函数的编程结构以及强大的社区支持。
- R有一个灵活的分析工具箱，可以使它方便地访问各种形式的数据并对其进行操作(变换、合并、聚合等)，使其可工作于传统及现代统计模型(如回归模型、ANOVA模型、树模型等)。
- R可以很容易地通过软件包扩展，它很容易与其他编程语言相关联。现有的软件以及新兴的软件都可以与R包集成，从而使它们的效率变得更高。

- R 可以很容易地从 Excel、Access、MySQL、SQLite、Oracle 等中导入数据，它可以很容易地使用 ODCP(Open Database Connectivity Protocol)及 ROracle 包连接到数据库。

1.1.3　R 相对于其他编程语言的优势

Python 这样的高级编程语言也是支持统计计算、数据可视化及传统的计算机编程的。然而，R 却在与 Python 及其类似语言的竞争中获胜，这主要是因为以下两个优势。

① Python 在数据可视化及统计计算中需要第三方的扩展和支持，但是 R 不需要这种支持。例如，对于 Python 和 R 中的线性回归分析和数据分析中的 LM 函数，在 R 中，数据可以很容易地通过该函数传递，函数将返回一个关于回归的详细信息的对象。函数还可以返回关于标准误差(standard error)、回归系数(coefficient)、残差值(residual value)等。当在 Python 环境中调用 LM 函数时，它将重复使用第三方库的功能，如 SciPy、NumPy 等。因此，R 可以用一行代码代替第三方库提供的支持。

> **小提示：** SciPy 用于执行数据分析任务，NumPy 用于表示数据或对象。

② R 有基本数据类型，即一个向量可以以不同的方式组织和聚合，即使核心(core)是相同的。向量数据类型对语言施加了一些限制，因为这是一个刚性类型(rigid type)，但是它也为 R 提供了一个强大的逻辑基础。基于向量数据类型，R 使用了数据框的概念，这些数据框类似于具有属性的矩阵，其内部数据结构类似于电子表格或关系数据库。因此，R 遵循基于向量聚合的列式数据结构。

> **谨记：** R 也有一些缺点，例如，R 不能有效地应用于较大的数据集。因此，R 的使用仅限于原型和沙箱，它很少被用于企业级解决方案。默认情况下，R 使用单线程执行方法处理存储在 RAM 中的数据，这会导致可扩展性问题。开源社区的开发者正在努力解决这些问题，以使 R 能够进行多线程执行和并行化，这将有助于 R 使用多核处理器，如 Revolution R 这样的公司有大数据的扩展，这些问题有望很快得到解决。其他语言(如 SPlus)可以将对象永久存储在磁盘上，因此其支持更好的内存管理和对大型数据集的分析。

小练习

1. 什么是 R?

答： R 是一种用于数据科学和统计计算的开源编程语言。

2. R 的前身是什么?

答： 统计计算语言，S 是 R 的前身。

3. R 的基本数据类型是什么?

答： R 的基本数据类型是向量。

4. 在企业级大规模解决方案中使用 R 的缺点是什么?

答：R 语言无法针对大型数据集进行扩展，因此很难将 R 用于企业级解决方案中的大规模数据分析任务。

1.2 下载并安装 R

R 语言的集成开发套件可以从 CRAN(Comprehensive R Archive Network，https://cran.r-project.org/mirrors.html)下载，该网站包括镜像站点，可用于从不同国家和地区下载套件。

1.2.1 下载 R

若要下载 R，用户需要访问 CRAN 的镜像页，并单击所选镜像的 URL，该 URL 将会重定向到相应的站点(如图 1.2 所示)。

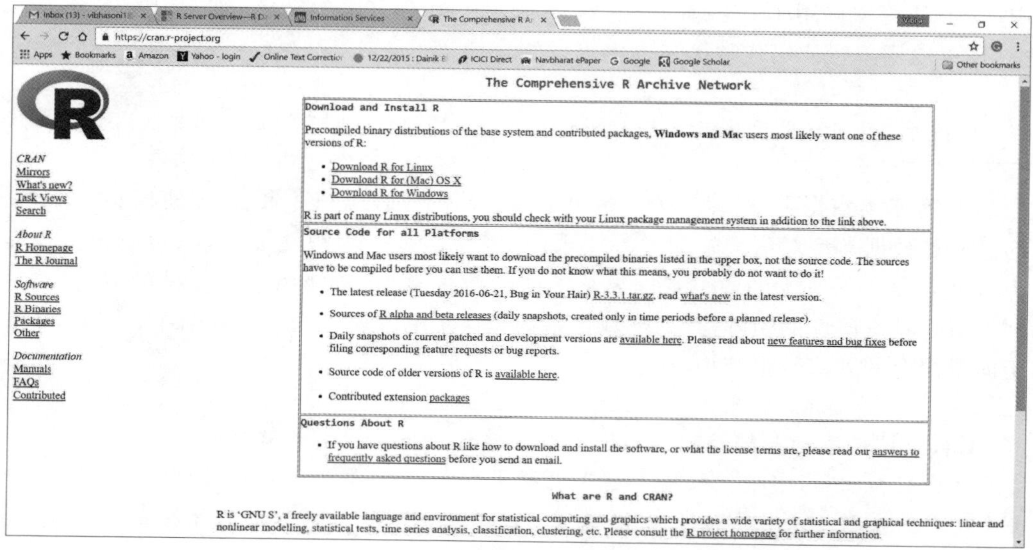

图 1.2 下载 R 的 CRAN 网站

R 作为基本系统(base system)的预编译二进制发行版(precompiled binary distribution，可执行版本)提供了软件包。不同的操作系统，如 Windows、Mac OS 和 Linux 都有不同的 R 发布版本。

> **小提示**：在 Linux 系统中，默认情况下包含 R 的发行版，因此在安装前最好检查一下 Linux 系统平台的包管理系统。

1. 下载 Windows 版本的 R

Windows 操作系统的用户首先需要下载并安装基础发行版(base distribution)的二进制文件，当前版本为 R3.3.1。用户可以通过镜像网站检查和下载以前 R 的贡献(contributions)、版本及 Rtools。Rtools 用于构建 R 及其包(如图 1.3 所示)。

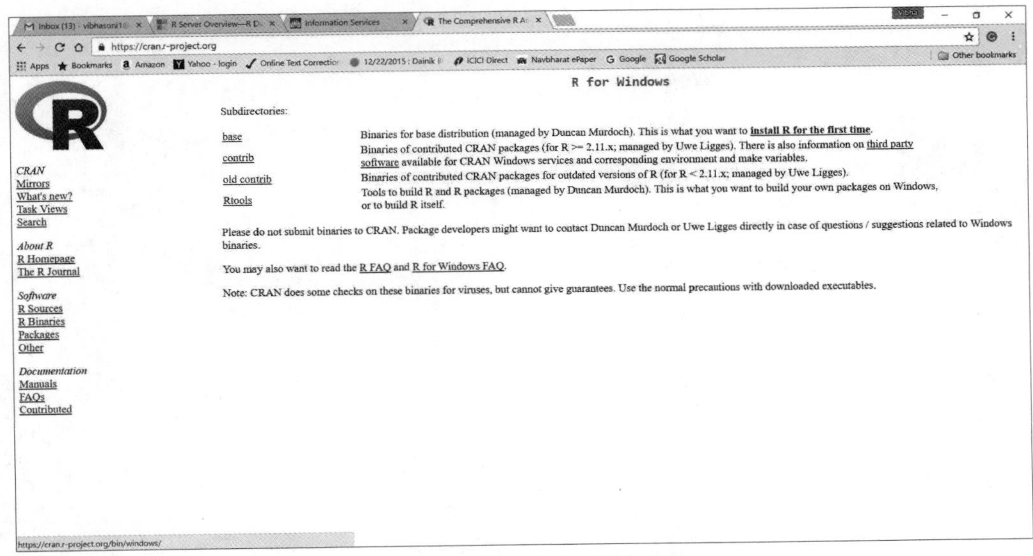

图 1.3　下载 Windows 版本的 R

2. 下载 Mac 版本的 R

R 可以在 Mac 操作系统 10.6 或更高版本上工作，可下载用于在 Mac 上下载和安装 R 的基础发行版和 R 包(如图 1.4 所示)。

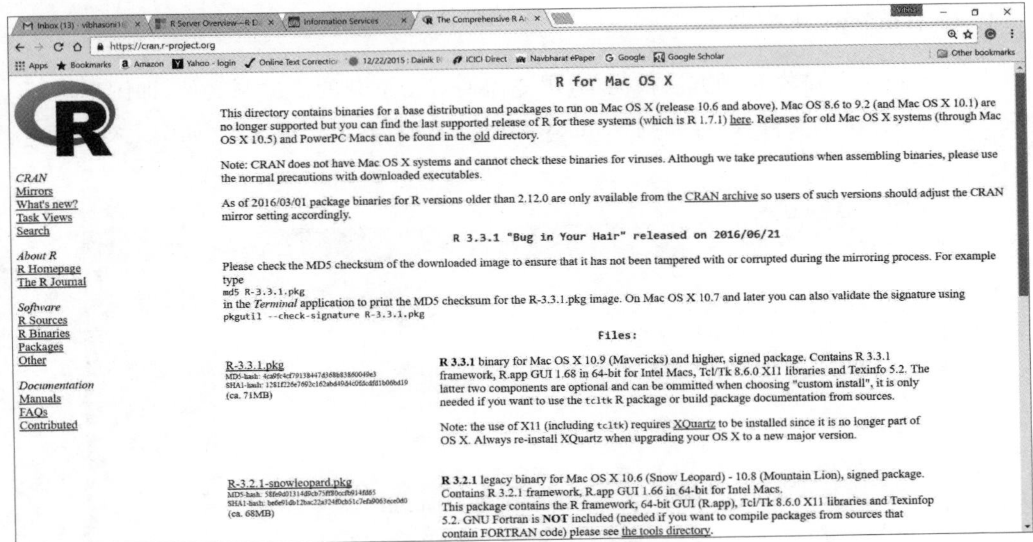

图 1.4　下载 Mac 版本的 R

3. 下载 Linux 版本的 R

不同的 Linux 发行版，如 Ubuntu、Debian、RedHat 和 SUSE(如图 1.5 所示)对应不同的 R 发行版。在命令行接口(CLI)上，以下命令将用于在 Linux 操作系统上下载二进制文件。

```
$wgettp://cran.rstudio.com/src/base/R-3/R-3.1.1.tar.gz
```

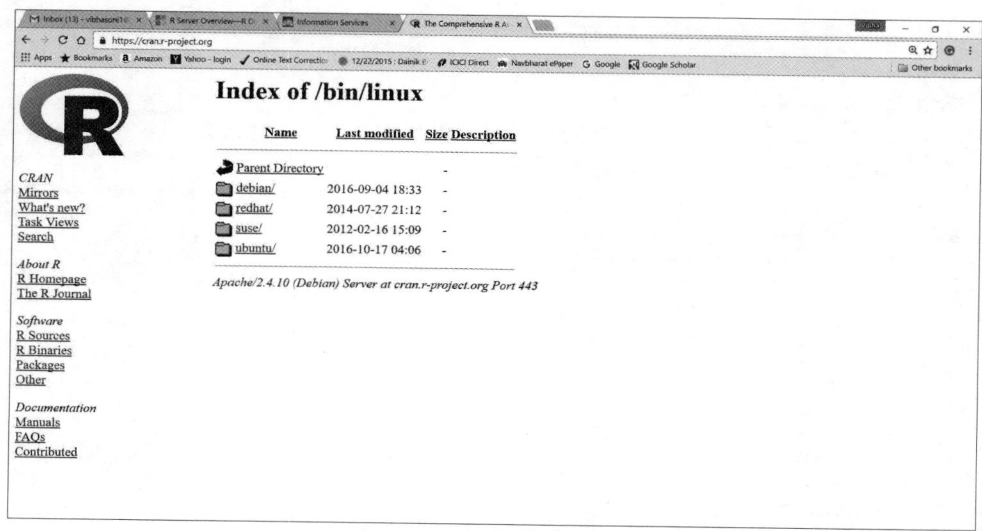

图 1.5　下载 Linux 版本的 R

1.2.2　安装 R

下载操作系统平台对应的正确的 R 发行版二进制文件后，即可安装 R。

1. 在 Windows 上安装 R

在 Windows 上安装 R 的方法很简单，用户需要双击下载的二进制文件，即图形界面上名为 R-3.3.1-win.exe 的文件，即可看到 Windows 中的命令行安装选项窗口(如图 1.6 所示)。

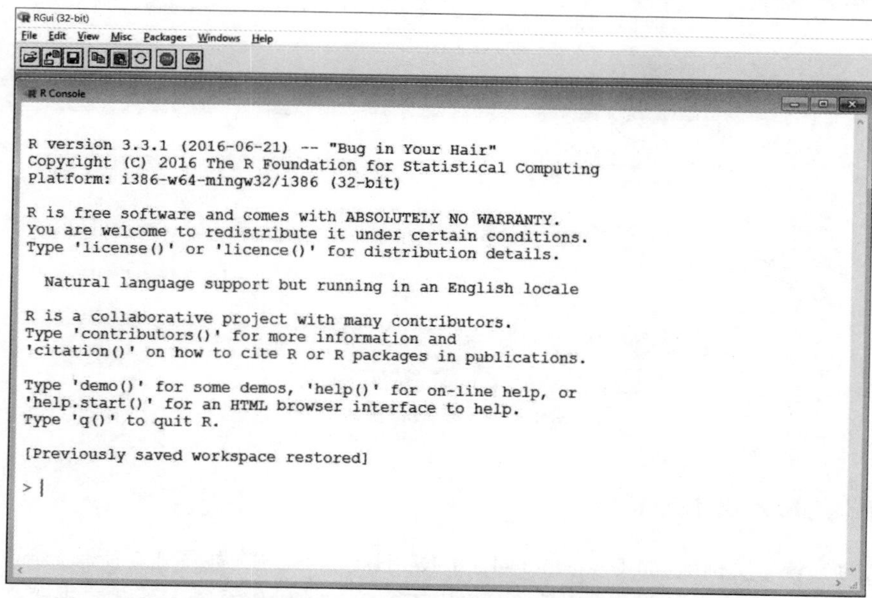

图 1.6　32 位 Windows 上的 R 控制台

小提示：32 位和 64 位的操作系统有两个版本的 R，在默认情况下，这两个版本都会被安装。在安装过程中，用户需要手动选择需要安装的版本。

2. 安装 Rtools

Rtools 是在 Windows 环境下开发 R 包的附加要求，除了在 Windows 上安装 R 软件外，用户还需要为已安装的 R 安装 Rtools。

3. 在 Mac OS 上安装 R

在 Mac OS 上安装 R 的过程与 Windows 类似。用户需要双击从 CRAN 网站下载的二进制文件，并根据提示进行安装。

4. 在 Linux 上安装 R

用户需要在 Linux 发行版上从源文件(source)中安装 R，可以在管理模式(supervisor mode)下通过以下命令完成。以下步骤会将 R 安装和配置到主目录内用户指定的子目录中。

```
$tar xvf R-3.1.1.tar.gz
$cd R-3.1.1
$./configure --prefix=$HOME/R
$make && make install
```

小提示：在 Linux 机器上设置路径是非常关键的。没有路径，R 和 RScript 就不能工作。

1.2.3 R 的主要文件类型

利用 R 进行工作涉及两种类型的文件：RScript 和 R 标记文档。

1. RScript

RScript 是一个文本文件，其中包含一个 R 程序的命令。R 编程的相同命令可以在集成开发环境(IDE)的 CLI 上单独执行，也可以开发和执行一个 RScript。但是，在 CLI 上直接执行命令和通过 R 脚本执行相同的命令是有区别的。一个 RScript 有一个 R 的扩展文件。

快速和小型的数据处理及检查操作需要命令行接口。在大型解决方案中，它在原型和后续阶段集成了多个程序，在这种情况下，RScript 用于管理集成过程。

2. 标记文档

R 的标记文档是通过 R 生成的，用于创建动态文档、报告和演示文稿。R 的标记文档有一组从核心标记语法派生的标记语法，这些语法被嵌入 RScript 和代码中，当这些嵌入的代码和脚本被执行时，输出就会基于标记语法被格式化，因此变得容易理解。当底层的RScript和代码或数据被更改时，R标记文档可以重新自动生成。R标记的输出格式涵盖的范围很广，包括PDF、HTML、HTML5幻灯片、网站、仪表板、塔夫特(Tufte)讲义、笔记本、书、MS Word等。R标记文档的扩展名是rmd。

小练习

1. 如何在一个典型的文件系统中定位一个RScript文件？

答：通过验证文件的扩展名是不是R。

2. 什么是R标记文档，它和Word文档有什么不同？

答：R标记文档是动态和可再生的，标记文档用于用R撰写报告和文档。这些标记代码被嵌入如PDF、HTML、Word等文件中。相反，Word文件只是文本文件，并不支持标记。

1.3 集成开发环境和文本编辑器

各种文本编辑器可用于编写RScript和代码。表1.1描述了一些用于编写和执行R代码的常用集成环境和文本编辑器。

表1.1 编写和执行R代码的IDE和文本编辑器

名　　称	平　　台	许可证	详细描述及作用
Notepad and Notepad++ to R	Windows、Linux和Mac	GNU GPL	Notepad++ to R是R的一个编辑器，它既简单，健壮性又好；它支持Notepad++编辑器、R GUI编辑器和远程机器上的PUTTY窗口等的扩展；它支持使用快捷键进行批处理、监视RScript的执行等
Tinn-R	Windows	GNU GPL	Tinn-R是一个文字处理器和文本编辑器，可以在Windows操作系统上处理通用的ASCII码和UNICODE，这被很好地集成到R中，并对R支持GUI和IDE
Revolution Productivity Enhancer (RPE)		Commercial	Revolution Productivity Enhancer是一个R的生产力或增强环境。不过，它可以作为新用户的IDE。RPE的可用性特征非常值得称赞，它包括一些特性，如检测单词完成情况、代码片段的智能感知等。因此，RPE是一个具有内置可视化调试工具的集成IDE和编辑器

有各种用于R语言的集成环境，接下来的章节中讲解这些集成开发环境。

1.3.1 R Studio

R Studio是使用最广泛的集成开发环境，用于R代码的编写、测试和执行IDE(如图1.7所示)，是一个用户界面友好的开源解决方案。一个典型的R Studio IDE界面分为以下几部分。

- 控制台：用户可以在其中输入命令并查看输出结果。
- 工作区选项卡：用户可以查看在控制台中编写代码的活动对象。
- 历史选项卡：显示代码中使用的历史命令。
- 文件选项卡：可以在默认工作区中看到文件夹和文件。
- 绘图选项卡：显示图表。
- 包选项卡：显示运行特定进程所需要的插件和包。
- 帮助选项卡：包含 IDE、命令等的信息。

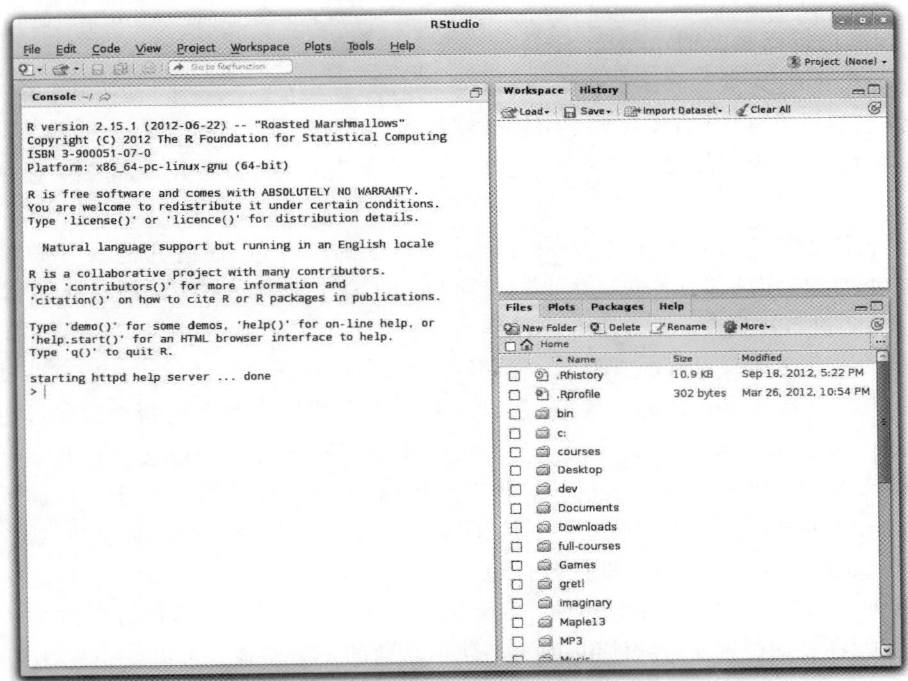

图 1.7 R Studio 界面

1.3.2 具有 StatET 插件的 Eclipse

Eclipse 是一个众所周知的 Java、C++ 等语言的集成开发环境，然而，Eclipse 也可用于基于 R 的统计编程，相应的，集成开发环境就是具有 StatET 插件的 Eclipse。该集成环境提供了一组工具，可以用于 R 编码和构建 R 软件包，它支持一个或多个 R 的本地和远程安装，可以通过使用更多的插件，如 Sweave 和 Wikitext 扩展其功能。以下是该集成环境的不同构成：

- 控制台；
- 对象浏览器；
- 包管理器；
- 调试器；
- 数据查看器；

- 帮助系统。

1.4 R 中软件包的处理

R 中的软件包是共享代码的基本单元，是以下元素的集合：

- 函数；
- 数据集；
- 编译后的代码；
- 包和内部函数文档；
- 测试用例(少量的测试被用于检测一切工作是否正常)。

存储包的目录称为库，R 具有一组标准软件包，其他包则可以根据需要下载及安装。截至目前，在 CRAN 中有超过一万个软件包可供下载及安装，这也是 R 非常受欢迎及成功的原因之一。

软件包用于与他人共享代码，用户可以开发自己的软件包，任何其他 R 用户都可以下载、安装和学习使用这些软件包。因此，软件包可以轻松、透明和跨平台地对 R 基本系统(R base system)进行扩展。

R 是一种开源语言，因此，开发者每天都在开发和更新新的软件包。其中有些软件包可能无法正常工作或者存在缺陷。因此，在 R 开发环境中使用新的和更新后的软件包是不明智的，这会影响开发环境的稳定性。一个稳定的环境需要在将软件包安装到开发环境之前利用沙箱技术(sandboxing technique，一种安全机制，常被用于执行来自于未经验证或不可信任的第三方用户提供的未测试或不受信任的程序或代码，同时不会破坏主机、操作系统或产品环境)测试新的软件包或更新的软件包。

一般而言，在计算机上每次安装 R 都有一个单独的软件包库，用户可以改变该库的安装路径，以便在其他位置安装软件包，而不是使用默认的安装路径。可以使用命令.libPaths()获取或设定软件包库的路径。

例如

```
>.libPaths()
```

输出

```
C:/R/R-3.1.3/library
```

这是默认的安装路径，以下命令将会改变安装路径。

例如

```
>.libPaths("~/R/win-library/3.1-mran-2016-07-02")
```

输出

```
C:/Users/User1/Documents/R/win-library/3.1-mran-2016-07-02
```

R 可以在丰富的软件包的支持下轻松扩展，R 中有超过一万个可用的软件包，这些包可用于不同的目的。表 1.2 和表 1.3 列出了一些常用的用于不同目的的 R 软件包。

表 1.2　用于不同目的的常用 R 软件包

数据管理	数据可视化	数据生成	数据建模和模拟
dplyr、tidyr、foreign、haven 等	ggplot、ggvis、lattice、igraph 等	shiny、slidify、knitr、markdown 等	MASS、forecast、bootstrap、broom、nlme、ROCR、party 等

表 1.3　R 中常用的软件包

作者	包	描述	获取地址
Andrew Gelman,等	Arm	用于分层或多层回归模型	http://cran.r-project.org/web/packages/arm/
Douglas Bates, Martin Maechler, Ben Bolker	lme4	包含生成广义及线性混合效应模型的函数	http://cran.r-project.org/web/packages/lme4/
Duncan Temple Lang	Rcurl	提供一个 R 到包库 libcurl 的接口。该接口可与 HTTP 进行交互,从 Web 导入原始数据	http://www.omegahat.org/RCurl/
Duncan Temple Lang	RJSONIO	提供一组用于读写 JSON 的函数,用于分析来自不同的基于 Web API 的数据	http://www.omegahat.org/RJSONIO/
Duncan Temple Lang	XML	提供分析 HTML 和 XML 文档的功能和设施,以便从基于 Web 的来源中提取结构化数据	http://www.omegahat.org/RSXML/
Gabor Csardi	igraph	包含网络分析的程序,并用简单的图表示社交网络	http://igraph.sourceforge.net/
Hadley Wickham	ggplot	包含一组用于在 R 中实现图形的语法规则,该包用于创建高质量的图形	http://cran.r-project.org/web/packages/glmnet/index.html
Hadley Wickham	lubridate	提供在 R 中以一种更简单的方法使用日期的函数	https://github.com/hadley/lubridate
Hadley Wickham	reshape	包含一套用于数据操作、数据聚合和数据管理的工具	http://had.co.nz/plyr/
Ingo Feinerer	tm	包含在 R 中执行文本挖掘的函数,文本挖掘有助于处理非结构化数据	http://www.spatstat.org/spatstat/
Jerome Friedman, Trevor Hastie, and Rob Tibshirani	glmnet	有助于弹性网络、正则化和广义线性模型的工作	http://had.co.nz/ggplot2/

1.4.1　R 软件包的安装

当用户首次安装 R 时,R 中的一些标准软件包会被安装,附加的其他软件包可以选择单独安装,用户需要浏览包库并在所需的位置安装包。以下步骤用于浏览 R 包库和安装 R 包。

① 如果您正在使用的计算机的桌面上有一个 R 图标,请双击 R 图标以启动 R。如果桌面上没有 R 图标,则请单击屏幕左下方的“开始”按钮并选择“所有程序”选项,从“程序”菜单中选择 R 选项(或 RX.X.X,其中,X.X.X 是 R 的版本,如 R2.10.0)以启动 R。

② 此时会显示 R 的控制台。

③ 一旦启动了 R,便可以从控制台顶部的 Packages 菜单中选择 Install package(s)选项安装 R 软件包(例如 ggplot2 软件包)。此时将会询问希望从哪个网站下载软件包。可以选择 Iceland 选项(也可以选择其他国家或地区)。然后会出现一个列表,列出可以安装的可用软件包,可以从中选择需要安装的软件包(例如 ggplot2)。

④ 此时会安装 ggplot2 软件包。

⑥ 现在已经安装了 ggplot2 包。在此之后,当需要使用 ggplot2 包时,在成功启动 R 后,必须首先在 R 控制台中输入命令 library("ggplot2")加载该软件包。

⑥ 可以通过输入命令 help(package="ggplot2")获得关于软件包的使用帮助。

1.4.2 准备开始的一些函数

1. installed.packages()

用户可以通过函数 installed.packages()查看机器上已经安装的所有软件包。remove.packages()用于卸载一个软件包。

```
> installed.packages()
            Package       LibPath                                               Version    Priority
arules      "arules"      "C:/Users/seema_acharya/Documents/R/win-library/3.2" "1.3-1"    NA
arulesViz   "arulesViz"   "C:/Users/seema_acharya/Documents/R/win-library/3.2" "1.1-0"    NA
assertthat  "assertthat"  "C:/Users/seema_acharya/Documents/R/win-library/3.2" "0.1"      NA
BH          "BH"          "C:/Users/seema_acharya/Documents/R/win-library/3.2" "1.62.0-1" NA
bit         "bit"         "C:/Users/seema_acharya/Documents/R/win-library/3.2" "1.1-12"   NA
bitops      "bitops"      "C:/Users/seema_acharya/Documents/R/win-library/3.2" "1.0-6"    NA
boot        "boot"        "C:/Users/seema_acharya/Documents/R/win-library/3.2" "1.3-18"   "recommended"
caTools     "caTools"     "C:/Users/seema_acharya/Documents/R/win-library/3.2" "1.17.1"   NA
class       "class"       "C:/Users/seema_acharya/Documents/R/win-library/3.2" "7.3-14"   "recommended"
coin        "coin"        "C:/Users/seema_acharya/Documents/R/win-library/3.2" "1.1-2"    NA
colorspace  "colorspace"  "C:/Users/seema_acharya/Documents/R/win-library/3.2" "1.2-6"    NA
corpcor     "corpcor"     "C:/Users/seema_acharya/Documents/R/win-library/3.2" "1.6.8"    NA
curl        "curl"        "C:/Users/seema_acharya/Documents/R/win-library/3.2" "2.3"      NA
DBI         "DBI"         "C:/Users/seema_acharya/Documents/R/win-library/3.2" "0.5-1"    NA
dendextend  "dendextend"  "C:/Users/seema_acharya/Documents/R/win-library/3.2" "1.1.8"    NA
DEoptimR    "DEoptimR"    "C:/Users/seema_acharya/Documents/R/win-library/3.2" "1.0-8"    NA
devtools    "devtools"    "C:/Users/seema_acharya/Documents/R/win-library/3.2" "1.12.0"   NA
dichromat   "dichromat"   "C:/Users/seema_acharya/Documents/R/win-library/3.2" "2.0-0"    NA
digest      "digest"      "C:/Users/seema_acharya/Documents/R/win-library/3.2" "0.6.9"    NA
doParallel  "doParallel"  "C:/Users/seema_acharya/Documents/R/win-library/3.2" "1.0.10"   NA
dplyr       "dplyr"       "C:/Users/seema_acharya/Documents/R/win-library/3.2" "0.5.0"    NA
ff          "ff"          "C:/Users/seema_acharya/Documents/R/win-library/3.2" "2.2-13"   NA
foreach     "foreach"     "C:/Users/seema_acharya/Documents/R/win-library/3.2" "1.4.3"    NA
foreign     "foreign"     "C:/Users/seema_acharya/Documents/R/win-library/3.2" "0.8-66"   "recommended"
FRB         "FRB"         "C:/Users/seema_acharya/Documents/R/win-library/3.2" "1.8"      NA
gclus       "gclus"       "C:/Users/seema_acharya/Documents/R/win-library/3.2" "1.3.1"    NA
gdata       "gdata"       "C:/Users/seema_acharya/Documents/R/win-library/3.2" "2.17.0"   NA
ggdendro    "ggdendro"    "C:/Users/seema_acharya/Documents/R/win-library/3.2" "0.1-20"   NA
ggfortify   "ggfortify"   "C:/Users/seema_acharya/Documents/R/win-library/3.2" "0.4.1"    NA
ggplot2     "ggplot2"     "C:/Users/seema_acharya/Documents/R/win-library/3.2" "2.0.0"    NA
git2r       "git2r"       "C:/Users/seema_acharya/Documents/R/win-library/3.2" "0.18.0"   NA
gplots      "gplots"      "C:/Users/seema_acharya/Documents/R/win-library/3.2" "2.17.0"   NA
gridBase    "gridBase"    "C:/Users/seema_acharya/Documents/R/win-library/3.2" "0.4-7"    NA
gridExtra   "gridExtra"   "C:/Users/seema_acharya/Documents/R/win-library/3.2" "2.2.1"    NA
gtable      "gtable"      "C:/Users/seema_acharya/Documents/R/win-library/3.2" "0.2.0"    NA
gtools      "gtools"      "C:/Users/seema_acharya/Documents/R/win-library/3.2" "3.5.0"    NA
```

2. packageDescription()

DESCRIPTION 文件中有关于包的基本信息,它包含诸如这个软件包是做什么的、软件包的作者是谁、文档的版本是什么、所使用的许可证日期和类型以及包的依赖关系等问题的答案。为了访问 R 内部的说明文件,可以使用函数 packageDescription("package")或 help(package="package")通过包的文档进行访问。

下面给出 stats 软件包的说明。

```
>packageDescription("stats")
Package: stats
Version: 3.2.3
Priority: base
Title: The R Stats Package
Author: R Core Team and contributors worldwide
Maintainer: R Core Team <R-core@r-project.org>
Description: R statistical functions.
License: Part of R 3.2.3
Suggests: MASS, Matrix, Suppdists, methods, stats4
Build: R 3.2.3; x86_64-w64-mingw32; 2015-12-10 13:03:29 UTC;
windows

--File:
C:/ProgramFiles/R/R-3.2.3/library/stats/Meta/package.rds
```

或者通过以下方式。

```
>help(package="stats")
```

其部分输出显示如下。

The R Stats Package 

Documentation for package 'stats' version 3.2.3

Help Pages

A B C D E F G H I K L M N O P Q R S T U V W X misc

The R Stats Package

-- A --

Auto- and Cross- Covariance and -Correlation Function Estimation
Compute an AR Process Exactly Fitting an ACF
Compute Allowed Changes in Adding to or Dropping from a Formula
Add or Drop All Possible Single Terms to a Model
Puts Arbitrary Margins on Multidimensional Tables or Arrays
Compute Summary Statistics of Data Subsets
Akaike's An Information Criterion
Find Aliases (Dependencies) in a Model
Anova Tables

3. help(package="package")

想要查看一个 R 包内的所有函数和数据集，可以使用 help() 函数。

```
>help(package ="datasets")
```

执行以上命令将会提供datasets包内的所有函数和数据集的总览。datasets包中的一个可用的数据集是AirPassengers,为了获取该数据集,可以输入以下代码。

```
> datasets::AirPassengers
     Jan Feb Mar Apr May Jun Jul Aug Sep Oct Nov Dec
1949 112 118 132 129 121 135 148 148 136 119 104 118
1950 115 126 141 135 125 149 170 170 158 133 114 140
1951 145 150 178 163 172 178 199 199 184 162 146 166
1952 171 180 193 181 183 218 230 242 209 191 172 194
1953 196 196 236 235 229 243 264 272 237 211 180 201
1954 204 188 235 227 234 264 302 293 259 229 203 229
1955 242 233 267 269 270 315 364 347 312 274 237 278
1956 284 277 317 313 318 374 413 405 355 306 271 306
1957 315 301 356 348 355 422 465 467 404 347 305 336
1958 340 318 362 348 363 435 491 505 404 359 310 337
1959 360 342 406 396 420 472 548 559 463 407 362 405
1960 417 391 419 461 472 535 622 606 508 461 390 432
```

如果经常使用这个包,则可以将其加载到内存中,可以使用library()函数实现,即

```
>library (datasets)
```

注意:必须指定软件包的名称,而不需要用引号括起来。函数library()会将软件包datasets加载到内存中。可以通过在R光标提示符处输入数据集的名称访问包中的任何数据集。

```
> library(datasets)
> AirPassengers
     Jan Feb Mar Apr May Jun Jul Aug Sep Oct Nov Dec
1949 112 118 132 129 121 135 148 148 136 119 104 118
1950 115 126 141 135 125 149 170 170 158 133 114 140
1951 145 150 178 163 172 178 199 199 184 162 146 166
1952 171 180 193 181 183 218 230 242 209 191 172 194
1953 196 196 236 235 229 243 264 272 237 211 180 201
1954 204 188 235 227 234 264 302 293 259 229 203 229
1955 242 233 267 269 270 315 364 347 312 274 237 278
1956 284 277 317 313 318 374 413 405 355 306 271 306
1957 315 301 356 348 355 422 465 467 404 347 305 336
1958 340 318 362 348 363 435 491 505 404 359 310 337
1959 360 342 406 396 420 472 548 559 463 407 362 405
1960 417 391 419 461 472 535 622 606 508 461 390 432
```

4. find.package()和 install.packages()

find.package()和install.packages()函数用来查找和安装特定的R包。这个命令有两个版本,第一个版本是一次安装一个R包,第二个版本是使用单独的命令install.packages()一次安装多个R包。更多关于find.package()和install.packages()命令的详细信息可以通过help()命令检索得到。例如,help(installed.packages)命令可以显示函数详细信息。

例如

要安装一个单独的软件包,命令如下:

```
>find.package("ggplot2")
>install.packages("ggplot2")
```

输出

第一个命令将帮助查找是否在系统中已经安装了名为ggplot2的包,接着install.packages()函数将会安装名为ggplot2的包的CLI(如图1.8所示),它将会下载并安装该包

及其所有的依赖包。

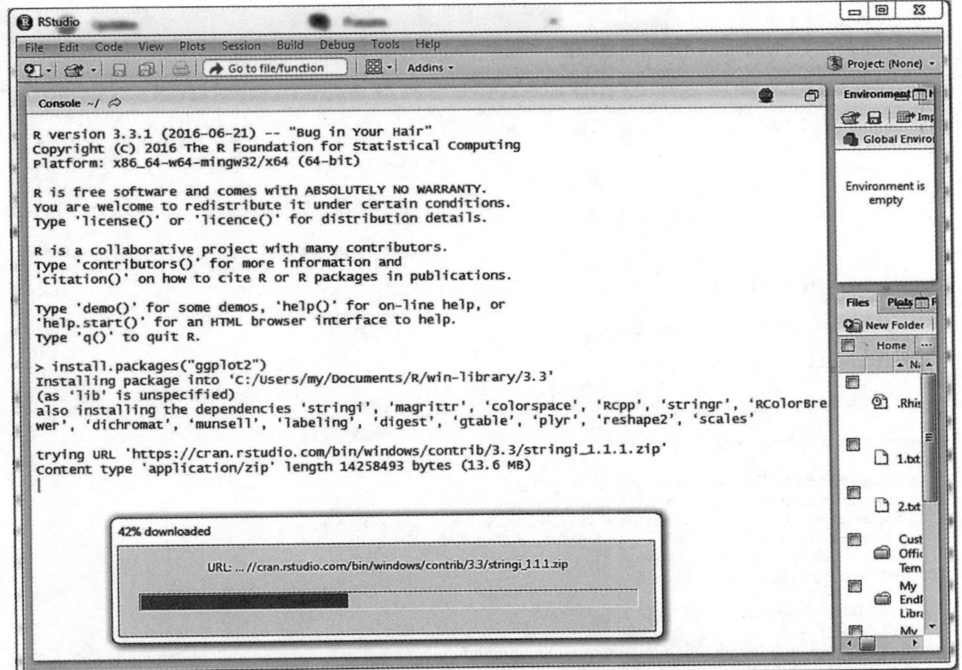

图 1.8　安装软件包示例

例如

为了一次安装多个包，install.packages()命令的格式如下：

```
>install.packages(c("ggplot", "tidyr", "dplyr"))
```

输出

它将会安装 ggplot、tidyr 和 dplyr 包。

> **小提示：** 检查一个包是否被安装的命令是 if 条件检测，检测 ggplot2 包是否被安装的命令如下：
>
> ```
> >if (!require("ggplot2")){install.packages("ggplot2")}
> ```

5. library()

library()函数用于加载一个包。

例如

```
>library(ggplot2)
```

输出

它将会加载 ggplot2 包。

6. vignette()

vignette()函数对于软件包而言是一个非常有用的帮助来源，它是由软件包的作者提供的，作用是详细说明及强调包中的一些功能。使用函数 browseVignettes()可以列出已安装包的所有 vignettes，如

```
>browseVignettes()
```

Vignettes found by "browseVignettes()"

Vignettes in package arules

- Introduction to arules - PDF source R code

Vignettes in package arulesViz

- Visualizing Association Rules: Introduction to arulesViz - PDF source R code

Vignettes in package coin

- A Lego System for Conditional Inference - PDF source R code
- coin: A Computational Framework for Conditional Inference - PDF source R code
- Implementing a Class of Permutation Tests: The coin Package - PDF source R code
- Order-restricted Scores Test - PDF source R code

Vignettes in package colorspace

- HCL-Based Color Palettes in R - PDF source R code

Vignettes in package curl

- The curl package: a modern R interface to libcurl - HTML source R code

Vignettes in package DBI

- A Common Database Interface (DBI) - HTML source
- A Common Interface to Relational Databases from R and S -- A Proposal - HTML source
- Implementing a new backend - HTML source R code

要想查看特定包的所有 vignettes，例如 ggplot2 的 vignettes，请使用 vignette()函数。

```
Vignettes in package 'ggplot2':
ggplot2-specs             Aesthetic specifications (source, html)
extending-ggplot2         Extending ggplot2 (source, html)
```

小练习

1. R 中用于数据管理的一些包的名字是什么？

答：dplyr、tidyr、foreign、haven 等。

2. R 中用于数据可视化的一些包的名字是什么？

答：ggplot、ggvis、lattice、igraph 等。

3. R 中用于开发数据生成的一些包的名字是什么？

答：shiny、slidify、knitr、markdown 等。

4. R 中用于数据建模和仿真的一些包的名字是什么？

答：MASS、forecast、bootstrap、broom、nlme、ROCR、party 等。

5. 在 R 中如何更改默认的包库的路径？

答：需要在 R IDE 控制台中按照以下步骤进行操作。

步骤 1：检查包库的当前路径。

```
>.libPaths()
```

步骤 2：使用以下命令更改路径。

```
>.libPaths("write the desired path here")
```

6. 检查并安装 dplyr 包的命令是什么？

答：if (!require("dplyr ")) {install.packages("dplyr")}。

7. 如何在 R 中安装多个包？

答：在 R 中安装多个包的命令为

```
>install.packages(c("ggplot","tidyr","dplyr"))
```

> **谨记**：要想在 RStudio 中得到帮助，可以使用控制台和 CLI(如图 1.9 所示)，其命令为 help()。

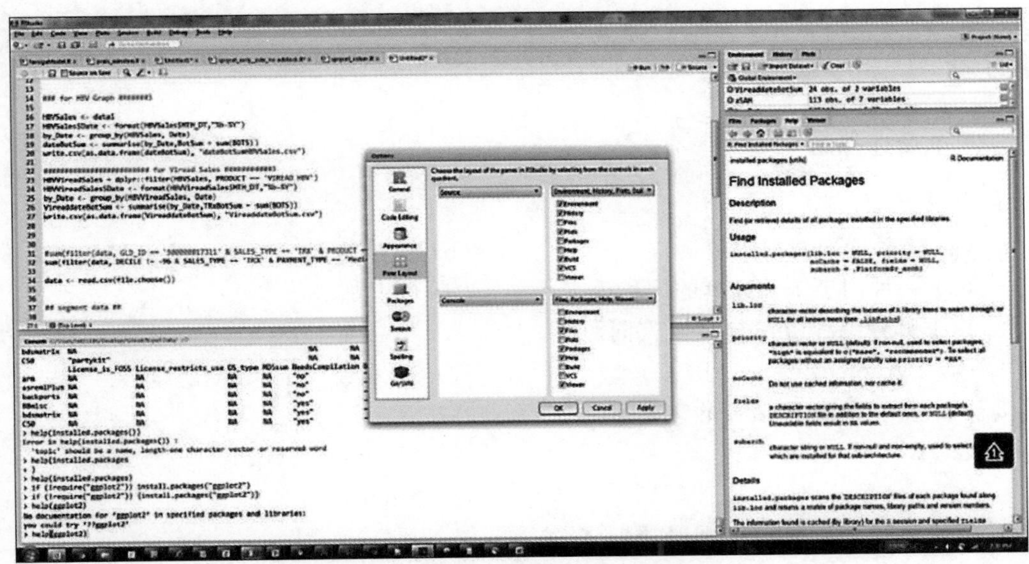

图 1.9　从控制台和 CLI 访问 help()命令

本章小结

- R 是一种开源、面向对象的编程语言，主要用于统计计算及数据可视化。
- R 是专有的统计计算编程语言 S 的继任者。
- R 可以在不同的操作系统(如 Windows、Linux 和 Mac OS)上进行下载和安装。
- R 具有基本的数据类型 vector。
- 文本编辑器，如从 Notepad++ 到 R，Tinn-R 和 Rev R，它们不仅是 R 的编辑器，还可以支持扩展功能及具有IDE的特征。

- R有多种IDE环境，如RStudio，具有StatET的Eclipse等。
- R具有超过一万个包的丰富包库。
- R具有两种基本的文件类型：RScript和R标记文档。
- 可以在RScript中通过命令行接口编写R命令。
- R具有丰富的内置数据集，如mtcars、Biochamical Oxygen Demand(BOD)等。

关键术语

- BOD：R中的一个内置数据集，其包含关于Biochemical Oxygen Demand的数据。
- CLI：是一个控制台，用户通过它可以和计算机进行交互，交互是通过控制台中的连续命令进行的。
- IDE：是一类特殊的软件，可以提供一组集成的工具以开发计算机软件。通常，IDE包括一些自动化工具、调试器和代码编辑器。
- R：一种开源的面向对象编程语言，用于统计计算和数据可视化。

巩固练习

一、单项选择题

1. 什么是R？
   (a) 一种面向对象编程语言　(b) 来自于CRAN的一个开源工程
   (b) 一种用于统计计算的编程语言　(d) 以上都对
2. 以下哪种编程语言与R语言同源？
   (a) Python　(b) C　(c) S　(d) Q
3. 以下哪一个是R语言的文本编辑器？
   (a) RStudio　(b) Microsoft Word
   (c) Notepad++ to R　(d) Tableau
4. 以下哪一个是R的IDE环境？
   (a) RStudio　(b) a和c
   (c) 具有StatET的Eclipse　(d) 以上都不是
5. R的主要文件类型是什么？
   (a) Vector　(b) 文本文件(Text file)
   (c) RScript　(d) 统计文件(Statistical file)
6. R可以从哪里下载？
   (a) CRAN网站　(b) Google PlayStore
   (c) 都不是　(d) 都是
7. 以下哪个R包被用于数据管理？
   (a) haven　(b) igraph　(c) slidify　(d) forecast

8. 以下哪个包被用于数据可视化？
   (a) haven　(b) igraph　(c) slidify　(d) forecast
9. 以下哪个包被用于数据产品(data products)？
   (a) haven　(b) igraph　(c) slidify　(d) forecast
10. 以下哪个包被用于数据建模和模拟？
   (a) haven　(b) igraph　(c) slidify　(d) forecast
11. R 的功能划分是在(　　)中。
   (a) Packages　(b) Domains　(c) Libraries　(d) 以上都不是

二、简答题

1. 什么是 R？R 编程语言不同于其他一般编程语言的优势是什么？
2. 如何在 R 中安装一个包(package)？
3. 给出两种 R 的集成开发环境(IDE)的示例。
4. 给出 R 中所使用的 3 种包的详细示例。
5. 给出 R 中所使用的 head()命令的详细描述。
6. 如何使用一种单一的命令安装多个 R 包？
7. 描述 R 中所使用的 head()和 tail()命令的不同。
8. 描述 R 中所使用的 ncol()和 nrow()命令的不同。

单项选择题参考答案

1. (d)　2. (c)　3. (c)　4. (b)　5. (c)　6. (a)　7. (a)　8. (b)　9. (c)　10. (d)
11. (a)

开始使用 R

学习成果

通过本章的学习，您将能够：

- 使用 dir()、list()等命令分析目录内容；
- 使用 str()、summary()、ncol()、nrow()、head()、tail()、edit()等函数分析数据集。

2.1 概述

R 中的数据探索是汇总和可视化数据集重要特征的一种方法。探索性数据分析的关键点在于理解潜在的变量和数据结构，通过各种形式的统计方法了解它们是如何在数据分析中起作用的。

2.2 处理目录

在使用 R 编写程序或代码之前，先确定将要使用的目录是很重要的，可以使用 getwd()函数找到目录。如果当前的工作目录不是想要使用的工作目录，则可以使用 setwd()函数更改工作目录。dir()函数或 list.file()函数可以给出当前工作目录或任何其他目录中的文件和目录的信息。

2.2.1 getwd()命令

getwd()命令可以返回当前工作目录的绝对路径，该函数没有参数。

例如

```
>getwd()
```

输出

```
[1] C:/Users/User1/Documents/R
```

注意："/"是 Windows 系统中的文件分隔符，文件路径的末尾没有"/"，除非是根目录。

如果获取不到工作目录，则 getwd()函数返回 NULL。

2.2.2　setwd()命令

setwd()命令可以根据用户的偏好重置当前工作目录到另外一个路径。

例如

```
>setwd("C:/path/to/my_directory")
```

输出

该命令会将路径更改为用户自定义目录。

2.2.3　dir()函数

dir()函数和 list.files()函数的功能是相同的，该函数会返回指定工作目录下的文件名或路径名的字符向量。

语法

```
dir(path =".", pattern =NULL, all.files =FALSE,
    full.names =FALSE, recursive =FALSE,
    ignore.case =FALSE, include.dirs =FALSE, no.. =FALSE)
```

或者

```
list.files(path =".", pattern =NULL, all.files =FALSE,
    full.names =FALSE, recursive =FALSE,
    ignore.case =FALSE, include.dirs =FALSE, no.. =FALSE)
>dir()
character(0)

>list.files()
character(0)
```

以上命令表示当前路径下无文件或目录。

例 2.1

要想显示当前路径下的文件和目录，需要在 dir()中使用 path="."作为参数。

```
>dir(path=".")
[1] "att connect" "BI_May_2015.pptx" "BI_MetroMap-Final.png" "BISkillMatrix-
   Final.xlsx"
[5] "C" "cache" "Custom Office Templates" "Dec2016-Broadband Bill.pdf"
[9] "decision_tree.png" "Default.rdp" "desktop.ini" "DSS.wma"
[13] " ILP - AssociationRuleMining. pptx" " May - Broadband bill. pdf" " My Data
     Sources" "My Music"
[17] "My Pictures" "My Shapes" "My Tableau Repository" "My Videos"
[21] "Northwind 2007 sample.accdt" "Oct-Broadband bill.pdf" "OneNote Notebooks"
     "Outlokk Files"
```

```
[25] "R" "Remote Assistance Logs" "samplelinearregression.png" "SAP"
[29] "SQL Server Management Studio" "Visual Studio 2005" "Visual Studio 2008"
     "Visual Studio 2010"
```

例 2.2

要想显示特定路径下的所有文件和目录,可以使用如下命令:

```
>dir (path="C:/Users/Seema_acharya")
[1] "AppData"
[2] "Application Data"
[3] "ATT_Connect_Setup.exe"
[4] "CD95F661A5C444F5A6AAECDD91C2410a.TMP"
[5] "Contacts"
[6] "Cookies"
[7] "Desktop"
[8] "Documents"
[9] "Downloads"
[10] "Favorites"
[11] "Links"
[12] "Local Settings"
[13] "Music"
[14] "My Documents"
[15] "NetHood"
[16] "NTUSER.DAT"
[17] "ntuser.dat.LOG1"
[18] "ntuser.dat.LOG2"
[19] "NTUSER.DAT{6cced2f1-6e01-11de-8bed-001e0bcd1824}.TM.blf"
[20] "NTUSER.DAT{6cced2f1-6e01-11de-8bed-001e0bcd1824}.
      TMContainer00000000000000000001.regtrans-ms"
[21] "NTUSER.DAT{6cced2f1-6e01-11de-8bed-001e0bcd1824}.
      TMContainer00000000000000000002.regtrans-ms"
[22] "ntuser.ini"
[23] "ntuser.pol"
[24] "Pictures"
[25] "PrintHood"
[26] "Recent"
[27] "Saved Games"
[28] "Searches"
[29] "SendTo"
[30] "Start Menu"
[31] "Templates"
[32] "Videos"
```

例 2.3

要想显示特定路径下的所有文件和目录的完整或绝对路径,可以使用 dir()命令。

```
> dir(path="C:/Users/Seema_acharya", full.names=TRUE)
 [1] "C:/Users/Seema_acharya/AppData"
 [2] "C:/Users/Seema_acharya/Application Data"
 [3] "C:/Users/Seema_acharya/ATT_Connect_Setup.exe"
 [4] "C:/Users/Seema_acharya/CD95F661A5C444F5A6AAECDD91C2410A.TMP"
 [5] "C:/Users/Seema_acharya/Contacts"
 [6] "C:/Users/Seema_acharya/Cookies"
 [7] "C:/Users/Seema_acharya/Desktop"
 [8] "C:/Users/Seema_acharya/Documents"
 [9] "C:/Users/Seema_acharya/Downloads"
[10] "C:/Users/Seema_acharya/Favorites"
[11] "C:/Users/Seema_acharya/Links"
[12] "C:/Users/Seema_acharya/Local Settings"
[13] "C:/Users/Seema_acharya/Music"
[14] "C:/Users/Seema_acharya/My Documents"
[15] "C:/Users/Seema_acharya/NetHood"
[16] "C:/Users/Seema_acharya/NTUSER.DAT"
[17] "C:/Users/Seema_acharya/ntuser.dat.LOG1"
[18] "C:/Users/Seema_acharya/ntuser.dat.LOG2"
[19] "C:/Users/Seema_acharya/NTUSER.DAT{6cced2f1-6e01-11de-8bed-001e0bcd1824}.TM.blf"
[20] "C:/Users/Seema_acharya/NTUSER.DAT{6cced2f1-6e01-11de-8bed-001e0bcd1824}.TMContainer00000000000000000001.regtrans-ms"
[21] "C:/Users/Seema_acharya/NTUSER.DAT{6cced2f1-6e01-11de-8bed-001e0bcd1824}.TMContainer00000000000000000002.regtrans-ms"
[22] "C:/Users/Seema_acharya/ntuser.ini"
[23] "C:/Users/Seema_acharya/ntuser.pol"
[24] "C:/Users/Seema_acharya/Pictures"
[25] "C:/Users/Seema_acharya/PrintHood"
[26] "C:/Users/Seema_acharya/Recent"
[27] "C:/Users/Seema_acharya/Saved Games"
[28] "C:/Users/Seema_acharya/Searches"
[29] "C:/Users/Seema_acharya/SendTo"
[30] "C:/Users/Seema_acharya/Start Menu"
[31] "C:/Users/Seema_acharya/Templates"
[32] "C:/Users/Seema_acharya/Videos"
```

例 2.4

要想查找一种特定的模式，如以 D 开头的文件/目录名，可以使用带有 pattern＝"^D"的参数的 dir()命令。

```
>dir(path="C:/Users/Seema_acharya", pattern="^D")
[1] "Desktop" "Documents" "Downloads"
```

例 2.5

要想显示特定路径下的文件或目录中的一个递归列表，可以使用 dir()命令。

```
>dir(path="d:/data")
[1] "db"
>dir(path="d:/data", recursive=TRUE,include.dirs=TRUE)
[1] "db" "db/Demo.0" "db/Demo.ns" "db/local.0" "db/local.ns"
"db/mongod.lock" "db/MyDB.0" "db/MyDB.ns"
```

dir()命令所使用的选项或参数也可以用于 list.files()中，请试用该命令并观察其输出结果。

2.3　R 中的数据类型

R 是一种编程语言，和其他编程语言一样，R 也利用变量存储不同的信息，这意味着当变量被创建时，就会在计算机的内存中预留位置以保存相关的数值。位置的数量或预留内存的大小是由变量的类型决定的，数据类型是指可以存储的数值的种类，如布尔型、数字、字符等。然而，R 中的变量不被声明为数据类型，R 中的变量用于存储一些 R 对象，R 对象的数据类型就成为了变量的数据类型。最常见(基于使用)的 R 对象有：vector、list、matrix、array、factor、data frames。

向量(vector)是所有 R 对象中最简单的，它有不同的数据类型，所有其他 R 对象都是基于这些原子向量的，最常用的数据类型如下。

R 支持的数据类型是：logical、numeric、integer、character、double、complex、raw。

class()函数用来显示数据类型。其他 R 对象，如列表(list)、矩阵(matrix)、数组(array)、因子(factor)和数据框(data frames)等将会在第3章详细讨论。

1. logical(逻辑类型)

TRUE/T 和 FALSE/F 是逻辑值。

```
>TRUE
[1] TRUE
>class(TRUE)
[1] "logical"
>T
[1] TRUE
>class(T)
[1] "logical"
>FALSE
[1] FALSE
>class(FALSE)
[1] "logical"
>F
[1] FALSE
>class(F)
[1] "logical"
```

2. numeric(数字类型)

```
>2
[1] 2
>class (2)
[1] "numeric"
>76.25
[1] 76.25
>class(76.25)
[1] "numeric"
```

3. integer(整数类型)

integer 是数字型的一个子类，注意：要使用 L 作为数值的后缀，以使它被看作为整数(integer)。

```
>2L
[1] 2
>class(2L)
[1] "integer"
```

函数 is.numeric()和函数 is.integer()用来测试数据类型。

```
>is.numeric(2)
[1] TRUE
>is.numeric(2L)
[1] TRUE
>is.integer(2)
[1] FALSE
>is.integer(2L)
[1] TRUE
```

注意：整型是数字型，但不是所有的数字都是整型。

4. character（字符类型）

```
>"Data Science"
[1] "Data Science"
>class("Data Science")
[1] "character"
```

is.character()函数用来确定一个值是不是字符。

```
>is.character ("Data Science")
[1] TRUE
```

5. double（双精度浮点数）

默认情况下，数字是 double 类型的，除非该数字用后缀 L 明确地标明才视其为整数。

```
>typeof (76.25)
[1] "double"
```

6. complex（复数类型）

```
>5 +5i
[1] 5+5i
>class(5 +5i)
[1] "complex"
```

7. raw（原生类型）

```
>charToRaw("Hi")
[1] 48 69
>class (charToRaw ("Hi"))
[1] "raw"
```

也可以使用 typeof()函数检测数据类型（如下所示）。

```
>typeof(5 +5i)
```

```
[1] "complex"
>typeof(charToRaw ("Hi")
+)
[1] "raw"
>typeof ("DataScience")
[1] "character"
>typeof (2L)
[1] "integer"
>typeof (76.25)
[1] "double"
```

2.3.1 强制类型转换

强制类型转换有助于将一种数据类型转换成另外一种数据类型，如逻辑类型 TRUE 值转换成数字类型后为"1"；同样地，逻辑类型 FALSE 值转换成数字类型后为"0"。

```
>as.numeric(TRUE)
[1] 1
>as.numeric(FALSE)
[1] 0
```

可以使用 as.character()函数将数字 5 转换成字符 5。

```
>as.character(5)
[1] "5"
>as.integer(5.5)
[1] 5
```

关于字符类型的转换，当将 hi 转换成数字类型时，as.numeric()函数会返回 NA。

```
>as.numeric("hi")
[1] NA
Warning message:
NAs introduced by coercion
```

2.3.2 引入变量和 ls()函数

R 与其他编程语言一样使用变量存储信息。首先创建一个变量 RectangleHeight，然后将 2 赋值给它。注意：使用运算符"<-"可以给变量赋值。同样地，定义变量 RectangleWidth 并赋值 4。矩形的面积可以通过公式 RectangleHeight * RectangleWidth 进行计算，矩形面积的计算结果会保存在变量 RectangleArea 中。

```
>RectangleHeight <-2
>RectangleWidth <-4
>RectangleArea <-RectangleHeight * RectangleWidth
>RectangleHeight
```

```
[1] 2
>RectangleWidth
[1] 4
>RectangleArea
[1] 8
```

注意：当一个值被赋给一个变量时，它不会在控制台上显示任何东西。要想获得该变量值，请在光标提示符处输入该变量的名称。

使用 ls()函数列出工作环境中的所有对象。

```
>ls()
[1] "RectangleArea" "RectangleHeight" "RectangleWidth"
```

ls()函数对于在运行代码前清理环境也是有用的，执行如下 rm()函数即可清理环境。

```
>rm(list=ls())
>ls()
character(0)
```

2.4 数据探索的一些命令

本节将会使用 summary()、str()、head()、tail()、view()、edit()等命令探索数据集，本节使用的数据集是 datasets 包中的 mtcars 数据集。

R 文档中关于 mtcars 数据集的背景说明如下。

该数据集是从 1974 年的美国《汽车潮流》(*Motor Trend*)杂志中抽取的，包括 32 辆汽车(1973-74 型号)的燃油消耗和汽车设计及性能的 10 个指标的数据。

2.4.1 加载内部数据集

R 中有各种内置数据集，如 AirPassengers、mtcars、BOD 等。这些数据集列表可以从 https://vincentarelbundock.github.io/Rdatasets/datasets.html 中获取。

可以按照以下步骤从 datasets 包中加载 mtcars 数据集。

① 检测是否已安装数据集包。

```
>installed.packages()
```

② 如果已安装并将频繁使用数据集包，则加载该数据集包。

```
>library(datasets)
```

③ 显示 mtcars 数据集的观测值。

数据集包中的 mtcars 数据集是关于 11 个变量的 32 组观测值，这 11 个变量的描述如表 2.1 所示。

表 2.1 11 个变量

序号	名称	描　述
[, 1]	mpg	英里/加仑
[, 2]	cyl	气缸数
[, 3]	disp	发动机排量(cu.in.)
[, 4]	hp	总马力
[, 5]	drat	后轴比
[, 6]	wt	车重(1000lbs)
[, 7]	qsec	1/4 米加速时间
[, 8]	vs	V 引擎/Straight 引擎
[, 9]	am	换挡方式 (0 = 自动, 1 =手动)
[,10]	gear	前进挡数量
[,11]	carb	化油器数量

观测值的子集如下。

```
> mtcars
                     mpg cyl  disp  hp drat    wt  qsec vs am gear carb
Mazda RX4           21.0   6 160.0 110 3.90 2.620 16.46  0  1    4    4
Mazda RX4 Wag       21.0   6 160.0 110 3.90 2.875 17.02  0  1    4    4
Datsun 710          22.8   4 108.0  93 3.85 2.320 18.61  1  1    4    1
Hornet 4 Drive      21.4   6 258.0 110 3.08 3.215 19.44  1  0    3    1
Hornet Sportabout   18.7   8 360.0 175 3.15 3.440 17.02  0  0    3    2
Valiant             18.1   6 225.0 105 2.76 3.460 20.22  1  0    3    1
Duster 360          14.3   8 360.0 245 3.21 3.570 15.84  0  0    3    4
Merc 240D           24.4   4 146.7  62 3.69 3.190 20.00  1  0    4    2
Merc 230            22.8   4 140.8  95 3.92 3.150 22.90  1  0    4    2
Merc 280            19.2   6 167.6 123 3.92 3.440 18.30  1  0    4    4
Merc 280C           17.8   6 167.6 123 3.92 3.440 18.90  1  0    4    4
Merc 450SE          16.4   8 275.8 180 3.07 4.070 17.40  0  0    3    3
Merc 450SL          17.3   8 275.8 180 3.07 3.730 17.60  0  0    3    3
Merc 450SLC         15.2   8 275.8 180 3.07 3.780 18.00  0  0    3    3
Cadillac Fleetwood  10.4   8 472.0 205 2.93 5.250 17.98  0  0    3    4
Lincoln Continental 10.4   8 460.0 215 3.00 5.424 17.82  0  0    3    4
Chrysler Imperial   14.7   8 440.0 230 3.23 5.345 17.42  0  0    3    4
Fiat 128            32.4   4  78.7  66 4.08 2.200 19.47  1  1    4    1
Honda Civic         30.4   4  75.7  52 4.93 1.615 18.52  1  1    4    2
Toyota Corolla      33.9   4  71.1  65 4.22 1.835 19.90  1  1    4    1
Toyota Corona       21.5   4 120.1  97 3.70 2.465 20.01  1  0    3    1
Dodge Challenger    15.5   8 318.0 150 2.76 3.520 16.87  0  0    3    2
AMC Javelin         15.2   8 304.0 150 3.15 3.435 17.30  0  0    3    2
```

1. summary()命令

对于每个指定数据框中的变量,summary()命令包括 min、max、median、mean 等函数。**例如**

```
>summary(mtcars)
```

输出

显示了数据集 mtcars 的每列或每个变量的六点摘要(six-point summary),摘要点为最小值(min)、第一四分位数(1st quartile)、平均值(mean)、中值(median)、第三四分位数(3rd quartile)和最大值(max)(如图 2.1 所示)。

```
> summary(mtcars)
      mpg             cyl             disp             hp             drat             wt             qsec             vs               am              gear            carb
 Min.   :10.40   Min.   :4.000   Min.   : 71.1   Min.   : 52.0   Min.   :2.760   Min.   :1.513   Min.   :14.50   Min.   :0.0000   Min.   :0.0000   Min.   :3.000   Min.   :1.000
 1st Qu.:15.43   1st Qu.:4.000   1st Qu.:120.8   1st Qu.: 96.5   1st Qu.:3.080   1st Qu.:2.581   1st Qu.:16.89   1st Qu.:0.0000   1st Qu.:0.0000   1st Qu.:3.000   1st Qu.:2.000
 Median :19.20   Median :6.000   Median :196.3   Median :123.0   Median :3.695   Median :3.325   Median :17.71   Median :0.0000   Median :0.0000   Median :4.000   Median :2.000
 Mean   :20.09   Mean   :6.188   Mean   :230.7   Mean   :146.7   Mean   :3.597   Mean   :3.217   Mean   :17.85   Mean   :0.4375   Mean   :0.4062   Mean   :3.688   Mean   :2.812
 3rd Qu.:22.80   3rd Qu.:8.000   3rd Qu.:326.0   3rd Qu.:180.0   3rd Qu.:3.920   3rd Qu.:3.610   3rd Qu.:18.90   3rd Qu.:1.0000   3rd Qu.:1.0000   3rd Qu.:4.000   3rd Qu.:4.000
 Max.   :33.90   Max.   :8.000   Max.   :472.0   Max.   :335.0   Max.   :4.930   Max.   :5.424   Max.   :22.90   Max.   :1.0000   Max.   :1.0000   Max.   :5.000   Max.   :8.000
> |
```

图 2.1　summary()命令示例

2. str()命令

str()命令会显示数据框的内部结构，它可以代替 summary()函数，它是一个诊断函数，大致将每个基本对象显示为一行。

例 2.6

```
>str(str)
function(object,…)
```

上面的示例表明 str()函数本身作为一个参数，它以简洁的方式显示了 str()函数的内部结构，说明它是一个以对象为参数的函数。

例 2.7

```
str(ls)
function(name, pos =-1L, envir =as.environment(pos), all.names
=FALSE, pattern, sorted =TRUE)
```

在这里，ls()被作为 str()函数的参数，它给出了 ls()函数的大致内容。

例 2.8

```
>str(mtcars)
```

输出

当提供名为 mtcars 的数据框时，该命令会显示数据框的内部结构，CLI 为

```
>str(mtcars)
"data.frame": 32 obs. of 11 variables:
$mpg :num 21 21 22.8 21.4 18.7 18.1 14.3 24.4 22.8 19.2 ...
$cyl :num 6 6 4 6 8 6 8 4 4 6 ...
$disp: num 160 160 108 258 360 ...
$hp : num 110 110 93 110 175 105 245 62 95 123 ...
$drat: num 3.9 3.9 3.85 3.08 3.15 2.76 3.21 3.69 3.92 3.92 ...
$wt : num 2.62 2.88 2.32 3.21 3.44 ...
$qsec: num 16.5 17 18.6 19.4 17 ...
$vs :num 0 0 1 1 0 1 0 1 1 1 ...
$am :num 1 1 1 0 0 0 0 0 0 0 ...
$gear: num 4 4 4 3 3 3 3 4 4 4 ...
$carb: num 4 4 1 1 2 1 4 2 2 4 ...
```

它显示了 mtcars 数据集的每列或每个变量本身的数据类型。

例 2.9

利用函数 rnorm()生成一个包含 100 个正态分布(normally distributed)随机数的向量,想要了解更多关于 rnorm()函数的情况,可以在 R 提示符处使用 help(rnorm())命令,以下使用的参数平均值(mean)和标准差(sd)分别是 2 和 4。

```
> x<-rnorm(100,2,4)
> x
  [1] -3.34175887 -5.02883176  0.45095709  2.85552715  4.92674244 -4.41054919
  [7] -3.31820044 -0.80831621 -1.65448940  4.64511871  8.57459786  1.25646177
 [13]  6.87478751  2.64653705  1.91879015 -2.17452232  1.58073729  1.99871232
 [19] -3.88335858  2.82091957  3.90339039  6.21311421  2.66193705  1.78142291
 [25]  5.38151555  4.53184055  0.92504774  5.49552438 -0.54671622  4.01954453
 [31]  0.58261960  6.32910411 -1.77130695  3.77660052  3.55678634 -2.30606435
 [37]  2.06705854 -3.50544817  4.41538977  8.97132469 -0.50104855  9.55595510
 [43]  9.15602713 -5.36516159 -2.19773796 -1.62207865  4.28113440 -2.71814237
 [49] -0.01493734  6.40199661  5.32999450  4.74292147 -1.42301876  3.83878430
 [55]  8.32429912  0.27387502 -1.12127302  1.43047868  4.78700037  3.49284817
 [61]  7.67927741  8.70976443 -0.90567132  4.07628860 11.91775989  3.05700908
 [67]  0.40153453  5.16838083  1.50919970  4.73045804 -1.90190693 -0.91450400
 [73]  5.18817660  3.17153145  4.61942512  7.44159001  0.05577955  0.49172636
 [79]  5.22876321  0.17486091  3.01414795 -0.64969094  1.46025656  2.54332927
 [85] -1.25678091  2.82071806  5.45032052  7.68390297  6.58033732 -1.08314669
 [91] -1.08567254 -0.42997501  2.91873762  1.01037101 -5.46963909  2.37473930
 [97] -0.32233632 -3.89035251 -6.27470698  3.40189079
> summary(x)
   Min. 1st Qu.  Median    Mean 3rd Qu.    Max.
-6.2750 -0.8327  2.2210  2.0780  4.7340 11.9200
> str(x)
 num [1:100] -3.342 -5.029 0.451 2.856 4.927 ...
```

当以 x 为参数运行 summary()函数时,得到了 x 的最小值、第一四分位数、中值、均值、第三四分位数和最大值。

接下来,当在 x 上运行 str()函数时,得到的信息是 x 是一个由 100 个元素组成的数字向量,它也会返回 x 向量的前 5 个元素。

例 2.10

创建一个 10×10 的矩阵 m,并在其上调用 str()函数。

```
>str(m)
num [1:10, 1:10] -2.231 1.089 0.573 -0.183 0.964 …
>m[,1]
[1] -2.2310749 1.0885324 0.5730995 -0.1827884 0.9638976 1.2520684
-1.8088454 0.3247033 0.7654839 -0.31007222
```

str()函数告诉我们 m 是一个 10×10 的矩阵,同时也显示出了第 1 行的前 5 列的值。

3. view()命令

view()命令用于在类似于电子表格的数据框查看器中显示给定的数据集。

例如

```
>view("mtcars")
```

输出

输出显示了 mtcars 数据集内容的表格视图(如图 2.2 所示)。

4. head()命令

head()命令用于显示给定数据框的前 n 个观测值,默认的 n=6,用户也可以根据自己

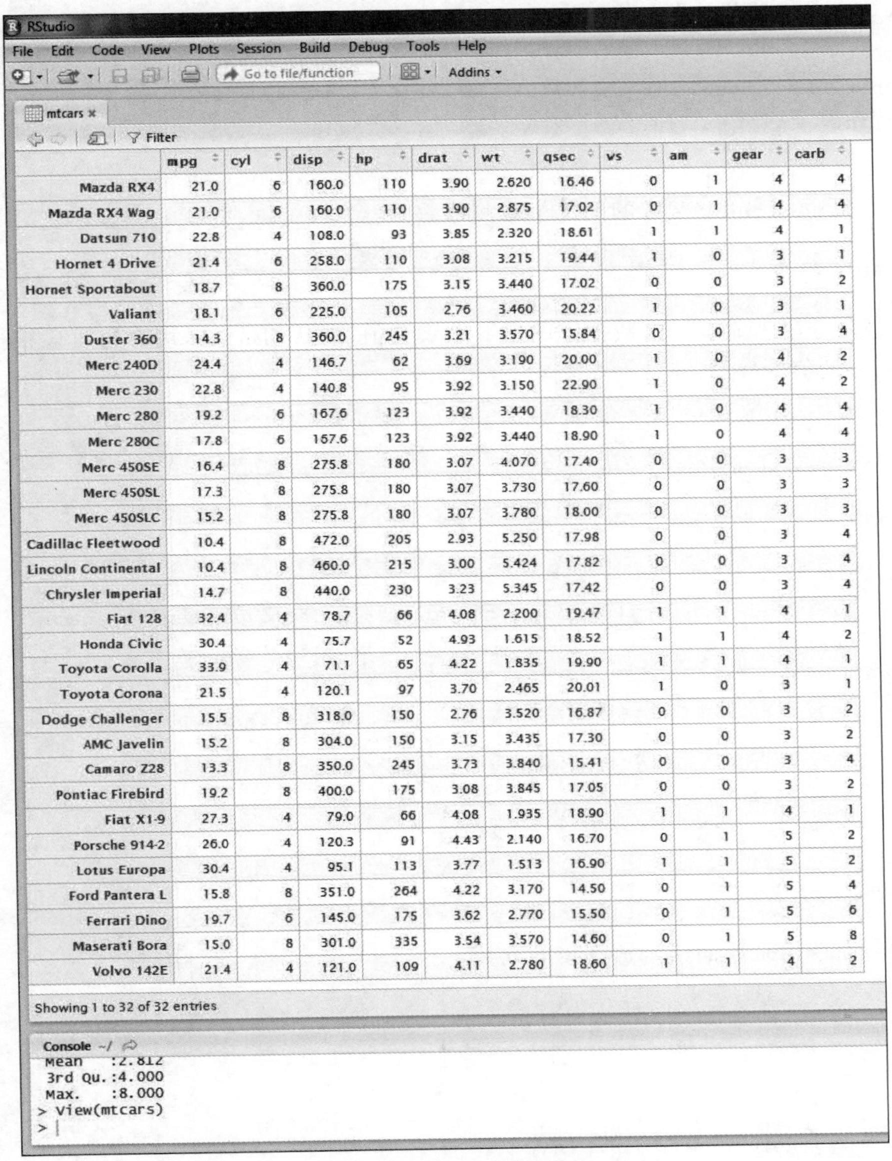

RStudio

File Edit Code View Plots Session Build Debug Tools Help

Go to file/function　Addins

mtcars ×

Filter

	mpg	cyl	disp	hp	drat	wt	qsec	vs	am	gear	carb
Mazda RX4	21.0	6	160.0	110	3.90	2.620	16.46	0	1	4	4
Mazda RX4 Wag	21.0	6	160.0	110	3.90	2.875	17.02	0	1	4	4
Datsun 710	22.8	4	108.0	93	3.85	2.320	18.61	1	1	4	1
Hornet 4 Drive	21.4	6	258.0	110	3.08	3.215	19.44	1	0	3	1
Hornet Sportabout	18.7	8	360.0	175	3.15	3.440	17.02	0	0	3	2
Valiant	18.1	6	225.0	105	2.76	3.460	20.22	1	0	3	1
Duster 360	14.3	8	360.0	245	3.21	3.570	15.84	0	0	3	4
Merc 240D	24.4	4	146.7	62	3.69	3.190	20.00	1	0	4	2
Merc 230	22.8	4	140.8	95	3.92	3.150	22.90	1	0	4	2
Merc 280	19.2	6	167.6	123	3.92	3.440	18.30	1	0	4	4
Merc 280C	17.8	6	167.6	123	3.92	3.440	18.90	1	0	4	4
Merc 450SE	16.4	8	275.8	180	3.07	4.070	17.40	0	0	3	3
Merc 450SL	17.3	8	275.8	180	3.07	3.730	17.60	0	0	3	3
Merc 450SLC	15.2	8	275.8	180	3.07	3.780	18.00	0	0	3	3
Cadillac Fleetwood	10.4	8	472.0	205	2.93	5.250	17.98	0	0	3	4
Lincoln Continental	10.4	8	460.0	215	3.00	5.424	17.82	0	0	3	4
Chrysler Imperial	14.7	8	440.0	230	3.23	5.345	17.42	0	0	3	4
Fiat 128	32.4	4	78.7	66	4.08	2.200	19.47	1	1	4	1
Honda Civic	30.4	4	75.7	52	4.93	1.615	18.52	1	1	4	2
Toyota Corolla	33.9	4	71.1	65	4.22	1.835	19.90	1	1	4	1
Toyota Corona	21.5	4	120.1	97	3.70	2.465	20.01	1	0	3	1
Dodge Challenger	15.5	8	318.0	150	2.76	3.520	16.87	0	0	3	2
AMC Javelin	15.2	8	304.0	150	3.15	3.435	17.30	0	0	3	2
Camaro Z28	13.3	8	350.0	245	3.73	3.840	15.41	0	0	3	4
Pontiac Firebird	19.2	8	400.0	175	3.08	3.845	17.05	0	0	3	2
Fiat X1-9	27.3	4	79.0	66	4.08	1.935	18.90	1	1	4	1
Porsche 914-2	26.0	4	120.3	91	4.43	2.140	16.70	0	1	5	2
Lotus Europa	30.4	4	95.1	113	3.77	1.513	16.90	1	1	5	2
Ford Pantera L	15.8	8	351.0	264	4.22	3.170	14.50	0	1	5	4
Ferrari Dino	19.7	6	145.0	175	3.62	2.770	15.50	0	1	5	6
Maserati Bora	15.0	8	301.0	335	3.54	3.570	14.60	0	1	5	8
Volvo 142E	21.4	4	121.0	109	4.11	2.780	18.60	1	1	4	2

Showing 1 to 32 of 32 entries

Console ~/

```
Mean   :2.812
3rd Qu.:4.000
Max.   :8.000
> View(mtcars)
> |
```

图 2.2　view()命令示例

的需要指定 n 的值。

例如

```
>head(mtcars, n =6)
```

输出

```
>head(mtcars, n =6)
               mpg  cyl  disp  hp   drat   wt    qsec  vs  am  gear  carb
Mazda RX4      21.0  6   160   110  3.90  2.620  16.46  0   1   4     4
Mazda RX4 Wag  21.0  6   160   110  3.90  2.875  17.02  0   1   4     4
```

```
Datsun 710          22.8  4  108  93   3.85  2.320  18.61  1  1  4  1
Hornet 4 Drive      21.4  6  258  110  3.08  3.215  19.44  1  0  3  1
Hornet Sportabout   18.7  8  360  175  3.15  3.440  17.02  0  0  3  2
Valiant             18.1  6  225  105  2.76  3.460  20.22  1  0  3  1
>
```

该命令显示了 mtcars 中的前 6 个观测值。

5. tail()命令

tail()命令用来显示给定数据框的后 n 个观测值，默认的 n=6，用户也可以根据自己的需要指定 n 的值。

例如

```
>tail(mtcars, n =5)
```

输出

```
>tail(mtcars, n =5)
                mpg  cyl  disp   hp   drat  wt     qsec  vs  am  gear  carb
Lotus Europa    30.4  4    95.1  113  3.77  1.513  16.9  1   1   5     2
Ford Pantera L  15.8  8   351.0  264  4.22  3.170  14.5  0   1   5     4
Ferrari Dino    19.7  6   145.0  175  3.62  2.770  15.5  0   1   5     6
Maserati Bora   15.0  8   301.0  335  3.54  3.570  14.6  0   1   5     8
Volvo 142E      21.4  4   121.0  109  4.11  2.780  18.6  1   1   4     2
```

这个命令显示了数据框中的后 5 个观测值。

6. ncol()命令

ncol()命令用来返回给定数据集的列数。

例如

```
>ncol(mtcars)
```

输出

输出显示了 mtcars 数据集的列数。

```
>ncol(mtcars)
[1] 11
```

7. nrow()命令

nrow()命令用来返回给定数据集的行数。

例如

```
>nrow(mtcars)
```

输出

输出显示了 mtcars 数据集的行数。

```
>nrow(mtcars)
[1] 32
```

8. edit()命令

edit()命令有助于数据集的动态编辑或数据操作。当调用此命令时,数据集的动态数据编辑器窗口将会以表格视图的形式打开,随后便可以对数据集进行所需的更改。

例如

```
>edit(mtcars)
```

输出

输出会显示以表格形式的数据编辑器打开 mtcars 数据集。

```
>edit(mtcars)
                     mpg  cyl disp  hp  drat   wt    qsec  vs am gear carb
Mazda RX4 UPDATED    21.0  6  160.0 110 3.90 2.620  16.46  0  1   4    4
Mazda RX4 Wag        21.0  6  160.0 110 3.90 2.875  17.02  0  1   4    4
Datsun 710           22.8  4  108.0  93 3.85 2.320  18.61  1  1   4    1
Hornet 4 Drive       21.4  6  258.0 110 3.08 3.215  19.44  1  0   3    1
Hornet Sportabout    18.7  8  360.0 175 3.15 3.440  17.02  0  0   3    2
Valiant              18.1  6  225.0 105 2.76 3.460  20.22  1  0   3    1
Duster 360           14.3  8  360.0 245 3.21 3.570  15.84  0  0   3    4
Merc 240D            24.4  4  146.7  62 3.69 3.190  20.00  1  0   4    2
Merc 230             22.8  4  140.8  95 3.92 3.150  22.90  1  0   4    2
Merc 280             19.2  6  167.6 123 3.92 3.440  18.30  1  0   4    4
Merc 280C            17.8  6  167.6 123 3.92 3.440  18.90  1  0   4    4
Merc 450SE           16.4  8  275.8 180 3.07 4.070  17.40  0  0   3    3
Merc 450SL           17.3  8  275.8 180 3.07 3.730  17.60  0  0   3    3
Merc 450SLC          15.2  8  275.8 180 3.07 3.780  18.00  0  0   3    3
Cadillac Fleetwood   10.4  8  472.0 205 2.93 5.250  17.98  0  0   3    4
Lincoln Continental  10.4  8  460.0 215 3.00 5.424  17.82  0  0   3    4
Chrysler Imperial    14.7  8  440.0 230 3.23 5.345  17.42  0  0   3    4
Fiat 128             32.4  4   78.7  66 4.08 2.200  19.47  1  1   4    1
Honda Civic          30.4  4   75.7  52 4.93 1.615  18.52  1  1   4    2
Toyota Corolla       33.9  4   71.1  65 4.22 1.835  19.90  1  1   4    1
Toyota Corona        21.5  4  120.1  97 3.70 2.465  20.01  1  0   3    1
Dodge Challenger     15.5  8  318.0 150 2.76 3.520  16.87  0  0   3    2
AMC Javelin          15.2  8  304.0 150 3.15 3.435  17.30  0  0   3    2
Camaro Z28           13.3  8  350.0 245 3.73 3.840  15.41  0  0   3    4
Pontiac Firebird     19.2  8  400.0 175 3.08 3.845  17.05  0  0   3    2
Fiat X1-9            27.3  4   79.0  66 4.08 1.935  18.90  1  1   4    1
Porsche 914-2        26.0  4  120.3  91 4.43 2.140  16.70  0  1   5    2
Lotus Europa         30.4  4   95.1 113 3.77 1.513  16.90  1  1   5    2
Ford Pantera L       15.8  8  351.0 264 4.22 3.170  14.50  0  1   5    4
Ferrari Dino         19.7  6  145.0 175 3.62 2.770  15.50  0  1   5    6
Maserati Bora        15.0  8  301.0 335 3.54 3.570  14.60  0  1   5    8
Volvo 142E           21.4  4  121.0 109 4.11 2.780  18.60  1  1   4    2
```

> **小提示**：修改后的数据集应该存储在一个新的变量中。例如，像 mtcars_new=edit(mtcars)这样调用 edit()方法就是一个很好的做法。

9. fix()命令

fix()命令用来将更改保存在数据集自身中，因此不需要为它指定任何变量。

例如

```
>fix(mtcars)
>view(mtcars)
```

输出

输出显示了对数据集的第 1 行所做的更改，更改会自动保存，而不是像 edit()方法中那样发生丢失(如图 2.3 所示)。

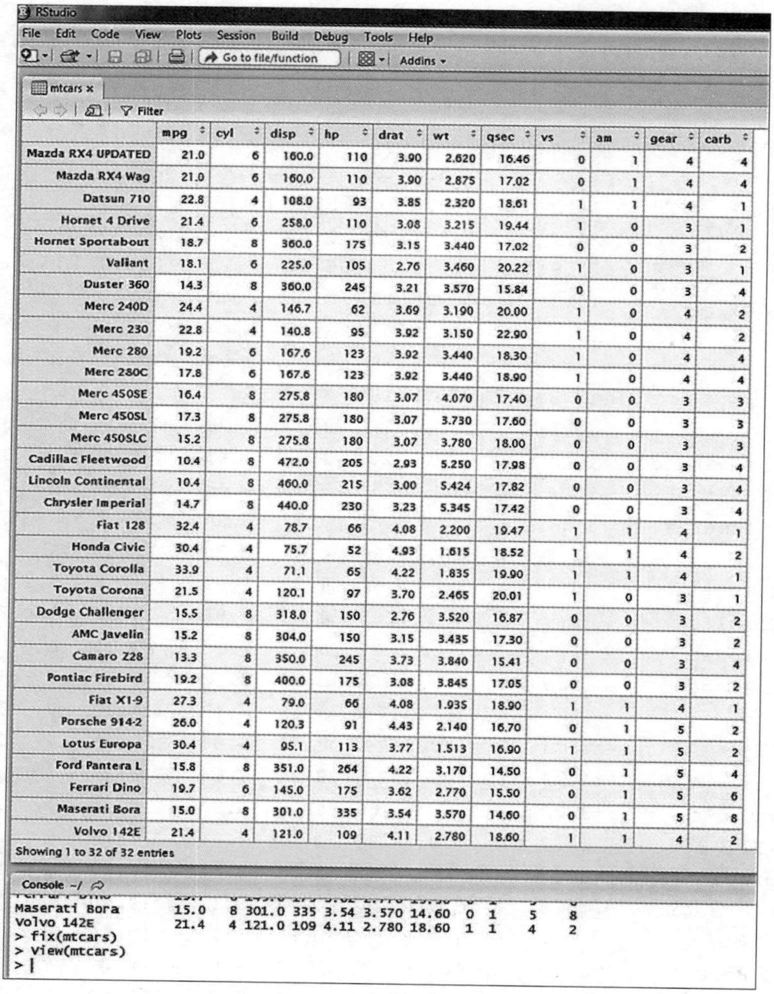

RStudio

File Edit Code View Plots Session Build Debug Tools Help

Go to file/function Addins

mtcars × Filter

	mpg	cyl	disp	hp	drat	wt	qsec	vs	am	gear	carb
Mazda RX4 UPDATED	21.0	6	160.0	110	3.90	2.620	16.46	0	1	4	4
Mazda RX4 Wag	21.0	6	160.0	110	3.90	2.875	17.02	0	1	4	4
Datsun 710	22.8	4	108.0	93	3.85	2.320	18.61	1	1	4	1
Hornet 4 Drive	21.4	6	258.0	110	3.08	3.215	19.44	1	0	3	1
Hornet Sportabout	18.7	8	360.0	175	3.15	3.440	17.02	0	0	3	2
Valiant	18.1	6	225.0	105	2.76	3.460	20.22	1	0	3	1
Duster 360	14.3	8	360.0	245	3.21	3.570	15.84	0	0	3	4
Merc 240D	24.4	4	146.7	62	3.69	3.190	20.00	1	0	4	2
Merc 230	22.8	4	140.8	95	3.92	3.150	22.90	1	0	4	2
Merc 280	19.2	6	167.6	123	3.92	3.440	18.30	1	0	4	4
Merc 280C	17.8	6	167.6	123	3.92	3.440	18.90	1	0	4	4
Merc 450SE	16.4	8	275.8	180	3.07	4.070	17.40	0	0	3	3
Merc 450SL	17.3	8	275.8	180	3.07	3.730	17.60	0	0	3	3
Merc 450SLC	15.2	8	275.8	180	3.07	3.780	18.00	0	0	3	3
Cadillac Fleetwood	10.4	8	472.0	205	2.93	5.250	17.98	0	0	3	4
Lincoln Continental	10.4	8	460.0	215	3.00	5.424	17.82	0	0	3	4
Chrysler Imperial	14.7	8	440.0	230	3.23	5.345	17.42	0	0	3	4
Fiat 128	32.4	4	78.7	66	4.08	2.200	19.47	1	1	4	1
Honda Civic	30.4	4	75.7	52	4.93	1.615	18.52	1	1	4	2
Toyota Corolla	33.9	4	71.1	65	4.22	1.835	19.90	1	1	4	1
Toyota Corona	21.5	4	120.1	97	3.70	2.465	20.01	1	0	3	1
Dodge Challenger	15.5	8	318.0	150	2.76	3.520	16.87	0	0	3	2
AMC Javelin	15.2	8	304.0	150	3.15	3.435	17.30	0	0	3	2
Camaro Z28	13.3	8	350.0	245	3.73	3.840	15.41	0	0	3	4
Pontiac Firebird	19.2	8	400.0	175	3.08	3.845	17.05	0	0	3	2
Fiat X1-9	27.3	4	79.0	66	4.08	1.935	18.90	1	1	4	1
Porsche 914-2	26.0	4	120.3	91	4.43	2.140	16.70	0	1	5	2
Lotus Europa	30.4	4	95.1	113	3.77	1.513	16.90	1	1	5	2
Ford Pantera L	15.8	8	351.0	264	4.22	3.170	14.50	0	1	5	4
Ferrari Dino	19.7	6	145.0	175	3.62	2.770	15.50	0	1	5	6
Maserati Bora	15.0	8	301.0	335	3.54	3.570	14.60	0	1	5	8
Volvo 142E	21.4	4	121.0	109	4.11	2.780	18.60	1	1	4	2

Showing 1 to 32 of 32 entries

Console ~/

```
Maserati Bora       15.0   8 301.0 335 3.54 3.570 14.60  0  1    5    8
Volvo 142E          21.4   4 121.0 109 4.11 2.780 18.60  1  1    4    2
> fix(mtcars)
> View(mtcars)
>
```

图 2.3　利用 view()命令查看更改后的 mtcars 数据

> **小提示**：要想获取 R 中任何命令的帮助信息，可以在控制台输入“?”，并在其后面输入函数名。

10. data()函数

data()函数用来列出所有可用的数据集。

语法

```
>data()
```

输出

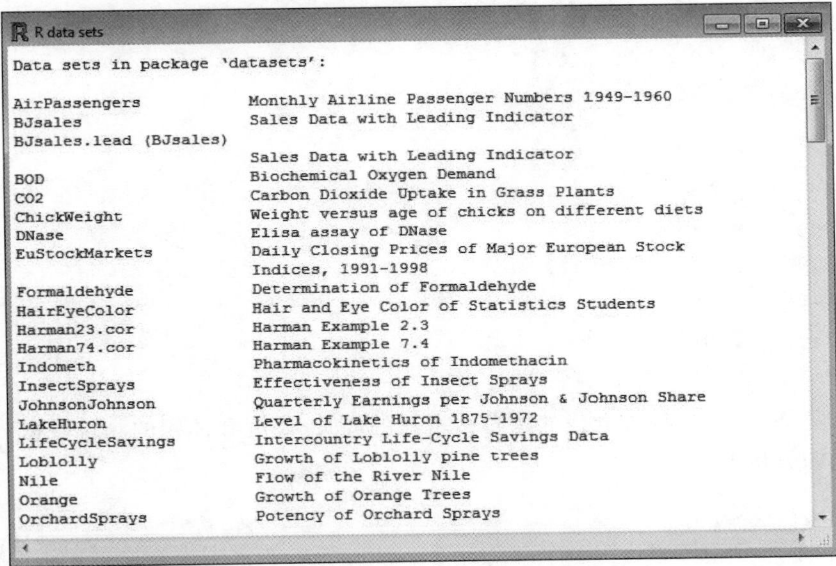

data(trees)函数会加载数据集 trees。

语法

```
>data(trees)
```

下面看看 trees 数据集中的数据。

```
>trees
   Girth  Height  Volume
1  8.3      70     10.3
2  8.6      65     10.3
3  8.8      63     10.2
4  10.5     72     16.4
5  10.7     81     18.8
6  10.8     83     19.7
7  11.0     66     15.6
8  11.0     75     18.2
```

```
9    11.1    80    22.6
10   11.2    75    19.9
11   11.3    79    24.2
12   11.4    76    21.0
13   11.4    76    21.4
14   11.7    69    21.3
15   12.0    75    19.1
16   12.9    74    22.2
17   12.9    85    33.8
18   13.3    86    27.4
19   13.7    71    25.7
20   13.8    64    24.9
21   14.0    78    34.5
22   14.2    80    31.7
23   14.5    74    36.3
24   16.0    72    38.3
25   16.3    77    42.6
26   17.3    81    55.4
27   17.5    82    55.7
28   17.9    80    58.3
29   18.0    80    51.5
30   18.0    80    51.0
31   20.6    87    77.0
```

该数据集提供了31种被砍伐的黑莓树木材的周长、高度和体积的测量数据。下面给出该数据集上的分析汇总。

```
>summary(trees)
    Girth            Height          Volume
Min.   : 8.30    Min.   :63     Min.   :10.20
1st Qu.:11.05    1st Qu.:72     1st Qu.:19.40
Median :12.90    Median :76     Median :24.20
Mean   :13.25    Mean   :76     Mean   :30.17
3rd Qu.:15.25    3rd Qu.:80     3rd Qu.:37.30
Max.   :20.60    Max.   :87     Max.   :77.00
```

在trees数据集的变量之间绘制散点图进行可视化展示(如图2.4所示)。

```
>plot(trees, col="red", pch=16,main="scatter plot b/w variables of trees")
```

11. save.image()函数

save.image()函数用来将R对象的外部表示写入指定的文件。在以后需要读取对象时，可以使用load()函数或attach()函数调用。

语法

```
save.image(file =".RData", version =NULL, ascii =FALSE, safe =TRUE)
```

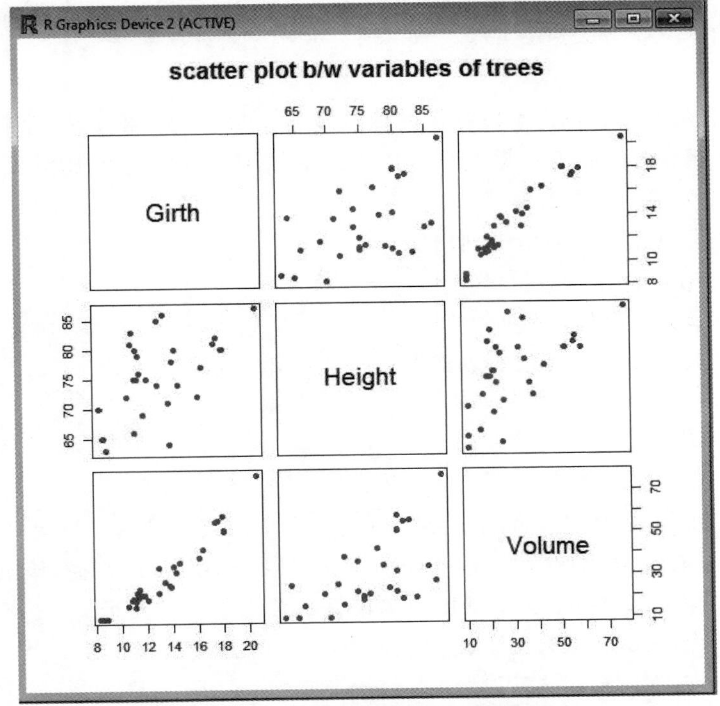

图 2.4 trees 数据集变量之间的散点图

为该文件指定一个 RData 的扩展名。

注意：*扩展名中的 R 和 D 应该是大写的。*

如果 ascii=TRUE，则将保存文件的 ASCII 码表示形式，默认为 ascii=FALSE。如果 ascii 设置为 FALSE，则保存文件的二进制表示形式。

version 用于指定当前工作空间格式的版本，NULL 用于指定当前工作空间为默认格式。

将 safe 设置为逻辑值，TRUE 指使用一个临时文件创建保存的工作空间，如果保存成功，则该临时文件将被重新命名为文件。

小练习

1. R 中的 head()命令和 tail()命令的区别是什么？

答：head()命令是从数据集的开始显示数据记录，而 tail()命令则是从数据集的末尾显示数据记录。

2. data()函数有什么作用？

答：data()函数会列出所有可用的数据集。

3. nrow()函数的作用是什么？

答：nrow()命令用来返回指定数据集的行数。

本章小结

- 数据类型在本质上是指可以存储的值的类型，如布尔型、数字型、字符型等。然而在R中，变量不被声明为数据类型。R中的变量用于存储一些R对象，R对象的数据类型就成为了变量的数据类型。
- ls()函数可以在工作环境中列出所有的对象。
- class()函数可以显示数据类型。
- typeof()函数可以检测数据类型。
- data()函数可以列出可用的数据集。

关键术语

- dir()：dir()函数可以返回指定路径下的一个文件或目录的字符向量。
- getwd()：getwd()命令可以返回当前工作目录的绝对文件路径，该函数无参数。
- setwd()：setwd()命令会根据用户的偏好重置当前工作路径。
- typeof()：typeof()函数用于检测数据类型。

实战练习

1. BOD是R中的一个内置数据集，如果view(BOD)命令的输出结果如下，则以下给出的代码将会做什么？请解释。

```
>view(BOD)
>nrow(BOD)
```

	Time	demand
1	1	8.3
2	2	10.3
3	3	19.0
4	4	16.0
5	5	15.6
6	7	19.8

2. 以下代码将会做什么？

```
>head(BOD, n=3)
```

3. 以下代码的输出结果是什么？

(1) 代码为

```
>summary(mtcars$mpg)
```

（2）代码为

```
>summary(c(3,2,1,2,4,6))
```

（3）代码为

```
>str(c(1,2,3,4))
```

（4）代码为

```
>str(c("Mon", "Tue","Wed","Thurs"))
```

（5）代码为

```
>head(c("Mon", "Tue","Wed","Thurs"),2)
```

（6）代码为

```
>tail(c("Mon", "Tue","Wed","Thurs"),2)
```

（7）代码为

```
class(76.25L)
```

在 R 中加载及处理数据

学习成果

通过本章的学习，您将能够：

- 将不同类型的数据存储为向量(vector)、矩阵(matrixe)和列表(list)；
- 从 csv 文件、电子表格(spreadsheet)、Web、JASON 文档和 XML 中加载数据；
- 处理缺失及无效的数据；
- 在数据上运行 R 函数(sum()、min()、max()、rep()、grep()、substr()、strsplit()等)；
- 用 R 访问数据库，如 MySQL、PostgreSQL、SQLlite 和 JasperDB；
- 创建可视化，以加深对数据的理解。

3.1 概述

如今，企业应用程序产生了大量的数据。对这些数据进行分析可以得出有用的见解，从而帮助决策者做出更好和更快的决策。本章将介绍 R 支持的不同的数据类型，如数字、文本、逻辑值、日期等。同时介绍各种 R 对象，如向量、矩阵、列表、数据集等，以及如何使用 R 函数 sum()、min()、max()、rep()和字符串函数 substr()、grep()、strclip()等操作数据。探讨将 csv(comma separated values)文件、电子表格、XML 文档、JASON(JavaScript Object Notation)文档、Web 数据等导入 R，以及 R 与 MySQL、PostGreSQL、SQLite 等数据库的连接方式。数据分析中存在很多挑战，例如数据并不总是同质的，即数据的来源不同，并且格式也不同。在保证数据质量的同时会带来若干挑战，利益相关者也会从各种角度观察数据，并且会产生不同的需求。

3.2 分析数据处理的挑战

分析数据处理是商业智能的一部分，包括关系数据库、数据仓库、数据挖掘和报告挖掘，这是一种计算机处理技术，可以处理不同类型的业务，如销售、预算、财务报告、管理报告等，以上这些处理技术都需要大数据技术的支持。

商业分析结合了大数据技术，在商业数据分析过程中出现了不同的挑战。然而，这些挑战大多与数据有关，它们在项目的早期阶段就出现了。

3.2.1　数据格式

数据是商业分析的主要元素。商业分析使用数据集(sets of data)存储大量的数据。对研究人员或开发者而言，选择数据格式是分析数据处理中的首要挑战。分析数据处理需要一个完整的数据集，在没有数据集的情况下，开发人员会在进一步的处理中遇到问题。

R 是一种文档健全的编程语言，它将数据存储成对象的形式。R 有一个非常简单的语法，有助于处理任何类型的数据。R 具有许多软件包和功能，如可以处理数据格式类型不同的开放数据库的连接(ODBC)，ODBC 支持 CSV、MS Excel、SQL 等数据格式。

3.2.2　数据质量

保证数据质量是分析数据处理的另一个挑战，它要求业务分析师提供完美的信息推断、异常值及没有任何缺失值的输出。输入或输出较差的数据一定会给出不符合质量要求的结果。

在 R 的帮助下，业务分析师可以保证数据质量。不同的 R 工具可以帮助业务分析师删除无效数据、替换缺失值和删除数据中的异常值。

3.2.3　项目范围

基于分析数据处理的项目成本高，并且耗时长，因此在启动新项目前，业务分析师应该分析项目的范围，确定所需外部数据的数量、交付时间和与项目有关的其他参数。

3.2.4　利益方期望的输出结果的管理

在分析数据处理中，分析人员设计的项目会产生不同类型的输出，如 p-value、自由度等。但是，用户或利益方更希望看到输出。利益方不希望在数据处理、设想、假设、p-value、卡方值(chi-square value)或任何其他值中看到约束。因此，一个分析项目应努力满足利益方的所有期望。

业务分析师应该使用透明的方法和处理流程，也应该使用交叉验证的方法验证数据。如果业务分析师使用分析数据处理的标准步骤产生完美的输出，则不会遇到任何问题。数据输入、处理、描述性统计、数据可视化、报告生成和输出构成了分析数据处理的顺序，分析人员在对项目进行业务分析时应该遵循这个流程。

小练习

1. 什么是分析数据处理？

答：分析数据处理是业务智能化的一部分，包括关系数据库、数据仓库、数据挖掘和报告挖掘。

2. 列出分析数据处理中的挑战。

答：分析数据处理中的一些挑战包括数据格式、数据质量、项目范围、利益方期望的输出结果的管理。

3. 分析数据处理的一般步骤是什么?

答:数据输入、处理、描述性统计、数据可视化、报告生成和输出是分析数据处理的一般步骤。

3.3 表达式、变量和函数

首先熟悉一下 R 的接口,从练习表达式、变量和函数开始。

3.3.1 表达式

观察几个算术运算,如表 3.1 给出的加法、减法、乘法、除法、求幂、取余(模运算)、整除和求平方根。

表 3.1 算术运算

运 算	操 作 符	描 述	示 例
加法	x + y	y 加上 x	> 4 + 8 [1] 12
减法	x − y	x 减去 y	> 10 − 3 [1] 7
乘法	x * y	x 乘以 y	> 7 * 8 [1] 56
除法	x / y	x 除以 y	< 8/3 [1] 2.666667
指数运算	x ^ y x ** y	x 的 y 次幂	> 2 ^ 5 [1] 32 或 >2 ** 5 [1] 32
模运算	x %% y	x 除以 y 取余	> 5 %% 3 [1] 2
整除	x%/%y	x 除以 y 取整	> 5 %/% 2 [1] 2
平方根运算	sqrt(x)	x 的平方根	> sqrt (25) [1] 5

3.3.2 逻辑值

逻辑值可以表示为 TRUE 和 FALSE 或者 T 和 F,要注意它们是大小写敏感的,等号操作符是==。

```
>8 <4
[1] FALSE
```

```
>3 * 2 ==5
[1] FALSE
>3 * 2 ==6
[1] TRUE
>F ==FALSE
[1] TRUE
>T ==TRUE
[1] TRUE
```

1. 引导活动

步骤 1：创建一个向量 x，由 1～10 共 10 个元素组成。3.5 节会讨论创建向量、访问向量元素和向量的算术运算等的方法。

```
>x <-c(1:10)
```

步骤 2：显示向量 x 的内容。

```
>x
[1] 1 2 3 4 5 6 7 8 9 10
```

步骤 3：打印输出大于 7 或小于 5 的元素。“|”是或(OR)操作符，使用 OR 操作符显示大于 7 或小于 5 的元素。

```
>x[(x>7) | (x<5)]
[1] 1 2 3 4 8 9 10
```

2. 解释

- 当元素值大于 7 时显示 TRUE，否则显示 FALSE。

```
>x>7
[1] FALSE FALSE FALSE FALSE FALSE FALSE FALSE TRUE TRUE TRUE
```

- 当元素值小于 5 时显示 TRUE，否则显示 FALSE。

```
>x<5
[1] TRUE TRUE TRUE TRUE FALSE FALSE FALSE FALSE FALSE FALSE
```

步骤 4：打印输出值大于 7 且小于 10 的元素。“&”是与(AND)操作符，使用 AND 操作符显示大于 7 且小于 10 的元素。

```
>x[(x>7) & (x<10)]
[1] 8 9
```

3.3.3　日期

默认的日期格式为 YYYY-MM-DD。

（1）打印系统日期

```
>Sys.Date()
[1] "2017-01-13"
```

（2）打印系统时间

```
>Sys.time()
[1] "2017-01-13 10:54:37 IST"
```

（3）打印时区

```
>Sys.timezone()
[1] "Asia/Calcutta"
```

（4）打印当天日期

```
>today <-Sys.Date()
>today
[1] "2017-01-13"
>format (today, format ="%B %d %Y")
[1] "January 13 2017"
```

（5）将日期存储为文本数据类型

```
>CustomDate ="2016-01-13"
>CustomDate
[1] "2016-01-13"
>class (CustomDate)
[1] "character"
```

（6）将存储为文本类型的日期转换成日期数据类型

```
>CustDate =as.Date(CustomDate)
>class(CustDate)
[1] "Date"
>CustDate
[1] "2016-01-13"
```

（7）找出以下两个日期的差

```
>strDates <-c("08/15/1947", "01/26/1950")
```

（8）将字符串转换成日期格式

```
>dates =as.Date(strDates, "%m /%d /%Y")
>dates
[1] "1947-08-15" "1950-01-26"
```

（9）计算两个日期的差

```
>dates[2] -dates[1]
Time difference of 895 days
```

3.3.4 变量

(1) 为变量 Var 赋值 50

```
>Var <-50
```

或

```
>Var=50
```

(2) 打印变量 Var 的值

```
>Var
[1] 50
```

(3) 对变量 Var 执行算术运算

```
>Var +10
[1] 60
>Var / 2
[1] 25
```

变量可以被重新赋值,新赋值的类型可以与之前相同,也可以不同。

(4) 重新为变量 Var 赋一个 string 类型的值

```
>Var <-"R is a Statistical Programming Language"
```

打印变量 Var 的值。

```
>Var
[1] "R is a Statistical Programming Language"
```

(5) 为 Var 变量赋一个逻辑类型的值

```
>Var <-TRUE
>Var
[1] TRUE
```

3.3.5 函数

本节将介绍一些函数,如 sum()、min()、max()和 seq()。

1. sum()函数

sum()函数可以返回其参数表中所有值的和。

语法

```
sum(…, na.rm =FALSE)
```

其中,"…"表示数字、复数或逻辑向量。na.rm 接收一个逻辑值后,缺失值(包括 NaN(Not a Number))会被移除吗?

例如

① 对 sum()函数的参数值“1”“2”和“3”进行求和。

```
>sum(1, 2, 3)
[1] 6
```

② 如果将 NA 作为 sum()函数的一个参数，则输出将会是什么样的？

```
>sum(1, 5, NA, na.rm=FALSE)
[1] NA
```

如果 na.rm 是 FALSE，NA 或 NaN 作为任意一个参数，则会返回 NA 或 NaN。

③ 如果将 NaN 作为 sum()函数的一个参数，则输出将会是什么样的？

```
>sum(1, 5, NaN, na.rm=FALSE)
[1] NaN
```

④ 如果将 NA 和 NaN 作为 sum()函数的参数，则输出将会是什么样的？

```
>sum(1, 5, NA, NaN, na.rm=FALSE)
[1] NA
```

⑤ 如果将选项 na.rm 设置为 TRUE，则输出将会是什么样的？

如果 na.rm 是 TRUE，则参数中的任何 NA 或 NaN 将会被忽略。

```
>sum(1, 5, NA, na.rm=TRUE)
[1] 6
>sum(1, 5, NA, NaN, na.rm=TRUE)
[1] 6
```

2. min()函数

min()函数可以返回参数表中所有值的最小值。

语法

```
min(…, na.rm=FALSE)
```

其中，“…”表示数字或字符参数。na.rm 接收一个逻辑值后，缺失值(包括 NaN)会被移除吗？

例如

```
>min(1, 2, 3)
[1] 1
```

如果 na.rm 是 FALSE，参数表中的任意一个参数为 NA 或 NaN，则其返回结果为 NA 或 NaN。

```
>min(1, 2, 3, NA, na.rm=FALSE)
[1] NA
>min(1, 2, 3, NaN, na.rm=FALSE)
```

```
[1] NaN
>min(1, 2, 3, NA, NaN, na.rm=FALSE)
[1] NA
```

如果 na.rm 为 TRUE，则参数表中的任意一个 NA 或 NaN 将会被忽略。

```
>min(1, 2, 3, NA, NaN, na.rm=TRUE)
[1] 1
```

3. max()函数

max()函数可以返回参数表中所有值的最大值。

语法

```
max(…, na.rm=FALSE)
```

其中，"…"表示数字或字符参数。na.rm 接收一个逻辑值后，缺失值(包括 NaN)会被移除吗?

例如

```
>max(44, 78, 66)
[1] 78
```

如果 na.rm 是 FALSE，参数表中的任意一个参数为 NA 或 NaN，则会导致返回结果为 NA 或 NaN。

```
>max(44, 78, 66, NA, na.rm=FALSE)
[1] NA
>max(44, 78, 66, NaN, na.rm=FALSE)
[1] NaN
>max(44, 78, 66, NA, NaN, na.rm=FALSE)
[1] NA
```

如果 na.rm 为 TRUE，则参数表中的任意一个 NA 或 NaN 将会被忽略。

```
>max(44, 78, 66, NA, NaN, na.rm=TRUE)
[1] 78
```

4. seq()函数

seq()函数可以生成一个规则序列。

语法

```
seq(start from, end at, interval, length.out)
```

其中，start from 表示序列的起始值；end at 表示序列的最大值或结束值；interval 表示序列的增量；length.out 表示序列的期望长度。

例如

```
>seq(1, 10, 2)
```

```
[1] 1 3 5 7 9
>seq(1, 10, length.out=10)
[1] 1 2 3 4 5 6 7 8 9 10
>seq(18)
[1] 1 2 3 4 5 6 7 8 9 10 11 12 13 14 15 16 17 18
```

或者

```
>seq_len(18)
[1] 1 2 3 4 5 6 7 8 9 10 11 12 13 14 15 16 17 18
>seq(1, 6, by=3)
[1] 1 4
```

3.3.6 处理数据中的文本

R中有许多内置的字符串函数可以用来处理文本或字符串。查找某个文本字符串的一部分,在文本中搜索某个字符串或连接字符串及其他类似的操作都属于处理文本的操作。表3.2介绍了一些重要的文本处理操作。

让我们来看看R是如何处理字符串的。

字符串必须用双引号括起来,如

```
>"R is a statistical programming language"
[1] "R is a statistical programming language"
```

表3.2 R中内置的文本操作

函　　数	参　　数	描　　述
substr(a,start, stop)	• a是一个字符向量 • start and stop 包含一个数字值	函数返回字符串中从start参数开始、结束于stop参数的一部分
strsplit(a, split, …)	• a是一个字符向量 • split也是一个字符向量,其包含一个用来拆分的规则表达式	函数将给定的文本串拆分为子串
paste(…,sep='', …)	• …定义了R对象 • sep参数是一个用来分割对象的字符串	函数在将对象转换为字符串后连接字符串向量
grep(pattern, a)	• pattern参数包含一个匹配模式 • a是一个字符向量	该函数在给定的文本字符串中搜索文本模式后返回字符串
toupper(a)	• a是一个字符向量	该函数将字符串转换成大写
tolower(a)	• a是一个字符向量	该函数将字符串转换成小写

图3.1描述了R工作空间中的strsplit()函数和grep()函数。

下面详细介绍几个字符串函数。

1. rep()函数

rep()函数可以重复参数中给定的次数。在下面的示例中,字符串"statistics"被重复了

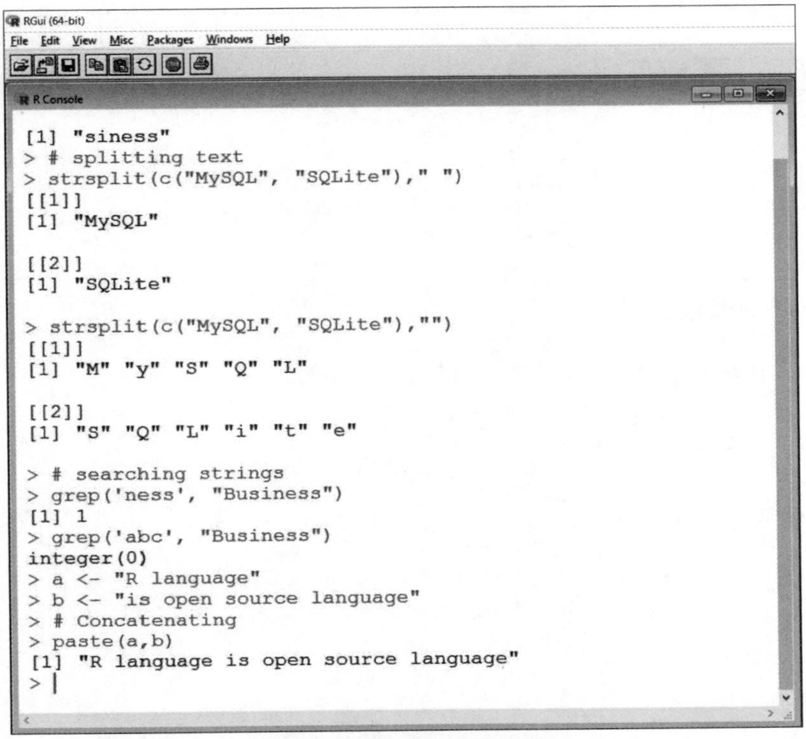

```
[1] "siness"
> # splitting text
> strsplit(c("MySQL", "SQLite")," ")
[[1]]
[1] "MySQL"

[[2]]
[1] "SQLite"

> strsplit(c("MySQL", "SQLite"),"")
[[1]]
[1] "M" "y" "S" "Q" "L"

[[2]]
[1] "S" "Q" "L" "i" "t" "e"

> # searching strings
> grep('ness', "Business")
[1] 1
> grep('abc', "Business")
integer(0)
> a <- "R language"
> b <- "is open source language"
> # Concatenating
> paste(a,b)
[1] "R language is open source language"
>
```

图 3.1　字符串操作函数示例

三次。

例如

```
>rep("statistics", 3)
[1] "statistics" "statistics" "statistics"
```

2. grep()函数

在下面的示例中,grep()函数用来查找"statistical"字符串所在的索引位置。

例如

```
>grep("statistical",c("R","is","a","statistical","language"),
fixed=TRUE)
[1] 4
```

3. toupper()函数

toupper()函数可以将给定的字符向量转换为大写。

语法

```
toupper(x)
```

x 是一个字符向量。

例如

```
>toupper("statistics")
[1] "STATISTICS"
```

或者

```
>casefold ("r programming language", upper=TRUE)
[1] "R PROGRAMMING LANGUAGE"
```

4. tolower()函数

tolower()函数可以将给定的字符向量转换为小写。

语法

```
tolower(x)
```

x是一个字符向量。

例如

```
>tolower("STATISTICS")
[1] "statistics"
```

或者

```
>casefold("R PROGRAMMING LANGUAGE", upper=FALSE)
[1] "r programming language"
```

5. substr()函数

substr()函数可以提取或替换字符向量中的子串。

语法

```
substr(x, start, stop)
```

x表示字符向量;start表示提取或替换的起始位置;stop表示提取或替换的结束位置。

例如

从“statistics”中提取字符串"tic",从位置7开始提取,一直提取到位置9。

```
>substr("statistics", 7, 9)
[1] "tic"
```

3.4 R中缺失值的处理

在分析数据处理过程中,用户会遇到由于缺失值和无穷大值所引起的问题。为了获得准确的输出,用户应该删除或清洗缺失值。在R中,NA(Not Available)代表缺失值,Inf(Infinite)代表无穷大值。在处理过程中,R提供了识别缺失值的不同函数(表3.3)。

表 3.3　处理缺失值的函数

函　数	参　数	描　述
is.na(x)	x 是一个将要测试的 R 对象	该函数会检查对象，如果数据缺失，则返回 TRUE
na.omit(x, …)	x 是一个需要从中删除 NA 的 R 对象，“…”定义了其他可选参数	从中删除缺失值后，函数返回该对象
na.exclude(x, …)	x 是一个需要从中删除 NA 的 R 对象，“…”定义了其他可选参数	从中删除缺失值后，函数返回该对象
na.fail(x, …)	x 是一个需要从中删除 NA 的 R 对象，“…”定义了其他可选参数	如果对象中包含缺失值，则函数会产生一个错误；如果对象中不包含任何缺失值，则返回对象
na.pass(x, …)	x 是一个需要从中删除 NA 的 R 对象，“…”定义了其他可选参数	函数会返回没有变化的对象

下面的示例创建了一个有缺失值的向量 A[10,20,NA,40]（如图 3.2 所示）。is.na(A)对于缺失值返回 TRUE；na.omit(A)和 na.exclude(A)会移除缺失值并将其分别存储到向量 B 和向量 D 中；如果 A 中存在缺失值，则 na.fail(A)会产生错误，na.pass(A)会返回正常向量 A。

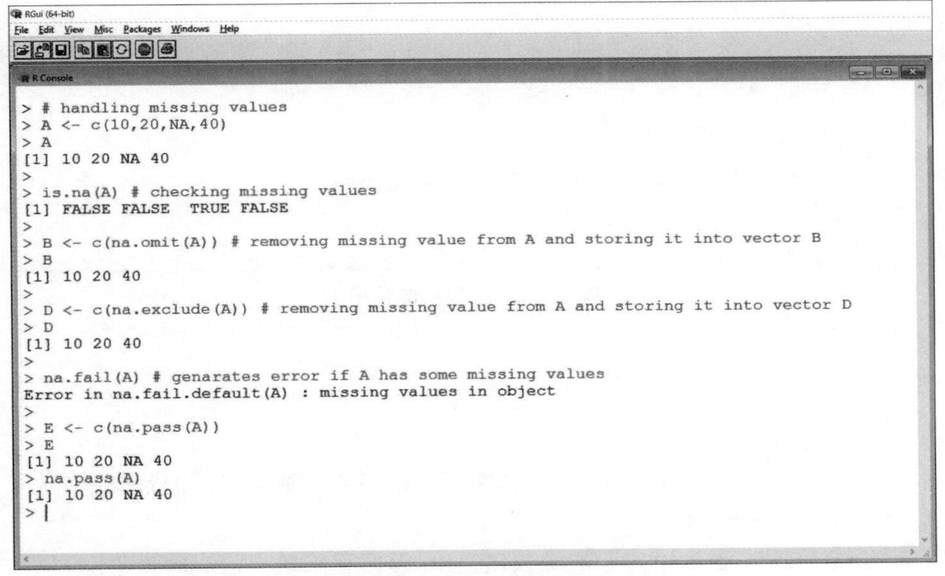

图 3.2　处理缺失值

3.5　利用 as 操作符改变数据的结构

有时，分析数据处理需要将数据从一种格式转换成另一种格式。通常，分析数据处理以表格的形式存储数据，其中只需要表的一部分或另一种结构存储表中的数据。在这种情况下，R 可以将表的结构转换为其他结构，如因子(factor)、列表(list)等。

R中的as操作符为将数据集从一种结构转换成另一种结构提供了方便，使用该操作符的语法为

```
as.objecttype(objectname)
```

其中，objecttype是对象的类型，如数据框、矩阵、列表等；objectname是需要转换成另外一种格式的对象名。

as.numeric()函数和as.character()函数分别用于将对象转换成数值型和字符型。

下面的示例利用两个向量a和b创建了一个数据框D(如图3.3所示)，现在利用as.list(D)函数将数据框转换成列表B，利用as.matrix(D)函数将数据框转换成matrix。

```
> # creating a data frame
> D <- data.frame(a=c('A','B','C','E','F'),b=c(1,2,3,4,5))
> D
  a b
1 A 1
2 B 2
3 C 3
4 E 4
5 F 5
>
> B = as.list(D) # converting data frame into list using as operator
> B
$a
[1] A B C E F
Levels: A B C E F

$b
[1] 1 2 3 4 5

> as.matrix(D) # into matrix form
     a   b
[1,] "A" "1"
[2,] "B" "2"
[3,] "C" "3"
[4,] "E" "4"
[5,] "F" "5"
```

图3.3 as操作符的使用

小练习

1. na.omit()函数是什么？

答：na.omit()函数是R中内置的函数，它可以返回移除缺失值后的对象。

2. na.exclude()函数是什么？

答：na.omit()函数是R中内置的函数，它可以返回移除缺失值后的对象。

3. na.fail()函数是什么？

答：na.fail()函数是R中内置的函数，如果对象中包含缺失值，则它会显示错误，如果没有任何缺失值则返回对象。

4. 哪一个函数可用于检测R对象中的缺失值？

答：is.na()函数可以用于检测R对象中的缺失值，该函数会检测对象，如果对象中有缺失值，则返回true。

5. as操作符是什么？

答：as操作符可以利用R将一个数据集从一种结构转换成另一种结构。

3.6 向量

一个向量可以有一个值列表。值可以是数字、字符串或逻辑值。一个向量中的所有值应该具有相同的数据类型。

关于 R 中的向量，需要记住的有以下几点：

- 向量像数组一样存储在 C 中；
- 向量的索引从 1 开始；
- 所有向量元素必须具有相同的模式，如整型、数值型（浮点型）、字符型（字符串）、逻辑值（boolean）、复数（complex）、对象（object）等。

下面创建几个向量。

(1) 创建一个数值型的向量。

```
>c(4, 7, 8)
[1] 4 7 8
```

c 函数（c 是 combine 的缩写）创建了一个包含 3 个值（4，7 和 8）的新向量。

(2) 创建一个字符串类型的向量。

```
>c("R", "SAS", "SPSS")
[1] "R" "SAS" "SPSS"
```

(3) 创建一个逻辑值的向量。

```
>c(TRUE, FALSE)
[1] TRUE FALSE
```

一个向量中不能有不同数据类型的值，考虑将下面例子中的整型、字符串、布尔型值放在一个向量中。

```
>c(4, 8, "R", FALSE)
[1] "4" "8" "R" "FALSE"
```

> **小提示**：将所有的值转换成相同的数据类型，如字符型。

(4) 声明一个名为 Project，长度为 3 的向量，并为其赋值。

```
>Project <-vector(length =3)
>Project [1] <-"Finance Project"
>Project [2] <-"Retail Project"
>Project [3] <-"Energy Project"
```

输出结果

```
>Project
[1] "Finance Project" "Retail Project" "Energy Project"
```

```
>length (Project)
[1] 3
```

3.6.1 顺序向量

顺序向量可以通过一个“开始:结束”标记进行创建。

目标

创建一个在1～5之间(包括1和5)的顺序数字向量。

```
>1:5
[1] 1 2 3 4 5
```

或者

```
>seq(1:5)
[1] 1 2 3 4 5
```

默认的增量为1,但是也允许增量不为1。

```
>seq (1, 10, 2)
[1] 1 3 5 7 9
```

或者

```
>seq (from=1, to=10, by=2)
[1] 1 3 5 7 9
```

或者

```
>seq (1, 10, by=2)
[1] 1 3 5 7 9
```

seq也可以按降序生成数字序列。

```
>10:1
[1] 10 9 8 7 6 5 4 3 2 1
>seq (10, 1, by=-2)
[1] 10 8 6 4 2
```

3.6.2 rep()函数

rep()函数用于将相同的常数放入长向量中,其语法是rep(z,k),它创建了一个具有k * length(z)个元素的向量,每个元素都等于z。

目标

演示rep()函数的功能。

动作

```
>rep (3, 4)
[1] 3 3 3 3
```

或者

```
>x <-rep (3, 4)
>x
[1] 3 3 3 3
```

3.6.3　向量访问

目标

创建一个变量 VariableSeq，并为它赋值一个字符串向量。

```
>VariableSeq <-c ("R", "is", "a", "programming", "language")
```

目标

要想访问向量中的值，需要指定对应值在向量中的索引，索引从 1 开始。

```
>VariableSeq[1]
[1] "R"
>VariableSeq[2]
[1] "is"
>VariableSeq[3]
[1] "a"
>VariableSeq[4]
[1] "programming"
>VariableSeq[5]
[1] "language"
```

目标

为已有的向量赋新值。例如，将"good programming"赋值给已有向量 VariableSeq 中索引为 4 的元素。

```
>VariableSeq[4] <-"good programming"
```

输出结果

```
>VariableSeq[4]
[1] "good programming"
```

目标

访问向量中的多个值。

① 从向量 VariableSeq 中访问第 1 个元素和第 5 个元素。

```
>VariableSeq[c(1, 5)]
[1] "R" "language"
```

② 从向量 VariableSeq 中访问第 1～4 个元素。

```
>VariableSeq[1:4]
[1] "R" "is" "a" "good programming"
```

③ 从向量 VariableSeq 中访问第 1 个、第 4 个和第 5 个元素。

```
>VariableSeq[c(1, 4:5)]
[1] "R" "good programming" "language"
```

④ 从向量 VariableSeq 中抽取所有的值。

```
>VariableSeq
[1] "R" "is" "a" "good programming"
[5] "language"
```

3.6.4 向量名

names()函数可以为向量元素命名。

这个工作分为两步完成，如下所示。

```
>placeholder <-1:5
>names(placeholder) <-c("r", "is", "a", "programming",
"language")
```

然后利用索引位置可以将向量元素抽取出来。

```
>placeholder
   r    is    a    programming    language
   1    2     3    4              5
>placeholder [3]
a
3
>placeholder [1]
r
1
>placeholder[4:5]
programming    language
          4           5
```

或者

```
>placeholder ["programming"]
programming
          4
```

目标

利用 barplot()函数绘制一张柱状图，barplot()函数使用一个向量的值绘制柱状图。

动作

所使用的向量为 BarVector。

```
>BarVector <-c(4, 7, 8)
>barplot(BarVector)
```

输出结果

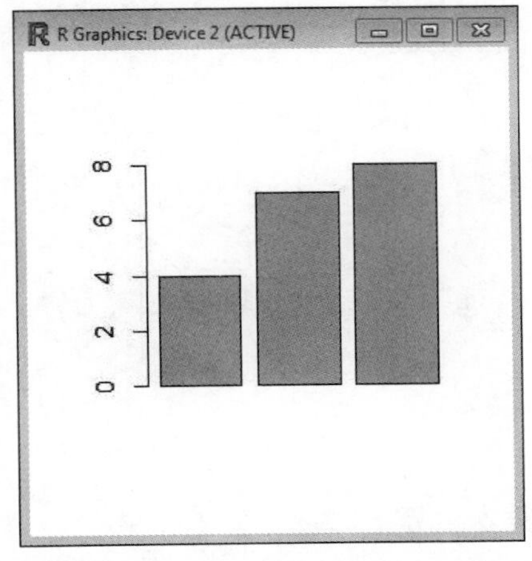

使用命名函数为向量元素命名，这些名称将会在柱状图中作为标签。

```
>names(BarVector) <-c("India", "MiddleEast", "US")
>barplot(BarVector)
```

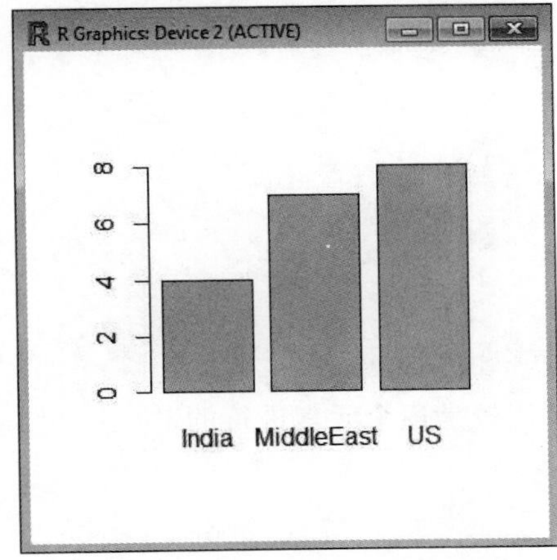

3.6.5　向量的算术运算

定义一个有 3 个值的向量 x，对向量加一个标量值(单个值)，该标量值会加到每一个向量元素上。

```
>x <-c(4, 7, 8)
>x +1
5 8 9
```

但是，向量还是保持它本身的元素。

```
>x
[1] 4 7 8
```

如果向量需要更新为新值,则输入以下的表达。

```
>x <-x +1
>x
[1] 5 8 9
```

可以对向量执行如下算术操作。

```
>x -1
[1] 4 7 8
>x * 2
[1] 10 16 18
>x / 2
[1] 2.5 4.0 4.5
```

在两个向量上执行这些算术运算。

```
>x
[1] 5 8 9
>y <-c(1, 2, 3)
>y
[1] 1 2 3
>x +y
[1] 6 10 12
```

其他算术操作有:

```
>x -y
[1] 4 6 6
>x * y
[1] 5 16 27
```

检测两个向量是否相等,比较是逐个元素进行的。

```
>x
[1] 5 8 9
>y
[1] 1 2 3
>x==y
[1] FALSE FALSE FALSE
>x <y
[1] FALSE FALSE FALSE
>sin(x)
[1] -0.9589243 0.9893582 0.4121185
```

3.6.6 向量循环

如果执行的一个操作涉及两个向量,则要求它们的长度相同,较短的向量就会被循环,即重复到它足够长以匹配较长的向量。

目标

两个向量相加，其中一个向量的长度是 3，另一个向量的长度是 6。

```
>c(1, 2, 3) +c(4, 5, 6, 7, 8, 9)
[1] 5 7 9 8 10 12
```

目标

两个向量相乘，其中一个向量的长度是 3，另一个向量的长度是 6。

```
>c(1, 2, 3) * c(4, 5, 6, 7, 8, 9)
[1] 4 10 18 7 16 27
```

目标

绘制一个散点图。绘制散点图的函数是 plot()，该函数使用两个向量，即一个为 x 轴，另一个为 y 轴，目的是理解数字与其正弦值(sin)之间的关系。向量 x 是元素间隔为 0.1、取值为 1～25 的顺序值，y 存储向量 x 中的所有值的正弦值。

```
>x <-seq(1, 25, 0.1)
>y <-sin(x)
```

plot()函数取向量 x 中的值并将其绘制在横轴上，然后取 y 向量中的值并将其置于纵轴上(如图 3.4 所示)。

```
>plot(x, y)
```

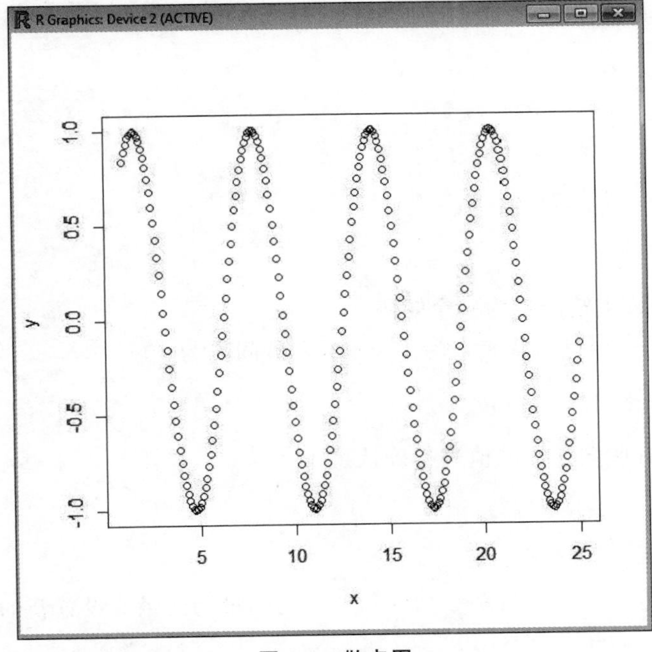

图 3.4 散点图

3.7 矩阵

矩阵只是二维数组。

目标

创建一个3行4列的矩阵,并将其所有元素置为1。

```
>matrix (1, 3, 4)
        [, 1]  [, 2]  [, 3]  [, 4]
[1, ]      1      1      1      1
[2, ]      1      1      1      1
[3, ]      1      1      1      1
```

目标

使用一个向量创建一个高3行和宽3列的数组。

步骤1:创建一个向量,其元素为10~90,元素间隔为10。

```
>a <-seq(10, 90, by =10)
```

步骤2:通过打印向量a的值进行确认。

```
>a
[1] 10 20 30 40 50 60 70 80 90
```

步骤3:调用具有向量a及行数和列数的matrix函数。

```
>matrix (a, 3, 3)
        [, 1]  [, 2]  [, 3]
[1, ]     10     40     70
[2, ]     20     50     80
[3, ]     30     60     90
```

目标

使用dim()函数重塑向量为一个矩阵。

步骤1:创建一个向量,其元素为10~90,元素间隔为10。

```
>a <-seq (10, 90, by =10)
```

步骤2:通过打印向量a的值进行确认。

```
>a
[1] 10 20 30 40 50 60 70 80 90
```

步骤3:通过传入一个3行和3列(c(3,3))的向量给向量a设置新的维度。

```
>dim(a) <-c(3, 3)
```

步骤4:打印向量a的值,此时向量的值已转换为3行和3列。向量不再是一维的,它已经被转换成一个高3行、宽3列的二维矩阵。

```
>a
        [, 1] [, 2] [, 3]
[1, ]     10    40    70
[2, ]     20    50    80
[3, ]     30    60    90
```

3.7.1 矩阵访问

目标

访问一个 3×4 的矩阵元素。

步骤 1：利用一个向量创建一个高 3 行、宽 4 列的矩阵 mat。

```
>x <-1:12
>x
[1] 1 2 3 4 5 6 7 8 9 10 11 12
>mat <-matrix (x, 3, 4)
>mat
        [, 1] [, 2] [, 3] [, 4]
[1, ]      1     4     7    10
[2, ]      2     5     8    11
[3, ]      3     6     9    12
```

步骤 2：获取矩阵 mat 中的第 2 行第 3 列的元素。

```
>mat [2, 3]
[1] 8
```

目标

访问已有矩阵的第 3 行。

步骤 1：打印矩阵 mat 的值。

```
>mat
        [, 1] [, 2] [, 3] [, 4]
[1, ]      1     4     7    10
[2, ]      2     5     8    11
[3, ]      3     6     9    12
```

步骤 2：要想获取矩阵的第 3 行，只需要提供行号并删除列号。

```
>mat [3, ]
[1] 3 6 9 12
```

目标

访问已有矩阵的第 2 列。

步骤 1：打印已有矩阵 mat 的值。

```
>mat
        [, 1] [, 2] [, 3] [, 4]
```

```
[1, ]     1    4    7    10
[2, ]     2    5    8    11
[3, ]     3    6    9    12
```

步骤 2：为了获取矩阵的第 2 列，只提供列号，删除行号。

```
>mat[, 2]
[1] 4 5 6
```

目标

访问已有矩阵的第 2 列和第 3 列。

步骤 1：打印已有矩阵 mat 的值。

```
>mat
      [, 1] [, 2] [, 3] [, 4]
[1, ]     1    4    7    10
[2, ]     2    5    8    11
[3, ]     3    6    9    12
```

步骤 2：为了获取矩阵的第 2 列和第 3 列，只提供列号，删除行号。

```
>mat[,2:3]
      [, 1] [, 2]
[1, ]     4    7
[2, ]     5    8
[3, ]     6    9
```

目标

创建等高线图(contour plot)。

创建一个矩阵 mat，其高 9 行，宽 9 列，并为其所有元素赋值 1。

```
>mat <-matrix(1, 9, 9)
```

打印矩阵 mat 的所有值。

```
>mat
      [, 1] [, 2] [, 3] [, 4] [, 5] [, 6] [, 7] [, 8] [, 9]
[1, ]     1    1    1    1    1    1    1    1    1
[2, ]     1    1    1    1    1    1    1    1    1
[3, ]     1    1    1    1    1    1    1    1    1
[4, ]     1    1    1    1    1    1    1    1    1
[5, ]     1    1    1    1    1    1    1    1    1
[6, ]     1    1    1    1    1    1    1    1    1
[7, ]     1    1    1    1    1    1    1    1    1
[8, ]     1    1    1    1    1    1    1    1    1
[9, ]     1    1    1    1    1    1    1    1    1
```

为矩阵 mat 中位于第 3 行和第 3 列的元素赋值 0。

```
>mat[3, 3] <-0
```

```
>mat
      [, 1] [, 2] [, 3] [, 4] [, 5] [, 6] [, 7] [, 8] [, 9]
[1, ]    1     1     1     1     1     1     1     1     1
[2, ]    1     1     1     1     1     1     1     1     1
[3, ]    1     1     1     1     1     1     1     1     1
[4, ]    1     1     1     1     1     1     1     1     1
[5, ]    1     1     1     1     1     1     1     1     1
[6, ]    1     1     1     1     1     1     1     1     1
[7, ]    1     1     1     1     1     1     1     1     1
[8, ]    1     1     1     1     1     1     1     1     1
[9, ]    1     1     1     1     1     1     1     1     1
```

使用 contour()函数绘制等高线图(如图 3.5 所示)。contour()函数可以创建等高线图或在现有的图上添加等高线。可以查看 R 文档以获得 contour()函数的完整说明。

```
>contour(mat)
```

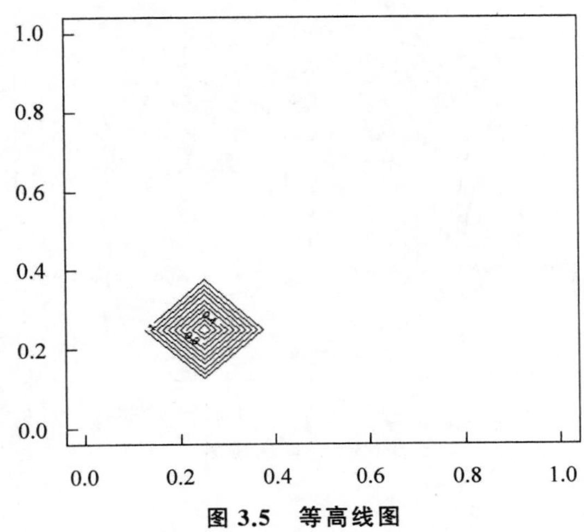

图 3.5　等高线图

目标

使用 persp()函数创建一个三维透视图(如图 3.6 所示),它提供了一个三维线框图,通常用于展示一个面。

```
>persp(mat)
```

可以使用参数 main 为图添加标题。同样地,xlab、ylab 和 zlab 可以用来标记 3 个数轴,图的着色是通过参数 col 实现的。类似地,可以使用参数 shade 为图添加阴影。

目标

R 中包含一些样本数据集,其中有一个 volcano 数据集,它是一张新西兰休眠火山的三维地图,即一个火山数据集的等高线图(如图 3.7 所示)。

```
>contour(volcano)
```

下面创建样本数据集 volcano 的三维透视图(如图 3.8 所示)。

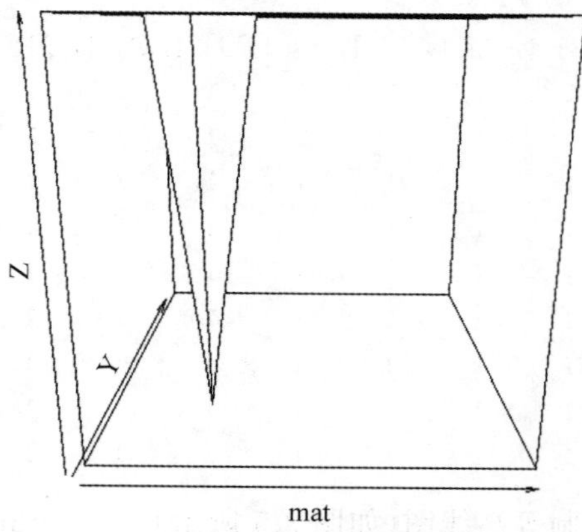

图 3.6 三维透视图

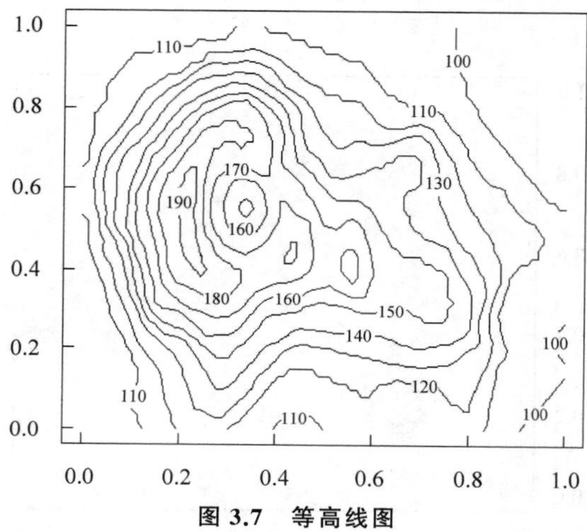

图 3.7 等高线图

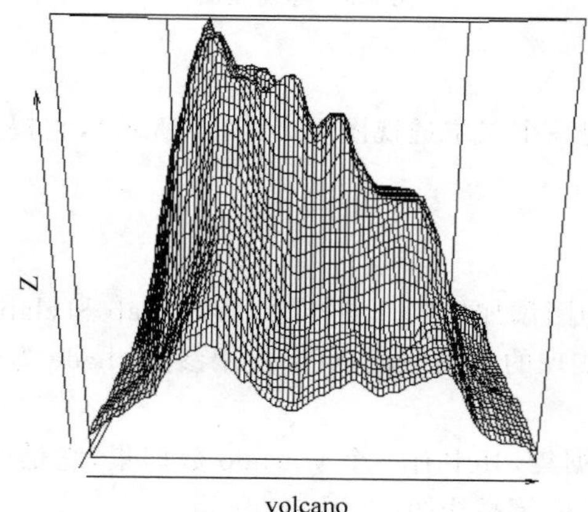

图 3.8 样本数据集 volcano 的三维透视图

```
>persp(volcano)
```

目标

创建样本数据集 volcano 的热力图(如图 3.9 所示)。

```
>image(volcano)
```

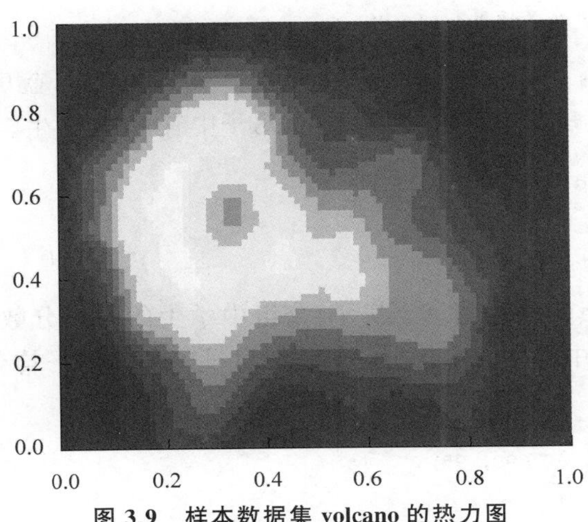

图 3.9　样本数据集 volcano 的热力图

3.8　因子

3.8.1　创建因子

学校 XYZ 把学生分成不同的组,也称房子(houses)。每个组都被指定了一个唯一的颜色,如"红色""绿色""蓝色"或"黄色"。HouseColor 是一个向量,用来存储学生分组的房子颜色。

```
>HouseColor <-c('red', 'green', 'blue', 'yellow', red', 'green', 'blue', 'blue')
>types <-factor(HouseColor)
>HouseColor
[1] "red" "green" "blue" "yellow" "red" "green" "blue" "blue"
>print(HouseColor)
[1] "red" "green" "blue" "yellow" "red" "green" "blue" "blue"
>print (types)
[1] red green blue yellow red green blue blue
Levels: blue green red yellow
```

Levels 代表不同的值,上面有 4 种不同的值,如 blue、green、red 和 yellow。

```
>as.integer(types)
[1] 3 2 1 4 3 2 1 1
```

以上输出的解释如下:

1 是分配给 blue 的数字；
2 是分配给 green 的数字；
3 是分配给 red 的数字；
4 是分配给 yellow 的数字。

```
>levels(types)
[1] "blue" "green" "red" "yellow"
```

向量 NoofStudents 用来存储每个房子/分组中的学生数量，蓝房子中有 12 名学生，绿房子中有 14 名学生，红房子中有 12 名学生，黄房子中有 13 名学生。

```
>NoofStudents <-c(12, 14, 12, 13)
>NoofStudents
[1] 12 14 12 13
```

向量 AverageScore 用来存储每个房子/分组中学生的平均分数。70 是蓝房子中学生的平均分，80 是绿房子中学生的平均分，90 是红房子中学生的平均分，95 是黄房子中学生的平均分。

```
>AverageScore(70, 80, 90, 95)
>AverageScore
[1] 70 80 90 95
```

目标

绘制 NoofStudents 和 AverageScore 之间的关系图（如图 3.10 所示）。

```
>plot(NoofStudents, AverageScore)
```

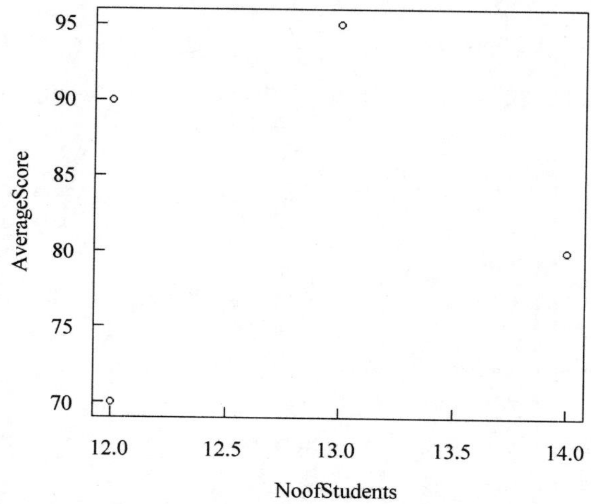

图 3.10　Noofstudents 和 AverageScore 之间的关系

图 3.10 显示了 4 个点，我们需要至少使用不同的符号表示每个房子，以改进图的表示（如图 3.11 所示）。

```
>plot (NoofStudents, AverageScore, pch=as.integer (types))
```

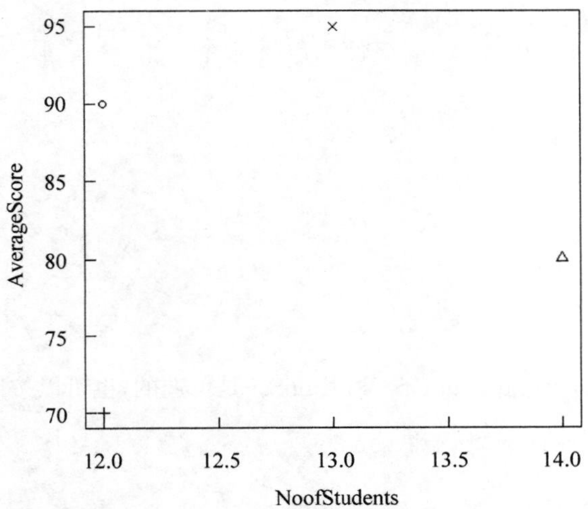

图 3.11　使用不同符号的 NoofStudents 和 AverageScore 之间的关系

为了使图表更有意义，下面在图 3.11 的右上角增加一个图例（如图 3.12 所示）。

```
>legend("topright", c("red", "green", "blue", "yellow"), pch=1:4)
```

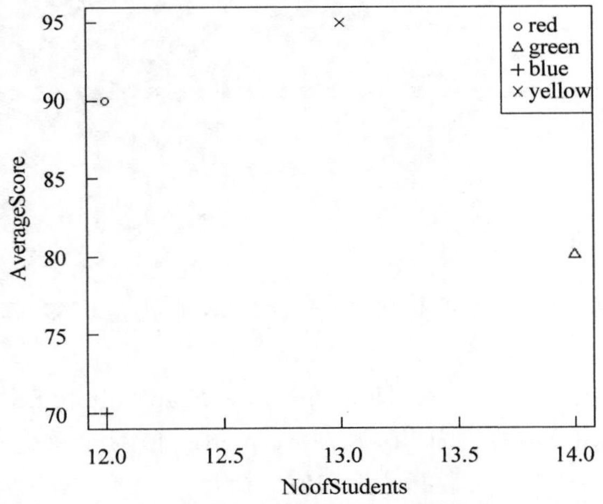

图 3.12　NoofStudents 和 AverageScore 之间的关系（添加图例）

3.9　列表

列表类似于 C 结构体。

目标

在 R 中创建一个列表。

创建一个列表 emp，它有 3 个元素：EmpName、EmpUnit 和 EmpSal。

```
>emp <-list ("EmpName="Alex", EmpUnit ="IT", EmpSal =55000)
```

输出结果

为了获取列表 emp 中的元素,应该使用以下命令。

```
>emp
$EmpName
[1] "Alex"
$EmpUnit
[1] "IT"
$EmpSal
[1] 55000
```

实际上,元素名 EmpName、EmpUnit 和 EmpSal 是可选的,也可以按照如下所示进行操作。

```
>EmpList <-list("Alex", "IT", 55000)
>EmpList
[[1]]
[1] "Alex"

[[2]]
[1] "IT"

[[3]]
[1] 55000
```

> **小提示:** 这里的 EmpList 中的元素是指 1、2 和 3。

3.9.1 列表标签和值

一个列表中有元素,元素都可以有名称,这些名称就是标签(Tag),元素也可以有值(Value)。

例如,在 emp 列表中有 3 个元素,即 EmpName、EmpUnit 和 EmpSal。元素 EmpName 的值为 Alex,元素 EmpUnit 的值为 IT,元素 EmpSal 的值为 55000。

让我们看一看检索列表中元素的名称和值的命令。

目标

检索列表 emp 中的元素名。

```
>names(emp)
[1] "EmpName" "EmpUnit" "EmpSal"
```

目标

检索列表 emp 中的元素值。

```
>unlist(emp)
EmpName EmpUnit EmpSal
```

```
"Alex" "IT" "55000"
```

下面给出了检索列表 emp 中单个元素值的命令。

目标

检索列表 emp 中元素 EmpName 的值。

```
>unlist(emp["EmpName"])
EmpName
"Alex"
```

列表中的其他元素的值也可以通过类似的方式进行检索。

```
>unlist(emp["EmpUnit"])
EmpUnit
    "IT"
>unlist(emp["EmpSal"])
EmpSal
    55000
```

还有一种检索列表 emp 中元素值的方法，如下所示。

目标

检索列表 emp 中的元素 EmpName 值。

```
>emp[["EmpName"]]
[1] "Alex"
```

或者

```
>emp[[1]]
[1] "Alex"
```

3.9.2　从列表中添加和删除元素

向列表 emp 添加元素前，需要确认列表中都有什么元素。

```
>emp
$EmpName
[1] "Alex"

$EmpUnit
[1] "IT"

$EmpSal
[1] 55000
```

目标

向列表 emp 添加一个名为 EmpDesg、取值为 software Engineer 的元素。

```
>emp$EmpDesg ="Software Engineer"
```

输出结果

```
>emp
$EmpName
[1] "Alex"

$EmpUnit
[1] "IT"

$EmpSal
[1] 55000
$EmpDesg
[1] "Software Engineer"
```

目标

从列表 emp 中删掉一个名为 EmpUnit、取值为 IT 的元素。

```
>emp$EmpUnit <-NULL
```

输出结果

```
>emp
$EmpName
[1] "Alex"
$EmpSal
[1] 55000
$EmpDesg
[1] "Software Engineer"
```

3.9.3 列表的大小

length()函数用于确定列表中元素的个数。有 3 个元素的列表 emp 如下所示。

```
>emp
$EmpName
[1] "Alex"

$EmpSal
[1] 55000

$EmpDesg
[1] "Software Engineer"
```

目标

确定列表 emp 中元素的个数。

```
>length(emp)
[1] 3
```

递归列表（Recursive List）

递归列表即一个列表位于另一个列表内。

目标

在一个列表内创建一个列表。

以两个列表 emp 和 emp1 为例，这两个列表中的元素如下所示。

```
>emp
$EmpName
[1] "Alex"
$EmpSal
[1] 55000

$EmpDesg
[1] "Software Engineer"

>emp1
$EmpUnit
[1] "IT"

$EmpCity
[1] "Los Angeles"
```

将这两个列表合并成一个名为 EmpList 的列表。

```
>EmpList <-list(emp, emp1)
```

输出结果

```
>EmpList
[[1]]
[[1]] $EmpName
[1] "Alex"

[[1]]$EmpSal
[1] 55000

[[1]]$EmpDesg
[1] "Software Engineer"

[[2]]
[[2]]$EmpUnit
[1] "IT"

[[2]]$EmpCity
[1] "Los Angeles"
```

3.10 一些常见的分析任务

读取、写入、更新和合并数据在任何编程语言中都是常见的操作，这些操作用于处理数据。所有编程语言都使用不同类型的数据，如数字、字符、逻辑值等。就像任何其他处理一样，分析数据处理也需要对复杂处理进行一般操作。3.11 节将介绍分析数据处理过程中的一些常见的 R 任务。

3.10.1 探索数据集

探索数据集意味着以不同的形式显示数据集中的数据。数据集是分析数据处理的主要组成部分，它使用数据集的不同形式或部分。在 R 命令的帮助下，分析人员可以轻松地以不同的方式探索数据集。表 3.4 描述了探索数据集的一些函数。

表 3.4 探索数据集的函数

函数	参数	描述
names(dataset)	dataset 包含数据集的名称	函数会显示指定数据集的变量
summary(dataset)	dataset 包含数据集的名称	函数会显示指定数据集的汇总信息
str(dataset)	dataset 包含数据集的名称	函数会显示指定数据集的结构
head(dataset, n)	• dataset 包含数据集的名称 • n 是用来显示前几行的行数的数字值	函数会根据指定的值 n 显示数据集的前 n 行，如果没有指定 n，则函数默认显示数据集的前 6 行
tail(dataset, n)	• dataset 包含数据集的名称 • n 是用来显示后几行的行数的数字值	函数会根据指定的值 n 显示数据集的后 n 行，如果没有指定 n，则函数默认显示数据集的后 6 行
class(dataset)	dataset 包含数据集的名称	函数会显示数据集的类别
dim(dataset)	dataset 包含数据集的名称	函数会返回数据集的维数，也就是数据集的行数和列数
table(dataset $ variablenames)	• dataset 包含数据集的名称 • variablenames 包含变量的名称	函数经过计数后返回分类值的个数

以下示例是将一个矩阵加载到工作空间中，在数据集 Orange 上执行以上所有命令（如图 3.13 至图 3.15 所示）。

3.10.2 数据集的条件操作

分析数据处理有时可能需要用到数据集特定的行或列。表 3.5 列出了访问数据集特定行和列所用到的命令。

```
RGui (64-bit)
File Edit View Misc Packages Windows Help
R Console
> library(Matrix)
> names(Orange) # displying the variables of the dataset Orange
[1] "Tree"          "age"           "circumference"
> summary(Orange) #displaying summary of the dataset Orange
 Tree       age          circumference
 3:7   Min.   : 118.0   Min.   : 30.0
 1:7   1st Qu.: 484.0   1st Qu.: 65.5
 5:7   Median :1004.0   Median :115.0
 2:7   Mean   : 922.1   Mean   :115.9
 4:7   3rd Qu.:1372.0   3rd Qu.:161.5
       Max.   :1582.0   Max.   :214.0
> str(Orange)
Classes 'nfnGroupedData', 'nfGroupedData', 'groupedData' and 'data.frame':       35 ob$
 $ Tree         : Ord.factor w/ 5 levels "3"<"1"<"5"<"2"<..: 2 2 2 2 2 2 2 4 4 4 ...
 $ age          : num  118 484 664 1004 1231 ...
 $ circumference: num  30 58 87 115 120 142 145 33 69 111 ...
 - attr(*, "formula")=Class 'formula'  language circumference ~ age | Tree
  .. ..- attr(*, ".Environment")=<environment: R_EmptyEnv>
 - attr(*, "labels")=List of 2
  ..$ x: chr "Time since December 31, 1968"
  ..$ y: chr "Trunk circumference"
 - attr(*, "units")=List of 2
  ..$ x: chr "(days)"
  ..$ y: chr "(mm)"
> |
```

图 3.13　使用 names()、summary()和 str()函数探索数据集

```
RGui (64-bit)
File Edit View Misc Packages Windows Help
R Console
> head(Orange) # display top rows [ By default 6 rows]
  Tree  age circumference
1    1  118            30
2    1  484            58
3    1  664            87
4    1 1004           115
5    1 1231           120
6    1 1372           142
>
> head(Orange,2) # display top 2 rows
  Tree age circumference
1    1 118            30
2    1 484            58
>
> tail(Orange) # display bottom rows [By default 6 rows]
   Tree  age circumference
30    5  484            49
31    5  664            81
32    5 1004           125
33    5 1231           142
34    5 1372           174
35    5 1582           177
> tail(Orange,2) # display bottom 2 rows
   Tree  age circumference
34    5 1372           174
35    5 1582           177
```

图 3.14　使用 head()和 tail()函数探索数据集

```
RGui (64-bit)
File Edit View Misc Packages Windows Help
R Console
> class(Orange) #display class of the Orange dataset
[1] "nfnGroupedData" "nfGroupedData"  "groupedData"    "data.frame"
>
> dim(Orange) #display dimension of the Orange dataset
[1] 35  3
>
> table(Orange$Tree) #counts categorial variables

3 1 5 2 4
7 7 7 7 7
> |
```

图 3.15　使用 class()、dim()和 table()函数探索数据集

表 3.5　访问数据集特定行和列的命令

命　　令	命 令 参 数	描　　述
Tablename[n]	n 是一个数字值	该命令会根据参数 n 所指定的值显示表格中的行
Tablename[, n]	n 是一个数字值	该命令会根据参数 n 所指定的值显示表格中的列

以下示例会在 R 工作空间中将表格 Hardware.csv 读入对象 TD 中，TD[1]和 TD[, 1]命令可显示行和列(如图 3.16 所示)。

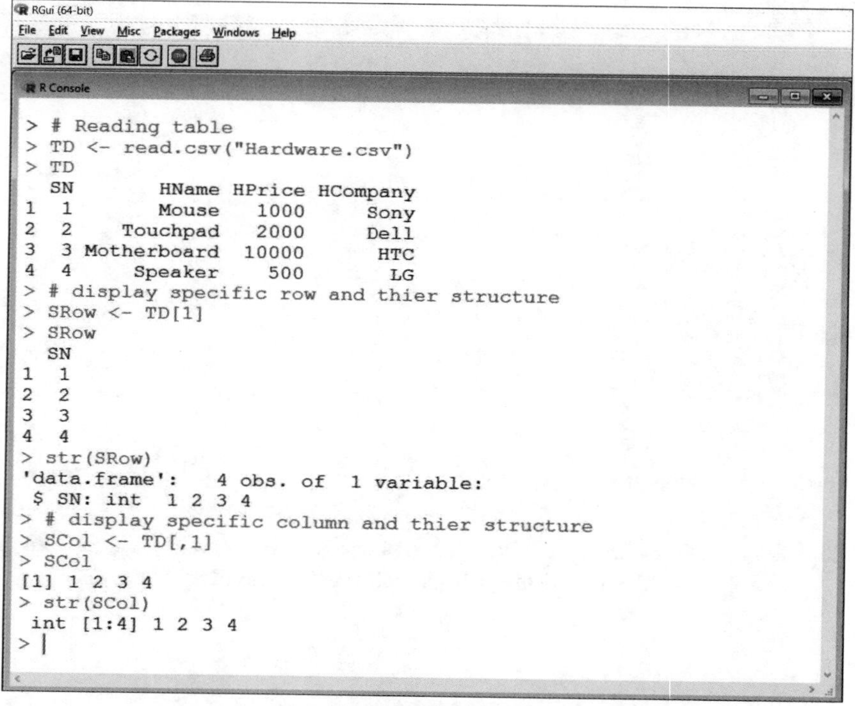

RGui (64-bit)
File Edit View Misc Packages Windows Help
R Console
> # Reading table
> TD <- read.csv("Hardware.csv")
> TD
SN HName HPrice HCompany
1 1 Mouse 1000 Sony
2 2 Touchpad 2000 Dell
3 3 Motherboard 10000 HTC
4 4 Speaker 500 LG
> # display specific row and thier structure
> SRow <- TD[1]
> SRow
SN
1 1
2 2
3 3
4 4
> str(SRow)
'data.frame': 4 obs. of 1 variable:
$ SN: int 1 2 3 4
> # display specific column and thier structure
> SCol <- TD[,1]
> SCol
[1] 1 2 3 4
> str(SCol)
int [1:4] 1 2 3 4
>

图 3.16　数据集的条件操作

3.10.3　合并数据

合并不同的数据集或对象是大多数处理活动中的另一个常见任务。分析数据处理也可能需要合并两个或多个数据对象。R 提供了合并数据对象的函数 merge()，merge()函数通过公共的列名或行名合并数据框，它也遵循数据库的连接操作。merge()函数的语法如下：

```
merge(x, y,…)
```

或

```
merge(x, y, by = intersect(names(x), names(y)), by.x = by, by.y = by, all = FALSE,
all.x = all, all.y = all, …)
```

其中，x 是一个对象或数据框，y 是一个对象或数据框，通过 by.x 和 by.y 参数定义用于合并的公共的列或行。all 参数包含逻辑值 TRUE 或 FALSE，如果值为 TRUE，则通过将 x 和 y 的所有行添加到结果对象中返回全连接(full outer join)。

all.x 参数包含逻辑值 TRUE 或 FALSE。如果值为 TRUE，则通过在 x 中增加一个与 y 中的行不匹配的额外行，并在合并对象后根据每个左连接(left outer join)返回数据集。如果值为 FALSE，则将 x 和 y 中的数据行合并到结果对象中。

all.y 参数包含逻辑值 TRUE 或 FALSE。如果值为 TRUE，则通过在 y 中增加一个与 x 中的行不匹配的额外行，并在合并对象后根据每个右连接(right outer join)返回数据集。如果值为 FALSE，则将 x 和 y 中的数据行合并到结果对象中。

"…"用来定义其他可选参数。

以下示例创建了两个数据框 S 和 T，然后将这两个数据框合并到一个新的数据框 E 中(如图 3.17 所示)。

```
> S <- data.frame(RN = c('A','B','C'),RM =c(10,20,30))
> S
  RN RM
1  A 10
2  B 20
3  C 30
> T <- data.frame(TN = c('A','B','C'),TM =c(10,20,30))
> T
  TN TM
1  A 10
2  B 20
3  C 30
> E <- merge(S,T)
> E
  RN RM TN TM
1  A 10  A 10
2  B 20  A 10
3  C 30  A 10
4  A 10  B 20
5  B 20  B 20
6  C 30  B 20
7  A 10  C 30
8  B 20  C 30
9  C 30  C 30
>
```

图 3.17　合并数据

在这个示例中，两个数据框 S 和 T 使用了不同的值合并数据，merge 命令使用左连接和右连接对它们进行合并后返回数据框(如图 3.18 所示)。

```
> S <- data.frame(RN = c('A','B'),RM =c(10,20))
> S
  RN RM
1  A 10
2  B 20
> T <- data.frame(TN = c('A','C'),TM =c(100,200))
> T
  TN  TM
1  A 100
2  C 200
> # Left outer join
> E <- merge(S,T,all.x = "TRUE")
> E
  RN RM TN  TM
1  A 10  A 100
2  B 20  A 100
3  A 10  C 200
4  B 20  C 200
> # right outer join
> E <- merge(S,T,all.y = "TRUE")
> E
  RN RM TN  TM
1  A 10  A 100
2  B 20  A 100
3  A 10  C 200
4  B 20  C 200
```

图 3.18 使用连接条件合并数据

3.11 变量的聚合和分组处理

聚合(aggregating)和分组操作是指在变量数据分组后将数据集特定变量的数据聚合在一起。像合并一样,分析数据处理也需要对数据集进行聚合和分组操作。R 为聚合操作提供了一些函数。下面将介绍 R 的两个聚合函数 aggregate()和 tapply()。

3.11.1 aggregate()函数

aggregate()函数是 R 的一个聚合数据值的内置函数,该函数在执行给定的统计功能后也将数据进行分组。aggregate()函数的语法为

```
aggregate(x, …)
```

或

```
aggregate(x, by, FUN, …)
```

其中,x 是一个对象,by 参数定义了数据集特定变量的分组元素列表,FUN 参数是一个统计函数,它在执行给定的统计操作后返回一个数字值,"…"定义了其他可选参数。

以下示例将一个表格 Fruit_data.csv 读取到对象 S 中。aggregate()函数用来计算出每种水果的平均价格,这里的 by 参数为 list(Fruit.Name = S$Fruit.Name),其用来对 Fruit.Name 列进行分组(如图 3.19 所示)。

3.11.2 tapply()函数

tapply()函数也是 R 的内置函数,并以类似于 aggregate()函数的方式进行工作。函数在执行给定的统计功能后可以将数据值聚合分组,tapply()函数的语法为

```
> # reading table
>  S <- read.csv("Fruit_data.csv")
> S
  Fruit.Name Fruit.Price
1      Mango          80
2      Apple         100
3     Banana          40
4      Mango          70
5  Pienapple         120
6     Banana          50
7      Apple          90
8      Apple         110
9      Mango          90
> # Finding mean value of each fruit
> aggregate(S$Fruit.Price, list(Fruit.Name = S$Fruit.Name), mean)
  Fruit.Name   x
1      Apple 100
2     Banana  45
3      Mango  80
4  Pienapple 120
> |
```

图 3.19　aggregate()函数示例

```
tapply (x, …)
```

或

```
tapply(x, INDEX, FUN, …)
```

其中，x 是定义汇总变量的对象，INDEX 参数定义了分组元素列表，也称分组变量，FUN 参数是一个统计函数，在执行给定的统计操作后会返回一个数字值，“…”定义了其他可选参数。

下面的示例将表格 Fruit_data.csv 数据读入对象 A 中。tapply()函数用来计算每种水果的总量和价格。这里的 Fruit.Price 是一个汇总变量，Fruit.Name 是一个分组变量。FUN 函数应用在汇总变量 Fruit.Price 上（如图 3.20 所示）。

```
> A
  Fruit.Name Fruit.Price
1      Mango          80
2      Apple         100
3     Banana          40
4      Mango          70
5  Pienapple         120
6     Banana          50
7      Apple          90
8      Apple         110
9      Mango          90
> #applying tapply() function
> tapply(A$Fruit.Price, list(Fruit.Name = A$Fruit.Name), sum)
Fruit.Name
    Apple    Banana     Mango Pienapple
      300        90       240       120
> tapply(A$Fruit.Price, list(Fruit.Name = A$Fruit.Name), max)
Fruit.Name
    Apple    Banana     Mango Pienapple
      110        50        90       120
> tapply(A$Fruit.Price, list(Fruit.Name = A$Fruit.Name), min)
Fruit.Name
    Apple    Banana     Mango Pienapple
       90        40        70       120
> |
```

图 3.20　tapply()函数示例

小练习

1. 如何定义探索数据集？

答：探索数据集意味着以不同形式显示数据集中的数据。

2. 哪个函数用于显示数据集的汇总？

答：summary()函数用于显示数据集的汇总。

3. head()函数是什么？

答：head()函数是一种内置的数据探索函数，它会根据给定值显示前几行。

4. tail()函数是什么？

答：tail()函数是一种内置的数据探索函数，它会根据给定值显示后几行。

5. merge()函数的作用是什么？

答：merge()函数是R的一种内置函数，它通过公共的列或行名组合数据框，它也遵循数据库的连接操作。

6. aggregate()函数的作用是什么？

答：aggregate()函数是R的一种内置函数，它在执行需要的统计函数后可以对数据进行聚合与分组。

7. tapply()函数的作用是什么？

答：tapply()函数是R的一种内置函数，它在执行需要的统计函数后可以将数据聚合成组。

8. 列出R中用于操作文本的内置函数。

答：R中一些用于操作文本的内置函数为：

- substr()
- strsplit()
- paste()
- grep()

3.12 使用R进行简单分析

本节将讲解如何从数据集中读取数据、执行常见操作并查看输出。

3.12.1 输入

输入是任何处理的第一步，包括分析数据处理。这里的输入是数据集Fruit。要想将数据集读入R，可以使用read.table()函数或read.csv()函数。在图3.21中，使用read.csv()函数将数据集Fruit读入R的工作区。

3.12.2 描述数据结构

在将数据集读入R工作区后，可以使用不同的函数，如names()、str()、summary()、head()和tail()对数据集进行描述，这些函数已经在前面的章节中进行了说明。图3.22使

```
RGui (64-bit)
File Edit View Misc Packages Windows Help
> # reading dataset [Fruit.csv] as input
> Fruit <- read.csv("Fruit.csv")
> Fruit
  Fruit.Name Fruit.Price Fruit.Color
1      Mango          80      Yellow
2      Apple         100         Red
3     Banana          40       Green
4      Mango          70       Green
5  Pienapple         120      Yellow
6     Banana          50      Yellow
7      Apple          90         Red
8      Apple         110         Red
9      Mango          90      Orange
> |
```

图 3.21　将数据集作为输入读入 R 工作区

用这些函数对 Fruit 数据集进行了描述。

```
RGui (64-bit)
File Edit View Misc Packages Windows Help
> # Describing data structure
> names(Fruit)   # varibles of the dataset
[1] "Fruit.Name"  "Fruit.Price" "Fruit.Color"
>
> str(Fruit) # structure of the dataset
'data.frame':   9 obs. of  3 variables:
 $ Fruit.Name : Factor w/ 4 levels "Apple","Banana",..: 3 1 2 3 4 2 1 1 3
 $ Fruit.Price: int  80 100 40 70 120 50 90 110 90
 $ Fruit.Color: Factor w/ 4 levels "Green","Orange",..: 4 3 1 1 4 4 3 3 2
>
> head(Fruit,3) #reading top 3 rows of the dataset
  Fruit.Name Fruit.Price Fruit.Color
1      Mango          80      Yellow
2      Apple         100         Red
3     Banana          40       Green
>
> tail(Fruit,3) #reading bottom 3 rows of the dataset
  Fruit.Name Fruit.Price Fruit.Color
7      Apple          90         Red
8      Apple         110         Red
9      Mango          90      Orange
>
> summary(Fruit) #summary of the dataset
     Fruit.Name  Fruit.Price      Fruit.Color
 Apple    :3    Min.   : 40.00   Green :2
 Banana   :2    1st Qu.: 70.00   Orange:1
 Mango    :3    Median : 90.00   Red   :3
 Pienapple:1    Mean   : 83.33   Yellow:3
                3rd Qu.:100.00
```

图 3.22　描述数据结构

3.12.3　描述变量结构

在描述数据集后，还可以使用不同的函数描述数据集的变量。有许多用于描述变量并对它们执行操作的函数，其中一些函数已经在前面的章节中进行了说明。图 3.23 描述了 Fruit 数据集的变量。

许多内置的分布函数可以应用于数据集的变量，其定义了数据集中数据的分布。图 3.24 至图 3.26 说明了在 Fruit 数据集中应用的一些分布函数。

```
RGui (64-bit)
File Edit View Misc Packages Windows Help
> # Describing varible structure
> summary(Fruit$Fruit.Name) # summary of the variable Fruit.Name of the Fruit dataset
    Apple    Banana     Mango Pienapple
        3         2         3         1
>
> mean(Fruit$Fruit.Price) # mean of the fruit price
[1] 83.33333
>
> sum(Fruit$Fruit.Price) # sum of the fruit price
[1] 750
>
> table(Fruit$Fruit.Name)

    Apple    Banana     Mango Pienapple
        3         2         3         1
> table(Fruit$Fruit.Price)

 40  50  70  80  90 100 110 120
  1   1   1   1   2   1   1   1
>
> table(Fruit$Fruit.Color)

 Green Orange    Red Yellow
     2      1      3      3
> |
```

图 3.23　描述变量结构

图 3.24 使用 hist()函数对 Fruit 数据集的直方图进行了描述。直方图是数据的一种图形化显示，其使用了许多不同高度的柱型描述数据。

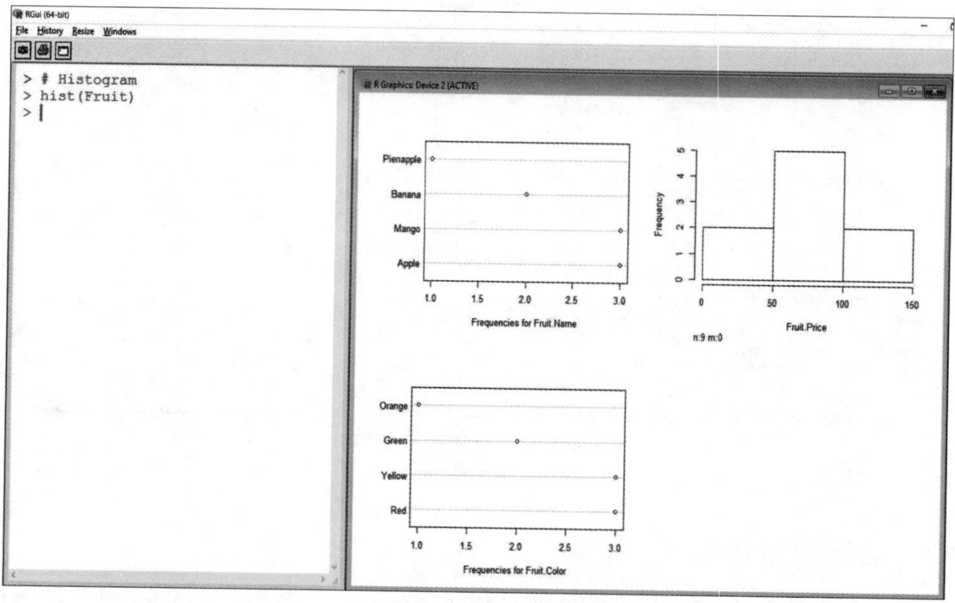

图 3.24　Fruit 数据集的直方图

hist()函数的完整语法为

```
hist(x, breaks = 'Sturges',
    freq = NULL, probability = !freq,
```

```
include.lowest =TRUE, right =TRUE,
density =NULL, angle =45, col =NULL, border =NULL,
main =paste('Histogram of' , xname),
xlim =range(breaks), ylim =NULL,
xlab =xname, ylab,
axes =TRUE, plot =TRUE, labels =FALSE,
nclass =NULL, warn.unused =TRUE, ...)
```

其中,x是直方图所需要的向量;freq是一个逻辑值,如果为TRUE,则直方图是频数成分的表示;如果是FALSE,则是概率密度和成分密度。main、xlab、ylab是标题参数。plot是一个逻辑值,如果为TRUE(默认值),则绘制一个直方图,否则返回一个break(分割的区间)和count(每个区间的频数)的列表。

想要了解hist()函数中的其他参数,请参考R文档。

图3.25描述了使用boxplot()函数绘制Fruit数据集的箱线图(box-and-whisker)。箱(box)和线(whisker)图将分组值汇总到箱中。

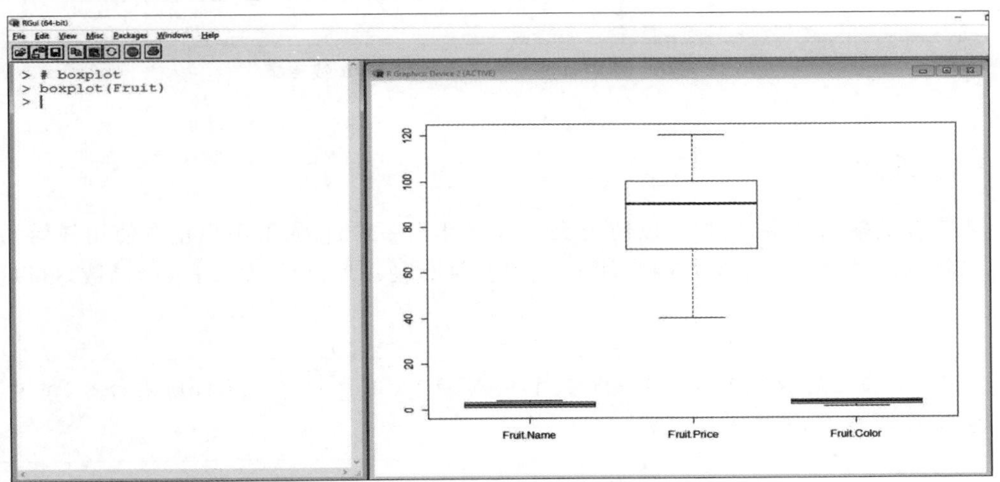

图3.25 Fruit数据集的箱线图

boxplot()函数的语法为

```
boxplot(x, ..., range =1.5, width =NULL, varwidth =FALSE,
notch =FALSE, outline =TRUE, names, plot =TRUE,
border =par('fg'), col =NULL, log ='',
pars =list(boxwex =0.8, staplewex =0.5, outwex =0.5),
horizontal =FALSE, add =FALSE, at =NULL)
```

其中,x是一个数字向量或包含此类向量的单独列表。

range参数决定了绘制的线从箱延伸出的距离。

如果outline不是真,则异常值是不会被绘制的。

想要理解boxplot()函数中的其他参数,请参考R文档。

图3.26使用plot()函数描述了Fruit数据集。

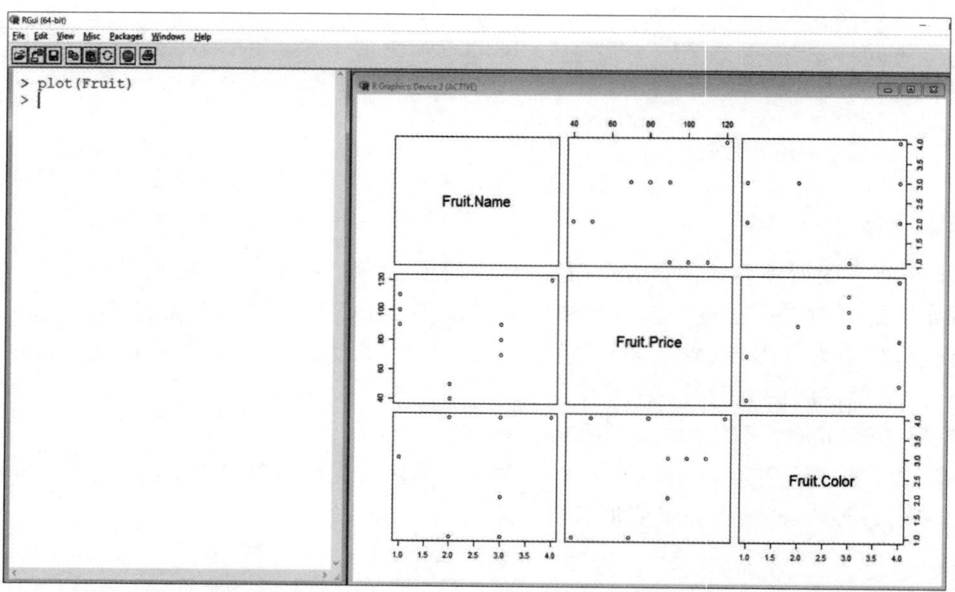

图 3.26 使用 plot()函数描述的 Fruit 数据集

3.12.4 输出

要想存储输出结果，用户可以使用 RData 文件。一方面，如果用户正在使用任何 GUI，则可以将输出导出到一个特定的文件中。同时，通过使用库函数，如 write()函数，可以保存输出。

> **谨记**：在任何 R 图形用户界面(GUI)的帮助下，用户都可以执行所有命令，其中的一些 GUI 将在 3.13 节进行说明。

小练习

1. 请写出用于读取数据集或表格到 R 工作空间中的函数名称。

答：用于读取数据集或表格到 R 工作空间中的函数为

- `read.csv()`
- `read.table()`

2. 请列出用于描述数据集的内置函数。

答：用于描述数据集的内置函数为

- `names()`
- `str()`
- `summary()`
- `head()`
- `tail()`

3. 请列出描述变量的 R 函数。

答：描述变量的函数为

- table()
- summary(tablename $variablename)
- paste()
- grep()
- hist()
- plot()

3.13　读取数据的方法

R 支持与数据库相关的不同类型的数据格式。在 R 的导入和导出功能的帮助下，任何类型的数据都可以导入和导出到 R 中。本节将介绍读取数据的不同方法。

3.13.1　CSV 和电子表格

逗号分隔值(CSV)文件和电子表格(spreadsheets)用于存储小型数据。R 有一个内置的函数，分析师可以通过它读取这两种类型的文件。

1. 读取 CSV 文件

CSV 文件使用 csv 作为扩展名，并以纯文本的形式将数据存储到表格结构中。以下函数用来从 CSV 文件中读取数据。

```
read.csv('filename')
```

其中，filename 是需要导入的 CSV 文件的文件名。read.table()函数也可以从 CSV 文件中读入数据，该函数的语法为

```
read.table('filename', header=TRUE, sep=',',…)
```

其中，filename 参数定义了将要读取的文件的路径；header 参数包含逻辑值 TRUE 和 FALSE，用于定义文件在第 1 行是否有头名(header names)；sep 参数定义了用于分隔文件每行的字符，“…”定义了其他可选的参数。

以下示例使用 read.csv()函数和 read.table()函数读取一个 CSV 文件 Hardware.csv(如图 3.27 所示)。

2. 读取电子表格

电子表格是以行和列的形式存储数据的表格。许多应用程序都可以用于创建电子表格，Microsoft Excel 是最流行的用于创建 Excel 文件的应用，Excel 文件使用 xlsx 作为扩展名，并将数据存储在电子表格中。

R 中有读取 Excel 文件功能的不同包，如 gdata、xlsx 等。在使用任何包的任何内置函数之前，必须导入此类包。read.xlsx()是用于读取 Excel 文件的 xlsx 包的内置函数。read.

```
> # Reading CSV file using .csv function()
> read.csv("Hardware.csv")
  SN       HName HPrice HCompany
1  1       Mouse   1000     Sony
2  2    Touchpad   2000     Dell
3  3 Motherboard  10000      HTC
4  4     Speaker    500       LG
>
>
> # Reading CSV file using read.table function()
> read.table("Hardware.csv", header=TRUE, sep=",")
  SN       HName HPrice HCompany
1  1       Mouse   1000     Sony
2  2    Touchpad   2000     Dell
3  3 Motherboard  10000      HTC
4  4     Speaker    500       LG
> |
```

图 3.27 读取 CSV 文件

xlsx()函数的语法为

```
read.xlsx('filename',…)
```

其中,filename 参数定义了需要读取的文件的路径,"…"定义了其他可选参数。

在 R 中,使用软件包读取或写入(导入和导出)数据可能会产生一些问题,如版本不兼容、附加软件包未加载等。为了避免这些问题,最好将文件转换为 CSV 文件,可以使用 read.csv()函数读取转换的文件。

以下示例说明了创建一个 Excel 文件 Softdrink.xlsx 的过程。Software.csv 是 Softdrink.xlsx 文件的转换形式(如图 3.28 所示)。使用 read.csv()函数可以将该文件读入 R(如图 3.29 所示)。

	A	B
1	Software drinkName	Price [per leter]
2	Coca-cola	100
3	Fruite	80
4	Pepsi	70
5	Maza	50

图 3.28 Excel 文件的电子表格

```
RGui (64-bit)
File Edit View Misc Packages Windows Help
R Console
> # Reading spreatsheet [Excel files] after converting into [.csv file]
> read.csv("Softdrink.csv")
  Software.drinkName Price...per.leter.  X
1          Coca-cola                100 NA
2             Fruite                 80 NA
3              Pepsi                 70 NA
4               Maza                 50 NA
> |
```

图 3.29 读取转换后的 CSV 文件

例如,读取 CSV 文件。

要想将一个 CSV 文件(D:\SampleSuperstore.csv)数据读取到数据框中,数据应该按照 Category 进行分组,分组的列为 Sales,要使用的聚合函数为 sum。

步骤 1:数据存储在 D:\SampleSuperstore.csv 中,可以在以下列中获得该数据。

Row ID, Order ID, Order Date, Ship Date, Ship Mode, Customer ID, Customer Name,Segment, Country, State, City, Postal Code, Region, Product ID, Category, Sub-Category,Product Name, Sales, Quantity, Discount, Price.

图 3.30 显示了数据的一个子集。

	A	B	C	D	E	F	G	H	I	J	K	L	M	N	O	P	Q	R	S	T	U
1	Row ID	Order ID	Order Date	Ship Date	Ship Mod	Customer	Customer	Segment	Country	City	State	Postal Coc	Region	Product ID	Category	Sub-Categ	Product N	Sales	Quant	Discou	Profit
2	1	CA-2013-1	11/9/2013	11/12/2013	Second Cl	CG-12520	Claire Gut	Consumer	United Sta	Henderso	Kentucky	42420	South	FUR-BO-1	Furniture	Bookcase	Bush Som	261.96	2	0	41.91
3	2	CA-2013-1	11/9/2013	11/12/2013	Second Cl	CG-12520	Claire Gut	Consumer	United Sta	Henderso	Kentucky	42420	South	FUR-CH-1	Furniture	Chairs	Hon Delux	731.94	3	0	219.6
4	3	CA-2013-1	6/13/2013	6/17/2013	Second Cl	DV-13045	Darrin Var	Corporate	United Sta	Los Angel	California	90036	West	OFF-LA-10	Office Sup	Labels	Self-Adhe	14.62	2	0	6.871
5	4	US-2012-1	10/11/2012	10/18/2012	Standard (	SO-20335	Sean O'Dc	Consumer	United Sta	Fort Laude	Florida	33311	South	FUR-TA-1	Furniture	Tables	Bretford C	957.5775	5	0.45	-383
6	5	US-2012-1	10/11/2012	10/18/2012	Standard (	SO-20335	Sean O'Dc	Consumer	United Sta	Fort Laude	Florida	33311	South	OFF-ST-10	Office Sup	Storage	Eldon Folc	22.368	2	0.2	2.516
7	6	CA-2011-1	6/9/2011	6/14/2011	Standard (	BH-11710	Brosina H	Consumer	United Sta	Los Angel	California	90032	West	FUR-FU-1	Furniture	Furnishing	Eldon Exp	48.86	7	0	14.17
8	7	CA-2011-1	6/9/2011	6/14/2011	Standard (	BH-11710	Brosina H	Consumer	United Sta	Los Angel	California	90032	West	OFF-AR-1	Office Sup	Art	Newell 32	7.28	4	0	1.966
9	8	CA-2011-1	6/9/2011	6/14/2011	Standard (	BH-11710	Brosina H	Consumer	United Sta	Los Angel	California	90032	West	TEC-PH-10	Technolog	Phones	Mitel 532	907.152	6	0.2	90.72
10	9	CA-2011-1	6/9/2011	6/14/2011	Standard (	BH-11710	Brosina H	Consumer	United Sta	Los Angel	California	90032	West	OFF-BI-10	Office Sup	Binders	DXL Angle	18.504	3	0.2	5.783
11	10	CA-2011-1	6/9/2011	6/14/2011	Standard (	BH-11710	Brosina H	Consumer	United Sta	Los Angel	California	90032	West	OFF-AP-1	Office Sup	Appliance	Belkin F5	114.9	5	0	34.47
12	11	CA-2011-1	6/9/2011	6/14/2011	Standard (	BH-11710	Brosina H	Consumer	United Sta	Los Angel	California	90032	West	FUR-TA-1	Furniture	Tables	Chromcra	1706.184	9	0.2	85.31
13	12	CA-2011-1	6/9/2011	6/14/2011	Standard (	BH-11710	Brosina H	Consumer	United Sta	Los Angel	California	90032	West	TEC-PH-10	Technolog	Phones	Konftel 25	911.424	4	0.2	68.36
14	13	CA-2014-1	4/16/2014	4/21/2014	Standard (	AA-10480	Andrew A	Consumer	United Sta	Concord	North Car	28027	South	OFF-PA-1	Office Sup	Paper	Xerox 196	15.552	3	0.2	5.443
15	14	CA-2013-1	12/6/2013	12/11/2013	Standard (	IM-15070	Irene Mad	Consumer	United Sta	Seattle	Washingt	98103	West	OFF-BI-10	Office Sup	Binders	Fellowes	407.976	3	0.2	132.6
16	15	US-2012-1	11/22/2012	11/26/2012	Standard (	HP-14815	Harold Pa	Home Off	United Sta	Fort Wort	Texas	76106	Central	OFF-AP-1	Office Sup	Appliance	Holmes R	68.81	5	0.8	-123.9
17	16	US-2012-1	11/22/2012	11/26/2012	Standard (	HP-14815	Harold Pa	Home Off	United Sta	Fort Wort	Texas	76106	Central	OFF-BI-10	Office Sup	Binders	Storex Du	2.544	3	0.8	-3.816
18	17	CA-2011-1	11/11/2011	11/18/2011	Standard (	PK-19075	Pete Kriz	Consumer	United Sta	Madison	Wisconsin	53711	Central	OFF-ST-10	Office Sup	Storage	Stur-D-Stc	665.88	6	0	13.32
19	18	CA-2011-1	5/13/2011	5/15/2011	Second Cl	AG-10270	Alejandro	Consumer	United Sta	West Jord	Utah	84084	West	OFF-ST-10	Office Sup	Storage	Fellowes	55.5	2	0	9.99
20	19	CA-2011-1	8/27/2011	9/1/2011	Second Cl	ZD-21925	Zuschuss	Consumer	United Sta	San Franci	California	94109	West	OFF-AR-1	Office Sup	Art	Newell 34	8.56	2	0	2.482

图 3.30 SampleSuperstore.xls 的数据子集

利用 read.csv 函数从 D:\SampleSuperstore.csv 读取数据并存储在名为 InputData 的数据框中。

```
>InputData <-read.csv("d:/SampleSuperstore.csv")
```

步骤 2:数据按 InputData $ Category 在 InputData $ Sales 上进行分组和汇总。使用的聚合函数是 sum()。InputData $ Sales 指数据框 InputData 中的 Sales 列。类似地,InputData $ Category 是指数据框 InputData 中的 Category 列。

```
>GroupedInputData <-aggregate(InputData$Sales ~
InputData$Category, InputData, sum)
```

显示聚合后的数据。从以下显示中可以看到，数据可以分为 3 类，即 Furniture、Office Supplies 和 Technology。

```
>GroupedInputData
   InputData$Category  InputData$Sales
1           Furniture         156514.4
2     Office Supplies         132600.8
3          Technology         168638.0
```

3.13.2 从包中读取数据

包是函数和数据集的集合。R 中有许多可用于不同类型操作的软件包(如图 3.31 所示)。下面将介绍一些在 R 中定义的用于从包中读取和加载数据集的函数。

1. library()函数

library()函数将包加载到 R 工作区。在读取包中的可用数据集前，必须导入包。library()函数的语法为

```
library(packagename)
```

其中，packagename 参数是将要读取的包名。

2. data()函数

data()函数将列出加载到 R 工作空间中的包的所有可用数据集。要想将新数据集加载到已加载的包中，需要将新数据集的名称传递给 data()函数。data()函数的语法为

```
data(datasetname)
```

其中，datasetname 参数是需要读取的数据集的名称。

下面的示例说明了矩阵的加载过程。data()函数列出了加载包的所有可用数据集，Orange 命令可以读取并在工作区中显示数据集 Orange 的内容。

3.13.3 从 Web/API 中读取数据

如今，大多数商业机构都使用 Internet 和云服务存储数据，在线数据集可以通过包和应用程序接口(API)直接访问。R 中有不同的包可以从在线数据集读取数据。参见表 3.6，可以查看一些软件包。

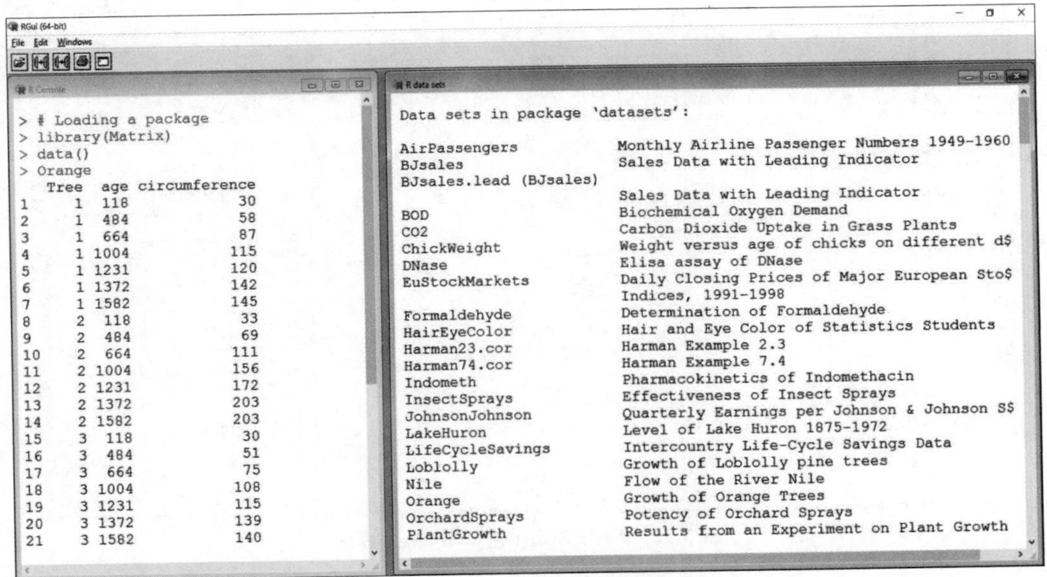

图 3.31 从包中读取数据

表 3.6 读取 Web 数据的软件包

软件包	描　述	下载链接
RCurl	允许从 Web 服务器下载文件及发送表单	https://cran.r-project.org/web/packages/RCurl/index.html
Google Prediction API	允许上传数据到 Google 存储，然后训练它们用于 Google Prediction API	http://code.google.com/p/r-google-predictionapi-v121
Infochimps	提供了访问所有 API 的函数	http://api.infochimps.com
HttpRequest	利用 HTTP 请求协议读取 Web 数据，并实现 GET 和 POST 请求	https://cran.r-project.org/web/packages/httpRequest/index.html
WDI	读取所有 World Bank 数据	http://cransprojectorg/web/packages/WD1/index.html
XML	利用 HTTP 或 FTP 读取并创建一个 XML 和 HTML 文档	http://cransprojectorg/web/packages/XML/index.html
Quantmod	从 Yahoo 财经读取财经数据	http://crans-projectorg/web/packages/quantmodfindex.html
ScrapeR	读取在线数据	http://crans-projectorg/web/packages/scrapeR/index.html

下面的示例演示了 Web 爬虫从网站的任何网页中提取数据。这里使用软件包 RCurl 爬取 Web 数据(如图 3.32 所示)。首先，包 RCurl 被导入工作区；然后，包 RCurl 的 getURL() 函数会获取所需的网页。现在，htmlTreeParse() 函数会解析网页的内容。

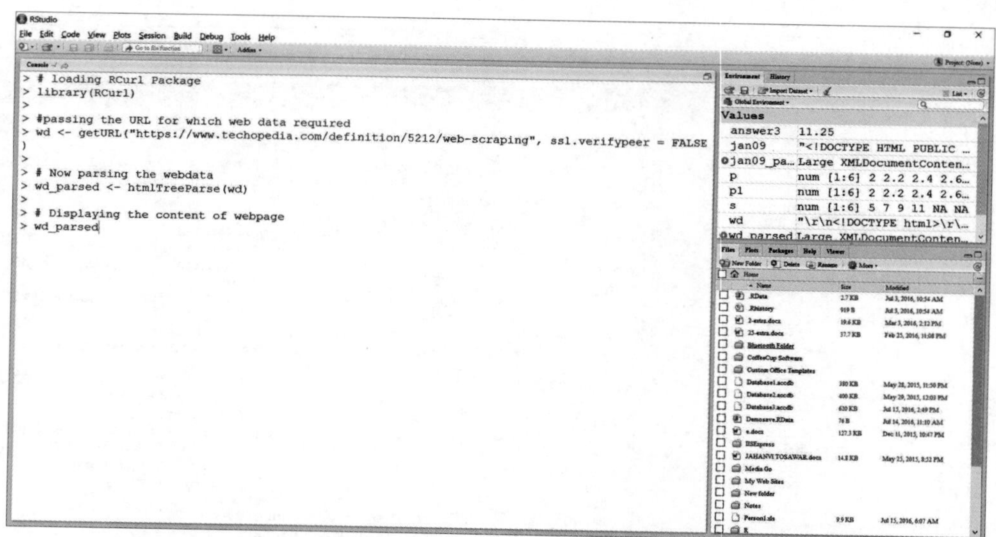

图 3.32　利用 RCurl 包读取 Web 数据

3.13.4　读取一个 JSON(JavaScript Object Notation)文档

步骤 1：安装 rjson 包。

```
>install.packages("rjson")
Installing package into
'C:/Users/seema_acharya/Documents/R/winlibrary/
3.2'(as 'lib' is unspecified)
trying URL 'https://cran.hafro.is/bin/windows/contrib/3.2/
rjson_0.2.15.zip'
Content type 'application/zip' length 493614 bytes (482 KB)
downloaded 482 KB
package 'rjson' successfully unpacked and MD5 sums checked
```

步骤 2：输入数据。

将下面给出的数据存储在文本文件(D:/Jsondoc.json)中，确保文件被保存成扩展名为 json 的文件。

```
{
    'EMPID':['1001','2001','3001','4001','5001','6001','7001','8001'],
    'Name':['Ricky','Danny','Mitchelle','Ryan','Gerry','Nonita','Simon','Gallop' ],
    'Dept':['IT','Operations','IT','HR','Finance','IT',
    'Operations','Finance']
}
```

JSON 文档是以花括号({})开始和结束的，JSON 文档是一组键值对，每对键值对使用“,”作为分隔符进行分隔。

步骤 3：读取 JSON 文件 d:/Jsondoc.json。

```
>output <-fromJSON(file ="d:/Jsondoc.json")
>output
$EMPID
[1] "1001" "2001" "3001" "4001" "5001" "6001" "7001" "8001"
$Name
[1] "Ricky" "Danny" "Mitchelle" "Ryan" "Gerry" "Nonita"
[7] "Simon" "Gallop"
$Dept
[1] "IT" "Operations" "IT" "HR" "Finance"
[6] "IT" "Operations" "Finance"
```

步骤 4：将 JSON 转换为数据框。

```
>JSONDataFrame <-as.data.frame(output)
```

显示数据框 output 中的内容。

```
>JSONDataFrame
  EMPID      Name       Dept
1  1001     Ricky         IT
2  2001     Danny Operations
3  3001 Mitchelle         IT
4  4001      Ryan         HR
5  5001     Gerry    Finance
6  6001    Nonita         IT
7  7001     Simon Operations
8  8001    Gallop    Finance
```

3.13.5　读取 XML 文件

步骤 1：安装 XML 软件包。

```
>install.packages("XML")
Installing package into
'C:/Users/seema_acharya/Documents/R/winlibrary/
3.2'(as 'lib' is unspecified)
trying URL
'https://cran.hafro.is/bin/windows/contrib/3.2/XML_3.98-
1.3.zip'
Content type 'application/zip' length 4299803 bytes (4.1 MB)
downloaded 4.1 MB
package 'XML' successfully unpacked and MD5 sums checked
```

步骤 2：输入数据。

将以下数据存储到一个文本文件(XMLFile.xml 在 D:drive/下)中，确保使用扩展名 xml 保存文件。

```
<RECORDS>
```

```
    <EMPLOYEE>
        <EMPID>1001</EMPID>
        <EMPNAME>Merrilyn</EMPNAME>
        <SKILLS>MongoDB</SKILLS>
        <DEPT>Computer Science</DEPT>
    </EMPLOYEE>
    <EMPLOYEE>
        <EMPID>1002</EMPID>
        <EMPNAME>Ramya</EMPNAME>
        <SKILLS>People Management</SKILLS>
        <DEPT>Human Resources</DEPT>
    </EMPLOYEE>
    <EMPLOYEE>
        <EMPID>1003</EMPID>
        <EMPNAME>Fedora</EMPNAME>
        <SKILLS>Recruitment</SKILLS>
        <DEPT>Human Resources</DEPT>
    </EMPLOYEE>
</RECORDS>
```

在R中利用函数xmlParse()读取xml文件,其作为一个列表存储在R中。

步骤1:加载所需的软件包。

```
>library("XML")
Warning message:
package 'XML' was built under R version 3.2.3
>library ("methods")
>output <-xmlParse(file ="d:/XMLFile.xml")

>print(output)
<?xml version="1.0"?>
<RECORDS>
    <EMPLOYEE>
        <EMPID>1001</EMPID>
        <EMPNAME>Merrilyn</EMPNAME>
        <SKILLS>MongoDB</SKILLS>
        <DEPT>ComputerScience</DEPT>
    </EMPLOYEE>
    <EMPLOYEE>
        <EMPID>1002</EMPID>
        <EMPNAME>Ramya</EMPNAME>
        <SKILLS>PeopleManagement</SKILLS>
        <DEPT>HumanResources</DEPT>
    </EMPLOYEE>
    <EMPLOYEE>
        <EMPID>1003</EMPID>
```

```
        <EMPNAME>Fedora</EMPNAME>
        <SKILLS>Recruitment</SKILLS>
        <DEPT>HumanResources</DEPT>
    </EMPLOYEE>
</RECORDS>
```

步骤 2：从 XML 文件中抽取根节点。

```
>rootnode <-xmlRoot(output)
```

查找根中的节点数。

```
>rootsize <-xmlSize(rootnode)
>rootsize
[1] 3
```

显示第一个节点的详细信息。

```
>print (rootnode[1])
$EMPLOYEE
<EMPLOYEE>
    <EMPID>1001</EMPID>
    <EMPNAME>Merrilyn</EMPNAME>
    <SKILLS>MongoDB</SKILLS>
    <DEPT>ComputerScience</DEPT>
</EMPLOYEE>
attr(, "class")
[1] "XMLInternalNodeList" "XMLNodeList"
```

显示第 1 个节点中第 1 个元素的详细信息。

```
>print(rootnode[[1]][[1]])
<EMPID>1001</EMPID>
```

显示第 1 个节点中第 3 个元素的详细信息。

```
>print(rootnode[[1]][[3]])
<SKILLS>MongoDB</SKILLS>
```

显示第 2 个节点中第 3 个元素的详细信息。

```
>print(rootnode[[2]][[3]])
<SKILLS>PeopleManagement</SKILLS>
```

显示第 1 个节点中第 2 个元素的值。

```
>output <-xmlValue(rootnode[[1]][[2]])
>output
[1] "Merrilyn"
```

步骤 3：使用 xmlToDataFrame()函数将输入的 xml 文件转换成数据框。

```
>xmldataframe <-xmlToDataFrame("d:/XMLFile.xml")
```

显示数据框的输出结果。

```
>xmldataframe
  EMPID  EMPNAME              SKILLS              DEPT
1  1001 Merrilyn             MongoDB ComputerScience
2  1002    Ramya PeopleMananement  HumanResources
3  1003   Fedora         Recruitment  HumanResources
```

小练习

1. 什么是 CSV 文件?

答：CSV 文件使用 csv 作为扩展名,并以纯文本的形式存储表格结构的数据。

2. read.csv()函数的作用是什么?

答：read.csv()函数从 CSV 文件中读取数据。

3. read.table()函数的作用是什么?

答：read.table()函数从文本文件或 CSV 文件中读取数据。

4. read.xlsx()函数的作用是什么?

答：read.xlsx()是 xlsx 软件包的内置函数,用于读取 Excel 文件。

5. 什么是包?

答：一个包就是函数与数据集的一个集合,在 R 中,有许多软件包可以用于不同类型的操作。

6. library()函数的作用是什么?

答：library()函数可以向 R 工作区加载软件包,在读取包中的可用数据集前,必须先导入软件包。

7. data()函数的作用是什么?

答：data()函数会列出加载到 R 工作空间中的包的所有可用的数据集。

8. 请列出用于访问 Web 数据的 5 种 R 包。

答：R 中有不同的包可用于读取在线数据集,有：

- RCurl
- Google Prediction API
- WDI
- XML
- ScrapeR

9. 什么是 Web 抓取?

答：Web 抓取指从一个网站的任何网页中抽取数据。

3.14 数据输入的 R GUI 的比较

R 主要用于统计分析数据处理,分析数据处理需要以表格的形式存储大型数据集。有时,使用内置的 R 函数在 R 控制台中进行这种分析数据处理操作是很困难的。因此为了解决这一问题,开发了针对 R 的 GUI。

图形用户界面是一种图形化的媒介，用户可以通过它与编程语言或执行的操作进行交互。有不同的 GUI 可用于 R 的数据输入，每个 GUI 都有自己的特点。表 3.7 描述了一些常见的 R GUI。

表 3.7　一些常见的 R GUI

GUI 名称	描　述	下载链接
RCommander (Rcmdr)	• RCommander 是由 John Fox 开发的，并遵循 GNU 公共许可协议 • 它具有许多插件，有一个非常简洁的界面 • 用户可以像安装 R 语言中的其他包一样安装它	http://socserv.mcmaster.ca/jfox/Misc/Rcmdr/ 或 https://cran.r-project.org/web/packages/Rcmdr/index.html
Rattle	• Dr. Graham Williams 开发了用 R 所写的 Rattle GUI 软件包 • 数据挖掘操作是 Rattle 的主要应用领域 • 它具有统计分析、验证、测试和其他操作	http://rattle.togaware.com/ 或 http://rattle.togaware.com/rattle-install-mswindows.html
RKWard	• RKWard 社区开发了 RKWard 软件包 • 它提供了一个透明的前端，并支持在 R 中执行分析操作的不同特性 • 它支持不同的平台，如 Windows、Linux、BSD 和 OS X	https://rkward.kde.org/ 或 http://download.kde.org/stable/rkward/0.6.5/win32/install_rkward_0.6.5.exe
JGR(Java GUI for R)	• Markus Helbig、Simon Urbanek 和 Lan Fellows 开发了 JGR • JGR 是 R 的一个通用的 GUI，支持跨平台 • 用户可以用它代替 Windows 上默认的 R GUI	http://www.rforge.net/JGR/ 或 https://cran.r-project.org/web/packages/JGR/
Deducer	• Deducer 是另一个简单的 GUI，有一个用于执行常见的数据操作、分析处理和其他操作的菜单系统 • 它主要用于基于 Java 的 R 控制台	http://www.deducer.org/pmwiki/pmwiki.php?n=Main.DeducerManual 或 http://www.deducer.org/pmwiki/index.php?n=Main.DownloadingAndInstallingDeducer

图 3.33 给出了 R 中可用的 RCommander(Rcmdr)GUI 的官方截图。

图 3.34 通过 Rcmdr GUI 显示了表格 Fruit.csv。

小练习

1. 什么是 GUI?

答：GUI 即图形用户界面，是一种图形化的媒介，通过它，用户可以和编程语言或执行的操作进行交互。

2. 请列出 R 的常见 GUI。

答：R 的常见的 GUI 包括

- RCommander (Rcmdr)
- Rattle

- RKWard
- JGR
- Deducer

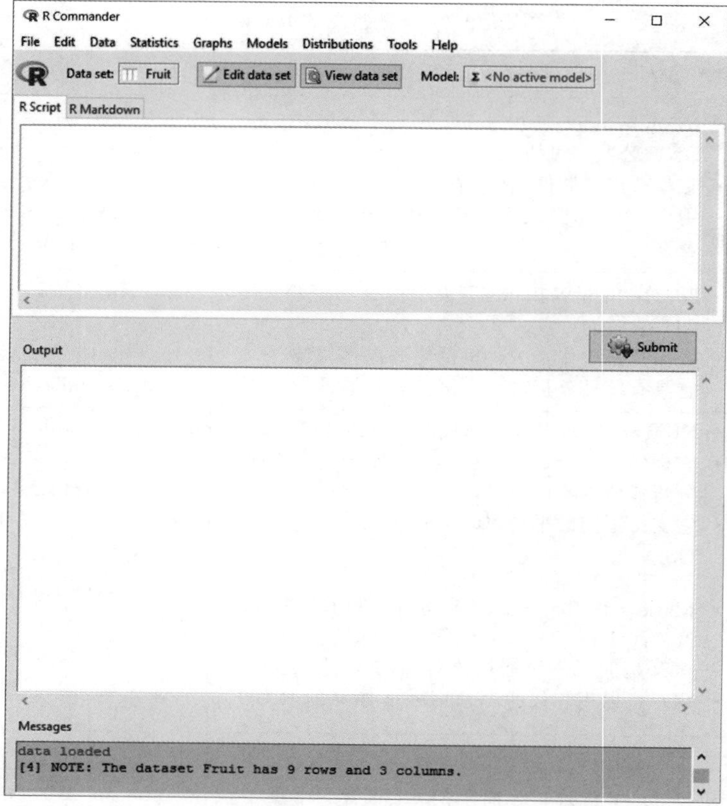

图 3.33 RCommander GUI

Fruit.Name	Fruit.Price	Fruit.Color
Mango	80	Yellow
Apple	100	Red
Banana	40	Green
Mango	70	Green
Pienapple	120	Yellow
Banana	50	Yellow
Apple	90	Red
Apple	110	Red
Mango	90	Orange

图 3.34 使用 RCommander GUI 读取表格数据

3.15 使用 R 连接数据库及商务智能系统

商务分析处理使用数据库存储大量的信息。商务智能系统或商务智能工具可以处理数据库的所有分析处理,并能够使用不同类型的数据库系统。这些工具支持关系数据库处理(RDBMS),可以访问大型数据库的一部分,实现获取数据库的汇总、并发访问、安全管理、约束、服务器连通性和其他功能。

目前，市面上有许多不同类型的数据库可供处理，它们有许多内置工具，GUI 和其他内置功能可以通过这些工具使数据库的处理变得非常容易。本节将介绍 R 与 SQL、MySQL、PostGreSQL 和 SQLite 数据库的连接，因为 R 提供了访问这些数据库的内置软件包。在这些软件包的帮助下，用户可以很容易地访问数据库，因为所有软件包都遵循相同的访问步骤。本节还将看到关于 Jaspersoft 和 Pentaho 使用 R 的简要介绍。

3.15.1 RODBC

RODBC（下载地址为 https://cran.r-project.org/web/packages/RODBC/index.html）是一个与数据库交互的语言包。Michael Lapsley 和 Brian Ripley 开发了这个包。

RODBC 通过 ODBC 接口访问如 MS Access 和 Microsoft SQL Server 这样的数据库，它的包有许多用于执行数据库操作的内置函数。表 3.8 说明了 RODBC 包的一些用于数据库连接的主要函数。

表 3.8　RODBC 的主要函数

函　数	描　述
odbcConnect(dsn, uid='', pwd='') 其中， dsn 是一个域名服务器，uid 是用户 ID，pwd 是密码	该函数会打开一个到 ODBC 数据库的连接
sqlFetch(sqltable) 其中， sqltable 是 SQL 表的名称	该函数将 ODBC 数据库中的一个表格读取到一个数据框中
sqlQuery(query) 其中， query 是 SQL 查询	该函数将获取一个查询，发送到 ODBC 数据库并返回结果
sqlSave(dataframe, tablename='sqltable') 其中， dataframe 定义了数据框对象，tablename 参数是表的名称	该函数将一个数据框写或更新到 ODBC 数据库的一个表格中
sqlDrop(sqltable) 其中， sqltable 是 SQL 表的名称	该函数将从 ODBC 数据库中删除一个表格
odbcclose()	该函数将关闭打开的连接

下面是一段示例代码，其中，RODBC 包用于从数据库中读取数据。

```
>#importing package
>library(RODBC)
>connect1 <-odbcConnect(dsn ='servername', uid='', pwd='')
#Open connection
>query1 <-'Select * from lib.table where…'
>Demodb <-sqlQuery(connect1, query1, errors =TRUE)
>odbcClose(connection) #Close the connection
```

3.15.2 使用 MySQL 和 R

MySQL 是一个开源的 SQL 数据库系统，它是一个小型的主流数据库，可以免费下载。为了访问 MySQL 数据库，用户需要在计算机上安装 MySQL 数据库系统，可以从其官方网站上下载及安装 MySQL 数据库。

R 还提供了一个用于从 MySQL 访问数据库的包——RMySQL。和其他软件包一样，RMySQL（下载地址为 https://cran.r-project.org/web/packages/RMySQL/）有许多内置函数，可以与数据库进行交互。

表 3.9 描述了 RMySQL 包的一些主要函数。

表 3.9 RMySQL 的主要函数

函　　数	描　　述
dbConnect(MySQL(), uid='', pwd='', dbname ='',…) 其中， MySQL()是 MySQL 驱动，uid 是用户 ID，pwd 是密码，dbname 是数据库名称	该函数会打开一个到 MySQL 数据库的连接
dbDisconnect(connectionname) 其中， connectionname 定义了连接的名称	函数会关闭连接
dbSendQuery(connectionname, sql) 其中， connectionname 定义了连接的名称，sql 是一个 SQL 查询	函数会运行连接的 SQL 查询
dbListTables(connectionname) 其中， connectionname 定义了连接的名称	函数会列出打开连接的数据库中的表
dbWriteTable(connectionname, name ='table name', value = data.frame.name) 其中， connectionname 定义了连接的名称	该函数创建表并交替写入或更新数据库中的数据框

下面给出一段示例代码，用来说明如何使用 RMySQL 从数据库中读取数据。

```
>#importing package
>library(RMySQL)
>connectm <-odbcConnect(MySQL(), uid='', pwd='',dbname ='',
host ='') #Open connection 'connectm'
>querym <-'Select * from lib.table where…'
>Demom<-dbSendQuery(connectm, querym)
>dbDisconnect(connectm) #Close the connection 'connect'
```

3.15.3 使用 PostgreSQL 和 R

PostgreSQL 是一个开源和可自定义的 SQL 数据库系统。在 MySQL 之后，

PostgreSQL 数据库被用于商务分析处理。要想访问 PostgreSQL 数据库，用户需要在计算机系统上安装 PostgreSQL 数据库系统。请注意，PostgreSQL 数据库需要一个服务器。用户可以从其官方网站（https://www.postgresql.org/download/windows/）上租赁、下载并安装 PostgreSQL 数据库。

R 有一个 RPostgreSQL 包，用于从 PostgreSQL 数据库访问数据。和其他软件包一样，RPostgreSQL（下载地址为 https://cran.r-project.org/web/packages/RPostgreSQL/index.html）有许多与数据库进行交互的内置函数。

表 3.10 描述了用于数据库连接的 RPostgreSQL 包的打开与关闭函数。

表 3.10　RPostgreSQL 的主要函数

Function	Description
dbConnect(driverobject, uid='', pwd='', dbname='',…) 其中， MySQL()是一个数据库驱动对象，uid 是用户 ID，pwd 是密码，dbname 是数据库名称。	该函数会打开一个到 RPostgreSQL 数据库的连接
dbDisconnect(connectionname) 其中， Connectionname 定义了连接的名称	该函数会关闭连接

3.15.4　使用 SQLite 和 R

SQLite 是一个没有服务器、独立、事务型和零配置的 SQL 数据库系统，它是一个嵌入式 SQL 数据库引擎，不需要任何服务器，因此它被称为无服务器的数据库。该数据库还支持所有商务分析数据处理。

R 有一个 RSQLite 包，用于从 SQLite 数据库访问一个数据库。RSQLite（下载地址为 https://cran.r-project.org/web/packages/RSQLite/index.html）有许多用于进行数据库操作的内置函数。

与前几节所述的用于访问数据库的其他包一样，用户可以使用相同的方法，即 dbConnect()和 dbDisconnect()打开或关闭 SQLite 数据库的连接，唯一的区别是用户必须将 SQLite 数据库驱动程序对象传递到 dbConnect()函数中。

3.15.5　使用 JasperDB 和 R

JasperDB 是与 R 集成的另一个开源数据库系统，它是由 Jaspersoft 社区开发的，它为分析商务处理提供了许多商务智能工具，JasperDB 和 R 之间使用 Java 库接口，被称为 RevoConnectR for JasperReports Server。JasperReports Server 的仪表板（dashboard）提供了许多功能，用户通过这些功能可以很容易地访问 R 图表、RevoDeploy R 的输出等。

与其他软件包一样，JasperDB 也有一个由 Revolution Analytics 开发的名为 RevoDeployR 的软件包或 Web 服务框架。RevoDeployR（下载地址为 http://community.jaspersoft.com/wiki/installation-steps-installer-distribution）在服务器中提供了一组具有安全特性、脚本、API 和库的 Web 服务，它可以很容易地将基于 R 的动态计算集成到 Web 应

用程序中。

3.15.6 使用 Pentaho 和 R

Pentaho 是数据集成领域最著名的公司之一，它开发了不同的产品，并且为大数据的部署和商务分析提供服务，并提供不同的开源和企业级平台。Pentaho 数据集成（PDI）是 Pentaho（下载地址为 http://www.pentaho.com/download）用于访问数据库和分析数据处理的产品之一，它可以为所有业务产生一幅完美的图形而准备并集成数据。该工具为终端用户提供准确、便于分析的数据报告，消除了编码的复杂性。

R 脚本执行器（R Script Executo）是 PDI 的内置工具之一，用于建立 R 与 Pentaho 数据集成（Pentaho Data Integration）之间的关系。通过 R 脚本执行器，用户可以访问数据并执行分析数据操作。如果用户的系统中已经安装了 R，那么只需要从官网上安装 PDI 即可。用户还需要配置环境变量、Spoon、DI 服务器和集群节点。

虽然用户可以尝试 PDI 并使用 R 脚本执行器对数据库进行转换，但 PDI 对于分析数据集成操作是一种付费工具。网址 http://wiki.pentaho.com/display/EAI/中有 R 脚本执行器的完整安装过程。

> **谨记**：在从 MySQL、PostGreSQL 和 SQLite 访问数据库期间，如果用户的驱动程序对象传递了相同的函数，则用户可以使用相同的函数访问。为了执行 SQL 查询，用户可以使用这三种数据库中的同名函数。

小练习

1. 什么是 RODBC?

答：RODBC 是一个用于和数据库进行交互的软件包，它通过 ODBC 接口提供对 MS Access 和 Microsoft SQL 服务器的数据库访问。

2. 什么是 MySQL?

答：MySQL 是一个开源的 SQL 数据库系统，它是 Oracle 公司的产品，MySQL 是一种常见的小型数据库，它可以免费下载。

3. 什么是 PostgreSQL?

答：PostgreSQL 是一种开源的可自定义安装的 SQL 数据库系统。在 MySQL 之后，PostgreSQL 数据库可用于商务分析处理。

4. 什么是 RSQLite?

答：RSQLite 是 R 的一个软件包，用于从 SQLite 数据库访问另一个数据库。

5. 什么是 RevoDeploy R?

答：RevoDeploy R 在服务器中提供了一组安全性能、脚本、API 和库的 Web 服务。

6. 什么是 R 脚本执行器?

答：R 脚本执行器是 Pentaho 数据集成工具的内置工具之一，用于确定 R 和 Pentaho 数据集成之间的关系。

3.16 案例研究：日志分析

日志文件是存储操作系统中所发生的事件的文件，例如系统中运行的任何资源、消息单元的不同通信方式等。日志文件可以将这些记录保存下来，以备在将来需要时读取。

事务日志是服务器与该系统用户、服务器或数据收集方法之间的通信文件，它自动捕获由该系统内的终端人员所产生的事务类型、内容或时间。在 Web 检索中，事务日志文件是在一个搜索索引期间发生的，是在 Web 搜索引擎和从网络上获取信息的用户检索之间的交互中所产生的一个电子记录。

许多操作系统、软件框架和过程都包括一个日志系统。与其他软件相比，用户可以很容易地使用 R 生成自定义的报表，其能够自动分析 Apache 日志文件并创建报表。当前，R 已经成为最流行和最强大的工具，它可以产生一个模型，并可以基于此跟踪和搜索用户的需求。

1. 日志文件的类型

(1) 事件日志

事件日志(Event Log)记录了在任何系统执行活动过程中发生的事件，以便提供一种可用于启用系统活动的审查(audit)，并诊断系统或服务器中的问题或错误，它们对于分析复杂系统的活动至关重要，特别是在只有很少的用户参与互动的应用程序中。

(2) 事务日志

每个数据库系统都有某种事务日志(Transaction Log)，这种日志既不是为后期分析所用的审查线索而存储的，也不是供人类读取的。这些日志记录了对存储数据的更改，以便从任何故障或其他数据错误及损失中恢复数据库，从而以一致的状态维护存储的数据。

(3) 消息日志

在消息日志(Message Log)的文件中可以看到多种类型的日志，如网络中继聊天(Internet Relay Chat，IRC)、消息传递程序、有聊天功能的点对点文件共享客户端和多人游戏，它们通常能自动记录文本通信，即用户之间的公共和私有聊天消息。消息日志可以是从不同渠道(channel)引入的第三方日志备份，它建立了一个独有的协同智能模型(collective intelligence model)，其中，RTool 是分析数据的最佳工具，它可在任何预测和推荐算法中提供模型。

(4) 网络中继聊天

网络中继聊天日志文件包含软件和消息日志。消息日志通常包括系统/服务器消息以及与服务器交互的任何资源相关的实体。用户在消息日志中做了一些修改，使其更像信道的合并消息或事件日志文件，或用于更新与其相关的任何信息。这些选项用于设置配置文件以获取其详细信息并使其生效。但是，这样的日志不能与真正的 IRC 服务器事件日志文件相比，因为它只记录了用户连接到某个信道期间的用户可视(user-visible)事件。

(5) 即时通信

即时通信(Instant messaging，IM)和 VoIP 聊天为存储加密日志文件提供了机遇。为提升用户的隐私，可以根据用户的需要对服务器或系统中任何与用户相关的日志进行设置。

在此日志文件中，用户可以在服务器文件中设置优先级以设置需求和偏好。这些日志需要通过密码解密和查看，这些日志通常由在移动应用程序中使用的特定的用户友好(user-friendly)的应用程序进行处理，以获取用户信息并检测用户兴趣。

(6) 事务日志分析(Transaction Log Analysis)

存储在Web搜索引擎、内网和网站的事务日志中的数据能够提供有价值的信息，以帮助理解在线搜索的信息搜索过程。这种理解可以启发信息设计系统、接口的开发及设计内容集合的信息体系结构。这些日志文件的主要作用是读取用户提供的数据，以从中获得更多的信息并设置记录，并识别不同用户的角色和兴趣，这些日志文件可以追踪用户的喜好和他们过去基于任何事务的访问。

2. RTool在日志文件分析中的优点

虽然R不是一种容易学习的语言，但它有很多优点，例如它可以在UNIX脚本中使用，它具有几个包(CRAN)以及出色的图形化能力；它也可以处理大量具有高级统计功能的数据并连接到数据库。

3. 获取数据

在读取日志文件数据之前，必须先将该数据导入R。不需要任何其他额外的工作，R就可以解析日志文件。因此，读取一个名为log.log的日志文件就像执行如下操作一样简单。

```
>LOGS =read.table('log.log', sep=' ', header=F)
```

在执行read.table()命令后，LOGS变量会保存日志文件log.log的所有信息。head(log)命令描述了日志变量的前几行，以帮助人们理解如何将这类数据存储在R中。

4. 分析数据

对于任何使用R的用户来说，从R中获取数据并不困难。然而，最重要的部分是分析数据。运行在数值数据集上最有用的命令是summary()命令，summary()命令可以提供对数据摘要输出更好的理解。

通过运行summary()命令可以得到以下内容。

- min：它是整个数据集中的最小值。
- median：它是一个将数据集分成两个元素个数相同的子集的一个元素。如果数据集的元素个数为奇数，则中值(Median)是元素数据集的一部分；如果数据集的元素个数为偶数，则中值就是数据集中两个中心元素的平均值。
- mean：它是数据集的平均值，等于所有值的和除以数据集中元素的个数。
- max：它是数据集中的最大值。

5. 数据可视化

要对数据进行可视化，需要运行：

```
>barplot(table(logs[column name])
```

如果要将R的柱状图保存成1024×1024像素的图像，则应该在R命令中运行：

```
>png('test.png', width=1024, height=1024)
>barplot(table(logs[,column name]))
>dev.off()
```

类似地，可以可视化出每天和每小时的请求数。

pair()命令尤其有用，因为它会给出数据的总体概述。tempLOGS<-LOGS 命令会生成 LOGS 变量的一个副本并保存到 tempLOGS 变量中。

类似地，用户可以实现并分析其他日志文件，以获得有价值的输出以生成预测模型或推荐引擎。

本章小结

- 分析数据处理是商务智能化的一部分，包括关系数据库、数据仓库、数据挖掘和报表挖掘。
- 经由利益方期望管理的数据格式、数据质量、项目范围和输出结果都是在分析数据处理过程中所面临的挑战。
- 数据输入、处理、描述性统计、数据可视化、报表生成和输出是分析数据处理过程中的一般步骤。
- R 支持与数据库相关的不同类型的数据格式，在 R 的输入和输出功能的帮助下，任何类型的数据都可以导入 R 或从 R 导出。
- CSV 文件使用 csv 作为扩展名，并将数据以纯文本的形式保存在表格结构中。
- read.csv()函数可以从一个 CSV 文件中读取数据。
- read.table()函数可以从文本文件或 CSV 文件中读取数据。
- 包是函数和数据集的集合，R 中有很多用于不同类型的操作包。
- read.xlsx()是 xlsx 包的内置函数，用于读取 Excel 文件。
- library()函数可以向 R 工作空间加载包，在读取包中可用的数据集前，必须先导入对应的包。
- data()函数会列出在 R 工作空间中所加载的包中所有可用的数据集。
- R 中有不同的包可用于读取在线数据集或 Web 数据。RCurl、Google Prediction API、WDI、XML 和 ScrapeR 都属于这类包。
- Web 检索可以从一个网站的任何网页中抽取数据。
- 在 R 中，NA(Not Available)表示数据值缺失，Inf(Infinite)表示无穷大值，R 提供了识别处理过程中的数据缺失值的不同函数。
- is.na()函数可用于在一个 R 对象中检测缺失值，当值缺失时，该函数会返回 true。
- na.omit()函数是 R 的一个内置函数，当从对象中删除缺失值后，该函数会返回对象。
- na.exclude()函数是 R 的一个内置函数，当从对象中删除缺失值后，该函数会返回对象。
- na.fail()函数是 R 的一个内置函数，用于检测任何错误(如果错误存在)，如果对象中不包含任何缺失值，则其返回一个对象。

- 操作符 as 可以将 R 中的一个数据集的结构转换为另一种结构。
- 探索一个数据集意味着以不同的形式展示数据集中的数据。
- summary()函数用于展示数据集的汇总。
- head()函数是一个内置的数据探索函数,可以根据给定值显示数据的前几行。
- tail()函数是一个内置的数据探索函数,可以根据给定值显示数据的后几行。
- merge()函数是 R 的一个内置函数,该函数通过公共的列或行名合并数据框,它也遵循数据库的连接操作。
- 聚合和分组操作在变量数据分组后可聚合数据集中特定变量的数据。
- aggregate()函数是 R 的一个内置函数,该函数用于聚合数据值,它也会在执行要求的统计功能后将数据进行分组。
- tapply()函数是 R 的一个内置函数,该函数在执行要求的统计功能后会将数据值聚合到分组中。
- 可以在字符型字符串和操作字符串上执行文本操作,R 中有很多可用的内置字符串函数可以操作文本或字符串。
- 函数 read.csv()和 read.table()用于将数据集或表格读取到 R 工作空间中。
- 图形用户界面(GUI)是一个图形化的媒介,通过它可以实现用户和编程语言的交互或执行操作。
- RCommander、Rattle、RKWard、JGR、Deducer 都是 R 中非常流行的 GUI。
- 商务分析处理使用数据库存储大量信息,商务智能系统或商务智能工具可以处理数据库的所有商务分析处理,并能够使用不同类型的数据库系统。
- 数据库是以表格形式存储的值的一个集合。
- RODBC 是一个和数据库交互的包,RODBC 提供了通过 ODBC 接口对 MS Access 和 Microsoft SQL Server 数据库的访问。
- MySQL 是一个开源的 SQL 数据库系统,是 Oracle 公司的产品;MySQL 是一款流行的小型数据库,可以免费下载使用。
- RMySQL 是 R 的一个包,用于从 MySQL 数据库访问数据库。
- PostgreSQL 是另一款开源的可自定义的 SQL 数据库系统,在 MySQL 后,PostgreSQL 数据库被用于商务分析处理。
- RPostgreSQL 是 R 的一个包,用于从 PostgreSQL 数据库访问数据库。
- SQLite 是一个无服务器、自给自足、事务型、零配置的 SQL 数据库系统,它是一个嵌入式的 SQL 数据库引擎,它不需要任何服务器,因此称为无服务器的数据库。
- RSQLite 是 R 的一个包,用于从 SQLite 数据库访问数据库。
- RevoConnectR for JasperReports Server 是 JasperReports Server 和 Revolution R Enterprise 之间的一个 Java 库接口。
- RevoDeploy R 在服务器中提供了一组具有安全特性、脚本、API 和库的 Web 服务。
- Pentaho Data Integration(PDI)是 Pentaho 的一款产品,用于访问数据库和分析数据处理,它为创建任何业务的完美图形准备和聚合数据。
- R Script Executor 是 Pentaho Data Integration 工具的内置工具之一,用于建立 R 和 Pentaho Data Integration 之间的关系。

关键术语

- csv：一个文件扩展名，表示 comma separated values，用于创建 CSV 文件。
- 数据库(database)：一个以表格形式存储的值的集合。
- GUI(Graphical User Interface)：一种图形化的媒介，通过它，用户可以和编程语言进行交互或执行操作。
- MySQL：一种开源的 SQL 数据库系统，是 Oracle 公司的产品。
- 包(package)：一个函数和数据集的集合。
- PostgreSQL：一个开源的可自定义的 SQL 数据库系统。
- RODBC：一个用于和数据库进行交互的 R 包。
- R Console：执行 R 命令的终端。
- RCommander：一个著名的 R GUI。
- RCurl：一个用于从在线数据集或 Web 数据中读取数据的包。
- RMySQL：一个用于从 MySQL 中访问数据库的 R 包。
- RPostgreSQL：一个用于从 PostgreSQL 中访问数据库的 R 包。
- RSQLite：一个用于从 SQLite 中访问数据库的 R 包。
- Spreadsheet：一个以行和列存储数据的表格。
- SQLite：一个无服务器、自给自足、事务型、零配置的 SQL 数据库系统。
- Web 检索(Web scraping)：指从一个网站的任何网页中抽取数据。
- 工作空间(Workspace)：指任何软件当前的工作环境。

巩固练习

一、单项选择题

1. 以下哪一项不是分析数据处理所面临的挑战？
   (a) 数据格式　(b) 项目范围　(c) 数据质量　(d) 数据输入
2. read.table()函数的哪个参数包含逻辑值？
   (a) header　(b) sep　(c) filename　(d) 以上都不是
3. 以下哪个函数可以将包加载到 R 工作空间中？
   (a) load()　(b) library()　(c) data()　(d) install()
4. 以下哪个函数可以列出加载到 R 工作空间中的包中的所有可用的数据集？
   (a) library()　(b) data(datasetname)
   (c) data()　(d) install()
5. 以下哪个包可以从《Yahoo 财经》中读取财经数据？
   (a) RCurl　(b) XML　(c) WDI　(d) Quantmod
6. 以下哪个包可以读取世界银行(World Bank)的所有数据？
   (a) RCurl　(b) XML　(c) WDI　(d) Quantmod

7. 以下哪个包用于访问 Web 数据？
(a) ScrapeR (b) Stat (c) RSQLite (d) Matrix

8. 以下哪个命令可以将数据框转换成矩阵？
(a) as.Matrix(data frame) (b) .matrix(data frame)
(b) as.numeric(data frame) (d) 以上都不是

9. 以下哪个符号可以被 as 操作符使用？
(a) * (b) . (c) % (d) &

10. is.na(c(4,5,NA))命令的正确输出是什么？
(a) FALSE FALSE TRUE (b) FALSE TRUE TRUE
(c) FALSE TRUE FALSE (d) TRUE FALSE TRUE

11. 以下哪个函数会显示给定数据集的变量？
(a) summary() (b) names() (c) str() (d) install()

12. 以下哪个函数会显示给定数据集的结构？
(a) summary() (b) names() (c) str() (d) install()

13. 下列哪个函数会返回计数后的分类值的数目？
(a) table(dataset $ variablenames) (b) table(dataset.variablenames)
(b) table(dataset) (d) table(variablenames)

14. head()和 tail()函数默认返回多少行？
(a) 1 (b) 4 (c) 6 (d) 5

15. 以下哪个函数会返回数据集 Mobile 后 5 行的数据？
(a) head(Mobile) (b) head(Mobile, 5)
(c) tail(Mobile) (d) tail(Mobile, 5)

16. 以下哪个符号用于显示特定的行和列？
(a) {} (b) * (c) [] (d) ()

17. 以下哪个函数包含参数 INDEX？
(a) aggregate() (b) merge() (c) tapply() (d) sum()

18. 以下哪个参数等同于 merge()函数中的左外连接(Left Outer Join)操作？
(a) by.x (b) by.y (c) all.x (d) all.y

19. 以下哪个参数等同于 merge()函数中的自然连接(Natural Join)操作？
(a) by.x (b) all.x (c) all (d) all.y

20. 以下哪个参数等同于 merge()函数中的右外连接(Right Outer Join)操作？
(a) by.x (b) all.x (c) all (d) all.y

21. 以下哪个参数用于统计操作？
(a) INDEX (b) BY (c) FUN (d) ALL

22. 命令 substr('Programming Language', 5, 10)的正确输出是什么？
(a) 'rammin' (b) 'ramming' (c) 'amming' (d) 错误

23. 命令 strsplit('Programming Language',' ') 的正确输出是什么？
(a) 'Programming Language' (b) 'Programming''Language'
(c) Programming Language (d) 错误

24. 以下哪个 GUI 是由 Graham Williams 开发的？
    (a) Rcmdr　(b) Deducer　(c) Rattle　(d) JGR
25. 以下 GUI 中的哪一个是与基于 Java 的 R 控制台(JGR)一起使用的？
    (a) Rcmdr　(b) Deducer　(c) RKWard　(d) Rattle

二、简答题

1. 你理解的分析数据处理是什么？商业分析的优点是什么？
2. 函数 read.csv()和 read.table()的区别是什么？
3. 如何利用 library()函数读取 R 中的包？
4. library()函数和 data()函数的区别是什么？
5. 如何使用 RCurl 包实现 Web 信息检索？
6. na.omit()和 na.exclude()函数的区别是什么？
7. R 中的 as 操作符的作用是什么？请使用语法及一个示例进行解释。
8. 如何在 R 中探索一个数据集？
9. aggregate()和 tapply()函数的区别是什么？
10. substr()和 strsplit()函数的区别是什么？
11. 使用哪个函数描述一个数据集？请举例进行解释。
12. 使用哪个函数描述变量？请举例进行解释。

三、论述题

1. 请说明读取一个数据集的方法，并使用示例及语法进行说明。
2. 请使用示例及语法说明 read.xlsx()函数。
3. 请使用示例及语法说明 data()函数。
4. 请使用示例及语法说明 is.na()函数。
5. 请使用示例及语法说明 na.omit()函数。
6. 请使用示例及语法说明 na.exclude()函数。
7. 请使用示例及语法说明 na.fail()函数。
8. 请使用示例及语法说明 na.pass()函数。
9. 请使用示例及语法说明 head()函数。
10. 请使用示例及语法说明 tail()函数。
11. 请使用示例及语法说明 merge()函数。
12. 请使用示例及语法说明 aggregate()函数。
13. 请使用示例及语法说明 tapply()函数。
14. 请使用示例及语法说明文本操作函数。
15. 请解释 RODBC 包。
16. 请解释 RMySQL 包。
17. 请解释 RPostGreSQL 包。
18. 请解释 RSQLite 包。
19. 请解释 R 的 Pentaho。

20. 使用一个 CSV 文件创建一个表格，并利用 read.csv()将其读入 R 中。

21. 创建一个表格，并利用 read.table()将其读入 R 中。

22. 在 Excel 中创建一个表格，并将其读入 R 中。

23. 创建一个有三个向量[Name, Price, Author]的数据框 Book，将该数据框转换为一个矩阵，并利用操作符 as 列出对象。

24. 创建一个数据集或表格["Shop"]，并对该表格使用所有的数据探索函数。

25. 创建两个具有合适取值的数据框 Student 和 Subject，利用 merge 函数合并这两个数据框，对数据框实现左外连接和右外连接操作。

26. 创建一个存储 5 家不同公司的手机信息[price, company, name, model]数据集或表格["Smartphone"]，至少存储 20 行数据。写出关于以下信息的命令并给出输出结果。

(1) 每家公司的手机最高价格。

(2) 每家公司的手机最低价格。

(3) 每家公司的手机平均价格。

(4) 每家公司的手机总价格。

27. 创建一个数据集 Watch，用于存储 4 家不同公司的手表信息。请说明在该数据集上从输入到输出的简单分析数据处理的步骤。

单项选择题参考答案

1. (d)　2. (a)　3. (b)　4. (c)　5. (d)　6. (c)　7. (a)　8. (a)　9. (b)　10. (a)
11. (b)　12. (c)　13. (a)　14. (c)　15. (d)　16. (c)　17. (c)　18. (c)　19. (c)
20. (d)　21. (c)　22. (a)　23. (b)　24. (c)　25. (b)

第 4 章
Chapter 4

在 R 中探索数据

学习成果

通过本章的学习，您将能够：

- 将各种类型的数据存储到数据框中，从数据框中提取数据，执行 R 函数，如 dim()、nrow()、ncol()、str()、summary()、names()、head()、tail()和 edit()，以理解数据框中的数据；
- 从 CSV 文件、tsv(tab separated value)文件和表格中加载数据；
- 处理缺失值、无效值和异常值(outlier)；
- 在数据上运行描述性统计，即频率(frequency)、均值(mean)、中值(median)、众数(mode)和标准差(standard deviation)；
- 创建可视化，以加深对数据的理解。

4.1 概述

R 提供了交互式数据可视化以支持统计数据分析。在 R 中，数据通常存储在数据框中，因为它能够保存各种类型的数据。这些数据框与矩阵不同，矩阵只能存储一种类型的数据。本章将首先讲解数据框，然后逐步从 CSV 文件、TSV 文件、表格等中读取数据，最后利用 R 提供的各种函数及交互式可视化探索数据。

4.2 数据框

可以将数据框想象成类似于数据库表或 Excel 电子表格的东西，它有特定的列数，每列都包含特定数据类型的值。数据框有不确定的行数，即每列的相关值的集合。

假设需要存储雇员的信息(如雇员 ID、姓名及从事的项目)。现在已经给出了 3 个独立的向量，即 EmpNo、EmpName 和 ProjName，分别用于存储雇员 ID、雇员姓名和项目名称等详细信息。

```
>EmpNo <-c(1000, 1001, 1002, 1003, 1004)
>EmpName <-c("Jack", "Jane", "Margaritta", "Joe", "Dave")
```

```
>ProjName <-c("PO1", "PO2", "PO3", "PO4", "PO5")
```

但是,还需要一种可以将所有详细信息绑定起来、类似于数据库表或Excel电子表格的数据结构。因此,创建一个名为Employee的数据框,将这3个向量一起进行存储。

```
>Employee <-data.frame(EmpNo, EmpName, ProjName)
```

打印数据框Employee的内容。

```
>Employee
  EmpNo     EmpName  ProjName
1  1000        Jack     PO1
2  1001        Jane     PO2
3  1002  Margaritta     PO3
4  1003         Joe     PO4
5  1004        Dave     PO5
```

以上创建了一个数据框Employee,数据被整齐地组织成行,变量名称作为顶部的列名。

4.2.1 数据框访问

有两种访问数据框内容的方法:

① 在方括号中给出索引号;

② 将列名作为双括号中的字符串。

1. 在方括号中给出索引号

例 4.1

要想访问第2列EmpName,需要在R提示符处输入以下命令。

```
>Employee[2]
     EmpName
1       Jack
2       Jane
3 Margaritta
4        Joe
5       Dave
```

例 4.2

要想访问第1列EmpNo和第2列EmpName,需要在R提示符处输入以下命令。

```
>Employee[1:2]
  EmpNo     EmpName
1  1000        Jack
2  1001        Jane
3  1002  Margaritta
4  1003         Joe
5  1004        Dave
```

例 4.3

```
>Employee [3,]
  EmpNo     EmpName  ProjName
3  1002  Margaritta       PO3
```

请注意示例中方括号中的逗号，它不是错误的符号。

例 4.4

为数据框中的行定义行名称。

```
>row.names(Employee) <-c("Employee 1", "Employee 2", "Employee 3","Employee 4",
"Employee 5")
>row.names (Employee)
[1] "Employee 1" "Employee 2" "Employee 3" "Employee 4" "Employee 5"
>Employee
           EmpNo     EmpName  ProjName
Employee 1  1000        Jack       P01
Employee 2  1001        Jane       P02
Employee 3  1002  Margaritta       P03
Employee 4  1003         Joe       P04
Employee 5  1004        Dave       P05
```

通过行名称提取一行数据。

```
>Employee ["Employee 1",]
           EmpNo  EmpName  ProjName
Employee 1  1000     Jack       P01
```

将行名称打包到一个索引向量中，以便于抽取多行。

```
>Employee [c ("Employee 3", "Employee 5"),]
           EmpNo     EmpName  ProjName
Employee 3  1002  Margaritta       P03
Employee 5  1004        Dave       P05
```

2. 将列名作为双括号中的字符串

```
>Employee [["EmpName"]]
[1] Jack Jane Margaritta Joe Dave
Levels: Dave Jack Jane Joe Margaritta
```

为了保持简单(输入过多双括号会显得比较烦琐)，可以使用带有 $ (dollar)符号的表示。

```
>Employee$EmpName
[1] Jack Jane Margaritta Joe Dave
Levels: Dave Jack Jane Joe Margaritta
```

要想抽取具有两列 EmpNo 和 ProjName 的数据框切片，需要将列名称打包在一对方括号操作符的一个索引向量中。

```
>Employee[c("EmpNo", "ProjName")]
  EmpNo  ProjName
1  1000       P01
2  1001       P02
3  1002       P03
4  1003       P04
5  1004       P05
```

要想添加新列 EmpExpYears 以存储雇员的工作年数,需要按照以下步骤进行操作。

```
>Employee$EmpExpYears <-c(5, 9, 6, 12, 7)
```

打印数据框 Employee 中的内容以确认添加了新的列。

```
>Employee
  EmpNo     EmpName  ProjName  EmpExpYears
1  1000        Jack       P01            5
2  1001        Jane       P02            9
3  1002  Margaritta       P03            6
4  1003         Joe       P04           12
5  1004        Dave       P05            7
```

4.2.2 数据框排序

根据 EmpExpYears 以升序排序显示数据框 Employee 中的内容。

```
>Employee[order(Employee$EmpExpYears),]
  EmpNo     EmpName  ProjName  EmpExpYears
1  1000        Jack       P01            5
3  1002  Margaritta       P03            6
5  1004        Dave       P05            7
2  1001        Jane       P02            9
4  1003         Joe       P04           12
```

使用如下语法按照 EmpExpYears 以降序排序显示数据框 Employee 中的内容。

```
>Employee[order(-Employee$EmpExpYears),]
  EmpNo     EmpName  ProjName  EmpExpYears
4  1003         Joe       P04           12
2  1001        Jane       P02            9
5  1004        Dave       P05            7
3  1002  Margaritta       P03            6
1  1000        Jack       P01            5
```

4.3　用于理解数据框中数据的 R 函数

下面将利用以下 R 函数探索保存在数据框中的数据。

- dim()
  - nrow()
  - ncol()
- str()
- summary()
- names()
- head()
- tail()
- edit()

4.3.1　dim()函数

dim()函数用于获取数据框的维数，该函数的输出会返回行数和列数。

```
>dim(Employee)
[1] 5 4
```

即数据框 Employee 有 5 行和 4 列。

1. nrow()函数

nrow()函数会返回数据框的行数。

```
>nrow(Employee)
[1] 5
```

即数据框 Employee 有 5 行。

2. ncol()函数

ncol()函数会返回数据框的列数。

```
>ncol(Employee)
[1] 4
```

即数据框 Employee 有 4 列。

4.3.2　str()函数

str()函数会紧凑地显示 R 对象的内部结构，使用它可以显示数据集 Employee 的内部结构。

```
>str (Employee)
```

```
'data.frame': 5 obs. of 4 variables:
$EmpNo     :num 1000 1001 1002 1003 1004
$EmpName :Factor w/ 5 levels "Dave", "Jack", ..: 2 3 5 4 1
$ProjName:Factor w/ 5 levels "P01", "P02", "P03", ..: 1 2 3 4 5
$EmpExpYears : num 5 9 6 12 7
```

4.3.3 summary()函数

使用 summary()函数可以返回数据集每列的结果汇总。

```
>summary (Employee)
       EmpNo           EmpName        ProjName     EmpExpYears
Min.   : 1000     Dave       : 1     P01:1      Min.    : 5.0
1st Qu.: 1001     Jack       : 1     P02:1      1st Qu.: 6.0
Median : 1002     Jane       : 1     P03:1      Median : 7.0
Mean   : 1002     Joe        : 1     P04:1      Mean    : 7.8
3rd Qu.: 1003     Margaritta: 1     P05:1      3rd Qu.: 9.0
Max.   : 1004                                   Max.    : 12.0
```

4.3.4 names()函数

names()函数可以返回对象名，下面使用 names()函数返回数据集 Employee 的列标题。

```
>names (Employee)
[1] "EmpNo" "EmpName" "ProjName" "EmpExpYears"
```

在以上示例中，names(Employee)会返回数据集 Employee 的列标题，str()函数会返回数据集的基本结构，str()函数提供数据集的整体视图。

4.3.5 head()函数

head()函数用于获取前 n 个观测值，n 默认为 6。

例如

(1) 在以下示例中，n 的值被设定为 3，因此输出结果会包含数据集的前 3 个观测值。

```
>head(Employee, n=3)
  EmpNo     EmpName  ProjName  EmpExpYears
1   1000        Jack       P01            5
2   1001        Jane       P02            9
3   1002  Margaritta       P03            6
```

(2) 假设 x 是总观测值个数，在 head()函数中输入 n 为任意负值的情况下，得到的输出是前 x+n 个观测值。在该例中，x=5，n=−2，返回的观测值的个数为 x+n=3。

```
>head(Employee, n=-2)
```

```
   EmpNo     EmpName  ProjName  EmpExpYears
1   1000        Jack       P01            5
2   1001        Jane       P02            9
3   1002  Margaritta       P03            6
```

4.3.6　tail()函数

tail()函数用于获取后 n 个观测值，n 默认为 6。

```
>tail(Employee, n=3)
   EmpNo     EmpName  ProjName  EmpExpYears
3   1002  Margaritta       P03            6
4   1003         Joe       P04           12
5   1004        Dave       P05            7
```

例如

假设 n 的值为负数，由 x+n 的一个简单求和值返回输出。这里，x=5，n=−2。当在 tail()函数中给出负输入的情况下，它返回最后的 x+n 个观测值。以下示例会返回数据集 Employee 中的最后 3 条记录。

```
>tail(Employee, n=-2)
   EmpNo     EmpName  ProjName  EmpExpYears
3   1002  Margaritta       P03            6
4   1003         Joe       P04           12
5   1004        Dave       P05            7
```

4.3.7　edit()函数

edit()函数用于在 R 对象上调用文本编辑器，下面使用 edit()函数在文本编辑器中打开数据集 Employee，如图 4.1 所示。

```
>edit(Employee)
```

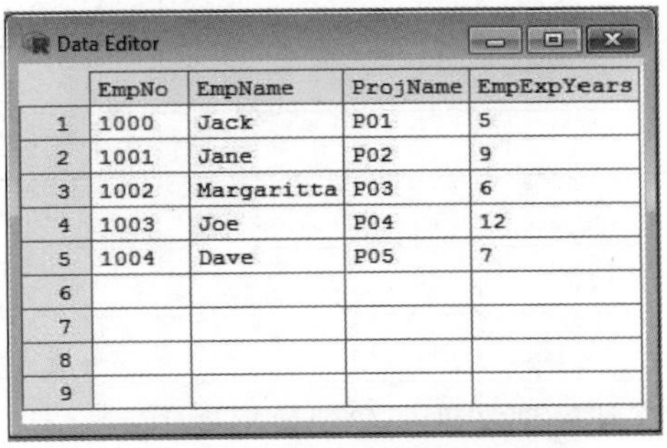

Data Editor

	EmpNo	EmpName	ProjName	EmpExpYears
1	1000	Jack	P01	5
2	1001	Jane	P02	9
3	1002	Margaritta	P03	6
4	1003	Joe	P04	12
5	1004	Dave	P05	7
6				
7				
8				
9				

图 4.1　打开数据集

要想从数据集 Employee 中获取前 3 行数据（包括所有列），可以使用以下语法。

```
>Employee[1:3]
  EmpNo      EmpName  ProjName  EmpExpYears
1  1000         Jack       P01            5
2  1001         Jane       P02            9
3  1002  Margaritta        P03            6
```

要想从数据集 Employee 中获取前 3 行数据(只包含前 2 列),可以使用如下语法。

```
>Employee[1:3, 1:2]
  EmpNo      EmpName
1  1000         Jack
2  1001         Jane
3  1002  Margaritta
```

R 中探索数据的函数如表 4.1 所示。

表 4.1　R 中探索数据的函数简要介绍

函　数　名	描　　述
nrow(x)	返回行数
ncol(x)	返回列数
str(mydata)	给出数据集的结构
summary(mydata)	给出基本的描述性统计和频次
edit(mydata)	打开数据编辑器
names(mydata)	返回数据集中的变量列表
head(mydata)	返回数据集的前 n 行,默认 n=6
head(mydata, n=10)	返回数据集的前 10 行
head(mydata, n=－10)	返回所有行,除了后 10 行
tail(mydata)	返回后 n 行,默认 n=6
tail(mydata, n=10)	返回后 10 行
tail(mydata, n=－10)	返回所有行,除了前 10 行
mydata[1:10,]	返回前 10 行
mydata[1:10,1:3]	返回前 3 个变量的数据的前 10 行

4.4　加载数据框

下面介绍 R 如何将数据从外部文件加载到数据框中。

4.4.1　从 CSV 文件中读取数据

我们已经在 D:\drive 中创建了一个名为 item.csv 的 CSV 文件,其内容如图 4.2 所示。

	A	B	C
1	Itemcode	ItemCategory	ItemPrice
2	I1001	Electronics	700
3	I1002	Desktop supplies	300
4	I1003	Office supplies	350

图 4.2　文件 item.csv 的内容

下面使用 read.csv 函数加载该文件。

```
>ItemDataFrame <-read.csv("D:/item.csv")
>ItemDataFrame
   Itemcode       ItemCategory  ItemPrice
1     I1001        Electronics        700
2     I1002   Desktop supplies        300
3     I1003    Office supplies        350
```

4.4.2　获取数据框子集

获取数据框的子集,只显示价格大于或等于 350 的商品的详细信息。

```
>subset(ItemDataFrame, ItemPrice >=350)
   Itemcode      ItemCategory  ItemPrice
1     I1001       Electronics        700
3     I1003   Office supplies        350
```

获取数据框的子集,只显示商品所属的分类(商品价格大于或等于 350)。

```
>subset(ItemDataFrame,ItemPrice >=350, select =c(ItemCategory))
      ItemCategory
1      Electronics
3  Office supplies
```

获取数据框的子集,只显示属于 Office supplies 或 Desktop supplies 类的商品。

```
>subset(ItemDataFrame, ItemCategory =="Office supplies" |
ItemCategory=="Desktop supplies")
   Itemcode       ItemCategory  ItemPrice
2     I1002   Desktop supplies        300
3     I1003    Office supplies        350
```

4.4.3　从 TSV 文件中读取数据

对于任何使用分隔符而不是逗号的文件,都可以使用 read.table 命令。

例如

我们已经在 D:\drive 中创建了一个名为 item-tab-sep.txt 的 tsv 文件,其内容如下。

```
Itemcode  ItemQtyOnHand  ItemReorderLvl
   I1001             75              25
   I1002             30              25
   I1003             35              25
```

下面使用 read.table 函数加载该文件,读取该文件的内容,但不会将其内容存储到数据框中。

```
>read.table("d:/item-tab-sep.txt",sep="\t")
        V1             V2              V3
1 Itemcode  ItemQtyOnHand  ItemReorderLvl
2    I1001             70              25
3    I1002             30              25
4    I1003             35              25
```

注意:使用 V1、V2 和 V3 作为列标题意味着并未考虑指定列的名称 ItemCode、ItemCategory 和 ItemPrice,即第 1 行没有自动地被认为是列标题。

改变语法表示,将第 1 行作为列标题。

```
>read.table("d:/item-tab-sep.txt",sep="\t", header=TRUE)
  Itemcode  ItemQtyOnHand  ItemReorderLv1
1    I1001             70              25
2    I1002             30              25
3    I1003             35              25
```

将指定的文件读入数据框 ItemDataFrame 中。

```
>ItemDataFrame <-read.table("D:/item-tab-sep.txt",sep="\t",
header=TRUE)
>ItemDataFrame
  Itemcode  ItemQtyOnHand  ItemReorderLvl
1    I1001             70              25
2    I1002             30              25
3    I1003             35              25
```

4.4.4 从表格读取数据

数据表可以位于文本文件中,表格中的单元格由空白字符分隔。一个 4 行 3 列的表的示例如下。

1001	Physics	85
2001	Chemistry	87
3001	Mathematics	93
4001	English	84

使用文本编辑器设置文件名为 d:/mydata.txt 的文件中的表格,然后利用函数 read.table 将数据加载到工作空间中。

```
>mydata =read.table("d:/mydata.txt")
>mydata
    V1          V2      V3
1  1001      Physics      85
2  2001    Chemistry      87
3  3001  Mathematics      93
4  4001      English      84
```

4.4.5 合并数据框

现在尝试使用 merge()函数合并两个数据框，merge()函数将一个 x 数据框(item.csv)和一个 y 数据框(item-tab-sep.txt)作为参数。默认情况下，该函数会在同名的列(2 个 Itemcode 列)上连接 2 个数据框。

```
>csvitem <-read.csv("d:/item.csv")
>tabitem<-read.table("d:/item-tab-sep.txt",sep="\t",header=TRU E)
>merge (x=csvitem, y=tabitem)
  Itemcode ItemCategory      ItemPrice ItemQtyOnHand ItemReorderLvl
1    I1001 Electronics             700            70             25
2    I1002 Desktop supplies        300            30             25
3    I1003 Office supplies         350            35             25
```

4.5 探索数据

R 中的数据是一个组织好的信息集合。统计数据类型在 R 中较为常见，这是一组变量值被传递的观测值。这些输入变量用于测量、控制或操作程序的结果。每个变量的大小和类型都不同。R 支持探索以下基本数据类型：

- 整型(integer)；
- 数字型(numeric)；
- 逻辑性(logical)；
- 字符型/字符串型(character/string)；
- 因子(factor)；
- 复数类型(complex)。

数据类型已经在第 2 章介绍过，基于 R 中特定数据的特性，可以以不同的方式对数据进行探索。

探索性数据分析(EDA)包括数据集分析以及以可视化的表示形式汇总数据集的主要特征。使用 R 的探索性数据分析是一种用来汇总和可视化数据集主要特征的方法，与初始数据分析不同，EDA 的主要目的是汇总和可视化数据集的主要特征，其关注点是：

- 通过理解其结构和变量探索数据；
- 形成对数据集的直观感受；
- 考虑数据集是如何产生的；

- 通过提供一种正式的统计方法决定如何开展研究；
- 加深对数据集的更好理解；
- 提出一种指向新的数据集合的假设；
- 处理任何缺失值；
- 探讨更多形式化的统计方法。

EDA所使用的一些图形化技术有：

- 箱线图(box plot)；
- 直方图(histogram)；
- 散点图(scatter plot)；
- 运行图(run chart)；
- 柱状图(bar chart)；
- 密度图(density plots)；
- 帕累托图(pareto chart)。

谨记：在R中，统计数据输入以图形形式表示，这有助于提高从输入数据中获得的理解。R中使用的图表很简单，并可以表示大量的数据。

小练习

1. R中的哪个函数可用于获取维度值？

答：dim()函数用于获取数据集的维度。

```
>dim(x)
[1] a b
```

其中，a表示行数，b表示列数。

2. R中的哪个函数可以打开数据编辑器？

答：R中的edit(x)函数可以打开数据编辑器。

3. head(mydata)函数和tail(mydata)函数中的n的默认值是什么？

答：默认值为6。

4.6 数据汇总

R中的数据汇总可以通过使用不同的R函数获得。表4.2提供了一些R函数的简要概述。

表4.2 R中获得数据汇总的函数

函数名	描述
summary(x)	返回最小值、最大值、中值和均值
min(x)	返回最小值

续表

函 数 名	描 述
max(x)	返回最大值
range(x)	返回给定输入的全距
mean(x)	返回均值
median(x)	返回中值
mad(x)	返回绝对中位差值
IQR(x)	返回内四分位距
quantile(x)	返回分位数
apply(x,1,mean)	计算行平均值
apply(x,2,mean)	计算列平均值,和 mean(x)函数类似

在数据集 Employee 中执行一些 R 函数,从显示数据集 Employee 的内容开始。

```
>Employee
  EmpNo     EmpName  ProjName  EmpExpYears
1  1000        Jack       P01            5
2  1001        Jane       P02            9
3  1002  Margaritta       P03            6
4  1003         Joe       P04           12
5  1004        Dave       P05            7
```

summary(Empoyee[4])函数作用于第 4 列 EmpExpYears,并计算出其值中的最小值、第一四分位数、中值、均值、第三四分位数和最大值。

```
>summary(Employee[4])
EmpExpYears
Min.   : 5.0
1st Qu.: 6.0
Median : 7.0
Mean   : 7.8
3rd Qu.: 9.0
Max.   : 12.0
```

min(Employee[4])函数作用于第 4 列 EmpExpYears,并确定该列的最小值。

```
>min(Employee[4])
[1] 5
```

max(Employee[4])函数作用于第 4 列 EmpExpYears,并确定该列的最大值。

```
>max(Employee[4])
[1] 12
```

range(Employee[4])函数作用于第 4 列 EmpExpYears,并确定该列值的范围。

```
>range(Employee[4])
[1] 5 12
```

R提示符处的Employee[,4]命令显示了EmpExpYears列的值。

```
>Employee[,4]
[1] 5 9 6 12 7
```

mean(Employee[,4])函数作用于第4列EmpExpYears,并确定该列的均值。

```
>mean (Employee[,4])
[1] 7.8
```

median(Employee[,4])函数作用于第4列EmpExpYears,并确定该列的中值。

```
>median(Employee[,4])
[1] 7
```

mad(Employee[,4])函数返回绝对中位差。

```
>mad (Employee[,4])
[1] 2.9652
```

IQR(Employee[,4])函数返回内四分位距。

```
>IQR (Employee[,4])
[1] 3
```

quantile(Employee[,4])函数返回EmpExpYears列的四分位值。

```
>quantile(Employee[,4])
   0%  25%  50%  75%  100%
    5    6    7    9    12
```

sapply()函数用于获取特定输入的描述性统计,通过该函数可以确定均值(mean)、方差(var)、最小值(min)、最大值(max)、标准差(sd)、四分位值(quantile)和全距(range)。

输入数据的均值可以使用sapply(sampledata, mean, na.rm=TRUE)得到。

类似地,其他函数(如mean、min、max、range和quantile)都可以用于sapply()函数以获取期望输出。

考虑同样的数据框Employee。

```
>sapply(Employee[4],mean)
EmpExpYears
7.8
>sapply(Employee[4],min)
EmpExpYears
5
>sapply(Employee[4],max)
EmpExpYears
12
```

```
>sapply(Employee[4],range)
EmpExpYears
[1,] 5
[2,] 12
>sapply(Employee[4],quantile)
      EmpExpYears
0%              5
25%             6
50%             7
75%             9
100%           12
```

还可以通过表 4.3 中的函数获取矩阵的最大值和最小值。

表 4.3　返回 R 矩阵中的最大值和最小值的函数表

函　数　名	描　　述
which.min()	为矩阵中的每一行返回最小值的位置
which.max()	为矩阵中的每一行返回最大值的位置

例如：

```
>which.min(Employee$EmpExpYears)
[1] 1
```

位置 1 有最短工作年限为 5 年的雇员。

```
>which.max(Employee$EmpExpYears)
[1] 4
```

位置 4 有最长工作年限为 12 年的雇员。

为了汇总数据，还有其他三种方式可以基于一些特定的条件或变量对数据进行分组，然后可以应用 summary()函数。下面对这几种方式进行说明。

- ddply()需要 plyr 包。
- summariseBy()需要 doBy 包。
- aggregate()包含在 R 的 base 包中。

用于解释 ddply()函数的简单代码为

```
data <-read.table(header=TRUE, text='no  sex  before  after  change
                                     1   M    54.2    5.2     -9.2
                                     2   F    63.2    61.0     1.1
                                     3   F    52      24.5     3.5
                                     4   F    25      55       2.5
                                     ⋮
                                     54  M    54      45       1.2'
                                     )
```

当将 ddply()函数应用于以上输入时，

```
library(plyr)
#set the functions to run the length, mean, sd on the value based on the "change"
input for each group of inputs.
#Break down with the values of "no"
cdata <-ddply(data,c("no"),summarise,
        N=length(change),
        sd=sd(change),
mean=mean(change)
)
Cdata
```

ddply()函数的输出为

```
>no  N   sd    mean
  1  5   4.02   2.3
  2  14  5.5    2.1
  3  4   2.1    1.0
  ⋮
 54  9   2.0    0.9
```

4.7 查找缺失值

在R中，缺失值在数据集中用NA表示，NA的含义为Not Available。缺失值既不是字符串，也不是数字值，但是它用于定义缺失数据。可以使用缺失值创建输入向量，如

```
x <-c(2,5,86,9,NA,45,3)
y <-c("red",NA,"NA")
```

在这个例子中，x包含数字值作为输入。在这里，使用NA以避免任何错误或其他数字值异常，如无穷大。在第2个示例中，y包含字符串作为输入，这里的第3个值是字符串NA，第2个值NA是一个缺失值。函数is.na()用于识别缺失值，该函数可以返回一个布尔(Boolean)值TRUE或FALSE。

```
>is.na(x)
[1] FALSE FALSE FALSE FALSE TRUE FALSE FALSE
>is.na(y)
[1] FALSE TRUE FALSE
```

is.na()函数用于查找及产生缺失值。

na.action()提供了处理缺失值的选项。

可能的na.action设置包括以下几种。

- na.omit()和na.exclude()：该函数返回删除缺失值后的观测值对象。
- na.pass()：该函数返回未发生变化的对象，即使有缺失值。

• na.fail()：当没有缺失值时，该函数返回对象。

要想使 na.action 的选项起作用，需要使用 getOption("na.action")。

例如

(1) 使用样本输入值填充矩阵，如下所示。

```
>c <-as.data.frame (matrix(c(1:5,NA),ncol=2))
>c
   V1  V2
1   1   4
2   2   5
3   3  NA
```

na.omit(c)删除有 NA 缺失值的行并返回其他对象。

```
>na.omit(c)
   V1  V2
1   1   4
2   2   5
```

(2) na.exclude(c)返回不包含缺失值的对象，可以发现残差函数(resudual)和预测函数(prediction functions)之间的细微差别。

```
>na.exclude(c)
   V1  V2
1   1   4
2   2   5
```

(3) na.pass(c)返回有缺失值但未发生改变的对象。

```
>na.pass(c)
   V1  V2
1   1   4
2   2   5
3   3  NA
```

(4) na.fail(c)在发现有缺失值时返回一个 error，仅在没有缺失值时返回一个对象。

```
>na.fail(c)
Error in na.fail.default(c) : missing value in object
```

表 4.4 列出了用于查找数据集中的缺失值的基本命令。

表 4.4　用于查找 R 中数据集缺失实体的函数表

函 数 名	描　　述
sum(is.na(mydata)) 例如： sum(is.na(c)) [1] 1	数据集中缺失值的个数

续表

函 数 名	描 述
rowSums(is.na(data)) 例如: > rowSums(is.na(c)); [1] 0 0 1 第3行有一个缺失值	每个变量缺失值的个数
rowMeans(is.na(data)) * length(data) 例如: > rowMeans(is.na(c)) * length(c) [1] 0 0 1	每行缺失值的个数

4.8 无效值和异常值

在R中,处理无效值需要进行特殊的检查。无效值可以是NA、NaN、Inf或-Inf。针对这些无效值的函数包括anyNA(x)、anyInvalid(x)和is.invalid(x),其中,x的值可以是向量、矩阵或数组。在这里,如果输入中含有任何NA或者NaN值,则anyNA函数会返回一个TRUE值,否则返回一个FALSE值,该函数等同于any(is.na(x))。

如果输入中含有任何无效值,则anyInvalid函数会返回一个TRUE值,否则返回一个FALSE值,该函数等同于any(is.valid(x))。

和这两个函数不同,is.invalid函数会根据每一个输入值返回一个对象。如果输入是无效的,则返回TRUE,否则返回FALSE,该函数等同于(is.na(x) | is.infinite(x))。

使用以上函数的示例如下。

```
>anyNA(c(-9,NaN,9))
[1] TRUE

is.finite(c(-9, Inf,9))
>is.finite(c(-9, Inf,9))
[1] TRUE FALSE TRUE

is.infinite(c(-9, Inf,9))
>is.infinite(c(-9, Inf, 9))
[1] FALSE TRUE FALSE

is.nan(c(-9, Inf,9))
>is.nan(c(-9, Inf, 9))
[1] FALSE FALSE FALSE
>is.nan(c(-9, Inf, NaN))
[1] FALSE FALSE TRUE
```

无效值和异常值的基本思想可以通过一个简单示例进行说明，即利用 summary()函数获取最小值（min）、最大值（max）、中值（median）、均值（mean）、第一四分位值（1st quantile）、第三四分位值（3rd quantile）。

图 4.3 有助于读者理解无效值和异常值在细节上的区别。

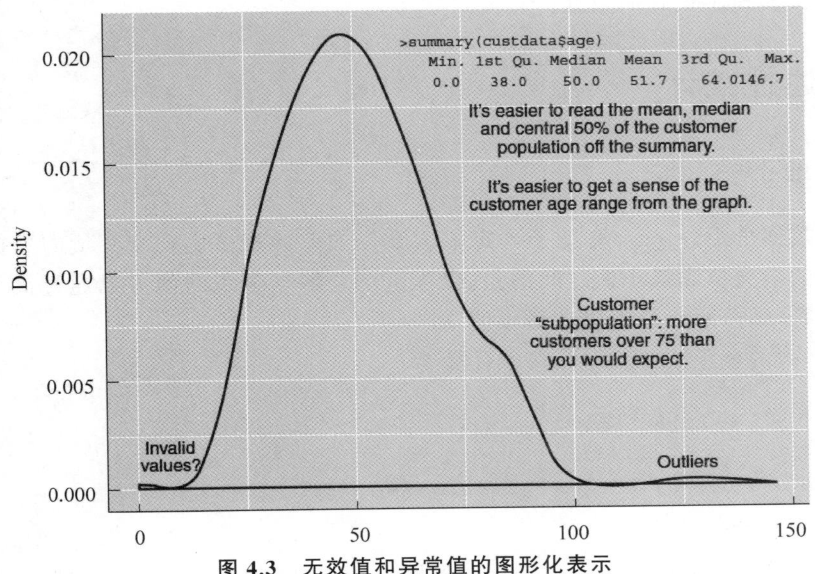

图 4.3　无效值和异常值的图形化表示

针对图 4.1 的解释如下。

```
>summary(custdata$income)
```

- 返回 custdata 的输入值中的 income 的最小值、最大值、均值、中值和四分位值。

最小值	第一四分位数	中值	均值	第三四分位数	最大值
−8700	14600	35000	53500	67000	615000

```
>summary(custdata$age)
```

- 返回 custdata 的输入值中的 age 的最小值、最大值、均值、中值和四分位值。

最小值	第一四分位数	中值	均值	第三四分位数	最大值
0.0	38.0	50.0	51.7	64.0	146.7

以上两个场景清晰地解释了无效值和异常值。在第一个输出中，income 的一个值是负数（−8700）。实际上，一个人的收入不可能为负数，负收入是债务的一个标志，因此收入的赋值为负数。但是，这些负值必须得到有效的处理，需要检查如何处理这些类型的输入数据，即删除负数或将负收入转换为零。

在第二种情况中，age 的一个值为 0，另一个值大于 120，可以将它们看作异常值。在这里，这些值都不属于期望值的数据范围。异常值被认为是输入数据中错误的数据。在这种情况下,年龄为0可能指未知数据,也可能是客户从未披露的年龄;在年龄超过120的情况下,客户应该是比较长寿的。

age字段中的负值可能是一个标志值(sentinel value),异常值可能是错误数据、非正常数据或标志值。如果字段的输入不合适,则需要采取措施处理该情况,即是否删除字段、删除输入数据或转换不正确的数据。

4.9 描述性统计

4.9.1 数据全距

R中的数据全距(range)有助于确定输入数据的差异程度。观测变量的数据全距是数据集中数据的最大值和最小值之间的差,也称范围。数据全距的值可以通过最大值减去最小值进行计算,即全距=最大值-最小值。

例如,降雨的全距或持续时间可以计算为

```
#Calculates the duration.
>duration =time$rainfall
#Apply max and min function to return the range
>max(duration) -min(duration)
```

以上示例代码通过取最小值和最大值返回全距或持续时间。在这个例子中,降雨的持续时间有助于预测降雨持续时间的概率。因此,降雨量和持续时间应该有较大的波动。

4.9.2 频数

频数(frequencies)是数据在一个非重叠类型的集合中出现次数的汇总。在R中,freq()函数用于寻找输入向量的频率分布。在给出的示例中,将sellers作为数据集,商店变量的频率分布是每个商店的销售员数量的汇总。

```
>head(subset(mtcars, select ='gear'))
                    gear
Mazda RX4             4
Mazda RX4 Wag         4
Datsun 710            4
Hornet 4 Drive        3
Hornet Sportabout     3
Valiant               3

>factor(mtcars$gear)
[1] 4 4 4 3 3 3 3 4 4 4 4 3 3 3 3 3 3 4 4 4 3 3 3 3 3 4 5 5 5 5 5 4
Levels: 3 4 5

>w =table(mtcars$gear)
>w
```

```
3   4   5
15  12  5

>t =as.data.frame(w)
>t
  Var1  Freq
1     3    15
2     4    12
3     5     5

>names(t) [1] ='gear'
>t
  gear  Freq
1     3    15
2     4    12
3     5     5
```

cbind()函数用于按列显示结果。

```
>w
3   4   5
15  12  5
>cbind(w)
    w
3  15
4  12
5   5
```

4.9.3 均值和中值

R 中的统计数据是使用内置的函数进行分析的，这些内置函数位于 R 的 base 包中，这些函数使用向量值作为输入参数并产生输出。

1. 均值

均值为输入值的和除以输入数据的总数，也称输入值的平均值。在 R 中，均值是通过内置函数计算的，R 中的函数 mean()会给出均值的输出。

R 中的 mean()函数的基本语法为

```
mean(x, trim=0, na.rm =FALSE, ...)
```

其中，x 是输入向量，trim 定义了对排序后的输入向量从其两端删除一些观测值，na.rm 删除输入向量的缺失值。

例 4.5

在 R 中计算均值的一个示例代码为

```
#Define a vector
```

```
x<-c(15,54,6,5,9.2,36,5.3,8,-7,-5)
#Find the mean of the vector inputs
result.mean <-mean(x)
print(result.mean)
```

输出

执行代码会产生一个输出值[1] 12.65。

```
>x<-c(15,54,6,5,9.2,36,5.3,8,-7,-5)
>result.mean <-mean(x)
>print (result.mean)
[1] 12.65
```

当选择 trim 参数时,它首先会对向量值进行排序,然后基于 trim 值从两端删除一些输入值以用于计算均值。假设 trim＝0.4,则从排序后的向量值的两端删除 4 个值。使用上面的示例,向量值(15, 54, 6, 5, 9.2, 36, 5.3, 8, －7, －5)可排序为(－7, －5, 5, 5.3, 6, 8, 9.2, 15, 36, 54),并且从排序后的向量两端各删除 4 个值,即从左边删除(－7, －5, 5, 5.3),从右边删除(9.2,15,36,54)。

例 4.6

```
#Define a vector
x<-c(15,54,6,5,9.2,36,5.3,8,-7,-5)
#Find the mean of the vector inputs
result.mean <-mean(x, trim =0.3)
print(result.mean)
```

输出

执行代码会产生输出值[1] 7.125。

```
>x<-c(15,54,6,5,9.2,36,5.3,8,-7,-5)
>result.means <-mean(x, trim =0.3)
>print(result.mean)
[1] 7.125
```

例 4.7

在含有任何缺失值的情况下,mean()函数会返回 NA。为了解决这个问题,使用 R 中的 na.rm＝TRUE 从列表中删除 NA 值,用于计算均值。

```
#Define a vector
x<-c(15,54,6,5,9.2,36,5.3,8,-7,-5,NA)
#Find the mean of the vector inputs
result.mean <-mean(x)
print(result.mean)
#Dropping NA values from finding the mean
result.mean <-mean(x, na.rm=TRUE)
print(result.mean)
```

输出

执行代码会产生输出值：

```
[1] NA
[2] 12.65
>x<-c(15,54,6,5,9.2,36,5.3,8,-7,-5,NA)
>result.means <-mean (x)
>print (result.mean)
[1] NA
>result.mean <-mean (x, na.rm=TRUE)
>print (result.mean)
[1] 12.65
```

例 4.8

目标：确定一组数字的均值，将数字绘制在柱状图上，并在均值的位置画出一条贯穿柱状图的直线。

步骤 1：创建一个向量 numbers。

```
>numbers <-c(1, 3, 5, 2, 8, 7, 9, 10)
```

步骤 2：计算向量 numbers 中的一组数的均值。

```
>mean (numbers)
[1] 5.625
```

结果：向量 numbers 的均值计算结果为 5.625。

步骤 3：使用向量 numbers 绘制柱状图。

```
>barplot (numbers)
```

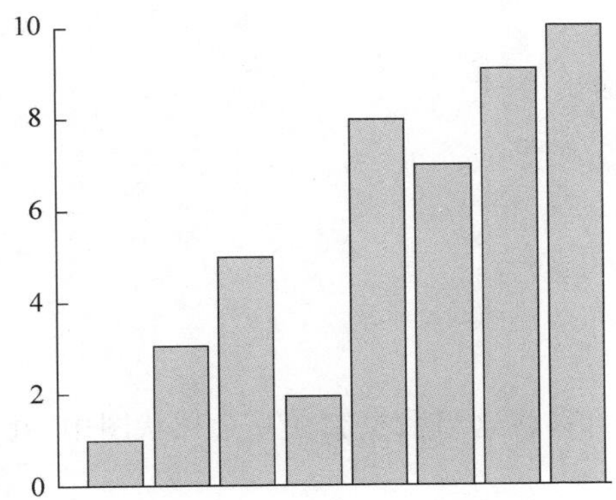

步骤 4：使用 abline()函数在均值处画一条直线(水平线)贯穿柱状图。abline()函数可以使用 h 参数绘制一条水平线或使用 v 参数绘制一条垂直线。当它被调用时，它会更新之前的图。画一条在均值处横穿柱状图的水平线。

```
>barplot (numbers)
>abline (h =mean (numbers))
```

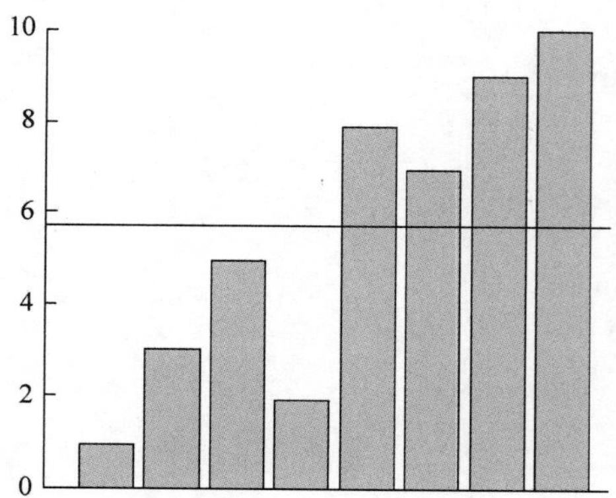

结果：在向量 numbers 上计算所得出的均值(5.625)处画出一条贯穿柱状图的直线。

2. 中值

中值是给定输入的中间值。在 R 中，可以使用 median()函数找到中值。在 R 中计算中值的基本语法为

```
median(x, na.rm=FALSE)
```

其中，x 是输入向量值，na.rm 删除了输入向量中的缺失值。

例 4.9

找出 R 中输入向量的中值的示例为

```
#Define a vector
x<-c(15,54,6,5,9.2,36,5.3,8,-7,-5)
#Find the median value
median.result <-median(x)
print(median.result)
```

执行代码会产生一个输出值[1] 7。

```
>x<-c(15,54,6,5,9.2,36,5.3,8,-7,-5)
>median.result <-median (x)
>print (median.result)
[1] 7
```

例 4.10

目标：确定一组数的中值，将这组数绘制在一个柱状图中，并在中值处绘制一条贯穿柱状图的直线。

步骤 1：创建一个向量 numbers。

```
>numbers <-c(1, 3, 5, 2, 8, 7, 9, 10)
```

步骤 2：计算向量 numbers 中的数字集的中值。

```
>median(numbers)
[1] 6
```

步骤3：使用向量 numbers 绘制柱状图，使用 abline 函数在中值处绘制一条贯穿柱状图的直线。

```
>barplot (numbers)
>abline (h =median (numbers))
```

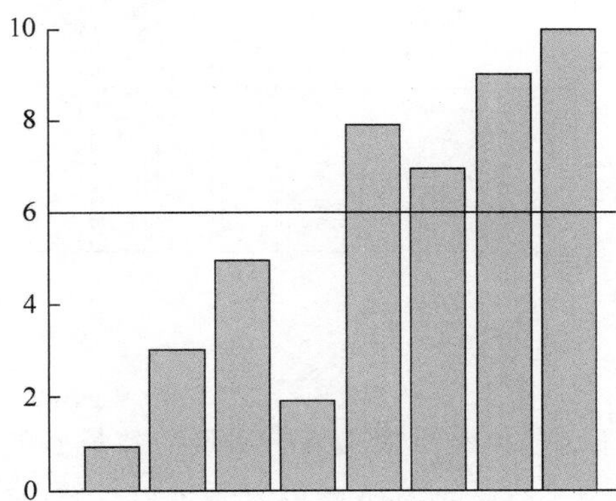

结果：在向量 numbers 上计算所得的中值(6.0)处画出一条贯穿柱状图的直线。

4.9.4 标准差

目标：确定标准差，将数字绘制到柱状图上，在标准差值处绘制一条贯穿柱状图的直线，并在(均值＋标准差)的位置画出另一条贯穿柱状图的直线。

步骤1：创建向量 numbers。

```
>numbers <-c(1,3,5,2,8,7,9,10)
```

步骤2：计算向量 numbers 中的数字集的均值。

```
>mean(numbers)
[1] 5.625
```

步骤3：确定向量 numbers 中数字集的标准差。

```
>deviation <-sd(numbers)
>deviation
[1] 3.377975
```

步骤4：使用向量 numbers 绘制柱状图。

```
>barplot (numbers)
```

步骤5：使用 abline()函数在标准差值(3.377975)处绘制一条贯穿柱状图的直线(水平线)，在均值＋标准差(5.625＋3.377975)处绘制另一条贯穿柱状图的直线。

```
>barplot (numbers)
>abline (h=sd(numbers))
>abline (h=sd(numbers) +mean(numbers))
```

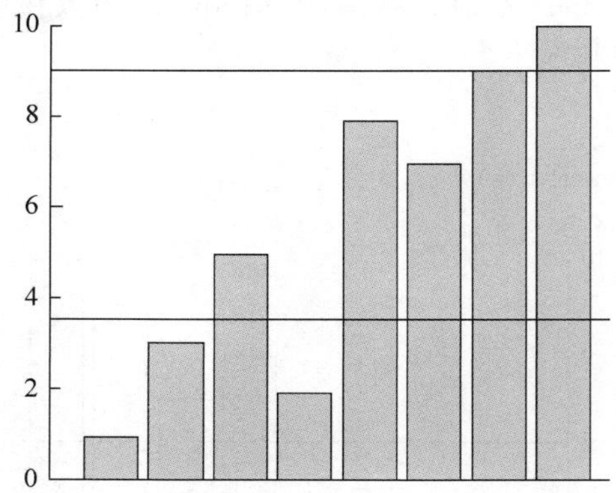

4.9.5 众数

众数(Mode)与频数类似,它会返回数据集中出现次数最多的数。众数可以同时使用数字和字符作为输入数据,众数没有任何标准的内置函数以计算给定输入的众数,因此需要用户自定义一个函数以在R中计算众数。这里的输入是向量值,输出是众数值。

一段返回众数值的示例代码为

```
#Create the function
getmode <-function(y){
uniqy <-unique(y)
uniqy[which.max(tabulate(match(y,uniqy)))]
}
#Define the input vector values
v <-c(5,6,4,8,5,7,4,6,5,8,3,2,1)
#Calculate the mode with user-defined functions
resultmode<-getmode(v)
print(resultmode)
#Define characters as input vector values
charv <-c("as","is","is","it","in")
#Calculate mode using user-defined function
resultmode <-getmode(charv)
print(resultmode)
```

执行以上代码后得到的结果为

```
[1] 5
[2] "is"
    >#Create the function
    >getmode <-function(y) {
    +uniqy <-unique (y)
    +uniqy[which.max(tabulate(match(y, uniqy)))]
    +}
    >
```

```
>v <-c(5,6,4,8,5,7,4,6,5,8,3,2,1)

>resultmode<-getmode(v)
>print(resultmode)
[1] 5

>charv <-c("as","is","is","it","in")
>resultmode <-getmode (charv)
>print (resultmode)
[1] "is"
```

目标：确定一组数的众数。R 没有用于确定众数的标准内置函数，因此需要编写自己的 Mode()函数，该函数将使用向量作为输入，并返回众数作为输出值。

步骤 1：创建一个用户自定义的 Mode 函数。

```
Mode <-function(v) {
   UniqValue <-unique(v)
   UniqValue[which.max(tabulate(match(v, UniqValue)))]
}
>Mode <-function(v) {
+UniqValue <-unique(v)
+UniqValue[which.max(tabulate(match(v, UniqValue)))]
+}
```

在编写以上 Mode()函数时，使用了 R 提供的 3 个其他函数，即 unique()、tabulate()和 match()。

unique()函数：unique()函数会将向量作为输入，并返回删除重复值的向量。

```
>v
[1] 2 1 2 3 1 2 3 4 1 5 5 3 2 3
>unique(v)
[1] 2 1 3 4 5
```

match()函数：将向量作为输入，并返回在第 2 个参数中它的第 1 个参数的(第 1 个)匹配位置的向量。

```
>v
[1] 2 1 2 3 1 2 3 4 1 5 5 3 2 3
>UniqValue <-unique(v)
>UniqValue
[1] 2 1 3 4 5
>match(v,UniqValue)
[1] 1 2 1 3 2 1 3 4 2 5 5 3 1 3
```

tabulate()函数：将一个整型向量作为输入，并计算每个整数在其中所出现的次数。

```
>tabulate(match(v,UniqValue))
[1] 4 3 4 1 2
```

通过示例可知,“2”出现了4次,“1”出现了3次,“3”出现了4次,“4”出现了1次,“5”出现了2次。

步骤2:创建一个向量v。

```
>v <-c(2,1,2,3,1,2,3,4,1,5,5,3,2,3)
```

步骤3:调用函数Mode()并将向量v传给它。

```
>Output <-Mode(v)
```

步骤4:打印输出向量v的众数。

```
>print(Output)
[1] 2
```

将一个字符向量charv传递给Mode()函数。

步骤1:创建一个字符向量charv。

```
>charv <-c("o","it","the","it","it")
```

步骤2:调用Mode()函数,将字符向量charv传递给它。

```
>Output <-Mode(charv)
```

步骤3:打印输出向量charv的众数。

```
>print(Output)
[1] "it"
```

> **谨记**:在R中,利用基本内置函数可以找到均值、中值和全距。但是在寻找众数时,需要用户自定义一个函数以获得众数值。

小练习

1. na.action可能的设置有什么?

答:na.action可能的设置有na.omit、na.exclude、na.pass和na.fail。

2. 输入向量中的缺失值是如何被删除的?

答:na.rm会删除输入向量中的缺失值。

3. 如何从一个给定的输入中得到数据的全距?

答:数据全距的取值可以通过以下公式获得:

全距=最大值-最小值

4.10 利用可视化发现数据中的问题

为了更好地理解输入数据,图片或图表更优于文字。可视化能更好地吸引用户,与之相比,数字值则不能以吸引人的方式表示大数据集。

图4.1表示了关于顾客年龄数据的密度。使用图形化的表示查看给定的数据集称为可

视化。有了这种可视化，就可以很容易地得出以下结果：

- 确定顾客年龄的峰值(最大值)；
- 估计子群体(sub-population)的存在性；
- 确定异常值。

图形化表示从最小值到最大值显示了最大化可用信息，它还为用户提供了更清晰的数据。为了更好地利用可视化，还需要合适的纵横比(aspect ratio)和数据缩放(scaling)。

4.10.1 对单变量的分布进行可视化检查

利用 R 的可视化，用户可以解决以下问题：

- 标准分布的峰值是什么；
- 一个分布的峰值有多少个(基本的双峰和单峰)；
- 是正态分布数据还是对数正态分布数据；
- 给出的数据有何变化；
- 给定的数据是在哪个区间或类别中的。

一般情况下，数据的可视化表示有助于掌握数据分布的形状。图 4.3 表示了一个正态分布的曲线，但图 4.3 的右侧有异常。汇总统计会假设数据或多或少地接近于正态分布。

图 4.4 表示在正态分布图中只有一个峰值的单模图(unimodal diagram)，它还以一种更直观易懂的方式表示这些值，它返回的平均顾客年龄约为 51.7，几乎相当于 38～64 岁之间的顾客群体的 52.50%。有了这个统计结果，就可以推断出该顾客是中年人，年龄在 38～64 岁之间。

图 4.4 中的黑色曲线指双模分布。通常，如果一个分布包含两个以上的峰值，那么它就会被认为是多模。第 2 条黑色曲线的平均年龄与灰色曲线基本相同。但是，这里的曲线集中在两组人群：年龄在 20～30 岁之间的年轻群体和 70 岁以上的老年群体。

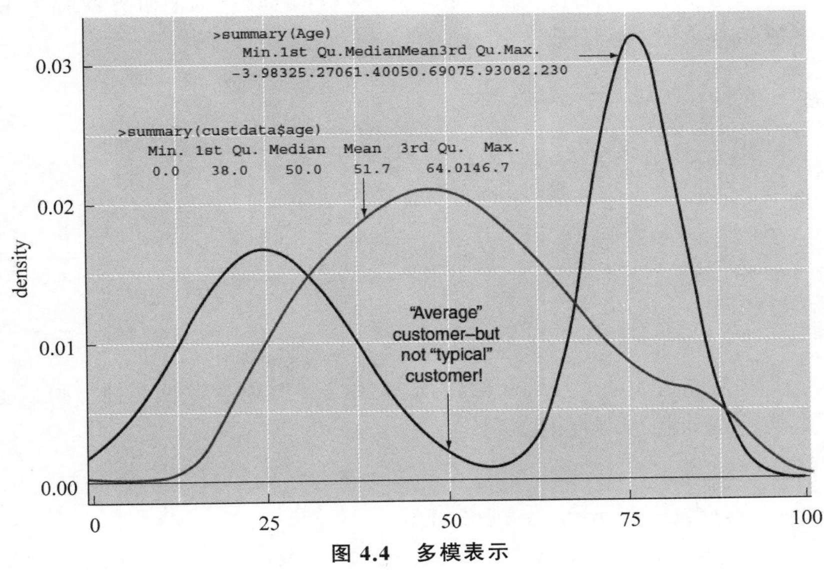

图 4.4　多模表示

这两组人群的行为模式不同，客户拥有健康保险的概率也不同。在这种情况下，使用逻辑回归(logistic regression)或线性回归(linear regression)都无法表示当前的场景。为了解决这个难题，密度图或直方图可以检查输入值的分布。更进一步，和密度图相比，直方图使得表示更加简单，并且它是定量分析的结果表示的首选方法。

4.10.2 直方图

直方图是以等尺寸的连续数字间隔分布的数字数据的图形化表示，它看起来像一个柱状图。但是，直方图中的值被分组成连续的范围，直方图中柱的高度表示在特定范围内出现的值的数目。

R 使用 hist(x)函数创建简单的直方图，其中 x 是将要绘制的数字值。使用 R 创建直方图的基本语法为

```
hist(v,main,xlab,xlim,ylim,breaks,col,border)
```

其中，v 是一个包含数字值的向量，main 是直方图的标题，xlab 是 x 轴的坐标，xlim 定义了 x 轴的取值范围，ylim 定义了 y 轴的取值范围，breaks 表示每个柱的宽度，col 可以设置柱的颜色，border 可以设置柱的边框颜色。

例 4.11

只提供输入向量，而其他参数是可选的，就可以创建一个简单的直方图。

```
#Create data for the histogram
h<-c (8,13,30,5,28)
#Create histogram for H
hist(h)
```

例 4.12

通过提供输入向量 v、文件名、x 轴 xlab 的标签、柱的颜色 col 和边框颜色 border 就可以创建一个简单的直方图，如下所示。

```
#Create data for the histogram
H <-c (8,13,30,5,28)
#Give a file name for the histogram
png(file ="samplehistogram.png")
#Create a sample histogram
hist(H, xlab="Categories", col="red")
#Save the sample histogram file
dev.off()
```

执行以上代码会得到如图 4.5 所示的输出，它用 col 颜色参数填充柱。可以通过将值传递给 border 参数完成对边框颜色的绘制。

```
>H <-c (8,13,30,5,28)
>hist(H, xlab="Categories", col="red")
```

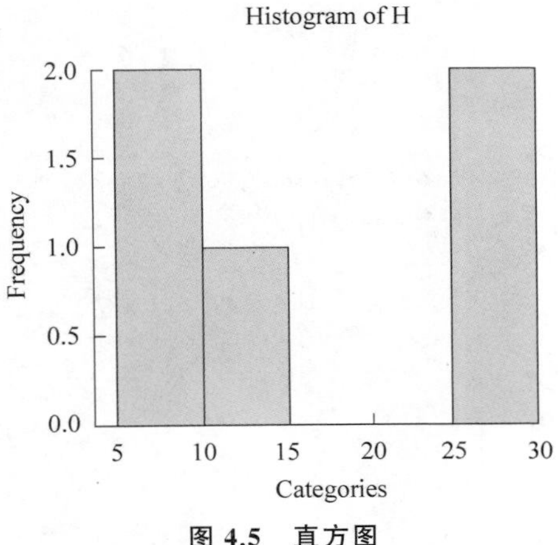

图 4.5　直方图

例 4.13

参数 xlim 和 ylim 用于表示 x 轴和 y 轴的取值范围，breaks 用于定义每个柱的宽度。

```
#Create data for the histogram
H <-c (8,13,30,5,28)
#Give a file name for the histogram
png(file ="samplelimhistogram.png")
#Create a samplelimhistogram.png
hist(H, xlab ="Values", ylab="Colours", col="green",
xlim=c(0,30),ylim=c(0,5), breaks=5)
#Save the samplelimhistogram.png file
dev.off()
>H <-c (8,13,30,5,28)
>hist(H, xlab ="Values", ylab ="Colours", col="green",
xlim=c(0,30), ylim=c(0,5), breaks=5)
```

执行以上代码将显示如图 4.6 所示的直方图。

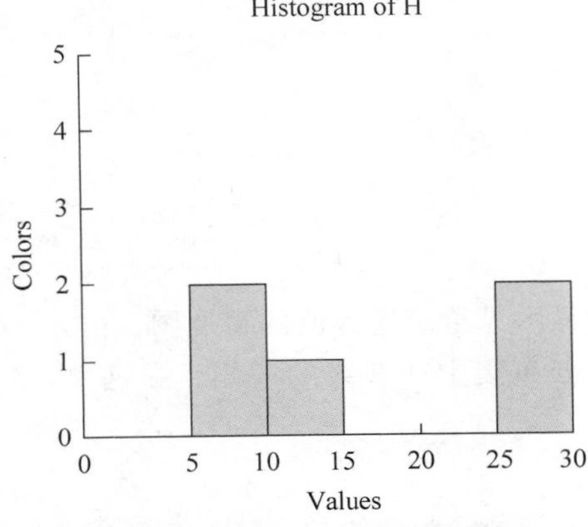

图 4.6　使用 x 和 y 值的直方图

```
>H <-c (8, 13, 30, 5, 28)
>bins <-c(0, 5, 10, 15, 20, 25, 30)
>bins
[1] 0 5 10 15 20 25 30
>hist(H, xlab ="Values", ylab="Colours", col="green",
xlim=c(0,30),ylim=c(0,5), breaks=bins)
```

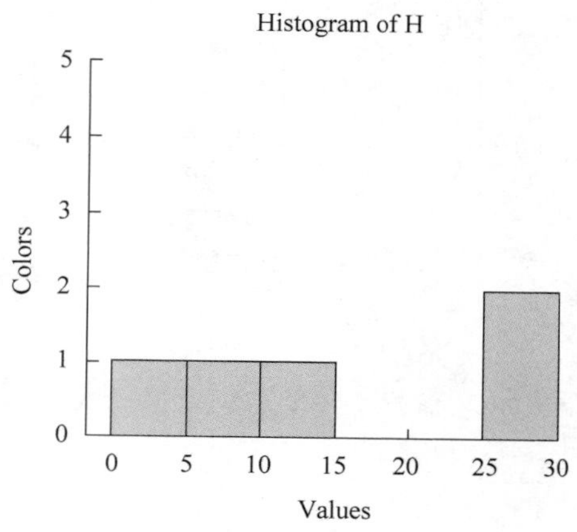

4.10.3 密度图

密度图可以看作是给定变量的“连续直方图”。然而，密度图下方曲线的面积等于 1，因此密度图上的点与数据的分数(或数据的百分比，即除以 100 得到的一个特定的值)相等，这个分数的结果值非常小。

密度图是评估变量分布的一个有效方法，它在发现参数分布时提供了一个更好的参考。创建密度图的基本语法是 plot(density(x))，其中 x 是数字向量值。

例 4.14

一个简单的密度图可以通过传递值及使用 plot()函数创建(如图 4.7 所示)。

```
#Create data for the density plot
h <-density (c(0.0, 38.0, 50.0, 51.7, 64.0, 146.0))
#Create density plot for h
plot(h)

>h <-density (c(0.0, 38.0, 50.0, 51.7, 64.0, 146.0))
>plot(h, xlab="Values", ylab="Density")
```

当执行以上代码时，它显示了给定输入值的密度图。plot()函数创建了密度图，在数据范围较大的情况下，数据的分布集中在曲线的一侧。在这里，确定峰值的精确值是非常复杂的。

例 4.15

在非负数据的情况下，另一种绘制曲线的方法是在对数比例尺上使用分布图，相当于绘制 log10(输入值)的密度图。对于图 4.7 而言，很难找出大量分布(mass distribution)的峰

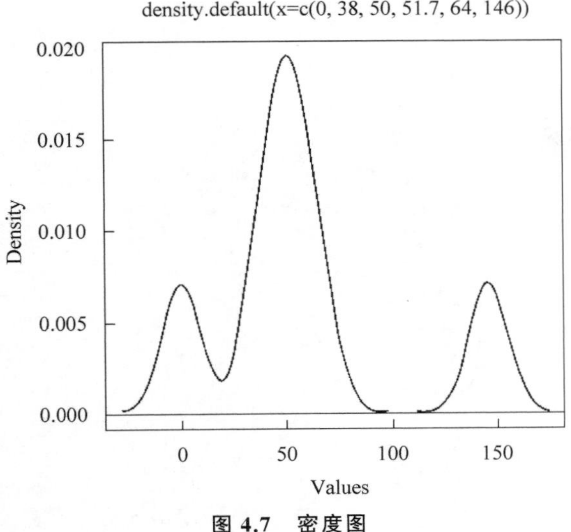

图 4.7　密度图

值。因此，为了简化可视化表示，可以使用 log10 比例尺。在图 4.8 中，收入分布的峰值为 40000 美元。在数据分布范围很广的情况下，对数方法能得到一个完美的结果。

图 4.8 显示了如何在对数比例尺中绘制密度图。在这里，在 x 轴的两端给出了对数比例尺，y 轴表示密度值。

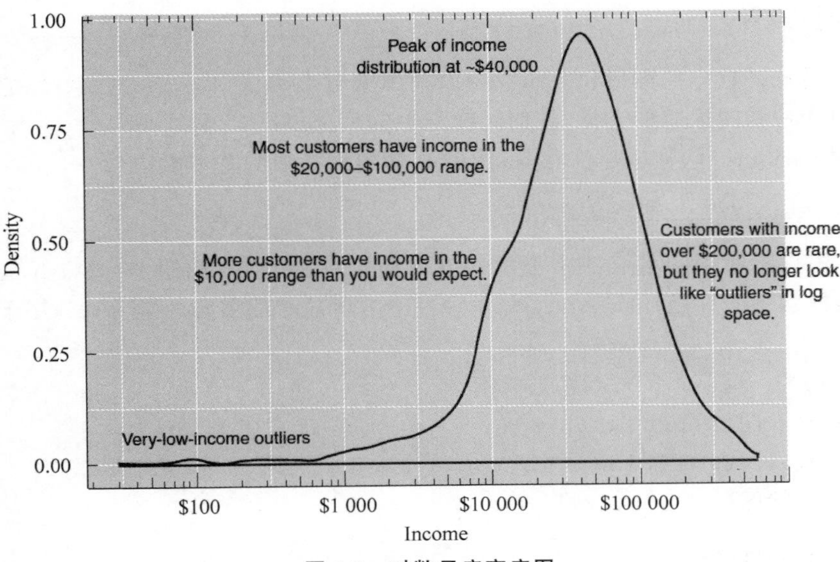

图 4.8　对数尺度密度图

例 4.16

例 4.14 中的示例代码在图 4.8 中显示了在 x 轴上的客户收入以及 y 轴上的密度分布。需要在传递的输入数据 labels＝dollar 参数使用"＄"符号。因此，该数额以符号"＄"显示（如图 4.9 所示）。

```
library(scales)
barplot(custdata) +geom_density(aes(x=income)) +scale_x_
continuous(labels=dollar)
```

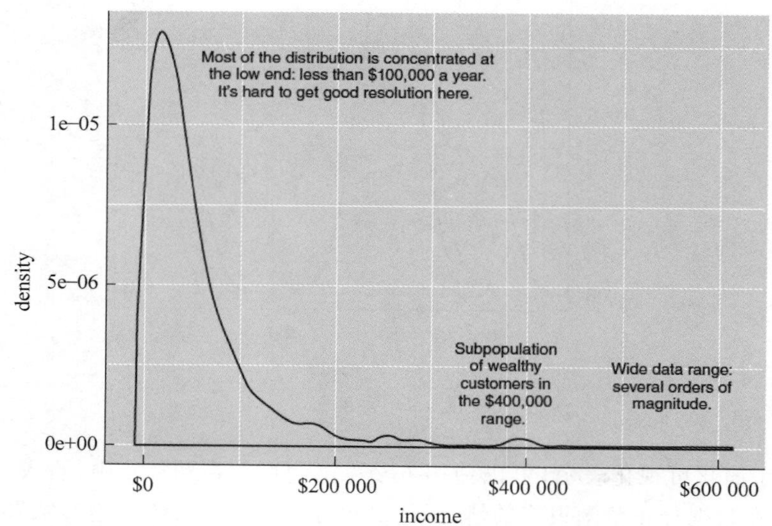

图 4.9　使用 $ 符号的密度函数

4.10.4　柱状图

柱状图是统计数据的图形化表示。可以利用R绘制垂直和水平的柱状图，它还提供了以不同颜色为柱状图涂色的选择，柱的长度与轴的值呈正比。

R 使用 barplot()函数创建柱状图，使用 R 创建柱状图的基本语法为

```
barplot(H, xlab, ylab, main, names.arg, col)
```

其中，H 是柱状图使用的含有数字值的矩阵或向量；xlab 是 x 轴的坐标；ylab 是 y 轴的坐标；main 是柱状图的标题；names.arg 是每个柱下方所显示的名称的集合；col 用于为柱指定颜色。

R 中使用的一些基本的柱状图通常有：

- 简单柱状图(simple bar chart)；
- 分组柱状图(grouped bar chart)；
- 堆叠柱状图(stacked bar chart)。

1. 简单柱状图

创建简单柱状图只需要提供输入值和柱状图的名称，以下代码使用 R 中的 barplot()函数创建并保存柱状图。

例 4.17

```
#Create data for the bar chart
H <-c (8,13,30,5,28)
```

```
#Give a name for the bar chart
png(file ="samplebarchart.png")
#Plot bar chart using barplot() function
barplot(H)
#Save the file
dev.off()

>H <-c (8,13,30,5,28)
>barplot (H, xlab ="Categories", ylab="Values", col="blue")
```

当执行以上代码时，它会输出一个简单柱状图(如图 4.10 所示)。柱状图使用了输入值保存该文件。

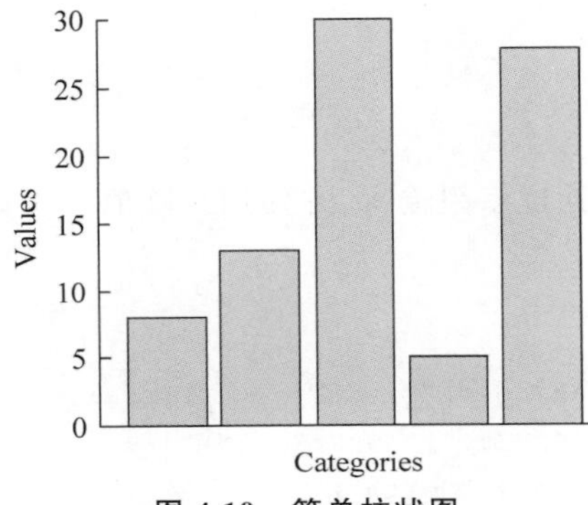

图 4.10　简单柱状图

barplot()函数利用输入值绘制了如图 4.10 所示的简单柱状图，它可以垂直和水平绘制。x 轴和 y 轴的坐标可以使用 xlab 和 ylab 参数指定，传递进来的颜色参数用于填充柱的颜色。

例 4.18

通过将 horiz 参数设置为 TRUE 绘制水平柱状图，可以通过以下简单程序展示。

```
#Create data for the bar chart
H <-c (8,13,30,5,28)
#Give a name for the bar chart
png(file ="samplebarchart.png")
#Plot bar chart using barplot() function
barplot(H, horiz=TRUE))
#Save the file
dev.off()

>barplot(H, xlab ="Values", ylab="Categories", col="blue",
horiz=TRUE)
```

在 R 中执行以上代码会得到图 4.11 所示的结果，它使用输入值并利用 barplot()函数绘制柱。在这里，当 horiz 参数被设置为 TRUE 时，会在水平方向显示柱状图，否则会默认显示一个垂直柱状图。

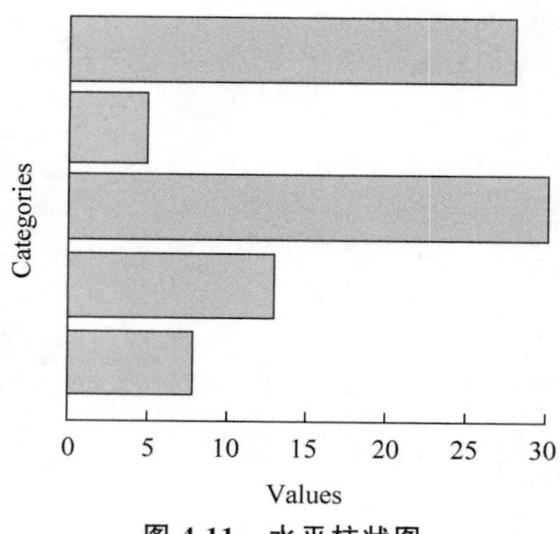

图 4.11 水平柱状图

2. 分组柱状图

R 中的分组柱状图用于处理多组输入，并使用矩阵值。可以使用 barplot()函数创建分组柱状图并接收矩阵输入。

例如

```
>colors <-c("green","orange","brown")
>months <-c("Mar","Apr","May","Jun","Jul")
>regions <-c("East","West","North")
>Values <-
matrix(c(2,9,3,11,9,4,8,7,3,12,5,2,8,10,11),nrow=3,ncol=5,byro
w =TRUE)
>Values
      [,1]  [,2]  [,3]  [,4]  [,5]
[1,]     2     9     3    11     9
[2,]     4     8     7     3    12
[3,]     5     2     8    10    11
>rownames(Values) <-regions
>rownames(Values)
[1] "East" "West" "North"
>Values
       [,1]  [,2]  [,3]  [,4]  [,5]
East      2     9     3    11     9
West      4     8     7     3    12
North     5     2     8    10    11

>colnames(Values) <-months
>Values
      Mar  Apr  May  Jun  Jul
East    2    9    3   11    9
West    4    8    7    3   12
North   5    2    8   10   11
```

```
>barplot(Values, col=colors, width=2, beside=TRUE, names.
arg=months, main="Total Revenue 2015 by month")
>legend("topleft", regions, cex=0.6, bty="n", fill=colors);
```

在图 4.12 中，读取矩阵输入并将其传递到 barplot()函数中以创建一个分组柱状图。在这里，图例列处于柱状图的左上方。

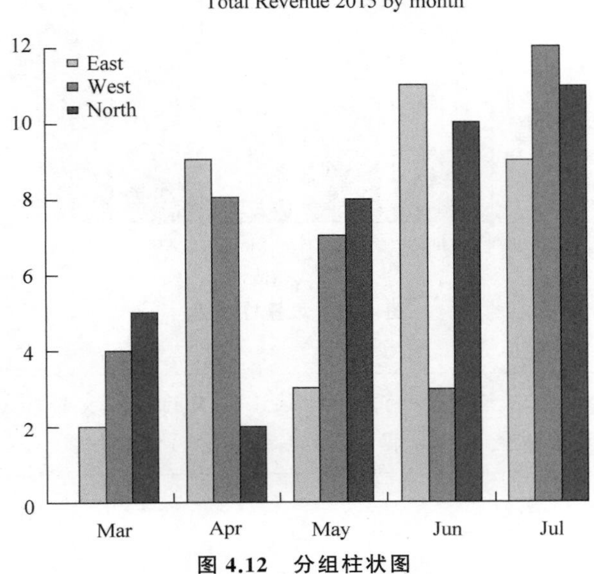

图 4.12　分组柱状图

3. 堆叠柱状图

堆叠柱状图类似于分组柱状图，其中多个输入会有不同的图形表示。除了通过对值进行分组外，堆叠柱状图还可以根据输入值将每个柱一个一个地堆叠起来。

例如

```
>days <-c("Mon","Tues","Wed")
>months <-c("Jan","Feb","Mar","Apr","May")
>colours <-c("red","blue","green")
>val <-matrix(c(2,5,8,6,9,4,6,4,7,10,12,5,6,11,13), nrow =3,
ncol=5, byrow =TRUE)
>barplot(val,main="Total",names.arg=months,xlab="Months",ylab=
"Days",col=colours)
>legend("topleft", days, cex=1.3,fill=colours)
```

在图 4.13 中，Total 是堆叠柱状图的标题，Months 是 x 轴的标签，Days 是 y 轴的标签，代码 legend("topleft", days, cex=1.3, fill=colours)定义了将要展示在柱状图左上方的图例，并会填充相应的颜色。

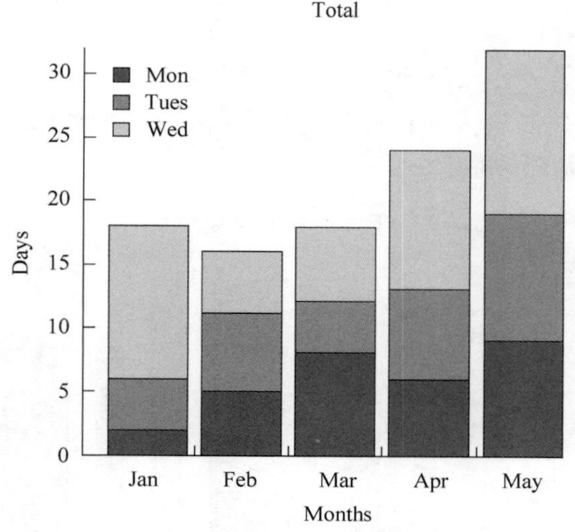

图 4.13 堆叠柱状图

> **谨记**：柱状图是展示大量数据的有效方法。这里的值在 x 轴和 y 轴上被表示出来，legend 函数用于汇总表中使用的数据，可放在图表中的任何位置。

小练习

1. R 中使用的 3 种柱状图是什么？

答：简单柱状图、分组柱状图和堆叠柱状图是 R 中使用的 3 种柱状图。

2. 使用数据可视化的优点是什么？

答：使用数据可视化的优点是：

- 确定客户年龄峰值(最大值)；
- 估计子群的存在；
- 可以很容易地确定异常值。

3. 使用哪个函数可以创建柱状图？

答：barplot()函数用于创建柱状图，barplot()函数的语法为

```
barplot(H, xlab, ylab, main, names.arg, col)
```

本章小结

- 在 R 中利用交互式数据可视化探索数据有助于进一步分析统计数据。
- nrow(x)函数和 ncol(x)函数分别返回给定数据集的行数和列数。
- dim(x)函数用于获取给定数据集的维度。
- summary(x)函数提供了基本的描述性统计和频数。
- edit(x)函数用于打开数据编辑器。

- head()函数用于获取数据集中的前n个观测值，n默认为6。
- tail()函数用于获取数据集中的后n个观测值，n默认为6。
- R中的数据是组织好的信息，人们处理的更多的是R中的统计数据类型。
- 探索性数据分析(Exploratory Data Analysis，EDA)包含分析数据集，以便以可视化的形式汇总数据的主要特征。
- EDA使用的一些图形化技术包括箱图(或箱线图)、直方图、散点图、帕累托图等。
- 异常被认为是不正确或错误的输入数据。
- 在R中，缺失数据在数据集中用NA表示，NA的含义为Not Available，它既不是字符串，也不是数字，而是用于指定缺失数据。
- 数据全距(range)＝最大值－最小值。
- 频数是数据在一个非重叠类型的数据集合中出现次数的汇总。
- 众数类似于频数，但是众数会返回数据集中出现次数最多的数值。
- 均值通常是指将输入值进行求和并除以输入数据的个数。
- 中值是给定输入的中间值。
- 直方图是以相同大小的连续数值区间表示数值数据分布的图形化表示。
- 柱状图(条形图)是统计数据的图形化表示。
- 简单柱状图只需要通过提供输入值和柱状图的名称即可创建。
- 堆叠柱状图类似于分组柱状图，其中的多个输入可以有不同的图形化表示。

关键术语

- 柱状图(bar chart)：统计数据的图形化表示。
- 数据全距(data range)：数据集中最大值和最小值的差。
- 数据可视化(data visualisation)：即使用图形化表示考查一个给定的数据集。
- 密度图(density plot)：也称给定变量的“连续直方图”，但密度图下的曲线的面积等于1。
- EDA：探索性数据分析(Exploratory Data Analysis)包括分析数据集、以可视化的形式汇总其主要特征。
- 频数(frequency)：数据在一个非重叠类型的集合中出现的次数汇总。
- 直方图(histogram)：以相同大小的连续数值区间表示数值数据分布的图形化表示。
- 均值(mean)：对输入值进行求和并除以输入数据的个数。
- 中值(median)：给定输入的中间值。
- 众数(mode)：类似于频数，但它会返回数据集中出现次数最多的数值。
- 异常值(outliers)：不正确或错误的输入数据。

巩固练习

一、单项选择题

1. 在以下给定输出中有多少列？

```
>dim(Grades)
[1] 80 2
```

(a) 80　(b) 2　(c) NA　(d) 0

2. 以下代码的输出是什么？

```
>head(dataset, n=5)
```

(a) 返回前5个观测值　(b) 返回后5个观测值
(c) 返回前6个默认观测值　(d) 返回后6个默认观测值

3. 以下代码的输出是什么？其中总共有70个观测值。

```
>tail(dataset, n=-55)
```

(a) 返回前15个观测值　(b) 返回后15个观测值
(c) 返回前55个默认观测值　(d) 返回后55个默认观测值

4. 以下代码的输出是什么？

```
is.invalid(c(0,Inf,0))
```

(a) FALSE TRUE TRUE　(b) FALSE FALSE FALSE
(c) FALSE TRUE FALSE　(d) TRUE TRUE TRUE

5. 以下哪个函数用于打开一个数据编辑器？
(a) edit()　(b) str()　(c) summary()　(d) open()

6. 以下哪一个不是R中的有效值？
(a) -inf　(b) NA　(c) 0　(d) NaN

7. 以下哪一个用于删除缺失值？
(a) na.rm=TRUE　(b) na.rm=FALSE
(c) na.rm=0　(d) na.rm=NA

8. 以下哪一个参数用于定义直方图中每个柱(bar)的宽度？
(a) width　(b) col　(c) breadth　(d) xlab

9. 以下哪一个参数用于指定柱状图中的边框颜色？
(a) col　(b) border　(c) colour　(d) fill

10. 以下哪一个命令用于在R中保存文件？
(a) dev.off()　(b) dev.on()　(c) dev.save()　(d) dev.close()

二、简答题

1. 列出head()函数和tail()函数的区别？
2. 什么是EDA？
3. 区分无效值和异常值。
4. 在R中如何处理缺失值？
5. 什么是数据可视化？
6. 如何计算一个数据范围？
7. 如何寻找一个众数？

8. 对均值和中值进行比较。
9. 什么是密度图?
10. 什么是直方图?

三、**论述题**

1. 解释使用 trim 参数的原因。
2. 创建一个直方图,并对直方图中的柱填充蓝色。
3. 什么是柱状图？请描述柱状图的类型。
4. 创建一个水平柱状图。
5. 区分分组柱状图和堆叠柱状图。
6. 创建一个柱状图,并放置一个图例。

单项选择题参考答案

1.（b）　2.（a）　3.（b）　4.（c）　5.（a）　6.（c）　7.（a）　8.（a）　9.（b）　10.（a）

线性回归——使用R

学习成果

通过本章的学习，您将能够：

- 解释回归分析，通常用于根据预测变量预测一个结果（目标或响应）变量的值；
- 创建一个简单线性回归模型；
- 使用残差与拟合图（residual vs. fitted plot）、正态分位数图（normal Q-Q plot）、位置尺度图（scale location plot）和残差与杠杆图（residuals vs. leverage plot）验证模型。

5.1 概述

回归分析是一种估计变量之间关系的统计过程。当回归分析关注的是一个因变量（也称目标或响应变量）和一个或多个自变量（也称预测变量）之间的关系时，会包括许多建模和分析变量的技术。简单线性回归用于确定一个因变量和单个自变量之间的线性关系的程度。通常，回归分析用于以下三种目的：对目标变量的预测（预告）；对 x 和 y 之间关系的建模；对假设的测试。

5.2 模型拟合

R 语言中的模型是数据点序列的表示，具有看起来嘈杂的点云。模型拟合是指选择最适合的模型描述一组数据，R 有不同类型的模型，下面列出这些模型及其对应的命令。

- 线性模型（Linear Model，LM）：lm()是 R 中的一个线性模型函数，用于构建一个简单回归模型。
- 广义线性模型（Generalised Linear Model，GLM）：通过给出线性预测器的一种符号描述和误差分布的描述进行定义。
- 混合效应线性模型（Linear Model for Mixed Effect，LME）。
- 非线性最小二乘（Non-linear Least Square，NLS）：确定一个非线性模型的参数的非线性（加权）最小二乘估计。

- 广义加法模型(Generalised Additive Model,GAM)：GAM 只是一种统计模型，通常，响应变量和预测变量之间的线性关系会被几个用于数据建模和捕获非线性特征的非线性平滑函数代替。

每种模型都有特定的函数，数据点的分布基于描述模型的函数。

5.3　线性回归

R 中的线性回归由两个主要变量组成，它们通过两个变量的指数(幂)为 1 的方程相互关联。在数学上，当绘制图形时，线性关系表示一条直线。在存在非线性关系的情况下，变量的指数不等于 1，它会在图上创建一条曲线。

一般的线性回归方程为

$$y=\mathrm{a}x+\mathrm{b}$$

其中，y 是一个响应变量，x 是一个预测变量，a 和 b 是常数，称为系数。

5.3.1　R 中的 lm()函数

```
lm(formula, data, subset, weights, na.action,
   method ="qr", model =TRUE, x =FALSE, y =FALSE, qr =TRUE,
   singular.ok =TRUE, contrasts =NULL, offset, …)
```

其中，

- formula 表示 x 和 y 之间的关系。
- data 包含模型中的变量。
- subset 是一个可选的向量，它指定了用于模型拟合的观测值的一个子集。
- weights 是一个可选的向量，它指定了模型拟合过程中的权重，它是一个数字向量或 NULL。
- na.action 是一个可选的函数，它指定了对于包含 NA 的数据如何反应的动作。
- method 是用于拟合的方法。
- model，x，y，qr：如果对应参数为 TRUE，则返回模型矩阵、模型框和 QR 分解。
- singular.ok：如果该参数为 FALSE，则奇异拟合(singular fit)会出错。
- contrasts：一个可选的列表偏移量，用于指定包含在线性预测器中的先前已知的成分。

线性回归中的 lm()函数的简单语法为 lm(formula, data)，其中删除了可选参数。

确定一个学生数据集(student data set)的预测变量和响应变量之间的关系模型。预测向量存储着学生在学习上投入的时间，响应向量存储着学生的分数。

1. 检查数据集中的数据

考虑表 5.1 所给出的数据集 D:\student.csv，显示了学生在学习上投入的时间(NoOfHours)和分数(Freshmen_Score)。

表 5.1 student 数据集中的数据

小 时 数	成 绩	小 时 数	成 绩
2	55	4.5	82
2.5	62	5	75
3	65	5.5	83
3.5	70	6	85
4	77	6.5	88

2. 将数据集中的数据读取到数据框中

使用 read.table()函数以表格形式读取文件 D:\student.csv,并从中创建一个数据框 HS,使用与文件中的行和字段变量相对应的大小写。

```
>HS <-read.table("D:/student.csv", sep=",",header=TRUE)
>HS
   NoOfHours    Freshmen_Score
1        2.0                55
2        2.5                62
3        3.0                65
4        3.5                70
5        4.0                77
6        4.5                82
7        5.0                75
8        5.5                83
9        6.0                85
10       6.5                88
```

3. 查看数据框中数据的结果汇总

使用 summary()函数生成结果汇总。这里,对所有数字变量计算出最小值、第一四分位数、中值、均值、第三四分位数和最大值。

```
>summary(HS)
   NoOfHours       Freshmen_Score
Min.   : 2.000   Min.   : 55.00
1st Qu.: 3.125   1st Qu.: 66.25
Median : 4.250   Median : 76.00
Mean   : 4.250   Mean   : 74.20
3rd Qu.: 5.375   3rd Qu.: 82.75
Max.   : 6.500   Max.   : 88.00
```

4. 查看数据框的内部结构

显示 R 对象 HS 的内部结构,它表明有 2 个变量 NoOfHours 和 Freshmen_Score 的 10

组观测值。

```
>str(HS)
'data.frame'       : 10 obs. of 2 variables:
$NoOfHours         : num 2 2.5 3 3.5 4 4.5 5 5.5 6 6.5
$Freshmen_Score    : int 55 62 65 70 77 82 75 83 85 88
```

5. 绘制 R 对象

绘制 R 对象 HS，x 轴使用 HS$NoOfHours，y 轴使用 HS$Freshmen_Score，如图 5.1 所示。

```
>plot (HS$NoOfHours, HS$Freshmen_Score)
```

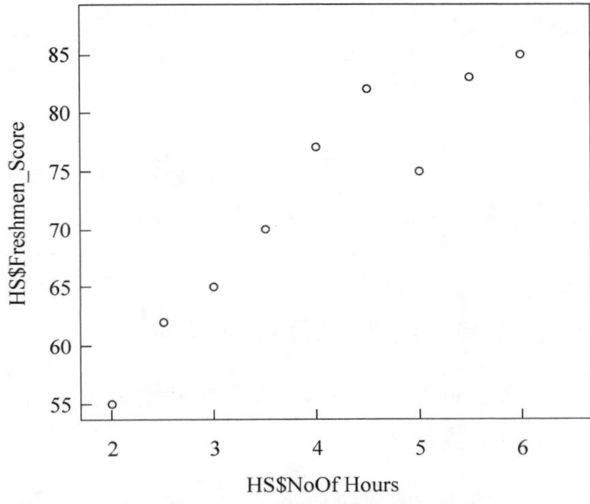

图 5.1　预测变量与响应变量的散点图

在图 5.2 所示的均值处(Freshmen_Score 的均值为 74.20)绘制一条水平线横穿该图。

```
>abline (h=mean (HS$Freshmen_Score))
```

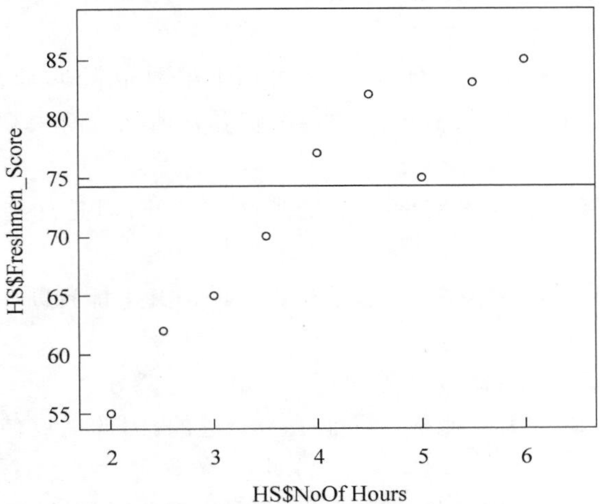

图 5.2　在均值处绘制一条直线的预测变量与响应变量的散点图

当使用均值预测 Freshmen_Score 的分数时，在某些情况下可以观察到实际（观测）值和预测值之间的显著差异。

例如，第一个学生的 Freshmen_Score 为 55，如果使用均值预测分数，则会预测它是 74.20。在这里，观测值小于期望值。对于第 10 个学生，观测值为 88，观测值大于预测分数 74.20。

这表明要想预测期望的分数，则还应该考虑其他因素。

6. 相关系数

$$r=\frac{n\left(\sum xy\right)-\left(\sum x\right)\left(\sum y\right)}{\sqrt{\left[n\sum x^{2}-\left(\sum x\right)^{2}+n\sum y^{2}-\left(\sum y\right)^{2}\right]}}$$

对于学生数据集，其计算为

$r = 10 \times 3295.5 - 42.5 \times 742/\text{square root of}([10 \times 201.25 - 1806.25] \times [10 \times 56130 - 550564])$

$= 32955 - 31545/1488.05$

$= 1410/1488.05$

$= 0.947548805$

$= 0.95$

7. 使用 R 中的 cor()函数确定线性关联的度和方向

线性关联的度（degree）和方向（direction）可以使用相关性确定。学习用时数和 GPA 分数之间关联的 Pearson 相关系数显示如下：

```
>cor(HS$NoOfHours, HS$Freshmen_Score)
[1] 0.9542675
```

这里的相关性值表明学习的用时数和学生的分数之间有一个强关联关系。

但是，对于相关性有以下一些需要注意的问题。

① 对于非线性关系，相关性不是一个度量关联的合适方法。如果要确定两个变量是否线性相关，则应该使用散点图。

② 异常值会影响 Pearson 相关性，箱线图可用于辨别异常值，异常值对 Spearman 相关性的影响是很小的。因此，如果没有合适的理由将异常值从分析中删除，则 Spearman 相关性是首选。

③ 相关性的取值接近于 0 表明变量不是线性关联的，但是这些变量可能依然是相关的，因此建议绘制这些数据。

④ 相关性并不意味着因果关系，即基于相关性的值并不能判断一个变量可以引起另一个变量。

⑤ 相关性分析仅仅有助于确定关联度。

因为相关性分析在确定因果关系时可能是不合适的，因此需要使用回归技术度量变量之间关系的本质。

使用一个数学模型 $y=f(X)$表示回归模型，其中 y 是因变量，X 是预测变量（x_1，$x_2\cdots$

x_n)的集合。

一般而言,$f(X)$是线性或非线性的形式。

① 线性形式:$f(X)=\beta_0+\beta_1x_1+\beta_2x_2+\cdots+\beta_nx_n+\varepsilon$。

② 非线性形式:$f(X)=\beta_0+\beta_1x_1^{p1}+\beta_2x_2^{p2}+\cdots+\beta_nx_n^{pn}+\varepsilon$。

一些常用的线性形式如下。

① 简单线性形式:有一个预测变量和一个因变量,即 $f(X)=\beta_0+\beta_1x_1+\varepsilon$。

② 多重线性形式:有多个预测变量和一个因变量,即

$$f(X)=\beta_0+\beta_1x_1+\beta_2x_2+\cdots+\beta_nx_n+\varepsilon$$

一些常用的非线性形式如下。

① 多项式形式:$f(X)=\beta_0+\beta_1x_1^{p1}+\beta_2x_2^{p2}+\cdots+\beta_nx_n^{pn}+\varepsilon$。

② 二次型:$f(X)=\beta_0+\beta_1x_1^2+\beta_2x_1+\varepsilon$。

③ Logistic 形式:

$$f(X)=\frac{1}{1+\mathrm{e}^{-(\beta_0+\beta_1x_1+\beta_2x_2+\cdots\beta_nx_n)}}+\varepsilon$$

其中,$\beta_0,\beta_1,\beta_2\cdots\beta_n$ 是回归系数,ε 是预测中的误差。回归系数和预测中的误差都是实数。

当一个回归模型是线性形式时,这样的回归称为线性回归。类似地,当一个回归模型是非线性形式时,这样的回归称为非线性回归。

由于学生投入的学习时间与学生的分数之间的散点图表明二者存在线性关联,因此建立一个线性回归模型以量化这种关系的本质。

注意:本章主要讨论线性回归。

在这个例子中,将使用学生投入的学习时间预测他/她的学习成绩。因此,Freshmen_Score 可被看作因变量,而 NoOfHours 可被看作预测变量。这是一个简单线性回归的例子,因为其只有一个预测变量和一个因变量。

因此,用来预测学生成绩的回归模型可以被表示为

$$\text{Freshmen\_Score}=\beta_0+(\beta_1\times\text{NoOfHours})+\varepsilon$$

8. 使用 lm()函数创建线性模型

下面计算系数:

(a) Intercept　　　　　(b) HS $ NoOfHours

```
>x<-HS$NoOfHours
>y<-HS$Freshmen_Score
>n <-nrow (HS)
>xmean <-mean(HS$NoOfHours)
>ymean <-mean(HS$Freshmen_Score)
>xiyi <-x * y
>numerator <-sum(xiyi) -n * xmean * ymean
>denominator <-sum(x^2) -n * (xmean ^ 2)
>b1 <-numerator / denominator
>b0 <-ymean -b1 * xmean
>b1
```

```
[1] 6.884848
>b0
[1] 44.93939
```

使用 lm()构建模型。在这里，HS $ Freshmen_Score 是响应变量或目标变量，HS $ NoOfHours 是预测变量。图 5.3 是对模型的可视化表示。

```
>model_HS <-lm(HS$Freshmen_Score ~HS$NoOfHours)
>model_HS
Call:
lm(formula =HS$Freshmen_Score ~HS$NoOfHours)
Coefficients:
(Intercept)  HS$NoOfHours
     44.939         6.885
>summary(model_HS)
Call:
lm(formula =HS$Freshmen_Score ~HS$NoOfHours)
Residuals:
    Min      1Q   Median      3Q     Max
-4.3636  -1.5803  -0.3727  0.7712  6.0788
Coefficients
               Estimate  Std. Error  t value  Pr(>|t|)
 (Intercept)    44.9394      3.4210   13.136  1.07e-06 ***
HS$NoOfHours     6.8848      0.7626    9.028  1.81e-05 ***
---
Signif. codes: 0 '***" 0.001 '**' 0.01 '*' '0.05' '.' 0.1 '' 1
Residual standard error: 3.463 on 8 degrees of freedom
Multiple R-squared: 0.9106, Adjusted R-squared: 0.8995
F-statistic: 81.51 on 1 and 8 DF, p-value: 1.811e-05
>plot(HS$NoOfHours, HS$Freshmen_Score, col="blue", main =
"Linear    Regression",
+abline(lm(HS$Freshmen_Score ~HS$NoOfHours)), cex =1.3, pch =16, xlab ="No of
hours of study",
+ylab ="Student Score")
```

9. 对输出的说明

输出中的第一项是 formula(lm(formula＝HS $ Freshmen_Score～HS $ NoOfHours))，R 使用它拟合数据。lm()是 R 中的一个线性模型函数，用于构建一个简单回归模型。HS $ NoOfHours 是预测变量，HS $ Freshmen_Score 是目标/响应变量。

模型输出中的下一项描述了 residuals。实际观测值(例子中的 HS $ Freshmen_Score)和模型预测的响应值之间的差称为 residuals。模型输出的 residuals 部分将其汇总成 5 点，即最小值、1Q(第一四分位数)、中值、3Q(第三四分位数)和最大值。在评估模型对数据的拟合程度时，应该在均值为 0 上寻找这些点之间的对称分布值，如表 5.2 所示。

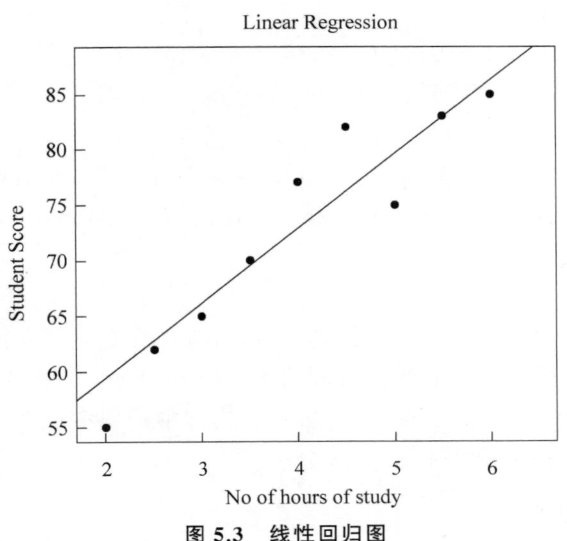

图 5.3　线性回归图

表 5.2　模型输出

小时数	成绩	预测值	残差值（实际值－估计值）
2	55	58.70909	－3.70909
2.5	62	62.15152	－0.15152
3	65	65.59394	－0.59394
3.5	70	69.03636	0.96364
4	77	72.47879	4.52121
4.5	82	75.92121	6.07879 (maximum value)
5	75	79.36364	－4.36364 (minimum value)
5.5	83	82.80606	0.19394
6	85	86.24848	－1.24848
6.5	88	89.69091	－1.69091

要计算 5 个汇总点，需要将数据以升序排列。

(－4.36364，－3.70909，－1.69091，－1.24848，－0.59394，－0.15152，0.19394，0.96364，4.52121，6.07879)

最小值：－0.436364。

1Q：在位置 3.25 处。

获取 3.5 位置处的值＝(－1.69090－1.24848)/2＝－1.46969。

获取 3.25 位置处的值＝(－1.69090－1.46969)/2＝－1.580295。

中值：(－0.59394 －0.15152)/2＝－0.37273(中值在位置 5.5 处)。

3Q：在位置7.75处。

获取位置7.5处的值=(0.19394+0.96364)/2=0.57879。

获取位置7.75处的值=(0.57879+0.96364)/2=0.771215。

最大值：6.07879。

下一部分描述了模型的系数(coefficient)。从理论上来讲，在简单线性回归中，系数是两个未知的常数，表示线性模型中的截距(intercept)和斜率(slope)。

10. 系数：估计值

估计值(estimate)包含两行。第一行是截距，所有预测变量X=0时是响应变量Y的均值。请注意，只有当模型中的每个X的实际值为0时均值才有用。系数的第二行是斜率或者HS_NoOfHours对Freshmen_Score的影响。模型中的斜率证明了NoOfHours每增加一小时，Freshmen_Score就会提高6.8848分。

11. 系数：标准误差

标准误差(standard error)度量了从响应变量的实际平均值估计的系数变化的平均量。理想的情况是：相对于其系数，这应该是一个较小的数。

12. 系数：t-value

系数t-value是指系数估计值距离0有多少标准差(standard deviation)的度量，它应该是远离0的，因为可以声明HS_NoOfHours和Freshmen_Score之间的关系是存在的。t-value是系数除以标准误差((44.9394/3.4210)=13.1363)。一般来说，t-value也用来计算p-value。

13. 系数：Pr(>t)

在模型输出中发现的字母缩写pr(>t)是观测到的任何值等于或大于t的概率。偶然情况下的一个小的p-value表明不太可能观察到预测变量(HS_NoOfHours)和响应变量(Freshmen_Score)之间的关系。典型的情况是：5%及以下的p-value是一个很好的临界点。

注意：signif.Codes与每个估计值相关联。

3颗星(或星号)表示一个非常显著的p-value。

由***标明的系数是p-value<0.001的系数。

由**标明的系数是p-value<0.01的系数。

14. 残差标准误差(Residual Standard Error)

残差标准误差是对线性回归拟合质量的度量。从理论上而言，每个线性模型都假设包含一个误差项E，它可以防止从预测变量中完美地预测出响应变量。下面计算均方根误差(Root Mean Squared Error，RMSE)，它是均方残差的平方根。

考虑如表5.3所示的学生数据集。

表 5.3　学生数据集

小时数	成绩	预测值	残差值（实际值－估计值）	残差平方和
2	55	58.70909	－3.70909	13.75734863
2.5	62	62.15152	－0.15152	0.02295831
3	65	65.59394	－0.59394	0.352764724
3.5	70	69.03636	0.96364	0.92860205
4	77	72.47879	4.52121	20.44133986
4.5	82	75.92121	6.07879	36.95168786
5	75	79.36364	－4.36364	19.04135405
5.5	83	82.80606	0.19394	0.037612724
6	85	86.24848	－1.24848	1.55870231
6.5	88	89.69091	－1.69091	2.859176628

注意：以下部分将会展示利用 predict()和 resid()函数计算预测值和残差值的方法。

残差标准误差＝(残差的平方之和/模型自由度)的平方根。

- 残差的平方之和＝95.95154715。
- 模型的自由度＝8。

自由度是由数据集的行数－列数或变量数指定的，student 数据集中有 10 行和 2 列 HS$NoOfHours 和 HS$Freshmen_Score，即 10－2＝8。

可以使用 df.residual()函数在 R 中计算自由度。

```
>df.residual (model_HS)
[1] 8
```

残差标准误差＝(95.95154715/8)的平方根。

残差标准误差＝(11.99394339)的平方根。

残差标准误差＝3.463227309。

15. 拟合优度(Multiple R-squared)和修正的拟合优度(Adjusted R-squared)

拟合优度 R-squared(R2R2)统计提供了模型和实际数据拟合程度的一种度量，它的表示形式为方差比例(proportion of variance)。R2R2 是一种用于预测变量(HS_NoOfHours)和响应/目标变量(Freshmen_Score)之间的线性关系的度量，它总是介于 0 和 1 之间(也就是说，一个接近于 0 的数字代表一种不能很好地解释响应变量中方差的回归，而一个接近 1 的数字则解释了响应变量中观测到的方差)。

拟合优度又称确定系数，它给出了有多少数据点落在回归方程形成的直线内的观点。该系数越大，当绘制数据点和直线时，直线会穿过更高比例的数据点。如果系数是 0.80，那么 80%的点应该落在回归线内。值 1 和 0 表明回归线分别表示全部数据或没有数据。一个较大的系数表明对观测值更好的拟合。

要想计算拟合优度，应对相关性系数求平方。

$$拟合优度=(相关性系数)^2=(0.9542675)^2=0.910626$$

16. 修正的拟合优度

如果越来越多的无用变量被添加到模型中，则修正的拟合优度将会下降。但是，如果添加更多的有用变量，则修正拟合优度将会升高。修正的 R^2 将小于或等于 R^2。

$$修正\ R^2=1-\frac{(1-R^2)(N-1)}{N-p-1}$$

其中，R^2=样本R平方，p=预测因子数，N=总样本大小。

$$R^2=0.910626$$
$$p=1$$
$$N=10$$
$$修正\ R^2=1-(0.089374\times 9/8)$$
$$修正\ R^2=1-(0.804366/8)$$
$$修正\ R^2=1-0.10054575$$
$$修正\ R^2=0.8995$$

17. F-统计(F-statistic)

F-统计是一个判断预测值和响应变量之间是否存在关系的指标。F-统计距离1越远越好。但是，数据点的数量和预测值的数量决定了F-统计的大小。一般来说，当数据点的数量很大时，F-统计只要稍大于1就足以否定零假设(H0：HS_NoOfHours 和 Freshmen_Score 之间没有关系)，反之亦然，即如果数据点的数量很小，则需要一个大的F-统计确定预测变量和响应变量之间的关系。计算F-统计的公式为

$$F=(\text{explained variation}/(k-1))/(\text{unexplained variation}/(n-k))$$

其中，k 是数据集中变量的个数，n 是观测值的个数。

$$F=(0.910626/1)/((1-0.910626)/8)$$
$$F=0.910626/((0.089374)/8)$$
$$F=0.910626/0.01117175$$
$$F=81.51149103$$

18. predict()函数

predict()函数是一个根据各种模型拟合函数的结果(如表5.4所示)进行预测的通用函数。

```
>pred_HS <-predict(model_HS)
>pred_HS
       1        2        3        4        5        6        7
58.70909 62.15152 65.59394 69.03636 72.47879 75.92121 79.36364
       8        9       10
82.80606 86.24848 89.69091
```

表 5.4　freshmen 成绩预测/估计值数据集

	A	B	C
1	小时数	实际成绩	估计成绩
2	2	55	58.70909
3	2.5	62	62.15152
4	3	65	65.59394
5	3.5	70	69.03636
6	4	77	72.47879
7	4.5	82	75.92121
8	5	75	79.36364
9	5.5	83	82.80606
10	6	85	86.24848
11	6.5	88	89.69091

19. resid()函数

使用 resid()函数计算数据集的残差值。因变量(y)的观测值与预测值($\hat{y}$)的差称为残差值(e)。每个数据点都有一个残差,残差的和与均值都等于零(如表 5.5 所示)。

```
>ResHS <-resid(model_HS)
>ResHS
         1          2          3          4         5         6
-3.7090909 -0.1515152 -0.5939394  0.9636364 4.5212121 6.0787879
         7          8          9         10
-4.3636364  0.1939394 -1.2484848 -1.6909091
```

表 5.5　有残差值的数据集

	A	B	C	D
1	小时数	实际成绩	估计值	残差值(实际值－估计值)
2	2	55	58.70909	－3.70909
3	2.5	62	62.15152	－0.15152
4	3	65	65.59394	－0.59394
5	3.5	70	69.03636	0.96364
6	4	77	72.47879	4.52121
7	4.5	82	75.92121	6.07879
8	5	75	79.36364	－4.36364
9	5.5	83	82.80606	0.19394
10	6	85	86.24848	－1.24848
11	6.5	88	89.69091	－1.69091

计算残差的和与均值(如表5.6所示)。

表5.6 残差的和与均值为零

残差值 (实际值－估计值)
－3.70909
－0.15152
－0.59394
0.96364
4.52121
6.07879
－4.36364
0.19394
－1.24848
－1.69091
和＝0 均值 ＝0

残差图是在纵坐标轴上显示残差和在横坐标轴上显示自变量的图。如果残差图中的点随机分布在横坐标轴周围,则线性回归模型适用于该数据;否则非线性模型更合适(如图5.4所示)。

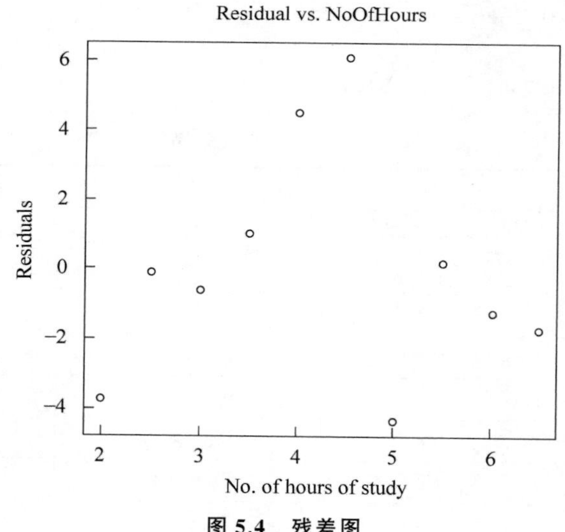

图5.4 残差图

5.4 线性回归的假设

根据线性回归的下列假设验证模型的有效性。

1. 关于模型形式的假设

线性回归模型 $\gamma=\beta_0+\beta_1 x_1+\beta_2 x_2+\cdots+\beta_n x_n+\varepsilon$ 将响应值 γ 和预测值 $X_1, X_2, \cdots, X_n$ 关联起来，如果模型的因变量和预测变量之间的关系是线性的，则假设回归系数 $\beta_0, \beta_1, \cdots, \beta_n$ 是线性的。

2. 关于误差的假设

假设误差为正态分布，其均值为 0，方差为 σ^2。

这隐含以下四个假设：

(1) 模型的误差(也称残差)为正态分布；

(2) 模型的误差有一个零均值；

(3) 模型的误差有相同的方差，也称同质性原理；

(4) 模型的误差应该是统计独立的。

这些关于误差的假设将会在后续章节进行详细说明。

3. 关于预测变量的假设

假设预测变量 $x_1, x_2, \cdots x_n$ 之间是线性独立的，如果违背了该假设，则该问题被称为共线性问题。

小练习

1. 以下哪个关于误差的假设是正确的？

   (a) 模型的误差是正态分布

   (b) 模型的误差应该是统计独立的

   (c) 模型的误差有不同的方差

2. 确定系数(coefficient of determination)可定义为(　　)。

   (a) SST/SSR　　(b) SSR/SST　　(c) SSE/SSR　　(d) SSR/SSE

注意：SST 为总平方和(Sum of Squared Total)，SSR 为回归平方和(Sum of Squared Regression)，SSE 为误差平方和(Sum of Squared Errors)。

3. 修正 R2 要优于 R2，因为 R2(　　)。

   (a) 可以通过手动添加更多的预测值而变大(inflated)

   (b) 可以是零

   (c) 可以是负数

5.5 验证线性假设

5.5.1 使用散点图

可以利用散点图对模型因变量和预测变量之间的线性关系进行研究。

对于所提供的 student 数据集(有 NoOfHours 和 Freshmen_Score 变量),学生在学习上的投入时间(HS $ NoOfHours)和学习分数(Freshmen_Score)之间的散点图如图 5.5 所示。

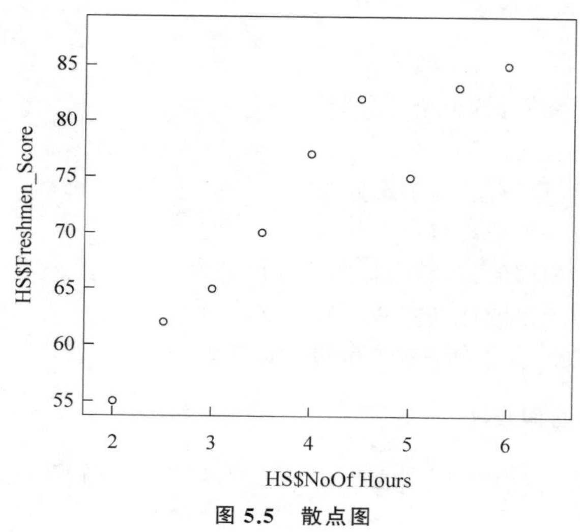

图 5.5 散点图

可以看到,学习时间(按小时计算)与学习成绩呈线性关系。

如果发现关系不是线性的,则可以采用非线性回归分析、多项式回归或数据变换进行预测。

5.5.2 使用残差与拟合图

线性假设也可以使用与拟合值对应的残差(误差)进行验证。拟合值是因变量的预测值。student 数据集的线性回归模型的误差与拟合值的绘图如图 5.6 所示。

$$\text{Freshmen\_Score} = \beta_0 + (\beta_1 \times \text{NoOfHours}) + \varepsilon$$

$$\text{Freshmen\_Score} = 44.9394 + (6.8848 \times \text{NoOfHours}) + \varepsilon$$

可以看到,图 5.6 没有遵循任何特定的模式,这表明因变量和预测变量之间的关系在本质上是线性的。如果残差与拟合值图显示出任何模式,则关系可能是非线性的。

5.5.3 使用正态 Q-Q 图

如果线性回归模型的误差(残差)是正态分布的,则其是有效的。可以使用一个正态 Q-Q 图验证该假设。

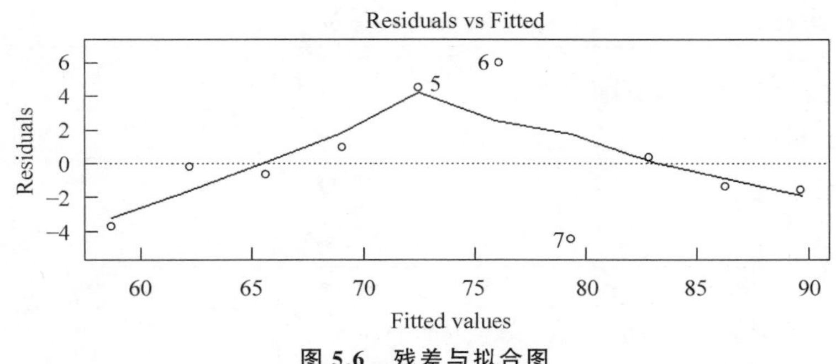

图 5.6　残差与拟合图

对于 student 数据集，最佳拟合模型(图 5.7)的残差 Q-Q 图表明残差是正态分布的，因为数据点的分布接近于直线。如果残差在虚线上排列得很好，则表明效果非常好。

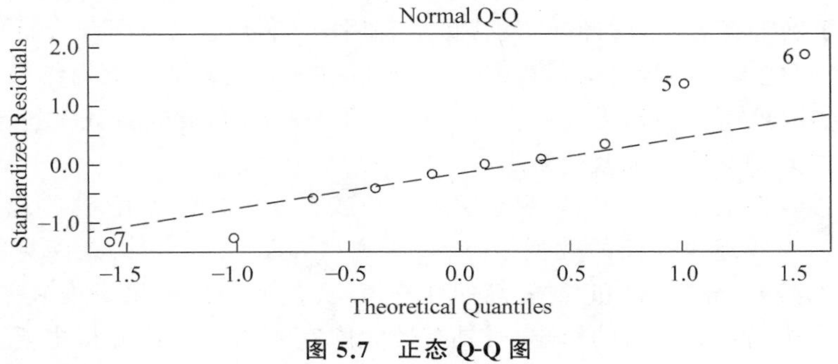

图 5.7　正态 Q-Q 图

5.5.4　使用位置尺度图

为了使线性回归模型对任何统计推断或预测都有效，模型的误差(残差)必须是同方差的(homoscedastic)。同方差性描述了所有独立变量的值的误差项(即自变量与因变量关系中的噪声或随机干扰)是相同的。

在统计学中，如果序列或向量中所有的随机变量有相同的有限方差，则一个随机变量的序列或向量是同方差，这被称为方差的同质性。

可以使用位置尺度图(Scale Location Plot)检验最佳拟合模型所得到的残差的同方差性，它被称为位置扩展图(spread-location plot)，该图显示了残差是否沿预测值的范围均匀分布。位置尺度图描绘了利用最佳拟合模型所得到的标准化残差的平方根与预测值，标准化残差是按比例调整的残差，使得它们的均值为 0，方差为 1。

如果在位置尺度图中没有观察到特定的模式，则线性回归模型就遵循同方差的假设。student 数据集的最佳拟合模型的位置尺度图如图 5.8 所示。

可以看到图 5.8 中没有任何特定模式，一般而言，以下情况会违背同方差性：

- 残差随着拟合值增加或减少，这表明残差的方差不是固定的；
- 图 5.8 中的点位于 0 附近的曲线上，而不是随机波动的；
- 图 5.8 中的一些点与其他的点相距甚远。

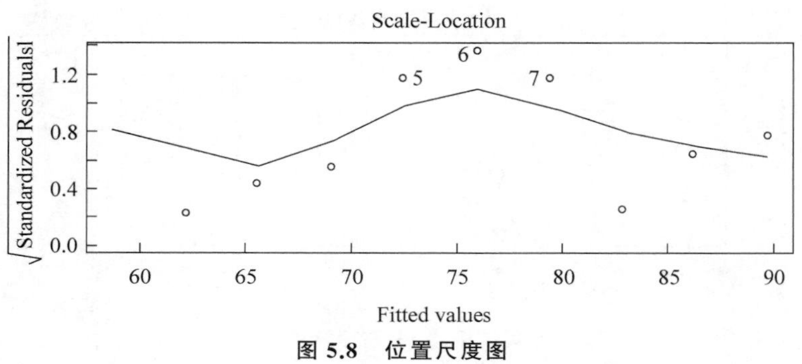

图 5.8 位置尺度图

5.5.5 使用残差与杠杆图

图 5.8 对于确定有影响力的值(如主题)是有用的,并不是线性回归分析中的所有异常值都有影响力,可能有一些异常值,将其包含或排除在分析之外并不会对结果产生很大的影响,它们通常会跟随大的趋势,因此它们并不重要。另一方面,可能会有一些异常值,如果将其排除在分析之外则会明显地改变结果。

这里没有涉及图的模式。但是,观察图右上角或右下角的异常值,这些地方的数据对回归线都有影响。查找虚线外面的数据,如库克距离(Cook's distance)。库克距离可定义为数据点有较大的残差(异常值)和/或较高的杠杆值,会使回归的结果及准确率失真,库克距离可度量删除一个给定观测值的影响,对具有较大库克距离的点在分析中要进行更仔细的审查。注意那些不在库克距离内的个案(意味它们具有很高的库克距离得分),这些个案可能会影响回归结果。在排除这些个案时要谨慎,因为如果排除了它们,则结果可能会出现很大的改变。请参考图 5.9 中 student 数据集的残差与杠杆图。

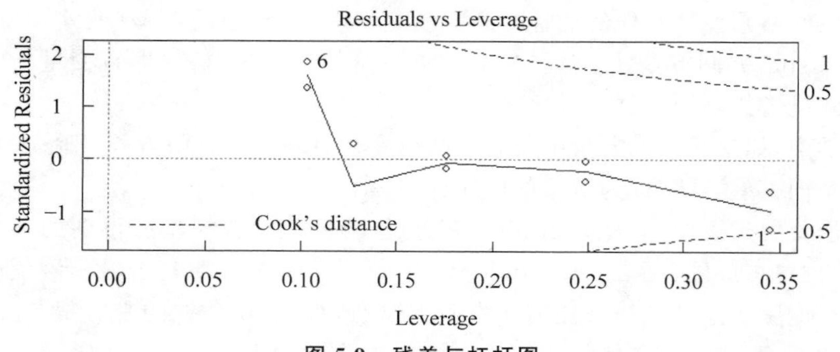

图 5.9 残差与杠杆图

例 5.1

问题描述:演示预测变量和响应变量之间的关系模型。预测变量存储人的身高,响应变量存储人的体重。打印关系的汇总,并确定新用户的体重。用图形的方式将回归可视化。

步骤 1:构建预测变量 x,变量 x 存储人的身高。

```
>x <-c(152, 175, 139, 187, 129, 137, 180, 162, 151, 130)
```

步骤 2：构建响应变量 y，变量 y 存储人的体重。

```
>y <-c(62, 80, 55, 90, 48, 56, 75, 73, 63, 49)
```

步骤 3：应用 lm()函数。

```
>relation <-lm(y~x)
>print(relation)

Call:
lm(formula =y ~x)

Coefficients:
(Intercept)  x
-34.7196     0.6473
```

步骤 4：打印关系汇总。

```
>print(summary(relation))

Call:
lm(formula =y ~x)

Residuals:
    Min        1Q   Median      3Q     Max
-6.8013  -0.6989  -0.1445  1.8845  3.6673

Coefficients:
             Estimate Std.  Error  t Value  Pr(>|t|)
(Intercept)      -34.7196  7.6651    -4.53  0.00193 **
     x             0.6473  0.0493    13.13  1.08e-06 ***
---
Signif. codes: 0 '***' 0.001 '**' 0.01 '*' 0.05 '.' 0.1 '' 1

Residual standard error: 3.117 on 8 degrees of freedom
Multiple R-squared: 0.9557, Adjusted R-squared: 0.9501
F-statistic: 172.4 on 1 and 8 DF, p-value: 1.076e-06
```

步骤 5：找出一个身高为 170 的人的体重。

```
>a <-data.frame(x =170)
>result <-predict(relation, a)
>print(result)
       1
75.32795
```

步骤 6：通过绘图将回归模型进行可视化，如图 5.10 所示。

```
>plot(y,x,col ="blue",main ="Height & Weight Regression",
```

```
+abline(lm(x~y)),cex =1.3,pch =16,xlab ="Weight in Kg",ylab="Height in cm")
```

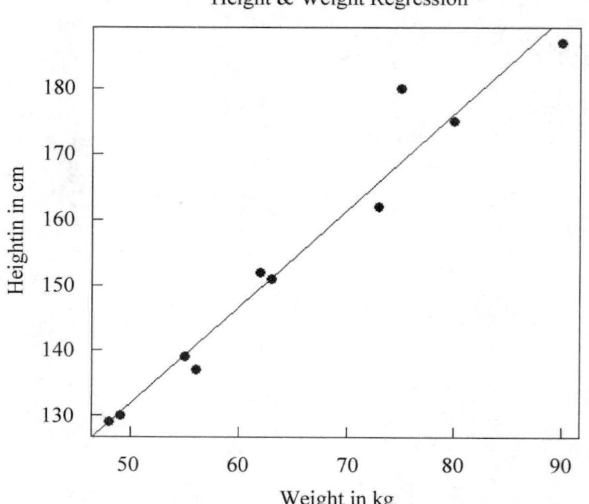

图 5.10 预测变量和响应变量之间的回归模型

例 5.2

使用 R 中提供的 cars 数据集,通过在 R 提示符处输入 cars 获取该数据集,该数据集有 50 个观测值(50 行)和 2 列,即 dist 和 speed。使用 head 命令打印输出该数据集的前 6 行。

```
>head(cars)
   speed  dist
1      4     2
2      4    10
3      7     4
4      7    22
5      8    16
6      9    10
```

问题描述:通过预测变量(speed)建立一个具有统计意义的线性关系,使之能够预测距离(distance)。

步骤 1:绘制散点图以直观地理解预测变量和响应变量之间的关系,散点图表明了在两个变量之间存在一种线性递增关系(如图 5.11 所示)。

```
>scatter.smooth(x=cars$speed, y=cars$dist, main="Dist ~Speed")
```

步骤 2:通过绘制一个箱线图发现变量中的任何异常值。首先把图形区域划分成 2 列,其中第 1 列是 speed 的箱线图,第 2 列是 distance 的箱线图(如图 5.12 所示)。

```
>par(mfrow=c(1, 2)) #divide graph area in 2 columns
>boxplot(cars$speed, main="Speed", sub=paste("Outlier rows: ",
boxplot.stats(cars$speed)$out)) #box plot for 'speed'
>boxplot(cars$dist, main="Distance", sub=paste("Outlier rows: ",
boxplot.stats(cars$dist)$out)) #box plot for 'distance'
```

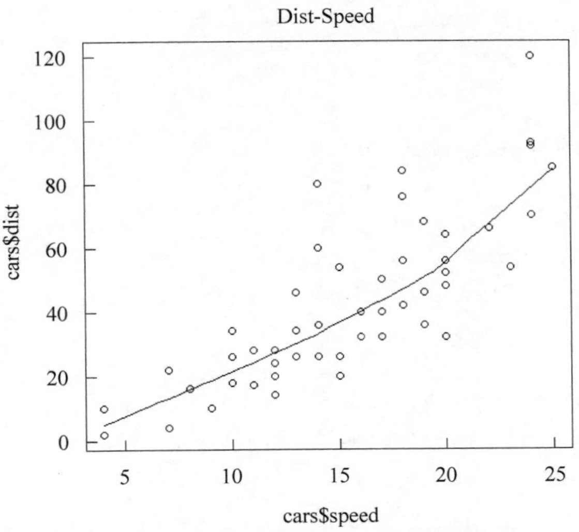

图 5.11　cars 数据集的预测变量与响应变量的散点图

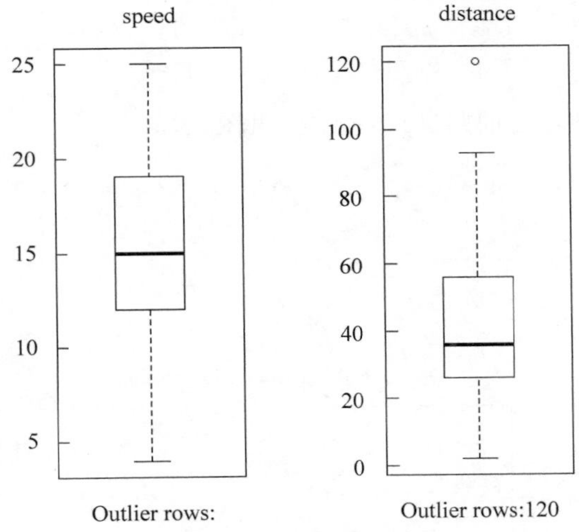

图 5.12　箱线图

步骤 3：建立一个线性关系模型，系数有两部分：intercept(intercept＝－17.579)和 speed(speed＝3.932)，也称 β 系数。换言之，dist＝intercept＋(β×speed)。

```
>linearMod <-lm(dist ~speed, data=cars)
>print(linearMod)

Call:
lm(formula =dist ~speed, data =cars)

Coefficients:
(Intercept)  speed
-17.579      3.932
```

```
>print(summary(linearMod))

Call:
lm(formula =dist ~speed, data =cars)

Residuals:
    Min       1Q  Median      3Q     Max
-29.069  -9.525  -2.272  9.215  43.201

Coefficients:
             aEstimate  Std. Error  t value  Pr(>|t|)
(Intercept)   -17.5791     6.7584   -2.601  0.0123 *
speed           3.9324     0.4155    9.464  1.49e-12 ***
---
Signif. codes: 0 '***' 0.001 '**' 0.01 '*' 0.05 '.' 0.1 '' 1

Residual standard error: 15.38 on 48 degrees of freedom
Multiple R-squared: 0.6511, Adjusted R-squared: 0.6438
F-statistic: 89.57 on 1 and 48 DF, p-value: 1.49e-12
```

步骤 4：通过绘制图形对回归进行可视化(见图 5.13)。

```
>plot(cars$dist, cars$speed, col ="blue", main ="Speed & Distance
Regression",
+abline(lm(cars$speed ~cars$dist)), cex =1.3, pch=16, xlab =
"Distance", ylab ="Speed")
```

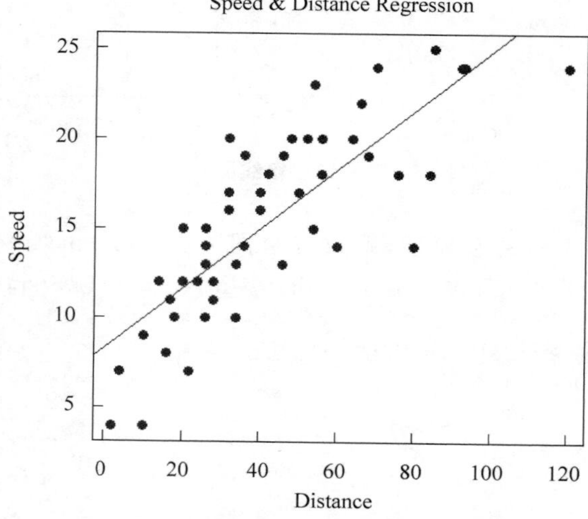

图 5.13　预测变量和响应变量的线性回归

小练习

1. 哪个图最适合用于检验最佳拟合模型所获取的残差的同方差性？
   (a) 直方图 (b) 柱状图 (c) 位置尺度图 (d) 热力图
2. 连接函数通常用于具有二项式分布的广义线性模型是哪个？
   (a) Logit (b) Inverse squared
   (c) Inverse (d) Identity

案例研究：推荐引擎

“推荐系统”(recommendation engines)这个词在当今被广泛使用，推荐系统由非常简单的算法构成，其目的是从大型数据库中分类和过滤出有用的信息，向用户提供最相关和最准确的信息。推荐引擎通过学习消费者的信息，从给定数据集中发现数据模式，然后产生与他们的需求和兴趣相关的结果。另外，推荐引擎减小了可能成为一个只用于几个推荐搜索的复杂决策的风险。如今，被大数据支持的推荐引擎已经能够达到极高的精度。

推荐引擎主要以下面两种方式进行工作，即它们要么根据用户所喜欢的带有“面包屑”的物品属性分析和确定用户还喜欢什么；或者它们根据其他用户的喜好计算用户之间的相似度，并向用户推荐相应的商品。将这两种方法结合起来也是可能的，可以建立一个更高级的推荐引擎，其主要目标是实现对可能引起顾客兴趣的商品的集合信息的推荐。

这些系统可以访问具有画像(profile)属性、以用户为中心的信息，例如人口统计和产品描述，它们在分析数据时的交互方式不同，以在用户和商品之间建立亲和值(affinity value)，这些值可以用来识别和匹配良好的用户-商品对。协同过滤系统用于匹配和分析历史交互，而基于内容的过滤则用于基于画像(profiling-based)的属性。

让我们看看如何使用基于内存的协同推荐引擎实现一个推荐引擎。在此之前，必须首先理解这类系统背后的逻辑。对于该引擎，每个商品和每个用户都只是一个标识符或标记元素。下面给出 Netflix 的示例。注意：在生成对用户的推荐时，不考虑电影的其他属性，如演员、导演、题材等。两个用户之间的相似性是通过 -1.0 和 1.0 之间的一个十进制数表示的，该数称为相似性指数(similarity index)。用户喜欢一个电影的可能性是通过另一个 -1.0 到 1.0 之间的十进制数表示的。既然已经用简单的术语表示了该系统周围的世界，那么便可以使用一些直观的数学方程定义这些标识符和数字之间的关系。

推荐算法中将保留一些集合，这些集合代表包含所有用户和身份的超级集合的一个成员。每个用户将有两个集合，即用户喜欢的一组电影和用户不喜欢的一组电影。每部电影都有两个与之相关的集合，即喜欢这部电影的用户集合和不喜欢这部电影的用户集合。在推荐开始生成期间，将会产生若干集合，主要是其他集合的并集或交集。我们还有针对每个用户的建议订购列表和相似用户列表。

类似地，还可以使用如下推荐。

1. 个性化产品信息电子商务网站

这样的引擎基于用户对网站的访问，有助于理解顾客的喜好，它根据顾客的需要或实际喜好为顾客展示最相关的推荐产品。随着每个顾客的每次回归，由于其认知学习的提高，其推荐水平也会相应提高。

2. 网站个性化

许多组织机构以访问者的点击次数计算收益，它通过划分不同的集群增加销售额和目标新用户，同时允许通过以消息为中心的方法进行联系。

3. 实时通知

实时通知用来让客户知道新的顶级销售品牌和可用的折扣。当在网站上显示顾客活动的实时通知时，这样的引擎可以帮助品牌在顾客中建立信任，并产生一种存在感和紧迫感。

本章小结

- R 中的模型是数据点序列的表示。
- R 有不同类型的模型，以下列出这些模型以及它们对应的命令：
  线性模型(LM)；
  广义线性模型(GLM)；
  混合效应线性模型(LME)；
  非线性最小二乘(NLS)；
  广义加法模型(GAM)。
- 线性回归关系是通过在图上画一条直线表示的。
- 线性回归的一般方程为 $y=ax+b$。
- 线性回归中的 lm()函数的简单语法为 lm(formula, data)。
- F=(explained variation/$(k-1)$)/(unexplained variation/$(n-k)$)

其中，k 是数据集中变量的个数，n 是观测值的个数。

- 拟合优度=(相关系数)^2。
- 残差可以通过 resid()函数计算。
- predict()函数可执行在任何 LM 对象上，默认生成一个预测值向量。
- R 中的标准残差是正态残差与残差的标准差的比值。
- 库克距离用于识别 x 中的异常值，x 是预测变量。
- 标准误差是标准差(standard deviation)与样本大小的平方根的比值。
- 确定系数为

$$r^2=\frac{\sum(y_i-y')^2}{\sum(y_j-y')^2}$$

- R 中的散点图可以通过多种方式生成，基本函数是 plot(x,y)，其中 x 和 y 是要绘制的输入向量值。

关键术语

- 库克距离(Cook's distance)：用于识别 x 中的异常值，x 是预测变量。
- 线性回归(linear regression)：通过在图上绘制的一条直线表示。
- 模型(model)：R 中的模型是数据点序列的一种表示。
- predict()函数：用于在 R 中获取预测值。
- 残差(resudual)：线性回归的数据，其是自变量 y 的观测数据和拟合值 $\hat{y}$ 之间的差。
- R-squared：线性回归模型的确定系数是拟合值的方差和因变量的观测值的商。
- 散点图(scatter plot)：用于展示给定输入变量的关系。
- 标准化残差(standardised residual)：正态残差与残差的标准差的比值。
- 学生化残差(studentised residuals)：正态残差与残差的独立标准差的比值。

巩固练习

一、单项选择题

1. 方程 $y=\mathrm{a}x+\mathrm{b}$ 的响应变量是什么？
   (a) a　　(b) b　　(c) x　　(d) y
2. 以下哪个函数可以计算出 x 和 y 的相关性？ x 和 y 都是向量。
   (a) cor()　　(b) var()　　(c) cov()　　(d) dvar()
3. 以下哪个函数用于根据 R 中的线性回归创建模型？
   (a) lm()　　(b) pp()　　(c) biglm()　　(d) glm()
4. 以下哪个函数用于从各种模型拟合函数的结果中进行预测？
   (a) compare()　　(b) contrasts()　　(c) predict()　　(d) resid()
5. 残差的计算为(　　)。
   (a) $y-\hat{y}$　　(b) $\hat{y}-y$　　(c) $y \sim x$　　(d) $x \sim y$
6. 正态残差与残差的标准差的比值是(　　)。
   (a) 标准化残差　　(b) 学生化残差　　(c) 残差　　(d) R-squared

二、简答题

1. 什么是模型拟合？
2. 计算线性回归的通用方程是什么？
3. 什么是响应变量和预测变量？
4. lm()函数的语法是什么？
5. 残差是什么？
6. 杠杆是什么？
7. 什么是库克距离？
8. 同方差性(homoscedasticity)是什么？

9. 如何寻找标准误差?

10. 如何绘制散点图?

实战练习

考虑 cars 数据集,假设 cars $ dist 是响应变量,cars $ speed 是预测变量,使用 lm()函数创建一个模型。根据每个模型,解释和残差相关的以下几幅图。

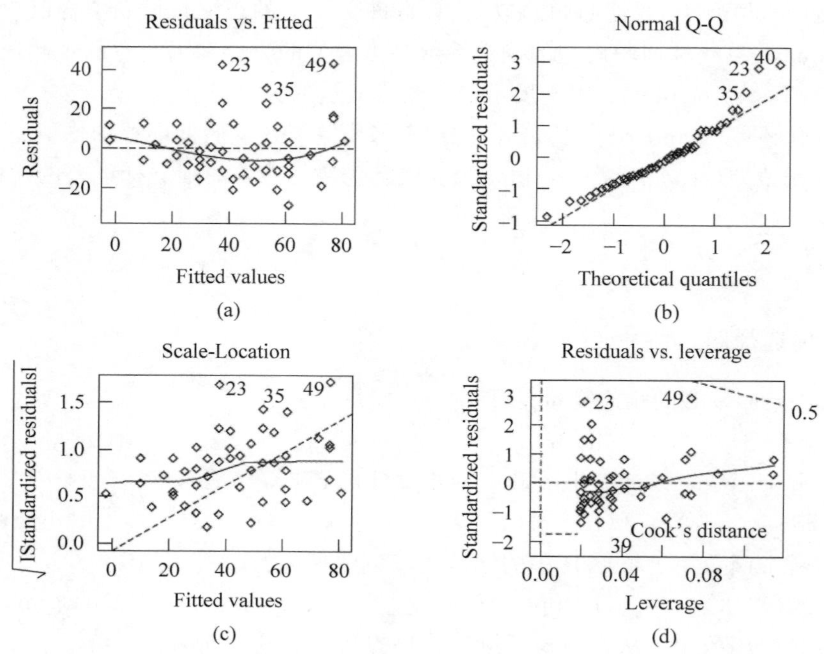

单项选择题参考答案

1. (d)　2. (a)　3. (a)　4. (c)　5. (a)　6. (a)

第 6 章

Chapter 6

逻辑回归

学习成果

通过本章的学习，您将能够：

- 对一个问题选择合适的逻辑回归技术；
- 建立二项式、多项式和序数逻辑回归模型；
- 确定逻辑回归模型预测的准确率；
- 使用逻辑回归模型预测一个数据点的输出结果。

6.1 概述

逻辑回归(Logistic Regression,LR)有助于描述一个二元(二分)因变量与一个或多个定类变量(nominal,也称分类变量,这些变量有两个或两个以上的类别,不一定有自然顺序)、定序变量(ordinal,它们对类别有明确的排序)、定距变量(interval,值之间的差是有意义的,并且通常是平均分割的)或定比变量(ratio,变量有自然零点)之间的关系。

为了便于理解,本节会讨论数据科学中常见的问题,解释回归及回归的类型,讲解逻辑回归的重要性和不能只使用线性回归的原因。

下面思考一下数据科学中的常见问题(数据科学也称数据驱动科学,是一个交叉学科的领域,包括科学方法、过程和系统,目的是从各种形式的数据中抽取知识或获得洞察信息,无论是结构化还是非结构化的数据,见表 6.1)。

表 6.1 数据科学中的常见问题

数据科学中的常见问题	使用的算法
这是 A 还是 B? 例如: • 这是苹果还是橘子 • 这是钢笔还是铅笔 • 是晴天还是阴天 • 垃圾邮件分类 • 银行贷款人员希望根据数据分析确定哪些客户的贷款申请是有风险的,哪些是安全的	分类算法

续表

数据科学中的常见问题	使用的算法
是否有异常？ 例如： • 欺诈检测：检测信用卡欺诈 • 监控	异常检测算法。该算法有助于识别数据集中不符合期望模式的项、事件或观测值
可量化的问题，如“有多少” 例如： • 根据房屋面积预测房价 • 确定学生投入的学习时间和考试成绩之间的关系 • 今天的篮球比赛会进几个球 • 明天的气温是多少	回归算法(参考第5章)
这是如何组织的	聚类算法(参考第9章)
接下来该做什么？ 例如： • 机器人使用深度强化学习从一个盒子中取出一个设备，并将其放入另一个容器，无论成功与否，它都记住了这个目标，获得了知识，并训练了自己，以快速和精准地完成这项工作	强化学习。有助于进行决策，是机器学习的一种，也是人工智能的一个分支，它允许机器和软件在特定环境中自动确定理想的行为，以使其性能最大化

6.2 什么是回归

回归分析是一种预测建模技术，它可以估计因变量(目标变量)和自变量(预测变量)之间的关系。

例如，在给出关于孩子的年龄、体重和其他因素的数据时，可以利用回归模型预测孩子的身高。

参考图6.1并注意，随着X的增加，Y也会增加。X可以独立于Y增加，但Y将跟随X增加，因此X是自变量，Y是因变量。

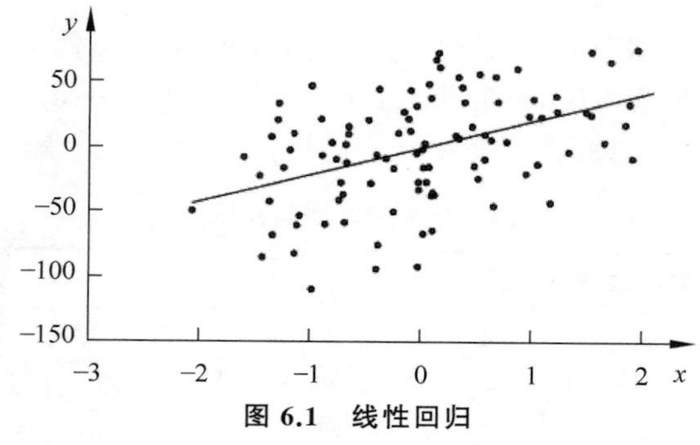

图6.1 线性回归

有以下三种基本的回归。

① 线性回归(Linear Regression)：当自变量和因变量之间存在线性关系时，称为线性

回归(如图 6.1 所示)。

② 逻辑回归(Logistic Regression)：当因变量是定类变量(0/1,True/False,Yes/No,A/B/C)时,称为逻辑回归(如图 6.2 所示)。

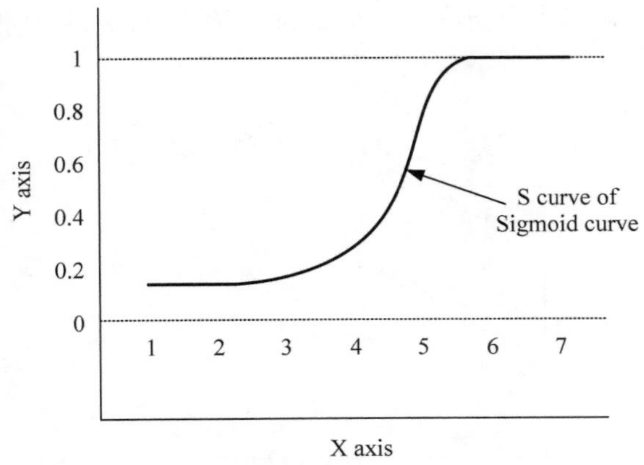

图 6.2　逻辑回归

从图 6.2 中可以看到,对于某些特定的 X 值,Y 值为零,而对某些特定的 X 值,Y 值为 1。在 X 取值大于 4 后,Y 就变为 1,称它正在经历一个过渡为 1 的过程,这个过渡就是 S 或 Sigmoid 曲线。

③ 多项式回归(Polynomial Regression)：当自变量的幂大于 1 时,称为多项式回归(如图 6.3 所示)。

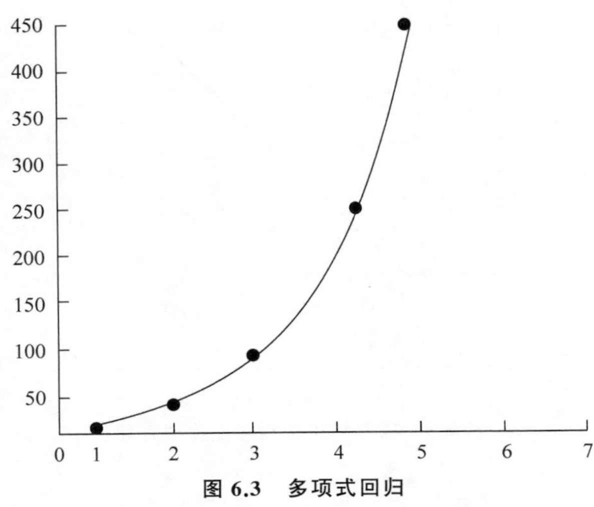

图 6.3　多项式回归

6.2.1　为什么要使用逻辑回归

当因变量是离散值时,如 0/1、Yes/No 或者 A/B/C 时,需要使用逻辑回归。

例如,这只动物是老鼠还是大象?回答要么是老鼠,要么是大象,不能说它是一只小狗。

6.2.2 为什么不能使用线性回归

在线性回归中，Y值在一个范围中，但是本例中的Y值是离散的，即取值是0或1。线性回归的最佳拟合线穿过了1，也小于0。但是，在逻辑回归中，最佳拟合线是不能小于0或大于1的(如图6.4所示)。

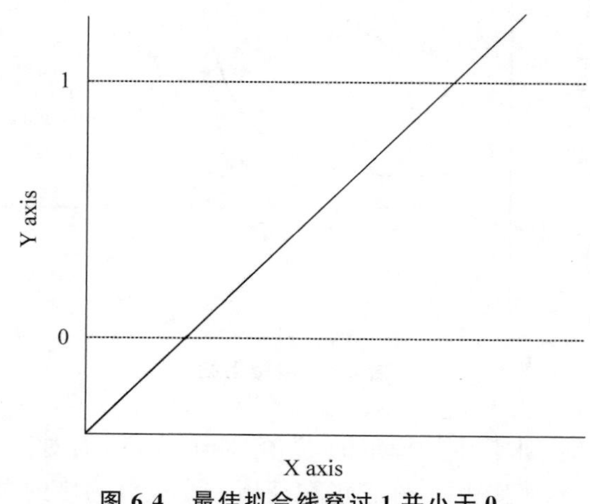

图 6.4 最佳拟合线穿过1并小于0

必须在0和1处修剪线性回归的最佳拟合线(如图6.5所示)。

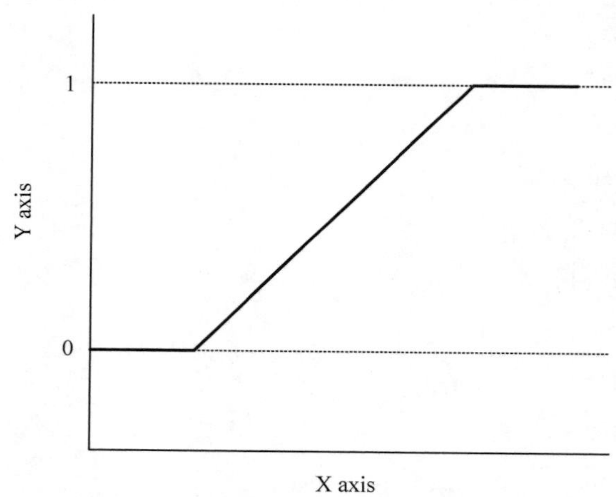

图 6.5 在0和1处删除最佳拟合线

结果曲线不能用单个公式表示，需要找到解决这个问题的新方法，因此就有了逻辑回归(如图6.6所示)。

6.2.3 逻辑回归的假设

逻辑回归给出了一种概率，即Y成为1的概率。

假设学校正在举行一场篮球比赛，你所在的队进了10个球，假定模型计算出的获胜概

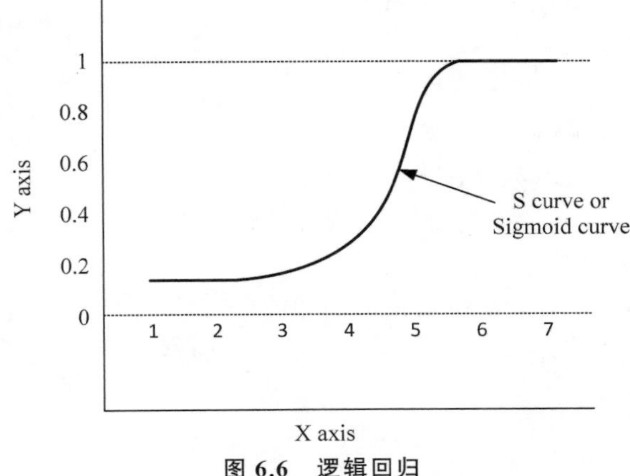

图 6.6 逻辑回归

率为 0.8,将该概率值和阈值进行比较,假设阈值为 0.5,如果概率大于阈值,则 Y 为 1,否则为 0。

直线的方程为

$Y=C+B_1X_1+B_2X_2+\cdots$,Y 的范围为负无穷到正无穷。

从该方程推导出逻辑回归方程为

$Y=C+B_1X_1+B_2X_2+\cdots$,在逻辑回归中,Y 只能位于 0 和 1 之间。

现在,需要使 Y 的范围处于 0 和无穷之间,下面变换一下 Y。

$$\left.\frac{Y}{1-Y}\right\}\begin{matrix}Y=0|0\\ Y=1|\text{无穷}\end{matrix}$$

现在,Y 的范围位于 0 和无穷之间,进一步转换以使范围在负无穷和无穷之间。

$$\log\left(\frac{Y}{1-Y}\right) \rightarrow \log\left(\frac{Y}{1-Y}\right)=C+B_1X_1+B_2X_2+\cdots$$

因此,逻辑回归是一个因变量是定类(categorical)变量的回归模型。

定类→变量只有固定值,如 A/B/C 或 Yes/No。

依赖(dependent)→Y=f(X),即 Y 依赖于 X。

下面将详细介绍逻辑回归、二项逻辑回归和多项逻辑回归。

6.3 广义线性模型概述

广义线性模型(GLM)是对普通线性回归的一种灵活推广(generalisation),允许响应变量是有误差分布模型,而不是正态分布。有几种广义线性模型的子类型,包括逻辑回归、泊松回归、生存分析等。本章的重点是逻辑回归。

广义线性模型是通过连接函数对一般回归模型的扩展,它允许均值依赖于解释变量(自变量)。响应变量是指数族的分布集中的任意成员,指数族的分布包括正态分布、泊松分布和二项分布。

R 语言的内置命令或函数 glm()会执行广义线性模型,glm()函数在二元结果数据、概率数据、计数数据、比例数据和其他数据类型上执行回归。GLM 与其他普通的线性模型类似，只是它需要额外的参数标识方差和连接函数。

GLM 的主要成分如下。

① 随机成分(random component)：

- 它会识别因变量(响应变量)及其概率分布；
- 它会对响应变量 Y 及其概率分布进行分类；
- GLM 的随机成分包括一个服从自然指数族的分布及一个具有独立观测值(y_1, y_2,…,y_n)的响应变量 Y。

② 系统成分(systematic component)：可识别用于线性预测函数的一组解释变量。

③ 连接函数(link function)：它定义了一个随机成分和系统成分之间的关系。

glm()命令的语法为

```
glm(formula, family =family type(link =linkfunction), data,…)
```

其中，formula 参数定义了将要拟合的模型的符号描述；data 参数是一个可选参数，定义了数据集；"..."定义了其他可选参数；family 参数定义了将要在模型中使用的连接函数。

表 6.2 描述了不同类型的族分布及用于 glm()函数中的默认连接函数。

表 6.2　不同类型的族分布及其默认连接函数

族　分　布	默认连接函数
binomial	(link = "logit")
gaussian	(link = "identity")
gamma	(link = "inverse")
inverse gaussian	(link = "1/mu^2")
poisson	(link = "identity", variance = "constant")
quasi	(link = "logit")
quasi binomial	(link = "log")

小练习

1. 你理解的 GLM 是什么意思？

答：广义线性模型(GLM)是通过连接函数对一般的回归模型的扩展。

2. GLM 模型中的随机成分的作用是什么？

答：随机成分会识别 GLM 模型中的因变量及其概率分布。

3. GLM 模型中的系统成分的作用是什么？

答：系统成分会识别 GLM 模型中的指数变量的集合。

4. GLM 模型中的连接函数的作用是什么？

答：连接函数定义了 GLM 模型的随机成分和系统成分之间的关系。

6.4　什么是逻辑回归

逻辑回归(LR)是对含有分类因变量的线性回归的扩展,LR 是 GLM 的一部分,其使用 glm()命令对回归模型进行拟合。LR 通过最大似然估计对参数进行估计。LR 是根据以下逻辑函数得到的。

$$P(Y=1)=\pi=\frac{e^Z}{1+e^Z}$$

LR 的主要目标是估计一个事件对一个或多个解释变量产生影响的概率。对于 R 而言,需要满足以下条件:

- 输出结果具有两类,即 0 和 1;
- 需要适当的估计,以知道结果变量的观测值的概率;
- 结果变量一定和解释变量相关,这是通过 logistic 函数实现的;
- 必须对回归方程的系数进行适当的估计;
- 应该对回归模型进行测试,以检查其是否符合系数的区间(intervals)。

6.4.1　逻辑回归的使用

逻辑回归主要用于解决分类问题、离散选择模型或确定事件的概率。

- 分类问题:分类问题是决策者将客户分为两类或两类以上的重要问题。例如,客户流失是任何行业或公司都会面临的常见问题,它之所以是一个重要的问题,是因为招揽新客户的成本要比保留现有客户的成本高得多,所以很多公司更愿意了解客户的流失或对客户流失进行早期预警。因此,LR 是解决结果是二项或多项问题的最佳选择。
- 离散选择模型(Discrete Choice Model,DCM):离散选择模型是估计顾客在几个可选的品牌中选择一个特定品牌的概率。例如,某公司想知道为什么顾客选择了一个特定的品牌及其背后的动机,LR 也可以分析这种概率。
- 概率:概率是对任何事件发生的可能性的度量,LR 会找出事件的概率。

6.4.2　二项逻辑回归

二项或二元逻辑回归(BLR)是因变量为二分类的模型,其表达式为

$$P(Y=1)=\pi=\frac{e^Z}{1+e^Z}$$

其中,Y 有两个取值,即 0 和 1,自变量可以是任何类型。因此,解释变量可以是连续或者定性(qualitative)的。

6.4.3　Logistic 函数

Logistic 函数或 Sigmoidal 函数是一种估计各种参数并检查它们是否具有统计意义并影响事件概率的函数。Logistic 函数的公式表示为

$$\pi(z) = \frac{e^Z}{1 + e^Z}$$

$$z = \beta_0 + \beta_1 x + \beta_2 x_2 + \cdots + \beta_n x_n$$

其中，$x_1, x_2, \cdots, x_n$ 是解释变量。

有一个解释变量的 logistic 函数为

$$P(Y=1 \mid X=x) = \pi(x) = \frac{\exp(\alpha + \beta x)}{1 + \exp(\alpha + \beta x)}$$

- $\beta=0$ 表示每个 x 值的 $P(Y|x)$ 是相同的，即在 Y 和 X 之间不存在统计意义上的关系。
- $\beta>0$ 表示 $P(Y|x)$ 随着 X 的增大而增大，即随着 X 的增大，事件的概率也会增大。
- $\beta<0$ 表示 $P(Y|x)$ 随着 X 的增大而减小，即随着 X 的增大 Y 的概率减小。

6.4.4 Logit 函数

Logit 函数是 Logistic 函数的对数变换，它被定义为奇异值(odds)的自然对数，一些只有分类变量的 logit 模型等价于对数线性模型。Logistic 函数的公式为

$$\text{Logistic}(\pi) = \ln\left(\frac{\pi}{1-\pi}\right) = \beta_0 + \beta_1 X_1$$

变量 π 的 logit 为

$$\frac{\pi}{1-\pi} = \text{odds}$$

odds 和 odds ratio 是两个 LR 参数，其说明如下。

odds 定义为两个概率值的比值，可表示为

$$\text{odds} = \frac{\pi(x)}{1-\pi(x)}$$

odds ratio(OR)是两个 odds 的比值，根据 Logit 函数可表示为

$$\ln\left(\frac{\pi(x)}{1-\pi(x)}\right) = \beta_0 + \beta_1 x_1$$

将 x 视为一个自变量，即协变量(covariate)，然后定义 OR 为 $x=1$ 和 $x=0$ 的 odds 的比值。

对于 $x=0$，

$$\ln\left(\frac{\pi(x)}{1-\pi(x)}\right) = \beta_0 \tag{1}$$

对于 $x=1$，

$$\ln\left(\frac{\pi(x)}{1-\pi(x)}\right) = \beta_0 + \beta_1 \tag{2}$$

公式(2)减去公式(1)，得到

$$\beta_1 = \ln\left(\frac{\pi(1)/(1-\pi(1))}{\pi(0)/(1-\pi(0))}\right)$$

因此可以得出结论，β_1 获得了对数 odds 比值的变化，可以表示为

$$e^{\beta_1} = \frac{\pi(x+1)/(1-\pi(x+1))}{\pi(x)/(1-\pi(x+1))} = \text{odds 比值的变化}$$

因此,解释变量的变化也会导致 odds 比值的变化。

假设 odds 比值是 2,当 $x=1$ 时事件发生的可能性为 $x=0$ 时事件发生的可能性的 2 倍。现在,当 odds 比值接近于相对风险(relative risk)时,无论风险增加或减小,x 值都会发生变化。

6.4.5 似然函数

似然(likelihood)函数[$L(\beta)$]表示收集的观测数据的联合概率或可能性,该函数还可以汇总未知参数的数据。

考虑以下有 n 个观测值的数据集:$x_1,x_2,\cdots,x_n$,它们的相应分布为 $f(x,\theta)$,其中 θ 是未知参数,则似然函数 $L(\theta)=f(x_1,x_2,\cdots,x_n,\theta)$是样本数据的联合概率密度函数,$\theta$ 的取值 θ^* 使得 $L(\theta)$最大化,称为 θ 的最大似然估计。

考虑另外一个例子,在这个例子中,有 n 个观测值的数据集($x_1,x_2,\cdots,x_n$)服从指数分布。对于指数分布,概率密度为

$$f(x,\theta)=\theta e^{-\theta x}$$

以下方程将似然函数表示为

$$L(x,\theta)=f(x_1,\theta)\cdot f(x_2,\theta)\cdots,f(x_n,\theta)$$

通过替换以上表达式中的密度函数,将会得到一个表示联合概率的表达式为

$$联合概率=\theta e^{-\theta x1}\times\theta e^{-\theta x2}\times\cdots\theta e^{-\theta xn}=\theta^n e-\theta\sum_{i=1}^{n}x_i$$

谨记:使用对数似然函数代替似然函数时,对数似然函数表示为

$$Ln(L(x,\theta))=n\ln\theta-\theta\sum_{i=1}^{n}x_i$$

R 语言提供了两个用于找出似然函数的内置函数,即 nlm()和 optim()。

(1) nlm()函数

nlm()函数执行非线性最小化,并使用牛顿(Newton-type)算法对函数进行最小化。简单来讲,nlm()函数可以将用户在 R 中自定义的函数最小化,并使其似然函数最大。因此,要使似然函数最大化,则应使用负对数似然函数。nlm()函数的语法为

```
nlm(f,p,…)
```

其中,f 参数定义了要被最小化的函数,该函数应该返回一个单一值;p 参数是最小化的参数初值;"..."定义了其他可选的参数。

在以下示例中,函数 f 用于计算$(n-1)^2$ 的和,使用 nlm()函数估计 f 的似然函数,如图 6.7 所示。

(2) optim()函数

optim()函数执行总体目标优化(general-purpose optimisation),使用单纯形法(Nelder-Mead)、共轭梯度(conjugate-gradient)和准牛顿(quasi-Newton)算法对函数进行优化。optim()函数的语法是

```
optim(par,fun,…)
```

```
RGui (64-bit)
File Edit View Misc Packages Windows Help
R Console
> # Creating a simple function f that sum the (n-1)^2
>
>
> f <- function(n)
+ {
+ sum ((n-1)^2)
+ }
>
> # Now calling the nlm() funciton
> nlm(f, c(10,10))
$minimum
[1] 1.543704e-23

$estimate
[1] 1 1

$gradient
[1] 9.999944e-07 9.999944e-07

$code
[1] 1

$iterations
[1] 1

> |
```

图 6.7 nlm()函数示例

其中,par 定义了优化的初始参数值;fun 定义了要最小化或最大化的函数,该函数应该返回一个标量(scalar)值;“…”是其他的可选参数。

在以下示例中,依然使用上面例子中的函数 f。optim()函数对指定函数执行优化操作,如图 6.8 所示。

```
RGui (64-bit)
File Edit View Misc Packages Windows Help
R Console
> # Optim function
> # creating function
> f <- function(x)
+ {
+ sum ((x-1)^2)
+ }
>
> optim(c(10,10),f)
$par
[1] 0.9999169 0.9991190

$value
[1] 7.830558e-07

$counts
function gradient
      75       NA

$convergence
[1] 0

$message
NULL

> |
```

图 6.8 optim()函数示例

6.4.6　极大似然估计

极大似然估计(MLE)可以估计 LR 中的参数,它是一个统计模型,以估计函数的模型参数。对于给定的数据集,MLE 要选择模型参数,相比其他参数,MLE 使得数据具有“更大的可能性”。为了找到 MLE,有必要为数据选择一个具有一个或多个未知参数的模型。

1. 用于确定最大似然估计的 R 内置函数 mle()

对于 MLE,R 语言提供了 stats4 包的内置函数 mle()。mle()函数使用极大似然方法确定或估计参数,mle()函数的语法为

```
mle(miunslog1, start =formals(minuslog1), method ="BFGS", …)
```

其中,miunslog1 是一个计算负对数似然的函数;start 参数包含优化器的初始值;method 定义了优化方法;“...”定义了其他可选参数。

mle()函数需要通过一个函数计算负对数似然,为了实现该操作,mle()函数可以使用 nlm()函数或 optim()函数。

在下面的示例中,mle()函数找到了简单函数 f 的 MLE(如图 6.9 所示)。

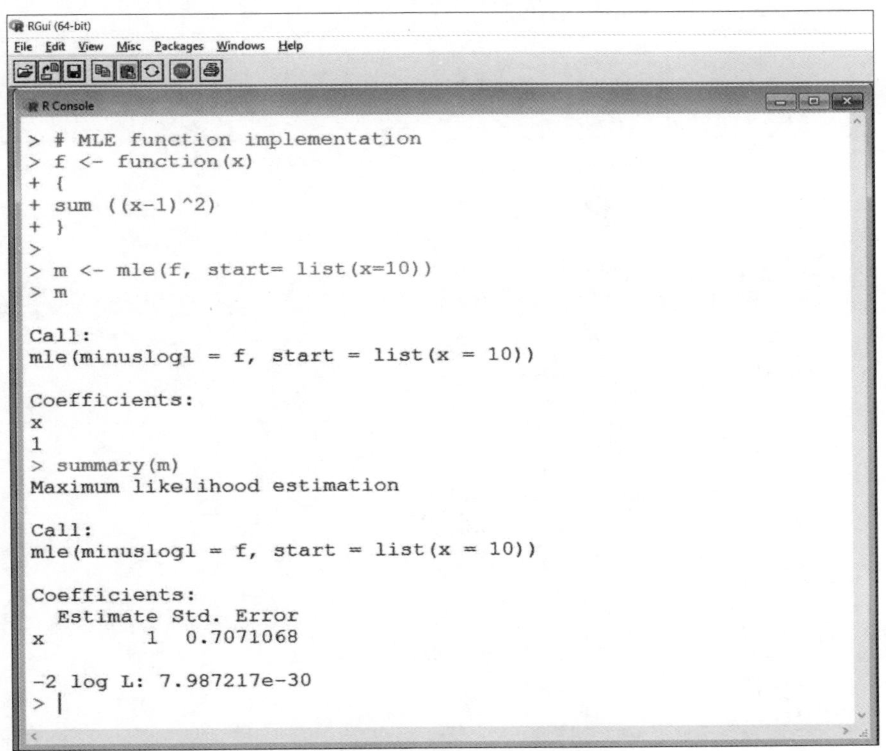

RGui (64-bit)
File Edit View Misc Packages Windows Help
R Console
> # MLE function implementation
> f <- function(x)
+ {
+ sum ((x-1)^2)
+ }
>
> m <- mle(f, start= list(x=10))
> m
Call:
mle(minuslogl = f, start = list(x = 10))
Coefficients:
x
1
> summary(m)
Maximum likelihood estimation
Call:
mle(minuslogl = f, start = list(x = 10))
Coefficients:
  Estimate Std. Error
x   1 0.7071068
-2 log L: 7.987217e-30
>

图 6.9　mle()函数示例

2. LR 模型的另一个例子

以下示例定义了 LR 模型的 MLE。为了拟合 Logistic 模型，需要使用 optim()或 nlm()函数。图 6.10 描述了似然函数的通用代码，其中使用了对数似然函数。图 6.11 读取了一个表格 Student.data，其中 Annual.attendance 是一个预测变量，用于预测 Eligible 列。glm()函数实现了该数据集，optim()函数确定了 Studata.csv 数据集的 MLE。

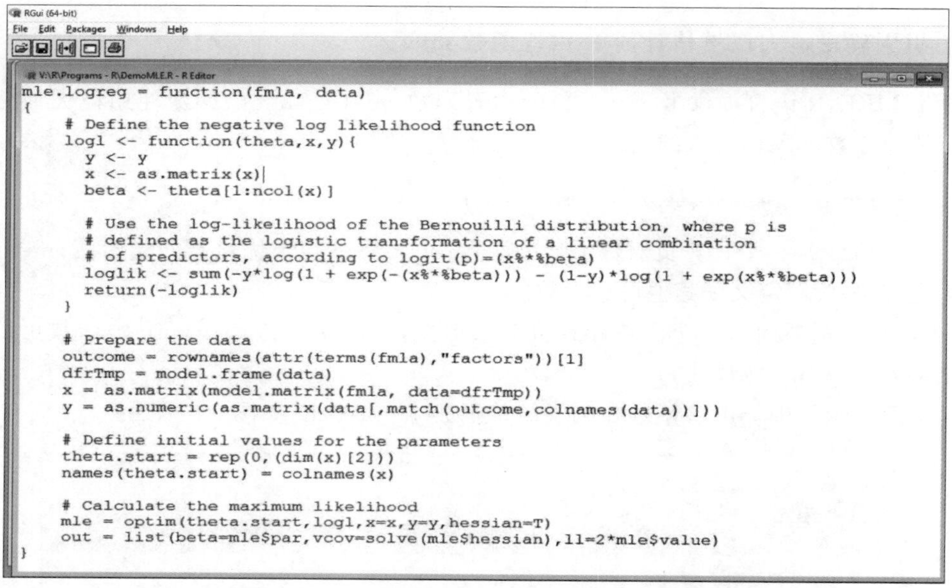

```
mle.logreg = function(fmla, data)
{
    # Define the negative log likelihood function
    logl <- function(theta,x,y){
      y <- y
      x <- as.matrix(x)
      beta <- theta[1:ncol(x)]

      # Use the log-likelihood of the Bernouilli distribution, where p is
      # defined as the logistic transformation of a linear combination
      # of predictors, according to logit(p)=(x%*%beta)
      loglik <- sum(-y*log(1 + exp(-(x%*%beta))) - (1-y)*log(1 + exp(x%*%beta)))
      return(-loglik)
    }

    # Prepare the data
    outcome = rownames(attr(terms(fmla),"factors"))[1]
    dfrTmp = model.frame(data)
    x = as.matrix(model.matrix(fmla, data=dfrTmp))
    y = as.numeric(as.matrix(data[,match(outcome,colnames(data))]))

    # Define initial values for the parameters
    theta.start = rep(0,(dim(x)[2]))
    names(theta.start) = colnames(x)

    # Calculate the maximum likelihood
    mle = optim(theta.start,logl,x=x,y=y,hessian=T)
    out = list(beta=mle$par,vcov=solve(mle$hessian),ll=2*mle$value)
}
```

图 6.10 逻辑回归模型的似然函数定义

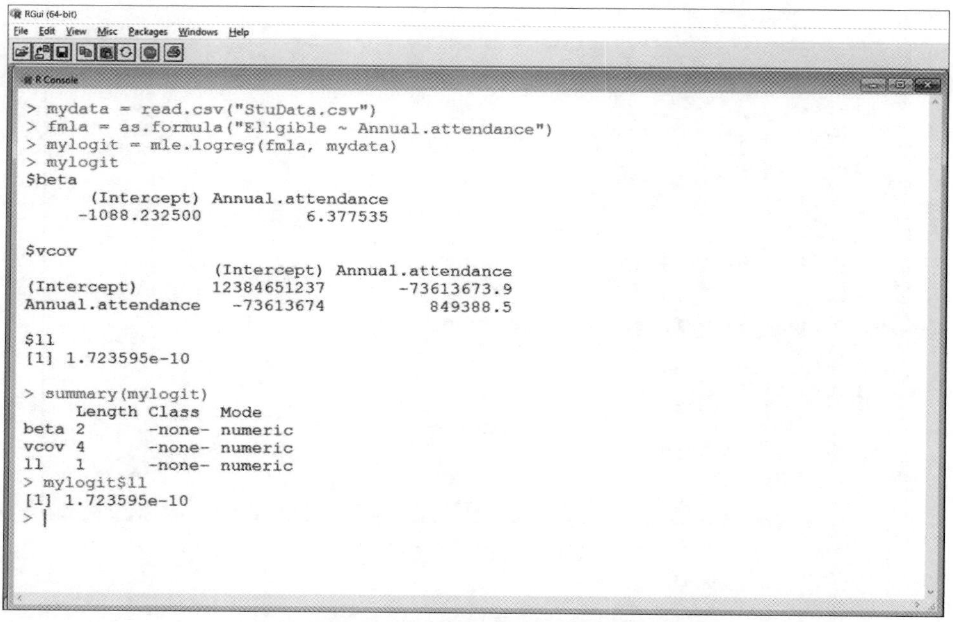

```
> mydata = read.csv("StuData.csv")
> fmla = as.formula("Eligible ~ Annual.attendance")
> mylogit = mle.logreg(fmla, mydata)
> mylogit
$beta
      (Intercept) Annual.attendance
     -1088.232500          6.377535

$vcov
                  (Intercept) Annual.attendance
(Intercept)       12384651237       -73613673.9
Annual.attendance   -73613674          849388.5

$ll
[1] 1.723595e-10

> summary(mylogit)
     Length Class  Mode
beta 2      -none- numeric
vcov 4      -none- numeric
ll   1      -none- numeric
> mylogit$ll
[1] 1.723595e-10
> |
```

图 6.11 逻辑回归模型的极大似然估计

小练习

1. 你对 LR 的理解是什么？

答：逻辑回归(LR)是对线性回归的扩展，使得其包含分类因变量。

2. 哪个函数用于实现 LR？

答：glm()函数可用于实现 LR。

3. LR 的作用是什么？

答：逻辑回归用于解决分类问题、离散选择模型和确定一个事件的概率。

4. BLR 是什么？

答：二项式或二元逻辑回归(BLR)是一个因变量为二分类的模型。

5. Logit 函数的参数是什么？

答：odds 和 odds ratio 是 Logit 函数中的两个参数。

6. 什么是 MLE？

答：极大似然估计(MLE)可以估计 LR 中函数的参数。对于一个给定的数据集，MLE 选择模型参数值，使得相比较其他参数值其数据的可能性更大。

7. 什么是似然函数？

答：似然函数[$L(\beta)$]表示观测数据的联合概率或可能性。

8. 哪个函数用于确定似然函数？

答：nlm()和 optim()函数用于确定似然函数。

9. 哪个函数可找到 MLE？

答：stats4 包的 mle()函数用于找出 MLE。

6.5　二元逻辑回归

本节将阐述 BLR、具有单分类预测变量的 BLR、三维表(three-way tables)、k 维表(k-way tables)和连续协变量(continuous covariates)的概念。

6.5.1　二元逻辑回归概述

如果因变量是二元的，并且是一个预测分析，则要进行逻辑回归，它还描述了数据，并解释了单个二元变量和多个自变量(解释变量或预测变量)之间的关系。二元逻辑回归是 LR 中的一种，它定义了一个分类响应变量与一个或多个解释变量之间的关系。这些解释变量既可以是连续的，也可以是分类的，它对响应变量和解释变量做出了明确的区分。

简而言之，BLR 是根据给定解释变量的值找出成功的概率的。以下函数定义了 BLR 模型。

$$\text{Logit}(\pi_i)=\ln\left(\frac{\pi_i}{1-\pi_i}\right)=\beta_0+\beta_1 x_i$$

或

$$\pi_i=Pr(Y_i=1 \mid X_i=x_i)=\frac{\exp(\beta_0+\beta_1 x_i)}{1+(\beta_0+\beta_1 x_i)}$$

其中,Y 定义了二元响应变量,$Y_i=1$ 定义了条件在观测值 i 中为真,$Y_i=0$ 定了条件在观测值 i 中不为真,X 定义了解释变量的集合,可以是离散值、连续值或两者的结合。

1. 模型拟合

模型拟合有不同类型的统计方法,如 Pearson 卡方统计(Chi-Square Statistic)[X^2]、偏差(Deviance)、似然比检验与统计(Likelihood Ratio Test and Statistic)[ΔG^2]和 Hosmer-Lemeshow 检验,以检测 BLR 模型的统计性能的优劣。

2. 参数估计

极大似然估计可估计二元逻辑模型的参数,MLE 使用一些迭代算法,如牛顿-拉弗森(Newton-Raphson)算法或迭代重加权最小二乘(Iteratively Re-Weighted Least Square, IRWLS)算法估计这些变量。以下函数描述了用于确定 BLR 模型参数的函数。

$$\mathrm{Logit}(\beta_0,\beta_1)=\prod_{i=1}^{N}\pi_i^{y_i}(1-\pi_i)^{n_i-y_i}$$

或

$$\prod_{i=1}^{N}\frac{\exp\{y_i(\beta_0+\beta_1 x_i)\}}{1+\exp(\beta_0+\beta_1 x_i)}$$

用户也可以使用 mle()、nlm()或 optim()函数确定任何 LR 的 MLE。

6.5.2 具有单分类预测变量的二元逻辑回归

具有单分类预测变量的二元逻辑回归使用一个分类变量将数据拟合到 BLR 模型中,当将一个单分类变量应用到以上所定义的 BLR 模型时,可得到以下模型。

$$\pi=Pr(Y=1\mid X=x)$$

其中,Y 是响应变量,X 是解释变量。

在以下示例中,使用一个虚拟数据表 Studata1.csv 说明了具有一个单分类预测变量的 BLR。该表包含 15 个学生的年度出勤信息和年度成绩信息,如果学生同时通过了入学考试的考试标准,即年度成绩和年度出勤,则他们就有资格参加入学考试。基于年度成绩和出勤,将会对学生能否参加考试的资格进行评估。表 6.3 将学生满足两项标准的值置为 1,否则置为 0。通过表 6.3 中的信息,可以发现 15 个学生中的 6 个学生通过了年度出勤标准,5 个学生通过了年度成绩标准。表 6.3 汇总了该数据。

表 6.3 汇总数据

	通过 [1]	未通过[0]
出勤	6	9
年度成绩	5	10

在这里,年度成绩和年度出勤是响应变量,资格是一个分类变量。为表 6.3 创建了一个响应向量,同时利用 as.factor()函数创建了资格因子,glm()命令将数据填入 BLR 模型中(如图 6.12 所示)。

```
> # Defining the explanatory variable with 1 and 0 where 1 = eligible, 0 = not eligible
>
> Eligibility <- as.factor(c(1,0))
>
> # response vector that counts success and failure
> res <- cbind(clear = c(6,5), notclear = c(9,10))
> res
     clear notclear
[1,]     6        9
[2,]     5       10
>
> # fitting logistic model
> l <- glm(formula = res ~ Eligibility, family = binomial("logit"))
> l

Call:  glm(formula = res ~ Eligibility, family = binomial("logit"))

Coefficients:
 (Intercept)  Eligibility1
     -0.6931        0.2877

Degrees of Freedom: 1 Total (i.e. Null);  0 Residual
Null Deviance:      0.1437
Residual Deviance: 5.551e-15    AIC: 10.23
>
```

图 6.12 具有分类预测变量的二元逻辑回归

图 6.13 给出了示例的汇总，汇总结果中的信息可用于检测模型的拟合。虚拟数据的拟合模型为

$$\text{Logit}(\pi) = -0.6931 + 0.2877el$$

在这里，el 是一个虚拟变量，如果至少有一个学生达到合格标准，则 el 取值为 1；如果没有人达到合格标准，则 el 为 0。用户也可以使用 mle()函数确定给定数据集的 MLE，如极大似然估计部分所述的那样。

```
> summary(l)

Call:
glm(formula = res ~ Eligibility, family = binomial("logit"))

Deviance Residuals:
[1]  0  0

Coefficients:
             Estimate Std. Error z value Pr(>|z|)
(Intercept)   -0.6931     0.5477  -1.266    0.206
Eligibility1   0.2877     0.7601   0.378    0.705

(Dispersion parameter for binomial family taken to be 1)

    Null deviance: 1.4369e-01  on 1  degrees of freedom
Residual deviance: 5.5511e-15  on 0  degrees of freedom
AIC: 10.235

Number of Fisher Scoring iterations: 3

>
```

图 6.13 二元逻辑回归汇总

例如

目标：基于输入预测一辆汽车具有V型引擎(V-engine)还是直列型引擎(straight engine)。

执行以下步骤建立模型

步骤1：将数据集划分为训练数据(training data)和测试数据(testing data)。使用变量training和testing存储对应的数据集，将80%的数据存储到training变量中，将其余20%的数据存储到testing变量中。

步骤2：使用训练数据集建立模型(即估计回归系数)。

步骤3：使用模型估计成功的概率，即 p = 一辆汽车具有V型引擎的概率。

步骤4：基于领域知识(domain knowledge)(本例假定其值为0.5)确定阈值概率。

步骤5：使用估计的概率对测试数据进行分类，将每个观测值划分为Yes(V型引擎)或No(直列型引擎)。

步骤6：比较测试数据的预测结果和实际值，计算出预测准确率。

步骤7：使用mtcars数据集，看一下存储在mtcars数据集中的数据。该数据来自于1974年美国的《汽车潮流》杂志(*Motor Trend*)，数据由32种汽车(1973-74年型号)的燃油消耗及汽车设计和性能的10个方面构成。

```
> mtcars
                     mpg cyl  disp  hp drat    wt  qsec vs am gear carb
Mazda RX4           21.0   6 160.0 110 3.90 2.620 16.46  0  1    4    4
Mazda RX4 Wag       21.0   6 160.0 110 3.90 2.875 17.02  0  1    4    4
Datsun 710          22.8   4 108.0  93 3.85 2.320 18.61  1  1    4    1
Hornet 4 Drive      21.4   6 258.0 110 3.08 3.215 19.44  1  0    3    1
Hornet Sportabout   18.7   8 360.0 175 3.15 3.440 17.02  0  0    3    2
Valiant             18.1   6 225.0 105 2.76 3.460 20.22  1  0    3    1
Duster 360          14.3   8 360.0 245 3.21 3.570 15.84  0  0    3    4
Merc 240D           24.4   4 146.7  62 3.69 3.190 20.00  1  0    4    2
Merc 230            22.8   4 140.8  95 3.92 3.150 22.90  1  0    4    2
Merc 280            19.2   6 167.6 123 3.92 3.440 18.30  1  0    4    4
Merc 280C           17.8   6 167.6 123 3.92 3.440 18.90  1  0    4    4
Merc 450SE          16.4   8 275.8 180 3.07 4.070 17.40  0  0    3    3
Merc 450SL          17.3   8 275.8 180 3.07 3.730 17.60  0  0    3    3
Merc 450SLC         15.2   8 275.8 180 3.07 3.780 18.00  0  0    3    3
Cadillac Fleetwood  10.4   8 472.0 205 2.93 5.250 17.98  0  0    3    4
Lincoln Continental 10.4   8 460.0 215 3.00 5.424 17.82  0  0    3    4
Chrysler Imperial   14.7   8 440.0 230 3.23 5.345 17.42  0  0    3    4
Fiat 128            32.4   4  78.7  66 4.08 2.200 19.47  1  1    4    1
Honda Civic         30.4   4  75.7  52 4.93 1.615 18.52  1  1    4    2
Toyota Corolla      33.9   4  71.1  65 4.22 1.835 19.90  1  1    4    1
Toyota Corona       21.5   4 120.1  97 3.70 2.465 20.01  1  0    3    1
Dodge Challenger    15.5   8 318.0 150 2.76 3.520 16.87  0  0    3    2
AMC Javelin         15.2   8 304.0 150 3.15 3.435 17.30  0  0    3    2
Camaro Z28          13.3   8 350.0 245 3.73 3.840 15.41  0  0    3    4
Pontiac Firebird    19.2   8 400.0 175 3.08 3.845 17.05  0  0    3    2
Fiat X1-9           27.3   4  79.0  66 4.08 1.935 18.90  1  1    4    1
Porsche 914-2       26.0   4 120.3  91 4.43 2.140 16.70  0  1    5    2
Lotus Europa        30.4   4  95.1 113 3.77 1.513 16.90  1  1    5    2
Ford Pantera L      15.8   8 351.0 264 4.22 3.170 14.50  0  1    5    4
Ferrari Dino        19.7   6 145.0 175 3.62 2.770 15.50  0  1    5    6
Maserati Bora       15.0   8 301.0 335 3.54 3.570 14.60  0  1    5    8
Volvo 142E          21.4   4 121.0 109 4.11 2.780 18.60  1  1    4    2
```

步骤8：观察mtcars数据集的结构，该数据集有11个变量的32组观测值。

```
> str(mtcars)
'data.frame':   32 obs. of  11 variables:
 $ mpg : num  21 21 22.8 21.4 18.7 18.1 14.3 24.4 22.8 19.2 ...
 $ cyl : num  6 6 4 6 8 6 8 4 4 6 ...
 $ disp: num  160 160 108 258 360 ...
 $ hp  : num  110 110 93 110 175 105 245 62 95 123 ...
 $ drat: num  3.9 3.9 3.85 3.08 3.15 2.76 3.21 3.69 3.92 3.92 ...
 $ wt  : num  2.62 2.88 2.32 3.21 3.44 ...
 $ qsec: num  16.5 17 18.6 19.4 17 ...
 $ vs  : num  0 0 1 1 0 1 0 1 1 1 ...
 $ am  : num  1 1 1 0 0 0 0 0 0 0 ...
 $ gear: num  4 4 4 3 3 3 3 4 4 4 ...
 $ carb: num  4 4 1 1 2 1 4 2 2 4 ...
```

观察这些变量(见表 6.4)。

表 6.4　mtcars 数据集的变量

mpg	**miles/(US) gallon**
cyl	Number of cylinders
disp	Displacement (cu.in.)
hp	Gross horsepower
drat	Rear axle ratio
wt	Weight (1000 lbs)
qsec	1/4 mile time
vs	V/S
am	Transmission (0 = automatic, 1 = manual)
gear	Number of forward gears
carb	Number of carburetors

步骤 9：加载包 caTools,该包具有 sample.split()函数,该函数将数据切分为测试数据集和训练数据集。

```
>library(caTools)
```

步骤 10：使用 sample.split()函数将数据切分为测试集和训练集。切分率为 0.8,即比率为 80∶20。将 80%的数据作为训练数据以训练模型,其余 20%的数据作为测试数据以测试模型。

```
>split <-sample.split(mtcars, SplitRatio =0.8)
>split
[1] TRUE TRUE TRUE TRUE TRUE FALSE TRUE TRUE FALSE FALSE TRUE
```

TRUE 表示数据的 80%,FALSE 表示其余 20%的数据。

步骤 11：将 80%的数据存储在变量 training 中。

```
> training <- subset(mtcars, split == "TRUE")
> training
                     mpg cyl  disp  hp drat    wt  qsec vs am gear carb
Mazda RX4           21.0   6 160.0 110 3.90 2.620 16.46  0  1    4    4
Mazda RX4 Wag       21.0   6 160.0 110 3.90 2.875 17.02  0  1    4    4
Datsun 710          22.8   4 108.0  93 3.85 2.320 18.61  1  1    4    1
Hornet 4 Drive      21.4   6 258.0 110 3.08 3.215 19.44  1  0    3    1
Hornet Sportabout   18.7   8 360.0 175 3.15 3.440 17.02  0  0    3    2
Duster 360          14.3   8 360.0 245 3.21 3.570 15.84  0  0    3    4
Merc 240D           24.4   4 146.7  62 3.69 3.190 20.00  1  0    4    2
Merc 280C           17.8   6 167.6 123 3.92 3.440 18.90  1  0    4    4
Merc 450SE          16.4   8 275.8 180 3.07 4.070 17.40  0  0    3    3
Merc 450SL          17.3   8 275.8 180 3.07 3.730 17.60  0  0    3    3
Merc 450SLC         15.2   8 275.8 180 3.07 3.780 18.00  0  0    3    3
Cadillac Fleetwood  10.4   8 472.0 205 2.93 5.250 17.98  0  0    3    4
Lincoln Continental 10.4   8 460.0 215 3.00 5.424 17.82  0  0    3    4
Fiat 128            32.4   4  78.7  66 4.08 2.200 19.47  1  1    4    1
Honda Civic         30.4   4  75.7  52 4.93 1.615 18.52  1  1    4    2
Dodge Challenger    15.5   8 318.0 150 2.76 3.520 16.87  0  0    3    2
AMC Javelin         15.2   8 304.0 150 3.15 3.435 17.30  0  0    3    2
Camaro Z28          13.3   8 350.0 245 3.73 3.840 15.41  0  0    3    4
Pontiac Firebird    19.2   8 400.0 175 3.08 3.845 17.05  0  0    3    2
Fiat X1-9           27.3   4  79.0  66 4.08 1.935 18.90  1  1    4    1
Porsche 914-2       26.0   4 120.3  91 4.43 2.140 16.70  0  1    5    2
Ford Pantera L      15.8   8 351.0 264 4.22 3.170 14.50  0  1    5    4
Ferrari Dino        19.7   6 145.0 175 3.62 2.770 15.50  0  1    5    6
```

步骤 12：将其余 20%的数据存储到变量 testing 中。

```
>testing <-subset(mtcars, split =="FALSE")
```

```
> testing
                   mpg cyl  disp  hp drat    wt  qsec vs am gear carb
Valiant           18.1   6 225.0 105 2.76 3.460 20.22  1  0    3    1
Merc 230          22.8   4 140.8  95 3.92 3.150 22.90  1  0    4    2
Merc 280          19.2   6 167.6 123 3.92 3.440 18.30  1  0    4    4
Chrysler Imperial 14.7   8 440.0 230 3.23 5.345 17.42  0  0    3    4
Toyota Corolla    33.9   4  71.1  65 4.22 1.835 19.90  1  1    4    1
Toyota Corona     21.5   4 120.1  97 3.70 2.465 20.01  1  0    3    1
Lotus Europa      30.4   4  95.1 113 3.77 1.513 16.90  1  1    5    2
Maserati Bora     15.0   8 301.0 335 3.54 3.570 14.60  0  1    5    8
Volvo 142E        21.4   4 121.0 109 4.11 2.780 18.60  1  1    4    2
```

步骤 13：使用 glm()函数创建模型。GLM 可用于拟合广义线性模型，一个典型的预测变量的形式为 response~terms，其中，response 是(数字型)响应向量，terms 是为响应变量指定的一个线性预测变量的一系列 terms。对于二项式和准二项式家族，响应变量也可以被指定为一个因子(当第一级表示失败且其他级成功时)或者一个具有成功和失败的次数列的 2 列矩阵。terms 的说明形式 first+second 表明了 first 中的所有 terms 和 second 中的所有 terms，并删除了任何重复的 terms。

```
>model <-glm(formula =vs ~wt +disp, family ="binomial", data=training)
>model
Call: glm(formula =vs ~wt +disp, family ="binomial", data =training)
Coefficients:
(Intercept)        wt       disp
    1.15521   1.29631   -0.03013
Degrees of Freedom: 22 Total (i.e. Null); 20 Residual
Null Deviance: 28.27
Residual Deviance: 15.77     AIC     21.77
```

在这里，Null Deviance 表明了通过一个只包含截距(总均值)的模型预测的响应变量的效果。Residual deviance 表明了含有自变量在内的响应变量的预测效果。

步骤 14：使用预测函数。predict()是一个对各种模型拟合函数的结果进行预测的通用函数。

```
> res <- predict(model, testing, type="response")
> res
        Valiant        Merc 230        Merc 280 Chrysler Imperial
    0.242712021     0.730443537     0.637708248       0.005644668
 Toyota Corolla   Toyota Corona    Lotus Europa     Maserati Bora
    0.800910919     0.675354954     0.562561393       0.036094938
     Volvo 142E
    0.752824025
```

步骤 15：通过使用 table()函数检测模型的准确性。table()函数使用交叉分类(cross-classifying)因子在每一个因子水平组合上建立一个次数的列联表(contingency table)。在这里，ActualValue 表示数据集中显示的值。PredictedValue 是模型的预测值，当变量 vs 在数据集中的真实值为 0 时，模型的预测值也为 0。但是，当数据集中的真实值为 1 时，模型有 6 次正确地预测为 1，还有 1 次错误地预测为 0。

```
>(table (ActualValue=testing$vs, PredictedValue=res>0.5))
```

```
         PredictedValue
ActualValue  FALSE  TRUE
          0      2     0
          1      1     6
```

步骤 16：以下方程表明模型的准确率为 88.9%，这对于模型而言绝对是一个很高的准确率。

```
>(2+6) / (2+0+1+6)
[1] 0.8888889
```

6.5.3 三维列联表和 k 维列联表的二元逻辑回归

三维列联表(three-way)包含使用三分类变量水平观测值的交叉分类。和三维列联表类似，k 维列联表(k-way)也包含观测值的交叉分类，并使用 k 维分类变量。三维列联表和 k 维列联表的二元逻辑回归使用三分类变量或 k 分类变量将数据拟合到 BLR 模型。当将这些表应用于以上定义的 BLR 模型中时，可得到以下模型。

$$\text{Logit}(\pi)=\left(\frac{\pi}{1-\pi}\right)=\beta_0+\beta_1X_1+\beta_2X_2$$

其中，X 是解释变量。

以下示例将使用前面例子中使用过的虚拟数据表 Studata1.csv，并附加了一行。新的表 Studata1.csv 存储所有新的信息。新的行存储了有关内部考试的信息，表明学生是否通过内部考试，表 6.5 汇总了该数据。

表 6.5 附加了新数据的汇总数据

	通过	未通过
出勤	6	9
年度成绩	5	10
内部考试	15	0

glm()函数也将该表拟合到 BLR 模型，图 6.14 描述了模型拟合，图 6.15 描述了结果。

6.5.4 具有连续协变量的二元逻辑回归

协变量(covariate)是一个简单变量，用于预测另一个变量的输出。解释变量、自变量和预测变量是协变量的别称。协变量可以是离散的，也可以是连续的。具有连续协变量的 BLR 遵循 LR 的一般概念，其中的预测变量可以预测响应变量的输出。为了得到更准确的答案，用户可以做一些调整。

以下示例读取表 6.6 所述的包含两列数据的数据表 Studata.csv。列"年度出勤"存储年度出勤情况，还有另外一列"资格"。在这里，"年度出勤"是一个协变量(预测变量)，用于预测"资格"列(响应变量)的值。如果"年度出勤"小于 175，则"资格"为 0，否则"资格"为 1。glm()函数可以实现该数据，其描述如图 6.16 所示，其汇总如图 6.17 所示。

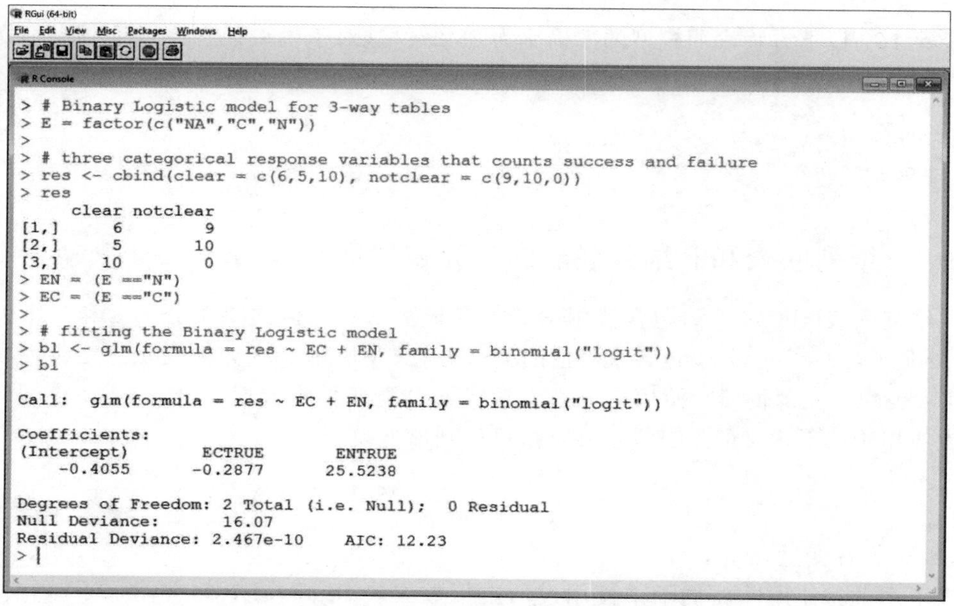

```
> # Binary Logistic model for 3-way tables
> E = factor(c("NA","C","N"))
>
> # three categorical response variables that counts success and failure
> res <- cbind(clear = c(6,5,10), notclear = c(9,10,0))
> res
     clear notclear
[1,]     6        9
[2,]     5       10
[3,]    10        0
> EN = (E =="N")
> EC = (E =="C")
>
> # fitting the Binary Logistic model
> bl <- glm(formula = res ~ EC + EN, family = binomial("logit"))
> bl

Call:  glm(formula = res ~ EC + EN, family = binomial("logit"))

Coefficients:
(Intercept)       ECTRUE       ENTRUE
    -0.4055      -0.2877      25.5238

Degrees of Freedom: 2 Total (i.e. Null);  0 Residual
Null Deviance:        16.07
Residual Deviance: 2.467e-10     AIC: 12.23
> |
```

图 6.14　三维表的二元逻辑回归

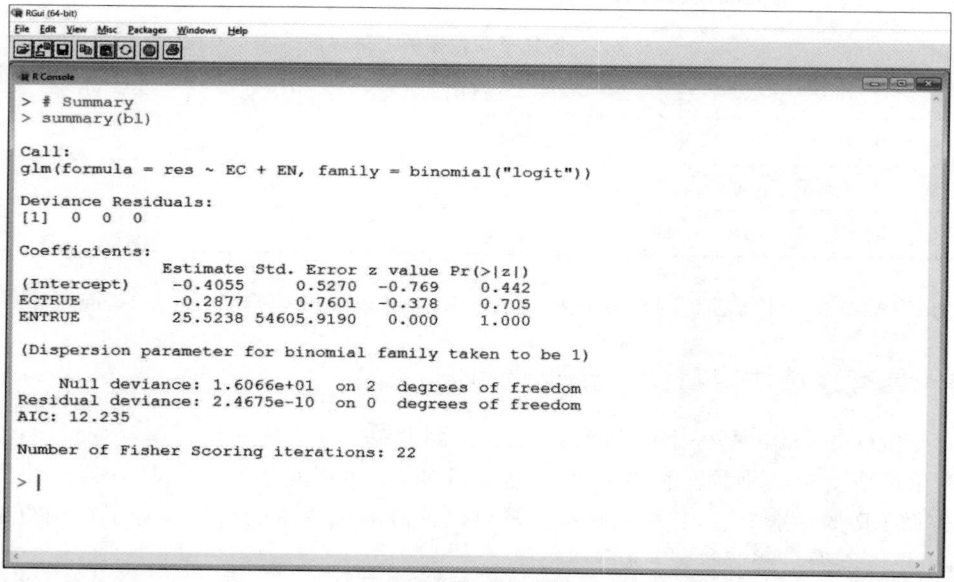

```
> # Summary
> summary(bl)

Call:
glm(formula = res ~ EC + EN, family = binomial("logit"))

Deviance Residuals:
[1]  0  0  0

Coefficients:
            Estimate Std. Error z value Pr(>|z|)
(Intercept)  -0.4055     0.5270  -0.769    0.442
ECTRUE       -0.2877     0.7601  -0.378    0.705
ENTRUE       25.5238 54605.9190   0.000    1.000

(Dispersion parameter for binomial family taken to be 1)

    Null deviance: 1.6066e+01  on 2  degrees of freedom
Residual deviance: 2.4675e-10  on 0  degrees of freedom
AIC: 12.235

Number of Fisher Scoring iterations: 22

> |
```

图 6.15　三维表的模型汇总

表 6.6 15 名学生的年度出勤和资格标准的虚拟数据

学 生 名	年 度 出 勤	资 格
Student1	256	1
Student2	270	1
Student3	150	0
Student4	200	1
Student5	230	1
Student6	175	1
Student7	140	0
Student8	167	0
Student9	230	1
Student10	180	1
Student11	155	0
Student12	210	1
Student13	160	0
Student14	155	0
Student15	260	1

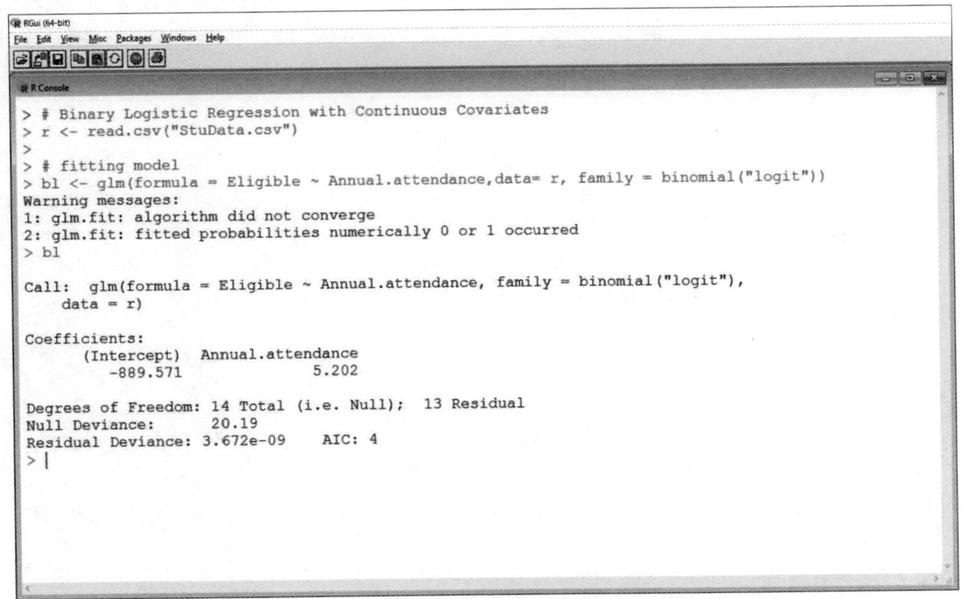

图 6.16 具有连续协变量的二元逻辑回归

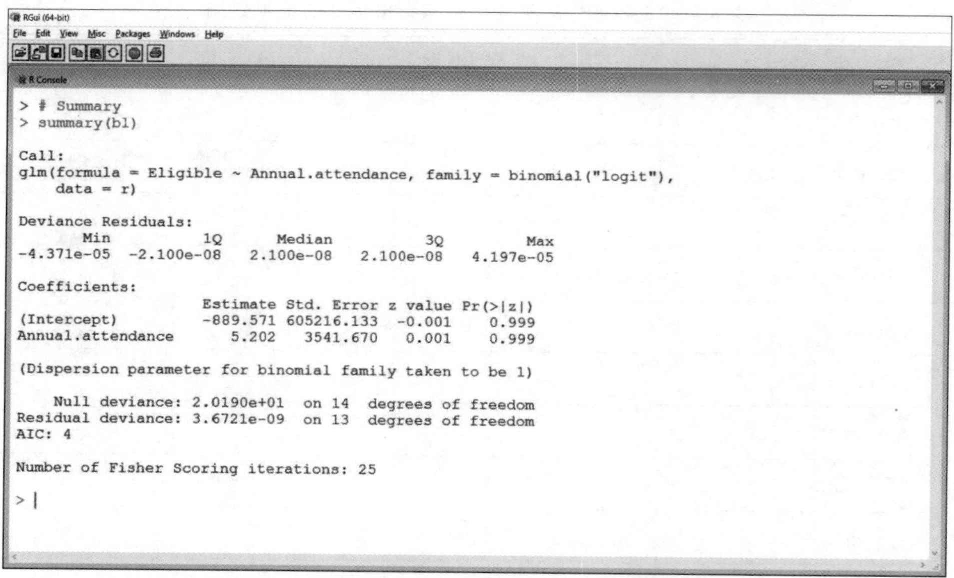
```
> # Summary
> summary(bl)

Call:
glm(formula = Eligible ~ Annual.attendance, family = binomial("logit"),
    data = r)

Deviance Residuals:
       Min          1Q      Median          3Q         Max
-4.371e-05  -2.100e-08   2.100e-08   2.100e-08   4.197e-05

Coefficients:
                   Estimate Std. Error z value Pr(>|z|)
(Intercept)        -889.571 605216.133  -0.001    0.999
Annual.attendance     5.202   3541.670   0.001    0.999

(Dispersion parameter for binomial family taken to be 1)

    Null deviance: 2.0190e+01  on 14  degrees of freedom
Residual deviance: 3.6721e-09  on 13  degrees of freedom
AIC: 4

Number of Fisher Scoring iterations: 25

> |
```

图 6.17　具有连续协变量汇总的二元逻辑回归

用例

- “客户忠诚度”对任何企业而言都是至关重要的。世界各地的企业都在采取措施以留住他们的客户，公司需要安排一个或多个早期干预过程以减少客户的流失。提前很长时间预测到一个客户会在什么时候流失是可以做到的。
- 银行存储了每个客户的交易记录，他们研究这些交易记录可以确定一项交易是否属于欺诈。
- Logit 分析被营销人员用来评估客户对新产品的接受程度，它试图确定客户购买意愿的强度或规模，并将其转化为对实际购买行为的度量。许多电子商务网站使用该模型评估这种行为。

小练习

1. BLR 使用哪个函数？

答：BLR 使用以下函数：

$$\mathrm{Logit}(\pi_i)=\ln\left(\frac{\pi_i}{1-\pi_i}\right)=\beta_0+\beta_1 x_i$$

或

$$\pi_i=Pr(Y_i=1\mid X_i=x_i)=\frac{\exp(\beta_0+\beta_1 x_i)}{1+(\beta_0+\beta_1 x_i)}$$

其中，Y 定义了二元响应变量，$Y_i=1$ 定义了在第 i 次观测中的条件为真，$Y_i=0$ 定义了在第 i 次观测中的条件不为真，X 定义了解释变量的集合，解释变量可以是离散型的、连续性的或两者结合的。

2. 什么是三维列联表？

答：三维列联表包含使用三分类变量水平的观测值的交叉分类。

3. 什么是协变量？

答：协变量是一个简单变量，用于预测另一个变量的输出结果。

4. 请列出用于检测 BLR 模型的统计性能的主要的统计方法。

答：一些用于检验 BLR 模型的统计性能的主要统计方法有：

- Pearson 卡方统计（χ^2）；
- 偏差（G^2）；
- 似然比检验和统计（ΔG^2）；
- Hosmer-Lemeshow 检验和统计。

6.6　诊断逻辑回归

在对模型进行拟合后对其进行检测是有必要的，有不同的诊断方法可用于检测逻辑模型。根据数据集和研究的类型，用户可以选择不同的诊断方法对结果进行解释。R 提供了一个内置包 LogisticDx，其提供了各种用于诊断逻辑回归模型的方法。dx()、gof()、or()和 plot.glm()是 LogisticDx 包中的主要诊断函数。下面对一些主要的诊断方法进行介绍。

6.6.1　残差

残差是一种识别潜在异常值影响的常见度量。Pearson 残差和偏差残差是两种常用的残差，Pearson 残差可以评估在拟合过程中预测变量是如何进行变换的，它使用均值和标准偏差进行评估。当个别点与模型的拟合不是很好时，偏差残差是一种最好的诊断方法。LogisticDx 包中的 dx()函数会执行模型的诊断，在将逻辑回归模型对象传递给函数 dx()后，它会随其他参数返回 Pearson 残差和偏差残差。图 6.18 描述了 dx()函数的所有返回值。

```
RGui (64-bit)
File Edit View Misc Packages Windows Help
R Console
> dx(bl)
   (Intercept) Annual.attendance y            P n         yhat            Pr            dr            h
1:           1               150 0 2.220446e-16 5 1.110223e-15 -3.332001e-08 -4.712161e-08 1.253851e-06
2:           1               256 8 1.000000e+00 8 8.000000e+00  4.214685e-08  5.960464e-08 2.024450e-05
3:           1               175 1 1.000000e+00 1 1.000000e+00  2.967771e-05  4.197062e-05 9.999426e-01
4:           1               167 0 9.552753e-10 1 9.552753e-10 -3.090753e-05 -4.370985e-05 9.999551e-01
             sPr           sdr       dChisq         dDev        dBhat
1: -3.332003e-08 -4.712164e-08 1.110224e-15 2.220449e-15 1.392057e-21
2:  4.214728e-08  5.960525e-08 1.776393e-15 3.552786e-15 3.596291e-20
3:  3.918729e-03  5.541919e-03 1.535643e-05 3.071287e-05 2.677287e-01
4: -4.612198e-03 -6.522634e-03 2.127237e-05 4.254475e-05 4.736787e-01
> |
```

图 6.18　使用 dx()函数进行模型诊断

6.6.2 拟合性能测试

有不同的方法可以用于检验 BLR 模型的统计性能。最好使用 LogisticDx 包的内置函数 gof()检验逻辑回归模型的性能。图 6.19 描述了 gof()函数的输出。

```
RGui (64-bit)
File Edit View Misc Packages Windows Help
R Console
> gof(bl)
           chiSq df pVal
PrI  1.8360e-09 13    1
drI  3.6721e-09 13    1
PrG  1.8360e-09  2    1
drG  3.6721e-09  2    1
PrCT 1.8360e-09  2    1
drCT 3.6721e-09  2    1
                        val df    pVal
HL chiSq         1.8360e-09  8 1.00000
mHL F                    NA  3      NA
OsRo Z                   NA NA 1.00000
SstPgeq0.5 Z     6.5860e-07 NA 1.00000
SstPl0.5 Z       6.5371e-07 NA 1.00000
SstBoth chiSq    8.6109e-13  2 1.00000
SllPgeq0.5 chiSq 3.1167e-09  1 0.99996
SllPl0.5 chiSq   3.2871e-09  1 0.99995
SllBoth chiSq    3.4058e-09  2 1.00000
Warning messages:
1: In `levels<-`(`*tmp*`, value = if (nl == nL) as.character(labels) else paste0(labels,  :
  duplicated levels in factors are deprecated
2: In `levels<-`(`*tmp*`, value = if (nl == nL) as.character(labels) else paste0(labels,  :
  duplicated levels in factors are deprecated
3: In anova.lm(stats::lm(dr ~ G)) :
  ANOVA F-tests on an essentially perfect fit are unreliable
4: glm.fit: fitted probabilities numerically 0 or 1 occurred
```

图 6.19 使用 gof()函数进行模型诊断

6.6.3 受试者工作特征曲线

受试者工作特征曲线(Receiver Operating Characteristic Curve)是一种具有特异性(False Positive Rate)和敏感性(True Positive Rate)的图,ROC 曲线下的面积量化了模型的预测能力。如果曲线下的值为 0.5,则模型可以随机预测;如果曲线下的值接近于 1,则模型可以实现一个非常好的预测。

小练习

1. 什么是 Pearson 残差?

答:Pearson 残差可以评估拟合过程中预测变量是如何变换的,它使用均值和标准偏差进行评估。

2. 什么是偏差残差?

答:当个别点和模型的拟合不是很好时,偏差残差是最佳的诊断方法。

3. LogisticDx 是什么?

答:LogisticDx 是一个 R 包,提供用于诊断 LR 模型的函数。

4. LogisticDx 包中的主要诊断函数有什么?

答:dx()、gof()、or()和 plot.glm()是 LogisticDx 包中的一些主要诊断函数。

5. gof()函数的作用是什么?

答:LogisticDx 包中的 gof()函数用来检验 LR 模型的拟合度的好坏。

6.7　多元逻辑回归模型

多元逻辑回归(MLR)是线性回归的一种,其中由两个以上的自变量(预测变量)预测因变量(响应变量)的输出结果。MLR 使用的因变量为名义变量,名义变量本身是无序的。例如,强性能、平均性能或弱性能是无序的,每一个都表示一个不同的类别。

MLR 是 BLR 的扩展,其描述了这些名义因变量和一个或多个水平自变量之间的关系,它为每一个变量估计一个不同的 BLR 模型,用来定义该模型是否成功。

R 提供了实现 MLR 的多种选择,其中的一种方法就是使用 nnet 包中的内置函数 multinom(),nnet 包是一个神经网络包,在使用该包之前,必须安装并将包加载到 R 工作空间中。multinom()函数实现 MLR 的语法为

```
multinom(formula,, data,…)
```

其中,formula 参数定义了将要拟合的模型的符号描述;data 参数是一个可选参数,定义了数据集;"..."定义了其他可选参数。

下面的例子将创建一个虚拟表 Icecream.csv,用来存储关于冰激凌口味的测试信息。在 MLR 的帮助下,可以分析哪款冰激凌是孩子"最喜欢的""喜欢的""不喜欢的"和"其他"。要求每个孩子在每种口味上放置一个数字,然后使用 multinom()函数实现如图 6.20 所示的 MLR,图 6.21 描述了输出的汇总。

```
> m
  Response Choclate Butter.scotch Vanilla Kesar.Pista
1        1        0             0       1           4
2        2        0             1       1           2
3        3        1             3       3           4
4        4        9             8       7           7
5        5       10             9       8           8
> mlr <- multinom(formula = Response ~ Butter.scotch + Vanilla, data = m)
# weights:  20 (12 variable)
initial  value 8.047190
iter  10 value 1.258826
iter  20 value 0.004151
final  value 0.000065
converged
> mlr
Call:
multinom(formula = Response ~ Butter.scotch + Vanilla, data = m)

Coefficients:
  (Intercept) Butter.scotch     Vanilla
2    88.13248     124.61083 -157.596631
3   -45.37490      44.80774  -14.387576
4  -183.61888     125.21794  -81.541629
5  -287.71390      74.25568   -9.901996

Residual Deviance: 0.0001294591
AIC: 24.00013
```

图 6.20　多元逻辑回归

当目标变量有两个以上输出结果时,应该如何对一个数据集进行建模呢? 这就是多元逻辑回归技术,多元逻辑回归在给定预测变量的情况下能够预测多类目标属性的概率。

考虑一个数据集,其目标属性有 J 个分类,所有分类都是互斥的

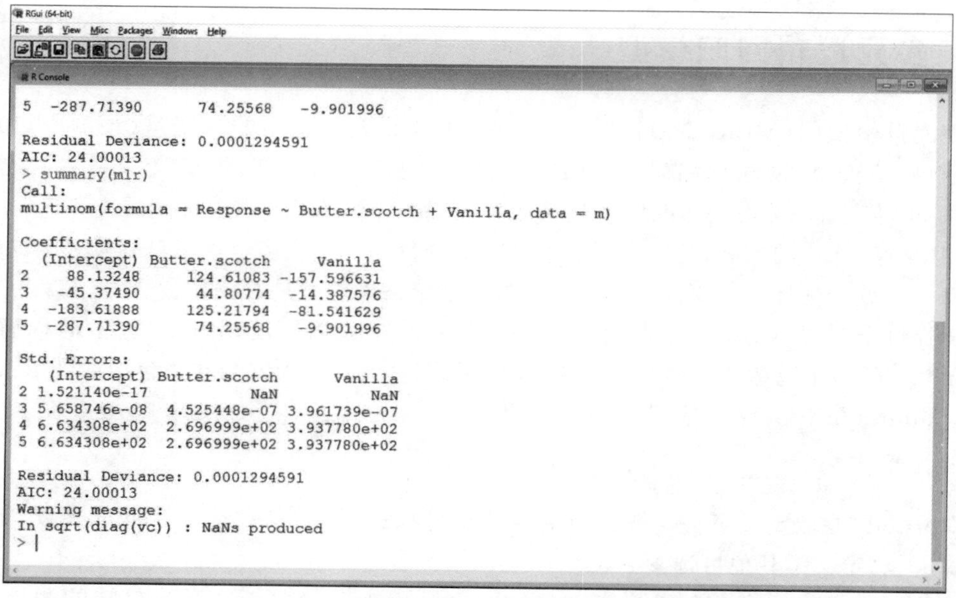

```
RGui (64-bit)
File Edit View Misc Packages Windows Help
R Console
5  -287.71390      74.25568   -9.901996

Residual Deviance: 0.0001294591
AIC: 24.00013
> summary(mlr)
Call:
multinom(formula = Response ~ Butter.scotch + Vanilla, data = m)

Coefficients:
  (Intercept) Butter.scotch      Vanilla
2    88.13248     124.61083 -157.596631
3   -45.37490      44.80774  -14.387576
4  -183.61888     125.21794  -81.541629
5  -287.71390      74.25568   -9.901996

Std. Errors:
   (Intercept) Butter.scotch      Vanilla
2 1.521140e-17           NaN          NaN
3 5.658746e-08  4.525448e-07 3.961739e-07
4 6.634308e+02  2.696999e+02 3.937780e+02
5 6.634308e+02  2.696999e+02 3.937780e+02

Residual Deviance: 0.0001294591
AIC: 24.00013
Warning message:
In sqrt(diag(vc)) : NaNs produced
> |
```

图 6.21　MLR 汇总

$$\text{对于每一个 } i,\quad \sum_{i=1}^{J} p_{ij} = 1$$

其中，$j=1,2,\cdots,J$，是目标属性可能的输出结果；p_{ij} 表示第 j 类中的数据集的第 i 个观测值的概率；$i=1,2,\cdots,k$，是大小为 k 的数据集的观测值。

因此，如果计算属于 $J-1$ 个类的数据集的第 i 个观测值的概率，即 $p_{i1},p_{i2},p_{i3},\cdots,p_{i(J-1)}$，则可以计算属于剩下的一类的观测值的概率为

$$p_{iJ} = 1-(p_{i1}+p_{i2}+p_{i3}+\cdots+p_{i(J-1)})$$

考虑 R 中的 iris（鸢尾花）数据集，将 Species 属性看作目标属性，第 i 个观测值的分类可能属于 setosa、versicolor 和 virginica。假设 3 个分类分别由索引 1、2 和 3 表示，则第 i 个观测值属于这三类的概率之和为 1，可以表示成如下形式。

$$p_{\text{isetosa}} + p_{\text{iversicolor}} + p_{\text{ivirginica}} = 1$$

现在，一旦确定了第 i 个观测值属于 setosa 和 versicolor 的概率，就可以计算出它属于 virginica 的概率为

$$p_{\text{ivirginica}} = 1-(p_{\text{isetosa}+p_{\text{iversicolor}}})$$

回忆一下，在二元逻辑回归中，因为目标属性只有两个可能的输出结果，因此建立一个 Logit 函数就足够了，其表示为

$$\ln\left(\frac{p}{1-p}\right)=\beta_0+\beta_1x_1+\beta_2x_2+\cdots+\beta_nx_n$$

然而，在多元逻辑回归中，目标属性有两个以上可能的输出结果，因此需要采用一种方法将其中一个结果作为中心、基准、参考结果，然后计算相对于参考结果的所有其余结果的对数 odds。如果名义目标属性有 J 个可能的输出结果，则需要确定 $J-1$ 个多元逻辑回归模型。

对于 iris 数据集，因为 Species 是具有 3 个可能输出结果（setosa、virginica 和

versicolor)的目标属性,所以需要建立 3－1＝2 个 Logit 模型。将 virginica 看作参考输出结果,则两个 Logit 模型可表示如下。

$$\ln\frac{p(\text{outcome}=\text{setosa})}{p(\text{outcome}=\text{virginca})}=\beta_0^{\text{setosa}}+\beta_1^{\text{setosa}}*\text{Sepal.Length}+\beta_2^{\text{setosa}}*\text{Sepal.Width}+\beta_3^{\text{setosa}}*\text{Petal.Length}+\beta_4^{\text{setosa}}*\text{Petal.Width}=g_{\text{setosa}}(X) \tag{1}$$

$$\ln\frac{p(\text{outcome}=\text{versicolor})}{p(\text{outcome}=\text{virginica})}=\beta_0^{\text{versicolor}}+\beta_1^{\text{versicolor}}*\text{Sepal.Length}+\beta_2^{\text{versicolor}}*\text{Sepal.Width}+\beta_3^{\text{versicolor}}*\text{Petal.Length}+\beta_4^{\text{versicolor}}*\text{Petal.Width}=g_{\text{versicolor}}(X) \tag{2}$$

一般而言,具有 n 个预测变量的数据集的第 j 类的 Logit 模型为

$$\ln\frac{p(\text{outcome}=j^{th}\ \text{category})}{p(\text{outcome}=\text{referencecategory})}=\beta_0^j+\beta_1^j*x_1+\beta_2^j*x_2+\beta_3^j*x_3+\cdots+\beta_n^j*x_n=g_i(X)$$

其中,$\beta_0,\beta_1,\cdots,\beta_n$ 是回归系数,$x_1,x_2,\cdots,x_n$ 是预测变量,$j=1,2,\cdots,J-1$。

要想估计每个输出结果的概率,需要执行以下步骤。

Logit 模型(1)和(2)可以被重新表示为

$$\frac{p(\text{outcome}=\text{setosa})}{p(\text{outcome}=\text{virginica})}=e^{g_{\text{setosa}}(X)} \tag{3}$$

$$\frac{p(\text{outcome}=\text{versicolor})}{p(\text{outcome}=\text{virginica})}=e^{g_{\text{versicolor}}(X)} \tag{4}$$

因为

$$p(\text{outcome}=\text{virginica})=1-(p(\text{outcome}=\text{setosa})+p(\text{outcome}=\text{versicolor}))$$

所以可以将(3)和(4)重新表示为

$$\frac{p(\text{outcome}=\text{setosa})}{1-(p(\text{outcome}=\text{setosa})+p(\text{outcome}=\text{versicolor}))}=e^{g_{\text{setosa}}(X)} \tag{5}$$

$$\frac{p(\text{outcome}=\text{versicolor})}{1-(p(\text{outcome}=\text{setosa})+p(\text{outcome}=\text{versicolor}))}=e^{g_{\text{versicolor}}(X)} \tag{6}$$

重写公式(5)和(6),可以得到

$$p(\text{outcome}=\text{setosa})=\frac{e^{g_{\text{setosa}}(X)}}{1+e^{g_{\text{setosa}}(X)}}*(1-p(\text{outcome}=\text{versicolor})) \tag{7}$$

$$p(\text{outcome}=\text{versicolor})=\frac{e^{g_{\text{versicolor}}(X)}}{1+e^{g_{\text{versicolor}}(X)}}*(1-p(\text{outcome}=\text{setosa})) \tag{8}$$

对(7)和(8)进行求解,可得

$$p(\text{outcome}=\text{setosa})=\frac{e^{g_{\text{setosa}}(X)}}{1+e^{g_{\text{setosa}}(X)}+e^{g_{\text{versicolor}}(X)}} \tag{9}$$

$$p(\text{outcome}=\text{versicolor})=\frac{e^{g_{\text{versicolor}}(X)}}{1+e^{g_{\text{setosa}}(X)}+e^{g_{\text{versicolor}}(X)}} \tag{10}$$

因为

$$p(\text{outcome}=\text{virginica})=1-(p(\text{outcome}=\text{setosa})+p(\text{outcome}=\text{versicolor}))$$

,所以可以利用(9)和(10)计算出参考结果出现的概率为

$$p(\text{outcome}=\text{virginica})=\frac{1}{1+e^{g_{\text{setosa}}(X)}+e^{g_{\text{versicolor}}(X)}} \tag{11}$$

下面看看如何在R中得到多元Logit模型。

首先利用如下代码查看目标属性的水平(在设置参考结果之前)。

步骤1:将iris数据集指定给变量IrisDataset。iris数据集提供了以厘米为单位的三种鸢尾花,即setosa、versicolor和virginica中50朵花的萼片(sepal)的长度和宽度及其花瓣(petal)的长度和宽度。

```
>IrisDataset <-iris
```

步骤2:确定Species列的水平,levels提供了对一个变量的水平属性的访问。

```
>levels(IrisDataset$Species)
[1] "setosa" "versicolor" "virginica"
```

注意:setosa品种是位于第一水平的。

步骤3:利用relevel()函数将中心、基线、参考结果设置为virginica。relevel可以对一个因子的水平进行重新排序,使得由ref定义的水平位于第一,其他的依次向下移动。

```
>IrisDataset$SpeciesReleveled <-relevel(IrisDataset$Species,
ref ="virginica"
>levels(IrisDataset$SpeciesReleveled)
[1] "virginica" "setosa" "versicolor"
```

注意:参考结果往往位于因子的第一水平,即目标属性。

将新的列SpeciesReleveled添加到IrisDataset数据集中,如下所示。

下面展示IrisDataset的一个子集,选择三个品种中相应的每一种的一些行(1,2,51,52,101,102)进行展示。

```
>print(IrisDataset[c(1,2,51,52,101,102),], row.names =F)
Sepal.Length  Sepal.Width  Petal.Length  Petal.Width  Species     SpeciesReleveled
         5.1          3.5           1.4          0.2  setosa                setosa
         4.9          3.0           1.4          0.2  setosa                setosa
         7.0          3.2           4.7          1.4  versicolor        versicolor
         6.4          3.2           4.5          1.5  versicolor        versicolor
         6.3          3.3           6.0          2.5  virginica          virginica
         5.8          2.7           5.1          1.9  virginica          virginica
```

使用SpeciesReleveled作为新的目标属性,并继续将模型与上述数据相拟合。

步骤4:要想建立多元逻辑回归分类器,需要执行以下步骤。

① 将IrisDataset数据集切分成训练数据集和测试数据集。加载caTools包,该包中有sample.split()函数,该函数可以将数据集切分为测试数据集和训练数据集。

使用sample.split()函数将数据集切分成测试数据集和训练数据集,切分比为0.6,即60:40。计划使用60%的数据作为训练数据以训练模型,其余40%的数据作为测试数据以

测试模型。

```
>split <-sample.split(IrisDataset, SplitRatio =0.6)
>split
[1] FALSE TRUE TRUE FALSE TRUE FALSE
```

TRUE 表示 60%的数据,FALSE 表示其余 40%的数据。

```
>training <-subset(IrisDataset[c(-5)], split =="TRUE")
>testing <-subset(IrisDataset[c(-5)], split =="FALSE")
```

② 使用训练数据建立模型。使用训练数据建立多元逻辑回归分类器。要想估计两个 Logit 模型的回归系数,需要使用 R 中的 nnet 包中的 multinom()函数,代码如下所示。multinom()函数用来通过神经网络拟合多元对数线性模型。

```
>library(nnet)

>model <-multinom(formula =SpeciesReleveled ~.,data =training)
#weights: 18 (10 variable)
initial value 82.395922
iter 10 value 5.860978
iter 20 value 0.257840
iter 30 value 0.014877
iter 40 value 0.010180
iter 50 value 0.010030
iter 60 value 0.009509
iter 70 value 0.006793
iter 80 value 0.006383
iter 90 value 0.006283
iter 100value 0.006136
final     value 0.006136
stopped after 100 iterations
>print(model)
Call:
multinom(formula =SpeciesReleveled ~., data =training)

Coefficients:
            (Intercept)  Sepal.Length  Sepal.Width  Petal.Length  Petal.Width
setosa         14.44179      73.60551     76.35325    -129.66718    -94.38017
versicolor    101.91660      47.96270     62.77323     -95.03296    -68.56682

Residual Deviance: 0.01227198
AIC: 20.01227
```

③ 使用模型估计成功的概率。估计如下所示的测试数据中的一些随机观测值的概率。

```
>random_test_obs <-testing[c(6,13,22,34,49,53),]
>print(random_test_obs, row.names =F)
```

```
Sepal.Length Sepal.Width Petal.Length Petal.Width SpeciesReleveled
         4.8         3.4          1.6         0.2           setosa
         4.8         3.4          1.9         0.2           setosa
         4.4         3.2          1.3         0.2           setosa
         5.6         3.0          4.5         1.5       versicolor
         5.7         2.9          4.2         1.3       versicolor
         7.6         3.0          6.6         2.1        virginica
```

使用 predict()函数，它是 R 中的一个用于对各种模型拟合函数的结果进行预测的通用函数，可以估计以上观测值的概率，注意：type＝"prob"参数可以计算目标属性的三个输出结果中的每一个的概率。

```
>predicted_probability <-data.frame(predict(model, random_test_
obs, type ="prob"))
>print(predicted_probability, row.names =F)
virginica      setosa         versicolor
7.005010e-175  1.000000e+00   6.174970e-10
5.489360e-158  9.999799e-01   2.009373e-05
2.343326e-172  1.000000e+00   8.172575e-09
4.976749e-13   3.677291e-43   1.000000e+00
1.006545e-30   6.981706e-36   1.000000e+00
1.000000e+00   8.900046e-110  2.655813e-51
```

对每一个随机观测值的这三类输出结果的概率进行求和，如下所示。

```
>predicted_probability <-data.frame(predicted_probability,apply
(predicted_probability,1,sum))
>colnames(predicted_probability)[4] <-"sum"
>print(predicted_probability, row.names =F)
virginica      setosa         versicolor    sum
7.005010e-175  1.000000e+00   6.174970e-10   1
5.489360e-158  9.999799e-01   2.009373e-05   1
2.343326e-172  1.000000e+00   8.172575e-09   1
4.976749e-13   3.677291e-43   1.000000e+00   1
1.006545e-30   6.981706e-36   1.000000e+00   1
1.000000e+00   8.900046e-110  2.655813e-51   1
```

观察以上每一个观测值，其输出结果的概率和都是 1。

确定以上所选的每一组随机观测值的结果。

④ 利用估计概率对观测值进行分类。再次使用 R 中的 predict()函数，这次使用 type＝"class"参数，它可以预测每组观测值最有可能的结果，代码如下所示。

```
>predicted_class <-data.frame(predict(model, random_test_obs, type
="class"))
>colnames(predicted_class) <-c("predicted class")
>predicted_probability <-subset(predicted_probability, select =
c(-4))
```

```
>predicted_class <-data.frame(predicted_probability, predicted_
class)
>print(predicted_class, row.names =F)
virginica      setosa        versicolor    predicted.class
7.005010e-175  1.000000e+00  6.174970e-10           setosa
5.489360e-158  9.999799e-01  2.009373e-05           setosa
2.343326e-172  1.000000e+00  8.172575e-09           setosa
4.976749e-13   3.67291e-43   1.000000e+00       versicolor
1.006545e-30   6.981706e-36  1.000000e+00       versicolor
1.000000e+00   8.900046e-110 2.655813e-51        verginica
```

可以观察到具有最大概率的输出结果被作为最可能的结果，即预测分类。

⑤ 比较预测结果和实际值。比较测试数据中的随机观测变量的样本数据的实际值和预测结果，代码如下所示。

```
>actual_class <-random_test_obs$SpeciesReleveled
>#Compare the actual values with predicted outcomes for the random
observations from testing data
>predicted_class <-subset(predicted_class, select =c(4))
>comparison_data <-data.frame(actual_class, predicted_class)
>print(comparison_data, row.names =F)
actual_class    predicted.class
      setosa             setosa
      setosa             setosa
      setosa             setosa
  versicolor         versicolor
  versicolor         versicolor
   virginica          virginica
```

注意：上面的比较数据中没有观测值被误分类。

确定并比较所有测试数据点的预测结果，用于计算预测准确率。

估计测试数据中的每一个观测值的预测结果，并构建混淆矩阵(confusion matrix)，用来计算模型的预测准确率，代码如下所示。

```
>predicted_class <-predict(model, testing_data, type ="class")
>#Extract the actual values from the testing data
>actual_class <-testing_data$SpeciesReleveled
>#Create a confusion matrix
>addmargins(table(actual_class,predicted_class))
            predicted_class
actual_class virginica  setosa  versicolor  Sum
virginica           25       0           0   25
setosa               0      12           0   12
versicolor           1       0          22   23
Sum                 26      12          22   60
```

从以上结果可以看到，测试数据中的一个实例(即 1)被错误地分类，换言之，在 60 个实

例中，59 个实例（即 25＋12＋22）被正确地预测，因此

$$准确率=59/60=98.33\%$$

用例

- 在软件应用程序的测试阶段，测试团队将检测到的缺陷来源分为三类，即需求分析、设计或代码缺陷。
- 基于问题的复杂级别，评估小组将问题分为三类，即简单、中等和复杂。

小练习

1. 你对 MLR 的理解是什么？

答：MLR 或多分类逻辑回归是线性回归的一种，其利用两个以上的自变量预测因变量的输出结果。

2. multinom()函数的作用是什么？

答：multinom()函数是 R 中的 nnet 包的一个内置函数，用于实现 MLR。

案例研究：受众/顾客洞察分析

受众洞察分析是非常有用的，通常用于医院、社交网络、电子商务、生物医学、医药化学、生物信息学等。

该案例被公司用于表示增长水平和预测新用户行为。该案例使用复杂的算法，如时间序列、神经网络、图探索数据分析（Graph Exploration Data Analysis，GEDA）、图检索映射、回归模型、模式识别、数据映射、社交分析映射、聚类等，用来分析用户和客户的行为。

在该案例中，使用回归模型基于不同参数对受众进行洞察分析，也可以使用其他模型在其他方面进行分析。就数据而言，针对该问题所收集的数据包括许多参数，每个参数都会提供关于其他参数的详细信息，因此不经过数据的分析而忽略任何参数是非常困难的。

Logistic 算法是最常见的用于概率离散变量的统计算法之一。如果能够合理地应用 Logistic 算法，则它能提供非常强大的关于因变量属性的洞察分析。Logistic 函数映射或转换 Logistic 方程右边的连续或二分类自变量的变化，用来增大或减小由因变量或左边的变量所建模的事件的概率。Logistic 回归技术的实现包括大量工具，分析师首先可以构建一个模型，然后测试其在数据（受众洞察力数据）中所表现的良好性能，从而再次对真实的数据进行分析，假设这些数据来自于一个真实且非常大的数据库的随机样本。

在进一步推进之前，需要澄清因变量的性质。在许多分析中，顾客（数据单元）会有多次选择的机会。例如，在网上购物时，顾客可能会选择一些性价比较高的商品。在这种情形中，MLR 模型可能比二元逻辑回归模型更有用，而多元模型也可以在 R 中实现。

逻辑回归模型中估计的参数可以被用于“顾客兴趣”的简单数据步骤，即该“评分”可为顾客群组中的每一个成员创建一个事件结果的客户群，也可以用于选择顾客子集以分析实际的问题。

1. 构造因变量

这些变量可以通过分析给出具有单元行为的数据的一些自然信息的结果，来自每个变

量的信息确定了用于分析的因变量和自变量。从统计学的观点来看，二分的名义因变量(nominal level dependent variable)必须同时具有可识别性(discriminating)和全面性(exhaustive)。

2. 选择自变量的最优子集

在许多不同的模型中，最主要的任务是从数据中确定最优子集，因为这将为我们提供如何优化算法的相关信息，使我们能够得到更精确的结果。实体变量需要得到后向、前向及每一级所产生的信息以选择协方差。可以通过该最优子集中的信息绘制出 ROC，因为它可以表明顾客过去在其活动的时间序列中的行为。

最优子集可以帮助我们设计对不同类型顾客的细分，每一类中存储着顾客的行为活动，它可以用于为顾客提供更高效的产品推荐。要想选择最优子集，需要观察聚类系数变量的百分比变化，其准确地表示了在分类中以"点和距离"(点和距离将会在第 9 章中进行讨论)的形式所表示的小的聚类片段的异质性，同时对结果进行图形化分析。

3. 过去的行为

过去的行为是被广泛使用的因变量，用于预测顾客将来的可预见性行为。要想实现该预测，需要观察顾客过去的行为趋势，分析在顾客活动预测中是否存在周期性的模式。评估将要预测的变量的性质的基本前提是使用过去的行为预测将来的行为。

顾客过去活动(行为)的信息被分为 3 类，即获取、使用和拥有。这种对行为子集的分类有助于根据每个客户的行为确定一些信息，这些数据有助于确定顾客未来的需求。

一般来讲，只要符合以下四个条件，使用子集信息识别消费者类别在营销中就是有用的。

① 实用性：潜在增长的销售额使得这样做是值得的。

② 可区分性：有一些实用的方法用来区分不同类别市场的购买行为，同一分类中存在着同质性，分类之间存在着异质性。

③ 可操作性：有一种经济有效的方法可以达到目标市场细分。

④ 响应性：不同的市场细分对于为满足顾客的需求而量身定制的营销产品有不同的反应。

以上四个参数有助于在用户过去行为的时间序列中创建模式和子集，用于获取因变量和自变量。除了这些参数，另一个主要的参数是顾客对产品满意度的认知行为。

隐含的期望(implicit expectations)表示绩效规范，通常是企业所确立的公认标准，这是通过逆矩阵的平均值计算出来的，用于检查业务行为对顾客的适用性，反之亦然。

静态性能期望(static performance expectations)强调了如何定义特定应用程序的性能和质量。尽管一般的期望与结果的质量有关，但是每个应用的性能指标都是独一无二的。将这个结果绘制在 ROC 曲线上可以检查变量的拟合，同时纠正算法的不准确性，这有助于设计协方差矩阵，并通过拟合参数获得精确的测量距离。

动态性能期望(dynamic performance expectations)表明产品或服务如何随着时间的推移而演变，并包括所提供支持的变化，还包括为满足未来业务需求而提供的产品和服务的提升。这些需求是根据顾客过去的活动、产品行为及其在市场上的可用性研究数据发现的。

动态性能期望有助于产生静态性能期望。新用户、集成或系统需求会不断发展并变得更加稳定,这个稳定的模型可以通过模式中过去和未来的预测算法的拟合进行检验。

人际期望(interpersonal expectations)反映了顾客与产品或服务提供者之间的关系。人与人之间的关系很重要,特别是在需要支持服务的情况下。对人际关系支持的期望包括技术知识、解决问题的能力、沟通能力、解决问题的时间等。

本章小结

- 广义线性模型(Generalised Linear Model,GLM)是通过一个连接函数对常用的回归模型的推广。
- R的内置命令glm()可以实现广义线性模型,并可以对二进制、概率、计数数据、比例数据等不同的数据集实现回归。
- 随机成分(random component)、系统成分(systematic component)和连接函数(link function)是GLM模型的主要组成部分。
- 在GLM模型中,随机成分可以识别因变量及其概率分布。
- 在GLM模型中,系统成分可以识别一组解释变量。
- 连接函数可以定义GLM模型中随机成分和系统成分之间的关系。
- 逻辑回归(Logistic Regression,LR)是包含分类因变量的线性回归的扩展,可以使用glm()函数实现LR。
- 逻辑回归用于解决分类问题、离散选择模型或确定一个事件的概率。
- 二项式逻辑回归是一个因变量为二分类的模型。
- Logistic或Sigmoidal函数可以估计参数并检查它们是否有统计学意义及是否影响事件发生的概率。
- Logit函数是Logistic函数的对数变换,它被定义为odds的自然对数。
- Odds和odds的比值是Logit函数中的两个参数。
- Odds是Logit函数中的一个参数,其定义为两个概率值的比值。
- Odds比是Logit函数中的另一个参数,定义为两个odds的比值。
- 最大似然估计(Maximum Likelihood Estimator,MLE)可以估计LR中一个函数的参数。对于一个特定的数据集,MLE选择模型的参数值,使得数据比其他选择的参数值的可能性更大。
- 似然函数($L(\beta)$)表示观察所收集数据的联合概率或可能性。
- R提供了两个函数,即nlm()和optim()函数,用于确定似然函数。
- nlm()函数执行一个非线性最小化,并使用牛顿型算法使函数最小化。
- optim()函数执行一个一般目的的优化,并使用Nelder-Mead、共轭梯度和拟牛顿(quasi-Newton)算法对函数进行优化。
- 二元逻辑回归是LR的一种,其定义了分类响应变量和一个或多个解释变量之间的关系。
- 三项列联表包含使用三分类变量水平的观测值的交叉分类。
- 协变量是一个简单变量,它可以预测另一个变量的结果。

- 具有单分类预测器的二元逻辑回归只使用一个分类变量拟合 BLR 模型的数据。
- 三维列联表及 k 维列联表的二元逻辑回归使用三分类变量或 k 分类变量拟合 BLR 模型中的数据。
- 具有连续协变量的 BLR 遵循逻辑回归的一般概念，其中，预测变量可以预测响应变量的结果。
- Pearson 卡方统计(χ^2)、偏差(G^2)、似然比检验和统计(ΔG^2)及 Hosmer-Lemeshow 检验和统计可用于检验 BLR 模型的统计优度。
- 残差、拟合优度测试和 ROC(Receiver Operating Characteristic)曲线是诊断逻辑回归模型的主要方法。
- 残差是常见的识别潜在异常值的度量方法。
- Pearson 残差和偏差残差是两种常见的残差。
- Pearson 残差评估了在拟合过程中预测因子是如何转换的，它使用均值或标准偏差进行评估。
- 当模型中的个别点不能很好拟合时，偏差残差是最好的诊断方法。
- LogisticDx 是一个 R 包，它提供了诊断逻辑回归模型的函数。
- dx()、gof()、or()和 plot.glm()是 LogisticDx 包中的主要诊断函数。
- LogisticDx 包中的 gof()函数检测了逻辑回归模型的拟合优度。
- ROC 曲线是特异性(假阳性率)和敏感性(真阳性率)的对比图。ROC 曲线下的面积量化了模型的预测能力。
- 多项式逻辑回归(MLR)是线性回归的一种，其中使用多于两个水平的自变量预测因变量的结果。
- multinom()函数是 R 中的 nnet 包的一个内置函数，用于实现 MLR。

关键术语

二项式逻辑回归(binomial logistic regression)：一种因变量为二分类的模型。

协变量(covariate variable)：一个简单变量，用来预测另一个变量的结果。

偏差残差(deviance residual)：当模型中的个别点的拟合不是很好时，偏差残差是最好的诊断方法。

GLM：广义线性模型(generalised linear model)是通过一个连接函数对常用的回归模型的扩展。

似然函数(likelihood function)：似然函数($L(\beta)$)表示观测数据的联合概率或似然性。

连接函数(link function)：定义了随机部分和系统部分之间的关系。

LogisticDx：一个 R 包，提供了用于诊断逻辑回归模型的函数。

Logistic 函数：Logistic 函数或 Sigmoidal 函数是一个估计参数的函数，用来检验它们是否具有统计学意义及是否会影响事件发生的概率。

Logit 函数：Logistic 函数的对数变换。

Logistics 回归：对包含分类因变量环境的线性回归的扩展，glm()函数用于实现 Logistics 回归。

最大似然估计(maximum likelihood estimator)：用来估计LR中函数的参数，对于一个给定的数据集，MLE选择模型参数值，使得数据的可能性比选择其他参数值的可能性更大。

多项式逻辑回归(multinomial logistic regression)：是线性回归的一种，其中由多于两水平的自变量预测因变量的结果。

nlm()函数：R的一种内置函数，其使用非线性最小化寻找似然估计。

nnet：R的一个神经网络包，其提供了一个multinom()函数，用于实现MLR。

odds：Logit函数的一个参数，被定义为两个概率值的比值。

odds ratio：Logit函数的另一个参数，被定义为两个odds的比值。

optim()函数：R的一个内置函数，其使用一般目的的优化寻找似然估计。

Pearson残差：评估在拟合过程中预测因子是如何转换的，它使用均值及标准偏差进行评估。

预测因子(predictor)：回归分析中的一个自变量。

残差(resudual)：一种常见的识别潜在异常值的手段。

响应变量(response variable)：回归分析中的因变量。

ROC曲线：特异性和敏感性的对比图，ROC曲线下的面积度量了模型的预测能力。

stats4：R的一个包，其提供了mle()函数以实现最大似然估计。

三维列联表(three-way contingency table)：包含使用三分类变量水平的观测值的交叉分类。

巩固练习

一、单项选择题

1. 下面的选项中，哪一项是因变量(dependent variable)的别称？

(a) 解释变量(explanatory variable) (b) 自变量(independent variable)
(c) 响应变量(response variable) (d) 预测因子(predictor)

2. 下面的选项中，哪种回归是使用连接函数对线性回归模型的扩展？

(a) 广义线性模型 (b) 非线性回归模型
(c) Logistics回归模型 (d) 以上都不是

3. 下面的选项中，哪一个函数定义了随机部分和系统部分之间的关系？

(a) Logit函数 (b) 用户自定义函数
(c) 连接函数 (d) 以上都不是

4. 下面的选项中，哪一个回归是包含分类因变量环境的线性回归的扩展？

(a) 广义线性模型 (b) 非线性回归
(c) Logistics回归 (d) 以上都不是

5. 以下哪个选项中的函数实现了二项逻辑回归？

(a) glm() (b) multinom() (c) nls() (d) lm()

6. 以下哪个选项中的函数实现了多项逻辑回归？

(a) glm() (b) lm() (c) nls() (d) multinom()

7. 以下选项中的哪个表包含使用三分类变量水平的观测值的交叉分类？
(a) k-way 列联表 (b) two-way 列联表
(c) four-way 列联表 (d) three-way 列联表

8. 以下选项中的哪个包中包含诊断 Logistic 回归的诊断函数？
(a) nnet (b) stat (c) LogisticDx (d) party

9. glm()函数的二项式家族参数使用以下哪一个连接函数？
(a) logit (b) identity (c) inverse (d) log

10. glm()或 multinom()函数使用以下哪个符号定义公式？
(a) $ (b) ~ (c) * (d) #

11. glm()函数的 Gaussian 家族参数使用以下哪个连接函数？
(a) logit (b) identity (c) inverse (d) log

12. 以下选项中，哪个包中包含实现多项逻辑回归的函数？
(a) nnet (b) stat (c) LogisticDx (d) party

13. 以下选项中，哪个函数可以返回 Pearson 和偏差方差？
(a) gof() (b) dx() (c) or() (d) plot.glm()

14. 以下选项中，哪一个是常见的识别潜在异常值的方法？
(a) 过离散 (b) 优度检验 (c) ROC 曲线 (d) 残差

15. 以下选项中，哪一个函数是 Logistic 函数的对数转换？
(a) logit 函数 (b) 连接函数 (c) 似然函数 (d) 以上都不是

16. 以下选项中，哪一个函数可以估计参数并检验显著性统计？
(a) Logit 函数 (b) 连接函数 (c) 似然函数 (d) Logistic 函数

17. 以下选项中，哪一个函数表示了观测数据的联合概率或似然性？
(a) Logit 函数 (b) 连接函数 (c) 似然函数 (d) Logistic 函数

18. 两个概率值的比称为什么？
(a) ODDS (b) OR (c) ODDP (d) ODDL

19. 两个 ODDS 的比称为什么？
(a) ODDP (b) OR (c) ODDL (d) 以上都不是

20. MLE 的完整表达形式是什么？
(a) Minimum Likelihood Estimator (b) Maximum Likelihood Estimation
(c) Minimum Likelihood Estimation (d) Maximum Likelihood Estimator

21. nlm()函数中所使用的 nlm 的完整表达行为是什么？
(a) non-linear minimisation (b) non log-linear minimisation
(c) non-linear maximisation (d) non log-linear maximisation

22. 以下选项中，哪一个函数可以确定最大似然估计器？
(a) nlm() (b) optim() (c) mle() (d) glm()

23. 以下选项中，哪一个函数可以确定似然函数？
(a) nlm() (b) lm() (c) mle() (d) glm()

24. 以下选项中，哪一个包中包含 mle()函数？
(a) nnet (b) stats4 (c) LogisticDx (d) party

25. 以下选项中，哪一个函数使用 Nelder-Mead 算法确定了似然函数？
(a) nlm()　　(b) optim()　　(c) mle()　　(d) glm()

二、简答题

1. 什么是 GLM 回归？其组成部分是什么？
2. Logistic 回归的应用是什么？
3. 回归中的自变量和因变量是什么？
4. Logistic 和 Logit 函数的区别是什么？
5. nlm()函数和 optim()函数的区别是什么？
6. Pearson 残差和偏差残差的区别是什么？
7. 残差和优度检测的区别是什么？

三、论述题

1. R 中的哪个函数可以实现 GLM 模型？请结合语法及示例进行解释。
2. 请使用语法及示例对 nlm()函数进行解释。
3. 请使用语法及示例对 optim()函数进行解释。
4. 请使用语法及示例对 mle()函数进行解释。
5. 请使用一个单一分类变量解释二项逻辑回归。
6. 请使用列联表解释二项逻辑回归。
7. 请使用协变量解释二项逻辑回归。
8. 请结合语法和示例对 multinom()函数进行解释。
9. 创建一个具有 employee 列的表格，用于存储必要的信息，包括每个员工的表现评分。实现 Logistic 回归，根据员工的表现评分检测一个员工是否有资格晋升。另外，实现用于定义最大似然估计的 mle()函数。
10. 创建一个具有 person 列的表，用于存储如姓名、年龄、性别、年收入及其他信息。将需要的信息放入表格后，实现具有单一分类及三项列联表的二项逻辑回归。
11. 创建一个具有 pizza 列的表格，存储用于实现多项逻辑回归的必要信息，将信息放入表格后，实现多项逻辑回归。

单项选择题参考答案

1. (c)　2. (a)　3. (c)　4. (c)　5. (a)　6. (d)　7. (d)　8. (c)　9. (a)　10. (b)
11. (b)　12. (a)　13. (b)　14. (d)　15. (a)　16. (d)　17. (c)　18. (a)　19. (b)
20. (d)　21. (a)　22. (c)　23. (a)　24. (b)　25. (b)

第 7 章
Chapter 7

决 策 树

学习成果

通过本章的学习，您将能够：

- 引入一个决策树执行分类；
- 解释引入分类决策树时用于拆分数据的各种属性选择方法；
- 使用创建的决策树模型预测结果变量的值。

7.1 概述

决策树在许多分类及预测应用中得到了广泛的应用，有时也称其为分类树或回归树(CART 或 C&RT)，使用决策树进行决策的主要优势如下。

- 众所周知，决策树可以清晰地展示出问题，从而可以对决策的每一个可能的结果提出质疑，它使得分析人员能够全面地分析一个决策的所有可能结果，并量化结果的取值和实现它们的概率。
- 决策树非常直观，并且比较容易理解。
- 决策树需要用户提供最少的数据准备，缺失值不会影响数据的拆分及构建决策树，它们对异常值不是很敏感。

决策树可用于不同的领域以进行商业决策，这些决策包括：

- 增加生产能力与外包，以满足需求；
- 为公司车队购买汽车或租赁汽车；
- 决定何时推出新产品；
- 决定邀请哪位名人为产品做宣传。

本章将讨论决策的相关问题、ID3 算法、熵和信息增益测量的重要性以及决策树学习中的过拟合、缺失属性的处理和不同成本属性的处理等问题。

7.2 什么是决策树

前面的章节使用 R 了解了业务数据的不同变量之间的关系。本章将会使用 R 学习该类业务数据的图形化表示。决策树是数据的图形化表示的方法之一，业务分析涉及大数据，其需要合适的表示，而决策树是最好的方法。

决策树是机器学习的一部分，主要用于数据挖掘。决策树是一种无向图(无向图是一种图形，其中的边是没有方向的，即边(x,y)和(y,x)是相同的)，它以树结构或树层次的形式表示决策及其结果。换言之，无向图是一组节点和边，图中没有环，任何两个节点之间都存在一条路径。在决策树中，节点表示事件或选择，边表示决策规则。

决策树是一种监督学习算法，在监督学习中，我们使用已知的数据集(通常称为训练集)进行预测。监督学习问题可以分为"回归"和"分类"问题。在回归问题中，在连续输出中预测结果意味着需要将输入变量映射到一些连续函数中。例如，在实际的房地产市场中基于房屋面积预测房价，在这里，房价作为房屋面积的函数是连续的输出。

在分类问题中，在离散输出中预测结果表示需要将输入变量映射到离散分类中。

分类任务的例子有：

- 确定房子的出售价格是否高于或低于要价(asking price)，这里根据价格将房子分成两个离散的类别；
- 将贷款申请分为低级、中级或高级信用风险；
- 将新闻报道分为财经、天气、娱乐、体育等；
- 将信用卡交易分为合法交易和欺诈交易；
- 预测肿瘤细胞是良性的还是恶性的。

许多数据挖掘应用使用决策树进行各种决策，决策树通过划分属性空间对数据进行分类，并试图找到某些准则的轴平行(axis-parallel)决策边界。

考虑下面的场景。探索 iris 数据集，该数据集以厘米测量变量 Sepal.Length、Sepal.Width、Petal.Length 和 Petal.Width 的值，该数据来自三个品种，即 setosa、versicolor 和 virginica 各 50 朵花，数据的一个子集如下。

```
Sepal.Length  Sepal.Width  Petal.Length  Petal.Width  Species
7.4           2.8          6.1           1.9          virginica
7.9           3.8          6.4           2.0          virginica
6.4           2.8          5.6           2.2          virginica
6.3           2.8          5.1           1.5          virginica
6.1           2.6          5.6           1.4          virginica
7.7           3.0          6.1           2.3          virginica
6.3           3.4          5.6           2.4          virginica
6.4           3.1          5.5           1.8          virginica
6.0           3.0          4.8           1.8          virginica
6.9           3.1          5.4           2.1          virginica
6.7           3.1          5.6           2.4          virginica
6.9           3.1          5.1           2.3          virginica
5.8           2.7          5.1           1.9          virginica
6.8           3.2          5.9           2.3          virginica
6.7           3.3          5.7           2.5          virginica
6.7           3.0          5.2           2.3          virginica
6.3           2.5          5.0           1.9          virginica
6.5           3.0          5.2           2.0          virginica
```

```
6.2            3.4            5.4            2.3            virginica
5.9            3.0            5.1            1.8            virginica
```

Species 属性的值称为类标签或类，属性本身称为类标签属性。可以通过研究之前所处理过的数据的模式预测一个新实例的类标签，之前所处理过的数据是历史数据，用于预测类标签属性的值的属性称为预测属性。

如果已经研究了数据集，则可能会发现一个问题：如果我为你提供了一朵花的 Sepal.Length、Sepal.Width、Petal.Length 和 Petal.Width 的值，你能说出它所属的种类吗(见表 7.1)？

表 7.1　一朵花的数据集

Sepal.Length	Sepal.Width	Petal.Length	Petal.Width	Species
5.1	3.5	1.4	0.2	?

类似地，研究 readingSkills 数据集，该数据集有变量 age、shoeSize、score 和 nativeSpeaker，该数据的一个子集如下。

```
>readingSkills[c(1:100),]
      nativeSpeaker      age      shoeSize      score
1     yes                5        24.83189      32.29385
2     yes                6        25.95238      36.63105
3     no                 11       30.42170      49.60593
4     yes                7        28.66450      40.28456
5     yes                11       31.88207      55.46085
6     yes                10       30.07843      52.83124
7     no                 7        27.25963      34.40229
8     yes                11       30.72398      55.52747
9     yes                5        25.64411      32.49935
10    no                 7        26.69835      33.93269
11    yes                11       31.86645      55.46876
12    yes                10       29.15575      51.34140
13    no                 9        29.13156      41.77098
14    no                 6        26.86513      30.03304
15    no                 5        24.23420      25.62268
16    yes                6        25.67538      35.30042
17    no                 5        24.86357      25.62843
18    no                 6        26.15357      30.76591
19    no                 9        27.82057      41.93846
20    yes                5        24.86766      31.69986
21    no                 6        25.21054      30.37086
22    no                 6        27.36395      29.29951
23    no                 8        28.66429      38.08837
24    yes                9        29.98455      48.62986
25    yes                10       30.84168      52.41079
26    no                 7        26.80696      34.18835
27    yes                6        26.88768      35.34583
```

```
28    yes       8     28.42650    43.72037
29    no        11    31.71159    48.67965
30    yes       8     27.77712    44.14728
31    yes       9     28.88452    48.69638
32    yes       7     26.66743    39.65520
33    no        9     28.91362    41.79739
34    no        9     27.88048    42.42195
35    yes       7     25.46581    39.70293
```

如果提供了一个孩子的 age、shoeSize 和 score，则在阅读测试中，你能否说出这个孩子的母语是否为该语言吗(见表 7.2)？

表 7.2　一个孩子的数据集

Sepal.Length	Sepal.Width	Petal.Length	Petal.Width	Species
5.1	3.5	1.4	0.2	?

决策树可以帮助我们回答这些问题及类似的问题。本书将在 7.3 节给出上述问题的答案。

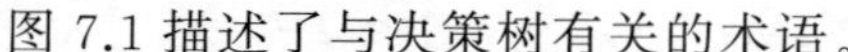

图 7.1 描述了与决策树有关的术语。

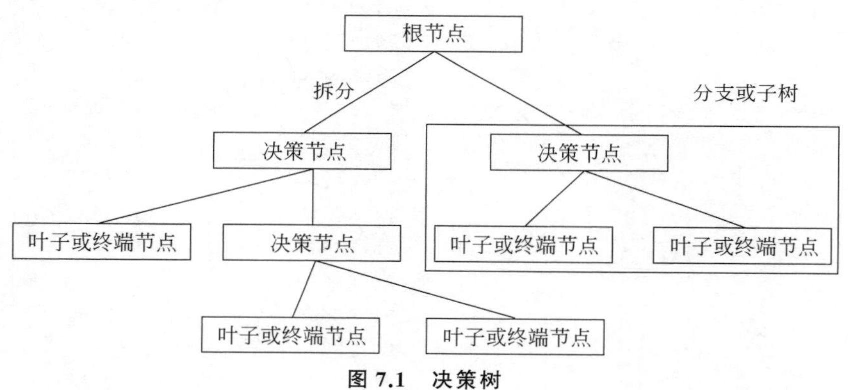

图 7.1　决策树

- 根节点：表示总体的数量或样本，被分成两个或多个具有同质性的集合。
- 决策节点：是一个子节点，可以进一步被切分成多个子节点。
- 叶子或终端节点：该节点不能再被分成子节点。
- 拆分：将节点分成子节点的过程。
- 修剪：删除决策节点的子节点的过程。
- 分支或子树：是整个树的一部分。
- 节点的深度是从根节点到节点所需要的最小步数。

1. 决策树的定义

决策树是一个树形结构，其中一个内部节点(决策节点)表示一个属性上的测试，一个分支表示测试的结果，每一个叶子/终端节点表示一个类标签，从根节点到叶子节点的一条路径表示分类规则。

2. 决策树示例

假设需要根据员工的性别进行决策。如果是一名男性员工，则进一步检测其收入水平，然后做出适当的决策。如果是一名女性员工，则检测其年龄。当女性员工的年龄不超过 30 时，执行“是”分支（适用于 30 岁的雇员的特定政策），否则执行“否”分支（如图 7.2 所示）。

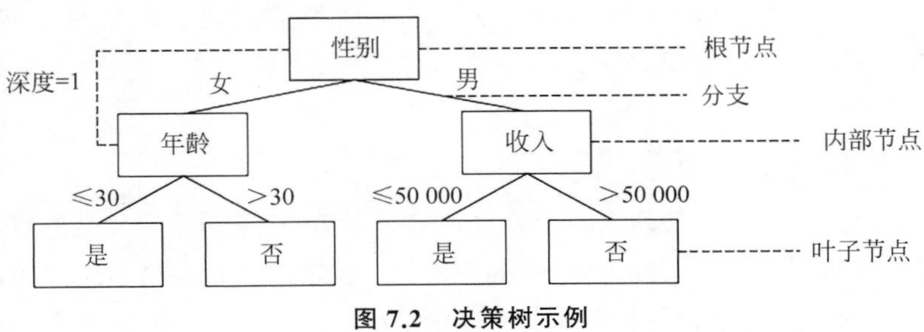

图 7.2　决策树示例

3. 决策树的优点

- 不需要领域知识；
- 很容易理解；
- 决策树分类的步骤既快又简单；
- 可以处理数值型数据和分类数据；
- 能处理连续属性和离散属性；
- 可以扩展到大数据；
- 只需要较少的数据准备（因为它可以处理 NA 数据，不需要归一化等）。

4. 决策树的缺点

- 很容易过拟合；
- 复杂的 if-then 关系会使树的结构变大；
- 决策边界是直线；
- 数据中的细微变化可能导致生成外观不同的树。

小练习

1. 什么是决策树？

答：决策树是机器学习的一部分，主要用于数据挖掘，它是一个无向图，以树结构或层次的形式表示决策及其结果。

2. 什么是无向图？

答：无向图是一组节点和边，图中没有环路，每两个节点之间存在一条路径。

3. 决策树中的节点和边表示什么？

答：在决策树中，节点表示事件或选择，边表示决策规则。

7.3　决策树在 R 中的表示

R 具有基于树建模的特点，并能生成各种树，如回归树、分类树、递归树等。R 表示决策树正如它通常用图表示一样，其中内部节点或非叶子节点表示可供选择的方案之间的一个选择或选项，而叶子节点或终端节点表示决策，它提供了不同的包，如 party、rpart、maptree、tree、partykit 和 randomforest，可以创建不同类型的树。最常见的包是 party 和 rpart，下面对这两个包进行简要介绍。

7.3.1　使用 party 包进行表示

party 包包含许多函数，但是其核心函数为 ctree()函数，它遵循递归分类的概念，并将树结构模型嵌入条件推理过程中。实际上，条件推理树(ctree)是一种非参数类回归树，可以解决各种回归问题，如名义、序数、单变量及多变量响应变量或数字。ctree()函数的基本语法为

```
ctree(formula, data, controls =ctree_control ()…)
```

其中，formula 参数使用"～"符号定义了将要拟合的模型的符号描述；data 参数定义了在所选模型中包含变量的数据框；controls 参数是一个可选参数，包含一个 TreeControl 类的对象，它是使用 ctree_control 获取的；"…"定义了其他可选参数。

例 7.1

该示例有一个向量 a，并将其绑定到数据框 cb。要想创建递归决策树，需要加载 party 包。ctree()函数创建了一个递归树 t 和 4 个终端节点。图 7.3 利用 plot()函数定义了该树。

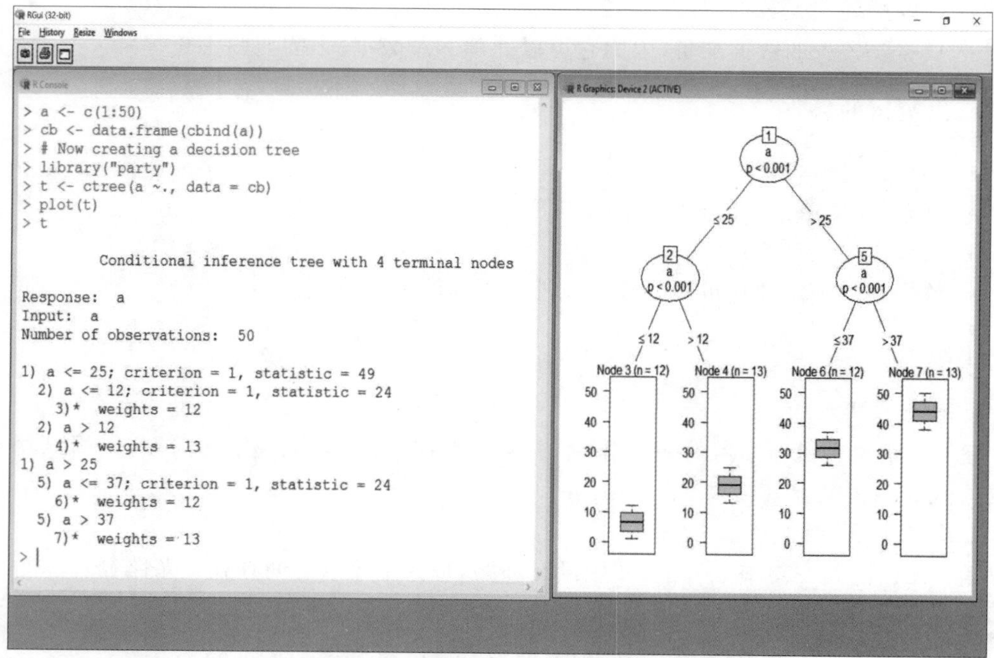

图 7.3　使用 plot()函数创建向量的一个简单决策树

例 7.2

该示例使用具有两个变量的内置数据集 cars，即变量 speed 和 dist。在这里，将 dist 变量作为预测变量，将 speed 变量作为响应变量。ctree()函数使用 speed～dist 公式创建了一个递归树 t。在图 7.4 中，可以看到函数生成了 3 个终端节点。

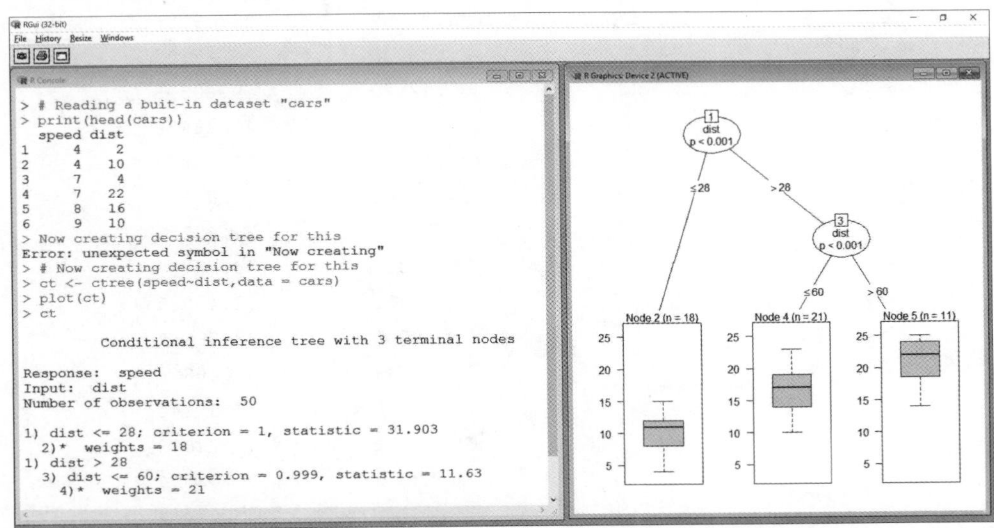

图 7.4　使用 ctree()函数构建内置数据集 cars 的一个简单决策树

例 7.3

根据一个孩子的年龄和他/她在阅读测验中的分数，确定他/她是否以某种语言作为母语。

步骤 1：加载 party 包。

```
>library(party)
Loading required package: grid
Loading required package: mvtnorm
Loading required package: modeltools
Loading required package: stats4
Loading required package: strucchange
Loading required package: zoo
Attaching package: 'zoo'
The following objects are masked from 'package:base':
    as.Date, as.Date.numeric
Loading required package: sandwich
Warning messages:
1: package 'party' was built under R version 3.2.3
2: package 'mvtnorm' was built under R version 3.2.3
3: package 'modeltools' was built under R version 3.2.3
4: package 'strucchange' was built under R version 3.2.3
5: package 'zoo' was built under R version 3.2.3
6: package 'sandwich' was built under R version 3.2.3
```

以上命令会加载 party 包的命名空间，并将其附加到搜索列表。

步骤 2：检测数据集 readingSkills。

```
>readingSkills[c(1:100),]
     nativeSpeaker    age    shoeSize    score
1    yes              5      24.83189    32.29385
2    yes              6      25.95238    36.63105
3    no               11     30.42170    49.60593
4    yes              7      28.66450    40.28456
5    yes              11     31.88207    55.46085
6    yes              10     30.07843    52.83124
7    no               7      27.25963    34.40229
8    yes              11     30.72398    55.52747
9    yes              5      25.64411    32.49935
10   no               7      26.69335    33.93269
11   yes              11     31.86645    55.46876
12   yes              10     29.15575    51.34140
13   no               9      29.13156    41.77098
14   no               6      26.86513    30.03304
15   no               5      24.23420    25.62268
16   yes              6      25.67538    35.30042
17   no               5      24.86357    25.62843
18   no               6      26.15357    30.76591
19   no               9      27.82057    41.93846
20   yes              5      24.86766    31.69986
21   no               6      25.21054    30.37086
22   no               6      27.36395    29.29951
23   no               8      28.66429    38.08837
24   yes              9      29.98455    48.62986
25   yes              10     30.84168    52.41079
26   no               7      26.80696    34.18835
27   yes              6      26.88768    35.34583
28   yes              8      28.42650    43.72037
29   no               11     31.71159    48.67965
30   yes              8      27.77712    44.14728
31   yes              9      28.88452    48.69638
32   yes              7      26.66743    39.65520
33   no               9      28.91362    41.79739
34   no               9      27.88048    42.42195
35   yes              7      28.46581    39.70293
36   yes              8      27.71701    44.06255
37   no               7      25.18567    34.27840
38   yes              11     30.78970    55.98101
39   yes              11     30.75664    55.86037
40   yes              11     30.51397    56.60820
```

41	no	5	26.23732	26.18401
42	no	5	24.36030	25.36158
43	no	7	27.60571	32.88146
44	no	10	29.64754	45.76171
45	yes	8	29.49313	43.48726
46	yes	7	26.92283	38.91425
47	yes	8	28.35511	44.99324
48	no	6	26.10433	29.35036
49	yes	8	29.63552	43.66695
50	yes	8	27.25306	43.68387
51	no	8	26.22137	37.74103
52	yes	6	26.12942	36.26278
53	no	9	30.46199	42.50194
54	no	7	27.81342	34.33921
55	yes	10	29.37199	52.83951
56	yes	10	29.34344	51.94718
57	yes	7	25.46308	39.52239
58	no	10	28.77307	45.85540
59	no	11	30.35263	50.02399
60	no	8	29.32793	37.52172
61	yes	10	28.87461	51.53771
62	no	7	26.62042	33.96623
63	no	7	28.11487	33.39622
64	no	11	30.98741	50.28310
65	yes	10	29.25488	50.80650
66	yes	5	24.54372	31.95700
67	no	8	26.99163	37.61791
68	no	11	30.26624	50.22454
69	no	7	27.86489	34.20965
70	yes	10	30.16982	52.16763
71	yes	7	25.53495	40.24965
72	no	7	26.75747	34.72458
73	yes	10	29.62773	51.47984
74	no	5	24.41493	25.32841
75	no	9	30.64056	42.88392
76	yes	7	26.78045	39.36539
77	yes	8	28.51236	43.69140
78	yes	5	23.68071	32.33290
79	no	7	26.75671	33.12978
80	no	10	29.65228	47.08507
81	no	9	29.33337	41.29804
82	no	6	26.47543	29.52375
83	no	9	28.35927	41.92929
84	no	8	27.15459	38.30587
85	no	10	30.58496	45.20211

```
86      yes      9      30.08234      48.72401
87      no       9      28.34494      42.42763
88      yes      11     29.25025      55.98533
89      yes      9      28.21583      48.18957
90      no       8      28.10878      37.39201
91      no       8      26.78507      37.40460
92      yes      10     31.09258      51.95836
93      no       5      24.29214      26.37935
94      no       7      27.03635      33.52986
95      yes      7      24.92221      40.19923
96      no       6      27.22615      29.54096
97      yes      7      25.61014      41.15145
98      yes      10     28.44878      52.57931
99      yes      7      27.60034      40.01064
100     yes      11     31.97305      56.71151
```

readingSkills 是一个小数据集，它展示了一个孩子的鞋子大小和他/她的阅读技能分数之间的虚假/错误的相关性。该数据集总共有 100 组观测值、4 个变量，即变量 nativeSpeaker、age、shoeSize 和 score。这些变量的解释如下。

- nativeSpeaker：它是一个具有 yes 或 no 值的因子，yes 表明在阅读测试中这个孩子是一个以该语言为母语的人。
- age：孩子的年龄。
- shoeSize：该变量以厘米为单位，存储孩子的鞋子尺码。
- score：该变量存储孩子在阅读测试中的原始分数。

步骤 3：创建一个数据框 InputData，并使其存储 readingSkills 数据集中 1～100 条数据记录。

```
>InputData <-readingSkills[c(1:105),]
```

上面的命令会抽取 readingSkills 中的观测数据的一个子集，并将其置于数据框 InputData 中。

步骤 4：对图文件进行命名。

```
>png(file ="decision_tree.png")
```

输出文件的名字为 decision_tree.png，利用该命令打开绘图设备，并且不会向 R 解释器返回任何内容。

步骤 5：创建树。

```
>OutputTree <-ctree(
+nativeSpeaker ~age +shoeSize +score
+data =InputData)
```

ctree 是条件推理树，我们提供了两个输入，第一个是一个公式，是将要拟合的模型的符号描述，第二个输入 data 指定了包含模型中变量的数据框。

步骤 6：查看 OutputTree 的内容。

```
>OutputTree
Conditional inference tree with 4 terminal nodes
Response: nativeSpeaker
Inputs: age, shoeSize, score
Number of observations: 105
1) score <=38.30587; criterion =1, statistic =24.932
   2) age <=6; criterion =0.993, statistic =9.361
      3) score <=30.76591; criterion =0.999, statistic =14.093
         4) * weights =13
      3) score >30.76591
         5) * weights =9
   2) age >6
      6) * weights =21
1) score >38.30587
   7) * weights =62
```

步骤 7：保存文件。

```
>dev.off()
null device
          1
```

该命令用于关闭示例中指定的设备 png。

整个练习中的输出如图 7.5 所示。

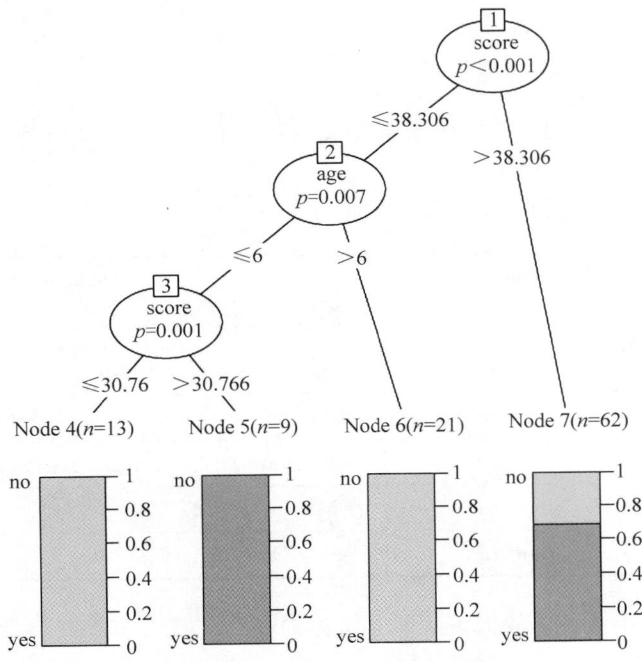

图 7.5　使用 ctree()函数创建内置数据集 readingSkills 的一个简单决策树

结论是阅读 score≤38.306，并且 age>6 的人不是讲母语的人。

回到 7.1 节中的问题：在阅读测验中，如果给出一个孩子的 age、shoeSize 和 score，你能否说出这个孩子是一个讲母语的人？

下面试着回答这个问题。

步骤 1：加载 rpart 包。rpart 包的详细信息已经在 7.2 节中进行了解释。

```
>library(rpart)
```

步骤 2：为孩子的 age、shoeSize 和 score 指定值。

```
>nativeSpeaker_find <-data.frame("age" =11, "shoeSize" =30.63692,"score" =
55.721149)
```

步骤 3：创建一个 rpart 对象 fit。

```
>fit <-rpart(nativeSpeaker ~age +shoeSize +score, data=readingSkills)
```

步骤 4：使用 predict 函数。predict 函数是一个通用函数，用于根据各种模型的拟合函数对结果进行预测。

```
>prediction <-predict(fit, newdata=nativeSpeaker_find, type ="class")
```

步骤 5：从 predict 函数打印返回值。对于 age＝11、shoeSize＝30.63692、score＝55.721149 的孩子，可以推断其为讲母语的人。

```
>print(prediction)
  1
Yes
Levels: no yes
```

例 7.4

下面处理 airquality 数据集，该数据集是 1973 年 5～9 月纽约日常空气质量的测量数据。

该数据集有 6 个变量和 154 组观测数据。

Variable	Data type	Meaning
Ozone	numeric	Ozone in parts per billion
Solar.R	numeric	Solar radiation in Langleys
Wind	numeric	Average wind speed in miles per hour
Temp	numeric	Maximum daily temperature in degrees Fahrenheit
Month	numeric	Month (1—12)
Day	numeric	Day (1—31)

步骤 1：打印 airquality 数据集的前 6 组数据。

```
>head(airquality)
```

```
  Ozone  Solar.R  Wind  Temp  Month  Day
1 41     190      7.4   67    5      1
2 36     118      8.0   72    5      2
3 12     149      12.6  74    5      3
4 18     313      11.5  62    5      4
5 NA     NA       14.3  56    5      5
6 28     NA       14.9  66    5      6
```

步骤 2：删除 Ozone 数据缺失的记录。

```
>airq <-subset(airquality, !is.na(Ozone))
```

步骤 3：打印清洗后的 airquality 数据集的前 6 组数据。

```
>head(airquality)
  Ozone  Solar.R  Wind  Temp  Month  Day
1 41     190      7.4   67    5      1
2 36     118      8.0   72    5      2
3 12     149      12.6  74    5      3
4 18     313      11.5  62    5      4
6 28     NA       14.9  66    5      6
7 23     299      8.6   65    5      7
```

步骤 4：使用 ctree 构建一个 Ozone 的模型，作为所有其他协变量的函数。

```
>air.ct <-ctree(Ozone ~., data =airq, controls =ctree_
control(maxsurrogate =3))
>air.ct
    Conditional inference tree with 5 terminal nodes
Response: Ozone
Inputs: Solar.R, Wind, Temp, Month, Day
Number of observations: 116
1) Temp <=82; criterion =1, statistic =56.086
    2) Wind <=6.9; criterion =0.998, statistic =12.969
        3) * weights =10
    2) Wind >6.9
        4) Temp <=77; criterion =0.997, statistic =11.599
            5) * weights =48
        4) Temp >77
            6) * weights =21
1) Temp >82
    7) Wind <=10.3; criterion =0.997, statistic =11.712
        8) * weights =30
    7) Wind >10.3
        9) * weights =7
```

步骤 5：绘制决策树。

```
>plot (air.ct)
```

数据被划分为5类(如图7.6所示的节点标签3、5、6、8和9)。为了理解该图的含义,考虑温度为70、风速为12的一组数据。根据温度,即按照温度≤82或温度>82时,在最高一层将数据分为两类。数据遵循左侧分支的规则(温度≤82)。接下来根据风速进行划分,即按照风速≤6.9或风速>6.9划分成两类,测量数据遵循右侧分支(风速>6.9)。最后的划分再次取决于温度,即根据温度≤77或温度>77可划分为两类,测量数据中的温度≤77,所以它被划分到了节点5中。让我们看看节点5中Ozone的箱线图,它表明我们期望的测量数据的条件与相对较低的臭氧水平有关。

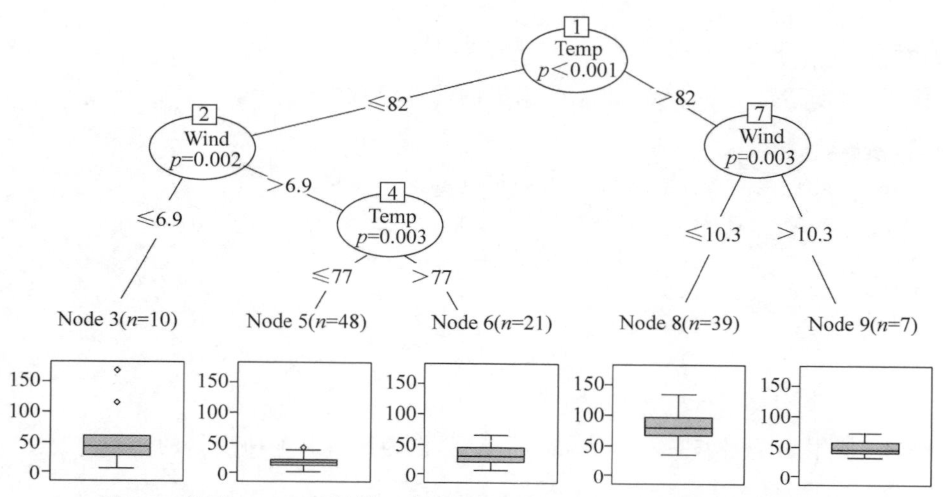

图7.6 使用ctree()函数的一个内置数据集airquality构建的简单决策树

例7.5

下面处理iris数据集。iris数据集给出了3个不同品种(setosa、versicolor和virginica)、每个品种50个样本数据在萼片(sepals)和花瓣(petals)两个维度上的测量数据。

步骤1:打印iris数据集的前6组数据。

```
>head (iris)
  Sepal.Length  Sepal.Width  Petal.Length  Petal.Width  Species
1 5.1           3.5          1.4           0.2          setosa
2 4.9           3.0          1.4           0.2          setosa
3 4.7           3.2          1.3           0.2          setosa
4 4.6           3.1          1.5           0.2          setosa
5 5.0           3.6          1.4           0.2          setosa
6 5.4           3.9          1.7           0.4          setosa
```

步骤2:使用ctree构建iris中Species的模型,作为所有其他协变量的函数。

```
>iris.ct <-ctree(Species ~., data=iris, controls =ctree_
control(maxsurrogate =3))
>iris.ct
   Conditional interference tree with 4 terminal nodes
Response: Species
```

```
Inputs: Sepal.Length, Sepal.Width, Petal.Length, Petal.Width
Number of observations: 150
1) Petal.Length <=1.9; criterion =1, statistic =140.264
    2) * weights =50
1) Petal.Length >1.9
    3) Petal.Width <=1.7; criterion =1, statistic =67.894
        4) Petal.Length <=4.8; criterion =0.999, statistic =13.865
            5) * weights =46
        4) Petal.Length >4.8
            6) * weights =8
    3) Petal.Width >1.7
        7) * weights =46
```

步骤 3：绘制决策树。

```
>plot(iris.ct)
```

该树的结构和 airquality 数据集的树结构基本相同，唯一不同的是节点的表示，其中 Ozone 是连续数值变量，而 iris Species 是一个分类变量，因此节点是用柱状图表示的。如图 7.7 所示，节点 2 主要是 setosa；节点 5 主要是 versicolor；而节点 7 几乎都是 virginica；节点 6 中的一半是 versicolor，另一半是 virginica，对应一个花瓣又长又窄的类别。一个有趣的发现是，该模型只依赖于花瓣的尺寸，而不取决于萼片的尺寸。

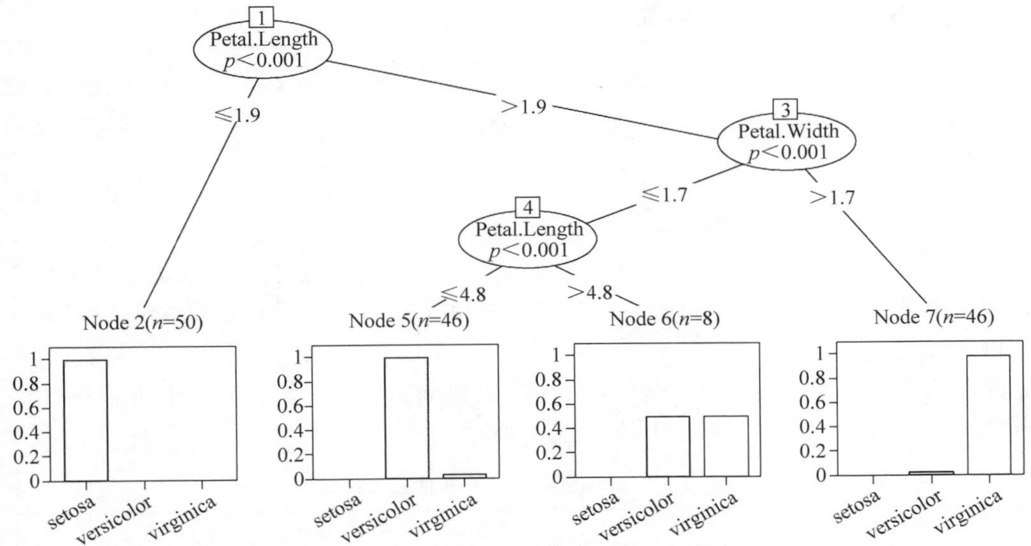

图 7.7　使用 ctree()函数的一个内置数据集 iris 构建的简单决策树

回到 7.2 节中的问题：如果我为你提供了一种花的 Sepal.Length、Sepal.Width、Petal.Length、Petal.Width，你能说出它属于哪一种吗？

步骤 1：加载 rpart 包。

```
>library(rpart)
```

步骤 2：为花的 Sepal.Length、Sepal.Width、Petal.Length、Petal.Width 指定值，以便确定花的种类。

```
>new_species <-data.frame ("Sepal.Length" =5.1, "Sepal.Width" =3.5, "Petal.
Length" =1.4, "Petal.Width" =0.2)
```

步骤 3：创建一个 rpart 对象 fit。

```
>fit <-rpart(Species ~Sepal.Length +Sepal.Width +Petal.Length +Petal.width,
data =iris)
```

步骤 4：使用预测函数。predict()是一个通用函数，用于根据各种模型的拟合函数对结果进行预测。

```
>prediction <-predict(fit, newdata =new_species, type ="class")
```

步骤 5：打印预测函数的返回值。对于萼片及花瓣取值为 Sepal.Length= 5.1、Sepal.Width= 3.5、Petal.Length = 1.4、Petal.Width= 0.2 的花朵，推断其属于 setosa 种类。

```
>print(prediction)
   1
setosa
Levels: setosa versicolor virginica
```

7.3.2 使用 rpart 包进行表示

递归划分和回归树或 rpart 包是一个著名的用于创建决策树(如分类树、生存树和回归树)的包。该包包含许多内置的数据集和函数，其核心函数为 rpart()，用来将给定数据拟合到一个拟合模型。rpart()函数的基本语法为

```
rpart(formula, data, method=(anova/class/poisson/exp)...)
```

其中，formula 参数使用"～"符号定义了要拟合的模型的符号描述；data 参数定义了包含所选模型中变量的数据框；method 参数是一个可选参数，定义了实现模型的方法；"…"定义了其他可选参数。

除此之外，rpart 包还包含许多有用的决策树函数，这些函数也用于决策树的修剪(pruning)中。表 7.3 描述了该包中的一些其他主要函数。

表 7.3 rpart 包中的一些其他主要函数

函数	函数描述
plotcp(tree)	绘制交叉验证结果
printcp(tree)	打印复杂度参数
text()	标注决策树图
post()	创建决策树的后修剪图

以下示例使用例 7.2 中所使用的内置数据集 cars，它包含两个变量，即 speed 和 dist。rpart()函数使用 speed～dist 公式创建了一个递归树 t。在图 7.8 中可以看到函数生成了以

下决策树。除此之外，图 7.9 显示了决策树交叉验证的结果。

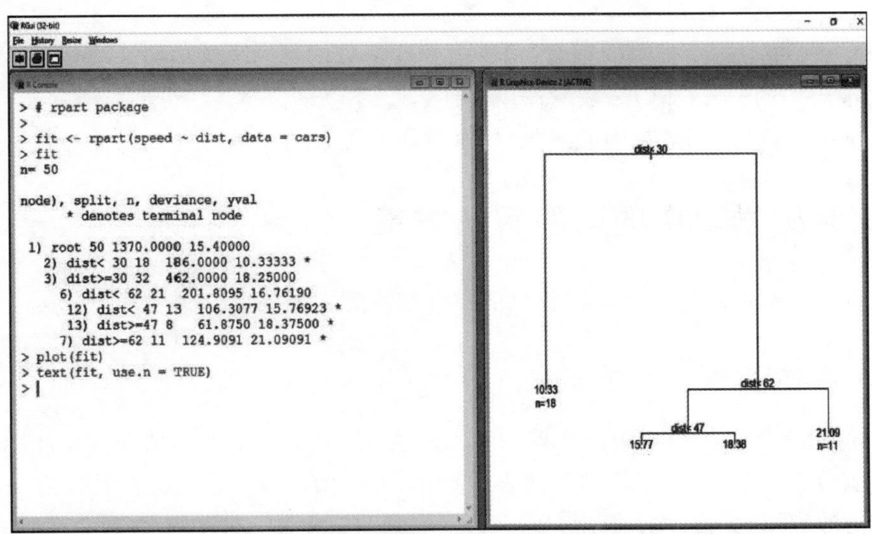

图 7.8　使用 rpart()函数构建内置数据集 cars 的一个简单决策树

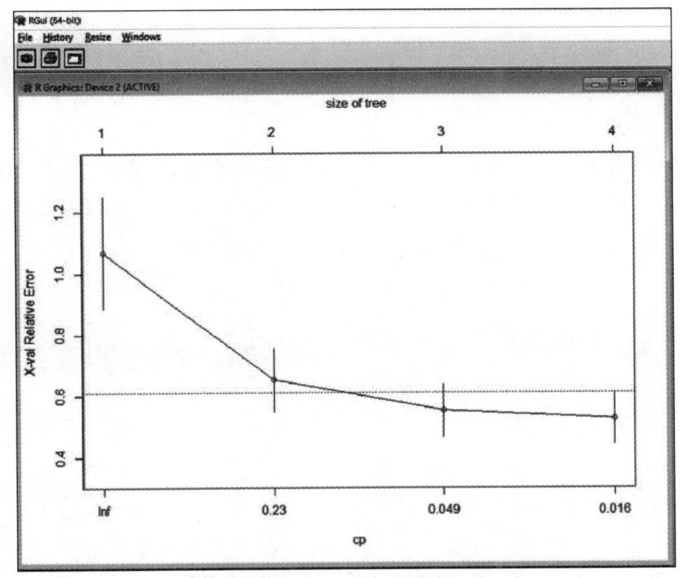

图 7.9　使用 plotcp()函数显示交叉验证结果

小练习

1. R 中的哪个包可以建立决策树？

答：R 语言提供了不同的包，如 party、rpart、maptree、tree、partykit、randomforest 等，从而创建不同类型的树。

2. ctree 是什么？

答：条件推理树(ctree)是一类非参数的回归树，可以解决如名义变量、有序变量、单变量和多变量的响应变量或数字的多种回归问题。

3. rpart()函数的作用是什么？

答：rpart()是 rpart 包中的函数，用于创建给定数据集的决策树或分类树。

4. 决策树中的 printcp()函数的作用是什么？

答：printcp()是 rpart 包中的函数，用来打印所生成的决策树的复杂性参数。

7.4 决策树学习中的问题解决方案

本节将会介绍一些决策树可以提供的最佳解决方案的问题。

7.4.1 由属性-值对表示的实例

属性-值对是计算机科学中的数据表示方法之一，名-值对、字段-值对和键-值对是属性-值对的其他名称，该方法以开放的形式表示数据，使得用户可以修改数据并在将来对其进行扩展。不同的应用，如通用元数据、Windows 注册表、查询字符串和数据库系统都使用属性-值对存储信息。数据库使用属性-值对存储真实数据，如果问题使用属性-值对存储数据，则决策树是用来表示它的一个好的选择。

例如，一个学生数据库需要属性(如学生姓名、年龄、班级等)存储学生信息。在这里，使用 student name 属性存储学生姓名，使用值存储学生的实际值。在这种情况下，决策树是表示该信息的最好方法。

在下面的示例中，使用两个向量，即 snames 和 sage 来构建属性-值对，数据框 d 绑定到这两个向量。现在，ctree()函数使用该数据构建一个决策树。因为该数据是虚拟数据(dummy data)，并且只有 8 行，因此 ctree()函数构建了一个单一的父亲-孩子节点(如图 7.10 所示)。

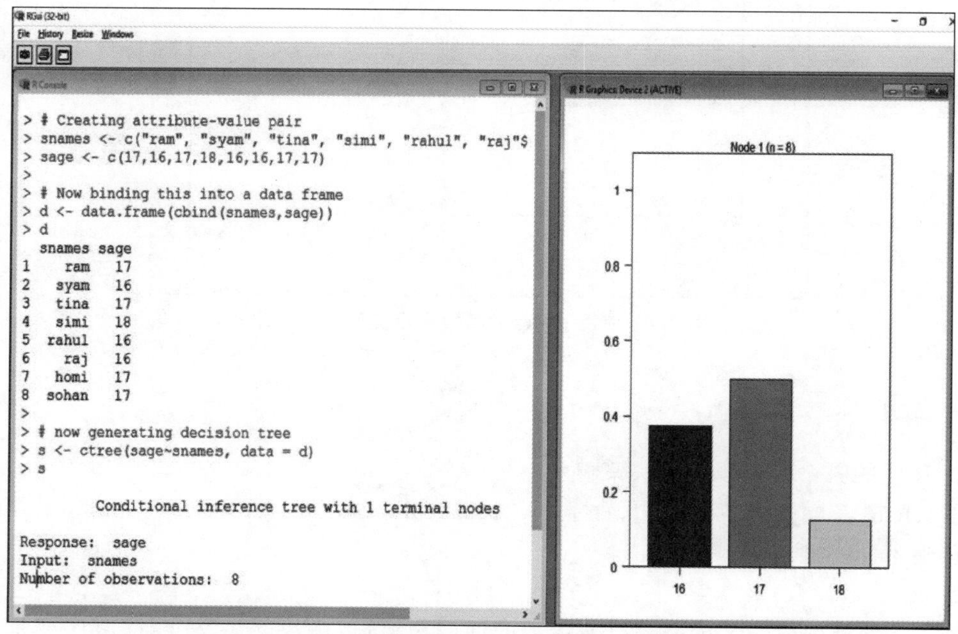

图 7.10 包含属性-值对的一个简单决策树

7.4.2　目标函数具有离散输出值

对于任何需要离散输出值(如 yes/no、true/false、positive/negative 等)的问题,为了表示数据或解决问题,决策树是首选。决策树生成一个具有有限数量的终端和非终端节点的树,这些节点被适当标记,使它们更容易辨认。除此之外,该函数有助于将任何终端节点标记为一个输出值。

下面的示例使用一个虚拟数据集 student,其包含 15 个学生每年的出勤和分数的数据。Eligible 列根据出勤和分数信息包含 yes 和 no 两种取值,这意味着 Eligible 列包含离散输出值。ctree()函数构建了一个决策树 fit,其只生成一个终端节点,这是因为其只有 15 行数据。如果增加了数据的行数,则它将会构建一个多层递归树(如图 7.11 所示)。

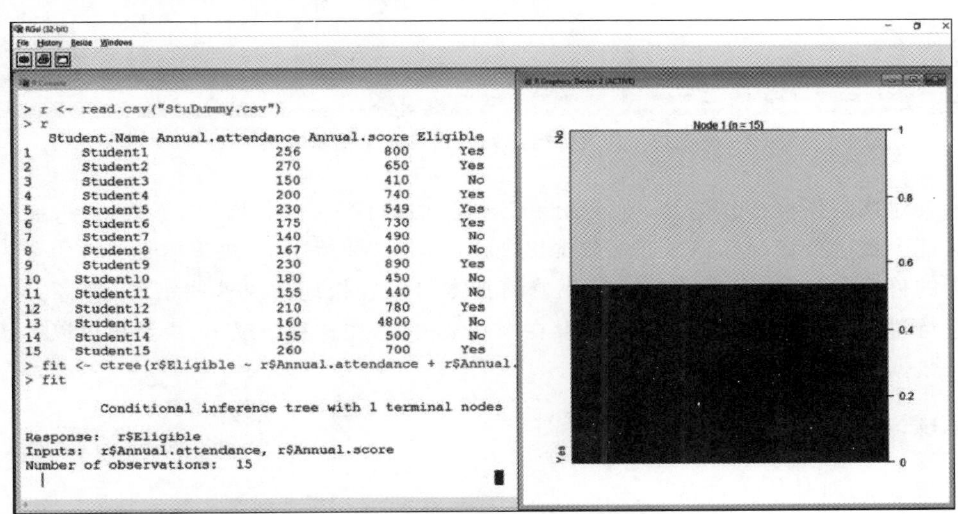

图 7.11　包含离散输出值的一个简单决策树

7.4.3　析取描述

析取式是操作数的乘积之和,其使用逻辑操作符“and[& / + /]”和“or [|| / * /V]”,例如,$(a \wedge b \wedge c) \vee (a \wedge b \wedge c)$是一个析取形式,其中逻辑操作符连接着操作数 a、b 和 c。同时,对于需要用析取式表示的问题而言,决策树是一个很好的选择,决策树使用节点和边以析取式表示一个数据集。ctree()函数用来构建决策树,同时也使用这些析取式表示数据。

下面的示例采用内置数据集 mtcars,其包含许多特征。ctree()函数使用公式 am～disp＋hp＋mpg 构建了一个递归树 mt,在这个公式中,预测因子是以析取式表示的。在图 7.12 中,可以看到该函数生成的决策树。

7.4.4　训练数据可能包含错误或缺失属性值

训练数据是一类用于设计学习算法的数据,机器学习算法使用训练数据和测试数据,这

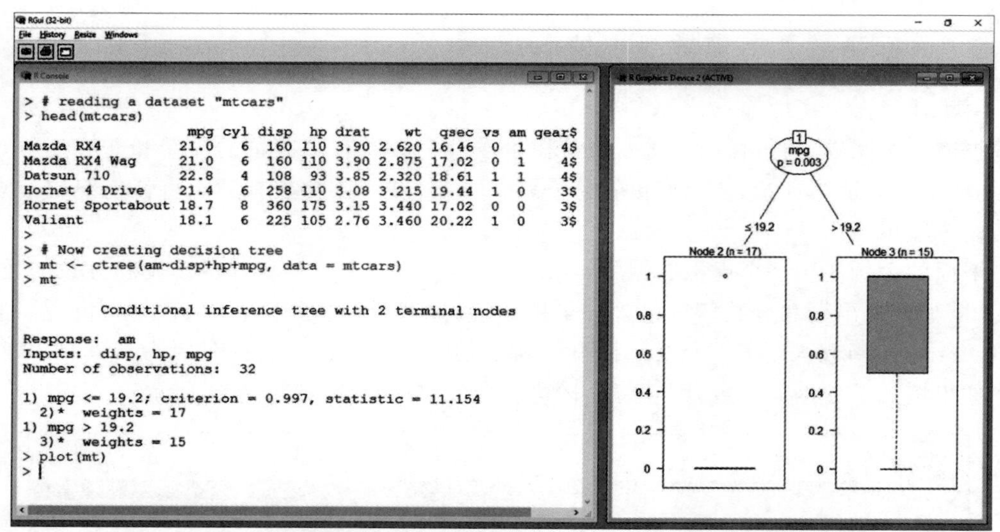

图 7.12 内置数据集 mtcars 的一个简单决策树

类算法会对该数据执行分类、聚类、划分和其他类似的任务。当设计训练数据时，一些属性的值可能会被进行错误标记或训练数据出现错误，在这种情况下，决策树是一种用于表示训练数据的鲁棒性(robust)的方法。使用修剪技术可以轻松地解决这些错误，这将会在 7.10 节中进行讨论。在训练数据中也可能存在一些缺失值，在这种情况下，决策树可以有效地表示训练数据。

小练习

1. 属性-值对是什么意思？

答：属性-值对是计算机科学中表示数据的一种方法，名字-值对、字段-值对和键-值对都是属性-值对的别称。

2. 属性-值对的作用是什么？

答：不同的应用，如通用元数据、Windows 注册表、查询字符串和数据库系统均使用属性-值对存储信息。

3. 离散值是什么意思？

答：离散值是一种包含两个值的类型，如 yes/no、true/false、positive/negative 等。

4. 析取式是什么意思？

答：析取式是操作数的乘积之和，其使用逻辑操作符“and[& / + /]”和“or [|| / * / V]”，例如，$(a \wedge b \wedge c) \vee (a \wedge b \wedge c)$是一个析取式，其中逻辑操作符连接着操作数 a、b 和 c。

7.5 基本决策树学习算法

在学习了决策树的基本知识后，本节将介绍一些决策树学习算法，这些算法使用归纳的方法为给定的一个未知对象的属性值找到一个适当的分类。这些算法使用决策树也可以做同样的事情。创建这些树的主要目的是对训练数据集中的任何未知实例进行分类，这些树会从根节点到叶子节点进行遍历并测试节点的属性，然后根据数据集的属性值向下移动到树的分支，并且在树的每一层都会重复该过程。

有不同的算法可用于创建决策树，如 ID3(Iterative Dichotomiser 3)、C4.5(C4.5 是 Quinlan 早期的 ID3 算法的扩展，通过 C4.5 生成的决策树可用于分类，基于此，C4.5 往往被认为是一个统计分类器)、CART(分类和回归树)等。ID3 是第一个决策树学习算法，C4.5 是对 ID3 算法的改进。

在所有算法中，特征在分类树中起到很重要的作用，信息增益和熵是确定树的最佳属性或特征的两个重要指标。熵用来测量数据的杂乱性，而信息增益通过减小熵度量特征。本节将讨论这些指标的详细信息。

除此之外，速度和内存消耗被用于度量算法如何执行并精确地构建最终的树。

7.5.1 ID3 算法

ID3 算法是最常用的基本决策树算法之一。1983 年，Ross Quinlan 开发了该算法，ID3 的基本思想是通过自顶向下和贪心搜索的方法构造树，它构造一棵从根节点开始并向下移动的树。另外，为了在每个节点执行每个属性的测试，也可以采用贪婪方法。ID3 算法在创建树时不需要任何回溯。

换言之，ID3 算法根据被称为特征的数据集的特点将给定对象进行分类，该模型创建一个树，其中每个节点工作于路由方式。训练和预测的过程使用该树预测特定的特征。ID3 算法的伪码表示如下。

(1) if 数据集是纯净的，则

构建一个具有类名的一个叶子节点。

(2) else

① 选择具有最高信息增益的特征；

② for 特征的每个值：

(a) 获取具有该特征值的数据集的子集；

(b) 构建一个具有该特征值名称的子节点；

(c) 在子节点和数据子集上递归调用算法。

R 提供了一个 data.tree 包用于实现 ID3 算法，data.tree 包根据分层数据创建一棵树，它提供了许多方法，用于以不同的顺序遍历树。在将树数据转换成数据框后，就可以对数据进行任何操作，如打印和聚合。基于此，机器学习和财经数据分析等许多应用都会使用该包。在 data.tree 包中，通过一个内置数据集 mushroom 实现 ID3 算法，数据集 mushroom 包含蘑菇的特征。

以下示例构建了一个虚拟数据集 Mango.csv，其包含芒果的特征。ID3 算法使用一个称为 TrainID3 的函数实现图 7.13 中的虚拟数据集。图 7.14 描述了函数 TrainID3 的伪码。在图 7.13 中，函数 Node $ new()用于创建该数据集的根节点。除此之外，芒果数据集是使用 taste 特征进行的分类，如果芒果的口味是甜的，则它就是可食用的；如果芒果是酸的，则它是有毒的。

```
> # Reading a dummy data of "mango"
> m <- read.csv("Mango.csv")
> m
   Color Taste   Size Editablity
1 Yellow Sweet Medium     edible
2    Red Sweet  Small     edible
3  Green  Sour    Big      toxic
4 Yellow Sweet    Big     edible
5 Yellow Sweet Medium     edible
6    Red  Sour  Small      toxic
>
> # Applying ID3 algorithm in this data
> tree <- Node$new("m")
> TrainID3(tree, m)
> print(tree, "feature", "obsCount")
       levelName      feature obsCount
1 m                    Taste        6
2  ¦--Sour        Editablity        2
3  ¦   °--toxic                     2
4  °--Sweet       Editablity        4
5      °--edible                    4
> |
```

图 7.13　使用 data.tree 包实现 ID3

```
TrainID3 <- function(node, data) {
      node$obsCount <- nrow(data)
    #if the data-set is pure (e.g. all toxic), then
  if (IsPure(data)) {
    #construct a leaf having the name of the pure feature (e.g. 'toxic')
    child <- node$AddChild(unique(data[,ncol(data)]))
    node$feature <- tail(names(data), 1)
    child$obsCount <- nrow(data)
    child$feature <- ''
  } else {
    #chose the feature with the highest information gain (e.g. 'color')
    ig <- sapply(colnames(data)[-ncol(data)],
            function(x) InformationGain(
              table(data[,x], data[,ncol(data)])
              )
            )
    feature <- names(ig)[ig == max(ig)][1]

    node$feature <- feature

    #take the subset of the data-set having that feature value
    childObs <- split(data[,!(names(data) %in% feature)], data[,feature], drop = TRUE)

    for(i in 1:length(childObs)) {
      #construct a child having the name of that feature value (e.g. 'red')
      child <- node$AddChild(names(childObs)[i])

      #call the algorithm recursively on the child and the subset
      TrainID3(child, childObs[[i]])
    }
  }
}
```

图 7.14　函数 TrainID3 的伪码

7.5.2　哪个属性是最好的分类器

每个算法都使用一个特定的度量标准寻找一个对树进行分类的最好特征。在分类过程中，信息增益度量了给定属性根据目标分类如何将训练样本进行分离。在 ID3 中，信息增益以熵的减少进行度量。因此，ID3 算法使用最大的信息增益，利用熵进行决策，并选择最佳属性。

小练习

1. 什么是决策树学习算法？

答：决策树学习算法可以创建递归树，它使用决策树规则对未知对象的属性值进行归纳，从而找到合适的分类方法。

2. 学习算法的作用是什么？

答：学习算法为任何训练数据集生成不同类型的树，这些树被用于在训练数据集中分类任何未知的实例。

3. 请写出用于创建决策树的学习算法的名称。

答：有不同的算法可以用于创建决策树，如 ID3、C4.5、CART 等，ID3 是第一个决策树学习算法。

4. 请写出寻找决策树最佳属性的两个度量标准。

答：信息增益和熵是两个主要的用于发现树的最佳属性或特征的度量标准。

5. ID3 是什么？

答：ID3 算法是最常用的一种基本决策树算法。1983 年，Ross Quinlan 开发了该算法，ID3 算法的基本思想是遵循自顶向下和贪心搜索方法构建一棵树。

6. 什么是 data.tree？

答：R 提供了一个 data.tree 包，用于实现 ID3 算法，该包用来基于分层数据创建一棵树。

7. ID3 算法的最佳分类器是什么？

答：ID3 算法的最大信息增益是使用熵进行决策的最好的分类器。

7.6 度量特征

本节将详细讨论熵和信息增益及其如何计算。

7.6.1 熵-度量同质性

熵度量收集样本的杂质，包含正负标签。如果只包含单一的类，则数据集是纯净，否则该数据集是不纯净的。熵用于计算一棵树的属性的信息增益，简言之，熵度量的是数据集的同质性。ID3 算法使用熵计算一个样本的同质性，如果样本是完全同质的，则熵为 0；如果样本是被平均划分（即每类是 50%）的，则熵为 1。

例如

让我们看看下面的两个节点，并回答一个简单的问题：哪个节点更容易描述（如图 7.15 所示）？

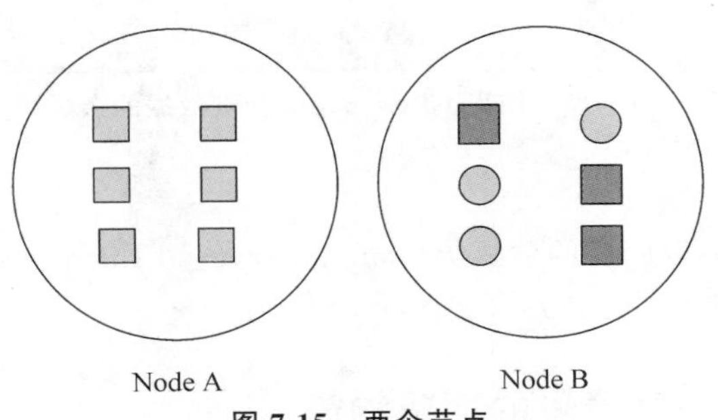

图 7.15　两个节点

答案是节点A。因为节点A的所有值都是相似的,它需要更少的信息。另一方面,节点B需要更多的信息才能完整地进行描述。换言之,节点A是纯净的,节点B是不纯净的。因此,结论是纯净的节点需要更少的信息,而不纯净的节点需要更多的信息。熵是对系统中的这种杂乱程度的度量。

下面考虑一个集合S,其包含正向标签"P(+)"和负向标签"P(−)",熵由以下公式进行定义。

$$\text{熵}(S)=-P(+)\log_2 P(+)-P(-)\log_2 P(-)$$

其中,P(+)是S中正向样本所占的比例,P(−)是S中负向样本所占的比例。

例如,集合S包含的正向标签和负向标签分别是0.5+和0.5−,现在将这些值代入所给公式中,即

$$\text{熵}(S)=-0.5\log_2 0.5-0.5\log_2 0.5=1$$

因此,经过计算后,集合S的熵为1。

注意:纯净数据集的熵一般都是0,如果数据集包含的正向标签和负向标签相等,则熵通常是1。

示例:计算杂质。

在以下示例中,考虑同样的数据集Mango.csv,使用函数IsPure检测其纯净度。如果它只有一个类,则数据集是纯净的,因为该数据集包含两类数据,它不是一个纯净数据集。因此,IsPure函数返回false,如图7.16所示。

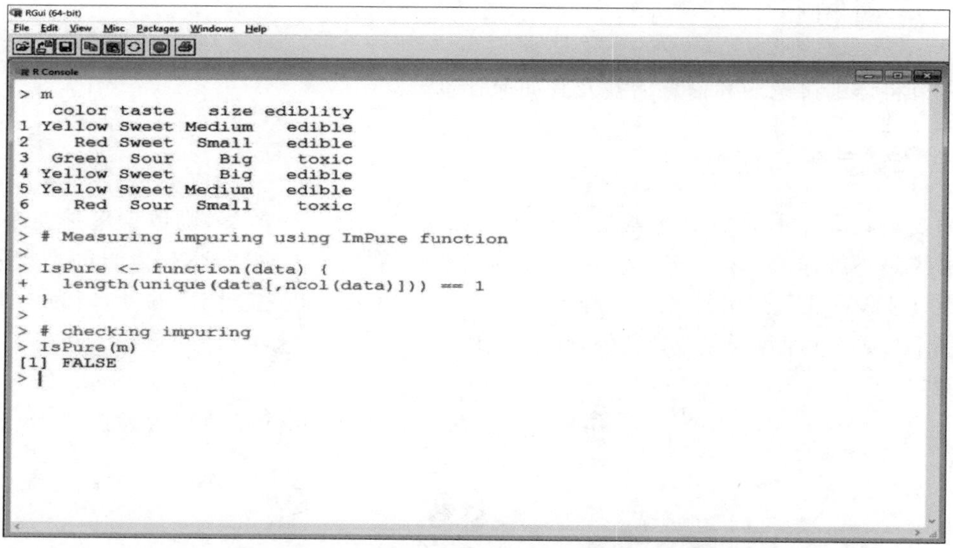

```
> m
   color taste   size ediblity
1 Yellow Sweet Medium   edible
2    Red Sweet  Small   edible
3  Green  Sour    Big    toxic
4 Yellow Sweet    Big   edible
5 Yellow Sweet Medium   edible
6    Red  Sour  Small    toxic
>
> # Measuring impuring using ImPure function
>
> IsPure <- function(data) {
+   length(unique(data[,ncol(data)])) == 1
+ }
>
> # checking impuring
> IsPure(m)
[1] FALSE
>
```

图7.16 使用IsPure()函数检测数据的杂质

示例:计算熵。

在下面的示例中,读取同样的数据集Mango.csv,使用Entropy()函数计算它的熵,得到数据集Mango.csv的熵为0.9182958(如图7.17所示)。

7.6.2 信息增益——度量熵的期望约简

信息增益是用于选择决策树的最佳属性的另一种度量指标,信息增益是最小化决策树

```
> m
   color taste   size ediblity
1 Yellow Sweet Medium   edible
2    Red Sweet  Small   edible
3  Green  Sour    Big    toxic
4 Yellow Sweet    Big   edible
5 Yellow Sweet Medium   edible
6    Red  Sour  Small    toxic
>
> # Measuring entropy
>
> Entropy <- function( vls ) {
+   res <- vls/sum(vls) * log2(vls/sum(vls))
+   res[vls == 0] <- 0
+   -sum(res)
+ }
>
> Entropy(c(10, 0))
[1] 0
>
> # Since in dataset "m" contains two classes [4 edible and 2 toxic ]
>
> Entropy(c(4,2))
[1] 0.9182958
>
```

图 7.17 使用 Entropy()函数计算熵

深度的一种度量指标。在树的遍历中,需要分裂树节点的最优属性。信息增益可以很容易地做到这一点,并且还能利用最大熵约简找出最优属性。

决策树节点在分裂过程中与特定属性相关的熵的期望约简称为信息增益,用 Gain(S, A)表示属性 A 的信息增益,则信息增益可以由以下公式定义。

$$Gain(S,A)=Entropy(S)-\sum_{v=Values(A)}\frac{|S_v|}{|S|}Entropy(S_v)$$

以下示例读取同样的数据集 Mango.csv,并利用 InformationGain()函数计算信息增益,其中也用到了 Entropy()函数。对于 colour(颜色)、taste(口味)和 size(尺寸大小)这三个特征,函数的返回值分别为 0.5849625、0.9182958 和 0.2516292。在这里,taste 的信息增益最大,因此它将被选作为最佳特征(如图 7.18 所示)。

```
1 Yellow Sweet Medium    edible
2    Red Sweet  Small    edible
3  Green  Sour    Big     toxic
4 Yellow Sweet    Big    edible
5 Yellow Sweet Medium    edible
6    Red  Sour  Small     toxic
> # information gain
> InformationGain <- function( tble ) {
+   tble <- as.data.frame.matrix(tble)
+   entropyBefore <- Entropy(colSums(tble))
+   s <- rowSums(tble)
+   entropyAfter <- sum (s / sum(s) * apply(tble, MARGIN = 1, FUN = Entropy ))
+   informationGain <- entropyBefore - entropyAfter
+   return (informationGain)
+ }
> mt <- table(m[,c('color', 'edibility')])
> mt
        edibility
color    edible toxic
  Green       0     1
  Red         1     1
  Yellow      3     0
> InformationGain(mt)
[1] 0.5849625
> mt <- table(m[,c('size', 'edibility')])
> InformationGain(mt)
[1] 0.2516292
```

图 7.18 使用 InformationGain()函数计算信息增益

小练习

1. 什么是熵?

答:熵是用于选择最佳属性的一种度量标准,可以度量包含正向标签和负向标签的样本数据的杂质。

2. 什么是纯净数据集?

答:如果数据集值只包含一类数据,则它就是纯净数据集,否则它就是不纯净数据集。纯净数据集的熵一般为0,如果数据集包含的正向标签和负向标签数量相等,则熵一般为1。

3. 计算熵的公式是什么?

答:计算熵的公式为 $\mathrm{Entropy(S)}=-\mathrm{P}(+)\log_2\mathrm{P}(+)-\mathrm{P}(-)\log_2\mathrm{P}(-)$,其中,P(+)定义了S中正样本所占的比例,P(−)表示S中负样本所占的比例。

4. 计算信息增益的公式是什么?

答:信息增益的计算公式为

$$Gain(S,A)=Entropy(S)-\sum_{v=Values(A)}\frac{|S_v|}{|S|}Entropy(S_v)$$

其中,A 是 S 的一个属性。

7.7 决策树学习中的假设空间搜索

假设空间搜索(hypothesis space research)是由它所返回的所有可能假设的一个集合。简言之,它包含有限离散值函数(finite discrete-valued functions)的一个完整空间,在假设空间搜索中,假设性语言与限定偏差(restriction bias)一被定义它。假设空间搜索被用于机器学习算法中。

ID3算法使用从简单到复杂的爬山搜索(hill climbing search)方法进行假设空间搜索,其只维持当前一个假设。除此之外,爬山搜索过程中没有使用回溯机制。为了度量属性,使用信息增益度量指标。在这里,假设空间搜索(ID3)的伪代码可以表示为:

① 进行完整的假设空间搜索,它应该包含所有有限离散值函数(在这些函数中应该有一个目标函数)。

② 输出一个假设。

③ 不使用能创建一些局部极小值的回溯。

④ 使用基于统计的搜索选择,这样可以很容易地处理有噪声的数据。

⑤ 利用短树归纳偏差。

小练习

1. 什么是假设空间搜索?

答:假设空间搜索是所有可能的决策树的一个集合。

2. 用于假设空间搜索的ID3算法使用哪种搜索方法?

答:ID3算法使用从简单到复杂的爬山搜索方法进行假设空间搜索。

7.8　决策树学习中的归纳偏差

归纳偏差(inductive bias)是包含根据给定输入数据预测输出结果的训练数据的一组假设,也称学习偏差,其主要目标是设计一个用于学习和预测输出结果的算法,因此学习算法使用定义输入和输出之间关系的训练样本。每种算法都有不同的归纳偏差。

ID3 决策树学习的归纳偏差是最短树。因此,当 ID3 或任何其他决策树学习对树进行分类时,对于归纳偏差而言最短树都是首选。同时,把高信息增益属性置于靠近根的树也比那些不靠近根的树更优,它们被用作归纳偏差。

7.8.1　优选偏差与限定偏差

ID3 决策树学习搜索是一个完整的假设空间。当算法找到了一个好的假设后,它就会变得不完整并停止搜索。候选消除(candidate elimination)搜索是一个不完整的假设空间搜索,因为它只包含一部分假设。当该算法找到了一个好的假设后,它会变得完整并停止搜索。

1. 优选偏差

优选偏差(preference bias)是一种归纳偏差,其中的一些假设优于其他假设,也称搜索偏差。例如,ID3 决策树学习的偏差是优选偏差的一个例子。这种偏差完全是假设搜索排序的结果,不同于候选消除算法所使用的偏差。参数调优的 LMS 算法是另一个优选偏差的例子。

2. 限定偏差

限定偏差是归纳偏差中的另一类,其中的假设被限定在一个较小的集合中,也称语言偏差(language bias)。例如,候选消除算法的偏差就是限定偏差的一个例子。这种偏差完全是其假设所展示出的表达能力的结果。线性函数是限定偏差的另一个例子。

小练习

1. 什么是归纳偏差?

答:归纳偏差是一组假设,包含用于根据给定输入数据对结果进行预测的训练数据,也称学习偏差。

2. 什么是 ID3 决策树学习的归纳偏差?

答:ID3 决策树学习的归纳偏差就是最短树。

3. 什么是候选消除搜索?

答:候选消除搜索是不完整的假设空间搜索,因为其只包含一部分假设。

4. 什么是优选偏差?

答:优选偏差是归纳偏差的一种,其中的一些假设优于其他假设,也称搜索偏差。

5. 什么是限定偏差?

答:限定偏差是归纳偏差的一种,其中的一些假设被限定在一个较小的集合内,也称语言偏差。

7.9 为什么首选短假设

奥卡姆剃刀(Occam's razor)是归纳偏差的一个经典理论,它首选最简单和最短的假设拟合数据,哲学家奥卡姆·威廉于1320年提出该理论。物理学家更喜欢对行星的运动给出简单的解释,根据奥卡姆剃刀理论,因为短假设比长假设少,所以很难找到一个恰好拟合训练数据的短假设。奥卡姆剃刀理论成为一个很成功的实验策略。

7.9.1 选择短假设的原因

首选短假设作为决策树的归纳偏差的原因如下。

- 在决策树的学习过程中,假设有少量的简单树和许多复杂树,一棵拟合数据的简单树更可能是正确的。因此,任何人都更喜欢一棵简单树,但是,有时它也会带来一些问题。
- 任何人都能接受一棵用于预测的简单树和一般树。在机器学习中,学习是一个泛化的过程,一棵简单树比一棵复杂树更一般,一棵一般树能准确地给出总体的输出。因此,奥卡姆剃刀理论首选短假设,并指出当两个假设同时解释一个训练集时往往会选择一般化的假设。
- 短假设占据更小的空间。例如,在有空间限制的报告方面和数据压缩中,与更复杂的假设相比,一个短假设可以准确地定义数据。

7.9.2 争论的问题

当应用"首选短假设"理论作为决策树的归纳偏差时可能会产生以下一些问题。

- 为什么短描述约束比其他约束更具有相关性?
- 短假设是基于学习者的内部表示。

小练习

1. 什么是奥卡姆剃刀理论?

答:奥卡姆剃刀是归纳偏差的一个经典理论,它首选简单的短假设拟合数据,哲学家奥卡姆·威廉于1320年提出该理论。

2. 为什么决策树首选短假设?

答:决策树首选短假设是因为其占据更小的空间,另外,它可以更高效地表示数据。

7.10 决策树学习中的问题

决策树及其算法是机器学习任务的最佳工具。在使用学习算法的过程中产生了很多问题,因此需要很好地理解这些问题并解决它们。本节将解释这些问题。

7.10.1 过拟合

过拟合是决策树学习中的一个主要问题,决策树生长得很深,以对训练数据和实例进行分类。然而，一旦训练数据较少或者数据有噪声，就会出现过拟合问题。简言之，决策树对分类训练数据是很完美的，但是对于未知真实世界中的实例却表现得并不好。这种情况是由于训练数据中的噪声和训练实例太少而很难拟合所造成的。这类问题被称为过拟合训练数据，下面是对过拟合的简单定义。

1. 过拟合的定义

给定一个假设空间 H，其中有一个假设 h，如果 H 中存在一些其他假设 h'，使得 h 在训练样本上的误差小于 h'，但 h' 在整个实例分布上的误差小于 h，则认为 H 中的一个假设 h 过拟合训练数据。

过拟合会降低决策树在任何实际实例上的准确性，因此解决过拟合问题是非常有必要的。避免过拟合、减少错误修剪（reduced error pruning）和规则后修剪（rule-post pruning）是解决过拟合问题的主要方法。下面对这三种方法进行简要介绍。

2. 避免过拟合数据

当一个训练实例太小而不能拟合模型时就会发生过拟合，因此需要使用一个较大的训练实例。避免过拟合是一种简单的解决方法，但并不是标准方法。避免过拟合的方法如下。

- 更早地停止树的生长。如果停止了树的生长，则该问题可以自动解决，因为所获取的训练集已经比较小，很容易拟合到模型中。
- 使用一组不包含任何训练数据的单独样本，这就是训练和验证集方法。即使训练集由于随机误差而被误导，该方法也是有效的。验证集通过 2/3 的训练集和 1/3 的验证集展示出相同的随机波动。
- 使用统计测试，它会估计是否需要扩展树的一个节点，扩展节点的测试对性能的提升超过了训练集方法。
- 直接度量训练样本和决策树的编码复杂度。当编码长度最小时，停止度量，可以使用最小描述长度原理（minimum description length principle）。

3. 减少错误修剪

修剪或减少错误修剪是解决过拟合问题的另一种方法，修剪是指从树中移除子树。减少错误修剪算法遍历整个树并移除节点，包括对决策树的准确性没有负面影响的节点的子树，它将子树转换为具有最常见标签的叶子节点。

移除冗余的子树并不能提供准确的答案，相反，它提供了与原始树相同的答案。在这种情况下，使用验证测试代替测试集有助于确定树的准确性，验证测试可以从训练集中得到。减少错误修剪算法的伪代码如下。

① 将数据集拆分为训练集和验证集。

② 考虑要修剪的一个节点。

③ 通过删除节点的子树执行修剪，并使它成为叶子节点，为该节点指定最常见的类。

④ 如果生成树的性能在验证集上不比原始树差，则删掉节点，它消除了偶然和错误。

⑤ 通过选择节点迭代删除树中的节点，这些节点的删除最大程度地提高了决策树在图上的准确性。

⑥ 修剪过程持续进行，直到进一步的修剪是有害时停止。

R 为修剪决策树提供了内置功能，rpart 包和 tree 包提供了在决策树上执行修剪的函数。当数据集较大时，修剪会给出最好的结果。如果数据集较小，则修剪会生成相同的结果。在这里，使用 rpart 包讨论修剪。rpart 包中的 prune()函数确定了给定 rpart 对象的嵌套子树序列。该函数根据复杂度参数(cp)递归剪切或修剪最不重要的分支。

要找出复杂度参数，可以使用包中的 printcp()函数，这样做可以选择树的大小以最小化交叉验证误差，xerror 列用于寻找最小化交叉验证误差。除此之外，fit $ cptable[which.min(fit $ cptale[,"xerror"]), "CP"]也可以和修剪函数一起使用。

prune()函数的基本语法为

```
prune(tree, cp, …)
```

其中，tree 参数包含类 rpart 拟合的模型对象；cp 参数包含将要修剪的树的复杂度参数；“…”定义了其他可选参数。

以下示例使用一个包含两个变量(即 speed 和 dist)的内置数据集 cars。rpart()函数使用公式 speed～dist 创建一个递归树 t。在图 7.19 中显示了一个修剪之前的决策树。在图 7.20 中，使用 printcp()函数确定复杂度参数，xerror 列的最小值为 0.58249，在修剪函数中，该值也被作为 CP 值。图 7.20 显示了同样的决策树，因为数据集只有 50 行。

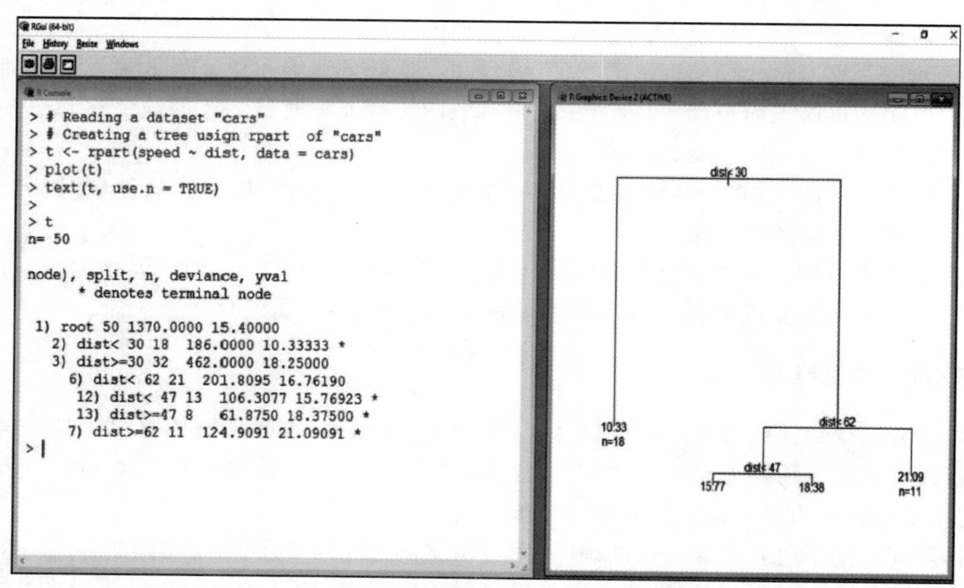

图 7.19　修剪前的决策树

4. 规则后修剪

规则后修剪是解决过拟合问题的最佳方法，其能够给出高精度的假设，该方法能修剪树并减少过拟合问题。规则后修剪方法的步骤如下。

① 从训练集中推断出决策树，并使树生长到尽可能好地拟合训练数据为止，它是允许发生过拟合的。

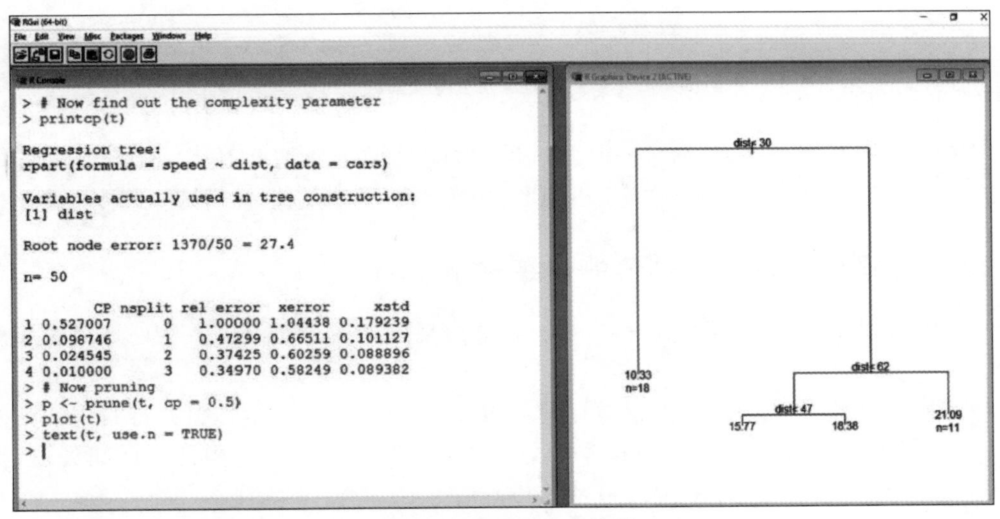

图 7.20　修剪后的决策树

② 通过为从根节点到叶节点的每条路径创建一个规则，将所学到的树转换为等效的规则集。

③ 通过删除任何提升其估计精确度的先决条件修剪每个规则。

④ 通过估计精度对修剪后的规则进行排序，并按照该顺序对后续实例进行分类。

规则后修剪可以通过在训练数据上计算规则的准确度或者计算假设为二项分布的标准偏差提高估计准确度，它与大型数据集的估计准确度非常接近，并使用下限(lower bound)对规则性能进行度量。

7.10.2　合并连续值属性

有时，可能会有一些学习数据的属性包含连续值，而不是离散值，这就意味着这些属性中不包含 yes/no、true/false 或类似值。在学习过程中，包含连续值的属性会产生一些问题，在这种情况下，布尔值属性是非常有用的。因此，可以按照以下步骤进行操作。

① 通过某个阈值将连续值属性减少为布尔值属性。

② 根据选择阈值的连续值对样本进行排序。

③ 识别分类中不同的相邻样本，以得到候选阈值。

④ 选择信息增益值最大的属性，并将其作为理想阈值。

除了阈值方法外，另一个方法也可以用于处理连续值属性，即将连续值切分为多个区间，而不是两个区间。

7.10.3　选择属性的其他方法

当一个属性有很多值时，决策树也会出现问题。这些值将训练样本分成非常小的子集，当使用增益(Gain)时，它们就提供非常高的增益。为了避免这个问题，使用增益比(Gain Ratio)代替增益。假设 GainRatio(S,A)为属性 A 的增益比，则其由以下公式定义。

$$GainRatio(S,A)=\frac{Gain(S,A)}{SplitInformation(S,A)}$$

其中，$SplitInformation(S,A)=-\sum_{i=1}^{c}\frac{|S_i|}{|S|}\log_2\frac{|S_i|}{|S|}$；$S_i$ 是 S 的子集，因此 A 具有值 v_i。

有时，当 S_i 接近于 S 时，增益比也会产生一些问题，在这种情况下，增益比会没有定义或非常大。为了避免这个问题，只对高于平均增益的属性计算增益比，然后选择最佳增益比。

7.10.4 处理具有缺失属性值的训练样本

当训练样本包含缺失属性值时，决策树就会出现问题。下面给出一些处理缺失属性值的方法。

- 最简单的一种方法是对训练样本进行排序，选择最常见的属性值并将其用于其他训练样本。例如，在一些训练样本中，如果属性 A 包含节点 n 中的一些缺失值，则继续计算增益，并将属性 A 的最常见的值指定给另一个训练样本。
- 另一个方法是在节点上指定属性的最常见的值。例如，将属性 A 的缺失值分配给节点 n。
- 另一个更复杂的方法是为包含缺失属性值的每个可能的值分配概率，这些概率值用于计算增益。如果有很多缺失值，则在树的后续分支进一步细分概率的值。

7.10.5 处理具有不同成本的属性

当属性具有不同的成本时，就会在决策树中出现一个问题，即这些不同的成本会影响学习过程中的整体成本。在某些医疗诊断任务中，如血液检测、活检结果和体温检测包含显著的成本价值，使得学习任务对患者来说更昂贵。

为了解决这类问题，需要使用包含低成本属性的决策树。ID3 算法在属性选择方法中使用一个成本项考虑属性修改的成本。另一个方法是使用增益除以属性的成本，并利用下面的公式替换 $Gain(S,A)$。

$$\frac{Gain^2(S,A)}{Cost(A)} \quad \text{或者} \quad \frac{2^{Gain(S,A)}-1}{Cost(A)+1^{\omega}}$$

其中，$\omega\in[0,1]$，其决定了成本的重要性。

小练习

1. 过拟合的定义是什么？

答：过拟合的定义为：给定一个假设空间 H，如果存在 H 中其他假设 h'，使得 h 比 h' 在训练样本上具有较小的误差，但是 h' 比 h 在整个实例的分布上具有较小的误差，则认为 H 中的一个假设 h 是过拟合训练数据的。

2. 修剪或减少错误修剪是什么意思？

答：修剪或减少错误修剪是用于解决过拟合问题的一种方法，修剪可以简单地理解为从树中移除子树。

3. prune()函数的作用是什么？

答：rpart 包中的 prune()函数决定了给定的 rpart 对象的子树的嵌套序列，该函数根据复杂度参数(cp)递归地剪切或修剪掉最不重要的分支部分。

4. printcp()函数的作用是什么?

答:为了找出复杂度参数,可以使用 printcp()函数。通过这种方法选择树的大小,使交叉验证的误差最小化。xerror 列用于找到最小的交叉验证误差。

5. 决策树中的增益比是什么?

答:增益比用于解决决策树中的属性包含许多值的问题。

6. 增益比的定义公式是什么?

答:增益比的定义公式为

$$GainRatio(S,A)=\frac{Gain(S,A)}{SplitInformation(S,A)}$$

其中,$SplitInformation(S,A)=-\sum_{i=1}^{c}\frac{|S_i|}{|S|}\log_2\frac{|S_i|}{|S|}$;$S_i$ 是 S 的子集,因此 A 具有值 v_i。

案例研究:帮助零售商预测店内客流

在互联网时代,对顾客行为的预测是非常有价值的,因为它可以帮助市场营销人员分析其产品的价值,并为销售其产品发送更新信息。在线销售市场依赖于顾客的历史行为。设计新的市场策略、吸引顾客到商店购物、努力将客流量转化为销售利润,这些都对零售商的财务健康至关重要。

每个零售商都使用不同的策略增加商店客流量,并将其转化为利润,他们投资于具有理想特性的高端房地产,如目标客户群的高流量、客户群体、客户便利性和知名度。一旦他们确定了一个目标,零售商就会以各种不同的方式吸引商店的客流量,如广告支出,以各种折扣提供产品的优惠;或在本地市场中进行各种促销活动,如提供不同程度的打折或价格减免。

每当顾客光顾一家商店时,零售商都试图通过几种方式将其转化为利润。他们确保在合适的地方、合适的时间提供合适的价格和合适的产品。他们对商店的雇员进行投资,以确保顾客有一个好的购物体验,以促使顾客购买商品,并在将来再次回到商店进行购买。

这种关系对零售商而言是非常关键的,原因如下。首先,他们能了解其他商店的反馈和顾客的需求,可以通过时间序列数据计算出本地顾客的财务数据。决策树对这种问题是非常重要的,因为它可以计算出本地市场的风险因子,并根据顾客以前的行为了解其需求,这也被称为学习顾客的认知行为。下面以 iPhone 7 为例,为了理解顾客的行为,该商品也使用了时间序列分析,通过早期收集的 iPhone 6 和 iPhone 6s 机型的数据进行分析,了解顾客是如何使用早期的机型以及 iPhone 7 在竞争性产品中需要寻找什么样的特性,这些研究为产品的开发提供了重要的见解。

决策树对于收集新市场价值信息是非常有用的,因为这些信息都取决于来自历史数据的时间序列。利用这些数据既可以分析新商品的信息,也可以结合顾客的财务状况分析顾客的行为,并给予他们最大的折扣。

如果分析历史数据,会发现许多商品都是很失败的,因为他们不能理解当时的市场需求。所以,为了保险起见,每个企业都试图根据市场价值了解市场及其需求,因此,从时间序列数据中创建决策树是一项基本任务。

决策树可以通过从父节点到子节点的信息增益帮助减小误差。ID3 中的树形归纳法有助于生成推荐引擎,该引擎是一个理解市场需求的功能强大的工具,可以帮助企业选择利润市场。

决策树有许多对零售商和企业非常有用的特征,可以通过比较信息增益和损失(loss)为市场提供折扣,这也是通过了解消费者对新产品和老产品的行为实现的,iPhone 6 和 iPhone 6s 就是相关的例子,因为在发布 iPhone 7 后,iPhone 6 和 iPhone 6s 的价格在印度市场降低了 2 万元。

在数据挖掘中使用决策树及其特性可以增加零售商的利润,帮助企业将顾客流量转化为利润。数据挖掘将会在后面几章中进行详细介绍。

本章小结

- 决策树是一种无向图,它以树形结构或分层的形式表示决策及其结果,它是机器学习的一部分,主要用于数据挖掘的应用。
- R 提供了不同的包,如 party、rpart、maptree、tree、partykit 和 randomforest,可以创建不同类型的树。
- ctree 是一类非参数回归树,它解决了各种回归问题,如名义、序数、单变量和多变量等响应变量或数的问题。
- 属性-值对是计算机科学中表示数据的一种方法,名-值对、字段-值对和键-值对都是属性-值对的别称。
- 在训练数据的设计过程中,属性的一些值可能会被错误标注,属性中的一些数据可能会缺失,或者训练数据中可能会出现错误。在这些情况下,决策树是一种表示训练数据的健壮性的方法。
- 决策树学习算法可以创建递归树,它们利用决策树规则使用一些归纳方法对一个未知对象属性的给定值进行适当的分类。
- 学习算法为任何训练数据集生成不同类型的树,这些树用于在训练数据集中分类任何未知实例。
- ID3 算法是一种最常用的基本决策树算法。1983 年,Ross Quinlan 发明了该算法。ID3 算法的基本思想是遵循自顶向下及贪心搜索的方法构建一棵树。
- R 提供了一个用于实现 ID3 算法的包 data.tree,该包基于分层数据生成一棵树。
- 信息增益是用于选择决策树的最佳属性的另一种度量标准,它是最小化决策树深度的度量标准。
- 计算信息增益的公式为

  $$\text{Gain}(S,A)=\text{Entropy}(S)-\sum_{v=\text{Values}(A)}\frac{|S_v|}{|S|}\text{Entropy}(S_v)$$,其中 A 是 S 的一个属性。
- 候选消除搜索是一个不完全的假设空间搜索,因为它只包含一些假设。
- 优选偏差是归纳偏差的一种,其中一些假设优于所有其他假设,也称搜索偏差。
- rpart 包中的 prune()函数确定了一个给定 rpart 对象子树的一个嵌套序列,该函数根据复杂度参数(cp)递归地修剪掉最不重要的分支部分。

- 合并连续值属性、选择属性的其他方法、处理具有缺失属性值的训练样本以及不同成本的属性是决策树的一些问题。
- 增益比的定义公式为

$$\mathrm{GainRatio}(S,A)=\frac{\mathrm{Gain}(S,A)}{\mathrm{SplitInformation}(S,A)}$$

其中,$\mathrm{SplitInformation}(S,A)=-\sum_{i=1}^{c}\frac{|S_i|}{|S|}\log_2\frac{|S_i|}{|S|}$;$S_i$ 是 S 的子集,因此 A 具有值 v_i。

- 通过使用最常见的值或使用概率对训练样本进行排序,就可以解决决策树中的缺失属性值问题。
- 通过在决策树中使用一个包含低成本属性的决策树,可以解决决策树中具有不同成本的属性的问题。

关键术语

- 连续值(continuous value):包含许多值的一种值。
- ctree:一种非参数类的回归树,它可以解决多种回归问题,如名义、序数、单变量、多变量响应变量或数的问题。
- data.tree:R 的一个包,用于实现 ID3 算法。
- 边(edge):在决策树中,边表示决策规则。
- 熵(entropy):用于选择最佳属性的度量标准,其度量了包含正向标签和负向标签的样本集的杂质(impurity)。
- 假设空间搜索(hypothesis space search):一组所有可能的假设。
- ID3:第一个决策树学习算法,1983 年,Ross Quinlan 发明了该算法,ID3 算法的基本思想是遵循自顶向下和贪心搜索的方法构建一棵树。
- 信息增益(information gain):一种用于选择决策树的最佳属性的度量标准,信息增益是一种最小化决策树深度的度量标准。
- 归纳偏差(inductive bias):一组假设,包含根据给定输入数据预测结果的训练数据。
- mushroom:data.tree 包的一个内置数据集。
- 过拟合(overfitting):决策树学习中的一个主要问题,指因为训练数据中的噪声及训练样例太小而不能拟合。
- party:R 中的一个用于创建决策树的包。
- 优选偏差(preference bias):优选偏差是归纳偏差的一种,其中的一些假设优先于其他假设。
- 修剪(pruning):修剪或减少错误修剪是解决过拟合问题的一种方法,修剪可以简单理解为从树中移除子树。
- 纯净数据集(pure dataset):只包含一类数据,纯净数据集的熵一般为 0。
- 限定偏差(restriction bias):归纳偏差的一种,其中的一些假设被限定在一个较小的集合内。

- rpart：R 中的一个用于创建决策树或回归树的包。
- 无向图(undirected graph)：节点和边的一个组合，图中不存在环，在每两个节点之间有一条路径。

巩固练习

一、单项选择题

1. 以下选项中的哪个包不同于其他包？
   (a) rpart (b) party (c) tree (d) stats
2. 以下哪个包中有 ctree()函数？
   (a) rpart (b) tree (c) party (d) data.tree
3. 以下哪个选项表示的是决策树中的事件？
   (a) 边 (b) 图 (c) 节点 (d) 以上都不是
4. 以下哪个参数是 rpart()函数的一部分？
   (a) method (b) controls (c) cp (d) use.n
5. 以下哪个参数是 ctree()函数的一部分？
   (a) method (b) controls (c) cp (d) use.n
6. 以下哪个参数是 prune()函数的一部分？
   (a) method (b) controls (c) cp (d) use.n
7. 以下哪个参数是 text()函数的一部分？
   (a) method (b) controls (c) cp (d) use.n
8. 以下哪个包中包含 prune()函数？
   (a) rpart (b) partykit (c) party (d) data.tree
9. 以下哪个函数在生成的决策树中可以绘制交叉验证输出结果？
   (a) plotcp() (b) printcp() (c) prune (d) text()
10. 以下哪个函数在生成的决策树中可以打印复杂度参数？
    (a) plotcp() (b) printcp() (c) prune (d) text()
11. 以下哪个函数执行了决策树的修剪？
    (a) plotcp() (b) printcp() (c) prune (d) text()
12. 以下哪个函数会在绘制的决策树上打印标签？
    (a) plotcp() (b) printcp() (c) prune (d) text()
13. 以下哪一项是对决策树的最佳分类方法？
    (a) 最高信息增益 (b) 熵
    (c) 归纳偏差 (d) 以上都不是
14. 纯净数据集的熵是多少？
    (a) 2 (b) 3 (c) 1 (d) 0
15. 纯净数据集中的数据有几类？
    (a) 1 (b) 2 (c) 3 (d) 4

16. 下面哪一个是 ID3 决策树学习的归纳偏差？
 (a) 线性函数　(b) 最短树　(c) 最小　(d) 最大
17. 以下哪个是优选偏差？
 (b) 线性函数　(b) 最短树　(c) 最小　(d) 最大
18. 以下哪个是限定偏差？
 (a) LMS 算法　(b) 最短树　(c) 线性函数　(d) 最大
19. 以下哪个是归纳偏差的经典理论？
 (a) LMS 算法　(b) 最短树　(c) 线性函数　(d) 奥卡姆剃刀
20. 以下哪项是“cp”的正确表示形式？
 (a) common parameter　(b) classic parameter
 (c) complexity parameter　(d) complexity point

二、简答题

1. 决策树在机器学习中的作用是什么？用于机器学习的树有多少种？
2. 请写出 rpart 和 party 包的相关内容。
3. CTree 和 R 中的 ctree()有什么不同？
4. 什么是决策树学习算法？
5. 决策树学习算法的应用有什么？
6. 什么是假设空间搜索？请列出其步骤。
7. 解决决策树中的缺失属性值问题的方法有什么？

三、论述题

1. 思考一个问题陈述并用决策树进行表示。
2. 请列举示例解释包 data.tree、熵和信息增益。
3. 请解释奥卡姆剃刀理论。
4. 什么是修剪？为什么要将其用于决策树中？
5. 请使用语法及示例对 prune()函数进行解释。
6. 创建一个数据集，并使用 ctree()函数为其生成决策树。
7. 创建一个包含属性-值对的数据集，并使用 ctree()函数生成决策树。
8. 创建一个包含离散值的数据集，并使用 ctree()函数生成决策树。
9. 创建一个包含析取式数据的数据集，并使用 ctree()函数生成决策树。
10. 使用 R 中的任何一个内置数据集，并在该数据集中进行修剪。
11. 创建一个包含 iPhone 特征的数据集，找出该数据集的熵和信息增益，同时找出 iPhone 数据集的最佳特征。

实战练习

访问 UCI 机器学习知识库网站(https://archive.ics.uci.edu/ml/datasets.html)，查看银行营销数据集(http://archive. ics. uci. edu/ml/machinelearning-databases/00222/-(use bankadditional-full.csv)),引入决策树以预测客户是否会认购定期存款(预测变量 y 的值)。

样本数据如下。

```
  age       job marital   education default housing loan   contact month day_of_week campaign pdays
1  56 housemaid married    basic.4y      no      no   no telephone   may         mon        1   999
2  57  services married high.school unknown      no   no telephone   may         mon        1   999
3  37  services married high.school      no     yes   no telephone   may         mon        1   999
4  40    admin. married    basic.6y      no      no   no telephone   may         mon        1   999
5  56  services married high.school      no      no  yes telephone   may         mon        1   999
6  45  services married    basic.9y unknown      no   no telephone   may         mon        1   999
  previous    poutcome emp.var.rate cons.price.idx cons.conf.idx euribor3m nr.employed  y
1        0 nonexistent          1.1         93.994         -36.4     4.857        5191 no
2        0 nonexistent          1.1         93.994         -36.4     4.857        5191 no
3        0 nonexistent          1.1         93.994         -36.4     4.857        5191 no
4        0 nonexistent          1.1         93.994         -36.4     4.857        5191 no
5        0 nonexistent          1.1         93.994         -36.4     4.857        5191 no
6        0 nonexistent          1.1         93.994         -36.4     4.857        5191 no
```

注意：避免使用 duration 列作为预测因子。

单项选择题参考答案

1.(d) 2.(c) 3.(c) 4.(a) 5.(b) 6.(c) 7.(d) 8.(d) 9.(a) 10.(b) 11.(c) 12.(d) 13.(a) 14.(d) 15.(a) 16.(b) 17.(b) 18.(c) 19.(d) 20.(c)

第 8 章
Chapter 8

R 中的时间序列

学习成果

通过本章的学习,您将能够:

- 使用 ts()函数和 scan()函数读取时间序列数据;
- 在时间序列数据上应用线性滤波;
- 对时间序列数据应用简单、Holt 和 Holt-Winters 指数平滑;
- 分解时间序列数据;
- 将时间序列数据拟合到 ARIMA 模型;
- 绘制时间序列数据。

8.1 概述

企业的成功在很大程度上依赖于及时、明智(informed)的决策。企业已经意识到分析时间序列数据的重要性,这些数据可以帮助他们分析和预测下一个财政年度的销售数字,并采取积极措施以处理庞大的网站流量、监控竞争状况等。随着时间的推移,一些有助于预测和预报的方法已经发展起来。时间序列建模就是这样一种利用基于时间的数据进行建模的方法。时间序列建模包括对基于时间(年、日、小时和分钟)的数据进行处理以洞察隐藏的信息,然后进行明智的决策。

本章将回答关于时间序列数据的以下问题。

- 有没有一种趋势的度量值随着时间的推移而增大(或减小)?
- 是否具有季节性? 这些数据是否规则地表现出了与日历时间(如季节、季度、月份、周日等)有关的高点和低点的重复模式?
- 数据中有异常值吗?
- 随着时间的推移会变化吗? 是常数还是非常数?
- 数列的水平或方差是否有突然的变化?

时间序列数据的典型用途如下:

- 趋势分析;
- 周期性波动分析;

• 方差分析。

本章首先介绍数据可视化和数据操作的基本 R 命令，然后深入研究读取时间序列数据、绘制数据、分解数据、执行回归分析和指数平滑，最后对 ARIMA 模型进行详细介绍。

8.2 时间序列数据

时间序列分析在商业分析中扮演着重要的角色。时间序列数据可以定义为追踪某个变量在某个时期(如月、季度或年)所取值的量。例如，在股票市场中，股票的价格每秒都在变化。时间序列数据的另一个例子是度量一年中每月的失业水平。

单变量和多变量是两种时间序列数据，当时间序列数据使用一个单一的量描述值时，它就是单变量；当时间序列数据使用多个量描述值时，它被称为多变量。时间序列分析对这两种时间序列数据进行分析。R 具有执行时间序列分析的功能，下面将讨论用于时间序列分析所必需的 R 基本函数。

8.2.1 数据可视化的基本 R 函数

R 语言提供了许多绘制给定数据的函数，如 plot()、hist()、pie()、boxplot()、stripchart()、curve()、abline()、qqnorm()等，其中 plot()和 hist()函数主要用于时间序列分析。下面对一些函数进行简要介绍。

1. plot()函数

R 的 plot()函数可以创建不同类型的图，它有许多以不同形式对数据进行可视化的选项。除此之外，col、font、lwd、lty、cex 等图参数也可以使用 plot()函数提升时间序列数据的可视化。plot()函数的基本语法为

```
plot(x, y, type, main, sub, xlab, ylab,…)
```

其中，参数 x 定义了图中点的坐标，可以是任意的 R 对象；参数 y 是一个可选参数，如果使用了 x 轴，则其包含点的 y 坐标；参数 type 定义了要绘制的图的类型，表 8.1 描述了 type 参数的不同取值；main 参数定义了图的标题；sub 参数定义了图的子标题；xlab 参数定义了 x 轴的标题；ylab 参数定义了 y 轴的标题；“…”定义了其他可选参数。

表 8.1 plot()函数的 type 参数取值

类 型 值	图 类 型
p	绘制图上的点
l	绘制图上的线
b	绘制点和线
c	b 的线条部分
o	线和点的重绘
h	绘制类似垂直线的直方图

续表

类　型　值	图　类　型
s	由底部向上的阶梯式图
S	其他阶梯图
n	不绘制

下面的例子创建了一个名为 s 的对象，并使用 plot()函数创建了对象的直方图。除此之外，参数 main(图的标题)、col(绘图颜色)和 lwd(线的宽度)自定义了绘图(如图 8.1 所示)。

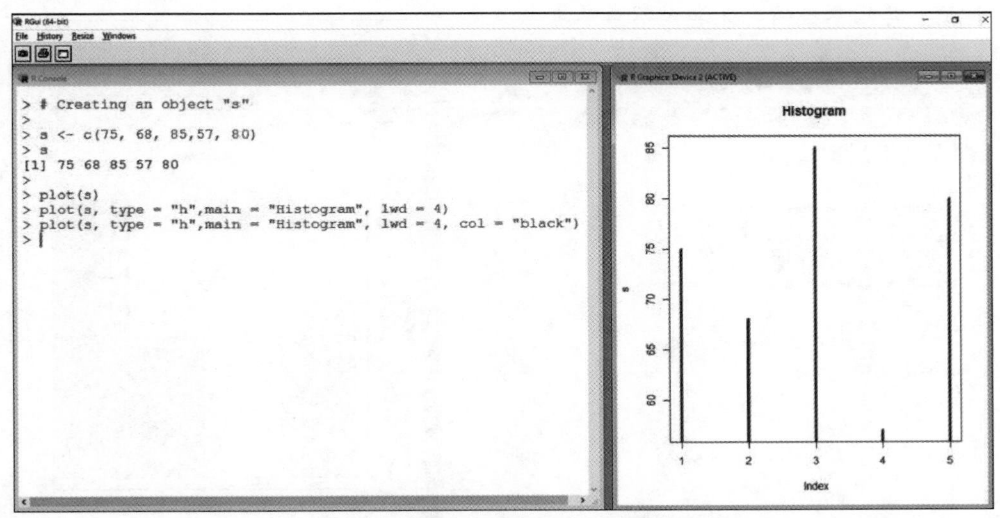

图 8.1　使用 plot()函数绘制柱状图

2. hist()函数

R 提供了用于创建任何数据集的直方图的 hist()函数。直方图是一种使用不同柱对数据集进行图形化表示的图示方式，它将数据集划分成特定的范围并创建不同高度的柱。hist()函数的基本语法为

```
hist(x, … )
```

其中，x 是用于绘制柱状图的值的一个向量；"…"定义了其他可选参数。

下面的示例读取了一个表数据 StuAt.csv，对象 h 存储一月份的出勤情况，hist()函数创建了对象 h 的直方图(如图 8.2 所示)。

3. pie()函数

步骤 1：创建向量 B。

```
>B <-c(2, 4, 5, 7, 12, 14, 16)
```

步骤 2：使用 pie()函数创建饼图(如图 8.3 所示)。pie()函数的语法为

```
pie(x, labels =names(x), edges =200, radius =0.8,
    clockwise =FALSE, init.angle =if(clockwise) 90 else 0,
    density =NULL, angle =45, col =NULL, border =NULL,
    lty =NULL, main =NULL, ...)
```

其中，x 是一个非数值量的向量；clockwise 接收一个逻辑值，表明是顺时针绘制还是逆时针绘制饼图中的块；main 提供了饼图的标题；col 用来表示绘图颜色；labels 提供了这些块的名称。

```
>pie(B)
```

注意：其他参数的定义和说明请参考 R 文档。

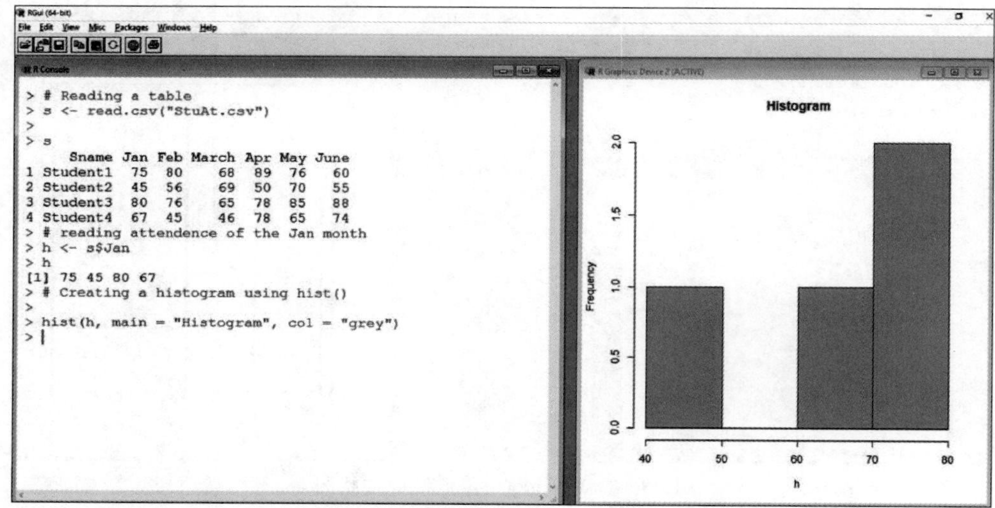

图 8.2 使用 hist()函数创建柱状图

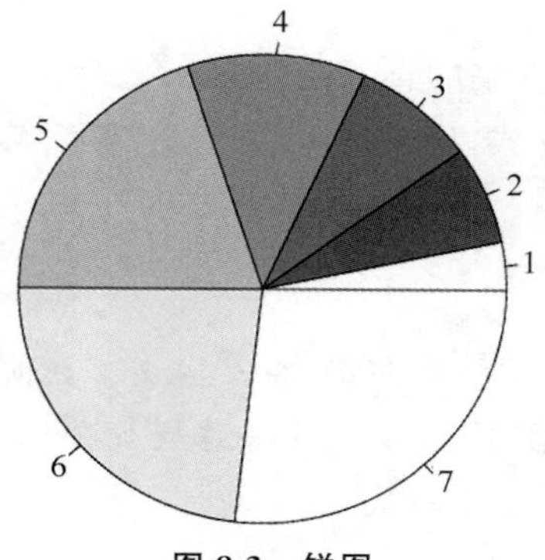

图 8.3 饼图

步骤 3：利用为参数(如 main、col、labels 等)提供的值绘制饼状图(如图 8.4 所示)。

```
>pie(B, main="My Piechart", col=rainbow(length(B)),
+labels=c("Mon", "Tue", "Wed", "Thu", "Fri", "Sat", "Sun"))
```

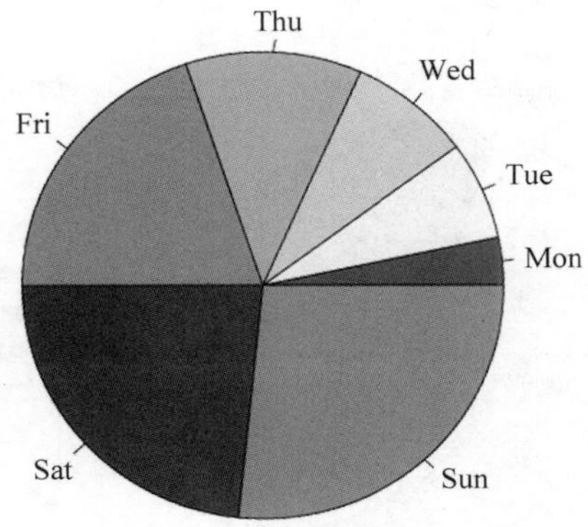

图 8.4　我的饼图(1)

为了打印出清晰的图案，需要如下设定为黑、灰和白 3 种颜色。

```
>cols <-c("grey90", "grey50", "black", "grey 30", "white", "grey 70", "grey 50")
```

用一个小数位计算每天的百分比。

```
>percentlabels<-round(100 * B/sum(B), 1)
>percentlabels
[1] 3.3 6.7 8.3 11.7 20.0 23.3 26.7
```

使用 paste()函数为每个百分比添加一个“%”符号。

```
>pielabels<-paste(percentlabels, "%", sep="")
>pielabels
[1] "3.3%" "6.7%" "8.3%" "11.7%" "20.0%" "23.3%" "26.7%"
```

以黑、灰和白 3 种颜色绘制以百分数显示标签数值的饼图(如图 8.5 所示)。

```
>pie (B, main="My Piechart", col=cols, labels=pielabels, cex=0.8)
```

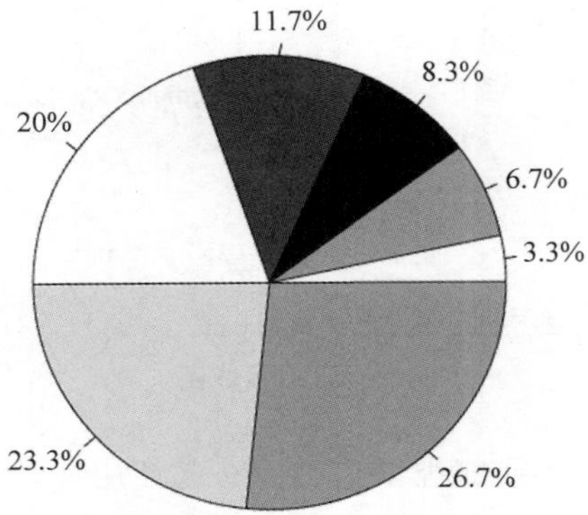

图 8.5　我的饼图(2)

在右侧添加一个图例(如图 8.6 所示)。

```
>legend("topright", c("Mon", "Tue", "Wed", "Thu", "Fri", "Sat",
```

```
"Sun")), cex=0.8, fill=cols)
```

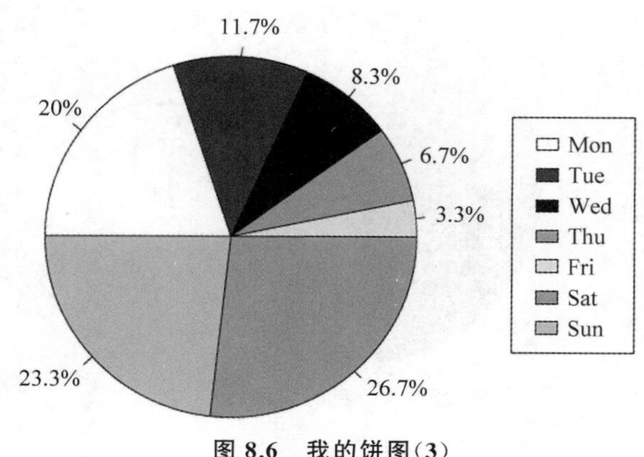

图 8.6　我的饼图(3)

4. boxplot()函数

箱线图(boxplot)也称箱须图,它是由 John Tukey 于 1977 年发明的,John Tukey 也被誉为探索性数据分析之父。箱线图的目的是高效地显示以下 5 种神奇的数字或统计度量(如图 8.7 所示):

- 最小值或下限值;
- 下四分位数或 25%;
- 中值或 50%;
- 上四分位数或 75%;
- 最大值或上限值。

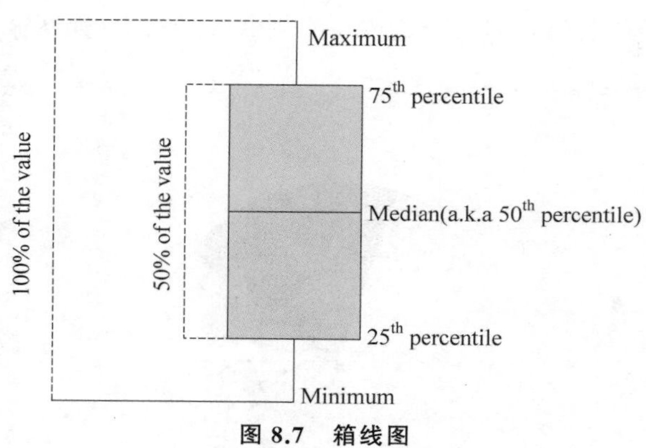

图 8.7　箱线图

箱线图可以垂直或水平绘制,通常和直方图一起使用。

(1) 箱线图的优点

- 为数据的对称性和偏态性(偏态性是统计分布中的不对称性)提供了一种很好的思想(如图 8.8 所示)。
- 显示了异常值。

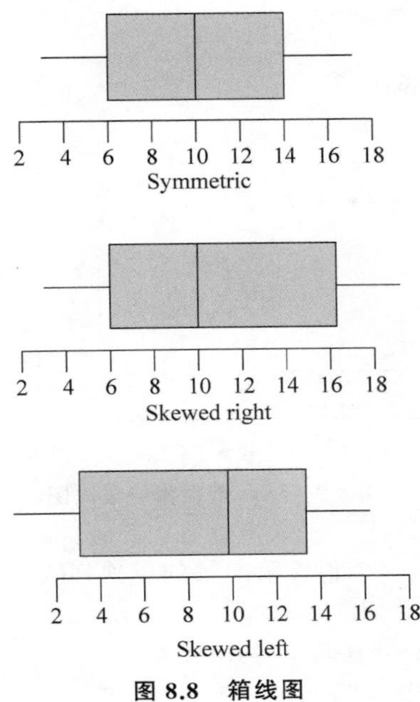

图 8.8　箱线图

- 允许对数据集进行简单的比较。

(2) 创建箱线图的步骤

步骤 1：使用 trees 数据集，该数据集提供了被砍伐的 31 棵黑樱桃树的周长(直径单位为英寸)、高度和木材体积的测量数据。使用 head()函数查看数据集的前 6 行数据。

```
>head(trees)
   Girth  Height  Volume
1  8.3    70      10.3
2  8.6    65      10.3
3  8.8    63      10.2
4  10.5   72      16.4
5  10.7   81      18.8
6  10.8   83      19.7
```

步骤 2：利用 boxplot()函数绘制箱线图(如图 8.9 所示)。使用箱线图显示最小值、最大值、中值、低四分位数和高四分位数。

```
>boxplot(trees)
```

boxplot()函数的完整语法表示为

```
boxplot(x, …, range =1.5, width =NULL, varwidth =FALSE,
        notch =FALSE, outline =TRUE, names, plot =TRUE,
        border =par("fg"), col =NULL, log ="",
        pars =list(boxwex =0.8, staplewex =0.5, outwex =0.5),
        horizontal =FALSE, add =FALSE, at =NULL)
```

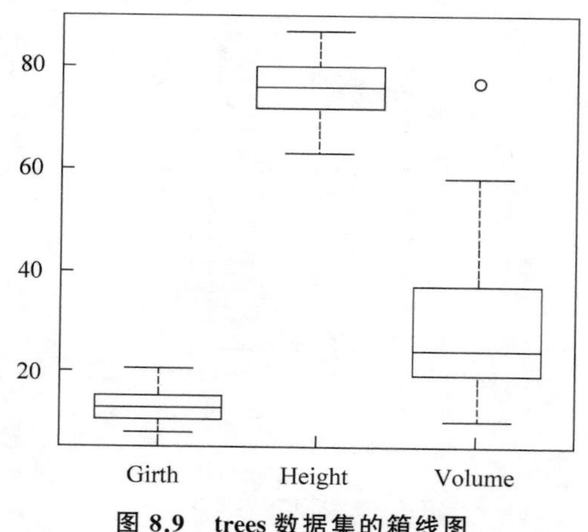

图 8.9　trees 数据集的箱线图

其中,x 是一个数值向量或一个包含该向量的单独列表。

> **提示**:其他参数的定义和解释请参考 R 文档。

步骤 3:使用 main 参数给出图的标题,使用 ylab 参数给出 Y 轴的标签(如图 8.10 所示)。

```
>boxplot(trees$Height, main="Height of Trees", ylab="Tree height in feet")
```

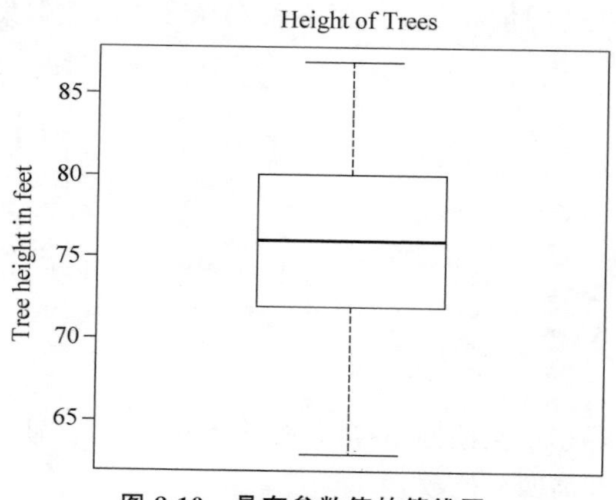

图 8.10　具有参数值的箱线图

5. stripchart()函数

stripchart()函数用来创建给定数据的一维散点图或点图,当样本较小时,该图是取代箱线图的一个很好的选择。

考虑 airquality 数据集,它是一个关于 6 个变量(Ozone、Solar.R、Wind、Temp、Month 和 Day)的 153 组观测数据的数据框。

步骤 1:使用 str()函数检测 R 对象 airquality 的内部结构。

```
>str(airquality)
'data.frame': 153 obs. Of 6 variables:
$Ozone: int 41 36 12 18 NA 28 23 19 8 NA ...
$Solar.R: int 190 118 149 313 NA NA 299 99 19 194 ...
$Wind: num 7.4 8 12.6 11.5 14.3 14.9 8.6 13.8 20.1 8.6 ...
$Temp: int 67 72 74 62 56 66 65 59 61 69 ...
$Month: int 5 5 5 5 5 5 5 5 5 5 ...
$Day: int 1 2 3 4 5 6 7 8 9 10...
```

步骤 2：绘制一个 Ozone 数据的带状图(如图 8.11 所示)。

```
>stripchart(airquality$Ozone)
```

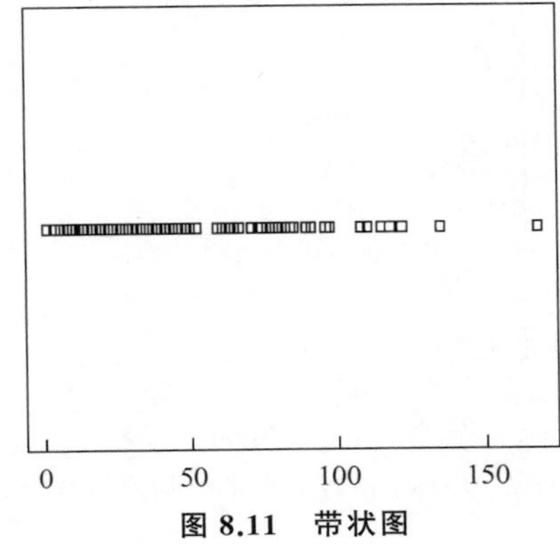

图 8.11　带状图

可以看到这些数据大部分在 50 以下,有一个数据超过了 150。

stripchart()函数的语法为

```
stripchart(x, method ="overplot", jitter =0.1, offset =1/3,
           vertical =FALSE, group.names, add =FALSE,
           at =NULL, xlim =NULL, ylim =NULL,
           ylab =NULL, xlab =NULL, dlab ="", glab ="",
           log ="", pch =0, col =par("fg"), cex =par("cex"),
           axes =TRUE, frame.plot =axes, …)
```

其中,

- x：生成图的数据,它可以是一个数值向量或者是数值向量列表。
- main：主标题(在图的顶部)。
- xlab：X 轴的标签。
- ylab：Y 轴的标签。
- method：用于分离重合(coincident)点的方法,overplot 使这些点被重复绘制,jitter 为这些点添加抖动,stack 对重合的点进行堆叠。
- col：默认绘图颜色。
- pch：定义一个在绘制点中作为默认值的符号或单个字符。

其他参数的定义及解释请参考 R 文档。

步骤3：利用参数，如 main、xlab、ylab、method、col、pch 等绘制带状图(如图 8.12 所示)。

```
>stripchart(airquality$Ozone,
+main="Mean ozone in parts per billion at Roosevelt Island",
+xlab="Parts Per Billion",
+ylab="Ozone",
+method="jitter",
+col="orange",
+pch=1
+)
```

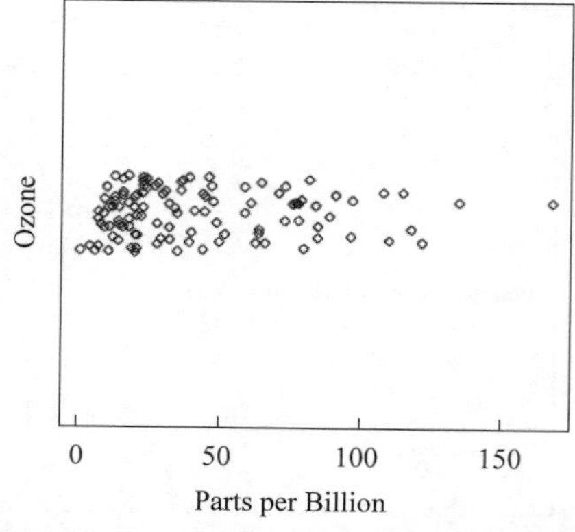

图 8.12　罗斯福岛(Roosevelt Island)的平均臭氧含量为十亿分之一

6. curve()函数

curve()函数用来绘制一条曲线(如图 8.13 所示)，对应于区间(from，to)上的一个函数，curve()函数也可以绘制变量 xname 中的一个表达式，默认为 x。curve()函数的语法为

```
curve(expr, from =NULL, to =NULL, n =101, add =FALSE,
      type ="l", xname ="x", xlab =xname, ylab =NULL,
      log =NULL, xlim =NULL, …)
```

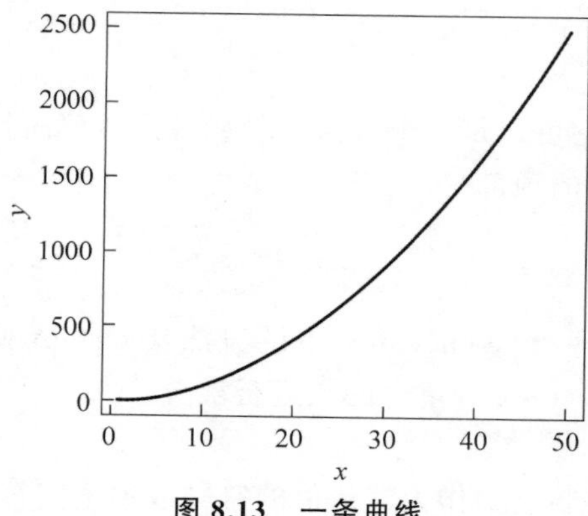

图 8.13　一条曲线

其中，x 是一个向量化的数值型 R 函数；(from，to)提供了一个绘制函数的区间。其他参数的定义及解释请参考 R 文档。

```
>curve(x^2, from=1, to=50, , xlab="x", ylab="y")
```

8.2.2 用于数据操作的基本 R 函数

时间序列分析通常需要算术平均值、标准差、差值、概率分布、密度和其他操作，R 提供了各种执行这些操作的函数及处理时间序列数据的函数。表 8.2 描述了用于时间序列分析的一些常见函数。

表 8.2　一些主要的操作函数

函　数	参　数	描　述
mean(x)	x 参数定义了任意 R 对象	函数返回给定 R 对象的算数平均值
diff(x)	x 参数是一个数字向量或矩阵	函数返回滞后项和迭代差分
sd(x)	x 参数是一个数字向量或 R 对象	函数返回给定对象的标准偏差
log(x)	x 参数是一个数字向量或 R 对象	函数返回给定对象的对数
pnorm(x)	x 参数是一个数字向量或 R 对象	函数返回正态分布函数
dnorm(x)	x 参数是一个数字向量或 R 对象	函数返回对象的密度

以下示例创建了一个对象 d。在时间序列分析过程中，上述函数会生成不同的值，例如，pnorm()函数和 qnorm()函数定义了数据的分布属性。图 8.14 对此进行了说明。

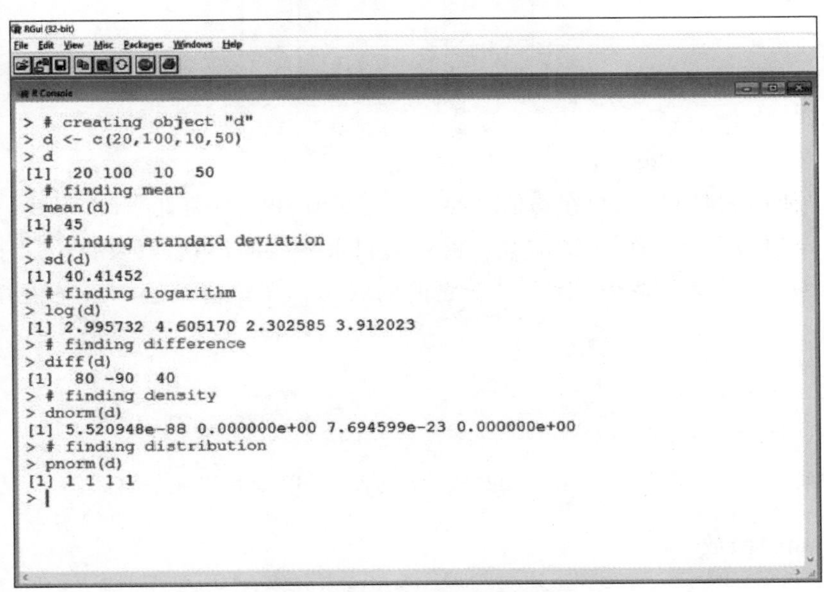

图 8.14　一些操作函数

1. mean()函数

目标：要想确定一组数的均值，需要在柱状图中绘制这些数，并在均值的位置绘制一条直线横穿该图。

步骤1：创建一个向量numbers。

```
>numbers <-c(1, 3, 5, 2, 8, 7, 9, 10)
```

步骤2：计算向量numbers中的数的均值。

```
>mean(numbers)
[1] 5.625
```

输出结果：向量numbers的均值为5.625。

步骤3：使用向量numbers绘制柱状图(如图8.15所示)。

```
>barplot(numbers)
```

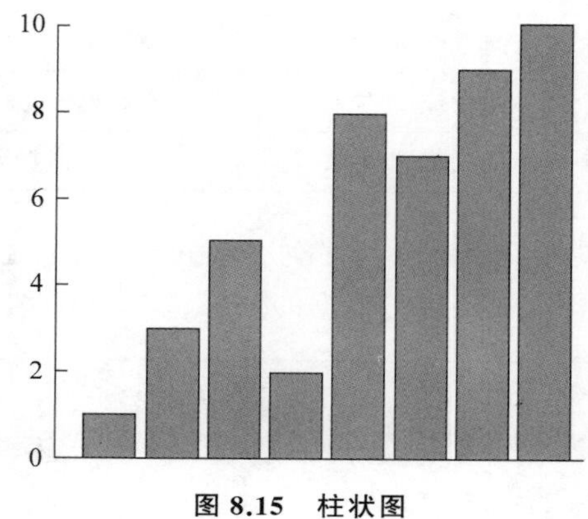

图8.15 柱状图

步骤4：使用abline()函数在均值处绘制一条横穿柱状图的直线(水平线)(如图8.16所示)。abline()函数有一个参数h，其取值为绘制水平线的位置，以及一个用于表示垂直线位置的参数v。当调用它时，就会更新之前的绘图。在均值处绘制一条横穿柱状图的水平线。

```
>barplot(numbers)
>abline(h=mean(numbers))
```

输出结果：贯穿于向量numbers的柱状图均值(5.625)上的一条直线。

2. median()函数

目标：确定一组数的中值，将这些数绘制成柱状图，并在中值处绘制一条贯穿图的直线。

步骤1：创建一个向量numbers。

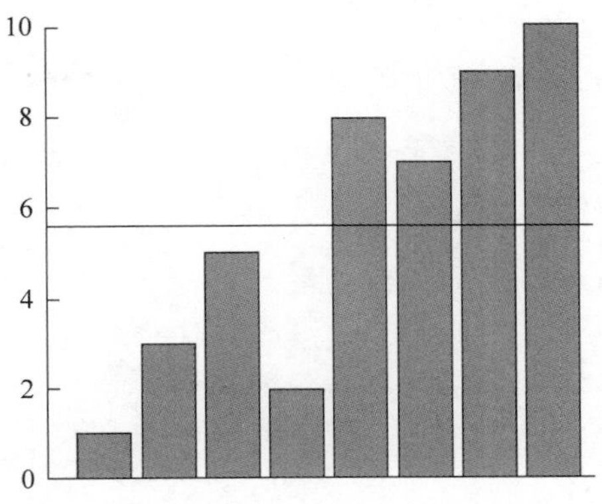

图 8.16　在均值处绘制一条直线的柱状图

```
>numbers <-c(1,3,5,2,8,7,9,10)
```

步骤 2：计算向量 numbers 中的数的中值。

```
>median(numbers)
[1] 6
```

步骤 3：使用向量 numbers 绘制柱状图，使用 abline()函数在中值处绘制一条贯穿图的直线（水平线）（如图 8.17 所示）。

```
>barplot(numbers)
>abline(h =median(numbers))
```

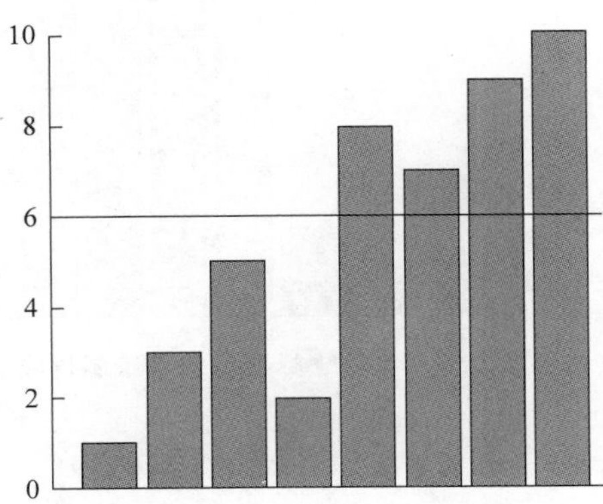

图 8.17　在中值处绘制一条直线的柱状图

输出结果：贯穿于向量 numbers 的柱状图中值(6.0)处的一条直线。

3. sd()函数

目标：确定标准差。将数字绘制到柱状图中，在标准差值处绘制一条贯穿图的直线，并在均值和标准差处绘制另外一条贯穿图的直线。

步骤 1：创建一个向量 numbers。

```
>numbers <-c(1,3,5,2,8,7,9,10)
```

步骤2：计算向量 numbers 中数的均值。

```
>mean(numbers)
[1] 5.625
```

步骤3：确定向量 numbers 中数的标准差。

```
>deviation <-sd(numbers)
>deviation
[1] 3.377975
```

步骤4：使用向量 numbers 绘制柱状图。

```
>barplot(numbers)
```

步骤5：使用 abline()函数在标准差值(3.377975)处绘制一条贯穿图的直线(水平线)，并在均值和标准差处(5.625+3.377975)绘制另一条贯穿图的直线(如图 8.18 所示)。

```
>barplot(numbers)
>abline(h=sd(numbers))
>abline(h=sd(numbers) +mean(numbers))
```

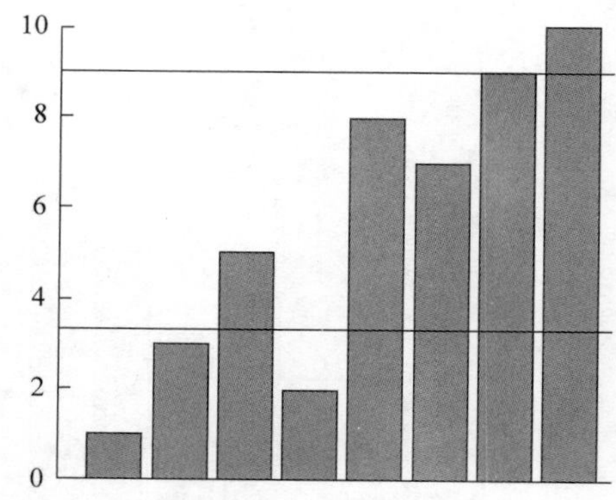

图 8.18　在标准差值和均值+标准差值处绘制直线的柱状图

4. Mode 函数

目标：确定一组数的模式。

R 没有用于确定 Mode 的标准内置函数，因此需要编写我们自己的 Mode 函数，该函数以向量作为输入，并返回 Mode 作为输出。

步骤1：创建一个用户自定义的函数 Mode。

```
Mode <-function(v) {
    UniqValue <-unique(v)
    UniqValue[which.max(tabulate(match(v,UniqValue)))]
```

```
}
```

执行上述代码。

```
>Mode <-function(v) {
+UniqValue <-unique(v)
+UniqValue [which.max(tabulate(match(v,UniqValue)))]
+}
```

在编写上述 Mode 函数时，使用了 R 提供的 unique()、tabulate()和 match()3 个函数。

unique()函数：unique()函数使用一个向量作为输入，并返回删除重复值的向量。

```
>v
[1] 2 1 2 3 1 2 3 4 1 5 5 3 2 3
>unique(v)
[1] 2 1 3 4 5
```

match()函数：接收一个向量作为输入，并返回其第 1 个参数在第 2 个参数中的(第 1 个)匹配位置的向量。

```
>v
[1] 2 1 2 3 1 2 3 4 1 5 5 3 2 3
>UniqValue <-unique(v)
>UniqValue
[1] 2 1 3 4 5
>match(v,UniqValue)
[1] 1 2 1 3 2 1 3 4 2 5 5 3 1 3
```

tabulate()函数：接收一个整数值向量作为输入，并计算每个整数在其中出现的次数。

```
>tabulate(match(v,UniqValue))
[1] 4 3 4 1 2
```

根据示例，"2"出现了 4 次，"1"出现了 3 次，"3"出现了 4 次，"4"出现了 1 次，"5"出现了 2 次。

步骤 2：创建一个向量 v。

```
v <-c(2,1,2,3,1,2,3,4,1,5,5,3,2,3)
```

步骤 3：调用 Mode 函数并将向量 v 传递给它。

```
>Output <-Mode(v)
```

步骤 4：打印向量 v 的 Mode 值。

```
>print (Output)
[1] 2
```

给 Mode 函数传递一个字符向量 charv。

步骤 1：创建一个字符向量 charv。

```
>charv <-c("o", "it", "the", "it", "it")
```

步骤 2：调用 Mode 函数并将字符向量 charv 传递给它。

```
>Output <-Mode(charv)
```

步骤 3：打印输出向量 charv 的 Mode 值。

```
>print(Output)
[1] "it"
```

5. log()函数

以下是 log()函数的各种变形。

- log()：计算数字或向量的自然对数(ln)。
- log10()：计算常用对数(lg)。
- log2()：计算二进制对数($\log_2$)。
- log(x,b)：计算基为 b 的对数。

```
>log (5)
[1] 1.609438
>log10(5)
[1] 0.69897
>log2(5)
[1]2.321928
>log(9,base=3)
[1] 2
```

使用具有向量的 log()函数。

```
>x <-rep(1:10)
>x
[1] 1 2 3 4 5 6 7 8 9 10
>log(6)
[1] 1.791759
>log (x)
[1] 0.0000000 0.6931472 1.0986123 1.3862944 1.6094379
    1.7917595 1.9459101
[8] 2.0794415 2.1972246 2.3025851
>log (x, 6)
[1] 0.0000000 0.3868528 0.6131472 0.7737056 0.8982444
    1.0000000 1.0860331
[8] 1.1605584 1.2262944 1.2850972
```

6. diff()函数

diff()函数返回适当滞后(suitably lagged)及迭代的差分,其语法为

```
diff(x, lag =1, differences =1, ...)
```

其中,x 是数值向量或矩阵,包含将要计算差分的数值信息;lag 是一个整数,表示使用哪个滞后(lag);differences 是一个整数,表示差分的阶数。

例如

```
>temp <-c(10,1,1,1,1,1,1,2,1,1,1,1,1,1,1,3,10)
>temp
[1] 10 1 1 1 1 1 1 2 1 1 1 1 1 1 1 3 10
>diff(temp)
[1] -9 0 0 0 0 0 1 -1 0 0 0 0 0 0 2 7
>diff(diff(temp))
[1] 9 0 0 0 0 1 -2 1 0 0 0 0 0 2 5
>diff(temp, differences=2)
[1] 9 0 0 0 0 1 -2 1 0 0 0 0 0 2 5
```

注意:diff(diff(temp))和 diff(temp,differences=2)的输出是相同的。

7. dnorm()和 pnorm()函数

dnorm()和 pnorm()函数的语法、目的和示例如表 8.3 所示。

表 8.3　dnorm()和 pnorm()函数

函　数	目　的	语　法	示　例
dnorm()	概率密度函数(PDF)	dnorm(x, mean, sd)	dnorm(0, 0,0.5) 给出均值为 0、标准差为 0.5 的正态分布的密度(PDF 的高度)
pnorm()	累积分布函数(CDF)	pnorm(q, mean, sd)	pnorm(1.96, 0, 1) 给出位于 1.96 左侧标准正态曲线下的面积,即 0.975

例如

步骤 1:创建一个序列 xseq。

```
>xseq <-seq(-4, 4, .01)
>xseq
```

```
> xseq
  [1] -4.00 -3.99 -3.98 -3.97 -3.96 -3.95 -3.94 -3.93 -3.92 -3.91 -3.90 -3.89
 [13] -3.88 -3.87 -3.86 -3.85 -3.84 -3.83 -3.82 -3.81 -3.80 -3.79 -3.78 -3.77
 [25] -3.76 -3.75 -3.74 -3.73 -3.72 -3.71 -3.70 -3.69 -3.68 -3.67 -3.66 -3.65
 [37] -3.64 -3.63 -3.62 -3.61 -3.60 -3.59 -3.58 -3.57 -3.56 -3.55 -3.54 -3.53
 [49] -3.52 -3.51 -3.50 -3.49 -3.48 -3.47 -3.46 -3.45 -3.44 -3.43 -3.42 -3.41
 [61] -3.40 -3.39 -3.38 -3.37 -3.36 -3.35 -3.34 -3.33 -3.32 -3.31 -3.30 -3.29
 [73] -3.28 -3.27 -3.26 -3.25 -3.24 -3.23 -3.22 -3.21 -3.20 -3.19 -3.18 -3.17
 [85] -3.16 -3.15 -3.14 -3.13 -3.12 -3.11 -3.10 -3.09 -3.08 -3.07 -3.06 -3.05
 [97] -3.04 -3.03 -3.02 -3.01 -3.00 -2.99 -2.98 -2.97 -2.96 -2.95 -2.94 -2.93
[109] -2.92 -2.91 -2.90 -2.89 -2.88 -2.87 -2.86 -2.85 -2.84 -2.83 -2.82 -2.81
[121] -2.80 -2.79 -2.78 -2.77 -2.76 -2.75 -2.74 -2.73 -2.72 -2.71 -2.70 -2.69
[133] -2.68 -2.67 -2.66 -2.65 -2.64 -2.63 -2.62 -2.61 -2.60 -2.59 -2.58 -2.57
[145] -2.56 -2.55 -2.54 -2.53 -2.52 -2.51 -2.50 -2.49 -2.48 -2.47 -2.46 -2.45
[157] -2.44 -2.43 -2.42 -2.41 -2.40 -2.39 -2.38 -2.37 -2.36 -2.35 -2.34 -2.33
[169] -2.32 -2.31 -2.30 -2.29 -2.28 -2.27 -2.26 -2.25 -2.24 -2.23 -2.22 -2.21
[181] -2.20 -2.19 -2.18 -2.17 -2.16 -2.15 -2.14 -2.13 -2.12 -2.11 -2.10 -2.09
[193] -2.08 -2.07 -2.06 -2.05 -2.04 -2.03 -2.02 -2.01 -2.00 -1.99 -1.98 -1.97
[205] -1.96 -1.95 -1.94 -1.93 -1.92 -1.91 -1.90 -1.89 -1.88 -1.87 -1.86 -1.85
[217] -1.84 -1.83 -1.82 -1.81 -1.80 -1.79 -1.78 -1.77 -1.76 -1.75 -1.74 -1.73
[229] -1.72 -1.71 -1.70 -1.69 -1.68 -1.67 -1.66 -1.65 -1.64 -1.63 -1.62 -1.61
[241] -1.60 -1.59 -1.58 -1.57 -1.56 -1.55 -1.54 -1.53 -1.52 -1.51 -1.50 -1.49
[253] -1.48 -1.47 -1.46 -1.45 -1.44 -1.43 -1.42 -1.41 -1.40 -1.39 -1.38 -1.37
[265] -1.36 -1.35 -1.34 -1.33 -1.32 -1.31 -1.30 -1.29 -1.28 -1.27 -1.26 -1.25
[277] -1.24 -1.23 -1.22 -1.21 -1.20 -1.19 -1.18 -1.17 -1.16 -1.15 -1.14 -1.13
[289] -1.12 -1.11 -1.10 -1.09 -1.08 -1.07 -1.06 -1.05 -1.04 -1.03 -1.02 -1.01
[301] -1.00 -0.99 -0.98 -0.97 -0.96 -0.95 -0.94 -0.93 -0.92 -0.91 -0.90 -0.89
[313] -0.88 -0.87 -0.86 -0.85 -0.84 -0.83 -0.82 -0.81 -0.80 -0.79 -0.78 -0.77
[325] -0.76 -0.75 -0.74 -0.73 -0.72 -0.71 -0.70 -0.69 -0.68 -0.67 -0.66 -0.65
[337] -0.64 -0.63 -0.62 -0.61 -0.60 -0.59 -0.58 -0.57 -0.56 -0.55 -0.54 -0.53
[349] -0.52 -0.51 -0.50 -0.49 -0.48 -0.47 -0.46 -0.45 -0.44 -0.43 -0.42 -0.41
[361] -0.40 -0.39 -0.38 -0.37 -0.36 -0.35 -0.34 -0.33 -0.32 -0.31 -0.30 -0.29
[373] -0.28 -0.27 -0.26 -0.25 -0.24 -0.23 -0.22 -0.21 -0.20 -0.19 -0.18 -0.17
[385] -0.16 -0.15 -0.14 -0.13 -0.12 -0.11 -0.10 -0.09 -0.08 -0.07 -0.06 -0.05
[397] -0.04 -0.03 -0.02 -0.01  0.00  0.01  0.02  0.03  0.04  0.05  0.06  0.07
[409]  0.08  0.09  0.10  0.11  0.12  0.13  0.14  0.15  0.16  0.17  0.18  0.19
[421]  0.20  0.21  0.22  0.23  0.24  0.25  0.26  0.27  0.28  0.29  0.30  0.31
[433]  0.32  0.33  0.34  0.35  0.36  0.37  0.38  0.39  0.40  0.41  0.42  0.43
[445]  0.44  0.45  0.46  0.47  0.48  0.49  0.50  0.51  0.52  0.53  0.54  0.55
[457]  0.56  0.57  0.58  0.59  0.60  0.61  0.62  0.63  0.64  0.65  0.66  0.67
[469]  0.68  0.69  0.70  0.71  0.72  0.73  0.74  0.75  0.76  0.77  0.78  0.79
[481]  0.80  0.81  0.82  0.83  0.84  0.85  0.86  0.87  0.88  0.89  0.90  0.91
[493]  0.92  0.93  0.94  0.95  0.96  0.97  0.98  0.99  1.00  1.01  1.02  1.03
[505]  1.04  1.05  1.06  1.07  1.08  1.09  1.10  1.11  1.12  1.13  1.14  1.15
[517]  1.16  1.17  1.18  1.19  1.20  1.21  1.22  1.23  1.24  1.25  1.26  1.27
[529]  1.28  1.29  1.30  1.31  1.32  1.33  1.34  1.35  1.36  1.37  1.38  1.39
[541]  1.40  1.41  1.42  1.43  1.44  1.45  1.46  1.47  1.48  1.49  1.50  1.51
[553]  1.52  1.53  1.54  1.55  1.56  1.57  1.58  1.59  1.60  1.61  1.62  1.63
[565]  1.64  1.65  1.66  1.67  1.68  1.69  1.70  1.71  1.72  1.73  1.74  1.75
[577]  1.76  1.77  1.78  1.79  1.80  1.81  1.82  1.83  1.84  1.85  1.86  1.87
[589]  1.88  1.89  1.90  1.91  1.92  1.93  1.94  1.95  1.96  1.97  1.98  1.99
[601]  2.00  2.01  2.02  2.03  2.04  2.05  2.06  2.07  2.08  2.09  2.10  2.11
[613]  2.12  2.13  2.14  2.15  2.16  2.17  2.18  2.19  2.20  2.21  2.22  2.23
[625]  2.24  2.25  2.26  2.27  2.28  2.29  2.30  2.31  2.32  2.33  2.34  2.35
[637]  2.36  2.37  2.38  2.39  2.40  2.41  2.42  2.43  2.44  2.45  2.46  2.47
[649]  2.48  2.49  2.50  2.51  2.52  2.53  2.54  2.55  2.56  2.57  2.58  2.59
[661]  2.60  2.61  2.62  2.63  2.64  2.65  2.66  2.67  2.68  2.69  2.70  2.71
[673]  2.72  2.73  2.74  2.75  2.76  2.77  2.78  2.79  2.80  2.81  2.82  2.83
[685]  2.84  2.85  2.86  2.87  2.88  2.89  2.90  2.91  2.92  2.93  2.94  2.95
[697]  2.96  2.97  2.98  2.99  3.00  3.01  3.02  3.03  3.04  3.05  3.06  3.07
[709]  3.08  3.09  3.10  3.11  3.12  3.13  3.14  3.15  3.16  3.17  3.18  3.19
[721]  3.20  3.21  3.22  3.23  3.24  3.25  3.26  3.27  3.28  3.29  3.30  3.31
[733]  3.32  3.33  3.34  3.35  3.36  3.37  3.38  3.39  3.40  3.41  3.42  3.43
[745]  3.44  3.45  3.46  3.47  3.48  3.49  3.50  3.51  3.52  3.53  3.54  3.55
[757]  3.56  3.57  3.58  3.59  3.60  3.61  3.62  3.63  3.64  3.65  3.66  3.67
[769]  3.68  3.69  3.70  3.71  3.72  3.73  3.74  3.75  3.76  3.77  3.78  3.79
[781]  3.80  3.81  3.82  3.83  3.84  3.85  3.86  3.87  3.88  3.89  3.90  3.91
[793]  3.92  3.93  3.94  3.95  3.96  3.97  3.98  3.99  4.00
```

步骤 2：使用 dnorm()和 pnorm()函数计算概率密度(如图 8.19 所示)和累积分布(cumulative distribution)(如图 8.20 所示)。

```
>densities <-dnorm(xseq,0,1)
>cumulative <-pnorm(xseq,0,1)
>plot(xseq, densities, col="darkgreen", xlab="", ylab="Density",
type="1", lwd=2, cex=2, main="PDF of Standard Normal",
cex.axis=.8)
>plot(xseq, cumulative, col="darkorange", xlab="",
ylab="Cumulative
Probability", type="1", lwd=2, cex=2, main="CDF of Standard
Normal",cex.axis=.8)
```

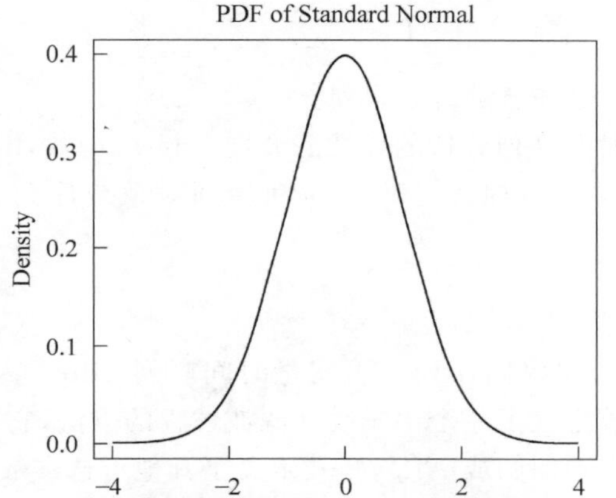

图 8.19　标准正态(Standard Normal)概率密度函数(PDF)

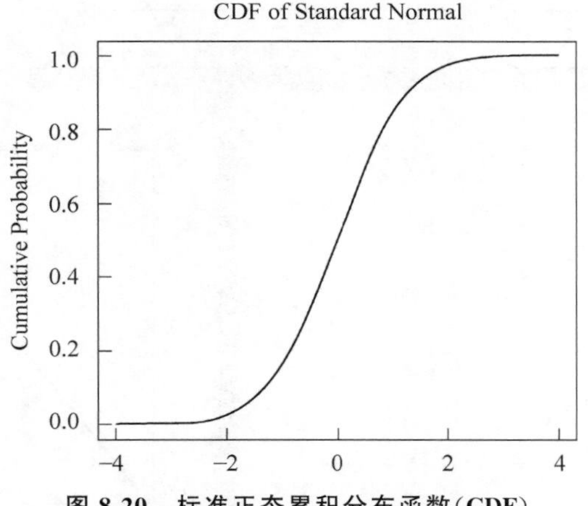

图 8.20　标准正态累积分布函数(CDF)

8.2.3　时间序列线性滤波

作为简单成分分析的一部分，线性滤波器应用线性滤波过程对数据进行划分。简单成分分析将数据划分为四种主要成分，分别是趋势(trend)、季节性(seasonal)、周期性(cyclical)和不规则性(irregular)。每种成分都有自己特有的特征，例如，趋势、季节性、周期性和不规则性成分分别定义了任何时间序列长期的发展、季节性变化、重复但非周期性的波动和随机或不规则成分。

在传统的时间序列分析中，线性滤波的简单过程将时间序列输入数据转换成线性输出。线性滤波器有不同的分类，等权重移动平均滤波器是一类简单的线性滤波器。下面的方程定义了这种简单的滤波器。

$$T_t = \frac{1}{2a+1}\sum_{i=-a}^{a} X_{t+i}$$

其中，T_i 是趋势成分，X_t 是任意的时间序列，a 定义了移动平均，i 表示计数变量。

以下方程定义了一个找出给定时间序列趋势成分的简单线性滤波器。

$$T_t = \sum_{i=-\infty}^{\infty} \lambda_i X_{t+i}$$

其中，T_i 是趋势成分，X_t 是任意的时间序列。

R语言提供了用于时间序列分析的线性滤波器filter()函数，filter()函数可以生成任意给定单变量时间序列或多变量时间序列的时间序列对象或序列。filter()函数的基本语法为

```
filter(x, filter, method,…)
```

其中，x参数包含一个单变量时间序列或多变量时间序列，filter参数包含一个逆时序滤波器系数向量，method参数定义了一个用于线性滤波过程的方法，它可以是卷积(对于移动平均或MA)或递归(对于自动回归或AR)，“…”定义了其他可选参数。

下面的示例使用filter()函数分别通过增加1和2生成了两个序列，即f1和f2。使用plot()函数分别对这两个序列创建实线和虚线(如图8.21所示)。

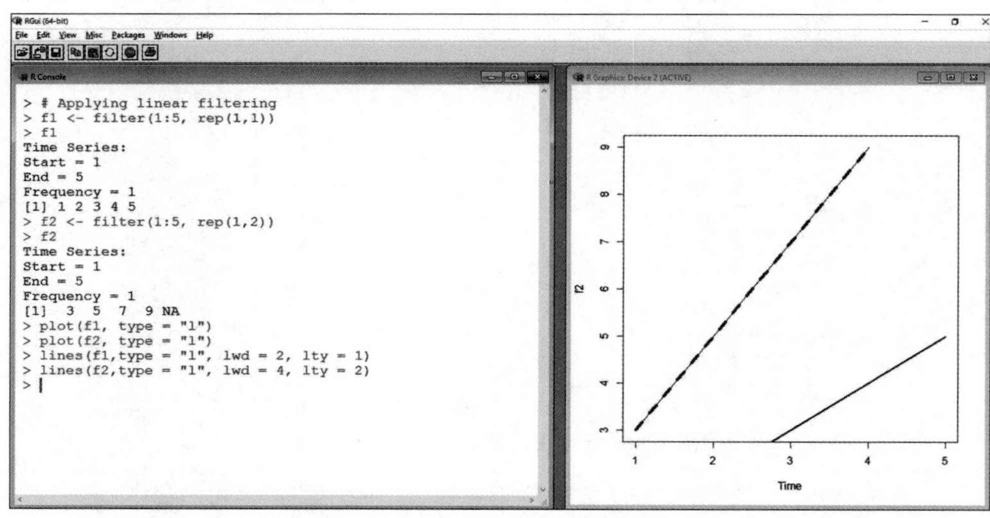

图8.21 使用filter()函数的线性滤波

小练习

1. 单变量和多变量时间序列之间的区别是什么？

答：单变量时间序列是一种使用单一量描述值的时间序列，多变量时间序列是一种使用多个量描述值的时间序列。

2. 请列出用于时间序列数据可视化的一些基本 R 函数。

答：plot()、hist()、boxplot()、pie()、abline()、qqnorm()、stripchart()和 curve()都是用于时间序列数据可视化的一些 R 函数。

3. 请列出用于操作时间序列数据的一些基本 R 函数。

答：means()、sd()、log()、diff()、pnorm()和 qnorm()都是用于操作时间序列数据的一些 R 函数。

4. 什么是 filter()函数？

答：filter()函数执行对时间序列数据的线性滤波，并生成给定数据的时间序列。

8.3 读取时间序列数据

为了对时间序列数据进行分析，必须读取并将其存储到一些对象中。R 提供了用于此操作的 scan()函数和 ts()函数。下面给出这两个函数的简要介绍。

8.3.1 scan()函数

scan()函数可以从任何文件中读取数据。由于时间序列数据中包含关于连续时间间隔的数据，因此 scan()函数是读取数据的最佳函数。scan()函数的基本语法为

```
scan(filename)
```

其中，filename 参数是将要读取的文件的文件名。

下面的例子读取了一个 Attendance.txt 文件，该文件包含某班级一个月的出勤数据(如图 8.22 所示)。

```
RGui (32-bit)
File Edit View Misc Packages Windows Help
R Console
> # Reading the monthly attendance of a class
>
> scan("Attendance.txt")
Read 30 items
 [1] 45 56 60 35 55 48 49 30 58 41 56 45 34 60 54 44 56 57 49 31
[21] 56 45 34 58 59 47 48 35 41 58
>
```

图 8.22　使用 scan()函数读取时间序列数据

8.3.2 ts()函数

ts()函数可以存储时间序列数据并创建时间序列对象。有时，数据可能存储在一个简

单对象中，在这种情况下，as.ts()函数可以将简单对象转换成一个时间序列对象。另外，R还提供了一个is.ts()函数，用于检测一个对象是否为时间序列对象。ts()函数的基本语法为

```
ts(data, start, end, frequency, class, …)
```

其中，data参数包含存储在任意向量或矩阵中的时间序列值；start参数包含一个数字或有两个整数的一个向量，其定义了第一个观测值的时间；end参数包含一个数字或有两个整数的一个向量，其定义了最后一个观测值的时间；frequency参数包含一个数字，其定义了单位时间内观测值的个数；class是一个可选参数，其定义了输出的类别，默认的单一序列的class是ts，如mts、ts、matrix等类被用于多个序列；"…"定义了其他可选参数。

在图8.23所描述的示例中，ts()函数存储着包含一个月出勤数据的对象s，使用scan()函数读取了该数据。

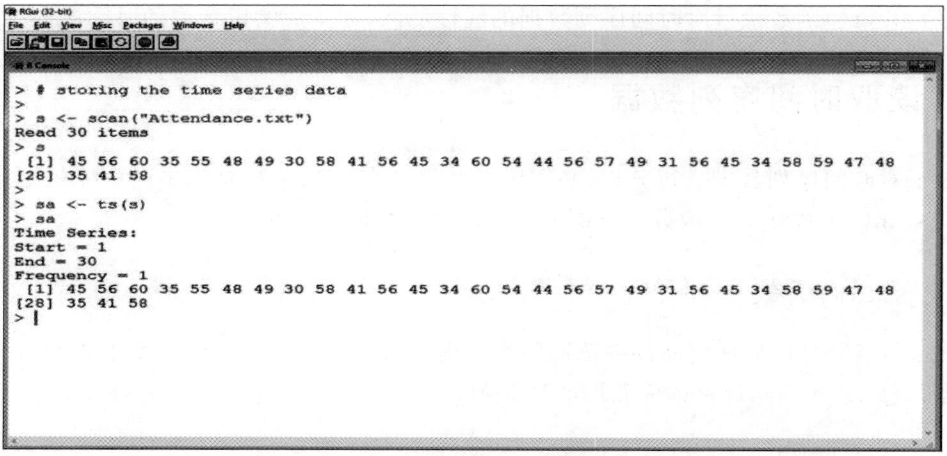

```
> # storing the time series data
>
> s <- scan("Attendance.txt")
Read 30 items
> s
 [1] 45 56 60 35 55 48 49 30 58 41 56 45 34 60 54 44 56 57 49 31 56 45 34 58 59 47 48
[28] 35 41 58
>
> sa <- ts(s)
> sa
Time Series:
Start = 1
End = 30
Frequency = 1
 [1] 45 56 60 35 55 48 49 30 58 41 56 45 34 60 54 44 56 57 49 31 56 45 34 58 59 47 48
[28] 35 41 58
>
```

图8.23 使用ts()函数存储时间序列数据

时间序列分析还存储了每天、每月、每季度或每年的数据，为此，ts()函数使用了frequency参数。在下面的示例中，scan()函数将一个文件读入对象s中，ts()函数使用频率12和4创建了一个时间序列对象t，频率12按照年存储对象，频率4按照季度存储对象。除此之外，start参数c=(2011,1)定义了时间序列分析是从2011年1月开始的（如图8.24所示）。

小练习

1. 什么是scan()函数？

答：scan()函数可以从文件中读取数据，由于时间序列数据包含关于连续时间间隔的数据，因此它是读取该数据的最佳函数。

2. 什么是ts()函数？

答：ts()函数可以存储时间序列数据并创建时间序列对象。

3. 什么是as.ts()函数和is.ts()函数？

答：as.ts()函数可以将一个简单对象转换成一个时间序列对象，is.ts()函数可以检测

```
> s <- scan("SA.dat")
Read 24 items
> s
 [1] 75 80 68 89 76 60 45 56 69 50 70 55 80 76 65 78 85 88 67 45 46 78 65 74
> # Now storing this data into yearly using start and end argument
> t <- ts(s, frequency=12, start=c(2011,1), end = c(2012,12))
> t
     Jan Feb Mar Apr May Jun Jul Aug Sep Oct Nov Dec
2011  75  80  68  89  76  60  45  56  69  50  70  55
2012  80  76  65  78  85  88  67  45  46  78  65  74
>
> # Now storing this data into quaterly
> t <- ts(s, frequency=4, start=c(2011,1))
> t
     Qtr1 Qtr2 Qtr3 Qtr4
2011   75   80   68   89
2012   76   60   45   56
2013   69   50   70   55
2014   80   76   65   78
2015   85   88   67   45
2016   46   78   65   74
>
```

图 8.24 使用 frequency 参数的 ts()函数

一个对象是否为时间序列对象。

8.4 绘制时间序列数据

在时间序列分析中，读取和存储时间序列数据后的下一项基本任务就是绘制数据。绘制任务是指用图形化将时间序列数据表示成任何人都很容易理解的方式。为了绘制时间序列数据，R 中的 plot()函数是最佳函数(8.1 节中已经做过介绍)。绘制时间序列数据的基本语法为

```
plot.ts(x)
```

其中，x 是任意的时间序列对象。

以下示例创建了一个简单时间序列对象 t 的图，该对象包含学生出勤的时间序列数据。图 8.25 描述了可加模型(additive model)，因此在出勤数据中存在随机波动。

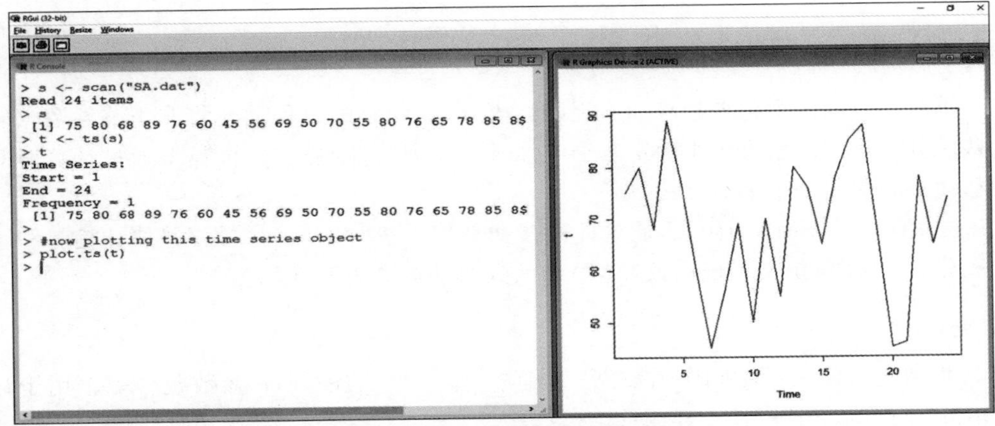

图 8.25 绘制简单事件序列数据

下面的示例创建了6个月中一些学生出勤数据的绘制图，对象s存储着时间序列数据，ts()函数为对象s创建了时间序列对象t(如图8.26所示)。

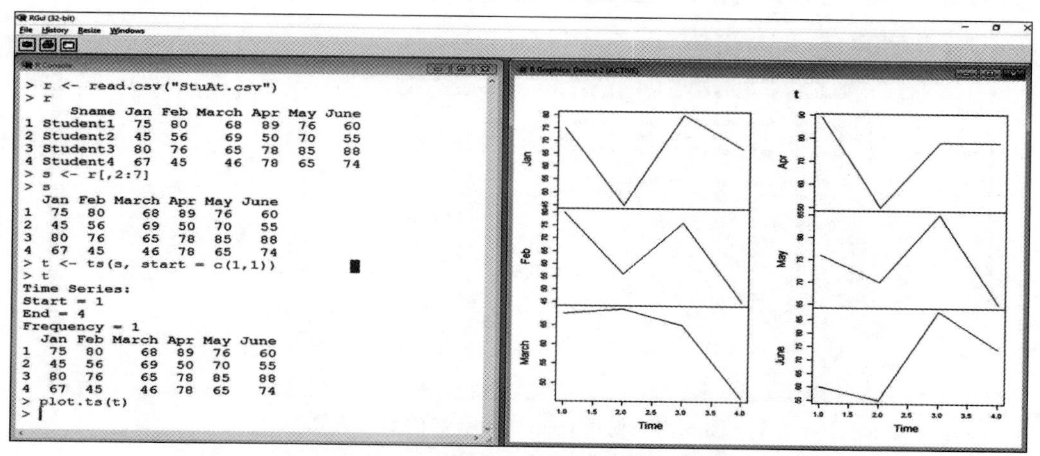

图8.26 时间序列数据图的另一个示例

8.5 分解时间序列数据

分解时间序列数据也是定义了四种成分(即趋势、季节性、周期性和不规则性)的简单成分分析的一部分。由于季节性、周期性和不规则性事件会引起时间序列的改变，因此需要生成这四种成分。季节性成分包含每年季节性产生的数据，例如根据季节而出现的水果价格的变化。周期性成分包含每天、每周、每月或每年发生变化的数据，例如股票价格每天都在变化。不规则成分包含在特定时间点上所产生的数据，但是和季节或周期没有关系，例如自然事件就是这种在特定时间发生的不规则数据的一个例子。

分解时间序列数据就是将给定时间序列数据分解成不同成分的一个过程。在商业分析中，分解用于发现季节性或非季节性时间序列数据的特定成分。下面介绍R中的分解方法。

8.5.1 分解非季节性数据

非季节性时间序列包含趋势和不规则性成分，因此分解过程就会将非季节性数据转换为这些成分。可加模型可用于确定非季节性时间序列的这些成分，该模型通过计算时间序列的移动平均使用一个平滑方法。

R提供了一个SMA()函数，通过计算移动平均平滑时间序列数据，并估计趋势和不规则性成分。TTR包定义了该函数，SMA()函数的基本语法为

```
SMA(x,n,…)
```

其中，x参数包含定义了时间序列数据(如价格、体积等)的序列；n参数包含一个用于计算平均值的数字值；“…”定义了其他可选参数。

下面的示例使用存储在文件SA.dat中的时间序列数据，时间序列对象t存储着该数

据。图 8.27 描述了该时间序列数据的绘制，从图中可以看到，随着时间的变化，出勤数据有随机的波动。现在，SMA()函数利用该数据估计时间序列的趋势成分。为此，该函数使用一个简单的 4 阶移动平均值平滑数据，然后使用 plot()函数绘制该平滑时间序列数据。图 8.28 展示了平滑后的时间序列数据或时间序列数据的趋势成分，其比图 8.27 中显示的绘制图要更加平滑。

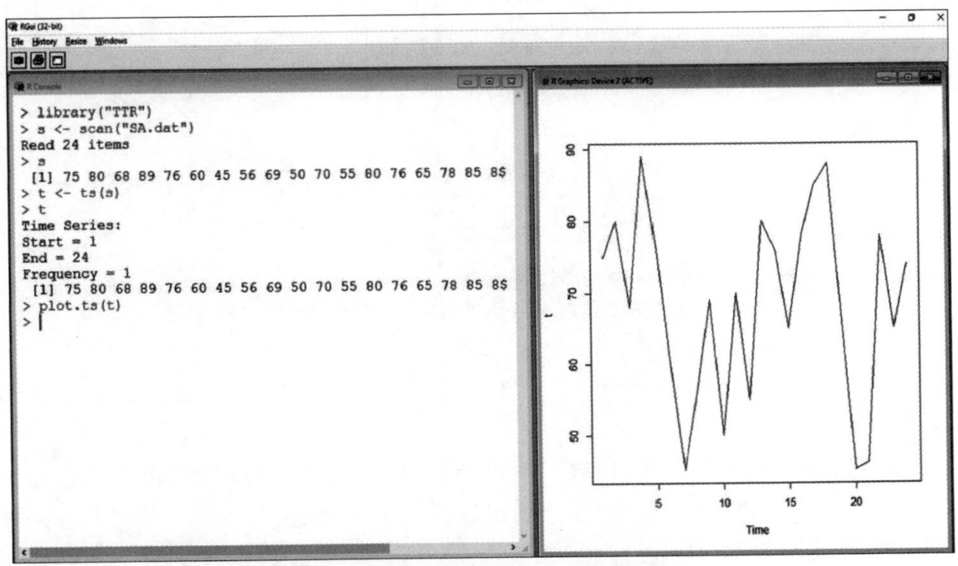

图 8.27　时间序列数据的正常绘制图

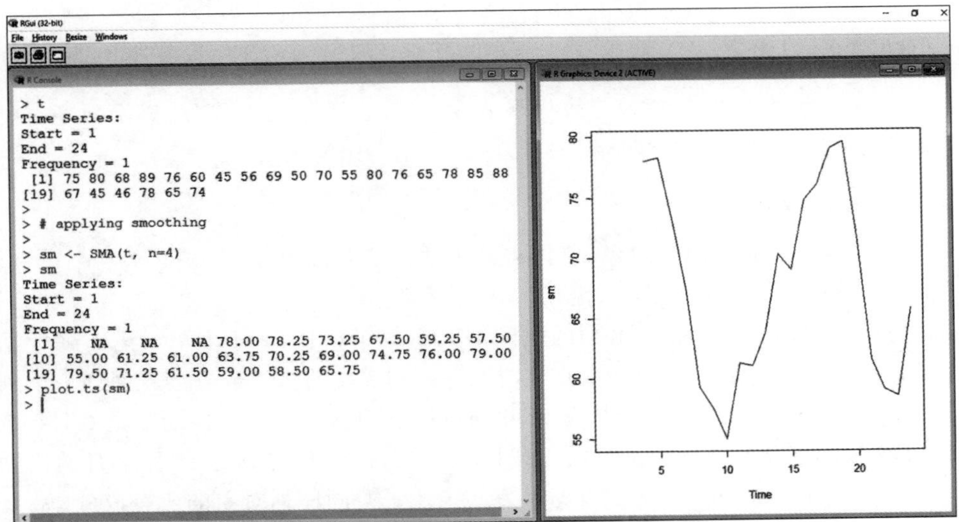

图 8.28　使用 SMA()函数对非季节性数据的分解

如果阶数值增加，则将会绘制出更加平滑的时间序列。简言之，一个较高的值会生成更准确的趋势成分。图 8.29 使用一个高阶值定义了时间序列数据的趋势成分。

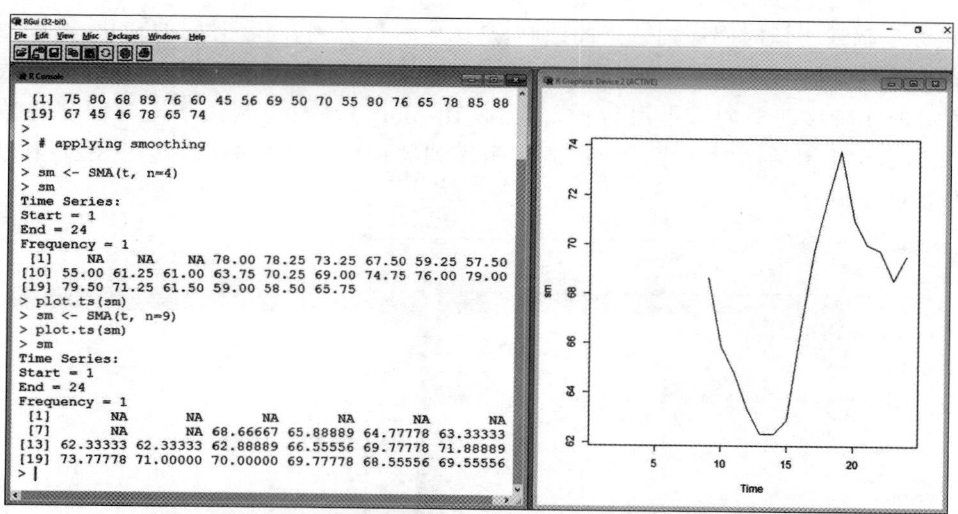

图 8.29　分解使用具有高阶值的 SMA()函数对数据进行平滑

8.5.2　分解季节性数据

季节性时间序列包含季节性、趋势和不规则性成分，因此，分解过程将季节性数据转换成了这三种成分，它也使用一个可加模型确定这三种成分，该模型可以计算时间序列的移动平均值并对模型进行平滑。

R 提供了两个函数，即 decompose()函数和 stl()函数，可以对季节性数据进行分解。下面给出这两个函数的简要介绍。

1. decompose()函数

decompose()函数将时间序列分解为季节性、趋势和不规则性成分，该函数通过计算移动平均值平滑时间序列数据。decompose()函数的基本语法为

```
decompose(x, type, …)
```

其中，x 参数包含一个时间序列对象，可以从其中估计该对象的成分；type 是一个可选参数，定义了将要估计的成分的类型；“...”定义了其他可选参数。

下面的示例创建了一个关于出勤的时间序列数据的时间序列对象 t，该出勤数据存储在文件 SA.dat 中。decompose()函数将该时间序列对象 t 的所有成分会返回到一个列表对象中(如图 8.30 所示)。除此之外，从图 8.30 还可以发现最大的季节性因子是 6 月(17.63)，最小的季节性因子是 7 月(−21.86)，它表明 6 月的出勤率有一个高峰，而 7 月的出勤率有一个低谷。图 8.31 使用 plot()函数以图形方式描述了时间序列对象的所有成分。

2. stl()函数

季节性趋势分解(STL)是一种使用非参数回归方法的算法计算相应的成分。R 提供了 stl()函数，使用 LOESS 回归分解季节性数据。该函数可以估计给定时间序列数据的季节性和趋势成分，stl()函数的基本语法为

```
RGui (32-bit)
File Edit View Misc Packages Windows Help
R Console
> r <- scan("SA.dat")
Read 24 items
> t <- ts(r, frequency = 12)
> t
  Jan Feb Mar Apr May Jun Jul Aug Sep Oct Nov Dec
1  75  80  68  89  76  60  45  56  69  50  70  55
2  80  76  65  78  85  88  67  45  46  78  65  74
> # decomposition
> d <- decompose(t)
> d
$x
  Jan Feb Mar Apr May Jun Jul Aug Sep Oct Nov Dec
1  75  80  68  89  76  60  45  56  69  50  70  55
2  80  76  65  78  85  88  67  45  46  78  65  74

$seasonal
         Jan        Feb        Mar        Apr        May        Jun
1  10.430556   5.972222  -3.611111   9.180556  15.222222  17.638889
2  10.430556   5.972222  -3.611111   9.180556  15.222222  17.638889
         Jul        Aug        Sep        Oct        Nov        Dec
1 -21.861111 -10.902778   2.388889 -16.027778   4.055556 -12.486111
2 -21.861111 -10.902778   2.388889 -16.027778   4.055556 -12.486111

$trend
       Jan      Feb      Mar      Apr      May      Jun      Jul
1       NA       NA       NA       NA       NA       NA 66.29167
2 69.00000 69.45833 68.04167 68.25000 69.20833 69.79167       NA
```

图 8.30　使用 decompose()函数分解季节性数据

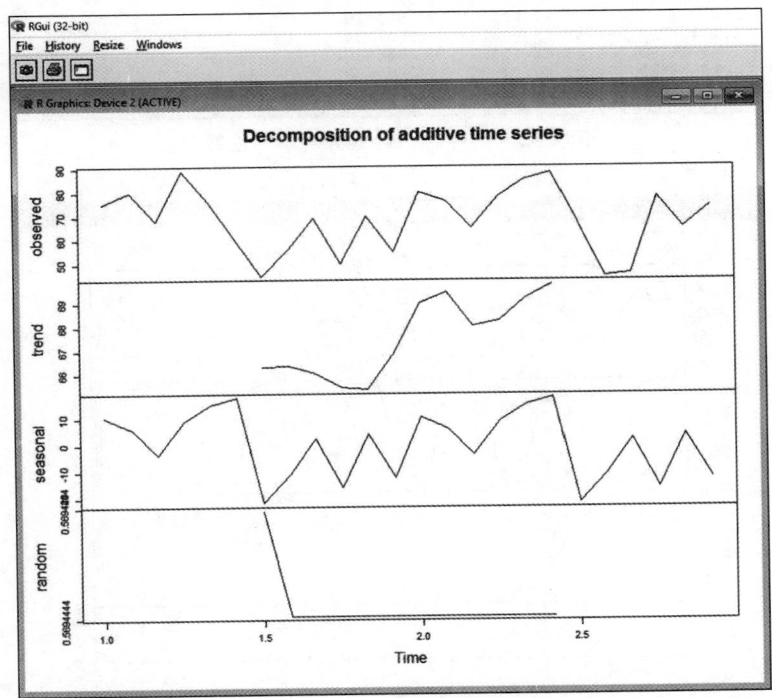

图 8.31　季节性数据的生成成分

```
stl(x, s.Window,…)
```

其中，x 参数包含一个时间序列对象，该对象的成分将会被估计；s.Window 包含字符串 periodic 或数字(应该是奇数，并且至少包含 7)；“…”定义了其他可选参数。

以下示例创建了一个存储在文件 SA.dat 中的时间序列数据的时间序列对象 t。stl()函数将该时间序列对象 t 的所有季节性、趋势和其余成分返回到列表形式的对象中(如图 8.32 所示)。图 8.33 使用 plot()函数以图形化的方式描述了该时间序列对象的所有成分。

```
RGui (32-bit)
File Edit View Misc Packages Windows Help
R Console
> t <- ts(r, frequency = 4, start = c(2011,1))
> t
     Qtr1 Qtr2 Qtr3 Qtr4
2011   75   80   68   89
2012   76   60   45   56
2013   69   50   70   55
2014   80   76   65   78
2015   85   88   67   45
2016   46   78   65   74
> # decomposition using stl()
> d <- stl(t, s.window = "periodic")
> d
 Call:
 stl(x = t, s.window = "periodic")

Components
         seasonal    trend   remainder
2011 Q1  3.724158 73.16507  -1.8892262
2011 Q2  3.700606 75.18179   1.1175990
2011 Q3 -4.632916 76.50255  -3.8696352
2011 Q4 -2.791882 76.77489  15.0169879
2012 Q1  3.724158 70.95352   1.3223241
2012 Q2  3.700606 62.48689  -6.1874939
2012 Q3 -4.632916 57.52100  -7.8880829
2012 Q4 -2.791882 56.60673   2.1851534
2013 Q1  3.724158 58.11921   7.1566370
2013 Q2  3.700606 60.82877 -14.5293780
```

图 8.32 使用 stl()函数分解季节性数据

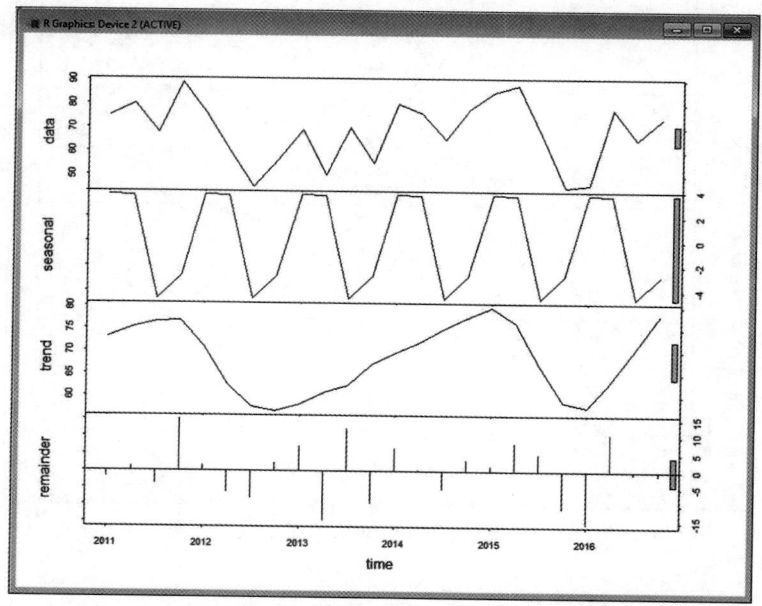

图 8.33 使用 stl()函数的季节性数据的生成成分

8.5.3　季节性调整

季节性调整时间序列是一个没有季节性成分的时间序列，计算该序列的简单方法是首先计算季节性成分，然后将其从原始时间序列中删除。该序列提供了由季节性生成的没有任何噪声的趋势成分。例如，图 8.34 将时间序列数据读入对象 t 中，并将其分解成分返回到对象 d 中。使用命令 t-d $ seasonal 计算季节性调整成分。

生成季节性调整数据的另一种方法是使用包 seasonal 中的内置函数 seas()，它可以自动找出季节性调整序列。图 8.35 描述了前面所使用的同一个时间序列数据的季节性调整序列。

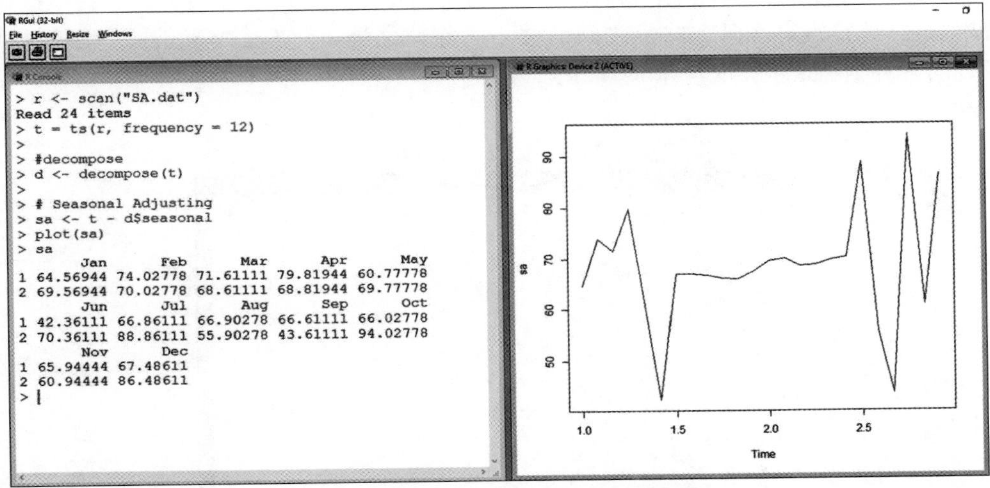

图 8.34　使用差分方法的季节性调整数据

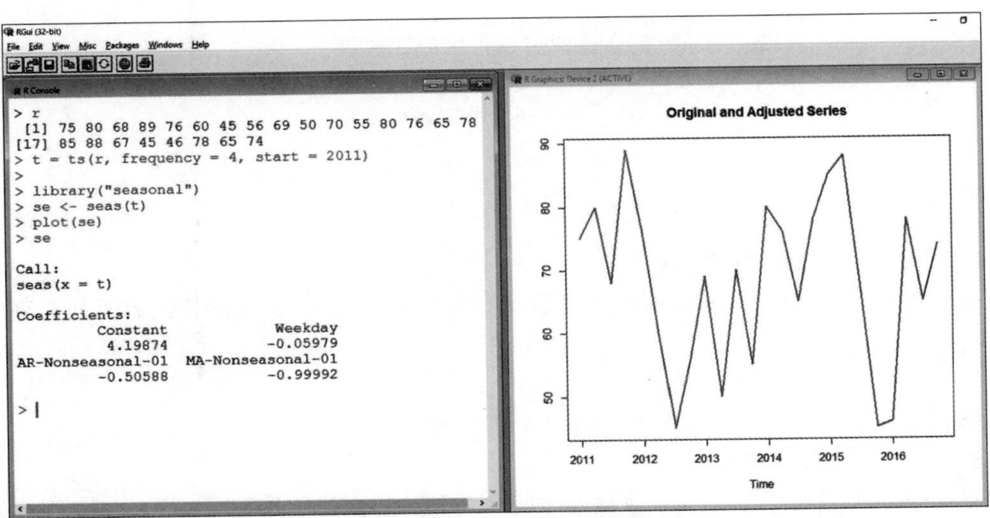

图 8.35　使用 seas() 函数的季节性调整

8.5.4 回归分析

回归分析通过一个线性函数定义了自变量(预测变量)和因变量(响应变量)之间的线性关系。R 提供了用于回归分析的 lm()函数,并测试系数的显著性,该函数会返回分析过程中使用的许多值。lm()函数的基本语法为

```
lm(formula, data, …)
```

其中,formula 参数表示一个 formula 类的对象,并定义了将要拟合的模型的符号描述;data 是一个可选参数,可以是一个数据框、列表或一个对象;"…"定义了其他可选参数。

下面的示例创建了两个向量,即 a 和 r,分别用来存储关于出勤和结果的一些虚拟数据,并使用 lm()函数确定这两个向量之间的关系。除此之外,还使用 summary()函数返回描述系数的各种值(如图 8.36 所示)。

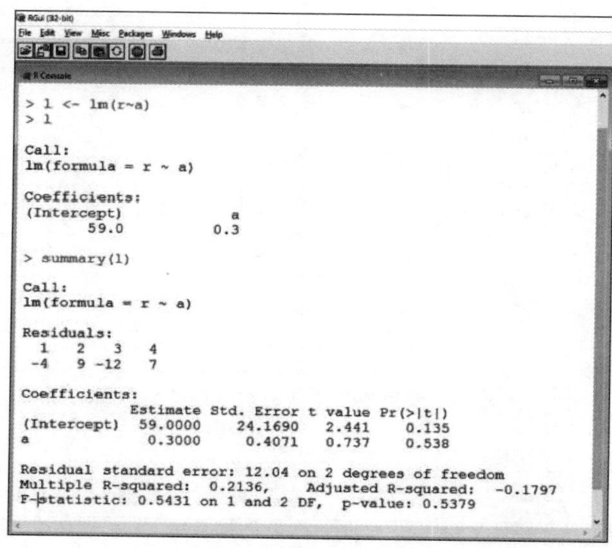

图 8.36 回归分析

小练习

1. 绘制时间序列是什么意思?

答:在时间序列分析中,将时间序列数据通过图形化表示,R 提供了绘制时间序列数据的 plot()函数。

2. 分解时间序列是什么意思?

答:分解时间序列是一个将给定时间序列分解为不同成分的过程。

3. 什么是 SMA()函数?

答:SMA()函数用于分解非季节性时间序列,它通过计算移动平均值对时间序列数据进行平滑,并估计趋势和不规则性成分。该函数存在于 TTR 包。

4. 什么是 decompose()函数?

答：decompose()函数用于分解季节性时间序列，它将时间序列分解为季节性、趋势和不规则性成分，并通过计算移动平均值平滑时间序列数据。

5. lm()函数的作用是什么？

答：lm()函数用于回归分析及测试其系数的显著性。该函数会返回许多用于时间序列分析的有用值。

8.6　使用指数平滑进行预测

预报(forecast)是一种预测(prediction)，是指基于过去的数据预测未来的事件。在这里，预报过程使用指数平滑进行预测。指数平滑方法通过忽略不相关的波动发现时间序列数据中的变化，并对时间序列数据进行短期预测。

下面介绍 3 种指数平滑方法，它们都使用一个共同的 R 内置函数 HoltWinters()，但是具有不同的参数。HoltWinters()函数的基本语法为

```
HoltWinters(x, alpha =NULL, beta =NULL, gamma =NULL, …)
```

其中，x 参数包含任意的时间序列对象；alpha 参数定义了 Holt-Winters Filter 的 alpha 参数；beta 参数定义了 Holt-Winters Filter 的 beta 参数(对于指数平滑方法，它被设置为 FALSE)；gamma 参数定义了季节性成分(对于非季节性模型，它被设置为 FALSE)；"…"定义了其他可选参数。

HoltWinters()函数为所有 3 个参数(alpha、beta 和 gamma)返回 0～1 之间的一个值。如果这个值接近于 0，则表明预测在最近的观测值中的比重越小，如果该值接近于 1，则表明预测在最近的观测值中的比重越大。下面给出每种指数平滑方法的简要介绍。

8.6.1　简单指数平滑

简单指数平滑估计当前时间点的水平并执行短期预测。HoltWinters()函数中的 alpha 参数可以控制简单指数平滑，要想实现简单指数平滑，需要将 HoltWinters()函数中的 beta 和 gamma 参数设置为 FALSE。

在下面的示例中，ts()函数创建了一个存储在文件 Attendance.txt 中的时间序列数据的时间序列对象 a。HoltWinters()函数实现了没有任何趋势和季节性成分的指数平滑，alpha 参数的值为 0.030，由于该值接近于 0，因此该预测是在非近期的观测值中进行的。除此之外，在生成的绘制图中，垂直折线代表原始时间序列，水平垂线代表预测结果。预测线要比原始时间序列更平滑(如图 8.37 所示)。

8.6.2　Holt's 指数平滑

Holt's 指数平滑估计当前时间点的水平和斜率，HoltWinters()函数的 alpha 参数和 beta 参数控制着 Holt's 指数平滑，并分别用来估计水平和斜率，它是含有趋势成分的时间序列的最佳方法。要想实现该平滑，需要将 HoltWinters()函数中的 gamma 参数设置为 FALSE。

在下面的例子中，ts()函数创建了一个存储在 Attendance.txt 文件中的时间序列数据的时间序列对象 a。HotWinters()函数实现了具有趋势成分、没有任何季节性成分的

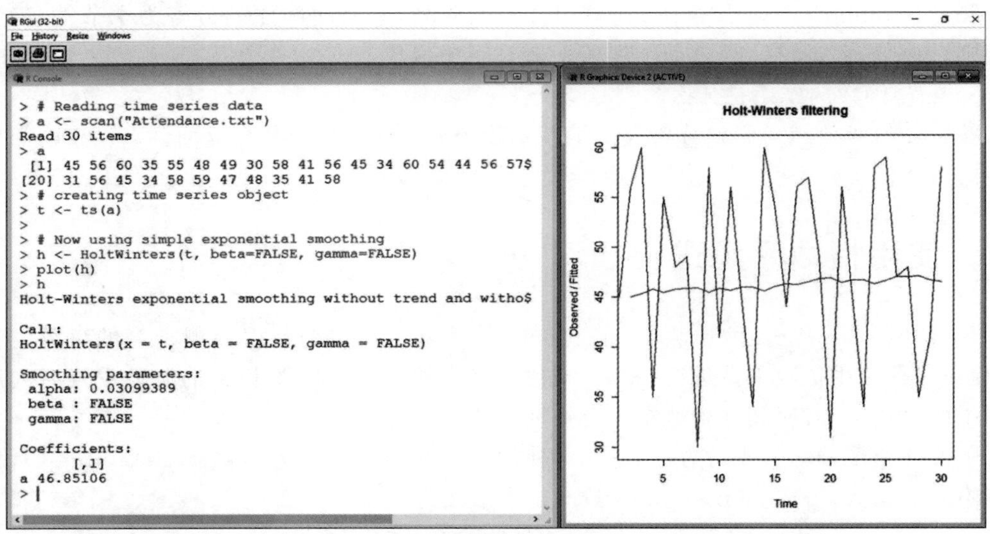

图 8.37 简单指数平滑

Holt's 指数平滑。alpha 和 beta 参数的值接近于 0,表明该预测不是在时间序列中的近期观测值中完成的。在生成的绘制图中,黑色的垂直折线表示原始时间序列,灰色的垂直折线表示预测结果。由于这两条线都是不平滑的,因此预测结果与观测到的原始时间序列一致(如图 8.38 所示)。

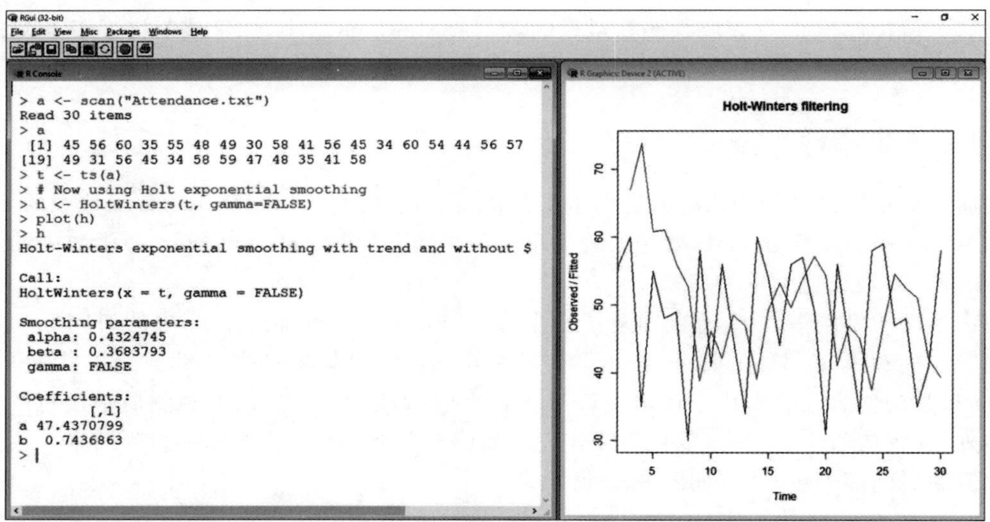

图 8.38 Holt's 指数平滑

8.6.3 Holt-Winters 指数平滑

Holt-Winters 指数平滑估计当前时间点的水平、斜率和季节性成分,HoltWinters()函数中的 alpha、beta 和 gamma 参数可以控制 Holt-Winters 指数平滑,并分别估计趋势成分和季节性成分的水平与斜率，对于含有趋势和季节性成分的时间序列而言，它是最佳的平滑方法。要想实现该平滑方法，需要将时间序列对象传入 HoltWinters()函数。

在下面的示例中，ts()函数创建了一个存储在 Attendance.txt 文件中的时间序列数据的时间序列对象 a，HoltWinters()函数实现了具有趋势和季节性成分的 Holt-Winters 指数平滑。所有参数值都为 0，表明预测不是在时间序列中的近期观测值中完成的。正如上面的示例，在下面的生成图中，黑色的垂直折线表示原始时间序列，灰色的垂直折线表示预测值(如图 8.39 所示)。

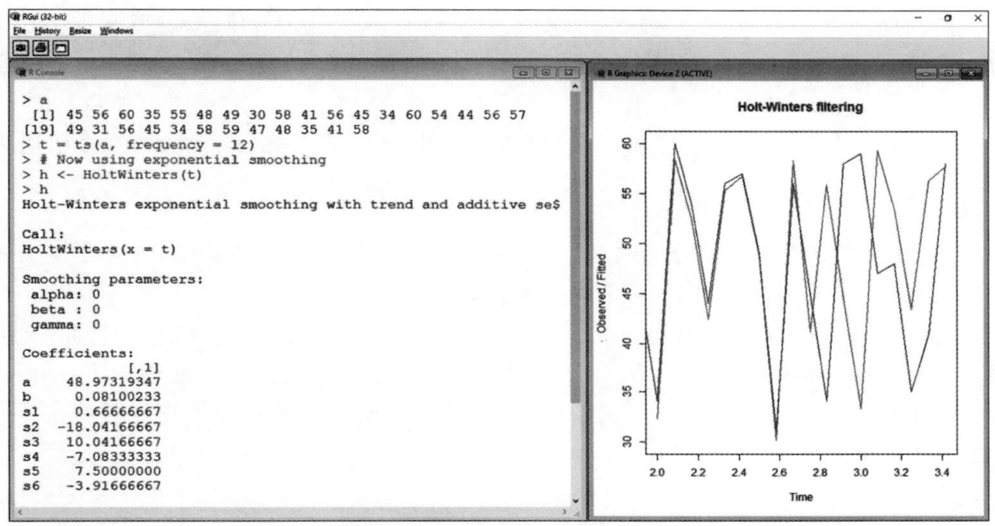

图 8.39　Holt-Winters 指数平滑

小练习

1. 指数平滑是什么意思？

答：指数平滑方法通过忽略不相关的波动可以发现时间序列数据中的变化，并对时间序列数据进行短期预测。

2. HoltWinters()函数是什么？

答：HoltWinters()函数是一个内置函数，通常用于寻找指数平滑。指数平滑的 3 种类型都使用 HoltWinters()函数，但是具有不同的参数。该函数为这 3 个参数(即 alpha、beta、gamma)返回一个 0～1 之间的值。

3. Holt's 指数平滑函数是什么？

答：Holt's 指数平滑估计当前时间点的水平和斜率，HoltWinters()函数中的 alpha 和 beta 参数可以控制它，并分别估计水平和斜率。

8.7　ARIMA 模型

ARIMA(Auto Regressive Integrated Moving Average，自回归移动平均)模型是时间序列预测的另一种方法。指数模型不使用时间序列连续值之间的相关性进行短期预测，但是，有时在预测一些不规则性成分时需要相关性，在这种情况下，ARIMA 模型对于预测是最合适的。ARIMA 模型直观地定义了具有非零自相关性的平稳时间序列的不规则性成分。

ARIMA 模型可以由 ARIMA(p,d,q)表示，其中参数 p、d 和 q 分别定义了自回归(AR)阶数、差分度和移动平均(MA)阶数，其按照一些阶段，如模型估计、参数检验、预测、分析和诊断为任意的时间序列数据寻找一个合适的模型。下面给出每个阶段的简要介绍。

8.7.1 差分时间序列

差分时间序列是寻找一个合适的 ARIMA 模型的第一步，ARIMA 模型基本上用于平稳时间序列，因此对于一个非平稳时间序列而言，有必要对其进行差分，直到不能再得到平稳时间序列为止。R 提供了一个用于找出差分的 diff()函数，为了得到一个平稳时间序列，需要将 ARIMA 模型中的差分变量(d)的值传递给 diff()函数。diff()函数的基本语法为

```
diff(x, differences, …)
```

其中，x 参数包含一个用来差分的对象；differences 参数包含一个数字值，定义了差分的阶数；"…"定义了其他可选参数。

在下面的示例中，ts()函数创建了一个存储在 Attendance.txt 文件中的时间序列数据的时间序列对象 ax，diff()函数对该对象执行差分，其中差分阶数为 2。在为 difference 参数设置了几个值之后，"2"被作为差分的阶数，因为它在均值和方差中显示出了较好的平稳性(如图 8.40 所示)。

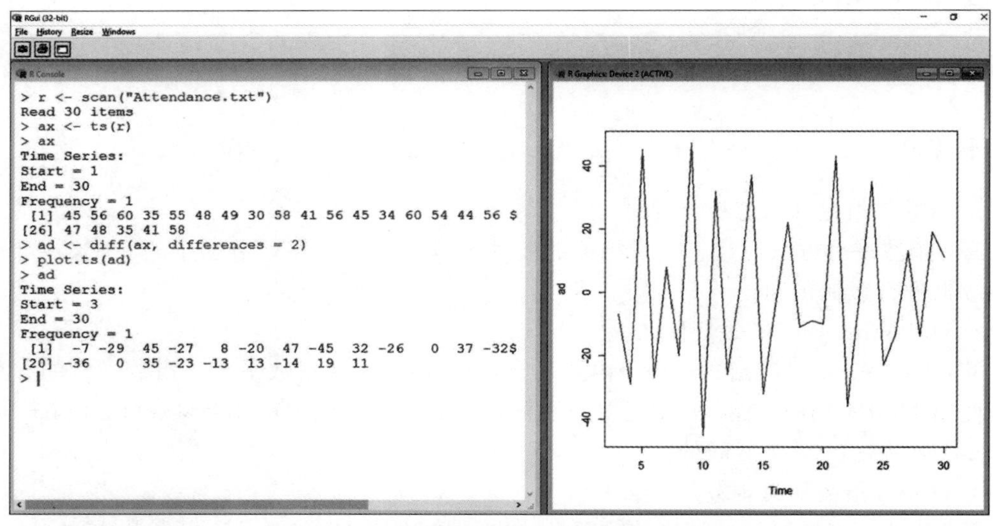

图 8.40 使用 diff()函数差分时间序列

8.7.2 选择一个候选 ARIMA 模型

寻找合适的 ARIMA 模型的第二步是分析平稳时间序列的自相关性和偏自相关性(partial autocorrelation)，该分析有助于为 ARIMA(p,d,q)模型发现最合适的 p 值和 q 值。R 语言提供了用于发现时间序列的自相关性(q)和偏相关性(p)的 acf()函数和 pacf()函数。

acf()函数和 pacf()函数的基本语法为

```
acf(x,lag.max =NULL, …)
pacf(x, lag.max =NULL,…)
```

其中,x 参数包含任意的时间序列对象或向量;lag.max 是一个可选参数,定义了计算 ACF 或 PACF 的最大滞后阶数;“…”定义了其他可选参数。

在下面的示例中会看到前一小节所给出的示例中由 diff()函数生成的差分时间序列对象 ad,acf()函数和 pacf()函数分别计算了差分时间序列的自相关性和偏相关性的实际值。图 8.41 描述了 ACF,在生成图中,由于在滞后阶数 1 处的线超出了虚线,因此在滞后阶数 1 处的自相关性的值超出了显著性边界。图 8.42 描述了偏 ACF,在生成图中,由于在滞后阶数 1、2 和 3 处的所有线均超出了虚线,因此在这些滞后阶数处的偏自相关性的值均超出了显著性边界。

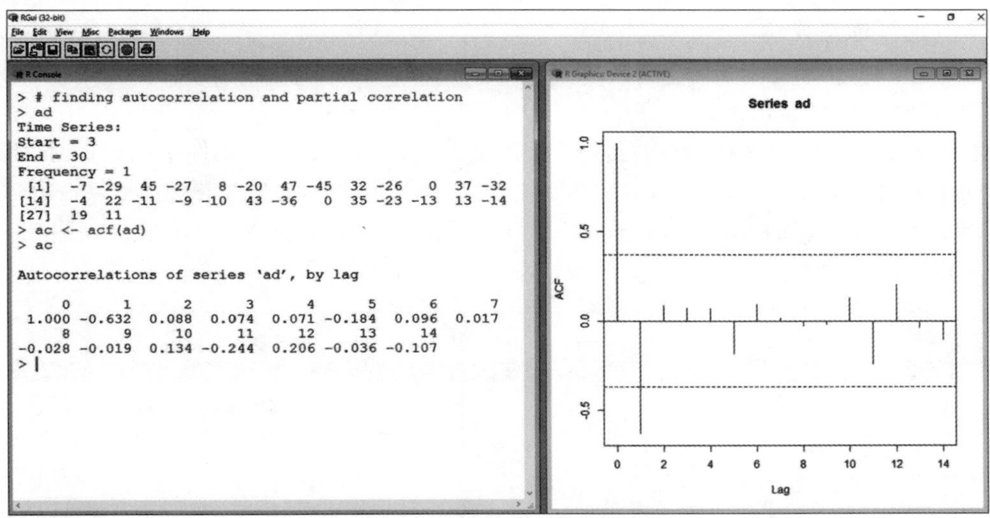

图 8.41 使用 acf()函数计算自相关性

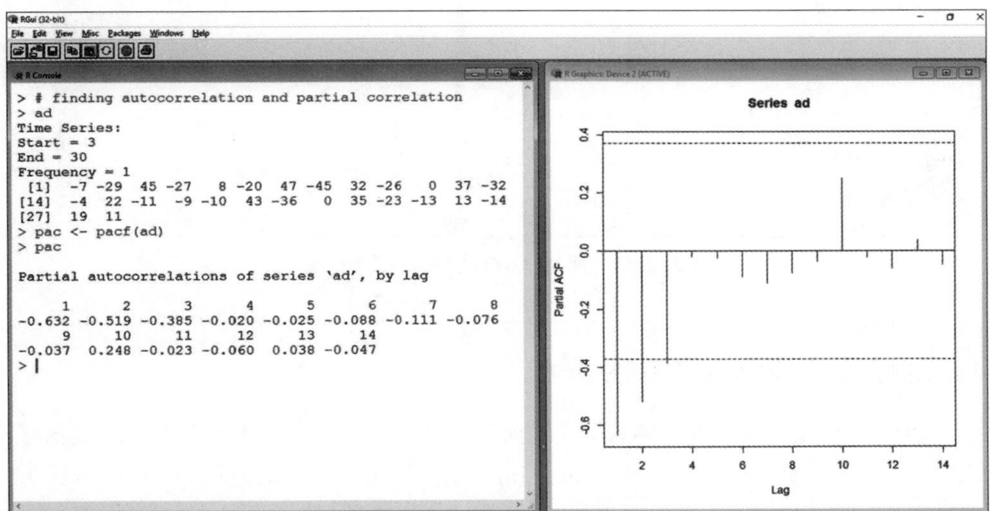

图 8.42 使用 pacf()函数计算偏自相关性

根据自相关性和偏自相关性的值，就可以选择合适的 ARIMA(p,d,q)模型。除此之外，R 还提供了内置函数 auto.arima()，它可以自动返回给定时间序列最佳候选 ARIMA(p,d,q)模型。

8.7.3 使用 ARIMA 模型进行预测

选择合适的候选 ARIMA(p,d,q)模型后，就确定了所选模型的参数。这些值也用于定义预测模型和对时间序列进行预测。R 提供了 arima()函数，其可以确定所选 ARIMA(p,d,q)模型的参数。arima()函数的基本语法为

```
arima(x, order(0L, 0L, 0L), …)
```

其中，x 参数包含一个时间序列对象；order 参数定义了 ARIMA(p,d,q)模型的阶数；"…"定义了其他可选参数。

R 还提供了对给定时间序列进行预测的 forecast.Arima()函数，该函数使用 ARIMA 模型预测时间序列对象，该函数在 forecast 包中。

在下面的示例中，ts()函数创建了一个存储在 Attendance.txt 文件中的时间序列数据的时间序列对象 ax，在这里，ARIMA(0,2,1)被选作为候选 ARIMA 模型，利用 arima()函数求出 ARIMA 模型的参数。forecast.Arima()预测 ARIMA 模型(af)的输出。图 8.43 描述了所得预测值的图。

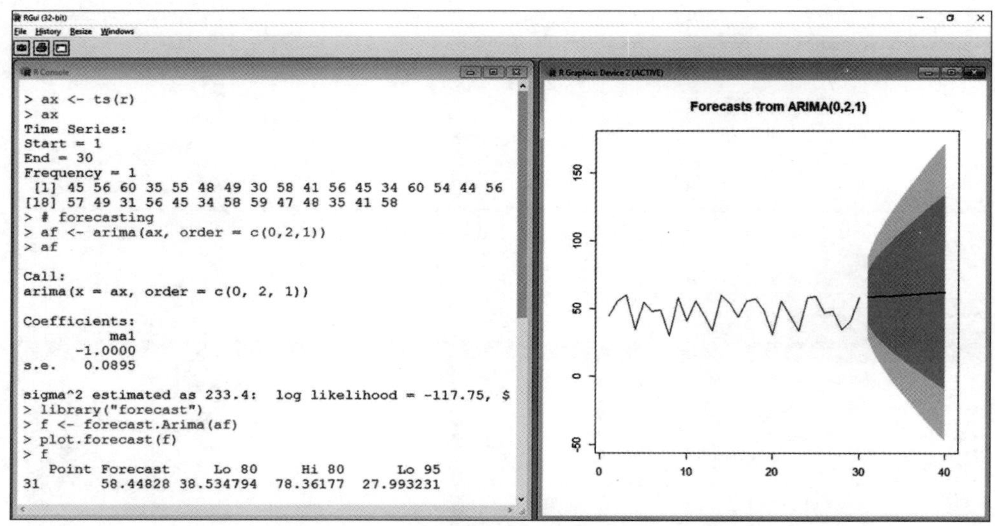

图 8.43 使用 ARIMA 模型进行预测

8.7.4 自相关性和偏自相关性分析

这一步分析并模拟了 ARIMA(p,d,q)模型中自相关性和偏相关性值。R 提供了模拟 ARIMA(p,d,q)模型中的这些值的 arima.sim()函数。arima.sim()函数的基本语法为

```
arima.sim(model, n, …)
```

其中，model 参数包含一个列表，定义了分量 AR 和/或 MA 的系数，也可以使用一个可选的分量阶数；n 参数包含定义输出序列长度的一个正数；"…"定义了其他可选参数。

在下面的示例中，根据前面小节的计算，得到 AR 和 MA 系数的虚拟值。arima.sim()函数将其模拟到一个对象 as 中。图 8.44 给出了该对象的对应图。

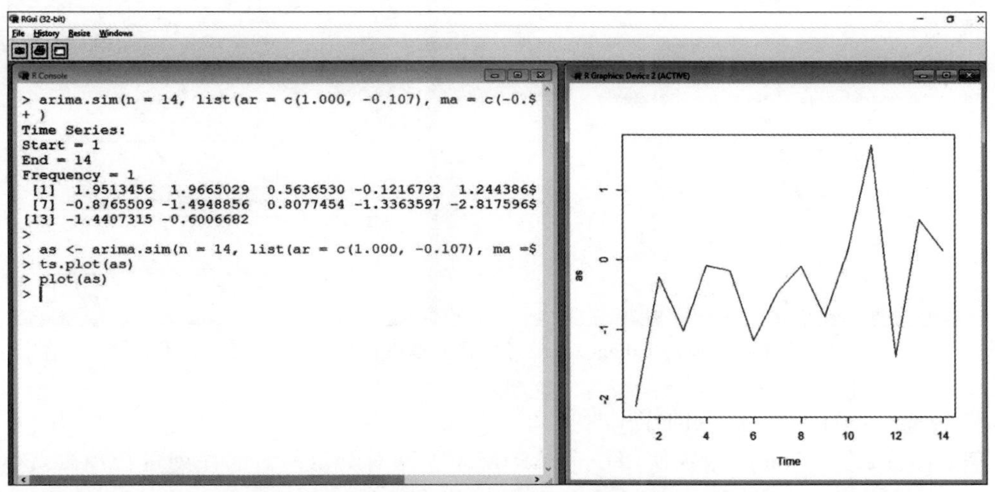

图 8.44　使用 arima.sim()函数分析 ACF 和 PACF

8.7.5　诊断检验

诊断检验是拟合 ARIMA 模型过程中的最后一步，它检验来自拟合模型的残差。R 提供了函数 tsdiag()，其会创建一个针对时间序列拟合模型的诊断图。该函数会返回 3 个图，即标准残差图、残差图的 ACF 和定义 Ljung-Box 统计的 p-values 图。tsdiag()函数的基本语法为

```
tsdiag(object, …)
```

其中，object 参数包含一个时间序列拟合模型；"…"定义了其他可选参数。

在下面的示例中，tsdiag()函数使用 8.7.4 节中的拟合模型 af。图 8.45 描述了相应的拟合模型的所有 3 个图。

小练习

1. 什么是 ARIMA 模型？

答：ARIMA(Auto Regressive Integrated Moving Average，自回归移动平均模型)是时间序列预测的另一种方法，ARIMA 模型明确地定义了一个非零自相关的稳定时间序列的不规则性成分，它可以由 ARIMA(p，d，q)表示，其中参数 p、d 和 q 分别定义了自回归(AR)阶数、差分度和移动平均(MA)阶数。

2. 在 ARIMA 建模中，acf()函数和 pacf()函数的作用是什么？

答：对于 ARIMA(p，q，r)模型，acf()函数和 pacf()函数分别确定了时间序列自相关性(q)和偏相关性(p)的实际值。

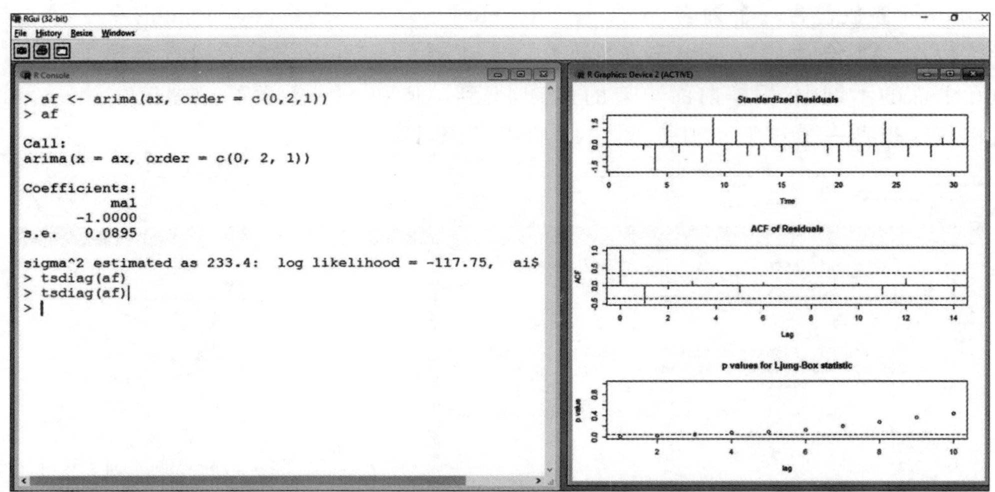

图 8.45 使用 tsdiag()函数对拟合模型进行诊断检验并绘图

3. forecast.Arima()函数的作用是什么?

答:forecast.Arima()函数使用一个 ARIMA 模型对给定的时间序列进行预测,该函数在 forecast 包中。

4. tsdiag()函数的作用是什么?

答:tsdiag()函数为时间序列拟合模型创建了一个诊断图,并检验拟合模型的残差,它返回 3 个图,即标准残差图、残差图的 ACF 和定义 Ljung-Box 统计的 p-values 图。

实践任务

下面分析 AirPassengers 数据集,它是一个经典的 Box 和 Jenkins 航空数据,该数据集包含 1949 年 1 月至 1960 年 12 月每月航空公司的乘客人数。

步骤 1:显示存储在 AirPassengers 数据集中的数据。

```
>AirPassengers
```

```
     Jan Feb Mar Apr May Jun Jul Aug Sep Oct Nov Dec
1949 112 118 132 129 121 135 148 148 136 119 104 118
1950 115 126 141 135 125 149 170 170 158 133 114 140
1951 145 150 178 163 172 178 199 199 184 162 146 166
1952 171 180 193 181 183 218 230 242 209 191 172 194
1953 196 196 236 235 229 243 264 272 237 211 180 201
1954 204 188 235 227 234 264 302 293 259 229 203 229
1955 242 233 267 269 270 315 364 347 312 274 237 278
1956 284 277 317 313 318 374 413 405 355 306 271 306
1957 315 301 356 348 355 422 465 467 404 347 305 336
1958 340 318 362 348 363 435 491 505 404 359 310 337
1959 360 342 406 396 420 472 548 559 463 407 362 405
1960 417 391 419 461 472 535 622 606 508 461 390 432
```

步骤 2:将时间序列 AirPassengers 分解成三种成分,即趋势、季节性和不规则性。函数 decompose()返回一个列表对象,其中,估计的季节性,趋势和不规则性成分被存储在列表对象的命名元素中，分别称为 seasonal、trend 和 random。

```
>passengers <-decompose(AirPassengers)
>passengers
```

```
$x

     Jan Feb Mar Apr May Jun Jul Aug Sep Oct Nov Dec
1949 112 118 132 129 121 135 148 148 136 119 104 118
1950 115 126 141 135 125 149 170 170 158 133 114 140
1951 145 150 178 163 172 178 199 199 184 162 146 166
1952 171 180 193 181 183 218 230 242 209 191 172 194
1953 196 196 236 235 229 243 264 272 237 211 180 201
1954 204 188 235 227 234 264 302 293 259 229 203 229
1955 242 233 267 269 270 315 364 347 312 274 237 278
1956 284 277 317 313 318 374 413 405 355 306 271 306
1957 315 301 356 348 355 422 465 467 404 347 305 336
1958 340 318 362 348 363 435 491 505 404 359 310 337
1959 360 342 406 396 420 472 548 559 463 407 362 405
1960 417 391 419 461 472 535 622 606 508 461 390 432

$seasonal
            Jan        Feb        Mar        Apr        May        Jun
1949 -24.748737 -36.188131  -2.241162  -8.036616  -4.506313  35.402778
1950 -24.748737 -36.188131  -2.241162  -8.036616  -4.506313  35.402778
1951 -24.748737 -36.188131  -2.241162  -8.036616  -4.506313  35.402778
1952 -24.748737 -36.188131  -2.241162  -8.036616  -4.506313  35.402778
1953 -24.748737 -36.188131  -2.241162  -8.036616  -4.506313  35.402778
1954 -24.748737 -36.188131  -2.241162  -8.036616  -4.506313  35.402778
1955 -24.748737 -36.188131  -2.241162  -8.036616  -4.506313  35.402778

1956 -24.748737 -36.188131  -2.241162  -8.036616  -4.506313  35.402778
1957 -24.748737 -36.188131  -2.241162  -8.036616  -4.506313  35.402778
1958 -24.748737 -36.188131  -2.241162  -8.036616  -4.506313  35.402778
1959 -24.748737 -36.188131  -2.241162  -8.036616  -4.506313  35.402778
1960 -24.748737 -36.188131  -2.241162  -8.036616  -4.506313  35.402778
            Jul        Aug        Sep        Oct        Nov        Dec
1949  63.830808  62.823232  16.520202 -20.642677 -53.593434 -28.619949
1950  63.830808  62.823232  16.520202 -20.642677 -53.593434 -28.619949
1951  63.830808  62.823232  16.520202 -20.642677 -53.593434 -28.619949
1952  63.830808  62.823232  16.520202 -20.642677 -53.593434 -28.619949
1953  63.830808  62.823232  16.520202 -20.642677 -53.593434 -28.619949
1954  63.830808  62.823232  16.520202 -20.642677 -53.593434 -28.619949
1955  63.830808  62.823232  16.520202 -20.642677 -53.593434 -28.619949
1956  63.830808  62.823232  16.520202 -20.642677 -53.593434 -28.619949
1957  63.830808  62.823232  16.520202 -20.642677 -53.593434 -28.619949
1958  63.830808  62.823232  16.520202 -20.642677 -53.593434 -28.619949
1959  63.830808  62.823232  16.520202 -20.642677 -53.593434 -28.619949
1960  63.830808  62.823232  16.520202 -20.642677 -53.593434 -28.619949

$trend
          Jan      Feb      Mar      Apr      May      Jun      Jul      Aug
1949       NA       NA       NA       NA       NA       NA 126.7917 127.2500
1950 131.2500 133.0833 134.9167 136.4167 137.4167 138.7500 140.9167 143.1667
1951 157.1250 159.5417 161.8333 164.1250 166.6667 169.0833 171.2500 173.5833
1952 183.1250 186.2083 189.0417 191.2917 193.5833 195.8333 198.0417 199.7500
1953 215.8333 218.5000 220.9167 222.9167 224.0833 224.7083 225.3333 225.3333
1954 228.0000 230.4583 232.2500 233.9167 235.6250 237.7500 240.5000 243.9583
1955 261.8333 266.6667 271.1250 275.2083 278.5000 281.9583 285.7500 289.3333
1956 309.9583 314.4167 318.6250 321.7500 324.5000 327.0833 329.5417 331.8333
1957 348.2500 353.0000 357.6250 361.3750 364.5000 367.1667 369.4583 371.2083
1958 375.2500 377.9167 379.5000 380.0000 380.7083 380.9583 381.8333 383.6667
1959 402.5417 407.1667 411.8750 416.3333 420.5000 425.5000 430.7083 435.1250
1960 456.3333 461.3750 465.2083 469.3333 472.7500 475.0417       NA       NA
          Sep      Oct      Nov      Dec
1949 127.9583 128.5833 129.0000 129.7500
1950 145.7083 148.4167 151.5417 154.7083
1951 175.4583 176.8333 178.0417 180.1667
1952 202.2083 206.2500 210.4167 213.3750
```

```
1953 224.9583 224.5833 224.4583 225.5417
1954 247.1667 250.2500 253.5000 257.1250
1955 293.2500 297.1667 301.0000 305.4583
1956 334.4583 337.5417 340.5417 344.0833
1957 372.1667 372.4167 372.7500 373.6250
1958 386.5000 390.3333 394.7083 398.6250
1959 437.7083 440.9583 445.8333 450.6250
1960       NA       NA       NA       NA

$random
             Jan         Feb         Mar         Apr         May         Jun
1949          NA          NA          NA          NA          NA          NA
1950   8.4987374  29.1047980   8.3244949   6.6199495  -7.9103535 -25.1527778
1951  12.6237374  26.6464646  18.4078283   6.9116162   9.8396465 -26.4861111
1952  12.6237374  29.9797980   6.1994949  -2.2550505  -6.0770202 -13.2361111
1953   4.9154040  13.6881313  17.3244949  20.1199495   9.4229798 -17.1111111
1954   0.7487374  -6.2702020   4.9911616   1.1199495   2.8813131  -9.1527778
1955   4.9154040   2.5214646  -1.8838384   1.8282828  -3.9936869  -2.3611111
1956  -1.2095960  -1.2285354   0.6161616  -0.7133838  -1.9936869  11.5138889
1957  -8.5012626 -15.8118687   0.6161616  -5.3383838  -4.9936869  19.4305556
1958 -10.5012626 -23.7285354 -15.2588384 -23.9633838 -13.2020202  18.6388889
1959 -17.7929293 -28.9785354  -3.6338384 -12.2967172   4.0063131  11.0972222
1960 -14.5845960 -34.1868687 -43.9671717  -0.2967172   3.7563131  24.5555556
             Jul         Aug         Sep         Oct         Nov         Dec
1949 -42.6224747 -42.0732323  -8.4785354  11.0593434  28.5934343  16.8699495
1950 -34.7474747 -35.9898990  -4.2285354   5.2260101  16.0517677  13.9116162
1951 -36.0808081 -37.4065657  -7.9785354   5.8093434  21.5517677  14.4532828
1952 -31.8724747 -20.5732323  -9.7285354   5.3926768  15.1767677   9.2449495
1953 -25.1641414 -16.1565657  -4.4785354   7.0593434   9.1351010   4.0782828
1954  -2.3308081 -13.7815657  -4.6868687  -0.6073232   3.0934343   0.4949495
1955  14.4191919  -5.1565657   2.2297980  -2.5239899 -10.4065657   1.1616162
1956  19.6275253  10.3434343   4.0214646 -10.8989899 -15.9482323  -9.4633838
1957  31.7108586  32.9684343  15.3131313  -4.7739899 -14.1565657  -9.0050505
1958  45.3358586  58.5101010   0.9797980 -10.6906566 -31.1148990 -33.0050505
1959  53.4608586  61.0517677   8.7714646 -13.3156566 -30.2398990 -17.0050505
1960          NA          NA          NA          NA          NA          NA

$figure
 [1] -24.748737 -36.188131  -2.241162  -8.036616  -4.506313  35.402778
 [7]  63.830808  62.823232  16.520202 -20.642677 -53.593434 -28.619949

$type
[1] "additive"

attr(,"class")
[1] "decomposed.ts"
```

步骤 3：绘制存储在 passengers $ trend 中的趋势成分(如图 8.46 所示)。

```
>plot(passengers$trend, col = ("dodgerblue3", main= "Trend", xlab= "Jan 1949 to Dec
1960", ylab = "No. of passengers")
```

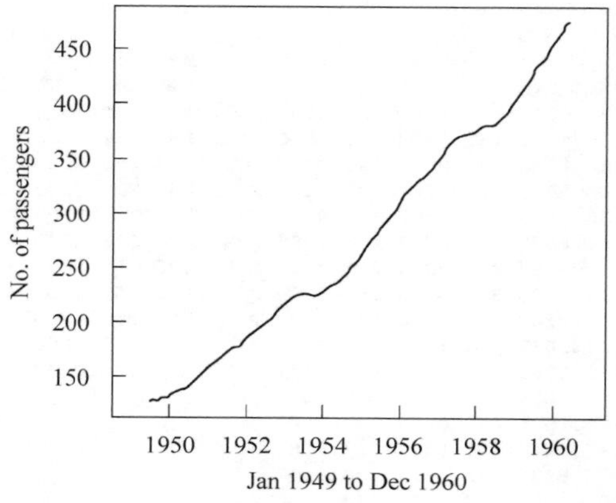

图 8.46 趋势成分

步骤 4：绘制存储在 passengers $ seasonal 中的季节性成分(如图 8.47 所示)。

```
>plot(passengers$seasonal, col = ("dodgerblue3", main= "Seasonal", xlab= "Jan 1949
to Dec 1960", ylab = "No. of passengers")
```

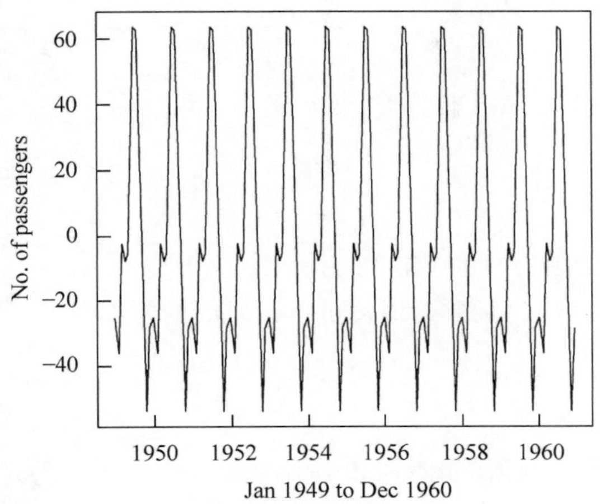

图 8.47　季节性成分

步骤 5：绘制 1949 年的季节性月数据(1949 年 1 月至 1949 年 12 月)(如图 8.48 所示)。

```
>plot(ts(passengers$seasonal[1:12]), col = ("dodgerblue3"),
main= "Seasonal monthly data for 1949", xlab= "Jan 1949 to Dec 1949",
ylab = "No. of passengers")
```

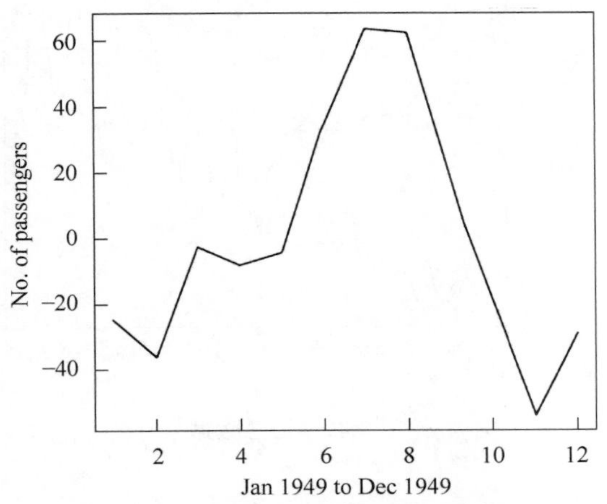

图 8.48　1949 年季节性月数据

下面进一步探索时间序列数据。

步骤 6：检测数据集 AirPassengers 的类别。

```
>data(AirPassengers)
>class(AirPassengers)
```

```
[1] "ts"
```

以上说明数据序列 AirPassengers 是时间序列格式。

步骤 7：使用 start()函数和 end()函数提取及编码第一个与最后一个观测值的时间。

```
>start(AirPassengers)
[1] 1949 1
```

以上说明时间序列数据开始于 1949 年 1 月。

```
>end(AirPassengers)
[1] 1960 12
```

以上说明时间序列结束于 1960 年 12 月。

步骤 8：使用 frequency()函数返回每个单位时间的样本数。

```
>frequency(AirPassengers)
[1] 12
```

步骤 9：下面看看汇总数据(如图 8.49 所示)。

```
>summary(AirPassengers)
Min.   1st Qu.  Median  Mean   3rd Qu.   Max.
104.0  180      265.5   280.3  360.5     622.0
>plot(AirPassengers)
```

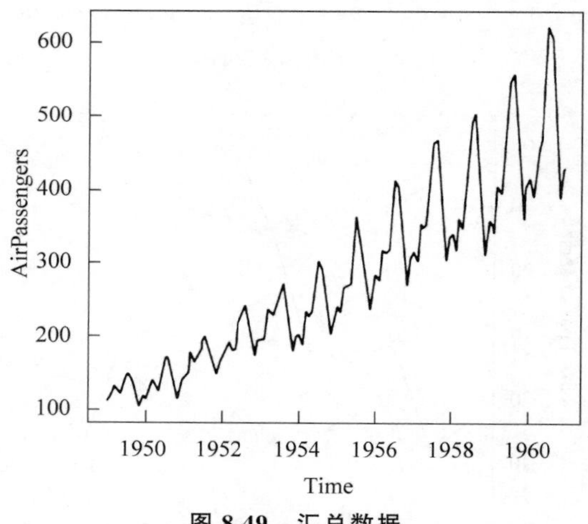

图 8.49　汇总数据

```
>abline(reg=lm(AirPassengers~time(AirPassengers)))
```

以上说明将数据拟合到一条线上(如图 8.50 所示)。

步骤 10：cycle()函数给出每个观测值在周期内的位置。

```
>cycle(AirPassengers)
     Jan  Feb  Mar  Apr  May  Jun  Jul  Aug  Sep  Oct  Nov  Dec
1949 1    2    3    4    5    6    7    8    9    10   11   12
```

```
1950  1   2   3   4   5   6   7   8   9   10   11   12
1951  1   2   3   4   5   6   7   8   9   10   11   12
1952  1   2   3   4   5   6   7   8   9   10   11   12
1953  1   2   3   4   5   6   7   8   9   10   11   12
1954  1   2   3   4   5   6   7   8   9   10   11   12
1955  1   2   3   4   5   6   7   8   9   10   11   12
1956  1   2   3   4   5   6   7   8   9   10   11   12
1957  1   2   3   4   5   6   7   8   9   10   11   12
1958  1   2   3   4   5   6   7   8   9   10   11   12
1959  1   2   3   4   5   6   7   8   9   10   11   12
1960  1   2   3   4   5   6   7   8   9   10   11   12
```

```
>plot(aggregate(AirPassengers,FUN=mean))
```

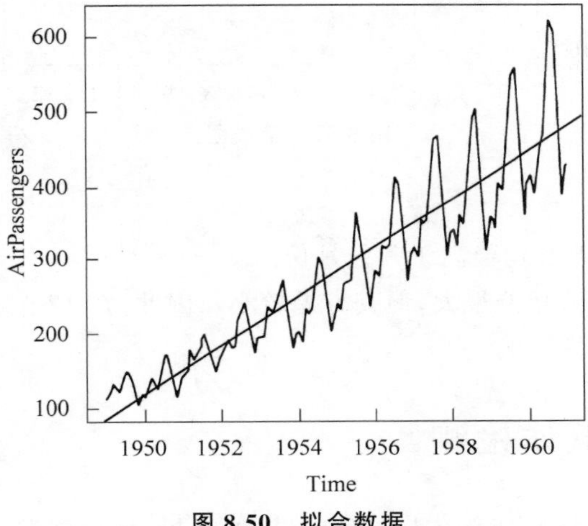

图 8.50　拟合数据

聚合数据并显示年度趋势，年度趋势清楚地表明旅客数量一直在增加，从未间断（如图 8.51 所示）。

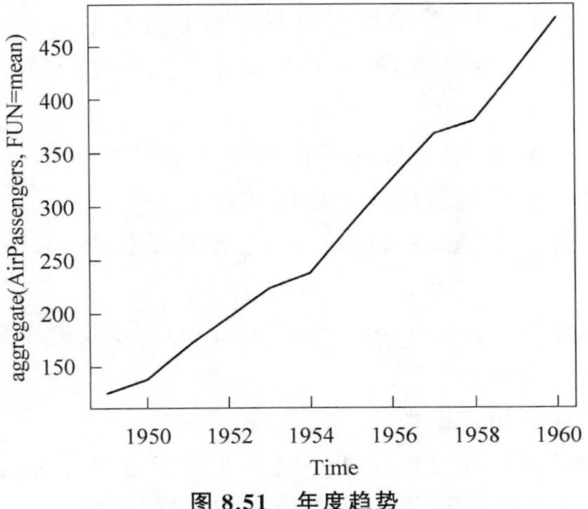

图 8.51　年度趋势

步骤 11：绘制箱线图(如图 8.52 所示)。

```
>boxplot(AirPassengers~cycle(Airpassengers))
```

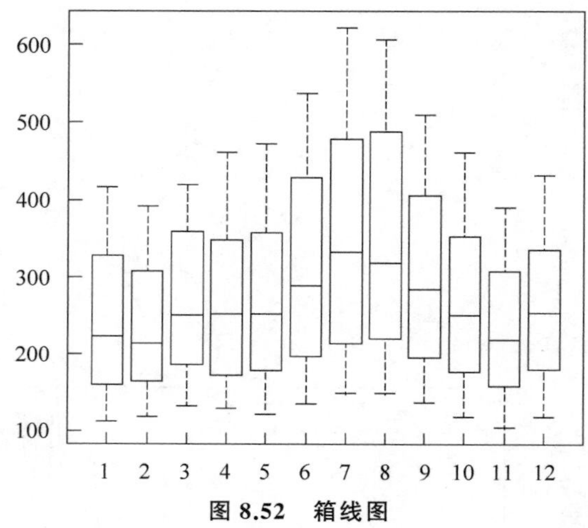

图 8.52　箱线图

结论

- 7 月和 8 月的方差和均值高于其他月份。
- 即使每个月的均值相差很大,但其方差较小。因此,在 12 个月或更小的周期内会有一个强烈的季节性影响。

案例研究：保险欺诈检测

在科技领域中,欺诈涉及高科技装置和过程,如手机、保险索赔、退税索赔、信用卡交易等,这些都是政府和企业面临的重大问题,这些机构无法预测的新型欺诈每天都在发生。欺诈是一种共同犯罪,因此应借助于智能数据分析系统对其进行检测和预防。这些方法存在于数据库知识发现、数据挖掘、机器学习和统计领域。利用智能系统可以开发出一个有效而稳定的系统以检测这些欺诈行为,并确保它们在未来不会发生。

用于欺诈行为检测的技术主要有两类,即统计数据分析技术和人工智能。统计数据分析技术的例子如下。

- 包括 pair wise、list wise 缺失数据查找属性方法的数据预处理技术,通过该方法检测、验证、纠错和填补缺失数据或不正确数据。
- 计算各种随机统计参数,如均值(mean)、性能度量标准(performance metrics)、统计概率分布图等。
- 根据各种互信息参数(mutual informed parameters)或概率分布曲线建立各种商业活动的模型和概率分布。
- 根据不同的方式计算用户剖像。
- 时间相关数据的时间序列分析使用不同关系的变量循环对这些数据进行索引。
- 聚类和分类可以发现数据群组中的图模式和关联规则。

- 匹配算法用于检测客户交易或用户行为的异常，以获得客户的风险状况。

欺诈是人们在日常生活中面临的主要挑战，在许多调查中，美国每年因为未能发现保险欺诈会损失 1 万亿美元。然而，许多公司正在致力于这方面的工作，并且用许多方法解决这样的预测缺陷。许多科学家和研究人员认为，神经网络是解决欺诈预测问题的最佳方法。在这个案例研究中，尽管还有其他有效方法，但我们将尝试提供一些神经网络方法的信息。

1. 神经网络

类似于活的神经元回路，神经网络依赖于其节点信息及其权重，这些权重是可变的，隐藏神经网络变量的层次和动态特性也是可变的。

为了理解这类问题，首先考虑一下与美国有关的调查信息。2009 年，美国汽车公司面临着近 91 亿美元的损失，但在 2016 年，这一数字接近 1500 亿美元。为了减少这种损失，需要一种非常好的分析和统计方法，利用历史数据预测当前和未来的产出。对于这些问题，神经网络是有用的，特别是反向传播(BP)神经网络算法。

2. 神经网络的作用

根据日常生活中的保险索赔，在利用许多时间序列数据开始训练之前需要对数据集进行调整，并根据客户索赔的性质存储这些数据。在与时间相关的列中使用了一个节点，它是与事故和索赔类型列相关的。然后，将这些数据转换为二元变量和时变整数。

然而，神经网络具有复杂性，其中之一是最小化节点和层。为了减少所需的输入节点的数量，变量按照以下标签进行分组：时间、人口统计、政策、评级和客户社会地位。神经网络的每个节点接收输入，并对每个输入赋予一个权重，权重的范围是在 −1～1 之间，以反映某些因素如何增加或减少欺诈的发现。这些权重表明了每个输入的重要性，较大的权重表示其更为重要。

为了检验神经网络的精度，需要检验协方差和误差，对此，均方根(Root Square Mean, RSE)是一个很好的算法。对于误差，有许多 RSE 算法可以使用，但是算法的选择依赖于从节点信息和交互信息中得到的变量和误差的类型，通过这些过程可以建立一个预测欺诈的神经网络模型。

本章小结

- 时间序列数据是一种以规则的间隔存储或遵循时间序列概念的数据类型，时间序列根据统计信息按顺序定义了数值数据点的序列。
- 多变量时间序列是时间序列的一种，其使用多个描述值的量。plot()、hist()、boxplot()、pie()、abline()、qqnorm()、stripcharts()和 curve()都是用于对时间序列数据进行可视化的 R 函数。
- mean()、sd()、log()、diff()、pnorm()和 qnorm()是对时间序列数据进行操作的 R 函数。
- 简单成分分析将数据划分为四种主要成分，即趋势、季节性、周期性和不规则性。线性滤波器是简单成分分析的一部分。

- 时间序列线性滤波使用线性滤波器生成时间序列的不同成分，时间序列分析主要使用移动平均方法作为线性滤波器。
- filter()函数会执行时间序列数据的线性滤波，并生成给定数据的时间序列。
- scan()函数可以从任意文件中读取数据，由于时间序列数据包含连续时间间隔的数据，因此该函数是读取该数据的最佳函数。
- ts()函数可以存储时间序列数据，并创建时间序列对象。
- as.ts()函数可以将一个简单对象转换为时间序列对象，is.ts()函数可以检测一个对象是否为时间序列对象。
- 在时间序列分析中，绘图任务就是将时间序列数据进行图形化表示，R 提供了绘制时间序列数据的 plot()函数。
- 非季节性时间序列包含趋势和不规则性成分，因此，分解就是指将非季节性数据转换成这些成分。
- SMA()函数用于分解非季节性时间序列，它通过计算移动平均平滑时间序列数据，并估计趋势和不规则性成分，该函数在 TTR 包中。
- 季节性时间序列包含季节性、趋势和不规则性成分，因此，分解可以将季节性数据转换成这三种成分。
- seas()函数可以自动寻找季节性调整序列，该函数在 seasonal 包中。
- 回归分析利用一个线性函数定义了自变量(预测变量)和因变量(响应变量)之间的线性关系。
- 预测就是指基于过去的数据对未来的事件进行预测。
- 简单指数平滑可以估计当前时间点的水平并执行短期预测，HoltWinters()函数中的 alpha 参数控制着简单指数平滑。
- Holt's 指数平滑可以估计当前时间点的水平和斜率，HoltWinters()函数中的 alpha 参数和 beta 参数可以控制它，并分别估计其水平和斜率。
- Holt-Winters 指数平滑会估计当前时间点的水平、斜率和季节性成分。HoltWinters()函数中的 alpha、beta 和 gamma 参数可以控制它，并分别估计其水平、趋势成分的斜率和季节性成分。
- ARIMA 是时间序列预测的另一种方法，ARIMA 模型明确地定义了一个具有非零自相关的平稳时间序列的不规则性成分，它可以由 ARIMA(p,d,q)表示，其中，参数 p、d 和 q 分别定义了自回归阶数(AR)、差分度和移动平均(MA)阶数。
- diff()函数可以对时间序列进行差分，以便找到合适的 ARIMA 模型。该方法有助于获得 ARIMA 模型的平稳时间序列，同时也可以求出 ARIMA (p,q,r)模型的 d 参数值。
- auto.arima()函数可以对给定时间序列自动返回最佳候选 ARIMA(p,d,q)模型。
- arima()函数可以找到所选 ARIMA(p,d,q)模型的参数。
- arima.sim()函数可以模拟 ARIMA(p,d,q)模型的自相关性和偏相关性的值。

关键术语

- ARIMA：时间序列预测的一种方法。
- 分解时间序列(decomposing time series)：将给定时间序列数据分解为不同成分的过程。
- 指数平滑(exponential smoothing)：通过忽略不相关的波动发现时间序列数据中的变化，并对时间序列数据进行短期预测。
- 预测(forecasts)：基于过去的数据对未来的事件进行的一种预测。
- Holt's 指数平滑(Holt's exponential smoothing)：可以估计当前时间点的水平和斜率。
- Holt-Winters 指数平滑(Holt-Winters exponential smoothing)：可以估计当前时间点的水平、斜率和季节性成分。
- HoltWinters()函数：一种常见的用于寻找指数平滑的内置函数，3 种指数平滑都需要使用该函数。
- 线性滤波(linear filtering)：使用线性滤波器生成时间序列的不同成分。
- 多变量时间序列(multivariate time series)：时间序列中的一种，其使用多个量描述值。
- 非季节性(non-seasonal)时间序列：包含趋势和不规则性成分。
- 绘图(plotting)：在时间序列分析中，绘图任务以图形化表示时间序列数据。
- 回归分析(regression analysis)：使用一个线性函数定义了自变量(预测变量)和因变量(响应变量)之间的线性关系。
- 季节性调整序列(seasonal adjusting series)：一个没有季节性成分的时间序列。
- 季节性时间序列(seasonal time series)：包含季节性、趋势和不规则性成分。
- 简单成分分析(simple component analysis)：将数据划分为 4 种主要成分，即趋势、季节性、周期性和不规则性。
- 简单指数平滑(simple exponential smoothing)：估计当前时间点的水平并进行短期预测。
- 时间序列数据(time series data)：数据的一种，按照规则的时间间隔进行存储或遵循时间序列的概念。
- 单变量(univariate)时间序列：时间序列的一种，使用单一的量描述值。

巩固练习

一、单项选择题

1. 以下哪个命令用于时间序列分析的可视化？

   (a) diff()　　(b) sd()　　(c) plot()　　(d) means()

2. 以下哪个命令用于时间序列分析中的操作？

(a) plot() (b) pnorm() (c) qqnorm() (d) hist()

3. 以下哪个命令不同于其他命令?

(a) qnorm() (b) pnorm() (c) qqnorm() (d) log()

4. 以下哪个命令可以存储时间序列对象?

(a) as.ts() (b) is.ts() (c) ts() (d) scan()

5. 以下哪个命令可以读取时间序列对象?

(a) plot() (b) is.ts() (c) ts() (d) scan()

6. 以下哪个命令可以绘制时间序列对象?

(a) as.ts() (b) plot() (c) ts() (d) scan()

7. 以下哪个命令可以实现线性滤波?

(a) ts() (b) decompose() (c) filter() (d) scan()

8. 以下哪个命令用于分解非季节性时间序列?

(a) seas() (b) stl() (c) decompose() (d) SMA()

9. 以下哪个命令用于分解季节性时间序列?

(a) seas() (b) ts() (c) decompose() (d) SMA()

10. 以下哪个命令用于季节性调整时间序列?

(a) seas() (b) stl() (c) decompose() (d) SMA()

11. 以下哪一个是非季节性时间序列数据所使用的成分?

(a) 趋势和季节性 (b) 不规则性和趋势

(c) 季节性和不规则性 (d) 周期性和趋势

12. 以下哪一个是季节性时间序列数据所使用的成分?

(a) 趋势,不规则性和季节性 (b) 不规则性,周期性和趋势

(c) 季节性,周期性和不规则性 (d) 周期性,趋势和季节性

13. 以下哪个包中包含 SMA()函数?

(a) Forecast (b) Seasonal (c) TTR (d) Graphics

14. 以下哪个包中包含 seas()函数?

(a) Forecast (b) Seasonal (c) TTR (d) Graphics

15. 以下哪个包中包含 forecast()函数?

(a) Forecast (b) Seasonal (c) TTR (d) Graphics

16. 以下哪个函数可以实现回归分析?

(a) ts() (b) lm() (c) seas() (d) decompose()

17. 以下哪个函数可以实现指数平滑?

(a) HoltWinters() (b) seas()

(c) arima() (d) plot()

18. 以下哪个函数用于差分时间序列对象?

(a) HoltWinters() (b) acf()

(c) diff() (d) pacf()

19. 以下哪个函数可以估计时间序列对象的自相关性?

(a) acf() (b) diff() (c) arima() (d) pacf()

20. 以下哪个函数可以估计时间序列对象的偏自相关性?
(a) acf()　(b) diff()　(c) arima()　(d) pacf()

21. 以下哪个函数可以自动返回候选 ARIMA 模型?
(a) HoltWinters()　(b) auto.arima()
(c) arima()　(d) arima.sim()

22. 以下哪个函数用于寻找候选 ARIMA 模型的参数?
(a) HoltWinters()　(b) auto.arima()
(c) arima()　(d) arima.sim()

23. 以下哪个函数可以模拟一个 ARIMA 模型?
(a) HoltWinters()　(b) auto.arima()
(c) arima()　(d) arima.sim()

24. 以下哪个函数可以预测一个 ARIMA 模型?
(a) arima()　(b) auto.arima()
(c) forecast.arima()　(d) arima.sim()

25. 以下哪个函数可以为 ARIMA 模型创建一个诊断图?
(a) arima()　(b) auto.arima()　(c) tsdiag()　(d) ts()

26. 以下哪一个不是 ARIMA 模型的参数?
(a) moving average　(b) difference
(c) auto regression　(d) lag

27. tsdiag()函数可以生成几个图?
(a) 2　(b) 3　(c) 4　(d) 5

28. 以下哪一个不是 HoltWinters()函数的参数?
(a) alpha　(b) gamma　(c) beta　(d) lambda

29. HoltWinters()函数中的以下哪个参数控制着简单指数平滑?
(a) alpha　(b) gamma　(c) beta　(d) lambda

30. HoltWinters()函数中的以下哪个参数控制着 Holt's 指数平滑?
(a) alpha 和 beta　(b) gamma 和 beta
(c) beta 和 lambda　(d) 以上都不是

31. HoltWinters()函数中的以下哪个参数控制着 Holt-Winters 指数平滑?
(a) alpha 和 beta　(b) alpha、beta 和 gamma
(c) beta、gamma 和 lambda　(d) 以上都不是

二、简答题

1. 请用时间序列分析描述时间序列数据。
2. 单变量时间序列和多变量时间序列的区别是什么?
3. 时间序列数据可视化的基本 R 函数是什么?
4. 时间序列数据操作的基本 R 函数是什么?
5. 时间序列分析中的线性滤波是什么?
6. 什么是简单成分分析?

7. 时间序列分析中的绘制是什么？

8. 时间序列分析中的分解是什么？

9. 非季节性时间序列和季节性时间序列的区别是什么？

10. 时间序列分析中的指数平滑是什么？

11. 拟合一个合适的 ARIMA 模型的步骤是什么？

12. 如何分析用于拟合 ARIMA 模型的自相关性和偏相关性？

13. 如何预测时间序列分析中的 ARIMA 模型？

三、论述题

1. 请使用语法和示例对 plot()函数进行解释。

2. 请使用语法和示例对 hist()函数进行解释。

3. 请使用语法和示例对 filter()函数进行解释。

4. 请使用语法和示例对 scan()函数进行解释。

5. 请使用语法和示例对 ts()函数进行解释。

6. 请使用语法和示例对 SMA()函数进行解释。

7. 请使用语法和示例对 decompose()函数进行解释。

8. 请使用语法和示例对 stl()函数进行解释。

9. 请解释季节性调整序列，并在不使用任何函数的情况下对其进行分解。

10. 请使用语法和示例对 seas()函数进行解释。

11. 请使用语法和示例对 lm()函数进行解释。

12. 请解释时间序列分析中的预测。

13. 请解释 HoltWinters()函数。

14. 请举例解释简单指数平滑。

15. 请举例解释 Holt's 指数平滑。

16. 请举例解释 Holt-Winters 指数平滑。

17. 请解释 ARIMA 模型。

18. 请使用语法和示例对 diff()函数进行解释。

19. 请使用语法和示例对 acf()函数进行解释。

20. 请使用语法和示例对 pacf()函数进行解释。

21. 请使用语法和示例对 arima()函数进行解释。

22. 请使用语法和示例对 tsdiag()函数进行解释。

23. 使用 ts()函数和 scan()函数创建并读取股票价格变化的时间序列数据，同时绘制时间序列数据。

24. 创建时间序列数据并对其进行线性滤波，解释其输出结果。

25. 创建时间序列数据并对其进行分析，解释其输出结果。

26. 创建时间序列数据并对其应用 3 种指数平滑，解释输出结果。

27. 创建时间序列数据，并按照拟合 ARIMA 模型过程中的所有步骤将其拟合到一个 ARIMA 模型。

单项选择题参考答案

1. (c)　2. (b)　3. (c)　4. (c)　5. (d)　6. (b)　7. (c)　8. (d)　9. (c)　10. (a)
11. (a)　12. (b)　13. (c)　14. (b)　15. (a)　16. (b)　17. (a)　18. (c)　19. (a)
20. (d)　21. (b)　22. (c)　23. (d)　24. (c)　25. (c)　26. (d)　27. (b)　28. (d)
29. (a)　30. (a)　31. (b)

聚　类

学习成果

通过本章的学习,您将能够:

- 使用 dist()函数创建一个距离矩阵;
- 使用 hclust()函数实现在 R 中的聚类;
- 在 R 中实现 k-means 聚类。

9.1 概述

聚类分析在数据分析、市场研究、模式识别等领域具有广泛的应用,它被广泛用于:

- 对网络上的文档进行分类,用于信息发现;
- 异常检测应用中的信用卡欺诈行为检测;
- 洞察数据分布,以观察每个集群的特征等。

本章将介绍欧几里得(Euclidean)空间(简称欧氏空间)和非欧几里得(non-Euclidean)空间(简称非欧几空间)中的层次聚类,讨论划分聚类的 k-means 算法,使用 R 对层次聚类和划分聚类进行演示。本章还将讨论其他算法,如 BFR (Bradley、Fayyad and Reina)算法、在高维欧氏空间中进行聚类的 k-means 算法的变形、CURE (Clustering Using REpresentatives)算法、使用非欧几里得空间的 GRGPF 算法、BDMO 算法、流聚类(stream-clustering)算法(B. Babcock,M.Datar,R. Motwani,L. O'Callaghan)等。

9.2 什么是聚类

聚类技术是商业分析和数据挖掘中最重要的技术,聚类是检查给定数据并基于其相似性或特征将该数据划分为许多群组的过程,这些群组称为集群。

给定一组数据点,将这些点划分为若干集群,使得

- 一个集群中的成员彼此之间接近或相似;
- 不同集群之间的成员不相似。

通常,这些点都是在高维空间中的,其相似性是由距离(如 Euclidean、Cosine、Jaccard

等)度量的。

集群分析是指将数据划分成有意义和有用的群组(集群)。下面看一个聚类的示例,假如在搜索引擎中触发了一个“movie”的查询,该查询返回了大量网页,然后这些网页被分成不同的类别(集群),如 movie reviews、star cast、theatres、trailers 等,每一类可以进一步划分成许多子类(子集群),从而形成一个层次结构,帮助用户理解查询结果。

聚类还可以被表示成一种技术,用于检查一组点,并根据距离将它们划分成集群。图 9.1 显示了 3 个集群和 2 个异常值,一个集群中的数据点之间的欧氏距离比它们与集群外的数据点之间的距离更近。

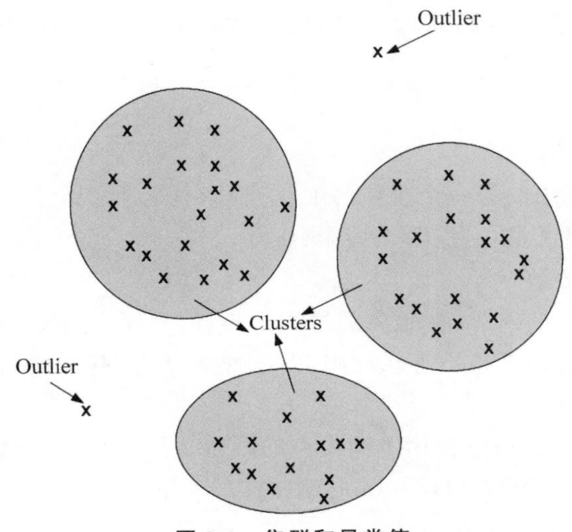

图 9.1　集群和异常值

二维空间的聚类是比较容易的,少量数据的聚类也是比较容易的。然而,聚类并不总是那么容易的,尤其是当聚类应用在高维空间中时。在高维空间中,几乎所有点与彼此之间的距离都差不多,从直观上并不清楚如何将它们分组。

聚类的主要目的是在同一个集群中找到相互距离较小的点以及不同集群中相互距离较大的点。总之,在统计学中有不同类型的聚类可以用于数据挖掘过程。

如今,一些领域利用聚类算法在各自的领域实现不同的应用,数据挖掘、信息抽取、搜索引擎、学术界、心理学和医学、机器学习、计算机图形学、模式识别等都是一些主要的聚类应用领域。

商业数据分析领域需要处理大量的数据,需要使用不同类型的算法实现聚类,R 提供了不同的包以实现聚类,每个包都有不同的内置函数以实现聚类并确定集群。

9.3　聚类中的基本概念

在学习 R 中的聚类之前,先理解一些基本概念(点、空间和距离)是很重要的,读者将在本节了解这些基本概念。

9.3.1 点、空间和距离

点、空间和距离是聚类中非常重要的概念。

1. 点和空间

聚类是一种数据挖掘过程，其中数据被视为多维空间中的点。存储在一个地方的点的集合称为空间，这些点属于同一空间。换句话说，空间是全体点的集合，从中将数据点划分到数据集中。欧氏空间是著名的重要空间之一。

在欧氏空间中，点是实数的向量，空间的维数是向量的长度，表示点的坐标是向量的分量。

2. 距离

距离是聚类中所使用的另一个重要的度量指标，任意两个点之间的差被称为距离。所有的空间都有一个距离度量，它们必须遵循：

- 距离必须是非负数；
- 距离应该是对称的，在计算距离的过程中，点的顺序不重要；
- 距离度量应该遵循三角不等式规则，即从 x 到 y 再到 z 的距离不应该小于直接从 x 到 z 的距离。

根据应用的需要，聚类可以使用不同类型的距离。最常见的距离度量类型有欧氏距离、曼哈顿(Manhattan)距离、汉明(Hamming)距离、最大范数(Maximum norm)、L1 距离等，它们都用于计算两点之间的距离。

R 语言提供了一个 dist()函数，通过使用不同类型的方法度量距离，该函数可以计算距离并返回距离矩阵，这个距离矩阵是通过使用指定的距离度量计算数据矩阵两行之间的距离的。dist()的基本语法为

```
dist(x, method ="Euclidean",…)
```

其中，x 参数定义了一个数字矩阵或一个可以转换为矩阵或数据框的对象；method 参数定义了用于度量距离的方法的名称；表 9.1 给出了距离度量的名称；“…”定义了其他可选参数。

表 9.1 不同的距离度量

距离度量方法	描　述
Euclidean	通过对两个点在每个维度上坐标的差的平方和开方计算距离
Manhattan	通过每个维度差值的大小之和返回绝对距离
Binary	二进制位是 0(零)或 1(非零)，“零”和“非零”元素是由 Off 和 On 表示的，二进制距离是只有 1 的位是 On 位的比例
Maximum	返回两个向量之间的最大距离
Canberra	适用于非负值，其中零分子和分母的项从和中删除，并视为缺失值处理
Minkowski	表示 p 范数，是各成分的差的 p 次幂之和的 p 次根

例 9.1

dist()函数使用欧几里得和曼哈顿方法创建了一个 4×4 的矩阵 m 的距离度量(如图 9.2 所示)。

```
> # Finding different distance of matrix m
> m
     [,1] [,2] [,3] [,4]
[1,]    1    5    9   13
[2,]    2    6   10   14
[3,]    3    7   11   15
[4,]    4    8   12   16
>
> # the Euclidean distance
> dist(m,method="euclidean")
  1 2 3
2 2
3 4 2
4 6 4 2
>
> # Manhattan distance
> dist(m,method="manhattan")
   1  2  3
2  4
3  8  4
4 12  8  4
>
```

图 9.2　使用欧几里得和曼哈顿方法的距离度量

例 9.2

dist()函数使用 binary、maximum、Canberra 和 Minkowski 方法创建了一个 4×4 矩阵 m 的距离度量(如图 9.3 所示)。

```
> # the Jaccard method for binary data
> dist(m,method="binary")
  1 2 3
2 0
3 0 0
4 0 0 0
>
> # maximum distance
> dist(m,method="maximum")
  1 2 3
2 1
3 2 1
4 3 2 1
>
> # canberra distance
> dist(m,method="canberra")
          1         2         3
2 0.5139110
3 0.8380952 0.3590249
4 1.0770746 0.6337662 0.2852601
>
> # minkowski distance
> dist(m,method="minkowski")
  1 2 3
2 2
3 4 2
4 6 4 2
```

图 9.3　使用其他方法的距离度量

例 9.3

下面看一下 mtcars 数据集,该数据集是一个关于 11 个变量(燃油消耗和汽车设计的 10 个方面)、有 32 组观测值(32 辆汽车)的数据框。

```
>mtcars
```

```
> mtcars
                     mpg cyl  disp  hp drat    wt  qsec vs am gear carb
Mazda RX4           21.0   6 160.0 110 3.90 2.620 16.46  0  1    4    4
Mazda RX4 Wag       21.0   6 160.0 110 3.90 2.875 17.02  0  1    4    4
Datsun 710          22.8   4 108.0  93 3.85 2.320 18.61  1  1    4    1
Hornet 4 Drive      21.4   6 258.0 110 3.08 3.215 19.44  1  0    3    1
Hornet Sportabout   18.7   8 360.0 175 3.15 3.440 17.02  0  0    3    2
Valiant             18.1   6 225.0 105 2.76 3.460 20.22  1  0    3    1
Duster 360          14.3   8 360.0 245 3.21 3.570 15.84  0  0    3    4
Merc 240D           24.4   4 146.7  62 3.69 3.190 20.00  1  0    4    2
Merc 230            22.8   4 140.8  95 3.92 3.150 22.90  1  0    4    2
Merc 280            19.2   6 167.6 123 3.92 3.440 18.30  1  0    4    4
Merc 280C           17.8   6 167.6 123 3.92 3.440 18.90  1  0    4    4
Merc 450SE          16.4   8 275.8 180 3.07 4.070 17.40  0  0    3    3
Merc 450SL          17.3   8 275.8 180 3.07 3.730 17.60  0  0    3    3
Merc 450SLC         15.2   8 275.8 180 3.07 3.780 18.00  0  0    3    3
Cadillac Fleetwood  10.4   8 472.0 205 2.93 5.250 17.98  0  0    3    4
Lincoln Continental 10.4   8 460.0 215 3.00 5.424 17.82  0  0    3    4
Chrysler Imperial   14.7   8 440.0 230 3.23 5.345 17.42  0  0    3    4
Fiat 128            32.4   4  78.7  66 4.08 2.200 19.47  1  1    4    1
Honda Civic         30.4   4  75.7  52 4.93 1.615 18.52  1  1    4    2
Toyota Corolla      33.9   4  71.1  65 4.22 1.835 19.90  1  1    4    1
Toyota Corona       21.5   4 120.1  97 3.70 2.465 20.01  1  0    3    1
Dodge Challenger    15.5   8 318.0 150 2.76 3.520 16.87  0  0    3    2
AMC Javelin         15.2   8 304.0 150 3.15 3.435 17.30  0  0    3    2
Camaro Z28          13.3   8 350.0 245 3.73 3.840 15.41  0  0    3    4
Pontiac Firebird    19.2   8 400.0 175 3.08 3.845 17.05  0  0    3    2
Fiat X1-9           27.3   4  79.0  66 4.08 1.935 18.90  1  1    4    1
Porsche 914-2       26.0   4 120.3  91 4.43 2.140 16.70  0  1    5    2
Lotus Europa        30.4   4  95.1 113 3.77 1.513 16.90  1  1    5    2
Ford Pantera L      15.8   8 351.0 264 4.22 3.170 14.50  0  1    5    4
Ferrari Dino        19.7   6 145.0 175 3.62 2.770 15.50  0  1    5    6
Maserati Bora       15.0   8 301.0 335 3.54 3.570 14.60  0  1    5    8
Volvo 142E          21.4   4 121.0 109 4.11 2.780 18.60  1  1    4    2
```

因为每辆汽车都有 11 个度量属性(mpg,cyl,disp,hp,drat,wt 等),所以该数据集可以看作是在一个 11 维空间中的 32 个样本向量的集合。为了确定两辆汽车之间的不同,如 Honda Civic 和 Camaro Z28,需要使用 dist()函数计算它们之间的距离。

步骤 1:创建一个数据框 x,将汽车 Honda Civic 的详细信息赋值给它。

```
>x <-mtcars["Honda Civic",]
>x
             mpg  cyl  disp  hp  drat   wt    qsec   vs  am  gear  carb
Honda Civic  30.4  4   75.7  52  4.93  1.615  18.52  1   1    4     2
```

步骤 2:创建一个数据框 y,将汽车 Camaro Z28 的详细信息赋值给它。

```
>y <-mtcars["Camaro Z28",]
>y
            mpg  cyl  disp  hp   drat  wt    qsec   vs  am  gear  carb
Camaro Z28  13.3  8   350   245  3.73  3.84  15.41  0   0    3     4
```

步骤 3:使用 rbind()函数获取数据框 x 和 y 作为其参数并通过行进行组合。使用 dist()函数计算并返回距离矩阵(使用指定的距离度量方法计算数据矩阵的两行之间的距离)。

```
>dist(rbind(x, y))
```

```
           Honda Civic
Camaro Z28  335.8883
```

同样地，可以计算出 Camaro Z28 和 Pontiac Firebird 之间的距离。

```
>z <-mtcars["Pontiac Firebird",]
>dist(rbind(y, z)
                    Camaro Z28
Pontiac Firebird   86.26658
```

结论

由于 Camaro Z28 和 Pontiac Firebird 之间的距离(86.267)比 Camaro Z28 和 Honda Civic 之间的距离(335.89)小，因此可以得到 Camaro Z28 和 Pontiac Firebird 要比 Camaro Z28 和 Honda Civic 更相似。

现在计算距离矩阵，将对 mtcars 中所有可能的汽车对之间应用相同的距离计算方法，并将结果排成一个 32×32 的对称矩阵，其中第 i 行和第 j 列的元素就是数据集中的第 i 辆和第 j 辆汽车之间的距离。

```
>dist(as.matrix(mtcars))
```

```
> dist(as.matrix(mtcars))
                      Mazda RX4 Mazda RX4 Wag  Datsun 710 Hornet 4 Drive
Mazda RX4 Wag         0.6153251
Datsun 710           54.9086059    54.8915169
Hornet 4 Drive       98.1125212    98.0958939 150.9935191
Hornet Sportabout   210.3374396   210.3358546 265.0831615    121.0297564
Valiant              65.4717710    65.4392224 117.7547018     33.5508692
Duster 360          241.4076490   241.4088680 294.4790230    169.4299647
Merc 240D            50.1532711    50.1146059  49.6584796    121.2739722
Merc 230             25.4683117    25.3284509  33.1803843    118.2433145
Merc 280             15.3641921    15.2956865  66.9363534     91.4224033
Merc 280C            15.6724727    15.5837744  67.0261397     91.4612914
Merc 450SE          135.4307018   135.4254826 189.1954941     72.4964325
Merc 450SL          135.4014424   135.3960351 189.1631745     72.4313532
Merc 450SLC         135.4794674   135.4723157 189.2345426     72.5718466
Cadillac Fleetwood  326.3395903   326.3355070 381.0926242    234.4403876
Lincoln Continental 318.0469808   318.0429333 372.8012090    227.9726091
Chrysler Imperial   304.7203408   304.7169175 359.3014906    218.1548299
Fiat 128             93.2679950    93.2530993  40.9933763    184.9689734
Honda Civic         102.8307567   102.8238713  52.7704607    191.5518700
Toyota Corolla      100.6040368   100.5887588  47.6535017    192.6714187
Toyota Corona        42.3075233    42.2659224  12.9654743    138.5304725
Dodge Challenger    163.1150750   163.1134210 217.7795805     72.4403915
AMC Javelin         149.6047203   149.6014522 204.3188913     61.3601899
Camaro Z28          233.2228758   233.2248748 286.0049209    163.6632641
Pontiac Firebird    248.6780270   248.6762035 303.3583889    156.2240346
```

9.3.2 聚类策略

聚类策略是定义了在任意数据集上执行的聚类技术，分层和划分是聚类策略中的两种主要策略。聚类算法根据应用的需要采用这些技术。

1. 分层聚类策略

分层聚类策略定义了数据集对象的层次结构及其集群。分层算法的主要策略是从自己集群中的每个点开始，通过对接近(close)的适当定义，根据它们的接近度(closeness)合并集群。在此之后，当出现了一些不期望的集群时，就停止合并这些集群。例如，用户可以在获得预先确定数量的集群后停止合并集群，或者也可以根据集群的紧凑性度量停止合并集群。

分层聚类策略可以是凝聚型(agglomerative)的，也可以是分裂型(divisive)的。

① 凝聚型分层聚类。

- 自底向上；
- 最初，每个点都是一个集群；
- 重复地将两个最近的集群合并成一个。

② 分裂型分层聚类。

- 自顶向下；
- 从一个集群开始并递归地对其进行拆分。

凝聚型分层聚类的关键操作是重复地合并两个最近的集群。

在构建分层算法时，需要回答以下 3 个重要的问题。

- 如何表示一个多点的集群？
- 如何确定集群的接近度(nearness)？
- 什么时候停止合并集群？

本书将在 9.4 节回答以上 3 个问题。

2. 划分聚类策略

划分聚类的主要策略是将数据集中的 n 个对象或元组的数据集划分为 k 个分区，在划分数据集之后，每个分区表示一个集群，其中 $k \leqslant n$。简言之，它将给定的数据集划分成不同的群组，这些群组满足以下条件。

- 每个群组应该至少包含一个对象。
- 每个对象应该只属于一个群组。

聚类算法还利用了点分配、欧氏空间、基于密度的方法、基于网格的方法、基于模型的方法等概念，或者将数据放入主存进行聚类。

- 点分配聚类的主要策略是按照一定的顺序考虑点，然后将每个点分配到最适合的集群中。在这种策略中，在短时间内对初始集群进行估计。在某些应用中，如果这些点距离当前集群太远(即异常值)，则不会对它们进行分配。
- 在欧氏空间策略中，聚类算法使用任意的距离度量。该算法可以在欧氏空间中使用质心(点的平均值)。在非欧氏空间中，算法需要有自己的方法以合并集群。
- 一些算法利用数据的大小进行聚类。这些算法假定数据足够小，可以放在主存中进行聚类。或者算法假定数据是否必须驻留在辅助内存中以便进行聚类。在某些应用中，如果数据量太大，则不可能将所有点对放入主存中。在这种情况下，不能同时将集群中的所有点放在主存中。

9.3.3 维数灾难

在高维空间(超过数百个维度)中，当数据的分析和组织不能适应低维环境时称为维数灾难(curse)。欧氏空间通常含有两个维度，而高维欧氏空间则含有多个维度，并定义了不同的非直观属性，这些属性也属于维数灾难。维数灾难表明所有点对彼此距离相等，而且两个向量大多是正交的。

在高维空间中，有大量的点在这些点中分布。因此，考虑一个 d 维欧氏空间，并在单位立方体中随机选择 n 个点。

- 当 $d=1$ 时，将随机点放在长度为1的直线上，在这种情况下，一些点对就非常靠近直线，而一些点对则距离直线较远。因此，一个点对之间的平均距离将会是1/3。
- 当 d 非常大时，线上的两个随机点 $(x_1,x_2,\cdots,x_d)$ 和 $(y_1,y_2,\cdots,y_d)$ 的欧氏距离为

$$\text{Distance}=\sqrt{\sum_{i=1}^{d}(x_i-y_i)^2}$$

其中，x_i 和 y_i 为0～1之间的随机变量。

9.3.4 向量之间的夹角

两个向量之间的夹角定义了一个点或一个向量转向另一个向量的最小角度。但是，在高维空间中有许多向量。为了确定向量之间的夹角，在 d 维空间（高维空间）中找出任意3个随机点 P、Q 和 R。

$$P=[x_1,x_2,\cdots,x_d]$$
$$R=[y_1,y_2,\cdots,y_d]$$
$$Q=\text{origin}$$

P、Q 和 R 之间的最小角度是角 PQR 的余弦值，它是 P 和 R 的点积除以向量 P 和 R 的长度的积，下面的公式定义了这个角。

$$\text{向量之间的夹角}=\frac{\sum_{i=1}^{d}x_iy_i}{\sqrt{\sum_{i=1}^{d}x_i^2}\sqrt{\sum_{i=1}^{d}y_i^2}}$$

随着 d 的增大，分母线性增大，而分子是随机值的和，可以是正的，也可以是负的。因此，分子的期望值是0。当 d 非常大时，任意两个向量之间的夹角的余弦几乎是0，表明角度接近90°。

小练习

1. 聚类分析中的集群是什么？

答：在聚类分析中，集群是数据的一个群组。

2. 聚类中的空间是什么？

答：点的集合被存储的地方称为空间，即这些点属于同一个空间。

3. 什么是dist()函数？

答：R语言提供了一个使用不同方法度量距离的dist()函数，该函数可以计算距离并返回距离矩阵。

4. 什么是聚类策略？

答：聚类策略是用来定义对任意的数据集执行聚类的技术，分层和划分是聚类策略的两种主要分类。

5. 什么是分层聚类策略？

答：分层聚类策略定义了一个数据集对象的分层结构及其集群，分层聚类策略可以是凝聚型(agglomerative)或分裂型(divisive)。

6. 什么是划分聚类策略？

答：划分聚类策略可以将 n 个对象或元组的数据集划分为数据集的 k 个分区。

9.4 分层聚类

分层聚类将一组嵌套集群按照树状结构进行组织，树中的每个集群(节点)不包括叶子节点，是其子集群(孩子节点)的并，树的根是包含所有对象的集群。在这两种类型的分层聚类技术中，凝聚型聚类是最常见的聚类。

分层聚类生成树状图或嵌套集群图(聚类到其他集群中)。图 9.4 定义了层次聚类后生成的 4 个点。

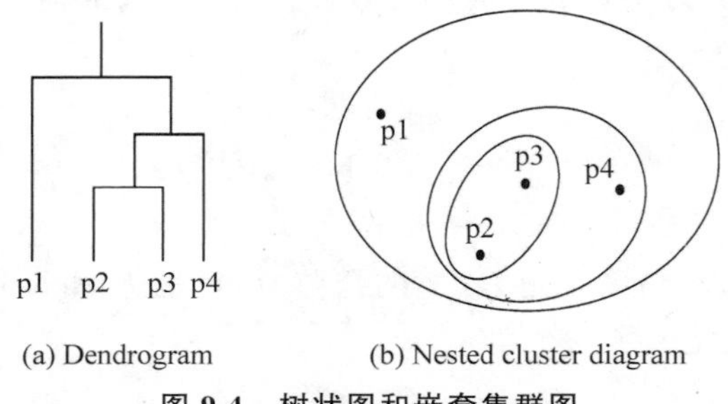

图 9.4 树状图和嵌套集群图

在分层聚类过程中，需要确定如何表示集群、如何合并两个集群、如何停止合并集群。下面是分层算法的伪代码表示。

① 当还没有停止时 Do

ⓐ 寻找并选择两个用于合并的最好的集群；

ⓑ 将所选择的两个集群合并为一个集群；

② End；

在图 9.4 中，集群 p2 和 p3 合并成一个集群(p2，p3)，接着再和集群 p4 进行合并，这个集群包括 p2、p3 和 p4，最后再和集群 p1 进行合并。

9.4.1 欧氏空间中的分层聚类

欧氏空间包含两个维度，具有一个中心点。为了在这个空间上进行分层聚类，需要使用质心(centroid)或者点的平均值表示一个集群。由于欧氏空间只有一个中心点，因此它就变成了质心。通过在空间上应用上述分层聚类算法的伪代码，可以得到：

① 算法初始化集群(空间中心点)；

② 计算质心之间的欧氏距离，即任意两个集群之间的距离；

③ 选择两个具有最短距离的集群并进行合并。

下面考虑一下欧氏空间，需要回答以下四个基本问题。

- 如何表示有多个点的一个集群？

- 如何表示每个集群的位置，以判断哪个集群对是距离最近的？

  提示：通过质心表示每个集群，这里的质心是点的平均值。

- 如何确定集群的接近度(nearness)？

  提示：集群的距离是通过质心的距离度量的。

- 什么时候停止合并集群？

  提示：预先选择一个数字 k，并在出现 k 个集群时或者在下一次合并将创建一个坏集群时停止。坏集群就是低内聚(cohesion)的集群。内聚可以用以下任何一种方法度量。

  方法 1：度量合并集群的直径。直径＝集群中两个点之间的最大距离。

  方法 2：度量合并集群的半径。半径＝从质心(聚类中心)到点的最大距离，聚类中心将会在非欧氏空间聚类中进行讨论。

  方法 3：度量密度。密度＝每个单位量(volume)中点的数目。例如，用集群中的点数除以集群的直径或半径。

在图 9.5 中，O 表示数据点，x 表示中心点。有 3 个数据点，其坐标为(0,0)、(2,1)和(1,2)，假定点(1,2)和(2,1)是距离最近的两个点，通过对 x 和 y 坐标求平均计算两个点的质心，得到 $x=(1.5,1.5)$。接着考虑两个集群，一个集群的质心为(0,0)，另一个集群的质心为(1.5,1.5)。将 3 个点(0,0)、(1,2)和(2,1)合并到一个质心为(1,1)的集群。质心是通过对这三个数据点((0+2+1)/3)的 x 坐标轴进行平均和对这三个数据点((0＋1＋2)/3)的 y 坐标轴进行平均计算出来的。

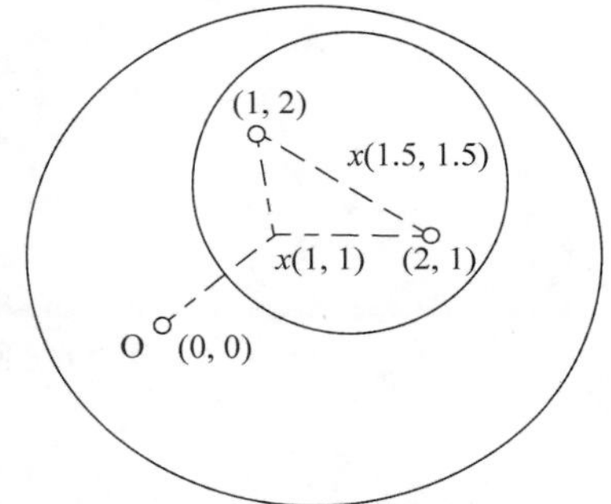

图 9.5　欧氏空间中的质心

下面讲解 R 中分层聚类的实现。

R 语言提供了一个 hclust()函数，其可以在距离矩阵上执行分层聚类。要想寻找距离矩阵，可以使用 dist()函数生成距离矩阵。hclust()的基本语法为

```
hclust(d, method,…)
```

其中，d 参数定义了一个非相似(dissimilar)结构，如由 dist()函数生成的非相似矩阵；method 参数定义了聚类的方法，可以是 ward.D、ward.D2、single、complete、average、median、centroid、mcquitty；"…"定义了其他可选参数。

在下面的示例中，matrix()函数创建了一个 10×10 的矩阵，dist()函数使用欧几里得方法创建了一个非相似矩阵 ed。现在，hclust()函数生成了该矩阵的树状图(如图 9.6 所示)。

例 9.4

在该示例中，使用样本数据集 DemoSample.csv 进行聚类，其含有 2 列，即 Sample1 和 Sample2。使用 as.matrix()函数将数据集 r 转换为一个矩阵 dc，dist()函数使用欧几里得方法创建了一个非相似矩阵 dm。现在，hclust()函数使用不同的方法为样本数据集生成了不同类型的树状图。图 9.7 至图 9.9 分别显示了使用 complete、average 和 single 方法生成的树状图，这三幅图都是不同的。

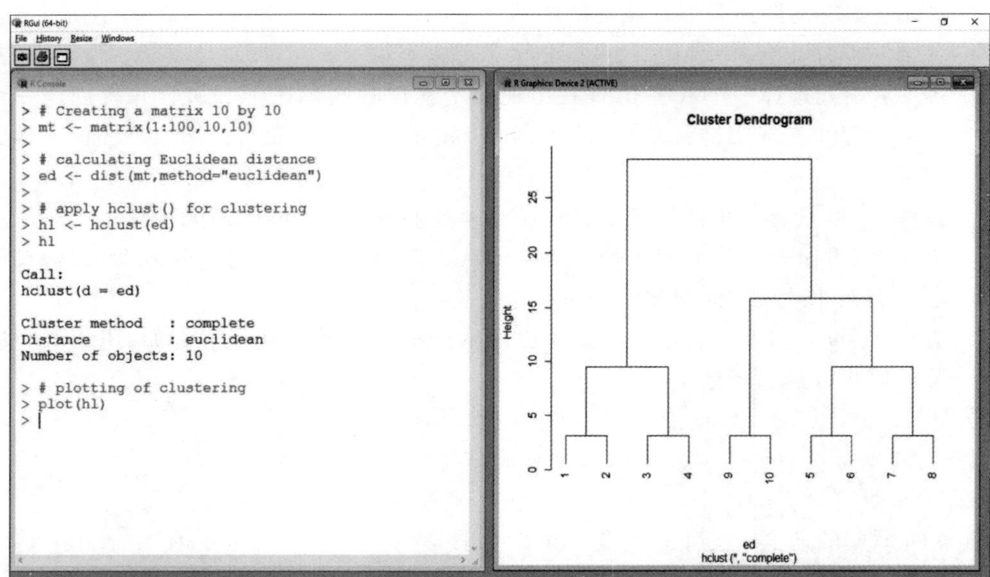

图 9.6 使用 hclust()函数为聚类生成树状图

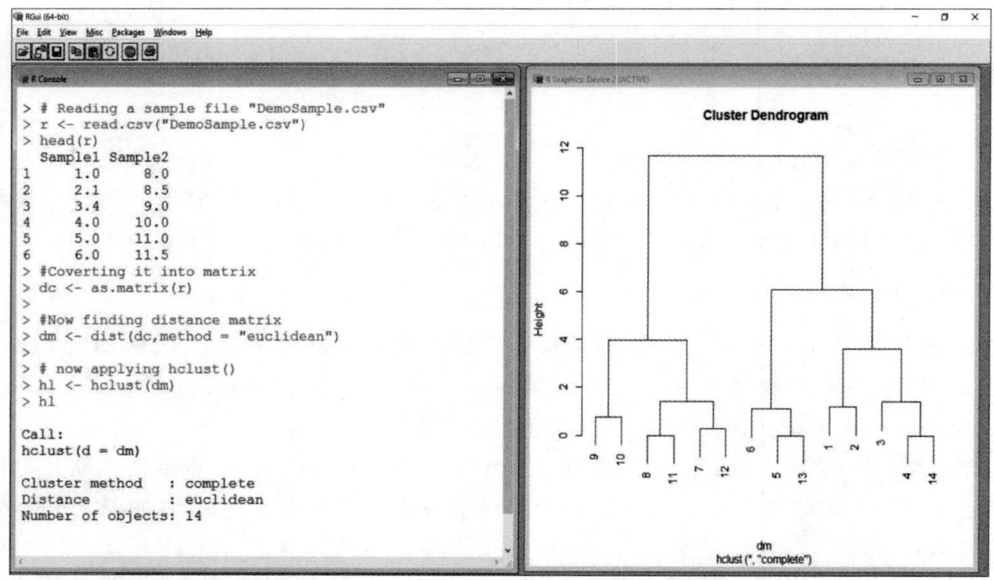

图 9.7 使用 complete 方法的样本数据树状图

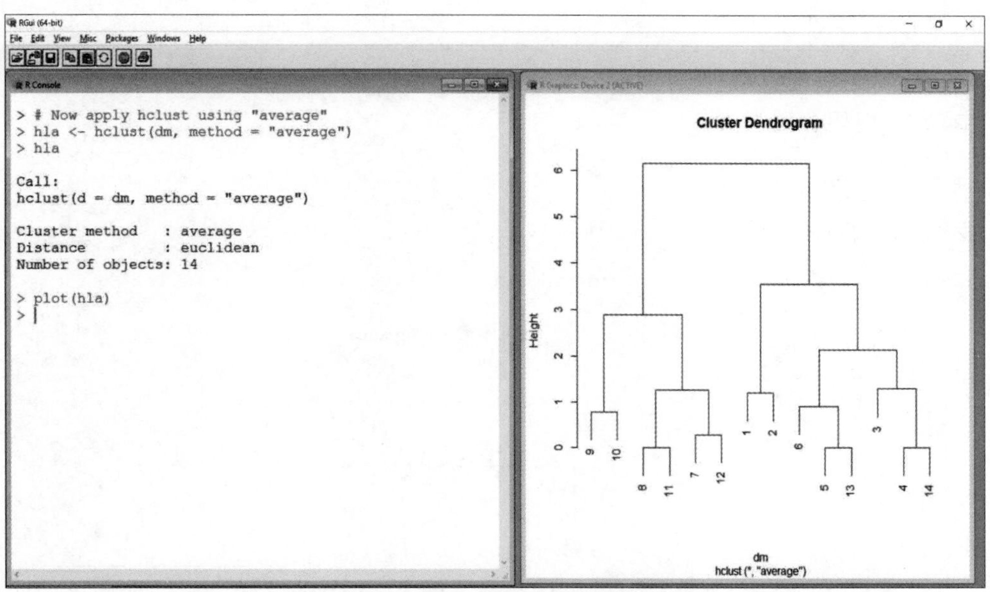

图 9.8　使用 average 方法的样本数据集树状图

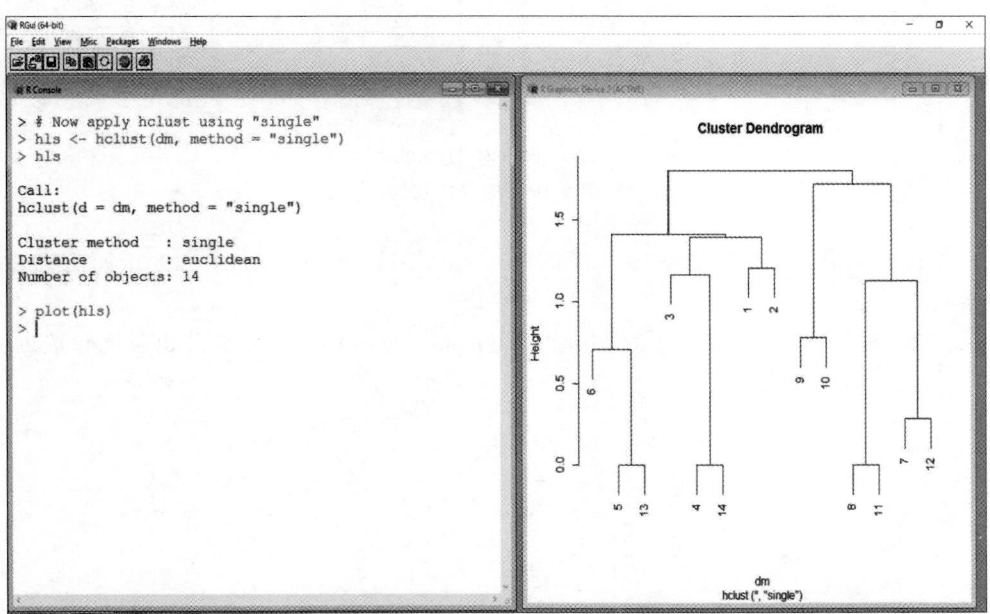

图 9.9　使用 single 方法的样本数据集树状图

例 9.5

对于数据集 mtcars，可以使用 hclust 运行距离矩阵，并绘制树状图，其展示了汽车之间的层次关系。

步骤 1：找到距离矩阵。

```
>d <-dist(as.matrix(mtcars))
```

步骤 2：应用分层聚类。

```
>hc <-hclust (d)
```

步骤 3：绘制树状图（如图 9.10 所示）。

```
>plot (hc)
```

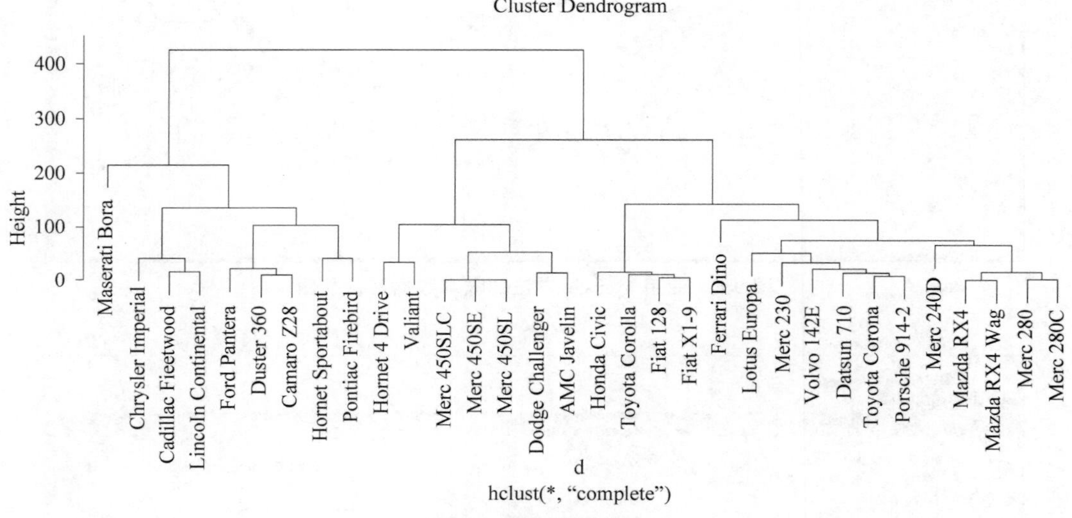

图 9.10 集群树状图

仔细检查树状图，可以发现 1974 年的 Pontiac Firebird 和 Camaro Z28 正如期望的那样被分类为近亲。

类似地，树状图表明 1974 年的 Honda Civic 和 Toyota Corolla 彼此也是比较接近的。

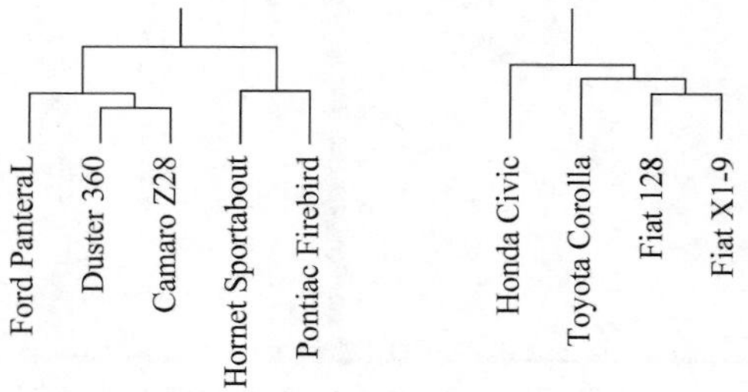

9.4.2 分层聚类的效率

简单分层聚类算法是计算两点之间的距离，其效率并不高。因此，为了提高分层聚类的效率，需要计算出每个集群对之间的距离，以找出最佳合并集群。在这种情况下，分层聚类应该采用以下步骤。

步骤 1：计算每两个点之间的距离，其时间复杂度为 $O(n^2)$。

步骤 2：从点对中找到最小的距离，并将它们的距离放在优先级队列中，它的时间复杂度也为 $O(n^2)$。

步骤 3：删除优先级队列中这两个将要合并的集群的所有实体，其时间复杂度为 $O(n\log n)$。

步骤 4：计算这个新集群和所有其余集群之间的距离，其时间复杂度为 $O(n\log n)$。

在这四个步骤中，最后两步在 $O(n\log n)$ 时间内执行，这意味着最多执行 n 次，而前两个步骤在 $O(n^2)$ 时间内只执行一次，因此分层聚类的总运行时间复杂度为 $O(n^2\log n)$，这与 $O(n^3)$ 相比非常好。

9.4.3　控制分层聚类的其他规则

即使提高了算法的效率，依然有许多限制条件。n 的值很大，这是不应该的，因为通过聚类方法在任何应用程序中使用较大的值都是不可行的。为了解决这一问题，有一些可以控制分层聚类的其他规则。

第一个规则是找出两个集群之间的距离，这个距离是任意两个点之间所有距离的最小值，其中，这两个点是从每个集群中各选出一个点，它使用质心的距离规则获得一个完全不同的集群。例如，在图 9.11 中，最好选择下一个聚类点(10,5)，因为(10,5)和这两个点组成的集群的距离为 p2，并且没有其他未聚类的点对的距离是如此接近的。

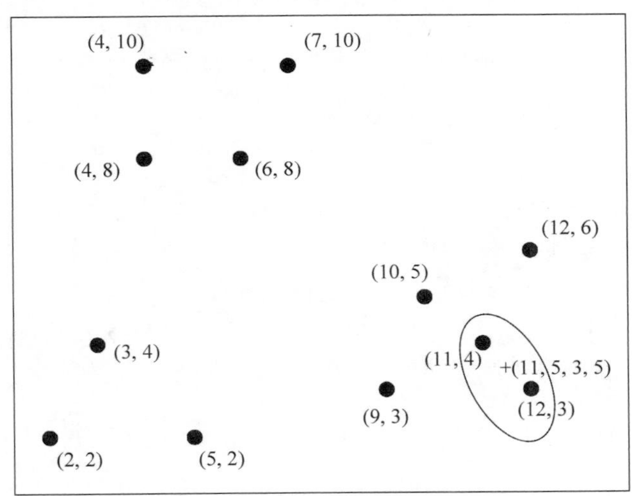

图 9.11　寻找集群的空间中的点

第二个规则是找出两个集群之间的距离，这个距离是所有点对的平均距离，点对中的两个点是从每个集群中各选出的一个点。

第三个规则是计算集群的半径。半径是所有点和质心之间的最大距离，因此，两个集群合并后的结果集群具有最小半径。在这种情况下，另一个方法是使用点和质心之间的距离平方和。

最后一个规则是计算集群的直径，集群的直径是集群中任意两个点之间的最大距离。

9.4.4 非欧氏空间的分层聚类

在非欧氏空间中，可以说唯一的“位置”就是点本身，即两点之间没有平均值。接下来的问题是：如何表示许多点的一个集群？答案是计算聚类中心(clustroid)，聚类中心就是距离其他点最近的一个点。另一个问题是：如何确定集群的贴近度(nearness)？最简单的解决方法是在计算集群之间的距离时将聚类中心当作质心。

在图 9.12 中，有一个由 3 个数据点组成的集群，这里的质心是集群中所有数据点的平均值，这意味着质心是一个人工点。另一方面，聚类中心点是一个已经存在的数据点，它和集群中所有其他点的距离是最近的。

有不同的方法可以选择聚类中心，每个聚类中心都使得聚类中心与集群中其他点之间的距离最小。一些常见的用于选择聚类中心的方法如下：

- 到集群中其他点的平均距离最小；
- 到集群中其他点的最大距离最小；
- 到集群中其他点的距离的平方和最小。

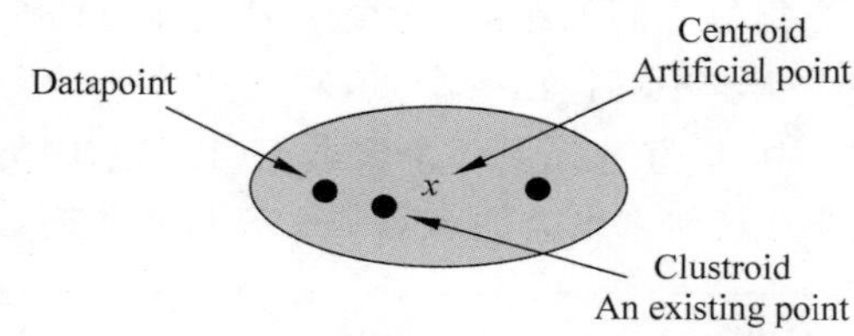

图 9.12 具有聚类中心的一个集群

小练习

1. 分层聚类的含义是什么？

答：分层聚类将一组嵌套集群组织成一棵树，树的每个集群(节点)(不包括叶子节点)，都是子集群(孩子)的组合，树的根节点是一个包含所有对象的集群。

2. 什么是欧氏空间？

答：欧氏空间包含两个维度，具有一个中心点。

9.5 k-means 算法

k-means 算法是一种著名的划分聚类算法，本节将介绍 k-means 算法的基本原理、集群数目及其合适取值。除此之外，本节还将介绍 BFR 算法。

9.5.1 k-means 基本原理

k-means 算法是一种无监督的聚类算法，其将不同的数据对象分配到不同的集群中，它获取输入数据集(k),将其划分为 n 个对象的一个集合,并将它们分配给 k 个集群。由此所产生的集群内部的相似性很高,而集群之间的相似性较低。通过集群中对象的均值(集群的质心或重心的中心)可以发现集群的相似性。

k-means 算法的主要策略是首先随机选择 k 个对象,每个对象最初表示一个聚类均值或中心,然后,对于其他每个对象,根据每个对象和聚类均值之间的距离将每个对象分配到与其相似的集群中。现在,算法为每个集群计算新的均值,一直重复该过程,直到定义的函数收敛为止。k-means 算法的伪代码如下。

```
k-means 算法
    (k=聚类个数,D=包含 n 个对象的数据集)
```

① 最初从数据集 D 中选择 k 个点,这 k 个点在不同的集群中作为其初始聚类中心。

② 将这些点作为集群的质心。

③ 对于其余的每个点 p:

- 找到距离点 p 最近的质心;
- 将点 p 添加到质心的集群中;
- 调整包括 p 点的集群质心。

④ 结束。

为了确定集群的质心,算法可能会增加一个可选步骤,重新将每个点分配到 k 个集群中,包括 k 个初始点。

1. R 中 k-means 聚类的实现

R 语言提供了一个在数据矩阵上执行 k-means 聚类的 k-means()函数。k-means()的基本语法为

```
k-means(x, centers, iter.max=10, nstart =1, algorithm =
c("Hartigan-Wong", "Lloyd", "Forgy", "MacQueen"),…)
```

其中,x 参数定义了一个数据的数字矩阵或一个可以被转换为矩阵的对象;centers 参数包含集群(k)的个数或一组初始(不同的)聚类中心;iter.max 参数定义了最大迭代次数;nstart 参数定义了当 centers 参数是一个数,即应该选择的随机集合的个数;algorithm 定义了聚类算法的类型;"…"定义了其他可选参数。

例 9.6

matrix()函数用于构建一个 4×4 的矩阵,k-means()函数使用"3"作为 centers 参数的值生成矩阵的集群个数(如图 9.13 所示);centers 参数的值必须小于矩阵的列值。除了集群分量和向量外,函数返回所有 3 个集群的均值。图 9.14 定义了给定矩阵集群的对应图。

例 9.7

该示例使用鸢尾花 iris 数据集,该数据集给出了鸢尾花的 3 个品种,每种 50 朵花的萼片(sepal)的长和宽及花瓣(petal)的长和宽,3 个品种是 setosa、versicolor 和 virginica。

先来看看鸢尾花数据集的前 6 行记录(总共有 150 行),可以得到 5 列(变量)数据,即 Sepal.Length、Sepal.Width、Petal.Length、Petal.Width 和 Species。

```
> # Creating a matrix
> m <- matrix(1:20,4,4)
> m
     [,1] [,2] [,3] [,4]
[1,]    1    5    9   13
[2,]    2    6   10   14
[3,]    3    7   11   15
[4,]    4    8   12   16
> # now apply kmeans algorithm
> km <- kmeans(m, centers = 3)
> km
K-means clustering with 3 clusters of sizes 2, 1, 1

Cluster means:
  [,1] [,2] [,3] [,4]
1  2.5  6.5 10.5 14.5
2  4.0  8.0 12.0 16.0
3  1.0  5.0  9.0 13.0

Clustering vector:
[1] 3 1 1 2

Within cluster sum of squares by cluster:
[1] 2 0 0
 (between_SS / total_SS =  90.0 %)

Available components:
```

图 9.13　使用 k-means()函数进行聚类

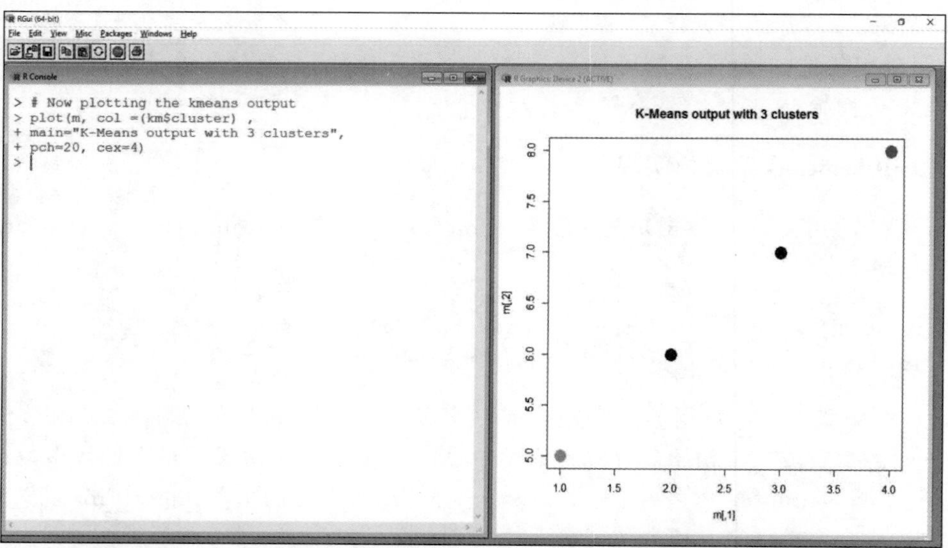

图 9.14　集群图和 k-means()函数输出

```
>head(iris)
  Sepal.Length Sepal.Width Petal.Length Petal.Width Species
1 5.1          3.5         1.4          0.2         setosa
2 4.9          3.0         1.4          0.2         setosa
3 4.7          3.2         1.3          0.2         setosa
4 4.6          3.1         1.5          0.2         setosa
5 5.0          3.6         1.4          0.2         setosa
6 5.4          3.9         1.7          0.4         setosa
```

步骤 1：将数据集 iris 复制到数据框 newiris 中。

```
>newiris <-iris
>head(newiris)
  Sepal.Length  Sepal.Width  Petal.Length  Petal.Width  Species
1 5.1           3.5          1.4           0.2          setosa
2 4.9           3.0          1.4           0.2          setosa
3 4.7           3.2          1.3           0.2          setosa
4 4.6           3.1          1.5           0.2          setosa
5 5.0           3.6          1.4           0.2          setosa
6 5.4           3.9          1.7           0.4          setosa
```

步骤 2：将数据框 newiris 的 Species 列设置为 NULL。

```
>newiris$Species <-NULL
```

注意：Species 列不再出现在数据框 newiris 中。

```
>head(newiris)
  Sepal.Length  Sepal.Width  Petal.Length  Petal.Width
1 5.1           3.5          1.4           0.2
2 4.9           3.0          1.4           0.2
3 4.7           3.2          1.3           0.2
4 4.6           3.1          1.5           0.2
5 5.0           3.6          1.4           0.2
6 5.4           3.9          1.7           0.4
```

步骤 3：对数据框 newiris 应用 k-means，并将聚类结果存储到 kc 中，将集群个数设置为 3。

```
>(kc <-kmeans(newiris, 3))
k-means clustering with 3 clusters of sizes 50, 62, 38
Cluster means:
  Sepal.Length  Sepal.Width  Petal.Length  Petal.Width
1 5.006000      3.428000     1.462000      0.246000
2 5.901613      2.748387     4.393548      1.433871
3 6.850000      3.073684     5.742105      2.071053
Clustering vector:
 [1] 11111111111111111111111111111111111111111111111111112232
     2222222222222222222222223222
 [82] 22222222222222222223233332333333223333232323322333332
      333323332332332
Within cluster sum of squares by cluster:
[1] 15.15100 39.82097 23.87947
(between_SS / total_SS =88.4%)
Available components:
[1] "cluster" "centers" "totss" "withinss" "tot.withinss"
"betweenss" "size" "iter" "ifault"
```

比较 Species 标签和聚类结果。

```
>table (iris$Species, kc$cluster)
              1   2   3
setosa       50   0   0
versicolor    0  48   2
virginica     0  14  36
```

步骤4：绘制集群及其中心。注意：数据中有4个维度(Sepal.Length、Sepal.Width、Petal.Length和Petal.Width)，我们只使用两个维度(Sepal.Length和Sepal.Width)进行绘图，代码如下所示(如图9.15所示)。

```
>plot(newiris[c("Sepal.Length","Sepal.Width")],
col=kc$cluster)
>points(kc$centers[,c("Sepal.Length", "Sepal.Width")],
col=1:3,pch=8, cex=2)
```

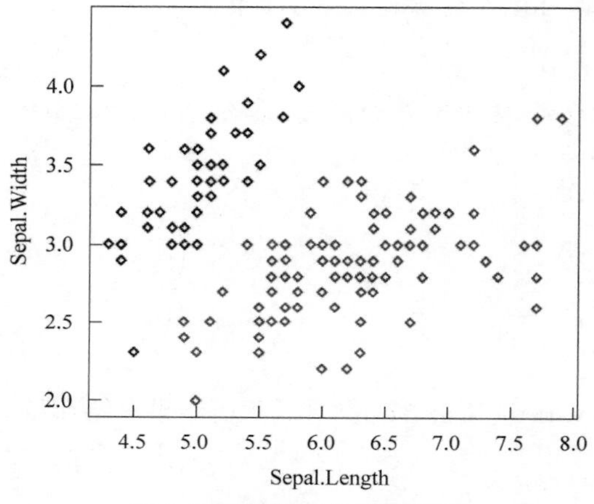

图 9.15 使用两个维度绘图

points是在指定坐标处绘制一系列点的通用函数；参数pch表示绘制字符，即要使用的符号；col表示要使用的颜色编码；cex表示字符或符号扩展(如图9.16所示)。

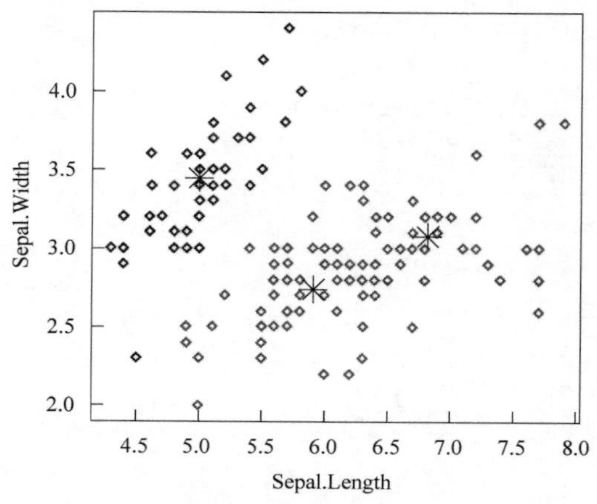

图 9.16 绘制一系列点

9.5.2　初始化 k-means 集群

在 k-means 算法中，选择初始 k 个点是非常关键的任务，因此采用以下方法。

- 第一种方法是选择尽可能远离彼此的点。在这种情况下，最好是随机选择点。如果点数少于 k，则添加与选择的点距离最近的点。
- 第二种方法是用分层聚类得到数据的一个样本，在 k 个集群中，从每个集群中选择距离集群质心最近的点。

9.5.3　选择 k 的正确值

初始化集群之后，在 k-means 算法中选择 k 的合适值是一项非常艰巨的任务。很多时候，k 的正确值的选择是基于猜测的。例如，考虑一个应用，其平均半径或直径增长缓慢，集群数保持在略高于集群的真实数目。简言之，集群的数量低于数据所表现出来的真实数量。

如果很难选出正确值，则用户可以找出一个好的值，好的 k 值是一个只以对数形式增长的数字。不同的聚类操作都采用该方法寻找好的 k 值，因此有必要在 $k=1,2,4,8,\cdots$，即偶数序列中运行 k-means 算法，它会给出两个介于 v 和 $2v$ 之间的值，这在平均直径中会有一个轻微的减小，证明这两个数位于 $v/2$ 和 v 之间。在这种情况下，使用二进制搜索是寻找 k 的正确值的最佳方法。可以得出结论，为 k 选择对数值是最好的。

9.5.4　Bradley、Fayyad 和 Reina 算法

BFR(Bradley、Fayyad 和 Reina)算法是在高维欧氏空间执行聚类的 k-means 算法的变形，该算法采用以下假设。

- 假设集群是关于质心的正态分布。
- 一个集群在不同维度下的均值和标准差可能不同，因此维度必须是独立的。例如，在两个不同的维度中，一个集群可能是雪茄形的，因此雪茄不能在轴上旋转。

BFR 算法选择以块(chunks)的形式读取点，这些块可以从传统的文件系统或分布式文件系统中获得，并将它分割成适当的大小，每一块都包含主存储器中处理的点，主存储器存储集群及其数据的摘要。主存数据包含来自输入块的其他 3 个对象，即废弃(discard)、压缩(compressed)和保留(retained)。

1. 废弃集

废弃集(discard set)是集群本身的一个汇总，事实上，这些集群汇总是不可或缺的部分。然而，汇总所表示的点被废弃，它们在主存中除了通过该汇总表示之外没有其他表示信息。

2. 压缩集

压缩集(compressed set)也是集群汇总，但是相互接近的点集的汇总，而不是接近于任何其他集群的点集的汇总。压缩集所表示的点集也被废弃，这意味着它们不会显式地出现在主存中，这些表示的点集被称为迷你集群(minicluster)。

3. 保留集

保留集(retained set)包含的点既不能分配给集群,也不能和其他任何点足够接近而用压缩集表示。这些点会被保存在主存中,和它们在输入文件中出现的位置完全相同。

如果数据是 d 维的,则废弃集和压缩集可由 $2d+1$ 个值表示。简言之,它通过个数、质心和每个维度的标准差表示点集。另外,最好使用 N(个数)、SUM(维度和除以 N)、SUMSQ(方差的平方根)分别代替个数、质心和标准差。

图 9.17 定义了所有 3 个集合:废弃集、压缩集和保留集。

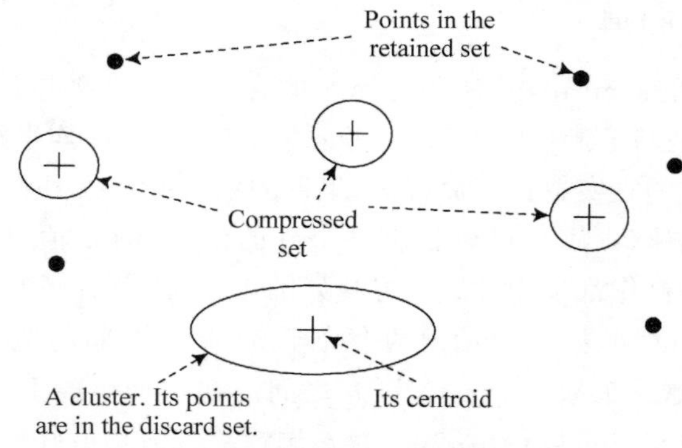

图 9.17 废弃集、压缩集和保留集

9.5.5 使用 BFR 算法处理数据

BFR 算法采用以下步骤处理任意数据集的点块。

首先找出距离一个集群的质心足够近的所有点,直接将点添加到表示集群的 N、SUM 和 SUMSQ 中,然后废弃这些点。

在第二步中,找到距离任意质心不是充分接近的所有点,将这些点和保留集中的点一起聚类。因此,它采用任意的主存聚类算法,如分层聚类,然后将多点集群进行汇总并添加到压缩集中,剩余的单点集群就成为了点的保留集。

然后从原来的压缩集,从我们尝试聚类的新数据点和原来的保留集中得到 mini 集群,虽然这些 mini 集群都不能与 k 个集群中的任何一个合并,但它们彼此之间可能会合并。

在接下来的步骤中,分配给集群或迷你集群的点且不在保留集中的点会和分配结果一起输出到二级存储器中。

在最后一步中,如果这恰好是最后一块输入数据,则可以将压缩集和保留集视为异常值,永远不对它们进行聚类或将保留集中的每个点分配到最近的质心集群中,并将每个 mini 集群与质心最接近 mini 集群质心的集群进行合并。

小练习

1. 什么是 k-means 算法?

答:k-means 算法是一种无监督聚类方法,其将不同的数据对象分配到不同的集群中,它获取输入数据(k)并将其划分为 n 个对象的集合,然后将它们分配到 k 个集群中。

2. 什么是 k-means()函数？

答：R 语言提供了一个 k-means()函数，可以对数据矩阵执行 k-means 聚类。

3. 请写出 BFR 算法过程中采用的对象或集合名称。

答：废弃、压缩和保留对象或集合被用于 BFR 算法过程中。

4. 什么是压缩集？

答：压缩集也是集群的汇总，但它含有一组点，它们彼此之间距离接近，但不接近任何其他集群。

9.6　CURE 算法

CURE(Clustering Using REpresentatives)算法是另一种针对大规模(large-scale)数据的聚类算法。

9.6.1　CURE 中的初始化

CURE 算法遵循欧氏空间的理念，不考虑集群的形状。该算法使用一个代表性的点集表示集群，基于此，该算法被称为使用代表性点集的聚类。

在算法初始化阶段过程中，CURE 算法采用以下步骤进行聚类。

① 从数据集中获取少量样本数据，并将其聚类到主存中。对于此，最好使用分层方法合并具有紧密点对的集群。

② 从每个集群中选择一个小的点集作为代表性点，在选择这些点时，应该使它们彼此之间的距离尽可能远。

③ 将每个代表性点移动到其位置和集群质心之间距离的固定比例部分。大多数情况下，20%是一个较好的分数比例。在这一步中，它也采用欧氏空间计算两点之间的距离。

9.6.2　实现 CURE 算法

本节将讨论 CURE 算法的实现阶段，这也是算法的最后一步。在这一步中，如果有一对来自于两个集群且彼此相互靠近的代表性点，则算法就对它们进行合并，直到再也没有足够靠近的集群为止。

算法的最后一步是对点进行分配。因此，将每个从二级存储中取出的点 p 和代表性点进行比较，然后将 p 分配到距离最近的代表性点集群中。

图 9.18 按照 CRUE 算法的思想表示出了两个具有不同形状的集群。

在两个圆中，内部的集群是一个常规圆，而外部的集群是一个圆环。算法的三步表示如下。

在第一步中，根据图 9.18 可以在一些样本上使用分层聚类算法，两个集群之间的距离是任意两点之间的最短距离，其中这两点取自两个不同的集群，

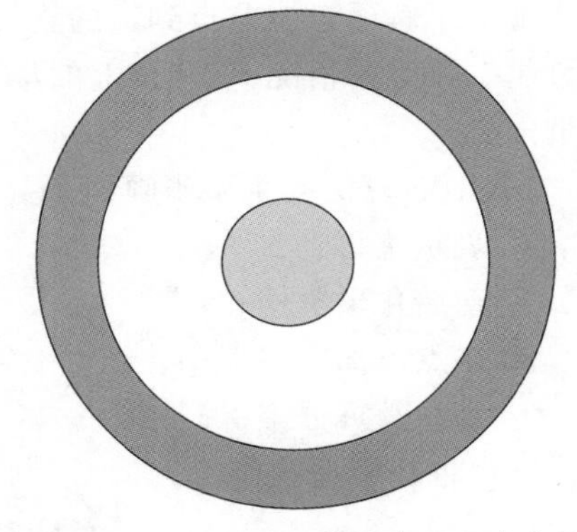

图 9.18　采用 CURE 算法表示两个集群

它很容易产生两个集群，这意味着圆环的部分会放在一起，内部圆的部分会放在一起，但圆环的部分会远离圆的部分。

在第二步中，从样本数据中选择代表性点，如果样本数据足够大，则很容易计算集群中相互距离最远、位于集群边界上的样本点。图 9.19 定义了代表性点。

在第三步也是最后一步中，将代表性的点以固定比例的距离从它们的真实位置向集群的质心移动。在图 9.19 中，两个集群的质心都在同一个地方，即在内圆的中心，因此圆的代表性点向集群内移动。沿着这个方向，圆环外缘的点也会移动到集群中，但是圆环内缘的点会移动到集群外。图 9.20 显示了代表性点的最终位置。

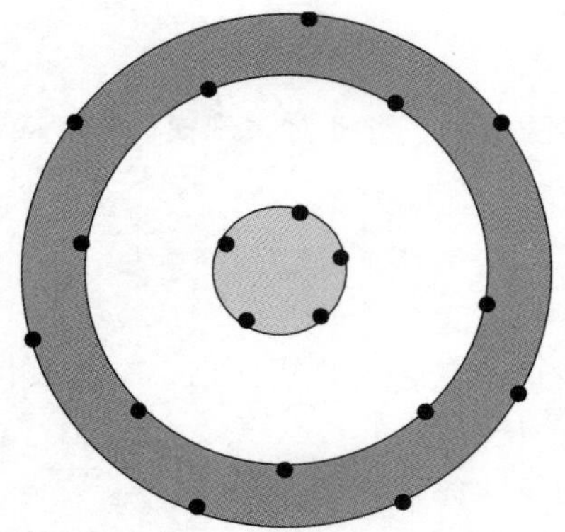
图 9.19　选择相互距离远的代表性点

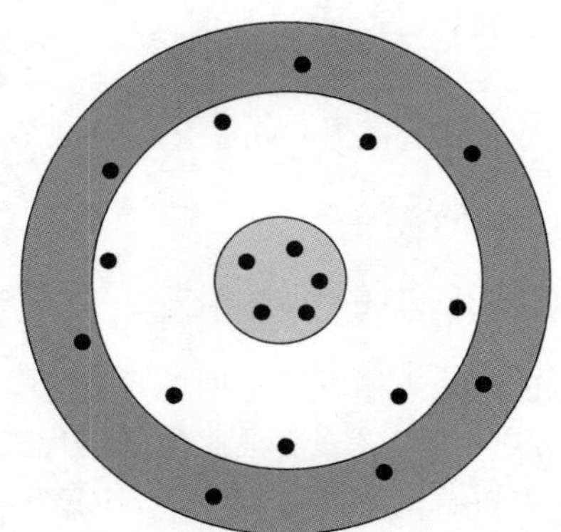
图 9.20　代表性点的最终位置

9.7　非欧氏空间中的聚类

本节会讨论非欧氏空间中用来处理非主存数据的聚类算法。GRGPF 算法是用于非欧氏空间的一种聚类算法，其命名源于其作者 V. Ganti、R. Ramakrishnan、J. Gehrke、A. Powell 和 J. French 的名称，其遵循分层方法和划分方法的理念，并使用主存中的样本点表示集群。

该算法以层次结构(树)的形式组织集群，使得很容易通过向下传递的树将新的点分配给适当的集群。树的叶子节点包含一些集群的汇总，树的内部节点包含集群信息的子集，这使得能够了解通过该节点到达的集群。除此之外，该算法还利用集群之间的距离对它们进行分组。在这种情况下，叶子上的集群比较接近，从一个内部节点可达的集群相对也是比较接近的。

GRGPF 算法的主要步骤如下：

- 表示集群；
- 初始化聚类树；
- 将点添加到集群中；
- 合并及拆分集群。

下面将介绍这些步骤。

9.7.1　在 GRGPF 算法中表示集群

随着分配点的增加，集群的规模也在增大。集群中的某些点存储在磁盘上，不用于指引点的分配。主存中的集群表示包括几个特性。在了解这些特性之前，首先要考虑如下假设：

假设 p 是集群中的任意点，则 ROWSUM(p)是从 p 到集群中每个点的距离的平方和，d 表示距离。

以下特征形成了集群的表示。

① N 定义了集群中的点数。

② 聚类中心是集群中的一个具有最小 ROWSUM 值的点，它最小化了到其他点的距离的平方和。

③ 集群中最接近聚类中心的 k 个点及其 rowsums 也属于集群的表示，除非向集群增加点导致聚类中心发生变化。因此，假设新的聚类中心是这 k 个点中靠近原来的聚类中心的一个。

④ 集群中距离聚类中心最远的 k 个点及其 rowsums 也属于集群的表示。通过它可以考虑两个集群是否足够接近以进行合并。因此，假设如果两个集群距离比较近，则距离它们各自聚类中心较远的一对点是比较接近的。

9.7.2　初始化聚类树

对主存中的集群表示之后，GRGPF 算法就可以初始化聚类树。在算法中，集群被组织成一棵树，每个集群的大小不依赖于集群中的点数。

在聚类树中，树的每个叶子节点拥有尽可能多的聚类表示，而内部节点包含集群的一个质心样本。内部节点的每个子树代表这些集群以及指向这些子树的根的指针。

该算法通过使用数据集的主存样本初始化聚类树，并对其执行分层聚类，它生成的树 T 不完全是 GRGPF 算法使用的树。该算法根据期望大小 n 从 T 中选择一些表示集群的节点，这些集群作为算法的初始集群，它们的表示位于聚类树的叶子上。

现在，该算法使用 T 中的一个共同祖先将集群分组到聚类树的内部节点中。通过这样做，从一个内部节点开始下降的集群就会尽可能地接近。为了获得更有效的输出，需要重新平衡聚类树。

9.7.3　在 GRGPF 算法中增加点

初始化之后，下一步是在 GRGPF 算法中增加点。算法从磁盘(二级存储)中读取数据点，并将其插入最近的集群中。因此，算法采用以下步骤。

① 算法从根节点开始，并查看根的每个子节点的聚类中心样本。

② 在这一步中，检查下一个聚类中心距离新的点 p 最近的子节点，它对树中的每个节点重复此过程。

③ 可能在更高层上可以看到在一个节点上的一些样本质心，但是每层都提供了更多关于其下面的集群的细节，所以每次向树下走一层，就可以看到许多新的样本质心。

④ 在到达一个包含所表示的每个集群的集群特征的叶子节点后，选出那个聚类中心距

离 p 点最近的集群。

该算法将 1 到 N，或将 p 与表示中使用的每个节点 q 之间的距离的平方加到 ROWSUM(q)中。这些点 q 包括聚类中心、最近的 k 个点和最远的 k 个点。

算法使用以下公式估计 p 的 ROWSUM。

$$\mathrm{ROWSUM(P)}=\mathrm{ROWSUM(C)}+\mathrm{N}d^2(p,c)$$

其中，d(p,c)等于 p 和聚类中心 c 之间的距离。N 和 ROWSUM 是它们在添加 p 以被调整之前的特征值。

9.7.4 拆分和合并集群

在处理的最后一步，GRGPF 算法会拆分及合并集群，拆分及合并集群的过程如下。

1. 拆分集群

算法假设集群的半径是有限制的，那么应该如何定义集群的半径呢？半径是指集群中各点到聚类中心的距离的均方根，使用以下公式进行计算。

$$\text{半径}=\sqrt{\mathrm{ROWSUM(c)/N}}$$

其中，c 是集群的聚类中心，N 是集群中的点数。

应该在什么时候决定拆分一个集群呢？当集群的半径变得太大时，需要将集群拆分为两个。在计算过程中，集群中的点被放入主存，并将其划分为两个集群以最小化 rowsum，然后计算两个集群的集群特征，它产生输出，其中拆分后的集群的叶子节点多了一个集群表示。

按照 B 树(B-tree)管理聚类树是有好处的，这样做可以在一个叶子节点中获得一些空间以多添加一个集群。然而，如果没有空间，则叶子节点应该再次被拆分成两个叶子。对于这个拆分，它在父节点上添加了另一个指针和更多的样本聚类中心。同样，它可能有额外的空间，如果没有，则它必须被再次拆分，这样做是为了最小化分配给不同节点的样本聚类中心之间的距离的平方。

2. 合并集群

在拆分过程中，可能会发生这样的情况：表示集群的树太大，以至于无法放入主存。在这种情况下，算法对集群半径的大小就有了限制，然后便可以对集群对进行合并。

对于集群的合并，算法选择邻近的集群，这意味着集群的代表性点在同一片叶子或者具有共同父亲的叶子上，或者它也可以将任意两个集群 C1 和 C2 合并成一个集群 C。算法假设 C 的聚类中心是尽可能远离 C1 或 C2 的聚类中心的一个点。

对于 C 中远离 C1 聚类中心的 k 个点中的点 p 的 rowsum 的计算，该算法使用维数灾难。根据维数灾难，所有角都近似为直角，以此证明下面的公式。

$$\mathrm{ROWSUM}_{\mathrm{C}}(p)=\mathrm{POWSUM}_{\mathrm{C}_1}(p)+\mathrm{N}_{\mathrm{C}_2}(d^2(p,c_1)+d^2(c_1,c_2))+\mathrm{ROWSUM}_{\mathrm{C}_2}(c_2)$$

其中，使用该特征所指的集群下角标标记 N 和 ROWSUM；c_1 和 c_2 分别表示 C1 和 C2 的聚类中心。

对于该公式，算法采用以下步骤进行计算。

① 该算法通过从 ROWSUMc_1(p)开始计算从 p 到合并集群 C 中所有节点的距离的平方和，以获得与 p 在同一集群中的点的项(term)。

② 对于 C2 中的 Nc_2 个点 q，考虑从 p 到 C1 的聚类中心，然后到 C2 的聚类中心，最后到 q 的路径。

③ 假设从 p 到 c_1、从 c_1 到 c_2 两分支之间有一个直角。另外，从 p 到 c_2 的最短路径和从 c_2 到 q 的分支之间有一个直角。

④ 使用毕达哥拉斯定理(Pythagoras theorem)证明到达每个 q 的路径长度的平方等于 3 个分支的平方和。

合并的最后一步是计算合并后集群的特征。因此，该算法考虑合并集群中具有 ROWSUM 的所有点，它包括两个集群的质心，分别距离每个集群聚类中心最近和最远的 k 个点。

该算法计算 $4k+1$ 个点中的每一个点到新的聚类中心的距离，并选择距离最小和最大的 k 个点分别作为“近点”和“远点”。最后，使用和计算候选聚类中心相同的公式计算所选点的 ROWSUM。

小练习

1. GRGPF 算法是什么？

答：GRGPF 算法是用于非欧氏空间的一种聚类算法，它的命名源自于其作者 V. Ganti、R. Ramakrishnan、J. Gehrke、A.Powell 和 J. French 的名字。

2. GRGPF 算法是如何初始化集群的？

答：GRGPF 算法通过获取数据集的主存样本并对其执行分层聚类初始化聚类树。

9.8 流和并行数据的聚类

下面将简要介绍流(stream)和并行数据(parallelism)的聚类。

9.8.1 流计算模型

流计算模型使用流，并像数据流管理系统一样工作。流是一个字符、数字或序列。图 9.21 显示了一个数据流系统，其中，流处理器接收一些流输入，并产生输出流。standing queries 回答用户提出的查询问题。所有数据流都存储在系统的 Archival Storage 中。为了处理数据流，该模型要么使用数据流的汇总，要么使用最近到来的数据的滑动窗口。目前，大多数实际应用使用数据流表示数据。图像数据、传感器数据、网络流量、互联网都是流数据的一些实例。

对于聚类，一个流只不过是 N 个点的滑动窗口。对于最佳集群的质心或聚类中心，它选择这些集群的最后 m 个点，其中 $m \leqslant N$。对于流聚类，流计算模型对流中的点子集进行预聚类，以得到问题“$m \leqslant N$ 的最后 m 个点的集群是什么”的答案。此外，流计算模型假定流元素的统计值随时间而变化。

为了得到这个问题的答案，最好使用 k-means 方法。这种方法将最后的 m 个点分割成 k 个集群，或者允许集群的数量发生变化，然后使用一个标准决定何时停止将集群合并到更

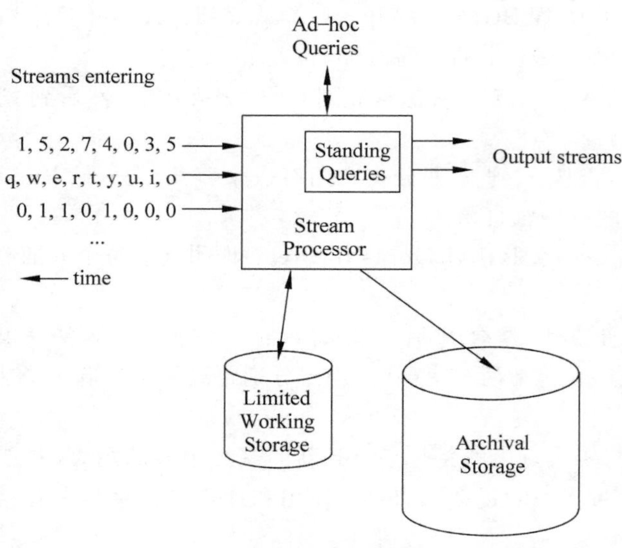

图 9.21 数据流管理系统

大的集群中。

为了找到距离空间，可以使用欧氏空间或非欧氏空间。在欧氏空间中，距离是所选集群的质心(centroid)，而在非欧氏空间中，距离是所选集群的聚类中心(clustroid)。

9.8.2 流聚类算法

BDMO算法是一种流聚类算法，是对缓慢演化流(slowly evolving stream)的点进行聚类的DGIM算法的泛化。BDMO算法的名称源自其作者B. Babcock、M. Datar、R. Motwani和L.O'Callaghan的名字。

BDMO算法遵循"计数一"方法的理念，这意味着在一个二进制流上有一个长度为N的窗口，它计算最后k位中1的数量，其中$k \leqslant N$。

BDMO算法使用允许大小的存储桶(bucket)形成一个序列，其中每个存储桶的大小是之前的两倍。在算法中，点数代表数据桶的大小，它不考虑从1开始允许的大小的存储桶序列，而只考虑形成一个如2,4,6,8,…的序列，其中每个桶的大小是之前的两倍。

为了维护桶，算法考虑桶的大小为2的幂。此外，每种大小的桶的个数要么是一个，要么是两个，其形成一个非递减大小的序列。

算法中使用的存储桶包含流中最新(recent)的点的大小和时间戳。除此之外，存储桶还包含一个记录集合，这个集合表示了已经将该桶中的点划分进去的集群。这个记录包含集群中的点数、集群的质心或者聚类中心，以及合并和维护集群所需的其他参数。

BDMO算法的主要步骤如下：

- 初始化存储桶；
- 合并存储桶；
- 回答查询问题。

1. 初始化存储桶

BDMO 算法的第一步是初始化存储桶。算法使用大小为 2 的幂次方的最小桶 p,它使用最新的 p 个点为 p 个流元素创建了一个新桶,桶中最新点的时间戳是新桶的时间戳。在此之后,可以选择将每个点本身保留在一个集群中或使用适当的聚类方法进行聚类。例如,如果使用 k-means 聚类方法,则它将 k 个点聚类为 k 个集群。

对于桶的初始化使用所选的聚类方法,它会计算集群的质心或聚类中心,并计算每个集群中的点数。所有这些信息都会被存储起来,并成为每个集群的记录。该算法还计算了合并过程中需要的其他参数。

2. 合并存储桶

在对桶进行初始化后,算法需要检查桶的序列。

- 如果在当前时间之前恰好有一个时间戳大于 N 个时间单位的桶,则该桶中的任何内容都不会出现在窗口中。在这种情况下,算法会把它从列表中删除。
- 为了避免创建 3 个大小为 p 的桶,必须将 3 个桶中最早的两个合并。在这种情况下,合并器可以创建两个大小为 2p 的存储桶,这可能要求我们递归地合并大小不断增加的存储桶。

为了合并两个连续的存储桶,算法需要执行以下步骤。

① 合并时,存储桶的大小应该是将要合并的两个桶的 2 倍。

② 合并桶的时间戳是两个连续桶中较新的一个的时间戳。

③ 需要计算合并集群的参数。

3. 回答查询

流计算模型中的查询是滑动窗口后缀的长度。任何算法都会获取所有桶中至少部分位于后缀内的所有集群,然后使用某种方法将它们合并,查询的答案是得到的集群。

对于流的聚类,流计算模型找出问题"对于 $m \leqslant N$,流中最后或更近的 m 个点的集群是什么"的答案。在初始化过程中,使用了 k-means 方法并用于合并桶的时间戳。因此,该算法无法找到包含最后 m 个点的一组存储桶。

然而,可以选择包含最后 m 个点的最小桶集合,并且在这些桶中包含不超过最后 $2m$ 个点。在此之后,算法生成对应的查询"所选桶中所有点的质心或聚类中心"的答案。

此外,为了得到更准确的查询预测,可以假定根据最近的 m 个点、$2m$ 个点和 $m+1$ 个点将会有相同的统计数据。在另一种情况下,如果统计数据不同,则会减少误差,它按照一种复杂的存储方案确保对任意的 $\varepsilon<0$ 能找到最多覆盖最后 $m(1+\varepsilon)$个点的存储桶。

在选择期望的桶之后,该算法将所有集群集中起来,并使用了一些合并方法。如果只产生 k 个集群,则算法将集群与最近的质心合并,直到只剩下 k 个集群。

现在,通过一个简单的例子理解算法的所有步骤,这个例子在欧氏空间中使用了 k-means 方法,并通过点数和质心表示集群。有一个桶正好包含 k 个集群,所以选择点 $p=k$ 或 $p>k$。现在,在桶初始化过程中将 p 个点聚类到 k 个集群中。

在初始化之后,有必要在第 1 个和第 2 个存储桶之间的 k 个集群中找到合并的最佳匹配。最佳匹配是对两个匹配集群质心之间的距离之和最小化的一种匹配方式，它选择两个不同的连续存储桶，以在两个邻接的存储桶的每一个中都找到 k 个真实的集群，这在一个数据流中是很少见的。

合并两个集群，其中每个集群取自每个桶，对两个集群中的点数进行求和，它生成两个集群的质心加权平均，该数成为合并集群的质心。集群中的点数决定了权重。从符号意义上来说，它可以定义如下。

如果有两个集群 n_1 和 n_2，其质心分别为 c_1 和 c_2，则合并集群的质心为

$$c=(n_1c_1+n_2c_2)/n_1+n_2$$

合并集群 c 的质心也是查询的答案。

9.8.3 并行环境中的聚类

并行的简单概念是指通过共享相同的资源同时执行多个进程。在并行环境中执行聚类和计算集群是有可能的。因此，可以假设有一个庞大的点集，并且需要并行计算集群的质心。

要想实现这种现象，MapReduce 方法是最好的选择。但是，大多数应用只使用 Reduce 过程进行聚类。MapReduce 方法是定义和实现海量数据集并行分布式处理的一种最新的编程模式。在 MapReduce 编程模式中，Map 和 Reduce 是分别由 mapper 和 reducer 执行的两个主要任务。Map 任务将一组键-值对作为输入数据，Reduce 任务生成一组键-值对输出。本书将在第 12 章详细介绍该编程模式。

1. MapReduce 方法在聚类中的应用

有不同的聚类算法是可用的，并可以使用 MapReduce 模式实现。在大多数情况下，k-means 聚类算法与 MapReduce 框架一起使用。在数据聚类中使用 MapReduce 有助于管理数据分区和对数据块进行并行处理。

任何类型的聚类都应该定义 MapReduce 模式的两个功能。MapReduce 模式遵循数据分区的概念，并可以处理键和值。

假设用于聚类的内存中的所有数据点在 MapReduce 模式中都是不可行的，在这种情况下，设计一个算法使得任务可以并行化，对于任何的计算，它不依赖于其他拆分(split)。

为了在并行环境下实现聚类，MapReduce 方法将给定的数据分成块，以并行的方式对每个块聚类生成一个集群，这两项任务的说明如下。

2. Map 任务

为了开始 Map 任务，每个任务都被分配了一个点的子集。现在 Map 函数对给定的点进行聚类，并生成一组带有固定键“1”和以多种形式描述的一个集群，如个数、质心或集群直径的值的键-值对。

简言之，mapper 进行距离计算，并划分出键-值对<centroid_id，data_point>，找出数据点与集群的关联性。

3. Reduce 任务

这里所有的键-值对都包含相同的键，因此在 Reduce 任务期间只使用一个 Reduce 函数，它使用在 Map 任务期间生成的集群描述，并对其进行适当的合并。现在它使用一个合适的聚类方法生成 Reduce 任务的输出。

简言之，Reduce 使用特定的集群 id 和与之关联的数据点列表计算新的均值（means），并将其写入新的质心文件。

最后，根据聚类算法的类型，该模式需要进行一系列迭代或与之前迭代中的质心进行比较。

小练习

1. 什么是流计算模型？

答：流计算模型使用数据流，并像数据流管理系统一样工作。

2. BDMO 算法是什么？

答：BDMO 算法是流聚类算法的一种，是 DGIM 算法对缓慢演化流中的点进行聚类的推广。

3. 什么是“计数一”方法？

答：“计数一”方法在二进制数据流上使用一个长度为 N 的窗口，并计算最后 k 位中 1 的个数，其中 $k \leqslant N$。

4. 什么是 MapReduce 方法？

答：MapReduce 方法是在海量数据集上定义和实现并行分布式处理的最新编程模式之一。在该方法中，Map 和 Reduce 分别是 mapper 和 reducer 执行的两个主要任务。

案例研究：个性化产品推荐

产品的个性化类似于销售预测，用于获取用户信息和预测用户需求，并为用户提供最好的产品。在此过程中，许多算法协同工作，用于预测客户的认知本质，以推荐给他们所需要的产品。这也是为用户提供的一个应用，可以帮助他们识别自己的需求，而不必在网站和应用上浪费时间。

该推荐引擎为公司带来了良好的收入，并帮助他们获得了许多市场洞察信息。如今，大多数电子商务公司都采用了这种方法。Amazon、Flipkart、Snapdeal、MakeMyTrip 就是其中的几个例子。推荐并不仅限于产品推荐，这种机制可以帮助顾客在他们需要的任何东西上利用销售活动、折扣等。

作为一个顾客，你在购物车中放置了一个产品，由此产生的数据就会被公司用来预测你的需求。

① 推荐所占交易收入的百分比：目前，产品推荐带来的全球网站平均收入为 18%，未来可能还会增长。

② 对转化率（conversion rate）的影响：直达个人的个性化推荐，它帮助零售商了解顾客喜欢的品牌、他们购买的商品种类以及他们过去购买或浏览过的商品，可以带来更高的在线零售转化率。

③ 推荐的定位(placement)：每个推荐对顾客的需求都会产生巨大的影响，并且影响顾客的认知本质。

④ 个性化销售(merchandising)的影响：自学习推荐引擎是实时工作的，可以随时检测产品和客户行为的更新，并相应地更新推荐，确保随时都有无障碍、最新和相关的用户体验。

本章小结

- 聚类是一个检查给定数据，并基于数据的相似性或特征将其划分到许多组中的过程。
- 数据挖掘、信息检索、搜索引擎、学术、心理学和医学、机器学习、计算机图形学、模式识别等是聚类的主要应用领域。
- 聚类所使用的最常见的距离度量是欧氏距离(Euclidean distance)、曼哈顿距离(Manhattan distance)、汉明距离(Hamming distance)和最大范数(maximum norm)。
- R语言提供了一个使用不同类型的方法度量距离的 dist()函数，该函数计算距离并返回距离矩阵。
- 聚类策略是定义了在任意数据集上执行聚类的技术，分层聚类和划分聚类是聚类策略的两种主要和基本的分类。
- 划分聚类策略将 n 个对象或元组的数据集划分为 k 个分区。
- 在高维空间(上百维)中，数据的分析与组织不能适应低维空间，会成为维数灾难。
- 维数灾难中的"灾难"表明，所有远离彼此的点对之间的距离相等，而且大多数向量都是正交的。
- 两个向量之间的夹角定义了一个点或一个向量可以转到另一个向量的最小角度。
- 分层聚类是一种将嵌套集群的集合组织成树形结构的聚类，每个集群(节点)，不包括叶子节点，都是它的子集群(孩子)的组合，树的根是包含所有对象的集群。
- 欧氏空间是具有一个中心点的二维空间。
- R语言提供了一个在距离矩阵上执行分层聚类的 hclust()函数。
- 非欧氏空间是包含多维度的空间。
- k-means 算法是一种无监督聚类方法，它将不同的数据对象分配到不同的集群中，它获得输入数据集(k)，将其划分为 n 个对象为一个组，并分配到 k 个集群中。
- R语言提供了一个对数据矩阵执行 k-means 聚类的 k-means()函数。
- BFR(Bradley、Fayyad 和 Reina)算法是 k-means 算法的一个变形，其可以在高维欧氏空间执行聚类。
- 废弃、压缩和保留对象或集合被用于 BFR 算法中。
- 废弃集是集群本身的汇总，事实上，这些集群汇总是非常关键的部分，然而，汇总所表示的点被废弃，并且除了通过该汇总之外，在主存中没有任何表示。
- 压缩集也是集群的汇总，但是它包含一组点，这些点彼此靠近，而不靠近任何其他集群。
- 保留集包含既不能分配给集群，也不能充分接近任何其他点的点，允许使用压缩集表示它们。这些点保存在主存中,就像它们出现在输入文件中一样。

- CURE 算法是一种针对大规模数据的聚类算法,其遵循欧氏空间的理念,不考虑集群的形状,该算法使用一个代表性点的集合表示集群。
- 划分、分层和基于模型的聚类是 R 中的主要聚类类型。
- GRGPF 算法是非欧氏空间使用的一种聚类算法,它的名称源于其作者的名字。
- 表示集群、初始化集群、在集群中添加点、合并及分裂集群是 GRGPF 算法的主要步骤。
- GRGPF 算法使用样本点在主存中表示集群。
- GRGPF 算法通过获取主存的数据集样本初始化聚类树,并对其执行分层聚类。
- 流计算模型使用流,并像数据流管理系统一样工作。
- 流的简单含义是包括字符、数字或其他事物的一个序列,对于聚类而言,流只是一个 N 个点的滑动窗口。
- 图数据、传感器数据、网络流量、互联网是流数据的一些实例。
- BDMO 算法是一种流聚类算法,是 DGIM 算法对缓慢演化流中的点进行聚类的推广,BDMO 算法的名称源自其作者的名字。
- "计数一"方法在二进制流上使用一个长度为 N 的窗口,并计算流中最后 k 位中 1 的个数,其中 $k \leqslant N$。
- 初始化桶、合并桶和回答查询是 BDMO 算法的主要步骤。
- 流计算模型中的一个查询是滑动窗口的后缀长度。
- MapReduce 方法是在海量数据集上定义并实现并行分布式处理的最新编程范式之一,在该方法中,Map 和 Reduce 是 mapper 和 reducer 分别执行的两个主要任务。
- 要想在并行环境中实现聚类,MapReduce 方法将给定数据划分为块,以并行方式对每个块聚类生成一个单一的集群。

关键术语

- BFR 算法：k-means 算法的变形,其在高维欧氏空间执行聚类。
- 聚类(clustering)：一个检查给定数据,并根据数据的相似性或其特征将该数据划分到许多分组中的过程。
- 计数一(counting ones)：在二进制流上使用一个长度为 N 的窗口,并计算最后 k 位中 1 的个数,其中 $k \leqslant N$。
- CURE 算法：一个大规模聚类算法,其遵循欧氏空间的理念,不考虑集群的形状。
- 维数灾难(curse of dimensionality)：在高维空间(超过数百维)中,对数据的分析和组织不适应低维空间的设置,称为维数灾难。
- 欧氏空间(Euclidean space)：包含两个维度,具有一个中心点。
- 分层聚类(hierarchical clustering)：将一组嵌套集群组织成树状结构。
- k-means 聚类：一种无监督聚类方法,其将不同的数据对象分配到不同的集群中。
- 非欧氏空间(non-Euclidean space)：包含多个维度。
- 流计算模型(stream-computing model)：使用流,像数据流管理系统一样工作。

巩固练习

一、单项选择题

1. 以下哪个术语定义了存储在一个地方的点的集合？
   (a) 集群(cluster)　(b) 组(group)
   (c) 空间(space)　(d) 数据集(dataset)
2. 以下哪个定义了欧氏空间中的点？
   (a) 实数向量　(b) 偶数向量
   (c) 十进制数向量　(d) 奇数向量
3. 以下哪个不是距离度量的属性？
   (a) 对称　(b) 三角不等式　(c) 负数　(d) 非负
4. 以下哪个距离方法在 dist()函数中不可用？
   (a) 欧氏距离　(b) L1 距离
   (c) 最大距离　(d) 曼哈顿距离
5. 以下哪个函数会生成距离矩阵？
   (a) plot()　(b) dist()　(c) hclust()　(d) require()
6. 以下哪个函数可以实现分层聚类？
   (a) dist()　(b) hclust()　(c) k-means()　(d) plot()
7. 以下哪个函数可以实现 k-means 聚类？
   (a) hclust()　(b) plot()　(c) k-means()　(d) dist()
8. 以下哪个聚类是自顶向下的聚类？
   (a) 凝聚型分层聚类　(b) 基于模型的聚类
   (c) 分裂型分层聚类　(d) 基于网格的聚类
9. 以下哪个聚类是自底向上的聚类？
   (a) 分裂型分层聚类　(b) 凝聚型分层聚类
   (c) 基于模型的聚类　(d) 基于网格的聚类
10. 欧氏空间中有多少维度？
    (a) 1　(b) 3　(c) 4　(d) 2
11. 以下哪个方法在 hclust()函数中是不可用的？
    (a) Average　(b) Single　(c) Mode　(d) Median
12. 以下哪一项定义了质心和所有点之间的最大距离？
    (a) 直径　(b) 半径
    (c) 周长　(d) 以上都不是
13. 以下哪个包中包含 dist()、k-means()和 hclust()函数？
    (a) stats　(b) base　(c) forecast　(d) cluster
14. 以下哪项定义了集群中任意两个点之间的最大距离？
    (a) 周长　(b) 半径

(c) 直径　　　　(d) 以上都不是

15. 以下哪个算法在 k-means()函数中是不可用的？

(a) Centre　　　　(b) Lloyd

(c) Forgy　　　　(d) MacQueen

二、简答题

1. 有哪些不同的聚类策略？
2. 分层聚类和划分聚类策略之间的区别是什么？
3. 如何提高聚类分析中的分层聚类的效率？
4. 请说明 CURE 算法的步骤。
5. 在聚类过程中，GRGPF 算法如何表示集群？
6. 请说明 GRGPF 算法的分裂及合并过程。
7. 请说明流计算模型。
8. 在聚类过程中，BDMO 算法是如何初始化及合并桶的？

三、论述题

1. 请描述 k-means 聚类中的初始化及选择正确的 k 值的过程。
2. 请使用语法及示例说明 dist()函数。
3. 请使用语法及示例说明 hclust()函数。
4. 请使用语法及示例说明 k-means()函数。
5. 创建一个矩阵，并使用 dist()函数的不同方法找出不同的距离矩阵。
6. 创建一个矩阵，并对其实现分层聚类。
7. 创建一个矩阵，并对其实现 k-means 聚类。
8. 读取一个合适的内置数据集，并使用不同的方法利用树状图实现分层聚类。

实战练习

1. 从 Cars.txt 文件中读取数据，文件中的数据如下所示。

```
Petrol      Kilometers
1.1         60
6.5         20
4.2         40
1.5         25
7.6         15
2.0         55
3.9         39
```

使用 k-means 聚类将数据拆分为 3 个集群，为了更好地理解，请绘制集群。

解决方案

步骤 1： 将数据导入如图 9.22 所示的环境中，文件名为 Cars.txt，该文件包含汽油汽车的条目和相应的里程数，里程是以千米计数的。

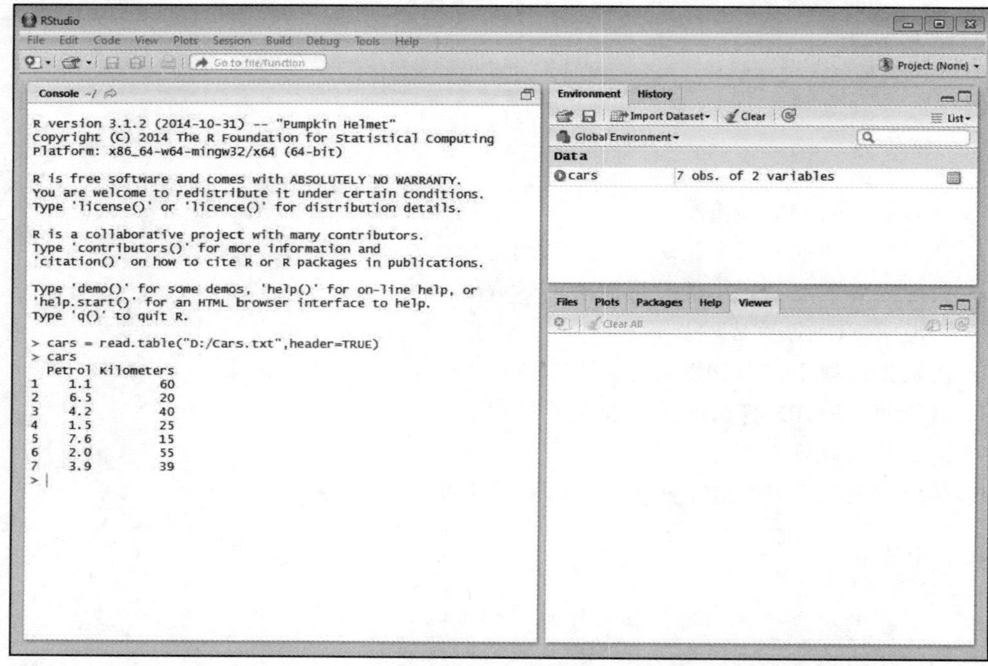

图 9.22 导入数据

步骤 2：应用 k-means 算法，如图 9.23 所示，数据集被拆分为 3 个集群，最大迭代次数是 10。

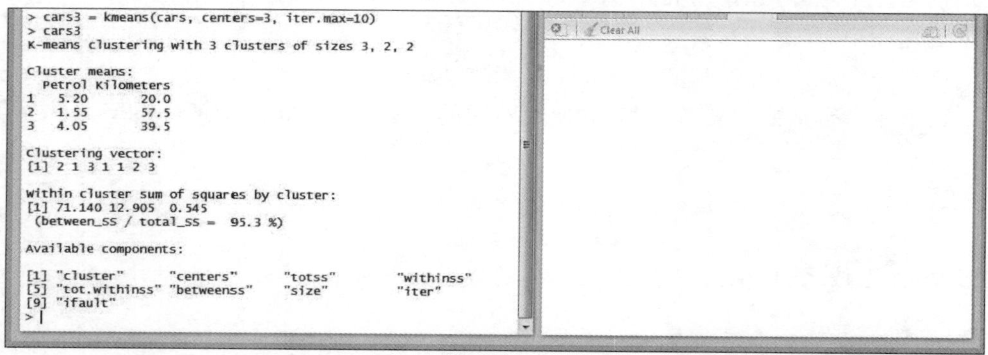

图 9.23 应用 k-means 算法

步骤 3：绘制集群，如图 9.24 和图 9.25 所示。

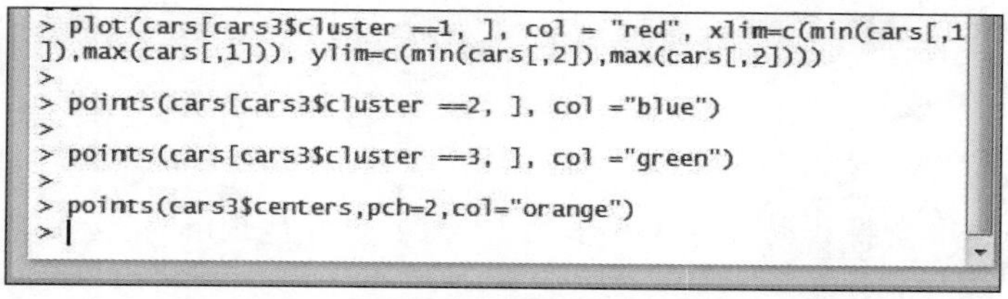

```
> plot(cars[cars3$cluster ==1, ], col = "red", xlim=c(min(cars[,1
]),max(cars[,1])), ylim=c(min(cars[,2]),max(cars[,2])))
>
> points(cars[cars3$cluster ==2, ], col ="blue")
>
> points(cars[cars3$cluster ==3, ], col ="green")
>
> points(cars3$centers,pch=2,col="orange")
>
```

图 9.24 绘制集群(1)

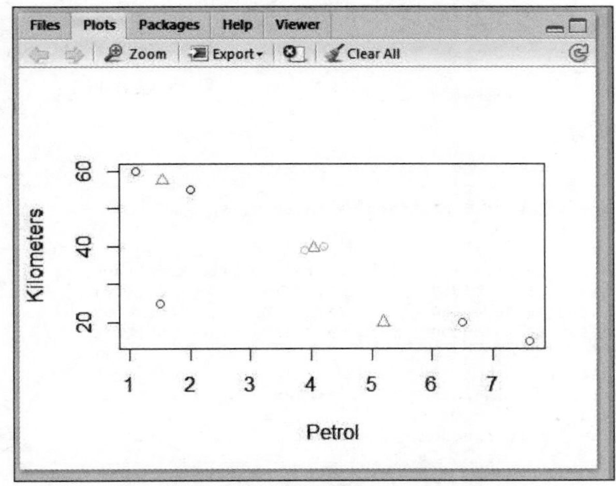

图 9.25　绘制集群(2)

2. 考虑以下数据集。

Country	Per Capita Income	Literacy	Infant mortality	Life Expectancy
Brazil	10326	90	23.6	75.4
Germany	39650	99	4.08	79.4
Mozambique	830	38.7	95.9	42.1
Australia	43163	99	4.57	81.2
China	5300	90	23	73
Argentina	13308	97.2	13.4	75.3
United Kingdom	34105	99	5.01	79.4
South Africa	10600	82.4	44.8	49.3
Zambia	1000	68	92.7	42.4
Namibia	5249	85	42.3	52.9

数据存储在文件 data.txt 中，将数据读取到 R 环境中，执行 k-means 聚类，打印输出结果，并使用可视化方式显示。

解决方案

步骤 1：将 data.txt 中的数据读取到 R 环境中。

```
>x <-read.csv("D:/data.csv", header=TRUE, row.names=1)
```

显示数据框 x 的内容。

```
> x
               Per.Capita.Income Literacy Infant.mortality Life.Expectancy
Brazil                     10326     90.0            23.60            75.4
Germany                    39650     99.0             4.08            79.4
Mozambique                   830     38.7            95.90            42.1
Australia                  43163     99.0             4.57            81.2
China                       5300     90.0            23.00            73.0
Argentina                  13308     97.2            13.40            75.3
United Kingdom             34105     99.0             5.01            79.4
South Africa               10600     82.4            44.80            49.3
Zambia                      1000     68.0            92.70            42.4
Namibia                     5249     85.0            42.30            52.9
```

步骤 2：执行 k-means 聚类以形成 3 个集群。

```
>km <-kmeans(x,3,15)
```

打印输出 km 的成分。

```
> km
K-means clustering with 3 clusters of sizes 3, 4, 3

Cluster means:
  Per.Capita.Income Literacy Infant.mortality Life.Expectancy
1          11411.33 89.86667        27.266667        66.66667
2           3094.75 70.42500        63.475000        52.60000
3          38972.67 99.00000         4.553333        80.00000

Clustering vector:
        Brazil        Germany     Mozambique      Australia          China
             1              3              2              3              2
     Argentina United Kingdom   South Africa         Zambia        Namibia
             1              3              1              2              2

Within cluster sum of squares by cluster:
[1]  5434630 19027221 41711855
 (between_SS / total_SS =  97.2 %)

Available components:

[1] "cluster"      "centers"      "totss"        "withinss"     "tot.withinss"
[6] "betweenss"    "size"         "iter"         "ifault"
```

步骤 3：绘制集群。

```
>plot(x, col=km$cluster)
>points(km$centers, col =1:3, pch =8)
```

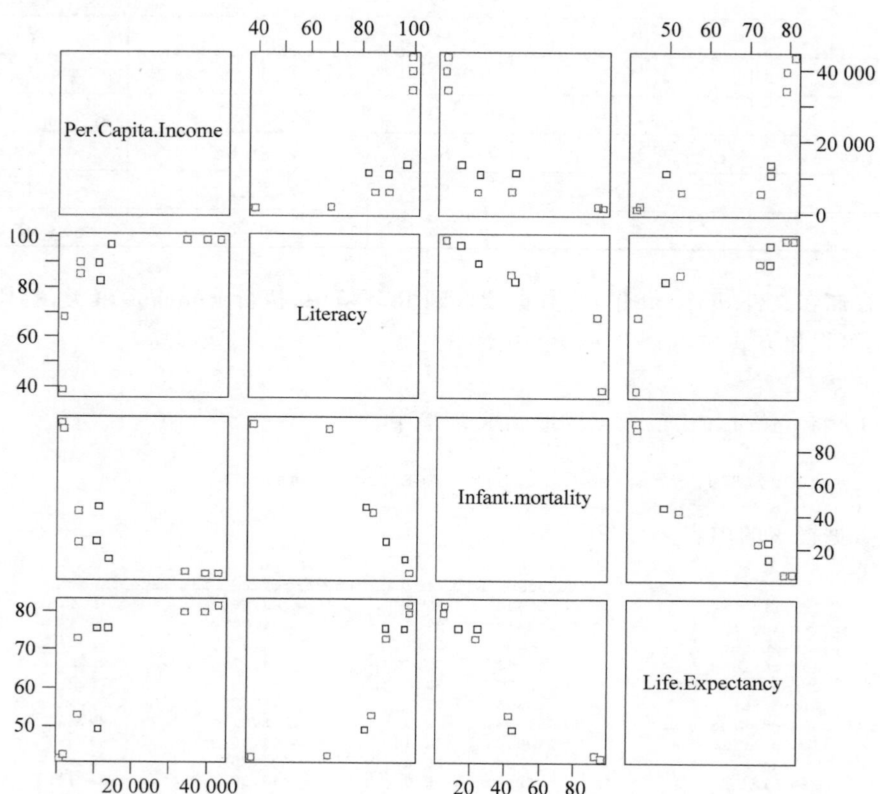

3. 考虑 UCI 机器学习库（https://archive.ics.uci.edu/ml/datasets/Wholesale + customers）中的数据。该数据集是顾客每年在各种物品上的花费，各种属性说明如下。

属性信息：

- FRESH：每年在鱼产品上的消费。
- MILK：每年在奶产品上的消费。
- GROCERY：每年在日杂品上的消费。
- FROZEN：每年在冷冻产品上的消费。
- DETERGENTS_PAPER：每年在洗涤剂和纸产品上的消费。
- DELICATESSEN：每年在熟食产品上的消费。
- CHANNEL：Channel-Horeca（酒店、餐厅、咖啡厅）或零售渠道（名义）。
- REGiON：Region-Lisnon、Oporto 或其他（名义）。

将数据聚类成 5 个集群，并绘制集群以进行可视化展示。

解决方案

步骤 1：将数据从 WS.csv 中读入 R 环境。

```
>WholeSale <-read.csv("d:/WS.csv")
```

```
> WholeSale
   Channel Region  Fresh  Milk Grocery Frozen Detergents_Paper Delicassen
1        2      3  12669  9656    7561    214             2674       1338
2        2      3   7057  9810    9568   1762             3293       1776
3        2      3   6353  8808    7684   2405             3516       7844
4        1      3  13265  1196    4221   6404              507       1788
5        2      3  22615  5410    7198   3915             1777       5185
6        2      3   9413  8259    5126    666             1795       1451
7        2      3  12126  3199    6975    480             3140        545
8        2      3   7579  4956    9426   1669             3321       2566
9        1      3   5963  3648    6192    425             1716        750
10       2      3   6006 11093   18881   1159             7425       2098
11       2      3   3366  5403   12974   4400             5977       1744
12       2      3  13146  1124    4523   1420              549        497
13       2      3  31714 12319   11757    287             3881       2931
14       2      3  21217  6208   14982   3095             6707        602
15       2      3  24653  9465   12091    294             5058       2168
16       1      3  10253  1114    3821    397              964        412
17       2      3   1020  8816   12121    134             4508       1080
18       1      3   5876  6157    2933    839              370       4478
19       2      3  18601  6327   10099   2205             2767       3181
```

步骤 2：安装 ggplot2 包和 ggfortify 包。

```
>library(ggplot2)
>library(ggfortify)
```

步骤 3：将数据集（列：Fresh、Milk 和 Grocery）聚类到 5 个分组和集群。

```
>km <-kmeans(WholeSale[,3:5],5)
```

```
> km
K-means clustering with 5 clusters of sizes 233, 8, 68, 22, 109

Cluster means:
      Fresh      Milk   Grocery
1  5853.605  3544.773  4476.391
2 25419.250 40750.250 48655.500
3  4643.691 12697.941 20195.191
4 50049.682  4447.409  5225.045
5 21064.431  4010.275  5303.624

Clustering vector:
  [1] 1 1 1 1 5 1 1 1 1 3 1 1 5 5 5 1 3 1 5 1 5 1 5 2 5 5 1 5 3 4 5 1 5 5 1 1 5
 [38] 5 3 4 5 5 3 3 1 3 3 2 1 3 1 1 4 3 5 1 3 1 5 1 1 2 1 3 1 3 1 5 1 1 5 5 1 5
 [75] 1 5 1 3 1 1 1 3 1 5 1 2 2 4 1 5 1 1 3 1 3 1 1 1 1 1 1 3 1 4 5 5 1 3 1 3 1
[112] 3 5 5 5 1 1 1 5 1 5 1 1 1 4 4 5 5 1 4 1 1 5 1 1 1 1 1 5 1 5 5 4 1 5 3 1 1
[149] 1 5 5 1 5 1 1 3 3 5 1 3 1 1 5 3 1 3 1 1 1 1 3 3 1 3 1 1 4 1 1 1 1 4 1 2 1
[186] 1 1 1 1 3 5 1 1 3 1 5 5 1 1 1 3 3 5 1 1 3 1 1 1 3 5 2 1 1 1 3 3 5 3 1 5 1
[223] 1 1 1 1 5 1 1 1 1 1 5 1 5 1 1 5 1 4 5 5 5 1 1 3 1 1 5 1 1 3 1 5 1 5 1 1 4
[260] 4 1 1 5 1 3 3 3 5 3 5 1 1 1 4 1 1 5 1 1 5 1 1 4 5 4 4 1 5 5 4 1 1 1 3 5 1
[297] 5 1 1 1 5 3 1 1 3 1 3 5 1 3 1 5 3 1 1 3 1 1 1 3 1 1 5 5 5 5 1 1 5 1 1 3 5
[334] 2 5 5 5 1 1 1 1 1 1 3 1 1 3 5 1 3 1 3 1 3 5 1 5 3 1 1 5 1 1 1 1 1 1 1 5 1
[371] 4 5 1 5 1 1 3 4 1 1 5 5 5 1 3 1 1 5 1 1 1 1 1 5 1 1 1 1 1 1 1 5 5 5 5 1 5
[408] 3 1 1 1 1 1 1 1 1 3 1 3 1 1 5 5 5 5 1 3 5 1 1 3 1 5 1 5 5 4 3 1 1

Within cluster sum of squares by cluster:
[1] 8208710610 8248734053 7101958937 7454062223 6263477438
 (between_SS / total_SS =  72.1 %)

Available components:

[1] "cluster"      "centers"      "totss"        "withinss"     "tot.withinss"
[6] "betweenss"    "size"         "iter"         "ifault"
```

步骤 4：可视化展示绘制集群。

```
>autoplot(km, WholeSale[,3:5], frame=T) +
labs(title="clustering wholesale data")
```

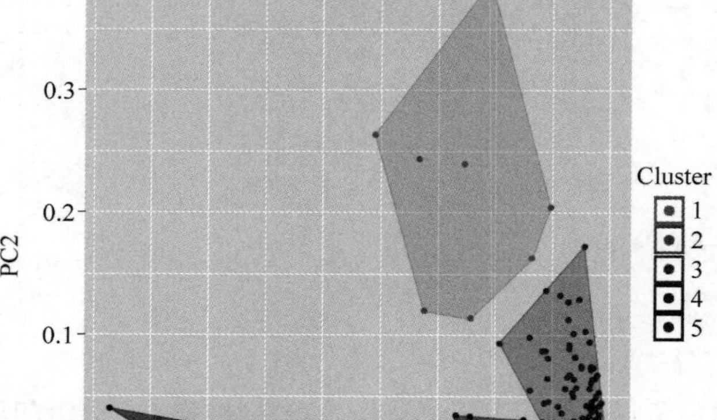

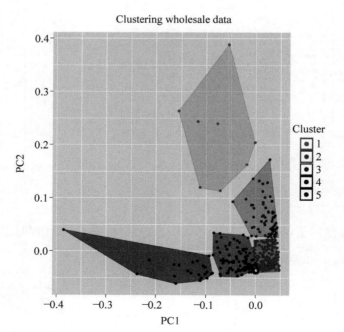

单项选择题参考答案

1.(c)　2.(a)　3.(c)　4.(b)　5.(b)　6.(b)　7.(c)　8.(c)　9.(b)　10.(d)
11.(c)　12.(b)　13.(b)　14.(c)　15.(a)

关 联 规 则

学习成果

通过本章的学习，您将能够：

- 确定给定事务（transaction）和项集（itemset）的关联规则，并利用支持度（support）、置信度（confidence）和提升度（lift）对关联规则进行评估；
- 在 R 中实现关联规则挖掘，创建给定项集的二元关联矩阵（binary incidence matrix）、创建项矩阵（item matrix）、确定项（item）的频率，使用 apriori() 函数和 eclat() 函数。

10.1 概述

如今，每个领域（零售、制造、能源、医疗保健等）都会产生并存储与其工作相关的大量数据，并使用数据挖掘技术从这些数据中发现未知和隐藏的模式。大数据分析也使用数据挖掘技术发现大数据中的隐藏模式，数据挖掘中的关联规则在商业分析中扮演着非常重要的角色。

以下是关联规则的一些应用领域。

- 在零售业中，关联规则有助于发现产品的购买模式或不同产品之间的关联关系。
- 在科学领域，生物数据库利用关联规则发现生物数据中的模式，从农业数据库中发现知识，收集从农业研究到蛋白质组成的调查数据等。
- 软件开发人员或研究人员利用关联规则从文本挖掘和网络挖掘等不同领域的软件工程度量中抽取知识。
- 关联规则的其他应用还包括购物篮分析、人口与经济普查研究、土壤与种植数据发现、作物生产、发现地理条件的数据抽取等。

关联规则的主要目的是在关系数据库、事务数据库或任何其他信息存储库中的一组项（item）或对象中识别一种模式。与数据库中两个或多个项之间的共现（co-occurrence）关系有关的发现称为关联。例如，考虑一个包含钢笔、铅笔、笔记本、橡皮和削笔刀的数据集，关联定义了钢笔和笔记本、铅笔和橡皮等的共现关系。

有不同的算法可以实现关联规则，其中，Apriori 算法是最常见的。要想学习该算法，关联规则的基本知识是非常重要的。本节将介绍关联规则，包括关联需求、事务数据库、项集、关联规则的形式和关联技术。

10.2　频繁项集

项(item)和事务(数据库)构成了关联规则的一个主要组成部分，项集就是不同项的集合，例如，{钢笔，铅笔，笔记本}就是一个项集。一个包含经常一起出现的项，而且它们彼此之间相互关联的项集称为频繁项集。

{钢笔，铅笔，笔记本}、{钢笔，铅笔，橡皮}、{削笔刀，铅笔，笔记本}构成了项{钢笔，铅笔，笔记本，削笔刀}的几个项集。在所提到的项集中，铅笔和笔记本经常一起出现，因此，{铅笔，笔记本}是一个频繁项集的例子。

假设 I 和 T 分别表示项(item)和事务(transaction)的集合，它们可表示为

$$I=\{I_1,I_2,I_3,\cdots,I_m\}$$
$$T=\{T_1,T_2,T_3,\cdots,T_n\},$$

其中，每个事务 T_i 是一个项集，使得 $T_i \subseteq I$。

事务的表示如表 10.1 所示。

表 10.1　事务和项集

事　　务	项　　集
T_1	{钢笔，铅笔，笔记本}
T_2	{钢笔，铅笔，橡皮}
T_3	{削笔刀，铅笔，笔记本}

频繁项集={铅笔，笔记本}。

在这里，频繁项集只是通过检查共同出现的项进行识别的，然而，它可以通过特定的方法计算。

10.2.1　关联规则

将一组项的出现与另一组项的出现相关联的所有规则称为关联规则。关联规则是 $X \rightarrow Y$ 的一个蕴涵表达式，其中 X 和 Y 是两个不相交的项集，$X \subseteq I$，$Y \subseteq I$，并且 $X \cap Y = \varnothing$。

假设一家文具店有钢笔、铅笔、笔记本、削笔刀等物品，一个学生购买了 3 种物品：钢笔、铅笔和笔记本。在这里，{钢笔，铅笔，笔记本}是一个事务。这意味着如果学生购买了钢笔和铅笔，则他/她也将购买一个笔记本。该事务中的关联规则可定义为

$$钢笔，铅笔 \rightarrow 笔记本$$

其中，X={钢笔，铅笔}，Y={笔记本}。

关联规则的质量取决于它如何估计项的出现。突发性(unexpectedness)、弱信念(weak belief)和强信念(strong belief)以及行为信念(action belief)是关联规则的一些主观度量。此外，简单性、阈值、支持度(效用)和置信度(确定性)是关联规则的一些客观度量。

10.2.2 规则评估度量标准

规则评估度量标准用于度量关联规则的强度，支持度和置信度是规则评估度量的重要指标。

1. 支持度

支持度是使用最小支持度阈值度量规则的有用性的度量标准，该度量标准度量了具有与关联规则的蕴涵表达式两边相匹配的项集的事件数。此外，可以通过定义一个阈值排除与蕴涵表达式两边不完全匹配的项集的事件规则，它决定了规则在相应的事务集中应用的频率。

设 $X \rightarrow Y$ 是一个关联规则，T 是一个事务集，n 是 T 中的事务数量，则该规则的支持度是包含 $X \cup Y$ 的 T 中事务的百分比或对概率 $\Pr(X \cup Y)$的估计。规则 $X \rightarrow Y$ 的支持度是通过以下公式进行计算的。

$$支持度=(X \cup Y)的数目/n$$

如果支持度较低，则它可以有效地度量给定规则的强度。

例如

表 10.2 表示了项集{钢笔，铅笔，笔记本，削笔刀}的 3 个事务。

项 pen 的支持度计算如下。

$$支持度(钢笔)=\frac{钢笔的出现次数}{总的事务数}=2/3=0.66$$

类似地，支持度(铅笔)=3/3=1=100%。

表 10.2 项集{钢笔，铅笔，笔记本，削笔刀}的事务

事　务	项　集
T_1	{钢笔，铅笔，笔记本}
T_2	{钢笔，铅笔，橡皮}
T_3	{削笔刀，铅笔，笔记本}

2. 置信度

置信度是通过使用阈值度量规则的确定性的一种度量标准，它度量了与关联规则中蕴涵表达式左侧匹配的事件项集，同时也与右侧匹配的概率。可以排除与右侧不完全匹配，但与左侧匹配的项集的事件的规则，它决定了规则的可预测性。

设 $X \rightarrow Y$ 是一个关联规则，T 是一个事务集，该规则的置信度就是 T 中同时包含 X 和 Y 的事务的百分比或对条件概率 $\Pr(Y|X)$的估计。规则 $X \rightarrow Y$ 的置信度可以通过以下公式进行计算。

$$置信度=\mathrm{conf}=(X \cup Y)的数目/X 的数目$$

或

$$置信度=\mathrm{conf}=支持度(X \cup Y)/支持度(X)$$

如果规则的置信度较低，则根据 X 预测到的 Y 是不可信的，因为低预测性的规则是没有用的。

考虑表 10.2 中所列出的数据（事务和项集），假设铅笔→笔记本是事务的一个关联规则，则该规则的置信度可计算如下。

$$\text{置信度(铅笔→笔记本)}=\frac{\text{(铅笔,笔记本)的出现次数}}{\text{(铅笔)的出现次数}}$$

或

$$\text{置信度(铅笔→笔记本)}=2/3=0.66=60\%$$

3. 最小支持度和最小置信度

最小支持度（minsup）和最小置信度（minconf）分别是支持度和置信度的阈值，关联规则挖掘的目标是找到满足以下条件的所有规则。

$$\text{支持度} \geqslant \text{minsup 阈值}$$
$$\text{置信度} \geqslant \text{minconf 阈值}$$

4. 几个任务

假设你是一家零售店的老板，你想要知道通常顾客会一起购买哪些商品，你有一组如下所示的事务数据（见表 10.3）。ID 为 1 的事务一起购买了商品 A、B 和 E，同样地，商品 A、B、D 和 E 在 ID 为 2 的事务中被一起购买。

表 10.3 事务数据

事务 ID	项
1	A,B,E
2	A,B,D,E
3	B,C,D,E
4	B,D,E
5	A,B,D
6	B,E
7	A,E

问题描述 1

考虑项集{B,D,E}，确定该项集的支持数。

答：支持数为 3，因为有 3 个事务，即事务 2、3 和 4 包含项集{B,D,E}。

问题描述 2

考虑关联规则 BD→E，确定该关联规则的支持度和置信度。

答：BD→E 的支持度和{B,D,E}的支持度相同，都是 3，这是因为有 3 个事务 2、3 和 4 包含项集{B,D,E}。

置信度可以由以下公式给出。

$$\text{置信度(BD→E)}=\text{支持度}(\{B,D,E\})/\text{支持度}(\{B,D\})=3/4$$

10.2.3 蛮力法

蛮力法(brute-force)为挖掘关联规则中的每个可能的规则计算支持度和置信度,该方法的步骤为:

① 列出所有可能的关联规则;

② 计算每个规则的支持度和置信度;

③ 删除小于 minsup 和 minconf 阈值的规则。

这种方法在计算上是不可行的,因为在应用这种方法后,可以从数据集中抽取出指数级的许多规则。总之,从包含 d 个项的数据集中抽取出来的可能的规则数可以通过以下公式表示。

$$R = 3^d - 2^d + 1$$

在一项研究中发现,在应用20%的 minsup 和 50%的 mincof 后,有超过 80%的规则被排除了,因此,该方法的开销比较大。为了避免这种不必要的计算问题,最好尽早删除一些规则,不必计算它们的支持度和置信度。

10.2.4 两步法

由于蛮力法的缺点,关联规则挖掘算法使用了一种包含两个步骤的常见方法,这就是所谓的两步法(two-step),第一步是生成频繁项集,第二步是生成规则。

1. 生成频繁项集

在两步法的第一步中,找到满足最小支持度(minsup)阈值的项集,这些项集被称为频繁项集。如果数据集包含 k 个项,则它可以生成多达 2^k-1 个频繁项集。网格结构(lattice structure)也会找出所有可能的项集列表,真实应用中的数据集包含非常大的项数。

在这种情况下,找出频繁项集既是很困难的,也是非常耗时的。因此,蛮力法使用每个候选项集的支持度找出频繁项集。为此,将每个候选项集与每个事务进行比较,如果每个候选项集都在事务中,则支持度将递增,这种方法开销既大又复杂。在这种情况下,可以使用以下策略寻找频繁项集:

- 使用 Apriori 原理减少候选项集数;
- 减少事务数;
- 使用有效的数据结构存储事务或候选项集,以减少比较次数。

2. Apriori 原理

在以上三种策略中,Apriori 原理是生成频繁项集的最佳策略和有效方法。根据 Apriori 原理:如果一个项集是频繁项集,则它的所有子集也必须是频繁的。

该方法不需要计算支持度就可以删除一些候选项集,删除候选项集被称为项集的修剪。Apriori 原理使用支持度度量的以下属性:

$$\forall XY:(X \subseteq Y) \rightarrow s(X) \geqslant s(Y)$$

该属性称为支持度的反单调(anti-monotone)属性,其中一个项集的支持度永远不会超过其子集的支持度，这个原理不需要把每个候选项集和每个事务都进行匹配。

假设{c,d,e}是项{a,b,c,d,e}的频繁项集，根据 Apriori 原理，任何包含{c,d,e}的事务也必须包含它的所有子集{c,d}、{d,e}、{c,e}、{c}、{d}、{e}。简单来讲，如果{c,d,e}是一个频繁项集，则其所有的子集也必须是频繁的，图 10.1 通过选择包含 c、d 和 e 项的所有项集说明了这个概念。此外，如果任何项集是非频繁的，则它的所有子集也是非频繁的。例如，如果{a,b}是一个非频繁项集，则所有包含 a 和 b 的子集也将是非频繁的。在图 10.2 中，所有项集都自动修剪了包含 a 和 b 的子集。

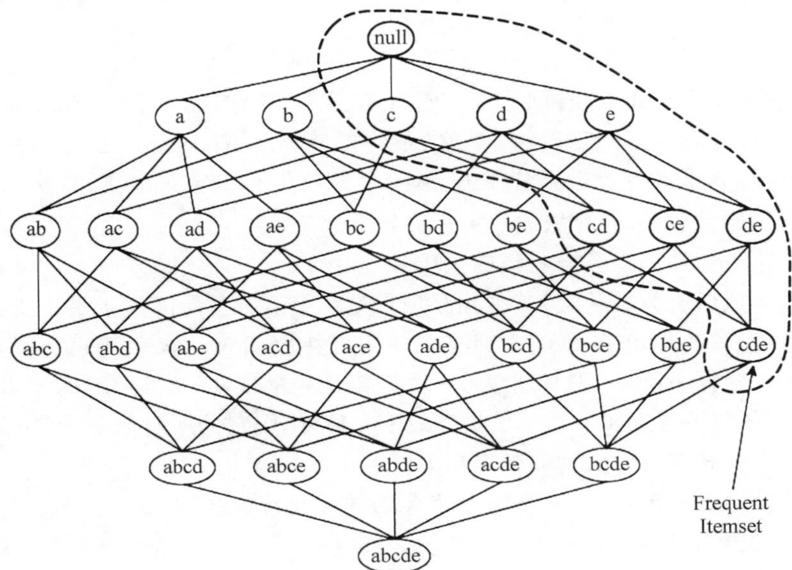

图 10.1　Apriori 原理生成的频繁项集

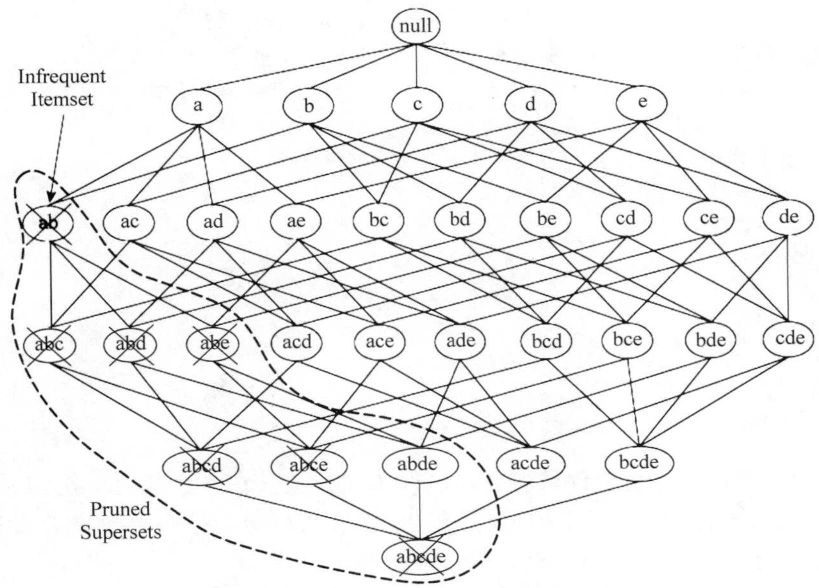

图 10.2　Apriori 原理修剪非频繁集

3. 生成规则

在两步法的第二步中，从第一步中得到的每个频繁项集中抽取出所有的高置信度规则，每个规则是一个频繁项集的二元划分。对于每个频繁 k 项集，可以通过忽略包含空的前项(antecedents)或后项(consequents)($\varnothing \to Y$ 或 $Y \to \varnothing$)的规则生成 2^k-2 个关联规则。通过将项集 Y 划分为两个非空子集 X 和 $Y-X$，使得 $X \to Y-X$ 满足置信度阈值，从而提取出关联规则。

10.2.5 Apiori 算法

为了解决频繁项集的生成问题，人们开发了许多算法。其中，Apriori 算法是 由 Agarwal 和 Srikant 在 1994 年开发的最好、最快的算法。Apriori 算法是一种广度优先算法，通过两步法计算事务以找出频繁项集、最大频繁项集和闭频繁项集，算法在实现的同时也生成了关联规则。Apriori 算法的两个步骤如下。

步骤 1：Apriori 算法中频繁项集的生成

这一步会生成所有频繁项集，其中频繁项集是一个事务支持度大于最小支持度 minsup 的项集。在这里，算法使用 Apriori 原理或向下闭包特性(downward closure property)生成所有频繁项集。根据 Apriori 原理：如果一个项集是频繁项集，则其所有的子集都必须是频繁的；根据向下闭包特性：如果一个项集有最小支持度，则它的所有非空子集都有最小支持度。这两个特性会修剪一个大的非频繁项集。

为了有效地生成项集，算法应该按照字典的顺序排序。假设 $\{w[1], w[2], \cdots, w[k]\}$ 表示 k 个项集，其中，w 包含项 $w[1], w[2], \cdots, w[k]$，并且 $w[1]<w[2]<\cdots<w[k]$，则算法的伪码可表示为

```
Apriori(T)
1.  Ck← init-pass(T) ;                              //第一次传递
2.  F1← {f|f∈C1, f.count≥minsup }                   //n =事务数
3.  for (k =2; Fk-1≠ϕ; k++) do                      //在 T 上后续的传递
4.  Ck← candidate-gen(Fk-1)
5.  for 每个事务 t∈T do                              //扫描数据一次
6.  for 每个候选项集 c∈Ck do
7.  if  c 包含在 t 中 then
8.  c.count++;
9.  end
10. end
11. Fk← {c∈Ck | c.count / n ≥ minsup }
12. end
13. return F← ∪Fk
```

该算法使用逐层搜索生成频繁项集并多次传递数据。在算法的每一次传递中，计算每个项的支持度(第 1 行)并确定每个项是否频繁(第 2 行)。F_1 是一个频繁 1-项集。在每一个后续的传递 k 中，均按照以下 3 个步骤进行。

① 从第 $k-1$ 次传递中的频繁项集 F_{k-1} 的种子集开始，该种子集使用候选 gen()函数

生成候选项集 C_k(第 4 行)，这些候选项集可能是频繁项集。

② 扫描事务数据库，计算 C_k 中的每个候选项集 c 的实际支持度(第 5～10 行)。

③ 在最后的传递中，确定实际的频繁候选项集。

所有的频繁项集 F 的集合是算法最终的输出结果。

下面讲解候选 gen()函数。

用于 Apriori 算法中的候选 gen()函数包含两个步骤：合并(join)和修剪(pruning)。

① 合并(第 2～3 行)会将两个频繁$(k-1)$-项集进行合并，以产生一个可能的候选项 c(第 6 行)，两个频繁项集 f_1 和 f_2 的项完全相同，除了最后一个(第 3～5 行)，将 c 添加到候选集 C_k 中(第 7 行)。

② 修剪(第 8～11 行)确定所有 c 的 $k-1$ 子集是否都在 F_{k-1} 中，如果它们都不在 F_{k-1} 中，根据向下闭包特性，则 c 不是频繁的，将其从 C_k 中删除。

候选 gen()函数的伪代码如下所示。

```
candidate gen(F_{k-1})
1.  C_k ← ϕ                                  //初始化候选集
2.  for 所有 f_1, f_2 ∈ F_{k-1}              //遍历所有频繁项集对
3.  对于 f_1= {i_1, i_2, …, i_{k-2}, i_{k-1}}  //只有最后一项不同
4.  和 f_2= {i_1, i_2, …, i_{k-2}, i_{k-1}}
5.  and i_{k-1}< i'_{k-1} do                 //根据排好的顺序
6.  c←{i_1, i_2, …, i_{k-1}, i'_{k-1}}        //合并两个项集 f_1 和 f_2
7.  C_k←C_k ∪ {c}                            //将新的项集 c 添加到候选项集中
8.  for c 的每个(k-1)-子集 s  do
9.  If (s∉F_{k-1}) then
10. 从 C_k 中删除 c                           //从候选项集中删除 c
11. end
12. end
13. return
```

步骤 2：生成关联规则

这一步从频繁项集中生成所有置信关联规则，其中置信关联规则是置信度大于最小置信度 minconf 的规则。对于很多应用来讲，这一步是一个可选步骤，如果频繁项集足够了，则不需要生成关联规则。

下面的公式用于为每个包含子集的频繁项集 f 生成规则，对于每个子集 α，如果置信度

$$\text{confidence}=(f.\text{count}/(f-\alpha).\text{count})\geqslant \text{minconf}$$

则

$$(f-\alpha)\rightarrow\alpha$$

其中，$(f.\text{count}/(f-\alpha).\text{count})=f(f-\alpha)$的支持度；$f.\text{count}/n=$规则的支持度，$n=$事务集中的事务数。

该方法比较复杂，因此使用一个高效的算法和过程生成规则，后项(α 的子集)中有一个项的算法伪代码如下所示。

```
genRules(F)                              //F =所有频繁项集的集合
1. for  F 中的每一个频繁 k-项集 f_k, k≥ 2 do
```

```
    输出 f_k 的每个置信度≥最小置信度且支持度←f_k.count/n 的 1-项后规则
    H_1←{从以上 f_k 得到的所有 1-项后规则的后项}
    ap-genRules(f_k,H_1)
end
```

ap-genRules(f_k,H_m)过程的伪代码如下。

```
ap-genRules(f_k,H_m)                          //H_m=m-项后项集合
if (k >m+1) AND (H_m≠ϕ) then
H_m+1← candidate-gen(H_m)
for H_m+1 中的每个 h_m+1  do
   conf ← f_k.count / (f_k-h_m+1).count
   if (conf ≥minconf) then
      输出规则(f-h_m+1)→h_m+1,置信度=conf,且支持度=f_k.count /n
   else
      从 H_m+1 中删除 h_m+1
   end
ap-genRules(f_k,H_m)
end
```

下面的例子使用表10.1中的数据,其表示了项集{钢笔,铅笔,笔记本,削笔刀}的3个事务。现在,Apriori算法找出了minsup和minconf都为50%的频繁项集。

每个项的频率如表10.4至表10.7所示。

表10.4 给定项集的每个项的支持度

项	支持度
钢笔	2
铅笔	3
笔记本	2
削笔刀	1

表10.5 删除minsup 50%=2后的频繁项集F1

项	支持度
钢笔	2
铅笔	3
笔记本	2

表10.6 候选项集C2—F1×F1

项	支持度
钢笔，铅笔	2
钢笔，笔记本	1
铅笔，笔记本	2

表 10.7　删除 minsup 50%＝2 的项后的新频繁项集 F2

项	支持度
钢笔，铅笔	2
铅笔，笔记本	2

在此之后，它不能再处理了，因为两个项集都有 minsup 2 的支持度。因此，表 10.1 中给出的数据的频繁项集是{钢笔，铅笔}和{铅笔，笔记本}。

问题描述

考虑如下所示的事务。

事务 ID	项
1	A,B,E
2	A,B,D,E
3	B,C,D,E
4	B,D,E
5	A,B,D
6	B,E
7	A,E

找出所有支持数至少为 3 的频繁项集。

答：

找出所有支持度大于或等于 3 的项集。

生成集合 C1、C2 和 C3，删除所有支持度小于 3 的集合（高亮显示）。

C1：

集合	支持度
{A}	4
{B}	6
{C}	1
{D}	4
{E}	6

在这里，{C}被删除，因为其支持度小于 3。

C2：

集合	支持度
{A, B}	3
{A, C}	0

续表

集合	支持度
{A, D}	2
{A, E}	3
{B, C}	1
{B,D}	4
{B,E}	5
{C, D}	1
{C, E}	1
{D, E}	3

在这里，项集{A,C}、{A,D}、{B,C}、{C,D}和{C,E}的支持度因小于3而被删除。

C3：

集合	支持度
{A, B, E}	2
{B, D, E}	3

在这里，{A,B,E}的支持度因小于3而被删除。

小练习

1. 什么是数据挖掘？

答：数据挖掘是用于从大量数据中发现未知和隐藏模式的过程。

2. 什么是关联规则？

答：关联规则是数据挖掘的一部分，用于发现数据中的模式。一个关联规则是一个蕴涵表达式 $X \rightarrow Y$，其中 X 和 Y 是两个不相交的项集，$X \subseteq I$，$Y \subseteq I$，且 $X \cap Y = \varnothing$。

3. 计算支持度的公式是什么？

答：一个规则的支持度是通过 $(X \cup Y).count/n$ 计算的。

4. 什么是蛮力法？

答：蛮力法用于为挖掘的每一个可能的关联规则计算支持度和置信度。

10.3 数据结构概述

在前面的章节中，我们学习了关联规则挖掘的主要理论性概念和算法，要想实现关联规则挖掘，用户需要高效地表示输入和输出数据。

R语言提供了诸如arules和arulesViz包，用于在R中实现关联规则算法。arules包为任何挖掘算法提供了创建和操作输入数据集所需要的基础架构，它还提供了分析所得项集和关联规则的功能，它主要使用稀疏矩阵表示，以使内存的使用最小化。

在 R 中实现算法前，有必要将输入数据表示成一种设计良好的结构，因为这些算法包含大量的数据。本节将介绍 arules 包中用于表示数据的各种函数。

10.3.1 表示项集的集合

数据库事务和关联集是关联规则挖掘的主要部分，两者都使用项集意味着项集具有附加信息，关联规则挖掘的事务数据库包含事务 id 和一个项集，而关联规则至少分别包含规则左侧和右侧的两个项集。在两种数据形式中，列包含项，而行包含项集。因此，矩阵、稀疏矩阵或二元关联矩阵是表示这种类型数据的一种简便方法。

在这里，二元关联矩阵是一种用于表示事务数据库中项集的集合和所有 3 个矩阵之间的关联集的有效方法。二元关联矩阵是一种稀疏矩阵，只包含 0 和 1 或 true 和 false 两个值。在二元关联矩阵中，列表示项，行表示项集。矩阵的条目(entries)表示一个特定项集中某个项的存在(1)和不存在(0)。

例如，表 10.8 表示了数据库 stationery 的 4 个项集。

表 10.8 数据库 stationery 的项集

项　集	项
I_1	{钢笔，铅笔，笔记本}
I_2	{铅笔，削笔刀}
I_3	{削笔刀，铅笔，笔记本}
I_4	{钢笔，笔记本}

用户可以通过一个二元关联矩阵表示这些项集。表 10.9 是表 10.8 所对应的二元关联矩阵表示，矩阵包含的值 1 表示在特定项集中的项，而 0 表示那些项不在特定项集中。例如，对于项集 I_1={钢笔，铅笔，笔记本}，使用值 1 表示钢笔、铅笔、笔记本，而削笔刀是 0。

表 10.9 二元关联矩阵

项集	项			
	钢笔	铅笔	笔记本	削笔刀
I_1	1	1	1	0
I_2	0	1	0	1
I_3	0	1	1	1
I_4	1	0	1	0

1. itemMatrix 类

arules 包提供了一个 itemMatrix 类，以稀疏二元矩阵的形式有效地表示这种类型的项集。itemMatrix 类是 R 中的关联规则的项集、事务和规则挖掘的基础，它包含一个表示项的稀疏矩阵，也可以是项集或事务。

因为 itemMatrix 是一个类，因此可以通过 new("itemMatrix",…)创建一个对象，以这种形式调用它是非常不方便的，所以在大多数情况下，是通过使用矩阵、数据框或列表的转换或强制转换创建对象的。创建一个 itemMatrix 类对象的基本语法为

```
as(x, "itemMatrix")
```

其中，x 可以是一个矩阵、数据框或列表。

如果 itemMatrix 是转置矩阵，则它将实际的数据表示成一个二元关联形式。因此，arules 包提供了一个表示 ItemMatrix 类中的二元关联矩阵的转置形式的类 ngCMatrix，可以使用 as(x, "ngCMatrix")创建转置矩阵。

itemMatrix 类包含许多进一步表示的方法，表 10.10 对 itemMatrix 类中的一些重要方法进行了说明。

表 10.10　itemMatrix 类中的重要方法

方　法	描　述
dim(x)	返回 itemMatrix 的维数
c(x)	合并 itemMatrix
dimnames(x)	返回维度名称，行包含项集 ID，列包含项名称
labels	返回每个事务中项集的标签
nitems(x)	返回 itemMatrix 中项的个数

下面的例子利用 matrix()函数创建了表 10.9 的一个矩阵 sm，函数 dimnames()设置项的名称(如图 10.3 所示)，在图 10.4 中，使用函数 as("sm", "itemMatrix")将矩阵 sm 转换为 itemMatrix，它以二元关联矩阵的形式表示给定数据。

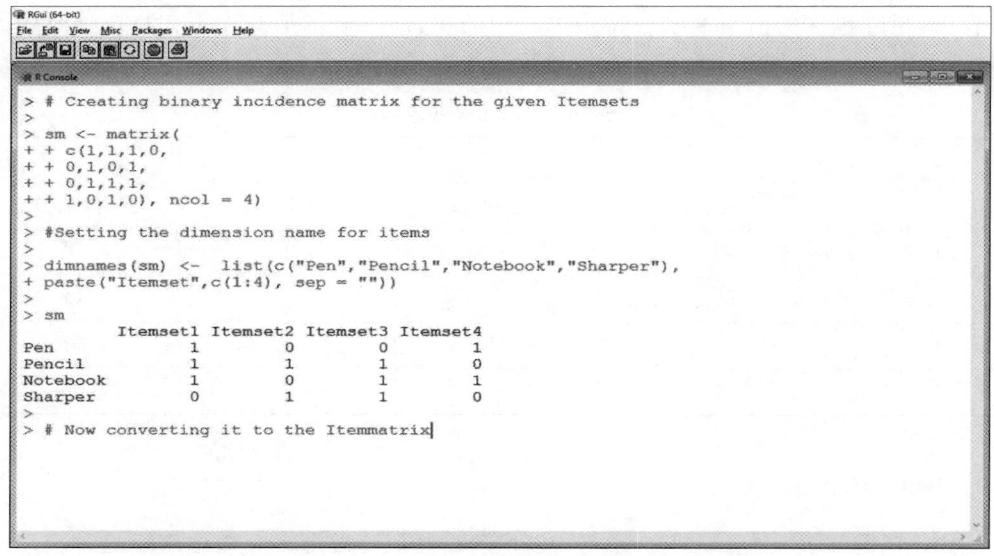

图 10.3　二元关联矩阵

图 10.5 使用 as(x,"ngCMatrix")创建了矩阵 sm 的列转置矩阵。从图 10.5 中可以看

```
> # Now converting it to the Itemmatrix
> IM <- as(sm, "itemMatrix")
> IM
itemMatrix in sparse format with
 4 rows (elements/transactions) and
 4 columns (items)
> # Finding the number of elements (rows) in the itemMatrix
> length(IM)
[1] 4
>
> ## Finding first 4 elements (rows) of the itemMatrix as list
> as(IM[1:4], "list")
$Pen
[1] "Itemset1" "Itemset4"

$Pencil
[1] "Itemset1" "Itemset2" "Itemset3"

$Notebook
[1] "Itemset1" "Itemset3" "Itemset4"

$Sharper
[1] "Itemset2" "Itemset3"

> |
```

图 10.4 itemMatrix

到,列包含项,行包含项集。矩阵条目所包含的“｜”表示值“1”,而“.”的值为 0。inspect()函数用来查看该矩阵的项。例如,项 pen 位于项集 1 和项集 4 中,函数 inspect ()显示了相同的结果。

```
> # genrating transpose
> as(IM[1:4], "ngCMatrix")
4 x 4 sparse Matrix of class "ngCMatrix"
         Pen Pencil Notebook Sharper
Itemset1  |    |       |        .
Itemset2  .    |       .        |
Itemset3  .    |       |        |
Itemset4  |    .       |        .
>
> # Inspecting an Itemmatrix
> inspect(IM)
  items
1 {Itemset1,Itemset4}
2 {Itemset1,Itemset2,Itemset3}
3 {Itemset1,Itemset3,Itemset4}
4 {Itemset2,Itemset3}
> |
```

图 10.5 使用 inspect()函数对 itemMatrix 进行检查

2. itemFrequency()函数

包 arules 的 itemFrequency()函数返回了 itemMatrix 对象的一个项或所有单个项的频次或支持度。事实上,项频次是二元矩阵的列和。函数 itemFrequency()的基本语法为

```
itemFrequency (x, type, …)
```

其中,x参数可以是一个itemMatrix对象、事务类或任意数据集;type参数包含以相对或绝对形式指定频次或支持度的字符串,在默认情况下,它返回相对形式;"…"定义了其他可选参数。

在下面的示例中,itemFrequency()函数以相对和绝对的两种形式返回在上面的示例中创建的itemMatrix IM的频次。relative和absolute类型分别返回小数和整数值(如图10.6所示)。

```
> as(IM[1:4], "list")
$Pen
[1] "Itemset1" "Itemset4"

$Pencil
[1] "Itemset1" "Itemset2" "Itemset3"

$Notebook
[1] "Itemset1" "Itemset3" "Itemset4"

$Sharper
[1] "Itemset2" "Itemset3"

> # Generating itemfrequency or support
> itemFrequency(IM, type = "absolute")
Itemset1 Itemset2 Itemset3 Itemset4
       3        2        3        2
> itemFrequency(IM, type = "relative")
Itemset1 Itemset2 Itemset3 Itemset4
    0.75     0.50     0.75     0.50
> |
```

图10.6 itemFrequency()函数的使用

3. 生成哈希树

哈希树是一种数据结构,它将值存储在键-值对中,它是一种树,其中每个内部节点都包含哈希值。关联规则挖掘使用同样以哈希树形式存在的数据集,这样的数据集使用项集ID和项或事务ID和项。在Apriori算法中,哈希树用于支持度计数。哈希树只对属于同一个存储桶的候选项集进行散列(hash),而不是对每个候选项集进行散列。

在Apriori算法中,候选项集以哈希树的形式进行存储,这意味着每个项集或事务被散列到各自的存储桶中。下面是使用哈希树进行支持度计数的步骤。

① 创建一个哈希树,并将所有候选 k 项集散列到树的外部节点。

② 对于每个事务,生成事务的所有 k 项子集。例如,对于事务{"a","b","c"},2项子集是{"a","b"},{"b","c"},{"a","c"}。

③ 对于每个 k 项子集,将其散列到哈希树的一个外部节点,并将其和散列到同一叶子节点的候选 k 项集进行比较,如果 k 项子集和一个候选 k 项集相匹配,则候选 k 项集的支持数递增。

10.3.2 事务数据

所有类型的关联规则主要用于处理事务数据集,事务数据集是事务的集合,其中每个事务是以元组<事务 ID,项 ID,…>的形式存储的。一个单独的事务是所有具有相同事务 ID 的元组的集群,该事务包含元组中给定项 ID 的所有项,例如在 stationery 项上的事务可能是 pen、pencil、notebook 和其他。

对于关联规则的挖掘,有必要将事务数据转换成一个二元关联矩阵,其中,二元关联矩阵的列包含不同的项,行包含事务,矩阵的条目表示一个项在一个特定事务中的出现(1)和不出现(0)。另一方面,如果事务数据是以事务列表的形式表示的,则称其为垂直数据库(vertical database),在垂直数据库中,对于每个项,其存储着该项所包含的事务的 ID 列表。

例如,表 10.11 表示了前面小节所使用的数据库 stationery 的 4 个项集。

表 10.11　数据库 stationery 的事务和项集

事　务	项
T_1	{钢笔, 铅笔, 笔记本}
T_2	{铅笔, 削笔刀}
T_3	{削笔刀, 铅笔, 笔记本}
T_4	{钢笔, 笔记本}

用户可以通过一个二元关联矩阵表示这些事务。表 10.12 表示了表 10.11 相应的二元关联矩阵,它是一个水平数据库(horizontal database),矩阵包含在特定事务中的项的值 1 和不在特定事务中的项的值 0。表 10.12 表示水平数据库,而表 10.13 表示垂直数据库。

表 10.12　水平数据库

事务	项			
	钢笔	铅笔	笔记本	削笔刀
T_1	1	1	1	0
T_2	0	1	0	1
T_3	0	1	1	1
T_4	1	0	1	0

表 10.13　垂直数据库

项	事务 ID 列表
钢笔	T_1, T_4
铅笔	T_1, T_2, T_3
笔记本	T_1, T_3, T_4
削笔刀	T_2, T_3

1. transaction 类

arules 包提供了一个 transaction 类,用来表示关联规则的事务数据,它是 itemMatrix

类的一个扩展，和 itemMatrix 类一样，可以使用 new("transactions",…)创建一个 transaction 类的对象。对象是通过从矩阵、数据库或列表的转换而创建的。由于关联规则挖掘不能处理连续变量，只能使用项，因此必须首先使用 R 语言的列表、矩阵或数据库函数创建数据列表。创建 transactions 类对象的基本语法为

```
as(x, "transactions")
```

其中，x 可以是一个矩阵、数据库或列表。

和 itemMatrix 类一样，transaction 类包含许多进一步表示的方法。表 10.14 说明了 transaction 类的一些重要的方法。

表 10.14 transaction 类中的重要方法

方　法	描　述
dimnames(x)	返回维度名称，其中行包含事务 ID，列包含项名称
labels	返回每个事务的标签
transactionInfo	返回关于事务的信息

下面的示例使用 matrix()函数创建表的一个 sm 矩阵，dimnames()函数设置项的名称(如图 10.7 所示)。在示例中，使用函数 as("sm", "transactions")将矩阵 sm 转换成事务，将给定数据表示成二元关联矩阵的形式(水平数据库)。图 10.8 给出了生成的事务 TM 的摘要。

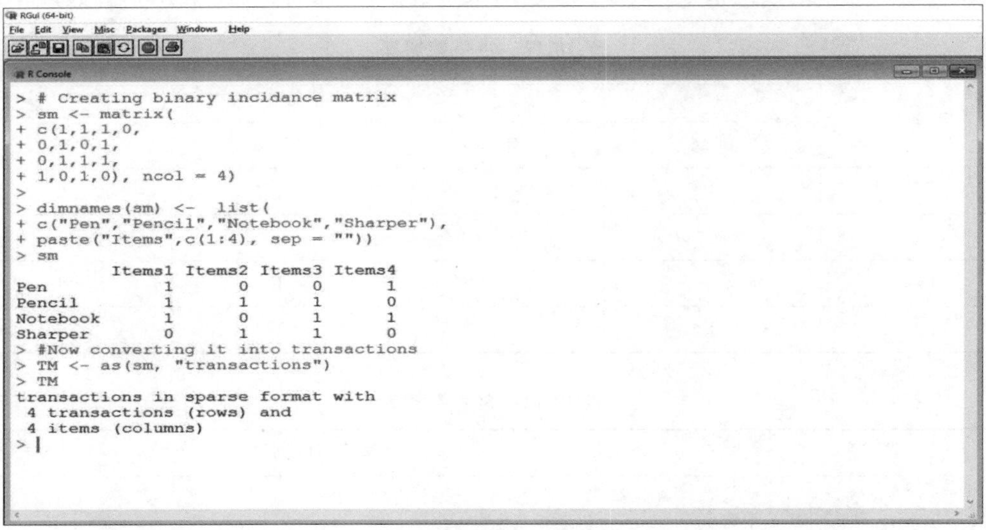

```
> # Creating binary incidance matrix
> sm <- matrix(
+ c(1,1,1,0,
+ 0,1,0,1,
+ 0,1,1,1,
+ 1,0,1,0), ncol = 4)
>
> dimnames(sm) <-  list(
+ c("Pen","Pencil","Notebook","Sharper"),
+ paste("Items",c(1:4), sep = ""))
> sm
         Items1 Items2 Items3 Items4
Pen           1      0      0      1
Pencil        1      1      1      0
Notebook      1      0      1      1
Sharper       0      1      1      0
> #Now converting it into transactions
> TM <- as(sm, "transactions")
> TM
transactions in sparse format with
 4 transactions (rows) and
 4 items (columns)
> |
```

图 10.7 使用矩阵生成事务

在图 10.9 中，使用列表创建一个事务，因此，使用列表函数创建一个列表 al。则 as(al, "transactions")创建了该列表的一个事务。

10.3.3 关联：项集和规则项

在关联规则挖掘中，关联是执行挖掘操作后事务数据的输出，关联定义了项集集合和为

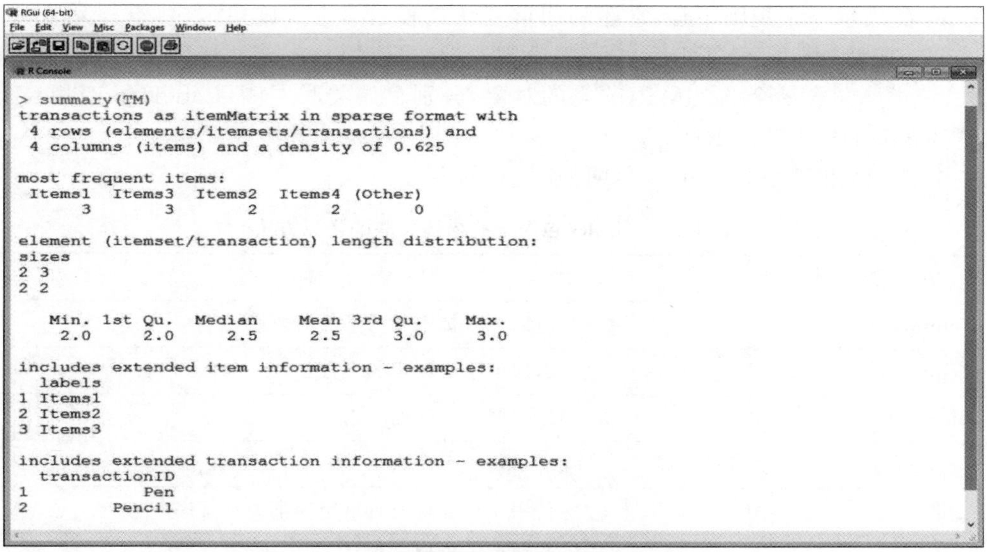

```
> summary(TM)
transactions as itemMatrix in sparse format with
 4 rows (elements/itemsets/transactions) and
 4 columns (items) and a density of 0.625

most frequent items:
 Items1  Items3  Items2  Items4 (Other)
      3       3       2       2       0

element (itemset/transaction) length distribution:
sizes
2 3
2 2

   Min. 1st Qu.  Median    Mean 3rd Qu.    Max.
    2.0     2.0     2.5     2.5     3.0     3.0

includes extended item information - examples:
  labels
1 Items1
2 Items2
3 Items3

includes extended transaction information - examples:
  transactionID
1           Pen
2        Pencil
```

图 10.8 事务摘要

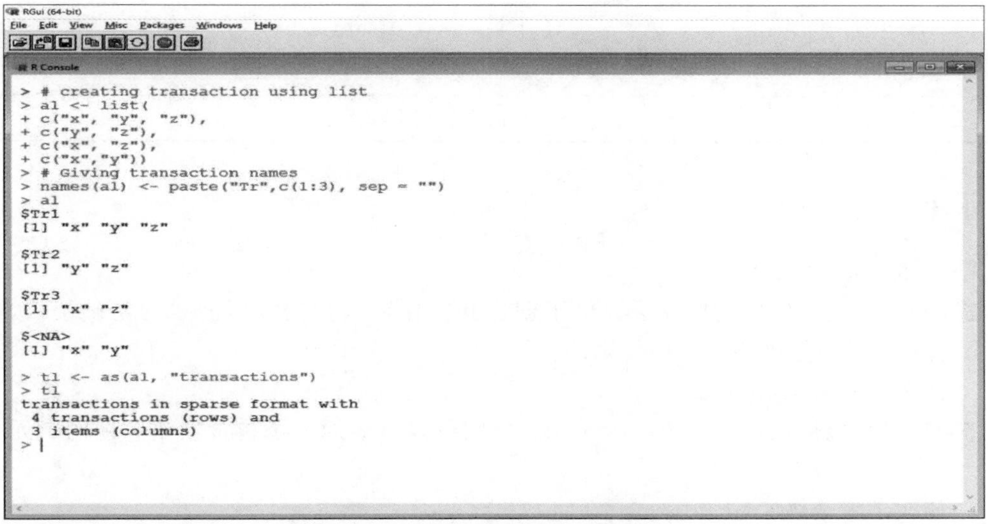

```
> # creating transaction using list
> al <- list(
+ c("x", "y", "z"),
+ c("y", "z"),
+ c("x", "z"),
+ c("x","y"))
> # Giving transaction names
> names(al) <- paste("Tr",c(1:3), sep = "")
> al
$Tr1
[1] "x" "y" "z"

$Tr2
[1] "y" "z"

$Tr3
[1] "x" "z"

$<NA>
[1] "x" "y"

> tl <- as(al, "transactions")
> tl
transactions in sparse format with
 4 transactions (rows) and
 3 items (columns)
> |
```

图 10.9 使用列表函数创建事务

度量质量指定了一些值的规则之间的关系，它可以衡量重要性，如支持度、兴趣度、置信度等。

arules 包提供了一个扩展到挖掘结果的虚拟类 associations。为了实现挖掘输出，使用类 itemsets 和 rules 扩展 associations 类。itemsets 类用于定义其闭包(closed)或最大子集的频繁项集，rules 类用于关联规则，这两个类的简介如下。

itemsets 类表示一组项集和相关的质量度量，它还表示了具有重复元素的多组项集，这些重复元素可以通过 unique()函数删除。可以使用 new("itemsets", …)或通过调用具有目标参数的 apriori()函数创建该类的对象。除此之外，该类包含一个 itemMatrix 类和 tidList 类的对象，该对象分别将项存储在项集(items)集合和事务 ID 列表(tidLists)中。

rules 类表示一个规则集合,它还利用重复元素表示多个规则集,这些重复元素可以通过 unique()函数删除。可以使用 new("rules", …)或调用 apriori()函数创建该类对象,除此之外,该类还包含一个 itemMatrix 类的对象,分别存储关联左侧(Left-Hand Side,LHS)和右侧(Right-Hand Side,RHS)。

表 10.15 列出了 arules 包的一些描述关联的方法。

表 10.15 arules 包中一些描述关联的常见方法

方　法	描　述
summary()	返回关联规则和项集的简要概述
length()	返回项集中元素的个数
items()	返回属于关联的一组项
inspect()	显示每一个关联
sort()	使用质量度量值对给定项集进行排序
subset()	从项集中提取子集
union()	在项集上执行并操作
intersect()	在项集上执行交操作
setequal()	比较两个项集
match()	匹配两个项集中的元素

小练习

1. arules 包是什么?

答:arules 包为任何挖掘算法提供了创建和操作输入数据集所需要的基础架构,它还提供了用来分析结果项集和关联规则的特征。

2. 什么是 itemMatrix?

答:arules 包提供了一个 itemMatrix 类,它可以有效地表示包含项集和项的二元关联矩阵。

3. 什么是哈希树?

答:哈希树是一种数据结构,它以键-值对和树类型存储值,其中的每个内部节点都包含哈希值。

10.4 挖掘算法接口

任何一个接口都使用某个函数和应用程序进行交互。R 语言的 arules 包和 arulesViz 包提供了一些实现关联规则挖掘算法的函数。Apriori 算法是关联规则中最重要的算法。

10.4.1 apriori()函数

arules 包提供了一个 apriori()函数,其使用 Apriori 算法执行关联规则挖掘,该函数可以挖掘频繁项集、关联规则和关联超边(hyperedges)，它按照 Apriori 算法对频繁项集使用分层搜索，函数返回 itemsets 类和 rules 类对象。apriori()函数的基本语法为

```
apriori(data, parameter =NULL, appearance =NULL, control =NULL)
```

其中，data 参数包含一个数据框或二元矩阵，其定义了一个 transactions 类的对象；parameter 参数包含一个 APparameter 类的对象或一个包含支持度、置信度、最大长度(maxlen)的命名列表(默认值为：支持度=0.1，置信度=0.8，最大长度=10)；appearance 参数包含一个 APappearance 类的对象或命名列表，其可以限制项的出现；control 参数包含一个 APcontrol 类的对象或命名列表，用于控制算法的性能。

下面给出的示例使用了与在演示 itemMatrix 类和 transactions 类时相同的表。apriori()函数以对应的二元矩阵为对象，挖掘给定表的频繁项集和关联规则。在这里，apriori()函数对其参数、支持度和置信度没有取值(如图 10.10 所示)。图 10.11 表示了由 apriori()函数返回的对象的摘要。

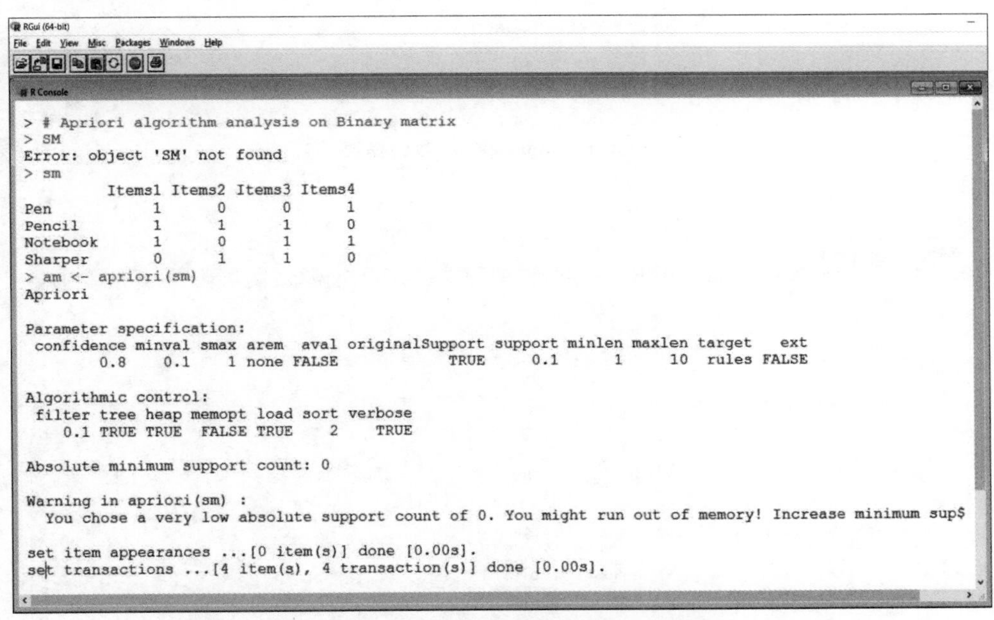

图 10.10　使用 apriori()函数实现 Apriori 算法

在图 10.12 中，apriori()函数实现了支持度=0.02、置信度=0.5 的 Apriori 算法，summary()函数给出了对象的输出。

这是一个使用 titanic 数据集的关联规则的挖掘示例，它将使用 inspect()、summary()、union()、intersect()、setequal()、match()等函数。

步骤 1：加载并连接 arules 包。

```
>library(arules)
```

步骤 2：从网址 http://www.rdatamining.com/data/titanic.raw.rdata?attredirects=0&d=1 上下载 titanic 数据。

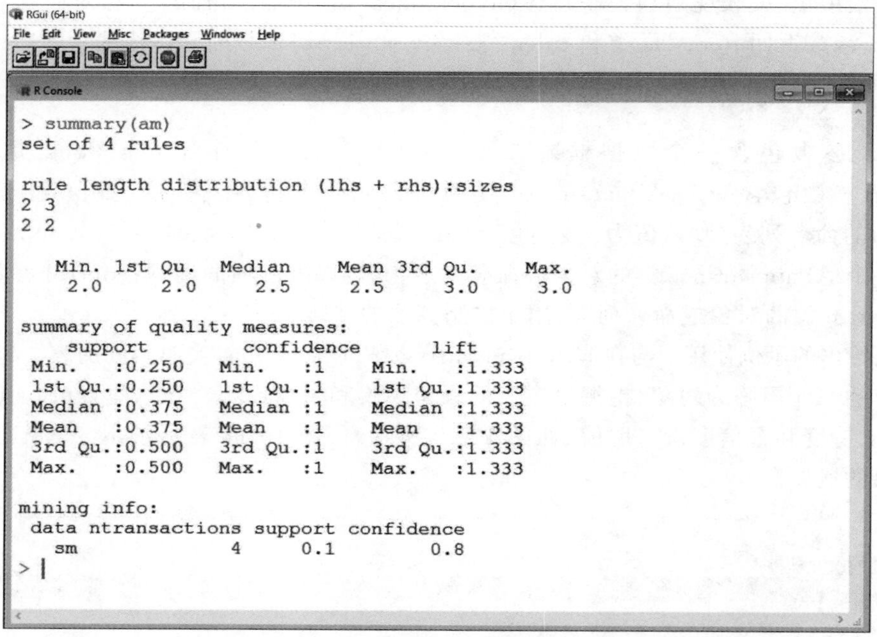

```
> summary(am)
set of 4 rules

rule length distribution (lhs + rhs):sizes
2 3
2 2

   Min. 1st Qu.  Median    Mean 3rd Qu.    Max.
    2.0     2.0     2.5     2.5     3.0     3.0

summary of quality measures:
    support          confidence      lift
 Min.   :0.250   Min.   :1     Min.   :1.333
 1st Qu.:0.250   1st Qu.:1     1st Qu.:1.333
 Median :0.375   Median :1     Median :1.333
 Mean   :0.375   Mean   :1     Mean   :1.333
 3rd Qu.:0.500   3rd Qu.:1     3rd Qu.:1.333
 Max.   :0.500   Max.   :1     Max.   :1.333

mining info:
 data ntransactions support confidence
   sm             4     0.1        0.8
>
```

图 10.11　apriori()函数的摘要

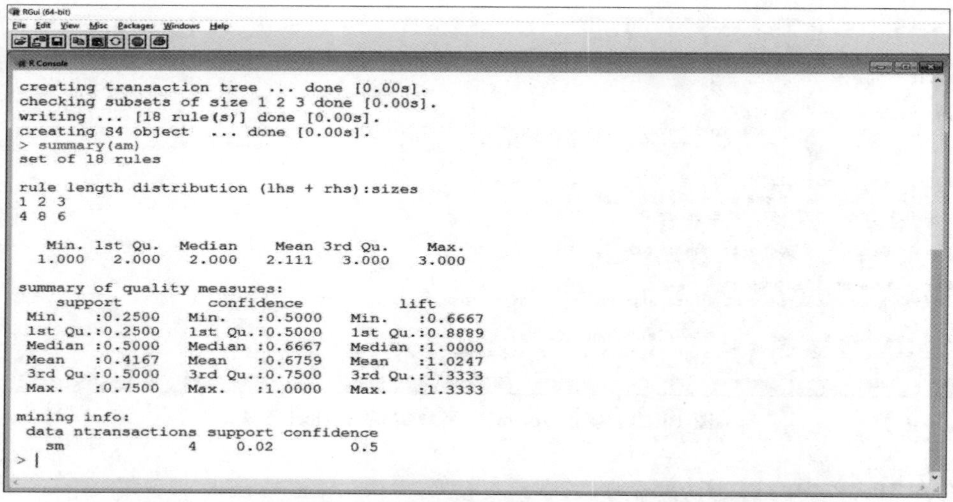

```
creating transaction tree ... done [0.00s].
checking subsets of size 1 2 3 done [0.00s].
writing ... [18 rule(s)] done [0.00s].
creating S4 object  ... done [0.00s].
> summary(am)
set of 18 rules

rule length distribution (lhs + rhs):sizes
1 2 3
4 8 6

   Min. 1st Qu.  Median    Mean 3rd Qu.    Max.
  1.000   2.000   2.000   2.111   3.000   3.000

summary of quality measures:
    support           confidence           lift
 Min.   :0.2500   Min.   :0.5000   Min.   :0.6667
 1st Qu.:0.2500   1st Qu.:0.5000   1st Qu.:0.8889
 Median :0.5000   Median :0.6667   Median :1.0000
 Mean   :0.4167   Mean   :0.6759   Mean   :1.0247
 3rd Qu.:0.5000   3rd Qu.:0.7500   3rd Qu.:1.3333
 Max.   :0.7500   Max.   :1.0000   Max.   :1.3333

mining info:
 data ntransactions support confidence
   sm             4    0.02        0.5
>
```

图 10.12　使用支持度=0.02、置信度=0.5 的 apriori()函数

描述 titanic.raw 数据。

```
>str(titanic.raw)
'data.frame' : 2201 obs. of 4 variables:
$Class : Factor w/ 4 levels "1st", "2nd", "3rd",...: 333333333 ...
$Sex : Factor w/ 2 levels "Female", "Male": 2 2 2 2 2 2 2 2 2 2 ...
$Age : Factor w/ 2 levels "Adult", "Child": 2 2 2 2 2 2 2 2 2 2 ...
$Survived : Factor w/ 2 levels "No", "Yes": 1 1 1 1 1 1 1 1 1 1 ...
```

步骤 3：使用 Apriori 算法挖掘频繁项集和关联规则。

```
>rules <-apriori(titanic.raw)
Apriori

Parameter specification:
confidence  minval  smax    arem  aval  originalSupport  maxtime
0.8         0.1     1       none FALSE  TRUE             5
support     minlen  maxlen  target      ext
0.1         1       10      rules       FALSE

Algorithmic control:
filter  tree  heap  memopt  load  sort  verbose
0.1     TRUE  TRUE  FALSE   TRUE  2     TRUE

Absolute minimum support count: 220

set item appearances ...[0 item(s)] done[0.00s].
set transactions ...[10 item(s), 2201 transaction(s)]done[0.00s].
sorting and recording items ...[9 item(s)] done[0.00s].
creating transaction tree ... done[0.00s].
checking subsets of size 1 2 3 4 done[0.00s].
writing ... [27 rule(s)] done[0.00s].
creating S4 object ... done[0.00s].
```

步骤 4：以可读形式(格式化以用于在线检查)显示关联和事务。

```
>inspect(rules)
```

```
> inspect(rules)
     lhs                                       rhs              support   confidence lift      count
[1]  {}                                     => {Age=Adult}      0.9504771 0.9504771  1.0000000 2092
[2]  {Class=2nd}                            => {Age=Adult}      0.1185825 0.9157895  0.9635051 261
[3]  {Class=1st}                            => {Age=Adult}      0.1449341 0.9815385  1.0326798 319
[4]  {Sex=Female}                           => {Age=Adult}      0.1930940 0.9042553  0.9513700 425
[5]  {Class=3rd}                            => {Age=Adult}      0.2848705 0.8881020  0.9343750 627
[6]  {Survived=Yes}                         => {Age=Adult}      0.2971377 0.9198312  0.9677574 654
[7]  {Class=Crew}                           => {Sex=Male}       0.3916402 0.9740113  1.2384742 862
[8]  {Class=Crew}                           => {Age=Adult}      0.4020900 1.0000000  1.0521033 885
[9]  {Survived=No}                          => {Sex=Male}       0.6197183 0.9154362  1.1639949 1364
[10] {Survived=No}                          => {Age=Adult}      0.6533394 0.9651007  1.0153856 1438
[11] {Sex=Male}                             => {Age=Adult}      0.7573830 0.9630272  1.0132040 1667
[12] {Sex=Female,Survived=Yes}              => {Age=Adult}      0.1435711 0.9186047  0.9664669 316
[13] {Class=3rd,Sex=Male}                   => {Survived=No}    0.1917310 0.8274510  1.2222950 422
[14] {Class=3rd,Survived=No}                => {Age=Adult}      0.2162653 0.9015152  0.9484870 476
[15] {Class=3rd,Sex=Male}                   => {Age=Adult}      0.2099046 0.9058824  0.9530818 462
[16] {Sex=Male,Survived=Yes}                => {Age=Adult}      0.1535666 0.9209809  0.9689670 338
[17] {Class=Crew,Survived=No}               => {Sex=Male}       0.3044071 0.9955423  1.2658514 670
[18] {Class=Crew,Survived=No}               => {Age=Adult}      0.3057701 1.0000000  1.0521033 673
[19] {Class=Crew,Sex=Male}                  => {Age=Adult}      0.3916402 1.0000000  1.0521033 862
[20] {Class=Crew,Age=Adult}                 => {Sex=Male}       0.3916402 0.9740113  1.2384742 862
[21] {Sex=Male,Survived=No}                 => {Age=Adult}      0.6038164 0.9743402  1.0251065 1329
[22] {Age=Adult,Survived=No}                => {Sex=Male}       0.6038164 0.9242003  1.1751385 1329
[23] {Class=3rd,Sex=Male,Survived=No}       => {Age=Adult}      0.1758292 0.9170616  0.9648435 387
[24] {Class=3rd,Age=Adult,Survived=No}      => {Sex=Male}       0.1758292 0.8130252  1.0337773 387
[25] {Class=3rd,Sex=Male,Age=Adult}         => {Survived=No}    0.1758292 0.8376623  1.2373791 387
[26] {Class=Crew,Sex=Male,Survived=No}      => {Age=Adult}      0.3044071 1.0000000  1.0521033 670
[27] {Class=Crew,Age=Adult,Survived=No}     => {Sex=Male}       0.3044071 0.9955423  1.2658514 670
```

步骤 5：在 appearance 中设置 rhs=c("Survived=No", "Survived=Yes")，这将会确保只有 Survived=No 和 Survived=Yes 出现在规则的 RHS(右侧)。

```
>rules <-apriori(titanic.raw, parameter =list(minlen=2,
supp=0.005,conf=0.8), appearance =list(rhs=c("Survived=No", +
"Survived=Yes"),default="lhs"), control =list(verbose=F))
```

步骤 6：显示上述标准的关联。

```
>inspect(rules)
```

```
> inspect(rules)
     lhs                                      rhs            support     confidence lift     count
[1]  {Class=2nd,Age=Child}                 => {Survived=Yes} 0.010904134 1.0000000  3.095640  24
[2]  {Class=2nd,Sex=Female}                => {Survived=Yes} 0.042253521 0.8773585  2.715986  93
[3]  {Class=2nd,Sex=Male}                  => {Survived=No}  0.069968196 0.8603352  1.270871 154
[4]  {Class=1st,Sex=Female}                => {Survived=Yes} 0.064061790 0.9724138  3.010243 141
[5]  {Class=Crew,Sex=Female}               => {Survived=Yes} 0.009086779 0.8695652  2.691861  20
[6]  {Class=3rd,Sex=Male}                  => {Survived=No}  0.191731031 0.8274510  1.222295 422
[7]  {Class=2nd,Sex=Female,Age=Child}      => {Survived=Yes} 0.005906406 1.0000000  3.095640  13
[8]  {Class=2nd,Sex=Female,Age=Adult}      => {Survived=Yes} 0.036347115 0.8602151  2.662916  80
[9]  {Class=2nd,Sex=Male,Age=Adult}        => {Survived=No}  0.069968196 0.9166667  1.354083 154
[10] {Class=1st,Sex=Female,Age=Adult}      => {Survived=Yes} 0.063607451 0.9722222  3.009650 140
[11] {Class=Crew,Sex=Female,Age=Adult}     => {Survived=Yes} 0.009086779 0.8695652  2.691861  20
[12] {Class=3rd,Sex=Male,Age=Adult}        => {Survived=No}  0.175829169 0.8376623  1.237379 387
```

步骤 7：使用 summary()函数显示结果摘要。

```
>summary(rules)
set of 12 rules

rule length distribution (lhs +rhs) : sizes
3 4
6 6
    Min.  1st Qu.  Median  Mean  3rd Qu.  Max.
    3.0   3.0      3.5     3.5   4.0      4.0
summary of quality measures:

    support            confidence         lift             count
Min.    :0.005906   Min.    :0.8275   Min.    :1.222   Min.    :13.0
1st Qu.:0.010450   1st Qu.:0.8603   1st Qu.:1.333   1st Qu.:23.0
Median :0.052930   Median :0.8735   Median :2.692   Median :116.5
Mean    :0.062396   Mean    :0.9053   Mean    :2.338   Mean    :137.3
3rd Qu.:0.069968   3rd Qu.:0.9723   3rd Qu.:3.010   3rd Qu.:154.0
Max.    :0.191731   Max.    :1.0000   Max.    :3.096   Max.    :422.0

mining info:
        data  ntransactions  support  confidence
titanic.raw  2201            0.005    0.8
```

步骤 8：获取关联中的元素数。

```
>length(rules)
```

```
[1] 12
```

步骤 9：通过 lift 对关联进行排序。

```
>rules.sorted <-sort(rules, by="lift"
>inspect(rules.sorted)
```

```
> rules.sorted <- sort(rules, by="lift")
> inspect(rules.sorted)
     lhs                                      rhs            support     confidence lift     count
[1]  {Class=2nd,Age=Child}                 => {Survived=Yes} 0.010904134 1.0000000  3.095640  24
[2]  {Class=2nd,Sex=Female,Age=Child}      => {Survived=Yes} 0.005906406 1.0000000  3.095640  13
[3]  {Class=1st,Sex=Female}                => {Survived=Yes} 0.064061790 0.9724138  3.010243 141
[4]  {Class=1st,Sex=Female,Age=Adult}      => {Survived=Yes} 0.063607451 0.9722222  3.009650 140
[5]  {Class=2nd,Sex=Female}                => {Survived=Yes} 0.042253521 0.8773585  2.715986  93
[6]  {Class=Crew,Sex=Female}               => {Survived=Yes} 0.009086779 0.8695652  2.691861  20
[7]  {Class=Crew,Sex=Female,Age=Adult}     => {Survived=Yes} 0.009086779 0.8695652  2.691861  20
[8]  {Class=2nd,Sex=Female,Age=Adult}      => {Survived=Yes} 0.036347115 0.8602151  2.662916  80
[9]  {Class=2nd,Sex=Male,Age=Adult}        => {Survived=No}  0.069968196 0.9166667  1.354083 154
[10] {Class=2nd,Sex=Male}                  => {Survived=No}  0.069968196 0.8603352  1.270871 154
[11] {Class=3rd,Sex=Male,Age=Adult}        => {Survived=No}  0.175829169 0.8376623  1.237379 387
[12] {Class=3rd,Sex=Male}                  => {Survived=No}  0.191731031 0.8274510  1.222295 422
```

步骤 10：在 appearance 中设置 rhs＝c("Survived＝No")，这将会确保只有 Survived＝No 出现在规则 RHS(右侧)。

```
>rules1 <-apriori(titanic.raw,parameter =list(minlen=2,
supp=0.005, conf=0.8), +appearance =list(rhs=c("Survived=No"),
default="lhs"), control =list(verbose=F))

>inspect(rules1)
```

```
> inspect(rules1)
    lhs                                  rhs           support   confidence lift     count
[1] {Class=2nd,Sex=Male}              => {Survived=No} 0.0699682 0.8603352  1.270871 154
[2] {Class=3rd,Sex=Male}              => {Survived=No} 0.1917310 0.8274510  1.222295 422
[3] {Class=2nd,Sex=Male,Age=Adult}    => {Survived=No} 0.0699682 0.9166667  1.354083 154
[4] {Class=3rd,Sex=Male,Age=Adult}    => {Survived=No} 0.1758292 0.8376623  1.237379 387
```

步骤 11：在 appearance 中设置 rhs＝c("Survived＝Yes")，这将确保只有 Survived＝Yes 出现在规则 RHS(右侧)。

```
>rules2 <-apriori(titanic.raw,parameter =list(minlen=2,
supp=0.005, conf=0.8), +appearance =list(rhs=c("Survived=Yes"),
default="lhs"), control =list(verbose=F))

>inspect(rules2)
```

```
> inspect(rules2)
    lhs                                   rhs            support     confidence lift     count
[1] {Class=2nd,Age=Child}              => {Survived=Yes} 0.010904134 1.0000000  3.095640  24
[2] {Class=2nd,Sex=Female}             => {Survived=Yes} 0.042253521 0.8773585  2.715986  93
[3] {Class=1st,Sex=Female}             => {Survived=Yes} 0.064061790 0.9724138  3.010243 141
[4] {Class=Crew,Sex=Female}            => {Survived=Yes} 0.009086779 0.8695652  2.691861  20
[5] {Class=2nd,Sex=Female,Age=Child}   => {Survived=Yes} 0.005906406 1.0000000  3.095640  13
[6] {Class=2nd,Sex=Female,Age=Adult}   => {Survived=Yes} 0.036347115 0.8602151  2.662916  80
[7] {Class=1st,Sex=Female,Age=Adult}   => {Survived=Yes} 0.063607451 0.9722222  3.009650 140
[8] {Class=Crew,Sex=Female,Age=Adult}  => {Survived=Yes} 0.009086779 0.8695652  2.691861  20
```

步骤 12：在关联集 rules1 和 rules2 上运行 union()函数。

```
>rules3 <-union(rules1, rules2)
>rules3
set of 12 rules
>inspect(rules3)
```

```
> rules3 <-union(rules1, rules2)
> rules3
set of 12 rules
> inspect(rules3)
     lhs                                  rhs            support     confidence lift     count
[1]  {Class=2nd,Sex=Male}              => {Survived=No}  0.069968196 0.8603352  1.270871 154
[2]  {Class=3rd,Sex=Male}              => {Survived=No}  0.191731031 0.8274510  1.222295 422
[3]  {Class=2nd,Sex=Male,Age=Adult}    => {Survived=No}  0.069968196 0.9166667  1.354083 154
[4]  {Class=3rd,Sex=Male,Age=Adult}    => {Survived=No}  0.175829169 0.8376623  1.237379 387
[5]  {Class=2nd,Age=Child}             => {Survived=Yes} 0.010904134 1.0000000  3.095640  24
[6]  {Class=2nd,Sex=Female}            => {Survived=Yes} 0.042253521 0.8773585  2.715986  93
[7]  {Class=1st,Sex=Female}            => {Survived=Yes} 0.064061790 0.9724138  3.010243 141
[8]  {Class=Crew,Sex=Female}           => {Survived=Yes} 0.009086779 0.8695652  2.691861  20
[9]  {Class=2nd,Sex=Female,Age=Child}  => {Survived=Yes} 0.005906406 1.0000000  3.095640  13
[10] {Class=2nd,Sex=Female,Age=Adult}  => {Survived=Yes} 0.036347115 0.8602151  2.662916  80
[11] {Class=1st,Sex=Female,Age=Adult}  => {Survived=Yes} 0.063607451 0.9722222  3.009650 140
[12] {Class=Crew,Sex=Female,Age=Adult} => {Survived=Yes} 0.009086779 0.8695652  2.691861  20
```

步骤 13：在关联集 rules 和 rules1 上运行 intersect()函数。

```
>intersectrules <-intersect(rules,rules1)
>intersectrules
set of 4 rules
>inspect(intersectrules)
```

```
> intersectrules <- intersect(rules,rules1)
> intersectrules
set of 4 rules
> inspect(intersectrules)
    lhs                               rhs           support   confidence lift     count
[1] {Class=2nd,Sex=Male}           => {Survived=No} 0.0699682 0.8603352  1.270871 154
[2] {Class=3rd,Sex=Male}           => {Survived=No} 0.1917310 0.8274510  1.222295 422
[3] {Class=2nd,Sex=Male,Age=Adult} => {Survived=No} 0.0699682 0.9166667  1.354083 154
[4] {Class=3rd,Sex=Male,Age=Adult} => {Survived=No} 0.1758292 0.8376623  1.237379 387
```

步骤 14：在关联集 rules 和 rules1 上运行 setequal()函数。

```
>equalsets <-setequal(rules, rules1)
>equalsets
[1] FALSE
```

步骤 15：在关联集 rules 和 rules1 上运行 match()函数。match()函数返回第 1 个参数在第 2 个参数中的匹配(第 1 个)位置向量。

```
>matchsets <-match(rules, rules1)
>matchsets
[1] NA NA 1 NA NA 2 NA NA 3 NA NA 4
```

关于 apriori()函数的附加任务

练习 10.1

问题描述：文件 trans1.csv 提供了 7 个事务的事务数据(事务 ID 和事务详细信息(一起

购买的商品)),分析数据并利用它们的支持度、置信度和提升度找到关联规则。

步骤 1:从 trans1.csv 中读取数据并将其存储到数据框 transdata 中。

```
>transdata <-read.csv("D:/trans1.csv")
```

打印数据框 transdata 中的数据。

```
>transdata
   Transaction.ID  Transaction.Details
1         1                  A
2         1                  B
3         1                  E
4         2                  A
5         2                  B
6         2                  D
7         2                  E
8         3                  B
9         3                  C
10        3                  D
11        3                  E
12        4                  B
13        4                  D
14        4                  E
15        5                  A
16        5                  B
17        5                  D
18        6                  B
19        6                  B
20        7                  A
21        7                  E
```

步骤 2:使用 split()函数将 transdata $ Transaction. Details 中的数据划分到由 transdata $ Transaction.ID 定义的分组中。

```
>AggPosData <-split(transdata$Transaction.Details,
transdata$Transaction.ID)
>AggPosData
$'1'
[1] A B E
Levels: A B C D E

$'2'
[1] A B D E
Levels: A B C D E

$'3'
[1] B C D E
```

```
Levels: A B C D E

$'4'
[1] B D E
Levels: A B C D E

$'5'
[1] A B D
Levels: A B C D E

$'6'
[1] B E
Levels: A B C D E

$'7'
[1] A E
Levels: A B C D E
```

步骤 3：使用 as()函数将 AggPosData 中的数据强制转换为 transactions 类。

```
>txns <-as(AggPosData, "transactions")
>txns
Transactions in sparse format with
7 transactions (rows) and
5 items (columns)
```

步骤 4：使用 summary()函数显示对象 txns 的摘要。

```
>summary (txns)
transactions as itemMatrix in sparse format with
7 rows (elements/itemsets/transactions) and
5 columns (items) and a density of 0.6
most frequent items:
B  E  A  D  C  (Other)
6  6  4  4  1  0
element (itemset/transaction) length distribution:
sizes
2 3 4
2 3 2
Min.  1st Qu.  Median  Mean  3rd Qu.  Max.
2.0   2.5      3.0     3.0   3.5      4.0
includes extended item information -examples:
labels
1 A
2 B
3 C
includes extended transaction information -examples:
```

```
transaction ID
1 1
2 2
3 3
```

步骤 5：使用 apriori()函数挖掘数据。apriori()函数使用 Apriori 算法挖掘频繁项集、关联规则或关联超边,使用 Apriori 算法对频繁项集使用分层搜索。

```
>rules <-apriori(txns,parameter=list(sup=0.3, conf=0.75))
Apriori

Parameter specification:
confidence  minval  smax   arem   aval   originalSupport  support
0.75        0.1     1      none   FALSE  TRUE             0.3
minlen      maxlen  target ext
1           10      rules  FALSE

Algorithmic control:
    filter  tree  heap  memopt  load  sort  verbose
    0.1     TRUE  TRUE  FALSE   TRUE  2     TRUE

Absolute minimum support count: 2

set item appearances ...[0 item(s)] done[0.00s].
set transactions ...[5 item(s), 7 transaction(s)] done[0.00s].
sorting and recoding items ...[4 item(s)] done[0.00s].
creating transaction tree ... done[0.00s].
checking subsets of size 1 2 3 done[0.00s].
writing ... [10 rule(s)] done[0.00s].
creating S4 object ... done[0.00s].
```

步骤 6：使用 inspect()函数查看关联、事务集或 itemMatrix。

```
>inspect(rules)
    lhs          rhs  support    confidence lift
1   {}      =>   {E}  0.8571429  0.8571429  1.0000000
2   {}      =>   {B}  0.8571429  0.8571429  1.0000000
3   {A}     =>   {E}  0.4285714  0.7500000  0.8750000
4   {A}     =>   {B}  0.4285714  0.7500000  0.8750000
5   {D}     =>   {E}  0.4285714  0.7500000  0.8750000
6   {D}     =>   {B}  0.5714286  1.0000000  1.1666667
7   {E}     =>   {B}  0.7142857  0.8333333  0.9722222
8   {B}     =>   {E}  0.7142857  0.8333333  0.9722222
9   {D,E}   =>   {B}  0.4285714  1.0000000  1.1666667
10  {B,D}   =>   {E}  0.4285714  0.7500000  0.8750000
```

练习 10.2

问题描述：文件 trans2.csv 提供了 5 个事务的事务数据(事务 ID 和事务详细信息(一起购买的商品)),分析数据并利用它们的支持度、置信度和提升度找到关联规则。

步骤 1：从 tans2.csv 中读取数据并将其存储到数据框 transdata 中。

```
>transdata <-read.csv("D:/trans2.csv")
```

打印数据框 transdata 中的数据。

```
>transdata
    Transaction.ID  Transaction.Details
1   1               A
2   1               B
3   1               C
4   2               B
5   2               C
6   2               D
7   2               E
8   3               C
9   3               D
10  4               A
11  4               B
12  4               D
13  5               A
14  5               B
15  5               C
```

步骤 2：使用 split( ) 函数将 transdata $ Transaction. Details 中的数据划分到由 transdata $ Transaction.ID 定义的分组中。

```
>AggPosData <-split(transdata$Transaction.Details,
transdata$Transaction.ID)
>AggPosData
$'1'
[1] A B C
Levels: A B C D E

$'2'
[1] B C D E
Levels: A B C D E

$'3'
[1] C D
Levels: A B C D E

$'4'
[1] A B D
```

```
Levels: A B C D E

$'5'
[1] A B C
Levels: A B C D E
```

步骤 3：使用 as()函数将 AggPosData 中的数据强制转换为 transactions 类。

```
>txns <-as(AggPosData, "transactions")
>txns
Transactions in sparse format with
5 transactions (rows) and
5 items (columns)
```

步骤 4：使用 summary()函数显示对象 txns 的摘要。

```
>summary (txns)
transactions as itemMatrix in sparse format with
5 rows (elements/itemsets/transactions) and
5 columns (items) and a density of 0.6
most frequent items:
B  C  A  D  E  (Other)
4  4  3  3  1  0
element (itemset/transaction) length distribution:
sizes
2 3 4
1 3 1
Min.  1st Qu.  Median  Mean  3rd Qu.  Max.
2     3        3       3     3        4
includes extended item information -examples:
   labels
1  A
2  B
3  C
includes extended transaction information -examples:
   transaction ID
1  1
2  2
3  3
```

步骤 5：使用 apriori()函数挖掘数据。apriori()函数使用 Apriori 算法挖掘频繁项集、关联规则或关联超边，使用 Apriori 算法对频繁项集使用分层搜索。

```
>rules <-apriori(txns,parameter=list(sup=0.2, conf=0.70))
Apriori

Parameter specification:
```

```
confidence  minval  smax  arem  aval  originalSupport  support
0.7         0.1     1     none  FALSE TRUE             0.2
minlen      maxlen  target ext
1           10      rules  FALSE

Algorithmic control:
    filter tree heap memopt load sort verbose
    0.1    TRUE TRUE FALSE  TRUE 2    TRUE

Absolute minimum support count: 1

Warning in apriori(txns, parameter = list(supp = 0.2, conf = 0.7)):
You chose a very low absolute support count of 1. You might run out of memory!
Increase minimum support.

set item appearances ...[0 item(s)] done[0.00s].
set transactions ...[5 item(s), 5 transaction(s)] done[0.02s].
sorting and recoding items ...[5 item(s)] done[0.00s].
creating transaction tree ... done[0.00s].
checking subsets of size 1 2 3 4 done[0.03s].
writing ... [21 rule(s)] done[0.00s].
creating S4 object ... done[0.00s].
```

步骤 6：使用 inspect()函数查看关联、事务集或一个 itemMatrix。

```
>inspect(rules)
    lhs        rhs    support confidence lift
1   {}      =>{C}  0.8     0.80       1.000000
2   {}      =>{B}  0.8     0.80       1.000000
3   {E}     =>{D}  0.2     1.00       1.666667
4   {E}     =>{C}  0.2     1.00       1.250000
5   {E}     =>{B}  0.2     1.00       1.250000
6   {A}     =>{B}  0.6     1.00       1.250000
7   {B}     =>{A}  0.6     0.75       1.250000
8   {C}     =>{B}  0.6     0.75       0.937500
9   {B}     =>{C}  0.6     0.75       0.937500
10  {D,E}   =>{C}  0.2     1.00       1.250000
11  {C,E}   =>{D}  0.2     1.00       1.666667
12  {D,E}   =>{B}  0.2     1.00       1.250000
13  {B,E}   =>{D}  0.2     1.00       1.666667
14  {C,E}   =>{B}  0.2     1.00       1.250000
15  {B,E}   =>{C}  0.2     1.00       1.250000
16  {A,D}   =>{B}  0.2     1.00       1.250000
17  {A,C}   =>{B}  0.4     1.00       1.250000
18  {C,D,E} =>{B}  0.2     1.00       1.250000
19  {B,D,E} =>{C}  0.2     1.00       1.250000
20  {B,C,E} =>{D}  0.2     1.00       1.666667
21  {B,C,D} =>{E}  0.2     1.00       5.000000
```

10.4.2　eclat()函数

arules 包提供了另一个函数 eclat()，其执行关联规则挖掘并生成频繁项集，它按照 Eclat 算法对频繁项集使用简单交操作，函数返回 itemsets 类的对象。eclat()函数的基本语法为

```
eclat(data, parameter =NULL, control =NULL)
```

其中，data 参数包含一个数据框或二元矩阵，其定义了一个 transactions 类的对象；parameter 参数包含一个 ECparameter 类的对象或一个包含支持度值、最大长度（默认值为：支持度 support=0.1，最大长度 maxlen=0.5）的命名列表；control 参数包含一个控制算法性能的对象。

下面的例子使用与 itemMatrix 类和 transactions 类演示时同样的表。eclat()函数使用支持度=0.02 的对应二元矩阵对象（如图 10.13 所示），它生成给定数据表的频繁项集。图 10.14 表示了由 eclat()函数返回的对象的摘要。

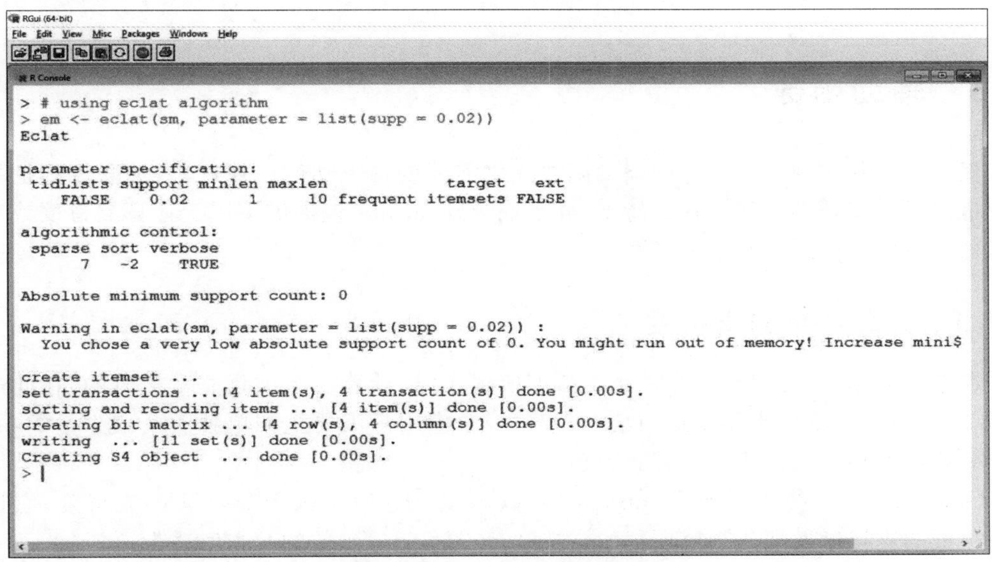

图 10.13　eclat()函数的使用

小练习

1. 什么是 apriori()函数？

答：arules 包提供了一个 apriori()函数，其使用 Apriori 算法执行关联规则挖掘，函数可以挖掘频繁项集、关联规则和关联超边。

2. eclat()函数是什么？

答：arules 包提供了另一个函数 eclat()，其执行关联规则挖掘并生成频繁项集，它按照 Eclat 算法对频繁项集使用简单交操作。

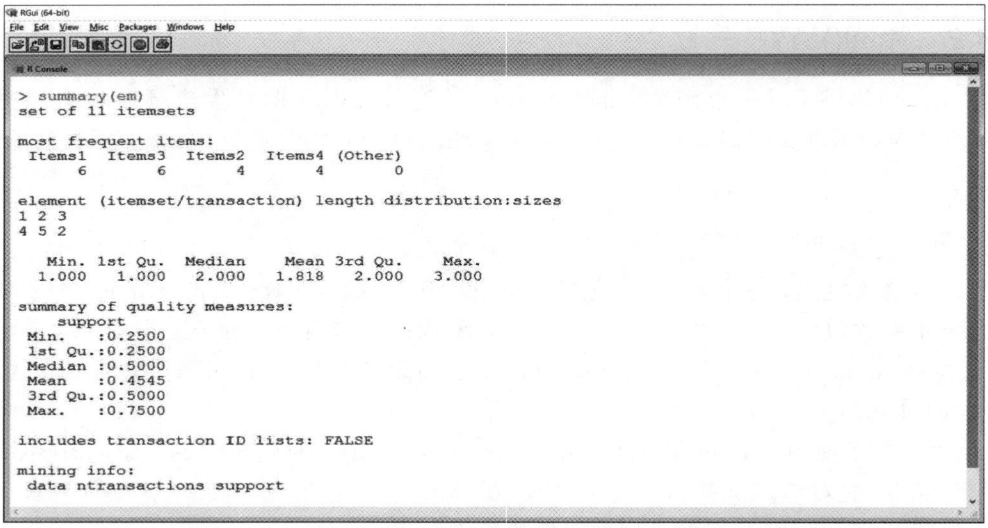

```
RGui (64-bit)
File Edit View Misc Packages Windows Help
R Console
> summary(em)
set of 11 itemsets

most frequent items:
 Items1  Items3  Items2  Items4  (Other)
      6       6       4       4        0

element (itemset/transaction) length distribution:sizes
1 2 3
4 5 2

   Min. 1st Qu.  Median    Mean 3rd Qu.    Max.
  1.000   1.000   2.000   1.818   2.000   3.000

summary of quality measures:
    support
 Min.   :0.2500
 1st Qu.:0.2500
 Median :0.5000
 Mean   :0.4545
 3rd Qu.:0.5000
 Max.   :0.7500

includes transaction ID lists: FALSE

mining info:
 data ntransactions support
```

图 10.14　eclat()函数摘要

10.5　辅助函数

任何算法的实现都需要一些辅助函数提供需要的常见功能。在这里,关联规则挖掘的实现也需要一些辅助函数寻找支持度、样本或规则,arules 包提供了用于计算支持度或规则的函数。下面将介绍这些辅助函数。

10.5.1　计算项集的支持度

在挖掘数据库的过程中,当最小支持度值很小时,计算很多项是非常耗时的,在此过程中,要计算所有频繁项集和候选项集。有时,一个应用只需要挖掘单独一个或少量的项集,而不需要挖掘整个数据库的所有频繁项集。

因此,arules 包提供了函数 support(),以确定 itemMatrix 给定项集的支持度,它还能利用很低的支持度发现非频繁项集的支持度。support()函数的基本语法为

```
support(x, transactions, type, …)
```

其中,x 参数包含一组将要计算支持度的项集;transactions 参数包含事务数据集;type 参数包含以相对或绝对形式定义的频次或支持度的字符串,在默认情况下,它返回相对形式;"…"定义了其他可选参数。

在下面的例子中,support()函数使用一组项集 ap,即 apriori()函数的一个对象和一个事务数据集 TM,并返回项集的支持度。在默认情况下,它以相对形式返回支持度值,它还可以以绝对形式返回支持度值(如图 10.15 所示)。

10.5.2　规则推导

有时只需要从一组项集中生成规则,arules 包提供了一个 ruleInduction()函数,用来推

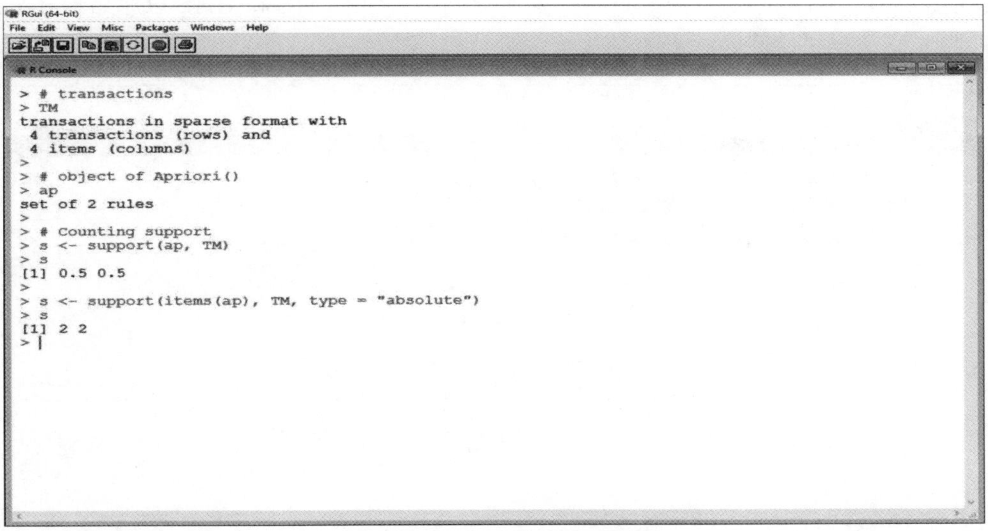

```
RGui (64-bit)
File Edit View Misc Packages Windows Help
R Console
> # transactions
> TM
transactions in sparse format with
 4 transactions (rows) and
 4 items (columns)
>
> # object of Apriori()
> ap
set of 2 rules
>
> # Counting support
> s <- support(ap, TM)
> s
[1] 0.5 0.5
>
> s <- support(items(ap), TM, type = "absolute")
> s
[1] 2 2
> |
```

图 10.15　support()函数的使用

导从一个事务数据集中由给定项集生成的所有规则。ruleInduction()函数的基本语法为

```
ruleInduction(x, transactions, confidence, …)
```

其中，x 参数包含一组将要推导出规则的项集；transactions 参数包含事务数据集；confidence 参数包含一个定义最小置信度值的数字值；"…"定义了其他可选参数。

在下面的例子中，ruleInduction()函数使用一组项集 ap 和一个事务数据集 TM，项集 ap 是 apriori()函数的一个对象。在这里，对象 ap 是使用 ap <- apriori(TM, parameter = list(target = "closed", support = 0.02))生成的，其中，在 apriori()函数中没有使用置信度。ruleInduction()函数返回给定项集的规则集(如图 10.16 所示)。

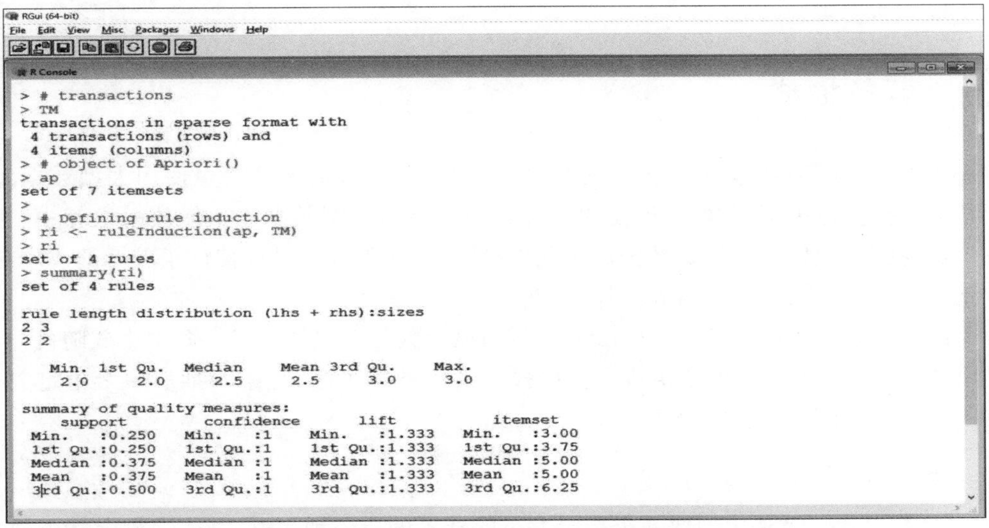

```
RGui (64-bit)
File Edit View Misc Packages Windows Help
R Console
> # transactions
> TM
transactions in sparse format with
 4 transactions (rows) and
 4 items (columns)
> # object of Apriori()
> ap
set of 7 itemsets
>
> # Defining rule induction
> ri <- ruleInduction(ap, TM)
> ri
set of 4 rules
> summary(ri)
set of 4 rules

rule length distribution (lhs + rhs):sizes
2 3
2 2

   Min. 1st Qu.  Median    Mean 3rd Qu.    Max.
    2.0     2.0     2.5     2.5     3.0     3.0

summary of quality measures:
    support         confidence       lift          itemset
 Min.   :0.250   Min.   :1    Min.   :1.333   Min.   :3.00
 1st Qu.:0.250   1st Qu.:1    1st Qu.:1.333   1st Qu.:3.75
 Median :0.375   Median :1    Median :1.333   Median :5.00
 Mean   :0.375   Mean   :1    Mean   :1.333   Mean   :5.00
 3rd Qu.:0.500   3rd Qu.:1    3rd Qu.:1.333   3rd Qu.:6.25
```

图 10.16　ruleInduction()函数的使用

在图 10.17 中，inspect()函数查看了这些规则，并使用 LHS 和 RHS 以原始形式显示了这些规则，它还提供了支持度和置信度。

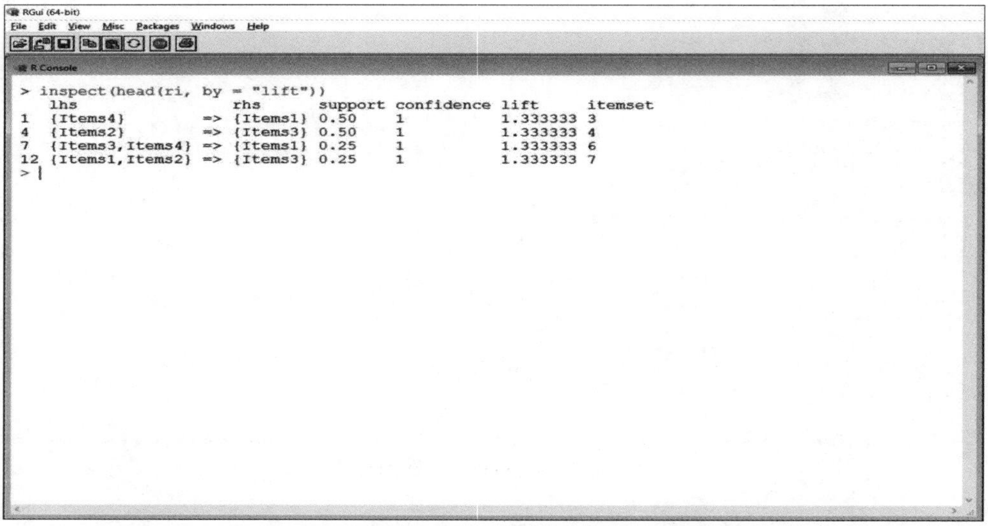

```
> inspect(head(ri, by = "lift"))
   lhs                  rhs       support confidence lift     itemset
1  {Items4}          => {Items1} 0.50    1          1.333333 3
4  {Items2}          => {Items3} 0.50    1          1.333333 4
7  {Items3,Items4}   => {Items1} 0.25    1          1.333333 6
12 {Items1,Items2}   => {Items3} 0.25    1          1.333333 7
>
```

图 10.17　使用 inspect()函数对规则进行检查

小练习

1. support()函数是什么？

答：arules 包提供了一个 support()函数，其确定了一组作为 itemMatrix 的给定项集的支持度。

2. ruleInduction()函数是什么？

答：arules 包提供了一个 ruleInduction()函数，其可以推导出一个事务数据集中由给定项集生成的所有规则。

10.6　事务抽样

对于挖掘大型数据库而言，任何挖掘算法都需要样本，商业分析也使用大型数据库，并需要从这些数据库中得到样本，这是因为有时候原始的大型数据库不能放入主存中。抽样是一个从挖掘大型数据的原始数据库中获取样本的过程，抽样过程使用了较低的成本，提高了挖掘的速度。关联规则也需要抽样。

为此，arules 包提供了一个 sample()函数，该函数从一组事务或关联中生成随机样本和排列组合，它从 x(包含一组需要从中抽取样本的事务或关联)元素中抽取一个指定大小的样本。sample()函数的基本语法为

```
sample(x, size, replace,…)
```

其中，x 参数包含一组从中抽取一个指定大小的样本的事务或关联；size 参数定义了样本大小；replace 参数包含定义了抽样方式的逻辑值；“…”定义了其他可选参数。

在下面的例子中，sample()函数使用一个内置数据集 Mushroom，并从数据集中生成 50 个样本数据，它返回 50 个事务(行)和 114 个项(列)。summary()函数生成了样本的摘要(如图 10.18 所示)。

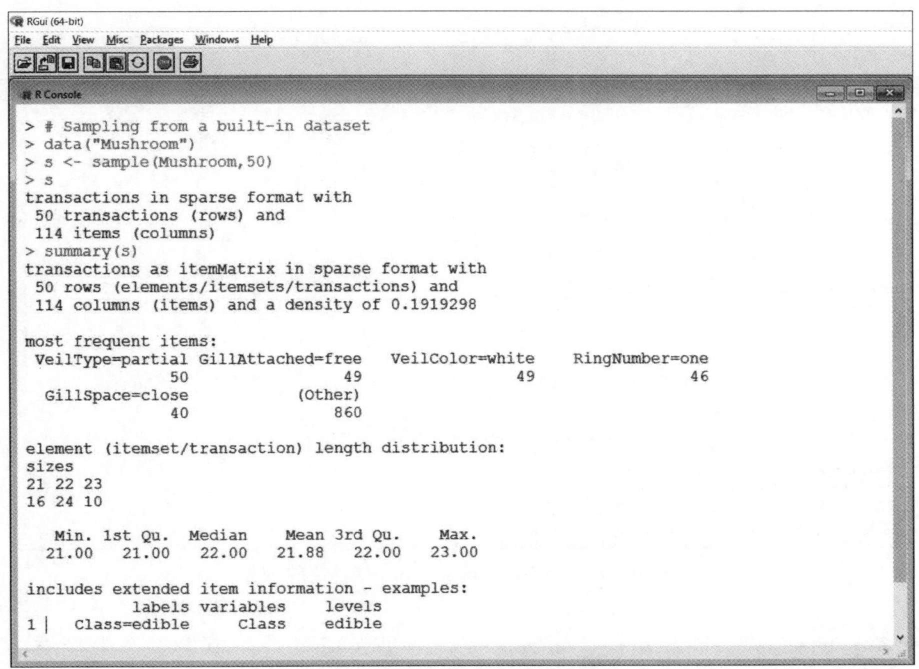

图 10.18 sample()函数的使用

10.7 生成人工事务数据

关联规则也需要人工数据，人工数据是基于应用的需要而生成的数据，该数据用于评估及比较不同挖掘算法度量规则和项集的兴趣度行为，标准的方法要么是使用简单概率方法，要么是重新实现生成器。

在 R 语言中，arules 包提供了一个模拟随机事务数据集的 random.transactions()函数，它返回 transactions 类的对象。random.transactions()函数的基本语法为

```
random.transactions(nItems, nTrans, method,…)
```

其中，nItems 参数包含一个定义了项数的整数；nTrans 参数包含一个定义了事务数的整数；method 参数定义了将要使用的方法名，它可以是 independent 或 agrawal；“…”定义了其他可选参数。

在下面的例子中，random.transactions()函数使用 20 个项和 10 个事务生成了随机数量的事务(如图 10.19 所示)。

10.7.1 子项集、超项集、最大项集和闭项集

关联规则挖掘需要根据给定项集挖掘出子集、超集(superset)、最大项集或闭项集。一

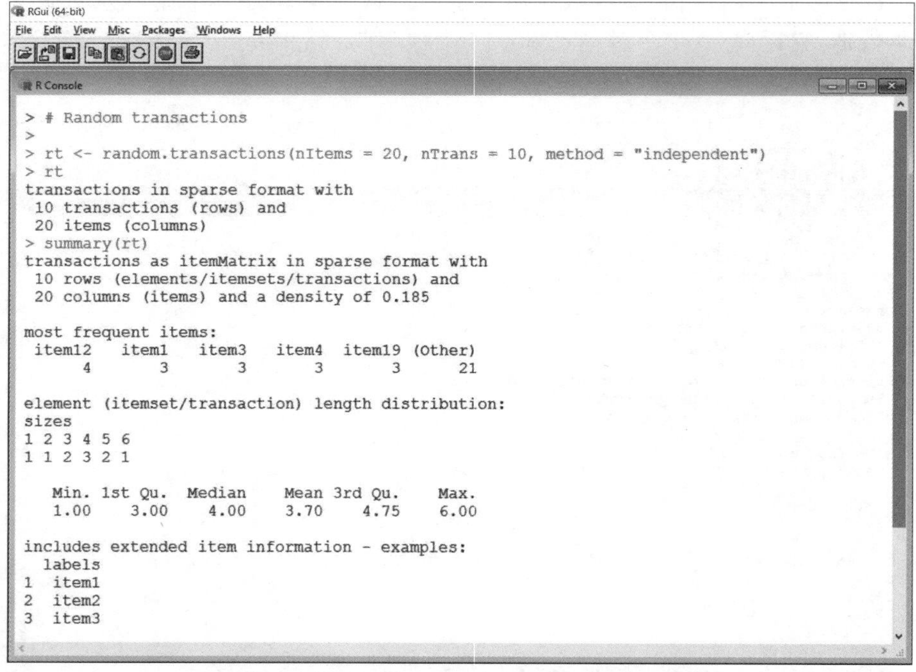

图 10.19 random.transactions()函数的使用

个子集是集合的一部分,而超集包含所有的集合。最大项集是在项集集合中没有一个合适的超集的项集,闭项集是一个具有自己的闭包且没有任何超集的项集。

在R语言中,arules包提供了函数以确定子集、超集、最大项集和闭项集,对于大型项集而言,这些函数都非常慢,内存消耗非常高。表10.16介绍了这些函数,所有函数都需要一个主参数x,它可以是项集、规则或itemMatrix的集合。

表 10.16 用于发现子集、超集、最大项集和闭项集的函数

方法名	描述
is.subset(x)	找出关联和itemMatrix(项矩阵)对象中的子集
is.superset(x)	找出关联和itemMatrix(项矩阵)对象中的超集
is.maximal(x)	找出关联和itemMatrix(项矩阵)对象中的最大项集
is.closed(x)	找出关联和itemMatrix(项矩阵)对象中的闭项集

在下面的例子中,is.subset()函数使用包含4个项集的itemMatrix"itemM",它检查每个项集的子集并返回一个TRUE或FALSE值。例如,对于项集{Itemset1,Itemset3,Itemset4},所有其他项集返回FALSE,除了{Itemset1,Itemset3,Itemset4}(如图10.20所示)。

在下面的示例中,is.superset()函数使用包含4个项集的itemMatrix"itemM",它检查每个项集的超集并返回TRUE或FALSE值。例如,对于项集{Itemset1,Itemset3,Itemset4}、S{Itemset2,Itemset3,Itemset4}和{Itemset2,Itemset3}显示FALSE,因为它们的项不在那个项集中,并且它们都比较小,而{Itemset1,Itemset2,Itemset3,Itemset4}是

```
> # Creating a matrix and their respective itemMatrix
> dm <- matrix(
+ c(1,1,0,0,
+ 0,1,1,1,
+ 1,1,1,1,
+ 1,1,1,0), ncol = 4)
> dimnames(dm) <-  list(c("A","B","C","D"), paste("Itemset",c(1:4), sep = ""))
> # Now finding the subset for this
> is.subset(itemM)
                                          {Itemset1,Itemset3,Itemset4}
{Itemset1,Itemset3,Itemset4}                                      TRUE
{Itemset1,Itemset2,Itemset3,Itemset4}                            FALSE
{Itemset2,Itemset3,Itemset4}                                     FALSE
{Itemset2,Itemset3}                                              FALSE
                                          {Itemset1,Itemset2,Itemset3,Itemset4}
{Itemset1,Itemset3,Itemset4}                                               TRUE
{Itemset1,Itemset2,Itemset3,Itemset4}                                      TRUE
{Itemset2,Itemset3,Itemset4}                                               TRUE
{Itemset2,Itemset3}                                                        TRUE
                                          {Itemset2,Itemset3,Itemset4} {Itemset2,Itemset3}
{Itemset1,Itemset3,Itemset4}                                     FALSE               FALSE
{Itemset1,Itemset2,Itemset3,Itemset4}                            FALSE               FALSE
{Itemset2,Itemset3,Itemset4}                                      TRUE               FALSE
{Itemset2,Itemset3}                                               TRUE                TRUE
> |
```

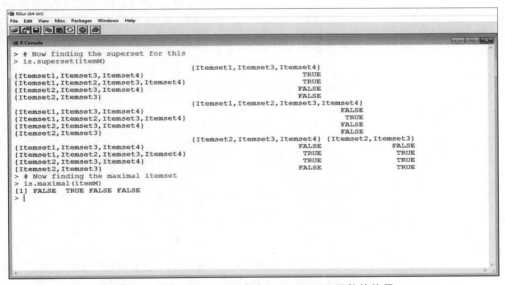

图 10.20　is.subset()函数的使用

{Itemset1,Itemset3,Itemset4}的一个超集。除此之外，is.Maximal()检查给定项集的最大项集，在这里，它对项集{Itemset1，Itemset2，Itemset3，Itemset4}返回 TRUE，因为它是所有项集中最大的项集(如图 10.21 所示)。

```
> # Now finding the superset for this
> is.superset(itemM)
                                          {Itemset1,Itemset3,Itemset4}
{Itemset1,Itemset3,Itemset4}                                      TRUE
{Itemset1,Itemset2,Itemset3,Itemset4}                             TRUE
{Itemset2,Itemset3,Itemset4}                                     FALSE
{Itemset2,Itemset3}                                              FALSE
                                          {Itemset1,Itemset2,Itemset3,Itemset4}
{Itemset1,Itemset3,Itemset4}                                              FALSE
{Itemset1,Itemset2,Itemset3,Itemset4}                                      TRUE
{Itemset2,Itemset3,Itemset4}                                              FALSE
{Itemset2,Itemset3}                                                       FALSE
                                          {Itemset2,Itemset3,Itemset4} {Itemset2,Itemset3}
{Itemset1,Itemset3,Itemset4}                                     FALSE               FALSE
{Itemset1,Itemset2,Itemset3,Itemset4}                             TRUE                TRUE
{Itemset2,Itemset3,Itemset4}                                      TRUE                TRUE
{Itemset2,Itemset3}                                              FALSE                TRUE
> # Now finding the maximal itemset
> is.maximal(itemM)
[1] FALSE  TRUE FALSE FALSE
> |
```

图 10.21　is.superset()函数和 is.maximal()函数的使用

小练习

1. sample()函数是什么？

答：arules 包提供了一个 sample()函数，其可以从一组事务或关联中生成随机抽样和排列组合。

2. random.transactions()函数是什么？

答：arules包提供了一个random.transactions()函数，其可以模拟随机事务数据集并返回transactions类的对象。

3. 什么是最大项集？

答：最大项集是一个在项集集合中没有合适的超集的项集。

10.8 兴趣度的其他度量

关联规则挖掘需要不同类型的度量，如支持度、置信度、提升度等度量项集和规则集合，为此，arules包提供了一个interestMeasure()函数，可以从一个已经存在的项集或规则集合中返回不同类型的兴趣度特征。interestMeasure()函数的基本语法为

```
interestMeasure(x, measure, transactions,…)
```

其中，x参数包含一组需要找到度量值的项集或规则；measure参数包含度量的名称，表10.17和表10.18介绍了一些分别对项集和规则有用的重要度量；transactions参数包含事务数据集；"…"定义了其他可选参数。

表 10.17 重要的项集度量

度量名称	范围	描述
support	[0,1]	定义了支持度
allConfidence	[0,1]	对于从项集生成的所有可能的规则定义了最小置信度
cross-support ratio	[0,1]	定义了最小频繁项支持度和最大频繁项支持度之间的比值
lift	[0,∞]	定义了项集的概率除以项集中所有项的概率的乘积

表 10.18 重要的规则度量

度量名称	范围	描述
support	[0,1]	定义了支持度
confidence	[0,1]	对于从项集生成的所有可能的规则定义了最小置信度
certainty	[−1,1]	度量了当只考虑X是事务时，Y是事务的概率的变化
gini	[0,1]	度量了二次熵
lift	[0,∞]	定义了最小频繁项支持度和最大频繁项支持度之间的比值
leverage	[−1,1]	度量了在数据集中共同出现的X和Y的差，是由sup(X→Y)−sup(X)sup(Y)定义
improvement	[0,1]	通过发现置信度和更一般规则的置信度之间的差别度量规则的改进度

在下面的例子中，interestMeasure()函数使用一组项集demoa和一个事务数据集itemT，demoa表示apriori()函数的一个对象，并计算项集和规则的不同度量，如提升度(lift)、支持度(support)、改进度(improvement)、置信度(confidence)、奇异比(odds ratio)、

杠杆率(leverage)(如图 10.22、表 10.17 和表 10.18 所示)。

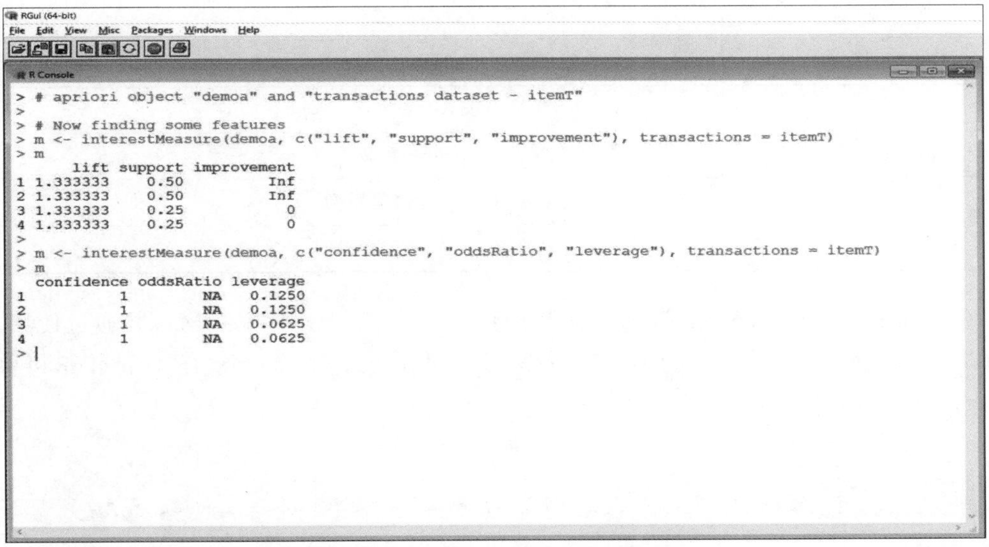

```
> # apriori object "demoa" and "transactions dataset - itemT"
>
> # Now finding some features
> m <- interestMeasure(demoa, c("lift", "support", "improvement"), transactions = itemT)
> m
      lift support improvement
1 1.333333    0.50         Inf
2 1.333333    0.50         Inf
3 1.333333    0.25           0
4 1.333333    0.25           0
>
> m <- interestMeasure(demoa, c("confidence", "oddsRatio", "leverage"), transactions = itemT)
> m
  confidence oddsRatio leverage
1          1        NA   0.1250
2          1        NA   0.1250
3          1        NA   0.0625
4          1        NA   0.0625
> |
```

图 10.22　interestMeasure()函数的使用

10.9　基于距离聚类事务和关联

某些应用需要计算两个事务(项集)或关联(规则)之间的相异度(dissimilarities)和交叉相异度(cross-dissimilarities)。Jaccard 系数、骰子(dice)系数、项之间的亲和度(affinities)或简单匹配系数是确定相异度的一些标准方法。在 R 语言中,arules 包提供了一个 dissimilarity()函数,其计算并返回二元数据的距离,二元数据可以是一个矩阵、事务或关联。

基于距离的聚类通过使用距离度量识别集群,函数 dissimilarity()的返回值直接被聚类方法使用,从而从一组事务或关联中产生随机样本和排列组合。函数 dissimilarity()的基本语法为

```
dissimilarity (x, y =NULL, method =NULL,…)
```

其中,x 参数包含元素集合,可以是矩阵、itemMatrix、事务、项集、规则;y 参数要么是 NULL,要么是用来计算交叉相异度的第二个集合;method 参数定义了将要使用的距离度量,表 10.19 介绍了一些方法;"…"定义了其他可选参数。

表 10.19　dissimilarity()函数所使用的方法

方　法　名	描　　述
affinity	计算了两个事务中的项之间的平均亲和度距离
cosine	计算了余弦距离
dice	计算了 dice 系数

续表

方　法　名	描　　述
euclidean	计算了欧氏距离
jaccard	计算了 Jaccard 系数
matching	计算了 matching 系数
pearson	计算了 Pearson 相关系数
phi	计算了 Pearson 相关系数

在下面的例子中，dissimilarity()函数使用一个 itemMatrix"itemM"，并通过使用不同的方法，如亲和度、欧氏方法、Pearson 方法计算相异度。iteMatrix 有 4 个事务和项（如表 10.19 和图 10.23 所示）。

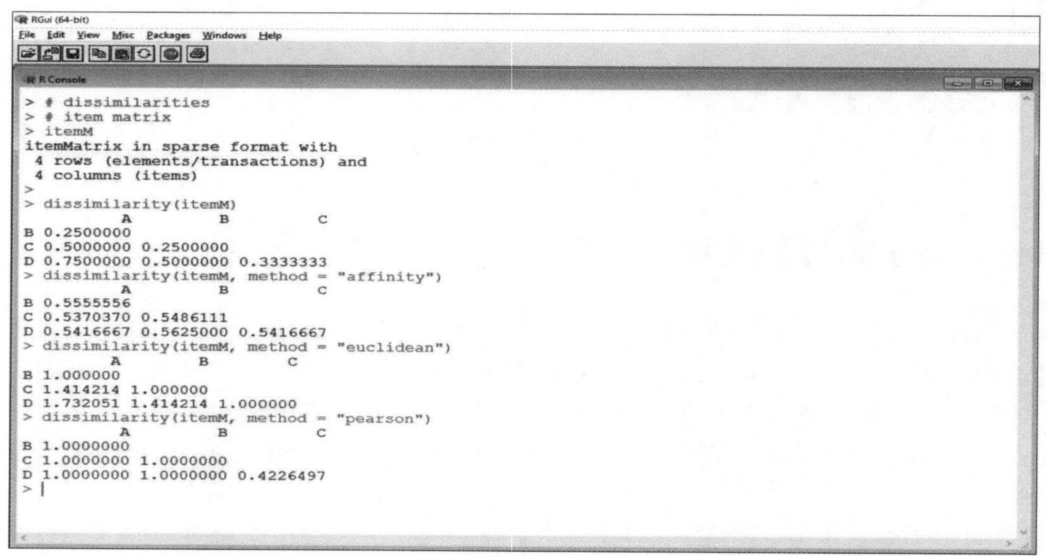
```
> # dissimilarities
> # item matrix
> itemM
itemMatrix in sparse format with
 4 rows (elements/transactions) and
 4 columns (items)
>
> dissimilarity(itemM)
          A         B         C
B 0.2500000
C 0.5000000 0.2500000
D 0.7500000 0.5000000 0.3333333
> dissimilarity(itemM, method = "affinity")
          A         B         C
B 0.5555556
C 0.5370370 0.5486111
D 0.5416667 0.5625000 0.5416667
> dissimilarity(itemM, method = "euclidean")
         A        B        C
B 1.000000
C 1.414214 1.000000
D 1.732051 1.414214 1.000000
> dissimilarity(itemM, method = "pearson")
          A         B         C
B 1.0000000
C 1.0000000 1.0000000
D 1.0000000 1.0000000 0.4226497
> |
```

图 10.23　dissimilarity()函数的使用

小练习

1. 什么是 iterestMeasure()函数？

答：arules 包提供了一个 interestMeasure()函数，其可以从一个已经存在的项集或规则集合中返回不同类型的兴趣度特征。

2. 请列出一些项集和规则集合的度量特征。

答：支持度、置信度、提升度、改进度、确定度(certainity)、杠杆率、基尼系数(gini)、交叉支持率是项集和规则集合的一些度量特征。

3. dissimilarity()函数是什么？

答：arules 包提供了一个 dissimilarity()函数，其可以计算并返回二元数据的距离，该二元数据可以是一个矩阵、事务或关联。

案例研究：使用用户生成的内容变得有价值

用户生成的内容是当今工业界不可或缺的部分，因为每个公司都需要用户数据以销售和购买产品，并为用户提供尽可能好的支持。虽然用户数据很重要，但它需要经过处理才会有意义。数据挖掘是处理这些数据并使其有意义和有用的重要工具。使用 Apriori 算法的决策树算法可以用来支持客户的需求。

为了解释这个问题，下面将转向智能技术——一种使人们的生活变得更容易的技术。每当人们在智能手机上安装应用程序时，人们都会被要求获得安装许可，但人们不会过多地关注这些应用程序需要安装的信息。在这个过程中，人们在不知不觉中公开了地图、消息、联系人等各种各样的信息，在这些信息的帮助下，应用程序除了整理用户数据外，还试图使用户的生活变得更容易，同时使他们在不久的将来更依赖于该应用程序。

一旦用户的信息被收集，数据就会被分析而得到所需的信息，以便在不同的时间为算法提供最好的信息。这种分析从数据预处理开始，其步骤已经在第 1 章和第 2 章中进行了说明。然而，对于这种数据预处理，信息增益是通过设计不同层次的决策树(深度决策树或 2～10 层的决策树)而发生的。

每个数据都提供了一个有效的信息点，这些点用于在不同类型的数据中设计集群，但它们都是以信息为中心的，因为它们根据相同的内容提供了不同用户的信息。在信息增益和先验条件下，可以利用决策树方法对匹配数据的频率进行处理。

如今，对于不同的应用而言，从不同的应用程序或门户网站推荐中购买相同的商品已经是一种很常见的体验。当用户在阅读新闻时，也可以选择其更喜欢的内容，通过他们的偏好提供有关用户认知行为的应用信息，这使得可以实现预测特定消费者的行为方式，并相应地调整推荐建议。迄今为止，大多数关于系统或在线浏览的研究仅使用关于卖家或产品的数字信息检验其经济影响。在电子市场或在线社区中，对文本重要性的理解尚未完全实现。因此，从用户生成和反馈的文本挖掘中获得的洞察信息可以为寻求竞争优势的企业提供实质性的利益。

下面总结利用以用户为中心的数据的一些主要优势。

- 节约成本：由于用户提供了相关内容以用于预测和随后的推荐，因此无须购买用户数据，在时间和成本方面都提高了效率。
- 提供多样性：通过使用用户数据，用户可以获得各种产品的新特性或对现有产品的升级信息。此外，用户还可以了解所提供的折扣，并可以享受给予终端用户的支持。
- 提供用户的发言权(voice)：公司能够根据个人喜好为用户提供不同的产品，用户可以提供其想使用的产品的任何具体信息。

这些以用户为中心的数据的好处应该牢记在心，以使这些数据在当今快节奏的技术时代更具预测性和相关性。

本章小结

- 数据挖掘是从大量数据中发现未知和隐藏模式的过程。
- 一个项集是不同项的一个集合,例如{pen,pencil,notebook}是一个项集。
- 一个包含经常一起出现且彼此之间相互关联的项的项集称为频繁项集。
- 关联规则是数据挖掘的一部分,用于从数据中发现模式。一个关联规则可以由表达式 $X \rightarrow Y$ 表示,其中 X 和 Y 是两个不相交的项集,并且 $X \subseteq I, Y \subseteq I, X \cap Y = \varnothing$。
- 规则评估度量标准用于度量关联规则的强度,支持度和置信度是主要的规则评估标准。
- 支持度是通过使用最小支持阈值度量规则有用性的一个度量标准,该度量标准用来度量具有与关联规则的蕴涵表达式两边相匹配的项集的事件数量。
- 规则的支持度或 sup 是通过 $(X \cup Y)$.count/n 计算得到的。
- 置信度是通过使用一个阈值度量规则的确定性的一种度量标准,它度量了和关联规则的蕴涵表达式的左侧相匹配的事件项集及和右侧相匹配的频率。
- 规则的置信度或 conf 是利用 $(X \cup Y)$.count/X.count 计算的。
- 蛮力法为挖掘的每个可能的规则计算支持度和置信度。
- 两步法使用两个步骤计算频繁项集和规则,第一步是生成频繁项集,第二步是生成规则。
- 生成频繁项集会找出满足最小支持阈值的项集,这些项集被称为频繁项集,如果数据集包含 k 个项集,则它可以生成高达 2^k-1 个频繁项集。
- 生成规则会从第一步所获取的每个频繁项集中抽取所有高置信度规则,每个规则是一个频繁项集的二元划分。
- Apriori 原理是生成频繁项集的最佳策略和有效方法,根据 Apriori 原理,如果一个项集是频繁的,则它的所有子集必须也是频繁的。
- Apriori 算法是一个宽度优先算法,它按照两步法计算事务,它可以找出频繁项集、最大频繁项集和闭频繁项集。
- 用于 Apriori 算法的候选 gen()函数包含两个步骤:合并(join)和修剪(pruning)。
- arules 包为任何挖掘算法提供了创建和操作输入数据集所需要的基础架构,它还提供了分析结果项集和关联规则的特征。
- 二元关联矩阵是一种稀疏矩阵,其只包含 0 和 1 或者 TRUE 和 FALSE 两种值。
- arules 包提供了一个 itemMatrix 类,可以有效地表示包含项集和项的二元关联矩阵。
- arules 包的 itemFrequency()函数返回 itemMatrix 的一个对象的一个单独项或所有单独项的频率或支持度。
- 哈希树是一种数据结构,以键-值对和树类型存储值,其中每个内部节点都包含哈希值。
- 事务数据集是一个事务集合,其中每个事务以元组的形式存储,如<事务 ID,项 ID,…>。

- arules 包提供了一个 transactions 类，表示关联规则的事务数据，它是 itemMatrix 类的一个扩展。
- itemsets 和 rules 是两个类，itemsets 类用于定义最大项集的频繁项集，rules 类用于关联规则挖掘。
- summary()、length()、sort()、inspect()、match()、items()和 union()是关联规则挖掘经常使用的一些 R 函数。
- arules 包提供了一个 apriori()函数，其使用 Apriori 算法执行关联规则挖掘，该函数可以挖掘频繁项集、关联规则和关联超边。
- arules 包提供了 eclat()函数，其可以执行关联规则挖掘并生成频繁项集，它遵循 Eclat 算法，并对频繁项集使用简单的交互操作。
- arules 包提供了一个 support()函数，该函数可以将一组给定项的集合确定为一个 itemMatrix 的支持度。
- arules 包提供了一个 ruleInduction()函数，该函数可以从一个事务数据集中推导出由给定项集生成的所有规则。
- 抽样是从原始数据库中获取抽样样本以挖掘大量数据的过程。
- arules 包提供了一个 sample()函数，该函数可以从一组事务或关联中生成随机样本和排列组合。
- arules 包提供了一个 random.transactions()函数，该函数可以模拟随机事务数据集，它返回 transactions 类的对象。
- 子集是集合的一部分，超集包含所有的集合。
- 最大项集是在项集的集合中没有合适的超集的项集。
- 闭项集是具有自己的闭包且没有任何超集的项集。
- arules 包提供了一个 interestMeasure()函数，该函数可以从现有的项集或规则集合中返回不同的兴趣度特征。
- 支持度、置信度、提升度、改进度、确定性、杠杆率、基尼系数和交叉支持率是项集和规则集合的一些度量特征。
- arules 包提供了一个 dissimilarity()函数，该函数可以计算并返回二元数据的距离，它可以是一个矩阵、事务或关联。
- 亲和度（affinity）、Euclidean、Pearson、Jaccard、cosine、dice 和 phi 是用于 dissimilarity()函数的一些方法。

关键术语

- Apriori 算法：一个宽度优先算法，其按照两步法计算事务，它可以找出频繁项集、最大频繁项集和闭频繁项集。
- Apriori 原理：生成频繁项集的最佳策略和有效方法。
- arules：一个用于关联规则挖掘的 R 语言包。
- 关联规则(association rule)：$X \rightarrow Y$ 的一个蕴涵表达式，其中 X 和 Y 是两个不相交的项集，$X \subseteq I, Y \subseteq I$，并且 $X \cap Y = \varnothing$。

- 二元关联矩阵(binary incidence matrix)：一种稀疏矩阵,其只包含 0 和 1 或 TRUE 和 FALSE 两种值。
- 蛮力法(brute-force approach)：为挖掘的关联规则中的每个可能的规则计算支持度和置信度。
- 置信度(confidence)：使用阈值度量规则的确定性的一种度量标准。
- 数据挖掘(data mining)：用来从大量的数据中发现未知和隐藏模式的过程。
- 频繁项集(frequent itemsets)：一个频繁项集包含经常一起出现且相互关联的项。
- 频繁项集生成(frequent itemset generation)：用来找出满足最小支持度阈值的项集,这些项集被称为频繁项集。
- 项集(itemset)：一个项集是不同项的一个集合,例如{pen,pencil,notebook}是一个项集。
- 规则评估标准(rule evaluation metric)：可以度量一个关联规则的强度。
- 规则生成(rule generation)：用来从每个频繁项集中提取高置信度的规则。
- 支持度(support)：一个使用最小支持度阈值度量规则有用性的标准。
- 事务(transactions)：事务或一个事务数据集是一个事务集合,其中每个事务以元组的形式,如＜事务 ID,项 ID,…＞进行存储。

巩固练习

一、单项选择题

1. 在以下选项中,哪一个是规则评估度量标准?

(a) 项集　(b) 支持度　(c) 提升度　(d) 以上都不是

2. 在以下选项中,哪一个度量标准通过使用阈值来度量规则的确定性?

(a) 支持度　(b) 置信度　(c) 提升度　(d) 交叉比率

3. 包含 k 项的数据集有多少个可能的频繁项集?

(a) 2^k-1　(b) 2^k　(c) 2^k+1　(d) 2^{k+1}

4. 在以下选项中,哪一个包提供了关联规则的功能?

(a) arules　(b) ts　(c) stat　(d) matrix

5. 在以下选项中,哪一个函数可以合并项矩阵?

(a) image()　(b) combine()　(c) c()　(d) dim()

6. 在以下选项中,哪一个函数可以返回一个项矩阵的维数?

(a) dimnames()　(b) combine()　(c) c()　(d) dim()

7. 在以下选项中,哪一个函数可以返回项集的频率?

(a) itemFrequency()　(b) c()

(c) frequency()　(d) dim()

8. 在以下选项中,哪一个函数可以显示项集或规则的关联?

(a) image()　(b) inspect()

(c) items()　(d) dim()

9. 在以下选项中，哪一个函数可以返回项集的一组项？

(a) image()　(b) inspect()　(c) items()　(d) dim()

10. 在以下选项中，哪一个函数可以用于计算相异性？

(a) interestMeasure()　(b) random.transactions()

(c) dissimilarity()　(d) sample()

11. 在以下选项中，哪一个函数用于度量一组项或规则的特征？

(a) interestMeasure()　(b) random.transactions()

(c) dissimilarity()　(d) sample()

12. 在以下选项中，哪一个函数用于生成抽样样本？

(a) interestMeasure()　(b) random.transactions()

(c) dissimilarity()　(d) sample()

13. 在以下选项中，哪一个函数用于创建随机事务？

(a) interestMeasure()　(b) random.transactions()

(c) dissimilarity()　(d) sample()

14. 在以下选项中，哪一个不同于其他项？

(a) 支持度　(b) 相匹配　(c) 置信度　(d) 改进度

15. 在以下选项中，哪一个不同于其他项？

(a) 亲和度　(b) Pearson

(c) 提升度　(d) 骰子(dice)系数

二、简答题

1. 举例简要说明以下问题：

(1) 关联规则挖掘及其应用；(2)频繁项集；(3)关联规则；(4)支持度；(5)置信度；(6)蛮力法；(7)两步法；(8)arules 包。

2. 请写出 Apriori 算法的伪代码。

3. itemMatrix 类和 transaction 类之间的区别是什么？

三、论述题

1. 请描述候选 gen()函数的功能。

2. 请描述 itemMatrix 类和 transaction 类的方法。

3. 请结合语法和示例解释 itemFrequency()函数。

4. 请结合语法和示例解释 support()函数。

5. 请结合语法和示例解释 ruleInduction()函数。

6. 请结合语法和示例解释 random.transactions()函数。

7. 请结合语法和示例解释 interestMeasure()函数。

8. 为一组项集创建一个二元关联矩阵，并将其转换为事务。

9. 创建一个随机样本事务数据集，并实现 apriori()函数。

10. 请说明项集和规则的度量特征。

实战练习

零售商想要利用顾客的购买模式赚钱，他们希望能够针对特定的顾客群体进行有针对性的营销活动；希望有一个好的库存管理系统；希望了解哪些商品或产品应该储备起来，以便于顾客购买，即提高顾客的满意度。

首先，他们应该与销售人员和 IT 职员进行一些内部讨论，要求 IT 职员设计一个应用程序，可以存储每个顾客的交易数据，他们希望将每个顾客每天的每一笔交易都记录下来。他们决定在一个季度(3 个月)后开会，看看是否存在某种购买模式。

以下是 3 个月期间收集到的事务数据的一个子集。

事务 ID	事务详细信息
1	{面包，牛奶}
2	{面包，牛奶，鸡蛋，尿布，啤酒}
3	{面包，牛奶，啤酒，尿布}
4	{尿布，啤酒}
5	{牛奶，面包，尿布，鸡蛋}
6	{牛奶，面包，尿布，啤酒}

问题描述：

确定关联规则，并找出每个关联规则的支持度和置信度，在 R 中实现关联规则挖掘，即创建给定项集的二元关联矩阵，创建 itemMatrix，确定项频率，利用支持度为 0.02、置信度为 0.5 使用 apriori ()函数，使用支持度为 0.02 的 eclat ()函数。

解决方案：

上表表示了一种称为关联分析的方法，以发现大型数据集中的关系。所发现的关系可以用关联规则或频繁项集的形式表示。例如，可以从上述数据集中提取下列规则：

{尿布}→{啤酒}

从上面的规则中可以很明显地看出，尿布的销售和啤酒的销售之间存在着紧密的联系。买了一包或两包尿布的顾客恰巧也买了几罐啤酒。零售商可以利用这种规则将产品交叉销售给顾客。

在进行关联规则挖掘时需要强调的问题如下：

- 数据集越大，分析结果可能会越好，但是计算大量的事务数据集的开销通常会很大；
- 有时，发现的一些模式可能是虚假或具有误导性的，因为它可能纯粹是偶然或侥幸出现的。

1. 二元表示

下面看看如何将表中的样本数据集表示成二进制形式。

事务 ID	面包	牛奶	鸡蛋	尿布	啤酒
1	1	1	0	0	0
2	1	1	1	1	1
3	1	1	0	1	1
4	0	0	0	1	1
5	1	1	1	1	0
6	1	1	0	1	1

2. 以上二元表示的说明

上表中的每行表示一个由"事务 ID"标识的事务，一个项（如面包、牛奶、鸡蛋、尿布和啤酒）是由一个二元变量表示的，值 1 表示项在该事务中存在，值 0 表示项在该事务中不存在。例如，对于事务 ID＝1，面包和牛奶是存在的，由 1 表示；鸡蛋、尿布和啤酒在该事务中不存在，因此由 0 表示。项的存在要比其不存在更重要，出于同样的原因，一个项被称为非对称变量。

项集和支持度数为：

设 $I=\{i_1,i_2,i_3\cdots i_n\}$是市场购物篮数据集的所有项的集合；

设 $T=\{t_1,t_2,t_3\cdots t_n\}$是所有事务的集合。

项集：每个事务 t_i 包含集合 I 中的项的一个子集，0 个或多个项的集合称为项集。如果一个项集包含 k 个元素，就称之为 k-项项集。例如：项集{面包，牛奶，尿布，啤酒}被称为 4-项项集。

事务宽度：事务宽度被定义为事务中出现的项数，如果 X 是事务 t_j 的一个子集，则 t_j 包含项集 X。例如，事务 t_6 包含项集{面包，尿布}，但是不包含项集{面包，鸡蛋}。

项支持数：支持度表示项在数据集中出现的频率，项支持数定义为包含一个特定项集的事务数。例如，项集{尿布，啤酒}的支持数为 4。

从数学上来说，项集 X 的支持数$\sigma(X)$可以表示为

$$\sigma(X)=|\{t_i\,|\,X\subseteq t_i,t_i\in T\}|$$

其中，符号|·|表示集合中元素的个数。

关联规则：关联规则是一个形式为 $X\rightarrow Y$ 的蕴涵规则，其中 X 和 Y 是不相交的项，即 $X\cap Y=\varnothing$，为了度量关联规则的强度，需要使用两个因子：支持度和置信度。

项集的支持度可定义为

$$\text{支持度}(x_1,x_2\cdots)=\frac{\text{包含}(x_1,x_2\cdots)\text{的事务数}}{\text{事务总数}(n)}$$

$$X\rightarrow Y\text{ 的支持度}=\frac{\text{包含}(x_1,x_2\cdots)\text{和}(y_1,y_2\cdots)\text{的事务数}}{\text{事务总数}(n)}$$

例如：

{牛奶，尿布}→{啤酒}的支持度为

$$3/6=0.5$$

规则的置信度为

$$(x_1,x_2\cdots)\text{推导}(y_1,y_2,\cdots)\text{的置信度}=\frac{(x_1,x_2\cdots)\text{推导}(y_1,y_2\cdots)\text{的支持度}}{(x_1,x_2,\cdots)\text{的支持度}}$$

$$\begin{aligned}\{\text{牛奶,尿布}\}\rightarrow\{\text{啤酒}\}\text{的置信度}&=\frac{\{\text{牛奶,尿布}\}\rightarrow\{\text{啤酒}\}\text{的支持度}}{\{\text{牛奶,尿布}\}\text{的支持度}}\\&=0.5/\{\text{牛奶,尿布}\}\text{的支持度}\\&=0.5/0.67\\&=0.7462\end{aligned}$$

3. 在 R 中的实现

步骤 1：为给定项集创建二元关联矩阵。

```
>sm <-matrix
( c(1,1,0,0,0,1,1,1,1,1,1,1,0,1,1,0,0,0,1,1,1,1,1,1,0,1,1,0,1,1), ncol=6)
>sm
     [,1]  [,2]  [,3]  [,4]  [,5]  [,6]
[1,] 1     1     1     0     1     1
[2,] 1     1     1     0     1     1
[3,] 0     1     0     0     1     0
[4,] 0     1     1     1     1     1
[5,] 0     1     1     1     0     1
```

步骤 2：设置项的名称。

```
>dimnames(sm) <-list(c(Bread", "Milk", "Eggs", "Diapers",
"Beer"), paste(Itemset", c(1:6), sep =""))
>sm
        Itemset1 Itemset2 Itemset3 Itemset4 Itemset5 Itemset6
Bread   1        1        1        0        1        1
Milk    1        1        1        0        1        1
Eggs    0        1        0        0        1        0
Diapers 0        1        1        1        1        1
Beer    0        1        1        1        0        1
```

步骤 3：转换成 itemMatrix。

```
>IM
itemMatrix in sparse format with
  5 rows (elements/transactions) and
  6 columns (items)
```

步骤 4：查看 itemMatrix 中的元素(行)数。

```
>length(IM)
[1] 5
```

步骤 5：按照列表查找 itemMatrix 的前 5 个元素(行)。

```
>as(IM[1:5], "list")
$Bread
[1] "Itemset1" "Itemset2" "Itemset3" "Itemset5" "Itemset6"
$Milk
[1] "Itemset1" "Itemset2" "Itemset3" "Itemset5" "Itemset6"
$Eggs
[1] "Itemset2" "Itemset5"
$Diapers
[1] "Itemset2" "Itemset3" "Itemset4" "Itemset5" "Itemset6"
$Beer
[1] "Itemset2" "Itemset3" "Itemset4" "Itemset6"
```

步骤 6：生成转置矩阵。

```
>as(IM[1:5], "ngCMatrix")
6 x 5 sparse Matrix of class "ngCMatrix"
          Bread Milk Eggs Diapers Beer
Itemset1  |     |    .    .       .
Itemset2  |     |    |    |       |
Itemset3  |     |    .    |       |
Itemset4  .     .    .    |       |
Itemset5  |     |    |    |       .
Itemset6  |     |    .    |       |
```

步骤 7：查看 itemMatrix。

```
>inspect (IM)
   items
[1] {Itemset1, Itemset2, Itemset3, Itemset5, Itemset6}
[2] {Itemset1, Itemset2, Itemset3, Itemset5, Itemset6}
[3] {Itemset2, Itemset5}
[4] {Itemset2, Itemset3, Itemset4, Itemset5, Itemset6}
[5] {Itemset2, Itemset3, Itemset4, Itemset6}
```

步骤 8：生成项频率或支持度。

```
>itemFrequency(IM, type="absolute")
Itemset1 Itemset2 Itemset3 Itemset4 Itemset5 Itemset6
       2        5        4        2        4        4
>itemFrequency(IM, type="relative")
Itemset1 Itemset2 Itemset3 Itemset4 Itemset5 Itemset6
     0.4      1.0      0.8      0.4      0.8      0.8
```

步骤 9：使用矩阵生成事务。

```
>TM <-as(sm, "transactions")
>TM
transactions in sparse format with
  5 transactions (rows) and
```

```
  6 items (columns)
```

步骤 10：显示事务摘要。

```
>summary(TM)
transactions as itemMatrix in sparse format with
  5 rows (elements/itemsets/transactions) and
  6 columns (items) and a density of 0.7
most frequent items:
Itemset2  Itemset3  Itemset5  Itemset6  Itemset1  (Other)
       5         4         4         4         2        2
element (itemset/transaction) length distribution:
sizes
2 4 5
1 1 3
Min.  1st Qu.  Median  Mean  3rd Qu.  Max.
2.0   4.0      5.0     4.2   5.0      5.0
includes extended item information - examples:
   labels
1 Itemset1
2 Itemset2
3 Itemset3
includes extended transaction information - examples:
transactionID
1      Bread
2       Milk
3       Eggs
```

步骤 11：使用 apriori()函数实现 Apriori 算法。

```
>am <-apriori(sm)
Apriori
Parameter specifications:
confidence  minval    smax   arem   aval  originalSupport  maxtime  support
       0.8     0.1       1   none  FALSE             TRUE        5      0.1
    minlen  maxlen  target    ext
         1      10   rules  FALSE
Algorithmic control:
filter  tree  heap  memopt  load  sort  verbose
   0.1  TRUE  TRUE   FALSE  TRUE     2     TRUE
Absolute minimum support count: 0
set item appearances …[0 item(s)] done [0.00s].
set transaction ..[6 item(s), 5 transaction(s)] done [0.00s].
sorting and recoding items … [6 item(s)] done [0.00s].
creating transaction tree … done [0.00s].
checking subsets of size 1 2 3 4 5 done [0.00s].
writing … [78 rule(s)] done [0.00s].
```

```
creating S4 object … done [0.00s].
> am
set of 78 rules
```

步骤 12：apriori()函数摘要。

```
> summary(am)
set of 78 rules
rule length distribution (lhs + rhs):sizes
1  2   3   4   5
4  15  28  24  7
Min.   1st Qu.  Median   Mean  3rd Qu.    Max
1.000    3.000   3.000  3.192   4.000  5.000
summary of qualtity measures:
    support          confidence          lift
Min.   :0.2000     Min.   :0.8000     Min.   :1.000
1st Qu.:0.4000     1st Qu.:1.0000     1st Qu.:1.000
Median :0.4000     Median :1.0000     Median :1.250
Mean   :0.4667     Mean   :0.9846     Mean   :1.154
3rd Qu.:0.6000     3rd Qu.:1.0000     3rd Qu.:1.250
Max.   :1.0000     Max.   :1.0000     Max.   :1.250
mining info:
data  ntransactions  support  confidence
  sm              5      0.1         0.8
```

步骤 13：使用支持度为 0.02、置信度为 0.5 的 apriori()函数。

```
> am <- apriori(sm, parameter= list(supp= 0.02, conf= 0.5))
Apriori
Parameter specification:
confidence  minval   smax   arem   aval  originalSupport  maxtime
       0.5     0.1      1   none  FALSE             TRUE        5


   Support  minlen  maxlen  target   ext
      0.02       1      10   rules  FALSE
Algorithmic control:
filter tree heap memopt load sort verbose
0.1 TRUE TRUE FALSE TRUE 2 TRUE
Absolute minimum support count: 0
set item appearances ...[0 item(s)] done [0.00s].
set transactions ...[6 item(s), 5 transaction(s)] done [0.00s].
sorting and recoding items ... [6 item(s)] done [0.00s].
creating transaction tree … done [0.00s].
checking subsets of size 1 2 3 4 5 done [0.00s].
writing … [116 rule(s)] done [0.00s].
creating S4 object … done [0.00s].
```

步骤 14：支持度为 0.02、置信度为 0.5 的 apriori()函数的摘要。

```
>summary(am)
set of 116 rules
rule length distribution (lhs +rhs):sizes
1   2   3   4  5
4  25  45  33  9
Min.   1st Qu.  Median  Mean   3rd Qu.  Max
1.000  2.750    3.000   3.155  4.000    5.000
summary of quality measures:
    support          confidence          lift
Min.   :0.2000    Min.   :0.500     Min.   :0.625
1st Qu.:0.4000    1st Qu.:0.750     1st Qu.:1.000
Median :0.4000    Median :1.000     Median :1.250
Mean   :0.4483    Mean   :0.856     Mean   :1.137
3rd Qu.:0.6000    3rd Qu.:1.000     3rd Qu.:1.250
Max.   :1.0000    Max.   :1.000     Max.   :1.667
mining info:
data  ntransactions  support  confidence
  sm              5     0.02         0.5
```

步骤 15：使用 eclat()函数生成频繁项集。

```
>am <-eclat(sm, parameter=list(supp=0.02))
Eclat

Parameter specifications:

tidLists  Support  minlen  maxlen           target    ext
   FALSE     0.02       1      10  frequent itemsets  FALSE

Algorithmic control:
sparse  sort  verbose
     7    -2     TRUE

Absolute minimum support count: 0

Warning in eclat(sm, parameter =list(supp =0.02))
You chose a very low absolute support count of 0. You might run out of memory!
Increase minimum support.

create itemset ...
set transaction ...[6 item(s), 5 transaction(s)] done [0.00s].
sorting and recoding items … [6 item(s)] done [0.00s].
creating bit matrix … [6 row(s), 5 column(s)] done [0.00s].
writing ... [47 set(s)] done [0.00s].
```

```
Creating S4 object ... done [0.00s].
```

步骤 16：eclat()函数的摘要。

```
>summary(em)
set of 47 itemsets

most frequent items:
Itemset2  Itemset3  Itemset5  Itemset6  Itemset1  (Other)
      24        24        24        24        16       16

element (itemset/transaction) length distribution:sizes
1   2   3  4  5
6  14  16  9  2

Min.   1st Qu.  Median  Mean   3rd Qu.  Max
1.000  2.000    3.000   2.723  3.000    5.000

summary of qualtity measures:
    support
Min.     : 0.2000
1st Qu.  : 0.4000
Median   : 0.4000
Mean     : 0.4723
3rd Qu.  : 0.6000
Max.     : 1.0000

includes transaction ID lists: FALSE

mining info:
  data  ntransactions  support
    sm              5     0.02
```

单项选择题参考答案

1.(a) 2.(b) 3.(a) 4.(a) 5.(c) 6.(d) 7.(a) 8.(b) 9.(c) 10.(c)
11.(a) 12.(d) 13.(b) 14.(b) 15.(c)

文本挖掘

学习成果

通过本章的学习,您将能够:

- 在R中实现文本挖掘;
- 创建一个语料库,并使用变换函数从中删除标点符号(punctuation mark)、停用词(stopword)、空格(whitespace)、数字等;
- 创建语料库的文档-词矩阵,并寻找频繁词。

11.1 概述

近年来,文本挖掘已成为研究领域的一个热点,用于从不同的数据源中提取有趣、重要的信息和知识。文本挖掘又称智能文本分析、文本数据挖掘或文本中的知识发现(KDT)。数据挖掘、自然语言处理(NLP)、机器学习、信息检索(IR)、情绪分析和知识管理是文本挖掘中常用的一些技术。大多数研究人员在研究工作中会使用文本挖掘,商业分析也使用文本挖掘。现今的企业拥有大量的数据,他们需要一种有效的技术以从如此巨大的数据中提取出有用的信息,而文本挖掘可以帮助企业实现这样的操作。

使用不同的技术,如聚类、关联规则、趋势分析、输出结果可视化等可以实现文档集预处理(分类和提取),对中间结果的存储和分析等文本挖掘中的一些必要操作。图11.1描述了

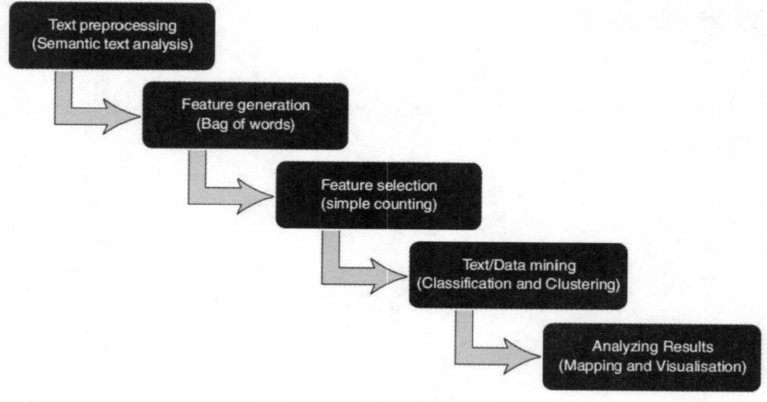

图 11.1　文本挖掘过程

文本挖掘过程的操作顺序,它按照文本预处理(句法/语义文本分析)、特征生成、特征选择(简单计数-统计)、文本/数据挖掘(监督/无监督学习)和分析结果(使数据的解释有意义及可视化)的顺序进行。

11.2 文本挖掘的定义

文本挖掘从非结构化数据中提取有用的信息。在非结构化数据中,信息没有任何特定的格式,一般包含符号、字符或数字。例如,Facebook 上的评论、Twitter 上的推文、对任何产品或服务的意见或评论都是非结构化数据的例子。文本挖掘可以从非结构化数据中提取有用的知识及发现有趣的模式,从而进行决策。

文本挖掘是有用的:

- 社会科学家——了解如何改变公众舆论;
- 市场营销人员——了解消费者对产品和服务的意见;
- 用于预测股票市场的走向。

文本挖掘是一个知识密集型(knowledge-intensive)过程,用户使用一组分析工具与某些文本文档集进行交互。与数据挖掘一样,文本挖掘也有助于在识别和探索文本模式后从数据源中提取有用的信息。下面对一些有关文本挖掘的关键元素进行介绍。

11.2.1 文档集

文档集是基于文本的文档群,文档集包含数千至数千万个文档,它可以是静态的,也可以是动态的。静态文档集是文档的初始内容部分保持不变的文档集,动态文档集是文档随时间变化或更新的文档集。

11.2.2 文档

文档是集合中一组离散的文本数据。商业报告、电子邮件、法律备忘录、研究论文、新闻稿和手稿都是文档。文档有两种格式:自由格式和半结构化格式。自由格式或弱结构性文档是一种遵循某种排版、布局和修饰指示符的文档类型,例如,研究论文、新闻稿都是自由格式文档的一些例子。半结构化文档是一种使用字段-类型元数据的文档,如 HTML 网页、电子邮件等。

11.2.3 文档特征

每个文档都有一些特征或属性,字符、字(word)、词(term)和概念都是文档的一些常见特征。

- 字符是文档最重要的特征,字符创建了文档,它可以是单个字母、数字字符、特殊字符等,空格是文档的基本块。
- 词是文档的第 2 个基本块元素,一个词是字符的集合,它可以是短语、多词连字符(multi-word hyphenate)、多字表达式等。
- 词汇是文档中的单个词,也可以是从文档本身中直接选择的多词短语。

- 概念是指通过人工统计方法，基于规则或混合分类方法所生成的文档特征，任何可标识文档的词、短语或表达式都被称为概念标识符，如关键字。

11.2.4 领域和背景知识

在文本挖掘中，用于表示数据的知识有两类：领域知识和背景知识。领域是一个专门的兴趣领域，本体论（ontologies）、分类法（taxonomies）和词典（lexicon）都是因其而发展起来的。领域包括广泛的学科领域，如金融、国际法、生物学、材料科学等，这些领域使用的知识被称为领域知识。背景知识是领域知识的延伸，用于文本挖掘系统的预处理操作。

11.3 文本挖掘中的一些挑战

- 文本挖掘处理的是大型数据集，会遇到大型数据集常见的挑战。
- 噪声数据经常被用作损坏数据（corrupt data）的同义词，数据包含了大量无意义的附加信息，它是机器不容易理解的数据。
- 歧义词和上下文敏感词。歧义词会导致模棱两可（vagueness）和混乱（confusion）的理解；上下文敏感意味着“取决于上下文”或“取决于环境”。
  例如，Apple（苹果公司）或 apple（水果）。
- 文本概念之间复杂而微妙（subtle）的关系。
  例如，“AOL 和 Time-Warner 合并了”和“Time-Warner 被 AOL 收购了”。
- 多语言环境。

11.4 文本挖掘和数据挖掘

文本挖掘和数据挖掘的区别如表 11.1 所示。

表 11.1 文本挖掘和数据挖掘的区别

区　别	数据挖掘	文本挖掘
定义	对结构化数据的知识发现，即数据存储在结构化数据库或数据仓库中	对非结构化数据的知识发现，即文章、网站文本、博客、日志、电子邮件、备忘录、客户通信等
数据表示	直截了当	复杂
方法	数据分析、机器学习、统计、神经网络	数据挖掘、NLP（自然语言处理）、信息抽取

11.5 R 中的文本挖掘

文本挖掘在商业分析中也起着非常重要的作用。R 语言为文本挖掘提供了一个 tm 包，该包为文本挖掘在 R 中的应用提供了一个框架，在 R 语言中管理文档的主要架构或结构是 Corpus。

Corpus 在 R 中表示一个文本文档集合，它是一个抽象的概念，具有不同的实现方式，它创建了保存在内存中的语料库对象。包中的另一个类是 VCorpus（动态语料库，volatile corpus)，它是一个虚拟基类。VCorpus 类创建了一个动态语料库，也就是说，当 R 对象被破坏时，整个语料库就丢失了。VCorpus()函数的基本语法为

```
VCorpus(x, readerControl, …) or as.VCorpus(x)
```

其中，x 参数包含一个用于 as.VCorpus(x)的源对象或 R 对象；readerControl 是一个可选参数，包含一个控制参数的命名列表，用于从 x 中读取内容。其中一个参数是 reader，它是读入及处理由 x 传递的文档的函数，另一个参数是 language，其包含一个指定文本语言类型的字符，默认情况下为 en；"…"定义了函数的其他可选参数。

在下面的示例中，一些文本文件(Demo2.txt，Demo3.txt，DemoTM.txt，Freqdemo.txt)被存储在 C 盘的文件夹 tm 中，fname 对象使用函数 file.path("C:","tm")存储这些文件，dir(fname)显示了文件夹中所有文件的名称。现在，Corpus()或 VCorpus()函数将这些文档表示成了一个对象 files，在这里，files 被称为一个 Corpus，它显示在文件夹 tm 中，有 4 个文档。summary()函数显示了文件夹中每个文档的名字(如图 11.2 所示)。

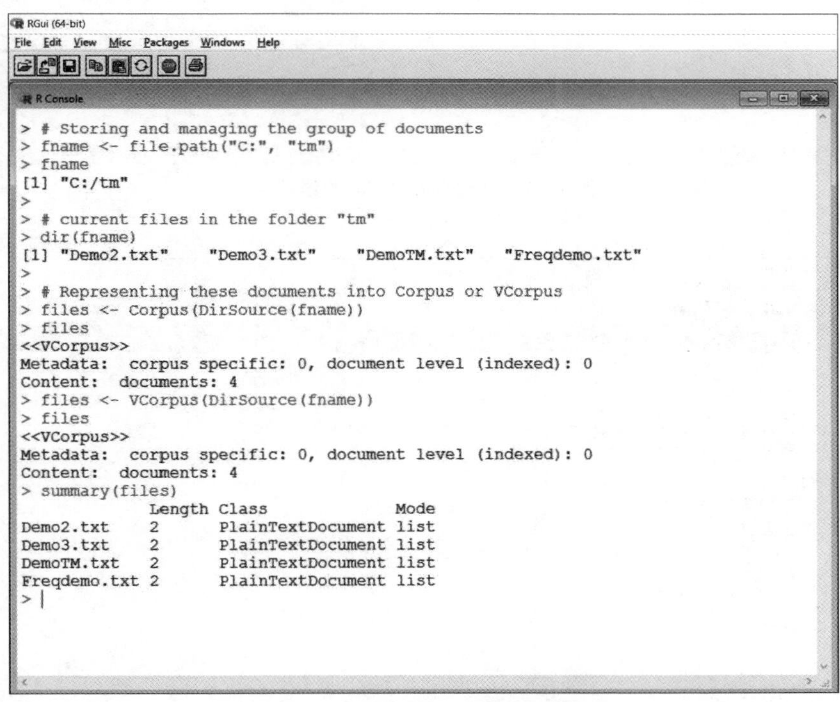

图 11.2　在 R 中创建语料库或文档

在图 11.3 中，VCorpus()函数创建了一个向量 Vfile 的文档，其包含 3 个任意的句子(如图 11.3 所示)。

在下面的例子中，inspect()函数查看由 VCorpus()函数创建的文档 files。图 11.4 显示语料库 files 中有 4 个文档，除此之外，函数返回每个文档中的字符数。

在文本挖掘中，词汇(terms)是文档的特征。为了实现任意操作，最好将文档转换成矩阵形式。包 tm 提供了一些可以识别这些特征的函数，并将它们转换成矩阵形式。该包提供了两个函数，TermDocumentMatrix()函数和 DocumentTermMatrix()函数分别从一个

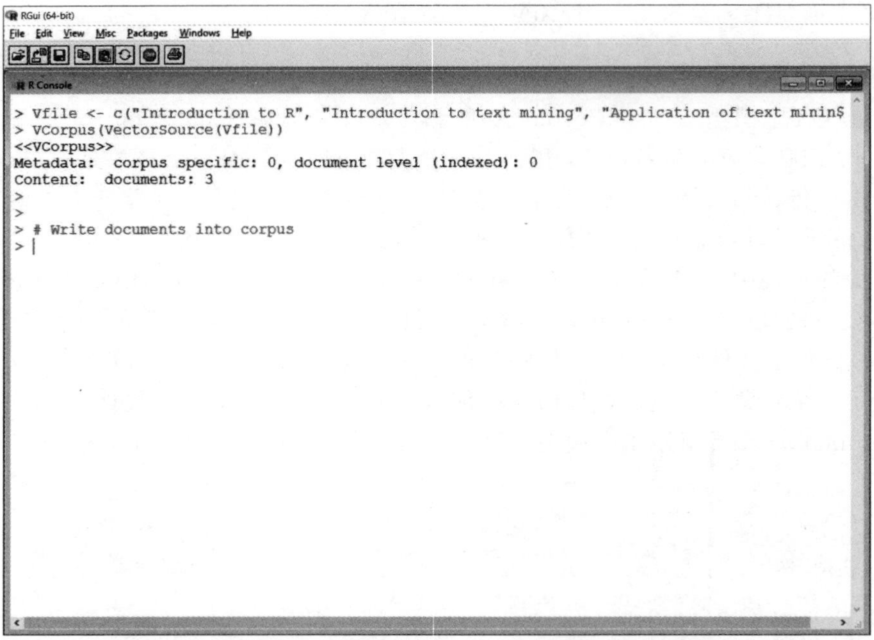

```
RGui (64-bit)
File Edit View Misc Packages Windows Help
R Console
> Vfile <- c("Introduction to R", "Introduction to text mining", "Application of text minin$
> VCorpus(VectorSource(Vfile))
<<VCorpus>>
Metadata:  corpus specific: 0, document level (indexed): 0
Content:  documents: 3
>
>
> # Write documents into corpus
> |
```

图 11.3　创建向量 Vfile 的语料库

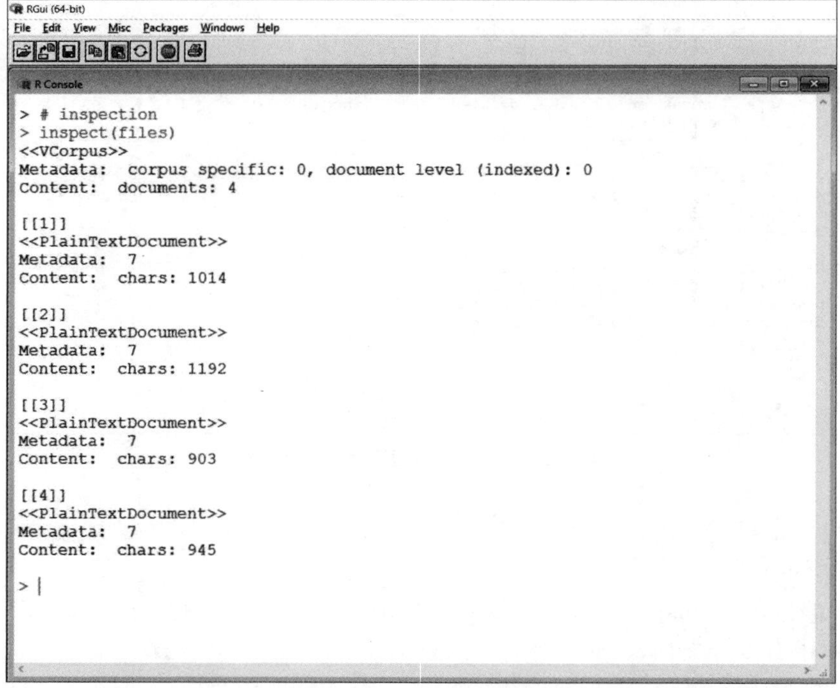

图 11.4　使用 inspect()函数查看文档

语料库中创建一个词汇-文档矩阵和文档-词汇矩阵。这两个函数的基本语法为

```
TermDocumentMatrix(x, control)
DocumentTermMatrix(x, control)
```

其中，x 参数包含一个语料库；control 是一个可选参数，包含一个控制参数的命名列表。

在下面的例子中，TermDocumentMatrix()函数创建了语料库 files 的一个词汇-文档矩阵 tdmfiles(如图 11.5 所示)，Docs()函数返回语料库的文档数，nTerms()函数返回语料库的词汇个数，Terms()函数返回语料库中每个词汇的名字。在图 11.6 中，inspect()函数对 TermDocumentMatrix()对象进行了查看。

```
> # Converting it into TermDocumentMatrix
> tdmfiles <- TermDocumentMatrix(files)
> tdmfiles
<<TermDocumentMatrix (terms: 274, documents: 4)>>
Non-/sparse entries: 325/771
Sparsity           : 70%
Maximal term length: 15
Weighting          : term frequency (tf)
> # Access Document IDs and Terms
> Docs(tdmfiles)
[1] "Demo2.txt"    "Demo3.txt"    "DemoTM.txt"    "Freqdemo.txt"
> nDocs(tdmfiles)
[1] 4
> # Finding terms of documents
> nTerms(tdmfiles)
[1] 274
> Terms(tdmfiles)
  [1] "({a2,"           "(1)"             "(2)"             "(5.2)"
  [5] "(5.3)"           "(frequent)"      "(i.e.,"          "(such"
  [9] "(we"             "?a1,"            "[categorization" "[ir],"
 [13] "[nlp],"          "{?a1,"           "{{a1,"           "{a1,"
 [17] "{a2,"            "{a8,"            "={i1,"           "1}."
 [21] "2}."             "2};"             "2}since"         "2100"
 [25] "a???"            "a?b"             "a?b,"            "a100"
 [29] "a100?;"          "a100}"           "a100}.)"         "a2,"
 [33] "a45"             "a45}"            "a50"             "a50?}."
 [37] "a50}"            "a55"             "a55}"            "a55})"
 [41] "above,"          "actual"          "also"            "among"
 [45] "analysis"        "analysis,"       "analytics"       "anb=f."
 [49] "and"             "appear"          "are"             "assert"
```

图 11.5　创建语料库 files 的词汇-文档矩阵

```
> tdmf <- TermDocumentMatrix(Dc)
> tdmf
<<TermDocumentMatrix (terms: 274, documents: 4)>>
Non-/sparse entries: 325/771
Sparsity           : 70%
Maximal term length: 15
Weighting          : term frequency (tf)
> inspect(tdmf)
<<TermDocumentMatrix (terms: 274, documents: 4)>>
Non-/sparse entries: 325/771
Sparsity           : 70%
Maximal term length: 15
Weighting          : term frequency (tf)

                 Docs
Terms             Demo2.txt Demo3.txt DemoTM.txt Freqdemo.txt
  ({a2,                   0         1          0            0
  (1)                     0         1          0            0
  (2)                     0         1          0            0
  (5.2)                   0         0          0            1
  (5.3)                   0         0          0            1
  (frequent)              2         0          0            0
  (i.e.,                  0         0          0            1
  (such                   1         0          0            0
  (we                     0         1          0            0
  ?a1,                    0         1          0            0
  [categorization         0         0          1            0
  [ir],                   0         0          1            0
  [nlp],                  0         0          1            0
  {?a1,                   0         1          0            0
```

图 11.6　对语料库 files 的词汇-文档矩阵进行查看

在图 11.7 中，DocumentTermMatrix()函数创建了语料库 Dc 的一个文档-词汇矩阵 dtmf，inspect()函数对 DocumentTermMatrix()对象进行了查看。

```
RGui (64-bit)
File Edit View Misc Packages Windows Help
R Console
> dtmf <- DocumentTermMatrix(Dc)
> dtmf
<<DocumentTermMatrix (documents: 4, terms: 274)>>
Non-/sparse entries: 325/771
Sparsity           : 70%
Maximal term length: 15
Weighting          : term frequency (tf)
> inspect(dtmf)
<<DocumentTermMatrix (documents: 4, terms: 274)>>
Non-/sparse entries: 325/771
Sparsity           : 70%
Maximal term length: 15
Weighting          : term frequency (tf)

              Terms
Docs            ({a2, (1) (2) (5.2) (5.3) (frequent) (i.e., (such (we ?a1, [categorization [ir], [nlp],
  Demo2.txt        0   0   0     0     0          2      0     1   0    0               0     0      0
  Demo3.txt        1   1   1     0     0          0      0     0   1    1               0     0      0
  DemoTM.txt       0   0   0     0     0          0      0     0   0    0               1     1      1
  Freqdemo.txt     0   0   0     1     1          0      1     0   0    0               0     0      0
              Terms
Docs           {?a1, {{a1, {a1, {a2, {a8, ={i1, 1}. 2}. 2}; 2}since 2100 a??? a?b a?b, a100 a100?; a100}
  Demo2.txt        0     0    0    0    0      0  0   0   0        0    0    0   0    0    0      0     0
  Demo3.txt        1     2    5    2    3      0  2   1   1        1    1    0   0    0    1      1     2
  DemoTM.txt       0     0    0    0    0      0  0   0   0        0    0    0   0    0    0      0     0
  Freqdemo.txt     0     0    0    0    0      1  0   0   0        0    0    1   2    1    0      0     0
              Terms
Docs           a100}.) a2, a45 a45} a50 a50?}. a50} a55 a55} a55}) above, actual also among analysis
  Demo2.txt          0   0   0    0   0      0    0   0    0     0      0      0    0     1        0
  Demo3.txt          1   9   1    2   1      1    2   1    1     1      1      1    0     0        0
```

图 11.7　创建语料库 Dc 的文档-词汇矩阵

其他示例

例 11.1

目标：创建存储在 D 盘文件夹 tm 中的文档的一个语料库，创建一个文档-词汇矩阵，确定文档数、文档中的词频数、文档中的词汇等。

步骤 1：将一组文本文件 a1.txt、a2.txt、a3.txt 存储到 D 盘的 tm 文件夹下，将 D:/tm 路径下的文件读入到变量 fname 中，下面是文件 a1.txt、a2.txt 和 a3.txt 的内容。

```
a1.txt
Data Analysis using R
a2.txt
Statistical Data Analysis
a3.txt
Data Analysis and Text Mining
>fname <-file.path("D:", "tm")
```

步骤 2：打印输出变量 fname 的值。

```
>fname
[1] "D:/tm"
```

步骤 3：列出存储在由变量 fname 给定的路径下的文件名称，它显示存储在 D:/ tm 中的文本文件的名称，dir()函数可以列出存储在目录/文件夹中的文件。

```
>dir(fname)
[1] "a1.txt" "a2.txt" "a3.txt"
```

步骤 4：使用 Corpus 创建语料库 files，语料库是包含（自然语言）文本的文档集合。

```
>files <-Corpus(DirSource(fname))
```

步骤 5：打印输出语料库 files 的内容，语料库有两种类型的元数据，语料库元数据(corpus metadata)包含标签-值(tag-value)对形式的语料库特定元数据，文档级元数据包含文档特定元数据，但是它作为数据框存储在语料库中。

```
>files
<<SimpleCorpus>>
Metadata: corpus specific: 1, document level (indexed): 0
Content: documents: 3
```

步骤 6：使用 VCorpus()函数创建一个动态语料库 files，动态语料库完全存储在内存中，因此所有变化只影响相应的 R 对象。

```
>files <-VCorpus(DirSource(fname))
```

步骤 7：打印输出语料库 files 的内容。

```
>files
<<VCorpus>>
Metadata: corpus specific: 0, document level (indexed): 0
Content: documents: 3
```

步骤 8：列出由 summary()函数指定的语料库的摘要。

```
>summary(files)
Length Class Mode
a1.txt 2 PlainTextDocument list
a2.txt 2 PlainTextDocument list
a3.txt 2 PlainTextDocument list
```

步骤 9：查看语料库 files 的内容，inspect()函数显示语料库、词汇-文档矩阵或文本文档的详细信息。

```
>inspect(files)
<<VCorpus>>
Metadata: corpus specific: 0, document level (indexed): 0
Content: documents: 3
[[1]]
<<PlainTextDocument>>
Metadata: 7
Content: chars: 21
[[2]]
<<PlainTextDocument>>
Metadata: 7
Content: chars: 25
[[3]]
```

```
<<PlainTextDocument>>
Metadata: 7
Content: chars: 29
```

步骤 10：使用 TermDocumentMatrix()函数创建一个词汇-文档矩阵 tdmfiles。

```
>tdmfiles <-TermDocumentMatrix(files)
```

步骤 11：打印输出词汇-文档矩阵 tdmfiles 的内容。

```
>Docs(tdmfiles)
[1] "a1.txt" "a2.txt" "a3.txt"
```

步骤 12：打印包含在词汇-文档矩阵 tdmfiles 中的文档数。

```
>nDocs(tdmfiles)
[1] 3
```

步骤 13：打印词汇-文档矩阵 tdmfiles 中的文档的词数。

```
>nTerms(tdmfiles)
[1] 7
```

步骤 14：打印词汇-文档矩阵 tdmfiles 中的文档所包含的词汇。

```
>Terms(tdmfiles)
[1] "analysis" "and" "data" mining" "statistical"
[6] "text" "using"
```

步骤 15：查看词汇-文档矩阵 tdmfiles。

```
>inspect(tdmfiles)
<<TermDocumentMatrix (terms: 7, documents: 3)>>
Non-/sparse entries  : 11/10
Sparsity             : 48%
Maximal term length  : 11
Weighting            : term frequency (tf)
Sample               :
Docs
Terms          a1.txt    a2.txt    a3.txt
analysis       1         1         1
and            0         0         1
data           1         1         1
mining         0         0         1
statistical    0         1         0
text           0         0         1
using          1         0         0
```

步骤 16：将语料库 files 文档中的文本转换成小写，tm_map()函数是将变换函数（也可以表示为映射）应用到语料库的一个接口。

```
>Dc <-tm_map(files, tolower)
>Dc
<<VCorpus>>
Metadata: corpus specific: 0, document level (indexed): 0
Content: documents: 3
>inspect(Dc)
<<VCorpus>>
Metadata: corpus specific: 0, document level (indexed): 0
Content: documents: 3
[[1]]
[1] data analysis using r
[[2]]
[1] statistical data analysis
[[3]]
[1] data analysis and text mining
```

步骤 17：使用 colSums()函数的行和列形成数字数组或数据框。

```
>freq <-colSums(as.matrix(tdmfiles))
```

步骤 18：计算 freq 的长度。

```
>length(freq)
[1] 3
```

步骤 19：打印输出 freq 的内容。

```
>freq
a1.txt        a2.txt        a3.txt
3             3             5
```

步骤 20：使用 order()函数按频率对文档进行排序。该函数返回一个排列，它将第 1 个参数重新排列为升序或降序，通过下一个参数打破这种排序关系。

```
>ord <-order(freq)
>ord
[1] 1 2 3
```

步骤 21：将词汇-文档矩阵 tdmfiles 转换成一个矩阵 mt。

```
>mt <-as.matrix(tdmfiles)
```

步骤 22：打印输出矩阵 mt 的维度，矩阵 mt 有 7 行和 3 列。

```
>dim(mt)
[1] 7 3
```

步骤 23：打印矩阵 mt 的内容。

```
>mt
          Docs
```

```
Terms        a1.txt  a2.txt  a3.txt
analysis     1       1       1
and          0       0       1
data         1       1       1
mining       0       0       1
statistical  0       1       0
text         0       0       1
using        1       0       0
```

步骤 24：将矩阵 mt 写入文件 D:/Dtmt.csv。

```
>write.csv(mt, file="D:/Dtmt.csv")
```

步骤 25：读取文件 D:/Dtmt.csv 中的内容。

```
>read.csv("D:/Dtmt.csv")
            X  a1.txt  a2.txt  a3.txt
1    analysis     1       1       1
2         and     0       0       1
3        data     1       1       1
4      mining     0       0       1
5 statistical     0       1       0
6        text     0       0       1
7       using     1       0       0
```

例 11.2

目标：将自定义停用词添加到原始的停用词列表中，从 D 盘的文件夹 tm1 中的 a1.txt 文件中删除这些停用词。

步骤 1：将文件 D:/Stop.txt 中的内容读入数据框 stop，文件 D:/Stop.txt 有一个自定义停用词列表，其内容如下。

Custom_Stop_Words

oh!

Hmm

OMG

Hehe

Dude

```
>stop =read.table("D:/Stop.txt", header =TRUE)
```

步骤 2：打印 stop 类和包含在数据框 stop 中的自定义停用词列表。

```
>class(stop)
[1] "data.frame"
  Custom_Stop_Words
1              oh!
2              Hmm
3              OMG
```

```
4            Hehe
5            Dude
```

步骤 3：将数据框 stop 的 Custom_Stop_words 列转换成一个向量 stop_vec。

```
>stop_vec =as.vector(stop$Custom_Stop_Words)
```

步骤 4：打印 stop_vec 类。

```
>class(stop_vec)
[1] "character"
```

步骤 5：打印向量 stop_vec 的内容。

```
>stop_vec
[1] "oh!" "Hmm" "OMG" "Hehe" "Dude"
```

步骤 6：将路径 D:/tm1 存储到变量 fname 中,D:/tm1 路径下有一个文件 a1.txt,该文件的内容如下。

oh! said he
there was silence and then "Hmm"
Dude that is now how it works. Hehe Hehe
OMG is that you?

```
>fname <-file.path("D:", "tm1")
```

步骤 7：打印输出变量 fname 的内容。

```
>fname
[1] "D:/tm1"
```

步骤 8：使用函数 Corpus()创建一个语料库 files。

```
>files <-Corpus(DirSource(fname))
```

步骤 9：使用函数 DocumentTermMatrix()创建一个文档-词汇矩阵。

```
>dtm <-DocumentTermMatrix(files)
```

步骤 10：打印输出文档-词汇矩阵 dtm 的内容。

```
>dtm
<<DocumentTermMatrix (documents: 1, terms: 15)>>
Non-/sparse entries  : 15/0
Sparsity             : 0%
Maximal term length  : 7
Weighting            : term frequency (tf)
```

步骤 11：将文档-词汇矩阵 dtm 转换为矩阵 dtm.mat。

```
>dtm.mat <-as.matrix(dtm)
```

步骤 12：打印矩阵 dtm.mat 的内容。

```
>dtm.mat
   Terms
Docs    and  dude  hehe  hmm  how  now  omg  said  silence  that  then  there
a1.txt   1    1     2     1    1    1    1    1      1       2     1     1
   Terms
Docs    was  works  you
a1.txt   1     1     1
```

步骤 13：将向量 stop_vec 中的自定义停用词列表添加到原始停用词列表中。

```
>corpus <-tm_map(files, removeWords, c(stop_vec,stopwords('english')))
```

步骤 14：创建一个文档-词汇矩阵 dtm。

```
>dtm <-DocumentTermMatrix(corpus)
```

步骤 15：打印文档-词汇矩阵 dtm 的内容。

```
>dtm
<<DocumentTermMatrix (documents: 1, terms: 4)>>
Non-/sparse entries  : 4/0
Sparsity             : 0%
Maximal term length  : 7
Weighting            : term frequency (tf)
```

步骤 16：将文档-词汇矩阵 dtm 转换成矩阵 dtm.mat。

```
>dtm.mat <-as.matrix(dtm)
```

步骤 17：打印输出矩阵 dtm.mat 的内容。注意："oh!""omg""hmm""hehe"和"dude"已经被删除，这些词是被添加到原始停用词列表中的自定义停用词。

```
>dtm.mat
   Terms
Docs    now  said  silence  works
a1.txt   1    1      1        1
```

11.6 文本挖掘的总体架构

文本挖掘系统将文档作为输入，并将生成的模式、关联和趋势作为输出。一个简单的文本挖掘系统架构只包含输入和输出系统，更常见的功能级文本挖掘系统架构按照某种顺序进行处理。图 11.8 介绍了文本挖掘系统的总体架构，可以将其划分为 4 个主要任务。

预处理任务、核心挖掘操作、展示层成分与浏览功能和精简技术是 4 个主要任务，下面给出每个任务的简要介绍。

11.6.1 预处理任务

预处理任务是第一个任务，包括为准备输入数据所需的不同程序、过程和方法，它们将

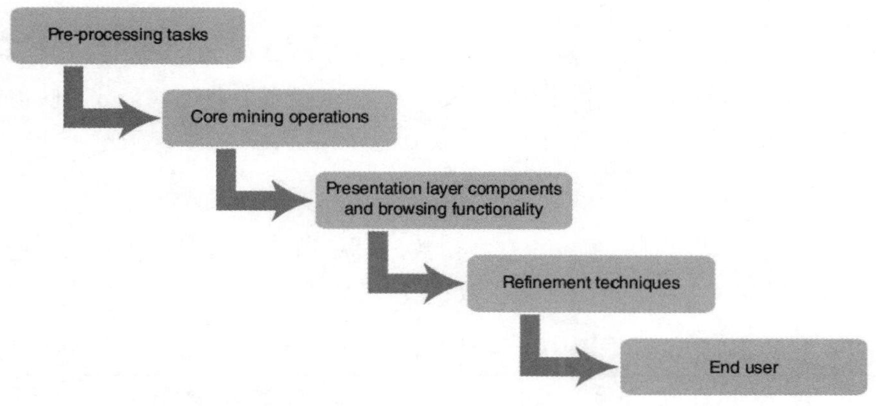

图 11.8　文本挖掘系统的总体架构

来自不同数据源的原始(raw)文本或信息转换为规范格式(规范化是将具有多种可能表示形式的数据转换为标准、普通或规范形式的过程)。这是在对文档应用任何特征抽取方法以获得新的输出模式之前的一个非常重要的步骤。

11.6.2　核心挖掘操作

核心挖掘操作是文本挖掘系统中最重要的任务,模式发现、增量知识发现算法或趋势分析是主要的核心挖掘操作。知识发现可以生成分布和比例、关联、频繁和近频繁集(near frequent set)。

11.6.3　表示层成分与浏览功能

表示层成分与浏览功能包括一些图形界面模式的浏览功能并使用了一些查询语言,这些任务使用了一些可视化工具和面向用户的查询编辑器、优化器。除此之外,它还使用创建和修改文档概念的基于字符的工具和图形工具,它还为特定的概念或模式创建和修改带有注释的配置文件(annotated profile)。

11.6.4　精简技术

精简(refinement)技术是文本挖掘系统的最后一个过程,它从给定输入文本文档中过滤冗余信息和概念,以生成一个良好优化的输出。压缩、排序、聚类、修剪、分类是文本挖掘系统所使用的一些常见的精简技术。

一个典型的文本挖掘系统会使用一些输入文档对其执行预处理任务,并抽取特征或词。核心挖掘操作对这些词和特征进行分类和标注。首先,表示层为发现模式和关联进行一些浏览,最后使用一些精简方法删除不必要或重复的信息。

11.7　R 中文档的预处理

在文本挖掘中,文档可以包含任意类型的原始数据,因此非常有必要对这种原始数据执行预处理。同时,预处理也是文本挖掘系统的第一步。tm 包提供了一个用于文档预处理的

tm_map()函数,也称文档的变换。

函数 tm_map()通过修改文档在语料库上执行变换操作,因为如 stemDocument()、stopwords()这样的变换函数都作用于单个文本文档,因此最好将这些函数和映射到语料库中所有文档的函数 tm_map()一起使用。函数 tm_map()的基本语法为

```
tm_map(x, fun, …)
```

其中,x 参数包含任意语料;fun 是一个变换函数,它将一个文本文档作为输入并返回一个文本文档,表 11.2 描述了一些重要的变换函数;"…"定义了 fun(变换函数)的参数。

表 11.2 一些重要的变换函数

变换函数	变换函数描述
stripWhitespace()	从文档中删除空格
tolower()	将文档中的词转换成小写
stopwords()	删除停用词
stemDocument(x, language = "")	对文档执行词干提取,需要加载 snowballs 包
removeNumbers()	从文本文档中删除数字
removePunctuation	从文本文档中删除标点符号

在下面的例子中,tm_map()函数对语料库 Dc 的文档执行了一些预处理任务,如删除标点符号、数字、空格和词根(stemming)。除此之外,as.matrix()函数在文档-词汇矩阵 dtmf 中创建了一个矩阵,并在预处理原始数据后将它写入文件。在这里,write.csv()函数将它写入了文件 Dtmf.csv。图 11.9 显示了语料库的预处理,图 11.10 显示了通过 read.csv()函数读取的文件 Stmf.csv 的输出。

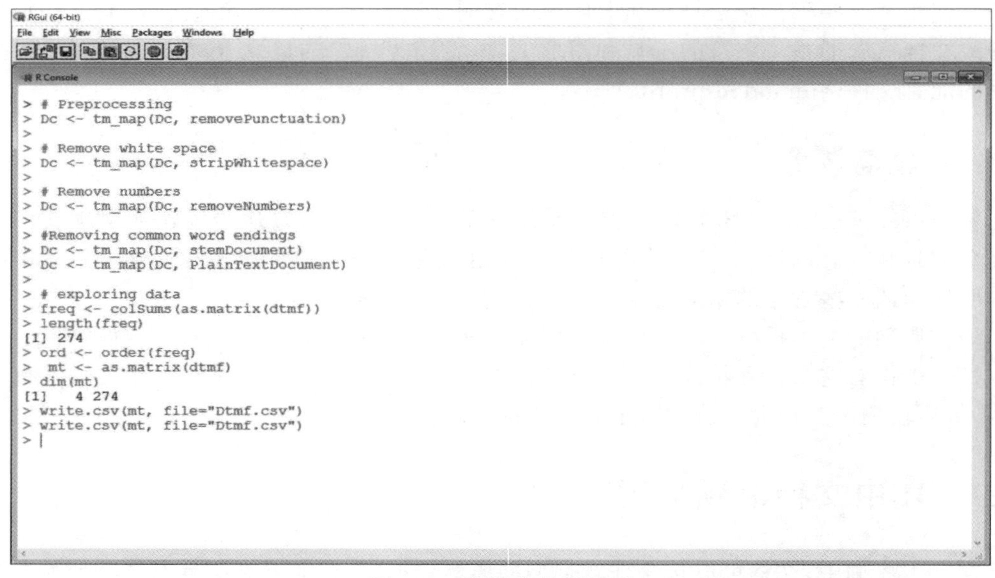

图 11.9 语料库的预处理

```
> read.csv("Dtmf.csv")
               X X..a2. X.1. X.2. X.5.2. X.5.3. X.frequent. X.i.e.. X.such X.we X.a1. X.categorization
1     Demo2.txt      0    0    0      0      0           2       0      1    0     0                0
2     Demo3.txt      1    1    1      0      0           0       0      0    1     1                0
3    DemoTM.txt      0    0    0      0      0           0       0      0    0     0                1
4 Freqdemo.txt       0    0    0      1      1           0       1      0    0     0                0
  X.ir.. X.nlp.. X..a1. X..a1..1 X.a1..1 X.a2. X.a8. X..i1. X1.. X2.. X2...1 X2.since X2100 a... a.b a.b.
1      0       0      0        0       0     0     0      0    0    0      0        0     0    0   0    0
2      0       0      1        2       5     2     3      0    2    1      1        1     1    0   0    0
3      1       1      0        0       0     0     0      0    0    0      0        0     0    0   0    0
4      0       0      0        0       0     0     0      1    0    0      0        0     0    1   2    1
  a100 a100.. a100. a100... a2. a45 a45. a50 a50... a50. a55 a55. a55.. above. actual also among analysis
1    0      0     0       0   0   0    0   0      0    0   0    0     0      0      0    0     1        0
2    1      1     2       1   9   1    2   1      1    2   1    1     1      1      1    0     0        0
3    0      0     0       0   0   0    0   0      0    0   0    0     0      0      0    1     0        1
4    0      0     0       0   0   0    0   0      0    0   0    0     0      0      0    1     0        0
  analysis. analytics anb.f. and appear are assert associated association associations associations. b..
1         0         0      0   5      2   1      0          0           0            0             1   0
2         0         0      0   4      0   2      2          0           0            0             0   0
3         2         1      0   5      0   4      0          0           0            1             0   0
4         0         0      1   5      0   0      0          1           2            0             0   1
  b... because become big both bread. business but buying called camera. can cannot card. case.
1    0       0      1   0    0      1        0   0      1      1       1   1      0     1     0
2    0       1      0   0    1      0        0   2      0      0       0   2      2     0     0
3    0       0      0   1    0      0        2   0      0      0       0   0      0     0     1
4    1       0      0   0    1      0        0   0      0      1       0   0      0     0     0
  classification. closed clustering. collections. combined compare complete conditional confidence
1               1      0           1            0        1       0        0           0          0
2               0      3           0            0        0       1        1           0          0
3               0      0           1            1        0       0        0           0          0
```

图 11.10　读取 Dtmf.csv 文件

在预处理文档前，语料库 Dc 的词矩阵显示了 274 个词，如图 11.10 所示，生成的输出不能用于使用 Apriori 算法生成频繁项集和规则。文档预处理后，语料库 Dc 的文档-词汇矩阵显示了 186 个词，其生成的输出可以很容易地用于挖掘方法。因此，在语料库的预处理后必须重新创建一个文档-词汇或词汇-文档矩阵(如图 11.11 所示)。

```
> # After preprocessing of the corpus
> dtmf <- DocumentTermMatrix(Dc)
> dtmf
<<DocumentTermMatrix (documents: 4, terms: 186)>>
Non-/sparse entries: 244/500
Sparsity           : 67%
Maximal term length: 12
Weighting          : term frequency (tf)
>
> # Creating matrix
>  mt <- as.matrix(dtmf)
> mt
              Terms
Docs            abov actual also among analysi analyt anbf and appear are assert associ associat becaus becom
  character(0)     0      0    0     1       0      0    0   5      2   1      0      1        0      0     1
  character(0)     1      1    0     0       0      0    0   4      0   2      2      0        0      1     0
  character(0)     0      0    1     0       3      1    0   5      0   4      0      1        0      0     0
  character(0)     0      0    1     0       0      0    1   5      0   0      0      2        1      0     0
              Terms
Docs            big both bread busi but buy call camera can cannot card case categor classif close cluster
  character(0)    0    0     1    0   0   1    1      1   1      0    1    0       0       1     0       1
  character(0)    0    1     0    0   2   0    0      0   2      2    0    0       0       0     3       0
  character(0)    1    0     0    2   0   0    0      0   0      0    0    1       1       0     0       1
  character(0)    0    1     0    0   0   0    1      0   0      0    0    0       0       0     1       0
              Terms
Docs            collect combin compar complet condit confid confidenceab contain correl count data databas deriv
  character(0)        0      1      0       0      0      0            0       0      1     0    7       1     0
  character(0)        0      0      1       1      0      0            0       1      0     3    0       1     1
  character(0)        1      0      0       0      0      0            0       0      0     0    3       0     0
```

图 11.11　预处理后的语料库 Dc 的文档-词汇矩阵 dtmf

11.8　核心文本挖掘操作

核心文本挖掘操作是文本挖掘系统中最重要的一个任务，分布(比例)、频繁和近频繁概念集、关联是 3 种主要的核心文本挖掘操作。每个操作的简要介绍如下。

11.8.1 分布(比例)

从预处理阶段得到输出后，文本挖掘系统中的核心挖掘操作生成模式并找出集合中数据的分布，任何文本挖掘系统都对文本挖掘使用分布。该操作对单个文档集合创建有意义的细分以用于比较，也称概念选择。

表11.3介绍了分布的一些重要定义，设D是一组文档，K定义了一组概念。

表11.3 一些重要的分布

分布名称	定　义	公　式
concept selection	选择由一个或多个给定的概念标注的一些文档子集合	D/K
concept proportion	由一个特定的概念标注的一组文档的比例	F(D,K) = |D/K| / |D|
conditional concept proportion	由一个特定的概念标注的一组文档的比例，这个概念本身是由另一个概念标注的	F(D,K1/K2) = f(D/K2, K1)
concept proportion distribution	由一些所选择的概念标注的一组文档的比例	FK(D, x)
conditional concept proportion distribution	由K′中的所有概念标注的一组文档的比例，这些概念是由概念x标注的	FK(D, x | K′) = FK(D/K| K′, x)

11.8.2 频繁概念集

频繁概念集是从文档集合中获得的另一种基本模式，一个频繁概念集是文档集合中表示的一组概念，这些概念在最小支持水平或以上具有共现性。这个最小支持水平是一个阈值参数 s，即频繁概念集的所有概念至少在 s 个文档中一起出现；它起源于关联规则，其中Apriori算法用来发现频繁项集。

对于文本挖掘，支持度是包含给定规则的文档数或百分比，称为共现频率。置信度是规则为true的时间百分比。频繁集是由频繁集的概念的并集所指定的一种查询。这个频繁集是部分有序的，并且包含修剪属性，即频繁集的每个子集是一个频繁集。

11.8.3 近频繁概念集

近频繁概念集定义了两个频繁概念集之间的一种无向关系，并使用重叠度(degree of overlapping)度量这种关系。例如，根据两个概念集之间的距离函数进行定义，包含两个概念集的所有概念的文档数量。

在R语言中，tm包提供了一个findFreqTerms()函数，用来找出文档-词汇或词汇-文档矩阵中的频繁词。findFreqTerms()函数的基本语法为

```
findFreqTerms(x, lowfreq =0, highfreq =inf)
```

其中，x参数包含词汇-文档矩阵或文档-词汇矩阵；lowfreq参数包含一个数字，定义了下限频率边界；highfreq参数包含一个数值，定义了上限频率边界。

在下面的例子中，findFreqTerms()函数使用语料库Dc的一个文档-词汇矩阵dtmf，并

返回频繁词汇。一开始，它找到了频率在 5～15 之间的频繁词汇，结果表明在这个频率范围内只有 14 个词汇，然后，它找到了处于低频 10 和 1 的频繁词汇(如图 11.12 所示)。

```
> # Frequent terms
> findFreqTerms(dtmf, lowfreq=5, highfreq = 15)
 [1] "{a1,"         "a2,"          "are"          "data"         "for"          "frequent"    "has"
 [8] "mining"       "set"          "such"         "text"         "that"         "transaction" "where"
>
> findFreqTerms(dtmf, lowfreq=10)
[1] "and"      "frequent" "set"      "that"     "the"
>
> findFreqTerms(dtmf, lowfreq=1)
  [1] "({a2,"              "(1)"                "(2)"               "(5.2)"       "(5.3)"
  [6] "(frequent)"         "(i.e.,"             "(such"             "(we"         "?a1,"
 [11] "[categorization"    "[ir],"              "[nlp],"            "{?a1,"       "{{a1,"
 [16] "{a1,"               "{a2,"               "{a8,"              "={i1,"       "1}."
 [21] "2}."                "2};"                "2}since"           "2100"        "a???"
 [26] "a?b"                "a?b,"               "a100"              "a100?;"      "a100}"
 [31] "a100}.)"            "a2,"                "a45"               "a45}"        "a50"
 [36] "a50?}."             "a50}"               "a55"               "a55}"        "a55})"
 [41] "above,"             "actual"             "also"              "among"       "analysis"
 [46] "analysis,"          "analytics"          "anb=f."            "and"         "appear"
 [51] "are"                "assert"             "associated"        "association" "associations"
 [56] "associations,"      "b)."                "b???"              "because"     "become"
 [61] "big"                "both"               "bread,"            "business"    "but"
 [66] "buying"             "called"             "camera,"           "can"         "cannot"
 [71] "card,"              "case,"              "classification,"   "closed"      "clustering,"
 [76] "collections,"       "combined"           "compare"           "complete"    "conditional"
 [81] "confidence"         "confidence(a?b)"    "contain"           "containing"  "contains"
 [86] "correlations,"      "count"              "counts,"           "counts."     "data"
 [91] "data,"              "data."              "database"          "database,"   "derive,"
 [96] "determined"         "different"          "digital"           "document"    "due"
```

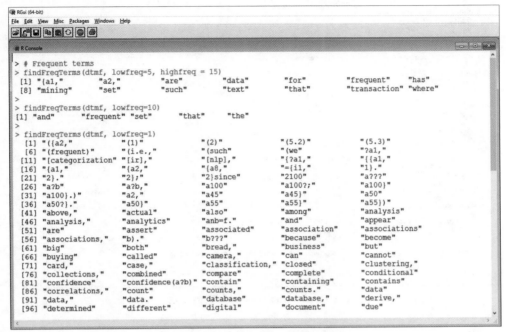

图 11.12 findFreqTerm()函数的使用

11.8.4 关联

在第 10 章中，我们学习了由频繁项集生成的关联规则，两个或多个项之间的关系等。对于文本挖掘，关联定义了概念和概念集之间的有向关系，一个关联规则是形如 $X \rightarrow Y$ 的蕴涵表达式，其中 X 和 Y 是两个特征集。

对于文本文档，关联定义了两个或多个词汇之间的关系或关联。例如，在一个文本文件中，如果两个词“text”和“mining”一起出现了不止一次，则这两个词汇之间就有一个强关联。

在 R 语言中，tm 包提供了一个 findAssocs()函数，用来识别文档-词汇或词汇-文档矩阵中的两个或多个词之间的关联。findAssocs()函数的基本语法为

```
findAssocs(x, terms, corlimit)
```

其中，x 参数包含词汇-文档矩阵或文档-词汇矩阵；terms 参数包含一个存储着词汇的字符向量；corlimit 参数包含一个数字，表示 0～1 内的每个词汇的关联下限。

在下面的例子中，findAssocs()函数使用语料库 Dc 的一个文档-词汇矩阵 dtmf，并利用关联下限 0.98 找出词“frequent”和“itemset”之间的关联。结果表明，词“frequent”和“itemset”之间的关联为 0.99(如图 11.13 所示)。

在图 11.14 中，findAssocs()函数找到了词“frequent”和语料库中其他所有词汇之间的关联。可以看到，词“closed”和“support”之间的关联很小。

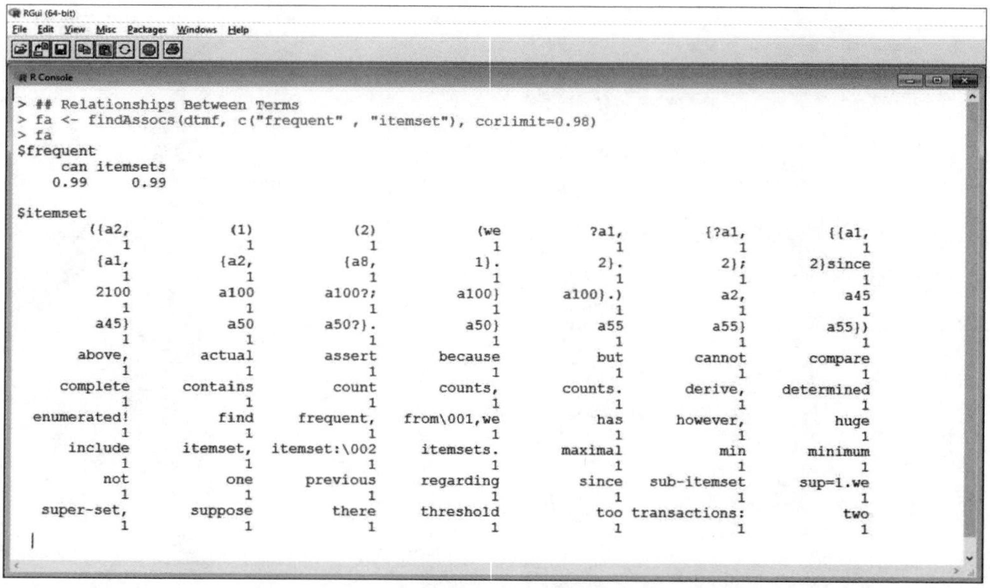

```
> ## Relationships Between Terms
> fa <- findAssocs(dtmf, c("frequent" , "itemset"), corlimit=0.98)
> fa
$frequent
     can itemsets
    0.99     0.99

$itemset
        ({a2,           (1)           (2)           (we          ?a1,         {?a1,         {{a1,
            1             1             1             1             1             1             1
         {a1,          {a2,          {a8,           1}.           2}.           2};      2}since
            1             1             1             1             1             1             1
         2100          a100         a100?;         a100}       a100}.)           a2,           a45
            1             1             1             1             1             1             1
         a45}           a50        a50?}.          a50}           a55          a55}         a55})
            1             1             1             1             1             1             1
       above,        actual        assert       because           but        cannot       compare
            1             1             1             1             1             1             1
     complete      contains         count       counts,       counts.       derive,    determined
            1             1             1             1             1             1             1
  enumerated!          find     frequent,  from\001,we           has      however,          huge
            1             1             1             1             1             1             1
      include      itemset,  itemset:\002     itemsets.       maximal           min       minimum
            1             1             1             1             1             1             1
          not           one      previous     regarding         since   sub-itemset      sup=1.we
            1             1             1             1             1             1             1
   super-set,       suppose         there     threshold           too transactions:          two
            1             1             1             1             1             1             1
```

图 11.13　findAssocs()函数的使用

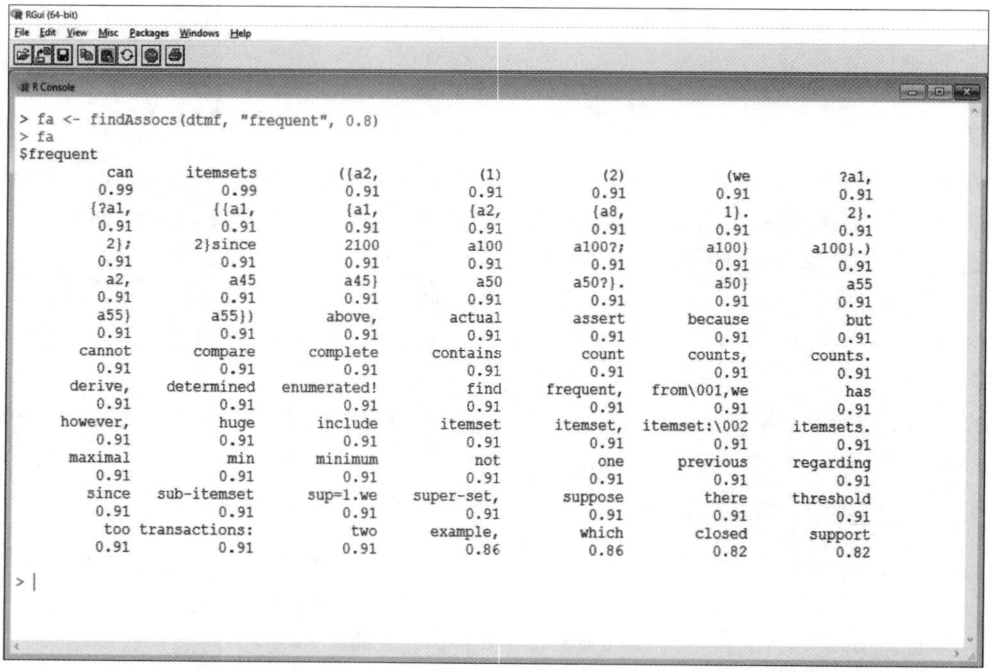

```
> fa <- findAssocs(dtmf, "frequent", 0.8)
> fa
$frequent
          can      itemsets         ({a2,           (1)           (2)           (we          ?a1,
         0.99          0.99          0.91          0.91          0.91          0.91          0.91
        {?a1,         {{a1,          {a1,          {a2,          {a8,           1}.           2}.
         0.91          0.91          0.91          0.91          0.91          0.91          0.91
          2};       2}since          2100          a100        a100?;         a100}       a100}.)
         0.91          0.91          0.91          0.91          0.91          0.91          0.91
          a2,           a45          a45}           a50        a50?}.          a50}           a55
         0.91          0.91          0.91          0.91          0.91          0.91          0.91
         a55}         a55})        above,        actual        assert       because           but
         0.91          0.91          0.91          0.91          0.91          0.91          0.91
       cannot       compare      complete      contains         count       counts,       counts.
         0.91          0.91          0.91          0.91          0.91          0.91          0.91
      derive,    determined   enumerated!          find     frequent,   from\001,we           has
         0.91          0.91          0.91          0.91          0.91          0.91          0.91
     however,          huge       include       itemset      itemset,  itemset:\002     itemsets.
         0.91          0.91          0.91          0.91          0.91          0.91          0.91
      maximal           min       minimum           not           one      previous     regarding
         0.91          0.91          0.91          0.91          0.91          0.91          0.91
        since   sub-itemset      sup=1.we    super-set,       suppose         there     threshold
         0.91          0.91          0.91          0.91          0.91          0.91          0.91
          too transactions:          two      example,         which        closed       support
         0.91          0.91          0.91          0.86          0.86          0.82          0.82

>
```

图 11.14　只有一个词“frequent”的 findAssocs()函数的使用

11.9　文本挖掘的背景知识

文本挖掘中使用的知识分为领域知识和背景知识。领域知识定义了一个特定的专业，包括本体论、词典和分类法等。在文献中，背景知识代替了领域知识，它被用于文本挖掘系统的许多元素中，但大多用于预处理操作，它在分类和概念抽取方法、提高核心挖掘算法和搜索求精技术方面发挥了重要作用。

约束、属性关系规则和层次树是背景知识的 3 种主要形式，大多数数据挖掘应用程序均使用这些形式。将背景知识应用于文本挖掘系统的预处理操作中可以增强特征提取和验证活动，以形成有意义、一致、规范化的概念层次结构。为了对知识发现操作提供有意义的约束，背景知识常被用于文本挖掘系统中。

11.10　文本挖掘查询语言

查询语言和所有应用程序进行交互，和文本挖掘系统进行交互的查询语言较少，其具有以下几个目标：

- 允许用户为文本挖掘指定并执行定义的任意搜索算法；
- 允许用户根据需求对搜索参数添加许多约束；
- 执行一些辅助过滤和冗余操作，以最小化输出中的模式过剩。

文本挖掘系统为用户提供了访问查询语言的友好的图形化界面或直接命令行界面。KDTL(文本语言中的知识发现)是于 1996 年开发的一种文本挖掘查询语言。

小练习

1. 什么是非结构化数据？

答：在非结构化数据中，信息没有特定的格式，包含符号、字符或数字。例如，Facebook 中的评论、Twitter 中的 tweets、任何产品或服务的意见或评论都是非结构数据的例子。

2. 什么是静态文档集合和动态文档集合？

答：静态文档集合是一个文档集合，其中初始的文档内容保持不变；动态文档集合是一个文档随着时间而改变或更新的文档集合。

3. 自由格式或弱结构文档是什么意思？

答：自由格式或弱结构文档遵循一些排版、布局和指示符的格式。研究论文、新闻稿都是自由格式文档的例子。

4. 文本挖掘系统的 4 个主要成分或任务是什么？

答：预处理任务、核心挖掘操作、表示层成分与浏览功能、精简技术是文本挖掘的 4 个主要任务。

11.11　挖掘频繁模式、关联和相关性的基本概念和方法

本节将介绍频繁模式、关联和相关性的基本概念和方法，这是文本挖掘中的一个重要部分。频繁挖掘发展背后的主要目标是识别数据中固有的模式，即顾客经常购买哪个产品、购

买某些产品后的后续购买模式是什么等。

市场购物篮分析、目录(catalogue)设计、Web 日志分析、交叉营销、销售活动分析和DNA 序列分析是频繁模式的一些应用。市场购物篮分析是频繁模式最著名的应用。

11.11.1 基本概念

频繁模式是文本挖掘中的一个重要概念,它有助于研究者在挖掘任务中发现关联、相关性、分布、聚类、分类等。

1. 频繁模式

频繁模式是一种在数据集中频繁出现的模式,这些模式可以是任意的项集、子序列或子结构。例如,汽油、汽车、自行车、轮胎等一组商品一起出现在一个数据集中。频繁项集是在数据集中一起频繁出现的项的集合。

2. 频繁顺序模式

频繁顺序模式是一个在数据集中以序列的方式频繁出现的模式,它按照子序列的概念,即一个接一个。例如,首先购买了一辆汽车,然后按照顺序购买了汽油、坐垫等。

3. 频繁结构模式

频繁结构模式是一个频繁模式,是从经常频繁出现的数据集中构建的,它遵循子结构的概念,即分层形式,如子图、子格、子树等。

11.11.2 购物篮分析

购物篮分析是频繁项集挖掘的一个经典例子,其主要目标是在一组项中识别关联和相关性。购物篮分析过程分析顾客的购买行为,以识别他们购买或放进购物篮的不同商品之间的关联和相关性。识别关联的过程可以帮助一家企业开发一种有效的市场策略,并通过该策略识别顾客一起频繁购买的商品。

图 11.15 给出了一个购物篮分析的例子,每个顾客都有自己的购物篮,可以根据他们的

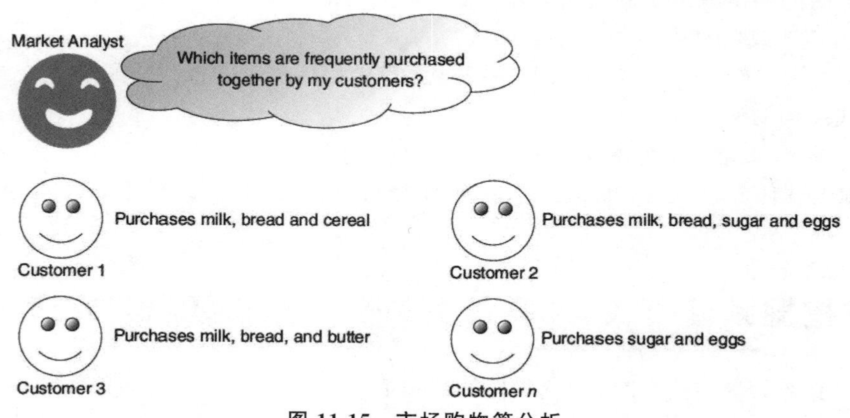

图 11.15 市场购物篮分析

需要放置商品。例如，一个顾客在购物篮中放了牛奶、面包和谷物类商品，另一个顾客在购物篮放了牛奶、面包和黄油等。简言之，每个购物篮包含一些彼此相关的商品，市场分析师会从这些不同的购物篮中找出频繁项。

在这里，每个商品可以由一个表示该商品存在或不存在的布尔变量表示，每个购物篮表示一个被指定给这些布尔变量的值的布尔向量，分析这些布尔向量可以发现顾客的购买模式及频繁相关或一起购买的商品，这些模式可以通过关联规则表示，支持度和置信度是度量规则的兴趣度的两个度量标准。下面对随后要使用的基本术语进行简介。

设 $I=\{I_1,I_2,I_3\cdots I_m\}$是所有项的集合；$D=\{T_1,T_2,T_3\cdots T_n\}$是在给定时间内所有的事务集合，其中，每个事务 T_i 是项的一个集合，使得 $T_i\subseteq I$，$A\subseteq T$ 是一个项集，且$|A|=k$，称为 k 项集。

共现频率是包含项集的事务数，也称项集的频率、计数、支持数或绝对支持度。

11.11.3 关联规则

关联规则将一个项的集合的出现和另一个项的集合关联起来，关联规则是形如 $X\rightarrow Y$ 的一个蕴涵表达式，其中 X 和 Y 是两个不相交的项集，$X\subseteq I$，$Y\subseteq I$，并且 $X\cap Y=\varnothing$。

1. 支持度

支持度是通过使用最小支持度阈值衡量关联规则有用性的一个度量标准，该度量标准度量具有和关联规则的蕴涵表达式两边都匹配的项集的事件数。

设 $X\rightarrow Y$ 是一个关联规则，D 是一个事务集，n 是 D 中的事务数，则规则的支持度是 D 中包含 $X\cup Y$ 的事务的百分比或对概率 $Pr(X\cup Y)$的估计。规则 $X\rightarrow Y$ 的支持度是通过以下公式计算的。

$$\text{sup}=(X\cup Y).\text{count}/n$$

或者

$$\text{sup}=\text{包含 } X \text{ 和 } Y \text{ 的事务数}/|\text{D}|$$

2. 置信度

置信度是使用阈值衡量关联规则的确定性的一种度量标准，它衡量与关联规则中的蕴涵表达式的左侧匹配的事件项集并与右侧匹配的频率。

设 $X\rightarrow Y$ 是一个关联规则，D 是一个事务集，则规则的置信度是 D 中包含 X 和 Y 的事务的百分比或对条件概率 $Pr(Y|X)$的估计。规则 $X\rightarrow Y$ 的置信度使用以下公式计算。

$$\text{conf}=(X\cup Y).\text{count}/X.\text{count}$$

或

$$\text{conf}=\text{包含 } X \text{ 和 } Y \text{ 的事务数}/\text{包含 } X \text{ 的事务数}$$

或

$$\text{conf}=(X\cup Y)\text{的支持度}/X\text{ 的支持度}$$

11.12 频繁项集、闭项集和关联规则

本节将介绍频繁项集、闭项集和关联规则。

11.12.1 频繁项集

包含经常一起出现且相互关联的项的项集称为频繁项集，频繁项集的支持度大于最小支持度阈值，最小支持度阈值定义了项集的相对支持度。L_k 表示频繁 k 项集的集合。

11.12.2 闭项集

数据集中有一个项集，如果没有一个合适的超项集，则称之为闭项集。如果 Q 是 D 中的一个闭项集，则有一个项集 R，使得 $Q \subseteq R \subseteq D$，其中支持数($Q$)＝支持数($R$)。

如果一个项集既是闭项集，又是频繁项集，则它是一个闭频繁项集。例如，如果 Q 是 D 中的一个闭项集，也是一个频繁项集，则 Q 是一个闭频繁项集。如果一个项集是频繁项集，并且没有超项集，则该项集是一个最大频繁项集。

11.12.3 关联规则挖掘

关联规则是一个形如 $X \rightarrow Y$ 的蕴涵表达式，其中 X 和 Y 是两个不相交的项集，$X \subseteq I$，$Y \subseteq I$，并且 $X \cap Y = \varnothing$。

对于任意两个项集 X 和 Y，如果 $X \rightarrow Y$ 的支持度至少是最小支持度阈值，并且 $X \rightarrow Y$ 的置信度至少是最小置信度阈值，则关联规则($X \rightarrow Y$)被称为强关联规则。

关联规则挖掘的两步法为：

第一步是频繁项集生成，找出所有频繁项集，这些项集中的每个项集出现的频率至少与预先确定的最小支持数相同；

第二步是规则生成，从频繁项集中生成强关联规则，这些规则必须满足最小支持度和最小置信度。

小练习

1. 什么是频繁模式？

答：频繁模式是一种在数据集中频繁出现的模式，这些模式可以是任意的项集、子序列或子结构。

2. 什么是购物篮分析？

答：购物篮分析是频繁项集挖掘中的一个经典例子，主要目标是找出项集中的关联和相关性。

3. 什么是共现频率？

答：共现频率是项集中的事务数，也称项集的频率、计数、支持数或绝对支持度。

11.13 频繁项集的挖掘方法

本节将介绍文本挖掘中的频繁模式、关联和相关性的基本挖掘方法。挖掘方法的主要目的是生成频繁项集和关联规则。

11.13.1 Apriori 算法：发现频繁项集

Apriori 算法是由 Agarwal 和 Srikant 于 1994 年开发的用于挖掘频繁项集的开创性算法。Apriori 算法是一个广度优先算法，其按照两步法计算事务，并遵循 Apriori 原理。Apriori 原理是生成频繁项集的最佳策略和有效方法。根据 Apriori 原理：如果一个项集是频繁的，则它的所有子集也必须是频繁的。

Apriori 原理不用计算支持度就可以删除某些候选项集，候选项集的删除被称为项集修剪，Apriori 原理使用支持度度量以下属性：

$$\forall X \quad Y:(X \subseteq Y) \rightarrow s(X) \geqslant s(Y)$$

该属性被称为支持度的反单调性属性，其中一个项集的支持度永远不会大于其子集的支持度，该原理不要求将每个候选项集和每个事务进行匹配。

Apriori 算法可以识别频繁项集、最大频繁项集和闭频繁项集，算法在实现的同时生成了关联规则。在本节中，Apriori 算法生成了所有频繁项集，其中，频繁项集是事务支持度大于最小支持度 minsup 的一个项集。

为了生成有效的项集，算法应该按照字典顺序排序。设 $\{w[1], w[2], \cdots, w[k]\}$ 表示 k 个项集，w 包含项 $w[1], w[2], \cdots, w[k]$，其中 $w[1] < w[2] < \cdots < w[k]$。算法的伪代码如下。

```
Apriori(T)
1. Cₖ← init-pass(T);                              //第一次传递
2. F₁← {f|f∈C₁, f.count ≥minsup }                 //n =事务数
3. for (k =2; Fₖ₋₁≠ϕ; k++) do                     //在 T 上后续的传递
4. Cₖ← candidate-gen(Fₖ₋₁)
5. for 每个事务 t∈T do                             //扫描数据一次
6. for 每个候选项集 c∈Cₖ do
7. if  c 包含在 t 中 then
8. c.count++;
9. end
10. end
11. Fₖ← {c∈Cₖ | c.count / n ≥ minsup }
12. end
13. return F← ∪Fₖ
```

算法使用逐层(level-wise)搜索生成频繁项集并多次传递数据。在算法的每一次传递中，都会计算每个项的支持度(第 1 行)并确定每个项是否都是频繁的(第 2 行)。F_1 是频繁 1-项集，在每个后续的传递 k 中，其按照以下 3 个步骤进行。

① 从第 $k-1$ 次传递中的频繁项集 F_{k-1} 的种子集开始，该种子集使用候选 gen() 函数

生成候选项集 C_k(第 4 行)，这些候选项集可能是频繁项集。

② 扫描事务数据库，计算 C_k 中的每个候选项集 c 的实际支持度(第 5～10 行)。

③ 在最后的传递中确定实际的频繁候选项集。

所有频繁项集 F 的集合是算法最终的输出结果。

1. 候选 gen()函数

用于 Apriori 算法中的候选 gen()函数包含两个步骤：合并(join)和修剪(pruning)，说明如下。

① 合并(第 2～3 行)会将两个频繁($k-1$)项集进行合并，以产生一个可能的候选项 c(第 6 行)，两个频繁项集 f_1 和 f_2 的项完全相同，除了最后一个(第 3～5 行)，将 c 添加到候选集 C_k 中(第 7 行)。

② 修剪(第 8～11 行)确定所有 c 的 $k-1$ 子集是否都在 F_{k-1} 中，如果它们都不在 F_{k-1} 中，根据向下闭包特性，则 c 不是频繁的，将其从 C_k 中删除。

候选 gen()函数的伪代码如下。

```
candidate gen(F_{k-1})
1. C_k ← φ                                         //初始化候选集
2. for 所有 f_1, f_2 ∈ F_{k-1}                      //遍历所有频繁项集对
3.   对于 f_1 = {i_1, i_2, …, i_{k-2}, i_{k-1}}       //只有最后一项不同
4.   和 f_2 = {i_1, i_2, …, i_{k-2}, i_{k-1}}
5.   and i_{k-1} < i'_{k-1} do                      //根据排好的顺序
6.   c ← {i_1, …, i_{k-1}, i'_{k-1}}                //合并两个项集 f_1 和 f_2
7.   C_k ← C_k ∪ {c}                                //将新的项集 c 添加到候选项集中
8.   for c 的每个(k-1)-子集 s  do
9.       If (s ∉ F_{k-1}) then
10.           从 C_k 中删除 c                        //从候选项集中删除 c
11.  end
12. end
13. return
```

考虑下面的例子，表 11.4 表示了项集{A,B,C,D}的四个事务，Apriori 算法利用最小支持度 minsup＝50％和最小置信度 minconf＝50％确定了频繁项集。

表 11.4　演示项

事　　务	项
T_1	{ A, B, C, D}
T_2	{ A, B}
T_3	{ A, B,C }
T_4	{ B, C }

根据表 11.4 确定每个项的频次。

2. 项的频次

项	支持度
A	3
B	4
C	3
D	1

删除最小支持度 minsup＝50％＝2 的项后确定频繁项集-F1。

项	支持度
A	3
B	4
C	3

生成候选项集 C2－F1×F1。

项	支持度
A，B	3
A，C	2
B，C	3

继续生成新的候选项集。

项	支持度
A，B，C	2

在此之后，不能再进一步处理，因此表 11.4 的频繁项集是{A,B,C}。

3. 使用 arules 包的 apriori()函数实现语料库

在下面的例子中(如图 11.16 所示)，arules 包的 apriori()函数使用支持度为 0.98 的语料库 Dc 的矩阵 mt(在上面的例子中创建的)并返回一个对象。在 11.13.2 节中，该对象被用来发现不同的关联值。

11.13.2　从频繁项集生成关联规则

在数据库中的事务生成频繁项集后，就可以从频繁项集中生成所有置信关联规则了，其中，置信关联规则是置信度大于最小置信度 minconf 的规则。这一步是一个可选步骤，因为对于许多应用而言，频繁项集就已经足够了，不再需要生成关联规则。

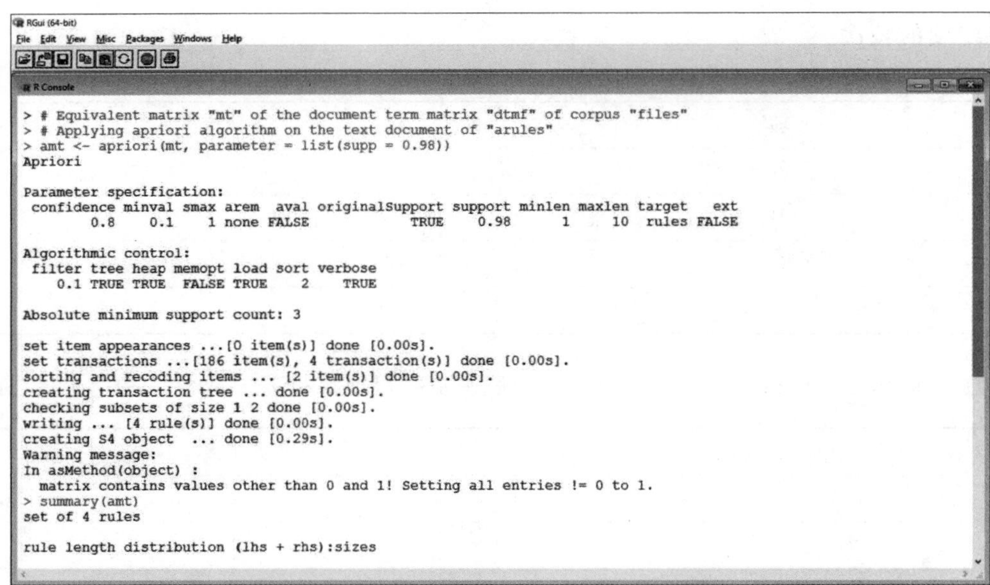

RGui (64-bit)
File Edit View Misc Packages Windows Help
R Console
> # Equivalent matrix "mt" of the document term matrix "dtmf" of corpus "files"
> # Applying apriori algorithm on the text document of "arules"
> amt <- apriori(mt, parameter = list(supp = 0.98))
Apriori
Parameter specification:
confidence minval smax arem aval originalSupport support minlen maxlen target ext
0.8 0.1 1 none FALSE TRUE 0.98 1 10 rules FALSE
Algorithmic control:
filter tree heap memopt load sort verbose
0.1 TRUE TRUE FALSE TRUE 2 TRUE
Absolute minimum support count: 3
set item appearances ...[0 item(s)] done [0.00s].
set transactions ...[186 item(s), 4 transaction(s)] done [0.00s].
sorting and recoding items ... [2 item(s)] done [0.00s].
creating transaction tree ... done [0.00s].
checking subsets of size 1 2 done [0.00s].
writing ... [4 rule(s)] done [0.00s].
creating S4 object ... done [0.29s].
Warning message:
In asMethod(object) :
matrix contains values other than 0 and 1! Setting all entries != 0 to 1.
> summary(amt)
set of 4 rules
rule length distribution (lhs + rhs):sizes

图 11.16 在文本文档(语料库)上实现 Apriori 算法

下面的公式用于为每个包含子集的频繁项集 f 和每个子集 α 生成规则。如果

$$置信度=(f.\text{count}/(f-\alpha).\text{count})\leqslant \text{minconf}$$

则

$$(f-\alpha)\rightarrow\alpha$$

其中,$(f.\text{count}/(f-\alpha).\text{count})=(f(f-\alpha))$的支持数,$f.\text{count}/n=$规则的支持度,其中,$n$ 是事务集中的事务数。

该方法比较复杂,因此需要使用一个有效的算法和过程生成规则。下面给出在结果中有一个项(α 的子集)的算法伪代码。

```
genRules(F)                                  //F =所有频繁项集的集合
for  F中的每一个频繁 k-项集 f_k, k≥ 2 do
   输出 f_k 的每个置信度≥最小置信度且支持度←f_k.count/n 的 1-项后规则
   H_1←{从以上 f_k 得到的所有 1-项后规则的后项}
   ap-genRules(f_k,H_1)
end
```

ap-genRules(f_k,H_m)过程的伪代码如下。

```
ap-genRules(f_k,H_m)                         //H_m=m-项后项集合
if (k >m+1) AND (H_m≠∅) then
H_{m+1}← candidate-gen(H_m)
for H_{m+1}中的每个 h_{m+1}  do
   conf ← f_k.count / (f_k-h_{m+1}).count
   if (conf ≥minconf) then
     输出规则(f-h_{m+1})←h_{m+1},置信度=conf,支持度=f_k.count /n
   else
```

```
        从 Hm+1 中删除 hm+1
    end
ap-genRules(fk,Hm)
end
```

11.13.3　提高 Apriori 算法的效率

有几种基于 Apriori 算法的改进方法，可以提高其挖掘效率。基于哈希(散列)的技术、事务压缩(transaction reduction)、划分、抽样和动态项集计算都是提高 Apriori 算法效率的一些方法。下面给出每种方法的简要介绍。

1. 基于哈希(散列)的技术

基于哈希的技术减小了候选 k 项集 C_k 的大小($k>1$)，哈希技术使用键-值的概念，因此它可以用于候选项集。例如，在扫描数据库中每个事务，以从 C_1 中的候选-1 项集生成频繁-1 项集(F_1)的过程中，用户可以生成所有哈希表结构，并增加响应的存储桶(bucket)个数。

2. 事务压缩

事务压缩方法在进一步的迭代扫描过程中压缩了事务数。例如，如果一个事务不包含任何频繁-k 项集，则它不会包含任何频繁-($k+1$)项集。因此，可以将这类事务从进一步的迭代中删除，通过删除这些事务可以提高 Apriori 算法的效率。

3. 划分

划分方法对数据进行划分以发现候选项集，因此它有两个阶段，适用于两次对数据库扫描需要产生频繁项集的场合，这两个阶段如下。

在阶段 1 中，它将数据集 D 中的事务划分为 n 个互不重叠的分区，对于每个分区，通过分区内所有频繁项集发现局部频繁项集，对每个分区进行重复。每个项集的事务 ID 被存储成一种特殊的数据结构，可以很容易地在数据库的第一次扫描中找出 $k=1,2,\cdots,n$ 的局部频繁-k 项集。

在阶段 2 中，完成对数据库 D 的第二次扫描，评估每个候选项集的实际支持度以确定全局频繁项集。

4. 抽样

抽样方法生成给定数据集的一个随机样本并在子集上进行挖掘，它在子集中搜索频繁项集，而不是在整个数据库中搜索频繁项集。用户需要选择一个适用于主存的样本大小，以便在事务的第一次扫描中得到频繁项集。有时，它使用一个小于最小支持度的较低支持度阈值发现频繁项集，以避免出现丢失全局频繁项集的问题。

5. 动态项集计算

动态项集计算方法在第一次扫描过程中会在不同点添加候选项集，适用于使用某些起始点将数据划分成块的数据库，这些起始点有助于添加新的候选项集。

11.13.4 挖掘频繁项集的模式生长方法

Apriori算法有许多优点，同时也有一些缺点。Apriori算法需要生成一个较大的候选集，并重复扫描数据库以检查用于模式匹配的候选项集。有时，这个过程就变得非常复杂和耗时，特别是当需要找到一个大小为100的频繁模式时。因此，为了解决这一问题，引入了一种不使用候选项生成以挖掘频繁项集的方法，这种方法称为频繁模式生长(pattern-growth)树或FP树。

频繁模式生长遵循分而治之(divide-and-conquer)的技术，首先压缩数据库，将频繁项表示为保留项集关联信息的频繁模式树；然后将压缩数据库划分为一组条件数据库，每个数据库与一个频繁项或模式片段相关联；最后分别对每个条件数据库进行挖掘。

该方法从寻找长频繁模式转变为递归搜索短频繁模式并连接后缀，使用最小频繁项作为后缀，这种方法降低了搜索成本，但对于较大的数据库而言，这种方法不会产生真正的结果，这是一种有效的挖掘长频繁模式和短频繁模式的方法。

FP生长算法通过模式片段生长，使用FP-树挖掘频繁项集，它以事务数据库和最小支持数阈值作为输入，并生成完整的频繁模式集作为输出。该算法分为以下几个步骤。

① 扫描事务数据库一次，收集频繁项的集合 F 及支持数，按照支持数的降序将 F 排序成频繁项列表 L。

② 创建FP树的根，并将其标注为null。对于 D 中的每个事务Trans进行如下操作：根据列表 L 的顺序选择并排序Trans中的频繁项，假设Trans中排序后的频繁项列表为[p|P]，其中p是第1个元素，P是剩余列表。

调用insert_tree([p|P],T)，其执行过程如下：如果T有一个子节点N，使得N.item-name=p.item-name，则使N的计数加1；否则创建一个新的节点N，并设其计数为1，它的parent-link被链接到T，它的node-link通过node-link结构链接到具有相同的item-name的节点。如果P是非空的，则递归地调用insert_tree(P, N)。

③ 调用过程FP-growth(Tree, null)以挖掘FP树。

```
Procedure: FP-growth(Tree,α)
if  树包含一条路径 P  then
    for 路径 P 中的节点的每次组合(记为 β)
        生成模式 β∪α,支持数=β 中的节点的最小支持数
else for 树的 header 中的每个 aᵢ{
    利用支持数=aᵢ 的支持数生成模式 β =aᵢ∪α;
    构建 β 的条件模式基和 β 的条件 FP-树 Treeβ;
    if  Treeβ≠∅
        call FP_growth(Treeβ, β)}
```

11.13.5 使用垂直数据格式挖掘频繁项集

Apriori算法和FP-growth方法都使用水平数据格式，其中事务集按照TID-itemset格式(TID: itemset)进行存储。垂直数据格式是挖掘频繁项集的另一种方法，事务集按照items-TID集的格式(items: TID集)进行存储。items是项的名称，TID是包含项的事务识

别符的集合。Eclat 算法使用垂直数据格式。

表 11.5 和表 11.6 分别是表 11.4 的以二元关联矩阵形式表示的水平数据库和垂直数据库，二元关联矩阵使用值 1 或 0。简言之，矩阵使用值 1 表示项在特定项集或事务中，使用值 0 表示项不在特定项集中。

表 11.5　水平数据库

事　务	项			
	A	B	C	D
T_1	1	1	1	1
T_2	1	1	0	0
T_3	1	1	1	0
T_4	0	1	1	0

表 11.6　垂直数据库

项	事务 ID 列表
A	T_1，T_2，T_3
B	T_1，T_2，T_3，T_4
C	T_1，T_3，T_4
D	T_1

在对挖掘数据集进行扫描后，垂直数据格式将水平格式数据集转换成垂直数据集。在这里，一个项集的支持数是项集的事务 ID 集的长度，它从 $k=1$ 开始，然后使用频繁-k 项集构建候选($k+1$)项集，每次重复 k 加 1，直到没有频繁项集为止。

和 Apriori 算法相比，该方法不需要扫描数据集以发现支持($k+1$)项集，可以有效地从频繁 k 项集中生成候选($k+1$)项集。该方法只有一个缺点：需要占用较多的内存空间和计算时间以存储并执行事务-id 集。

11.13.6　挖掘闭模式和最大模式

如果一个项集是频繁的，且它没有相同支持度的超模式，则它就是一个闭模式；如果一个项集是频繁的，并且没有频繁的超模式，则它就是一个最大模式。挖掘这种类型的模式也是一个关键的任务，因为这两者都是长模式的子模式。然而，最好挖掘一组闭频繁项集，而不是挖掘所有频繁项集。

为了挖掘这些闭项集或最大频繁项集，最简单的方法是首先挖掘频繁项集的完备集，然后分别删除具有相同支持度或较大支持度的每个频繁项集(子集)。当频繁项集的长度太长时，该方法的开销变得非常大，并且很复杂。

在这种情况下，另一种简单的方法是在挖掘过程中直接搜索闭项集或最大项集，一旦发现了闭项集或最大项集，就要尽快修剪搜索空间。项合并(itemmerging)、子项集修剪和项跳过(itemskipping)是几种修剪技术。

1. 项合并

项合并方法可以将频繁项集进行合并，如果每个事务包含一个频繁项集 X 和另外一个项集 Y，但是没有 Y 的合适的超集，则 $X \cup Y$ 将会设计一个频繁闭项集，不需要搜索任何包含 X 且不包含 Y 的项集。

2. 子项集修剪

子项集修剪技术会修剪子项集，如果一个频繁项集 X 是一个已经发现的频繁闭项集 Y 的合适子集，并且 X 的支持数等于 Y 的支持数，则 X 和枚举树集合中的所有 X 的子集(descendants)都不能成为频繁闭项集，并且它们很容易被修剪。

3. 项跳过

项跳过修剪技术会跳过项集，如果在每一层都进行闭项集的深度优先挖掘，则会有一个前缀项集 X 与一个头表(header table)和一个投影数据库相关联，并且局部频繁项 p 在不同层的多个头表中会具有相同的支持度，则它将在更高层上从头表中删除频繁项 p。

当应用这些修剪技术时，需要检查以下两个条件。

- 超集检查：检查新的频繁项集是否是一些已经发现的具有相同支持度的闭项集的超集。
- 子集检查：检查新的频繁项集是否是一个已经发现的具有相同支持度的闭项集的子集。

小练习

1. 什么是 Apriori 算法？

答：Apriori 算法是由 Agarwal 和 Srikant 于 1994 年开发的一个用于挖掘频繁项集的开创性算法。

2. 什么是基于哈希(或散列)的技术？

答：基于哈希的技术减小了 $k>1$ 时的候选 k 项集 C_k 的大小，哈希技术采用键-值对的概念，因此它也可以用于候选项集。

3. 什么是动态项集计算？

答：动态项集计算方法在扫描过程中会在不同的点添加候选项集，适用于使用某些起始点被划分为块的数据库。

4. 用于挖掘闭模式的修剪技术是什么？

答：项合并、子项集修剪和项跳过是用于挖掘闭模式的 3 个修剪技术。

11.14 模式评估方法

关联规则挖掘遵循支持度-置信度的概念，并使用最小支持度和置信度阈值，可以生成不同数量的规则。然而，有时当使用较低的支持度阈值进行挖掘或对长模式进行挖掘时，它不能产生有效的输出，在这种情况下，对用户而言，强关联规则就会变得很无趣，并且具有误导性。下面将讨论这种情况。

11.14.1 强规则并不一定有趣

对于某些应用，支持度-置信度框架不会给出一个有趣的结果或强关联规则。出乎意料地，弱信念和强信念与行为信念是关联规则的一些主观度量。支持度(使用性)、置信度(确定性)和一些其他度量是关联规则的客观度量。不同的用户使用某些主观度量判断规则，每个用户的输出结果是不同的。然而，客观度量使用统计数据，它会产生相同的结果，在这种情况下，强规则可能并不一定有趣，并且会给用户呈现出一个具有误导性的规则。

例如，考虑项(钢笔和笔记本)的事务，假设要分析接近 10000 个这样的事务，进一步假设分析揭示了包括钢笔的 6000 个顾客事务，包括笔记本的 7500 个顾客事务和两者都包括的 4000 个顾客事务。在 30%的最小支持度和 60%的最小置信度的前提下，发现了一个强关联规则 student(A,“钢笔”)→student(A,“笔记本”)，它产生的支持度为 40%、置信度为 66%，满足最小支持度和置信度。虽然这是一个强规则，但它也是一个具有误导性的关联规则，因为购买笔记本的概率是 75%，远远大于 66%，这意味着钢笔和笔记本的购买与这些物品的购买是负相关的，并且降低了购买其他物品的可能性。

通过分析这个例子可以得出这样的结论：一个规则的置信度可能具有欺骗性，因为它只是针对给定项集 X 时项集 Y 的条件概率的估计，它不能度量规则的实际强度，因此强规则并不总是有趣的。

11.14.2 从关联分析到相关性分析

相关性(correlation)是在数据挖掘中发现关联(association)规则的另一种客观度量。为了提高支持度和置信度度量的效率，为关联规则的支持度-置信度框架增加了相关性度量。规则新的增强形式为

$$X \rightarrow Y[\text{支持度，置信度，相关性}]$$

这是一个度量项集 X 和 Y 之间的支持度、置信度和相关性的关联规则，有不同类型的相关性度量，但对于模式评估而言，主要使用提升度、Chi-squared(χ^2)、全置信度(allConfidence)和 cosine 度量。下面给出所有相关性度量的简要介绍。

1. 提升度

提升度是一种简单相关性度量，如果 $Pr(X \cup Y)=Pr(X)Pr(Y)$，则项集 X 的出现独立于项集 Y 的出现；否则，项集 X 和 Y 是相互依赖和相关的事件。对于项集 X 和 Y 的出现，以下公式用于计算提升度。

$$\text{提升度}(X,Y)=Pr(X \cup Y)/Pr(X)Pr(Y)$$

如果该公式生成的输出小于 1，则 X 的出现与 Y 的出现是负相关的；如果它的输出大于 1，则 X 的出现与 Y 的出现是正相关的；如果它的输出等于 1，则 X 和 Y 是相互独立的，它们之间没有相关性。

2. Chi-squared(χ^2)

Chi-squared(χ^2)是一种相关性度量，可以将观测值和期望值之间的方差添加到列联表

(contingency table)的所有位置(slots)。下面的公式利用 χ^2 计算相关性。

$$\chi^2 = \sum \frac{(\text{观测值} - \text{期望值})^2}{\text{期望值}}$$

3. 全置信度

全置信度是另一种度量项集之间的相关性的相关性度量。对于一个项集 X,以下公式可用于计算全置信度。

$$\text{全置信度}(X)\text{或 all\_conf}(X) = \text{sup}(X)/\text{max\_item\_sup}(X)$$

或

$$\text{all\_conf}(X) = \text{sup}(X)/\max\{\text{sup}(i_j) \mid \text{所有的 } i_j \text{ 属于 } X\}$$

其中,$\max\{\text{sup}(i_j) \mid \text{所有的 } i_j \text{ 属于 } X\}$是 X 中所有项的一个最大(唯一)项支持度,基于此,它被称为项集 X 的最大项支持度(max_item_sup)。

4. cosine

cosine 是一种用于发现两个项集之间的相关性的水平提升度度量,以下公式可以计算两个项集 X 和 Y 之间的 cosine 度量。

$$\text{cosine}(X,Y) = \frac{Pr(X \cup Y)}{\sqrt{Pr(X)\text{Pr}(Y)}}$$

或

$$\text{cosine}(X,Y) = \frac{\text{sup}(X \cup Y)}{\sqrt{\text{sup}(X)\text{sup}(Y)}}$$

11.14.3 模式评估度量的比较

在 11.14.2 节中,我们学习了度量频率模式性能的不同模式评估度量,对于一个独立情况而言,所有四个相关性度量都可以给出较好的输出;相对于全置信度和 cosine,提升度和 Chi-squared(χ^2)会给出较差的关联输出。

在全置信度和 cosine 度量中,和全置信度相比,cosine 考虑了两个项集的支持度,其给出的结果要优于全置信度,而全置信度只考虑了项集的最大支持度。除此之外,有时一个空事务(不包含任何项)也可能会影响所有度量的性能。

在下面的例子中(如图 11.17 所示),interestMeasure()函数使用 apriori()函数的对象和语料库 Dc 的事务数据集,并返回不同相关性度量的值,如提升度、Chi-squared(χ^2)、全置信度和 cosine。因为 Dc 是一个虚拟语料库,因此它不会给出合理的度量值。在前面的章节中,已经对其进行了详细的说明。

小练习

1. 什么是相关性?

答:相关性是一种在数据挖掘中用于发现关联规则的客观度量。

2. 什么是提升度?

答:提升度是一种简单的相关性度量,如果 $Pr(X \cup Y) = Pr(X)Pr(Y)$,则项集 X 的

```
RGui (64-bit)
File Edit View Misc Packages Windows Help
R Console
> # Creating transactions for the term document matrix
> at <- as(mt,"transactions")
Warning message:
In asMethod(object) :
  matrix contains values other than 0 and 1! Setting all entries != 0 to 1.
> at
transactions in sparse format with
 4 transactions (rows) and
 186 items (columns)
> # interestmeasures
> interestMeasure(amt,c("lift", "confidence", "cosine", "chiSquared", "support"), at)
  lift confidence cosine chiSquared support
1    1          1      1         NA       1
2    1          1      1         NA       1
3    1          1      1         NA       1
4    1          1      1         NA       1
> |
```

图 11.17　模式评估度量的比较

出现与项集 Y 的出现是独立的；否则，项集 X 和 Y 是相互依赖和相关的事件。

3. 什么是 Chi-squared(χ^2)？

答：Chi-squared(χ^2)是一种相关性度量，使用观测值和期望值之间的误差并将其添加到列联表的所有位置(slot)。

11.15　情感分析

情感分析(sentiment analysis)也是情感智能、观点挖掘或主观性分析。

想象一下这种情境：你已经决定购买一部新手机，你已经在网上看了很多已经购买和体验过该产品的客户的评论，你也在论坛上看到了专家将该型号手机和类似风格的手机进行的比较。这就是如今超过 80%的顾客在购买产品前对产品的研究，这要感谢互联网，他们可以阅读来自未知购买者的帖子。然而，情况并非总是如此，在 10 年或 20 年前，人们在购买贵重的产品前，通常会询问朋友和家人。

11.15.1　情感分析的目的

情感分析有助于理解发言者或作者对某个话题的态度，态度可以是他们的判断或评估发言者或作者的情感状态，他们对一个重大事件(event)、偶然事件(incident)、交互(interaction)、文档等的反应或有意的情感交流。

11.15.2　情感分析要用到的知识

情感分析使用以下知识：

- 文本分析；
- 自然语言处理；

- 计算语言学；
- 生物统计学(Biometric)。

11.15.3 情感分析的输入

情感分析的输入是顾客的意见(voice)数据，如调查、博客、帖子、评论、推文、社交媒体、网络评论区、在线评论等。

11.15.4 情感分析的工作方式

- 对给定文本的极性进行分类，确定其表达的观点是正向、负向还是中立的。
- 将给定的文本划分到两类中的一类，即客观或主观。
- 基于特征的情感。

情感＝Holder＋Target＋Polarity

Holder：表达情感的人。

Target：被表达情感或观点的目标对象。

Polarity：情感特征是正向、负向还是中立。

例如：

“手机上的游戏已经激起了用户的兴趣。”

Holder 就是用户或评论人；Target 是手机；Polarity 是正向的。

案例研究：客户群体的信用卡消费可以通过商业需求进行识别

大数据是大量数据集的集合和交叉引用，以使机构能够通过多种属性和变量识别持卡人的模式和类别。

每当客户使用他们的信用卡时，大数据就会显示其可以提供给顾客的产品。如今，许多信用卡用户会接到不同公司的电话，根据他们的需要和现有信用卡的支出，这些公司会为他们提供新的信用卡，这些信息是根据供应商提供的数据收集的。

客户可以有不少的选择，有时客户甚至会更换现有的信用卡公司，但竞争可能并不总是符合消费者的最佳利益的，还涉及银行的利益，竞争也可能集中在信用卡的某些特点上，这些特点可能并不具有长期价值或可持续性。那些支付余额利息的人可能支付了比他们意识到或预期的更高的利息，一些消费者在不考虑如何偿还信用卡债务的情况下很快就用完了他们的信用额度，或者反复偿还最低还款额度。一部分消费者可能会过度借贷并背负过多的债务。有迹象表明，部分发卡机构(issuer)可能会从较高风险的借款人(即信贷违约风险较高的客户)那里获取更多的利润。

随着这项信用卡市场研究的展开，我们打算详细了解市场情况，并评估可能出现的问题。我们计划重点关注银行、单线发卡机构(mono-line issuers)及其认同机构(affinity)和品牌合作伙伴的信用卡提供商向零售消费者提供的信用卡服务。

在大众营销继续主导多数零售商广告预算的同时，个性化(one-to-one)营销也在迅速增长。在这个案例研究中，您将了解如何通过直接与客户沟通并以相关优惠取悦他们以提高效率。个性化交流正在成为一种常态，消费者希望零售商提供符合他们的需求和愿望的产品信息和促销优惠，他们期望你了解他们喜欢、不喜欢和偏好的沟通方式——移动设备、电子邮件或印刷媒体。

从表面上看，对于许多零售商来说，生成针对客户的优惠和沟通看起来似乎是一项困难的任务，但就像许多业务问题一样，当将其分解成可管理的部分时，每个流程步骤或分析程序便都是可行的。首先，假设您已经整理了一些促销活动，并打算将这些活动作为一组优惠活动（通常称为优惠银行（offer bank））向个人客户进行推广。每项优惠应该有一个业务目标或宗旨，例如：

- 交叉销售或向上销售（up-selling）某一特定产品或产品组的类别空缺（category void）；
- 增加顾客购物篮的大小；
- 创建一个额外的旅行或参观商店，或额外的电子商务会话；
- 给忠实的顾客提供奖励。

本章小结

- 文本挖掘是从非结构化数据中抽取有用的信息。
- 在非结构化数据中，从自然语言中获取的信息不具有任何形式。例如，Facebook 中的评论、Twitter 中的 tweets、任何产品或服务的意见或评价都是非结构类型的数据。
- 文本挖掘过程的顺序操作包括文本预处理、特征生成、特征选择、文本/数据挖掘和分析结果。
- 文档集合是一组基于文本的文档，是文本挖掘的一个重要元素。一个文档集合可以包含数千到数千万个文档。
- 静态文档集合是一个初始文档保持不变的文档集合。
- 动态文档集合是一个文档随着时间而变化或更新的文档集合。
- 文档是一个集合中的一组离散文本数据，是文本挖掘中的另一个重要元素。商业报告、e-mail、法律备忘录、研究论文、新闻稿、手写稿都是文档的一些例子。
- 自由格式或弱结构文档是一种遵循某种类型、布局和修饰指示符的文档。例如，研究论文、新闻稿都是自由格式文档的例子。
- 半结构化文档是一种使用字段-类型元数据的文档。例如，HTML 网页、电子邮件等。
- 字符、词、词汇和概念是文档的一些共同特征。
- 词是一种文档特征，其定义了文档中的单独的字或多个字组成的短语。
- 词是一种文档特征，可以通过人工统计方法、基于规则或混合分类的方法生成。
- 领域是一个专门的兴趣领域，本体论、分类法和词典都是为此而开发的。
- 领域包括广泛的主题领域，如金融、国际法、生物学、材料科学，在这些领域中使用的知识被称为领域知识。
- 背景知识是领域知识的扩展，用于文本挖掘系统的预处理操作。

- R语言提供了一个tm包,它在R中提供了一个文本挖掘应用的框架,R语言中用于管理文档的主要框架或结构是Corpus。
- Corpus在R中表示一个文本文档集合,它是一个抽象的概念,但是有几种不同的实现方式。
- VCorpus(动态语料库)可以创建一个动态语料库,意味着当R对象被破坏时,整个语料库就消失了。
- tm包提供了TermDocumentMatrix()和DocumentTermMatrix()函数,它们可以分别从语料库中创建一个词汇-文档矩阵和文档-词汇矩阵。
- 文本挖掘系统将文档作为输入,并生成模式、关联、趋势作为输出。
- 预处理任务、核心挖掘操作、表示层成分及浏览功能和精简技术是文本挖掘系统的4个主要任务。
- 预处理任务将不同数据源的原始文本或信息集合转换为一个规范化的格式。
- 精简技术会从给定的输入文本文档中过滤冗余信息和概念,从而生成一个良好、优化的输出。压缩、排序、聚类、修剪、分类是文本挖掘系统中的一些常见的精简技术。
- tm包中的tm_map()函数通过修改文档对语料库进行转换。
- 分布(比例)、频繁和近邻频繁集和关联是3个主要的核心文本挖掘操作。
- 分布操作可以在单个文档集合上创建有意义的细分,以便进行比较,也称概念选择。
- 频繁概念集是一个在文档集合中表示的概念集,这些概念在最小支持度或更高支持度上具有共现性。
- tm包提供了一个findFreqTerms()函数,可以从文档-词或词-文档矩阵中找出频繁词。
- 就文本文档而言,关联定义了两个或多个词之间的关系或关联。例如,在一个文本文件中,如果词"text"和"mining"不止一次一起出现,则说明这两个词之间具有强关联。
- tm包提供了一个findAssocs()函数,可以确定文档-词或词-文档矩阵中的两个或多个词之间的关联。
- 约束、属性关系规则和分层树是背景知识的3种主要形式。
- KDTL(文本语言中的知识发现)是于1996年开发的一种文本挖掘查询语言。
- 频繁模式是在数据集中频繁出现的一种模式,这些模式可以是任何项集、子序列或子结构。
- 市场购物篮分析、目录设计、Web日志分析、交叉营销、销售活动分析和DNA序列分析是频繁模式的一些应用。
- 市场购物篮分析是一个经典的频繁项集挖掘的例子,其主要目标是在一组项中确定关联或相关性。
- 共现频率是项集中的事务数,也称项集的频率、计数、支持数或绝对支持度。
- 关联规则将一组项的出现与另一组项的出现相关联。
- 支持度是使用最小支持度阈值度量一个关联规则的有用性的度量标准。
- 置信度是使用最小置信度阈值度量一个关联规则的确定性的度量标准。
- 频繁项集包含经常一起出现且彼此之间关联的项。在一个频繁项集中,项集的支持度大于最小支持度阈值。

- 如果数据集中的一个项集是闭且频繁的，则该项集是频繁项集。
- Apriori 算法是由 Agarwal 和 Srikant 于 1994 年开发的用于挖掘频繁项集的开创性算法。
- 基于哈希的技术、事务压缩、划分、抽样和动态项集计算是提高 Apriori 算法效率的几个方法。
- 基于哈希的技术可以压缩候选 k 项集 C_k 的大小(对于 $k>1$)，哈希技术使用键-值对概念，因此它还适用于候选项集。
- 事务压缩方法在进一步迭代的扫描过程中可以压缩事务数。
- 划分方法可以划分用于发现候选项集的数据，因此它有两个阶段，适用于对两个数据库扫描需要生成频繁项集的场合。
- 抽样方法生成随机样本，并对给定数据集的一个子集进行挖掘，它仅在子集中搜索频繁项集，而不是在整个数据库中搜索频繁项集。
- 动态项集计算方法可以在扫描过程中将候选项集添加到不同的点，适用于通过使用某些起始点将数据库划分成块的情况。
- 垂直数据格式是挖掘频繁项集的另一种方法，其中的事务集被存储成 items-TID 集的格式(items：TID 集)。
- 项合并、子项集修剪和项跳过是用于挖掘闭模式的一些修剪技术。
- 相关性是用于在数据挖掘中发现关联规则的一种客观性的度量。
- 提升度是一种简单的相关性度量，如果 $Pr(X\cup Y)=Pr(X)Pr(Y)$，则项集 X 的出现是独立于项集 Y 的出现；否则，X 和 Y 是具有依赖性的相关事件。
- Chi-squared(χ^2)是一个相关性度量，它利用观测值和期望值之间的平方差并将其添加到列联表的所有空缺处。

关键术语

- Apriori 算法：由 Agarwal 和 Srikant 于 1994 年为挖掘频繁集开发的一种开创性算法。
- Chi-squared(χ^2)：相关性的一种度量，它获得观测值和期望值之间的平方差，并将其添加到列联表的所有空缺处。
- 置信度(confidence)：使用阈值度量一个关联规则的确定性的度量标准。
- 语料库(corpus)：在 R 中表示一个文本文档集合，它是一个抽象的概念，但是它有不同的实现方式。
- 相关性(correlation)：在数据挖掘中发现关联规则的客观性度量。
- 文档(document)：一个文档集合中的一组离散文本数据。
- 文档集合(document collection)：一组基于文本的文档。
- 领域(domain)：一个专门的兴趣领域，本体论、分类法和词典都是为此而开发的。
- FP-growth：按照分而治之的技术挖掘频繁项集。
- 频繁概念集(frequent concept set)：表示在文档集合中最小支持度或以上具有共现

性的一组概念。

- 频繁模式(frequent pattern)：在数据集中频繁出现的一种模式。
- KDTL：KDTL(文本语言中的知识发现)是于1996年开发的一种文本挖掘查询语言。
- 提升度(lift)：一种简单相关性度量，如果 $Pr(X \cup Y)=Pr(X)Pr(Y)$，则项集 X 的出现独立于项集 Y 的出现。
- 市场购物篮分析(market basket analysis)：频繁项集挖掘的一个经典的例子。
- 出现频率(occurrence frequency)：一个项集中的事务数。
- 支持度(support)：使用最小支持度阈值度量关联规则的有用性的一种度量标准。
- tm包：在R中提供了一个用于文本挖掘应用的框架。
- 词(term)：一种文本特征，定义了文档中单独的字或多个字组成的短语。
- 文本挖掘(text mining)：从非结构化的数据中抽取有用的信息。
- 非结构化数据(unstructured data)：在非结构化数据中，从自然语言中获取的信息没有任何形式。
- VCorpus：创建一个动态语料库，当R对象被销毁时，整个语料库就丢失了。
- 垂直数据格式(vertical data format)：挖掘频繁项集的一种方法，其中一组事务被存储成items-TID集的格式(iterms：TID集)。

巩固练习

一、单项选择题

1. 在以下选项中，哪一个是弱结构化文档的例子？
   (a) e-mail　(b) 研究论文　(c) HTML网页　(d) 消息
2. 在以下选项中，哪一个是半结构化文档的例子？
   (a) e-mail　(b) 研究论文　(c) 新闻稿　(d) 报告
3. 在以下选项中，哪一个不是文档的特征？
   (a) 文档集合　(b) 词　(c) 概念　(d) 字
4. 在以下选项中，哪一个可以表示R中的一个文本文档集合？
   (a) 文档集合　(b) 语料库　(c) 文件　(d) 文档特征
5. 在以下选项中，哪一个函数可以返回语料库中文档的数目？
   (a) Docs()　(b) nTerms()
   (c) Terms()　(d) DocumentTermMatrix()
6. 在以下选项中，哪一个函数可以返回语料库中词的数目？
   (a) Docs()　(b) nTerms()
   (c) Terms()　(d) DocumentTermMatrix()
7. 在以下选项中，哪一个函数可以返回语料库中的词？
   (a) Docs()　(b) nTerms()
   (c) Terms()　(d) DocumentTermMatrix()

8. 在以下选项中，哪一个函数可以创建语料库的文档-词矩阵？
   (a) Docs()　　(b) nTerms()
   (c) Terms()　　(d) DocumentTermMatrix()
9. 在以下选项中，哪一个函数可以发现语料库的频繁词？
   (a) nTerms()　　(b) tm_map()
   (c) findFreqTerms()　　(d) findAssocs()
10. 在以下选项中，哪一个函数可以发现语料库中两个词之间的关联？
   (a) nTerms()　　(b) tm_map()
   (c) findFreqTerms()　　(d) findAssocs()
11. 在以下选项中，哪一个函数可以对语料库中的文本文档执行预处理？
   (a) nTerms()　　(b) tm_map()
   (c) findFreqTerms()　　(d) findAssocs()
12. 在以下选项中，哪一个函数可以删除语料库中文本文档的空格？
   (a) nTerms()　　(b) tm_map()
   (c) stemDocument()　　(d) stripWhitespace()
13. 在以下选项中，哪一个函数包含参数 terms？
   (a) nTerms()　　(b) findAssocs()
   (c) findFreqTerms()　　(d) tm_map()
14. 在以下选项中，哪一个方法可以提高 Apriori 算法的效率？
   (a) 事务压缩　　(b) 项合并　　(c) 项跳过　　(d) 子项集修剪
15. 在以下选项中，哪一种修剪技术用于闭模式的挖掘过程？
   (a) 项跳过　　(b) 动态项集计算　　(c) 项生成　　(d) 抽样
16. Apriori 算法是在哪年开发的？
   (a) 1996　　(b) 1994　　(c) 1995　　(d) 1997
17. KDTL 文本挖掘查询语言是在哪年开发的？
   (a) 1996　　(b) 1994　　(c) 1995　　(d) 1997
18. 在以下选项中，哪一个不是核心文本挖掘的操作？
   (a) 分布　　(b) 频繁和近邻频繁集
   (c) 关联　　(d) 精减技术
19. 在以下选项中，哪一个不是文本挖掘系统的组成部分？
   (a) 表示层部分　　(b) 文本文档查询语言
   (c) 核心文本挖掘操作　　(d) 预处理任务
20. 在以下选项中，哪一个文档特征定义了文档中的单个字或多个字组成的短语？
   (a) 字符　　(b) 词　　(c) 字　　(d) 概念

二、论述题

1. 什么是文本挖掘？请说明其应用。
2. 请说明文本挖掘过程的处理。
3. 请说明文档集合、文档和文档特征。

4. 请说明 Corpus 和 VCorpus。

5. 请使用语法并举例说明 TermDocumentMatrix()函数。

6. 请使用语法并举例说明 DocumentTermMatrix()函数。

7. 请使用语法并举例说明 tm_map()函数。

8. 请使用语法并举例说明 findFreqTerms()函数。

9. 请使用语法并举例说明 findAssocs()函数。

10. 请写出对市场购物篮分析的解释。

11. 请描述用于提高 Apriori 算法效率的方法。

12. 请解释说明 FP-Growth 方法。

13. 用于挖掘闭模式的修剪技术有哪些类型?

14. 从某些文档创建一个语料库,并创建它的文档-词矩阵。

15. 从某些文档创建一个语料库,并对其执行预处理操作。

16. 从某些文档创建一个语料库,并创建它的矩阵和事务,同时找出不同的相关性度量。

实战练习

1. 在文件夹 D:/tm2 中创建一个文本文件 EnglishText.txt,并将以下内容复制到文件中。

Excerpts from Martin Luther King's I have a dream speech August 28 1963.

This will be the day when all of God's children will be able to sing with new meaning, "My country 'tis of thee, sweet land of liberty, of thee I sing. Land where my fathers died, land of the Pilgrims' pride, from every mountainside, let freedom ring."

And if America is to be a great nation, this must become true. So let freedom ring from the prodigious hilltops of New Hampshire. Let freedom ring from the mighty mountains of New York. Let freedom ring from the heightening Alleghenies of Pennsylvania.

Let freedom ring from the snow-capped Rockies of Colorado. Let freedom ring from the curvaceous slopes of California. But not only that; let freedom ring from the Stone Mountain of Georgia. Let freedom ring from Lookout Mountain of Tennessee.

Let freedom ring from every hill and molehill of Mississippi. From every mountainside, let freedom ring.

And when this happens, and when we allow freedom ring, when we let it ring from every village and every hamlet, from every state and every city, we will be able to speed up that day when all of God's children, black men and white men, Jews and gentiles, Protestants and Catholics, will be able to join hands and sing in the words of the old Negro spiritual, "Free at last! Free at last! Thank God Almighty, we are free at last!"

请创建一个语料库并使用变换函数从中删除标点符号、停用词、空格、数字等。

解答：

步骤 1：在 D:/tm2 文件夹中创建一个文件 EnglishText.txt。

```
>fname <-file.path("D:", "tm2")
>fname
[1] "D:/tm2"
```

步骤 2：创建一个语料库 corpus。

```
>corpus <-Corpus(DirSource(fname))
>inspect(corpus)
<<SimpleCorpus>>
Metadata: corpus specific: 1, document level (indexed): 0
Content: documents: 1

Excerpts from Martin Luther King's I have a dream speech August
28 1963\nThis will be the day when all of God's children will be
able to sing with new meaning, "My co$
```

步骤 3：从语料库中删除标点符号，这从查看语料库 corpus 就可以证明。

```
>corpus <-tm_map(corpus, removePunctuation)
>inspect(corpus)
<<SimpleCorpus>>
Metadata: corpus specific: 1, document level (indexed): 0
Content: documents: 1

Excerpts from Martin Luther Kings I have a dream speech August
28 1963\nThis will be the day when all of Gods children will be
able to sing with new meaning My countr$
```

步骤 4：从语料库中删除数字。

```
>corpus <-tm_map(corpus, removeNumbers)
>inspect(corpus)
<<SimpleCorpus>>
Metadata: corpus specific: 1, document level (indexed): 0
Content: documents: 1

Excerpts from Martin Luther King I have a dream speech August \
nThis will be the day when all of Gods children will be able to
sing with new meaning My country tis$
```

步骤 5：从语料库中删除停用词。

```
>corpus <-tm_map(corpus, removeWords, stopwords('English'))
>inspect(corpus)
<<SimpleCorpus>>
Metadata: corpus specific: 1, document level (indexed): 0
```

```
Content: documents: 1

Excerpts Martin Luther King I dream speech August This will
day Gods children will able sing new meaning My country tis
thee sweet land liberty thee I $
```

2. 创建以上语料库的文档-词矩阵，并找出词频在 5～15 之间的频繁词。

解答：

步骤 1：在语料库 corpus 中创建一个文档-词矩阵 dtm。

```
>dtm <-DocumentTermMatrix(corpus)
```

步骤 2：确定词频范围在 5～15 的词。

```
>findFreqTerms(dtm, lowfreq=5, highfreq=15)
[1] "every" "freedom" "let" "ring"
```

步骤 3：确定词频为 10 的词。

```
>findFreqTerms(dtm, lowfreq=10)
[1] "freedom" "let" "ring"
```

步骤 4：确定词频为 1 的词。

```
>findFreqTerms(dtm, lowfreq=1)
[1] "able" "alleghenies" "allow" "almighty" "america" "and"
"august" "become" "black" "but"
[11] "california" "catholics" "children" "city" "colorado"
"country" "curvaceous" "day" "died" "dream"
[21] "every" "excerpts" "fathers" "free" "freedom" "from" "gentiles"
"georgia" "god" "gods"
[31] "great" "hamlet" "hampshire" "hands" "happens" "heightening"
"hill" "hilltops" "jews" "join"
[41] "kings" "land" "last" "let" "liberty" "lookout" "luther"
"martin" "meaning" "men"
[51] "mighty" "missisippi" "molehill" "mountain" "mountains"
"mountainside" "must" "nation" "negro" "new"
[61] "old" "pennsylvania" "pilgrims" "pride" "prodigious" "protestants"
"ring" "rockies" "sing" "slopes"
[71] "snowcapped" "speech" "speed" "spiritual" "state" "stone"
"sweet" "tennessee" "thank" "thee"
[81] "this" "tis" "true" "village" "white" "will" "words" "york"
```

单项选择题参考答案

1.(b) 2.(a) 3.(a) 4.(b) 5.(a) 6.(b) 7.(c) 8.(d) 9.(c) 10.(d)
11.(b) 12.(d) 13.(b) 14.(a) 15.(a) 16.(b) 17.(a) 18.(d) 19.(b)
20.(b)

第 12 章
Chapter 12

使用 R 实现并行计算

学习成果

通过本章的学习，您将能够：

- 使用 doParallel 和 foreach 包在 R 中执行并行计算；
- 使用 benchmark()函数比较串行(single)和并行执行 foreach 循环的性能。

12.1 概述

并行计算是指同时使用多个计算资源解决复杂问题。并行计算可以将一个问题分解成若干个独立的部分，将每个部分进一步分解成一系列指令，使这些部分和它们各自的指令在不同的处理器上同时运行。基于不同指令的同时执行，并行计算被用来模拟、建模和解决复杂的实际问题(如图 12.1 所示)。

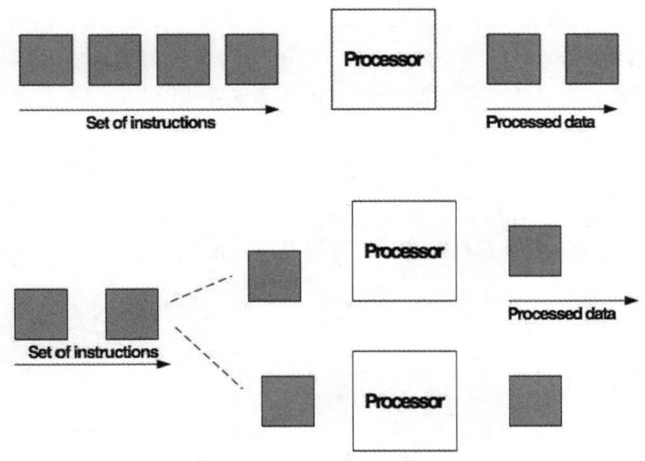

图 12.1 传统计算与并行计算

并行计算常用于天气、星系形成、气候变化等不同情况的图像建模。每个领域，包括科学、工程、商业和其他行业也都使用并行计算解决其复杂问题，以节约时间，提高工作性能。

大数据、数据挖掘和数据库领域也使用并行计算。

并行计算使用不同的硬件工具和软件概念实现并发执行。硬件工具包括多处理器和在单机中包含多个处理元件的多核计算机(分布式计算机),这种多核计算机可以是同构的,也可以是异构的。软件概念包括共享内存、Pthreads、开放多处理(OpenMP)、消息传递接口(MPI)、分布式内存和并行虚拟机(PVM)。

R语言是一种具有多个包的免费的开源软件语言,支持对图形特征的统计计算。R也是一种高效的语言,提供了具有高级表达特性的领域特定包。R语言具有支持并行计算的包。

12.2 R工具库概述

R语言为并行计算提供了不同的包。R软件包具有高重用性的特性,这些特性常用于高性能计算。不同的存储库为并行计算提供了一些包,CRAN(Comprehensive R Archive Network)是R的存储库之一,它在任务视图中为高性能计算定义了不同包的分组。用户可以通过链接 https://cran.rproject.org/web/views/HighPerformanceComputing.html 查看R内可用的并行计算软件包列表。

由于有不同的方法实现并行计算,因此R语言也将可用的并行计算包分为了几组,每组包含了用于实现并行计算的许多包。表12.1说明了每组中的不同包。

表12.1 与高性能计算相关的R软件包

并行计算概念	相关软件包
显式并行 (程序员负责并行化问题的几乎每个方面,例如将程序划分为进程,将这些进程映射到处理器以及它们的同步)	Rmpi Snow pdbMPI snowfall foreach
隐式并行 (其中,编译器或解释器可以识别并行化的时机,并在没有被告知的情况下实现它们)	pnmath romp Rdsm Rhpc
网格计算 (一个计算机网络,其中的每台计算机的资源(处理能力、内存和数据存储)都可以与系统中的其他计算机共享。授权用户可以根据需要使用同样的资源)	multiR
随机数	rlecuyer doRNG
Hadoop	RHIPE rmr toaster

12.2.1 在R中使用高性能计算的动机

R语言可以有效地执行小型计算,例如统计数据分析、数据挖掘应用等。由于全球化的发展，每个领域都在扩展其在世界各地的业务，这种扩展需要一个能够处理大量数据的大型数据库，为了满足这样的需求，可以使用大数据分析实现。大数据使用复杂计算实现高性能计算(HPC)。下面强调一些重点知识，以帮助读者理解在 R 语言中授权使用 HPC 的原因。

- R 是一种脚本语言，基于分析的解决方法不能有效地处理大规模计算，因为这些方法可能需要花费几小时或几天的时间进行计算，如果数据量增加，则执行时间也会增加。大数据计算中的复杂性促使开发人员必须提供能够执行 HPC 的函数或软件包。
- 有时，R 语言会突然停止对当前包含大量信息的数据的执行，这是由于计算资源不足，如系统内存不足造成的。这是开发具有 HPC 的 R 的另一个原因。
- 尽管 R 语言具有高级表达特性，但它仍然无法执行提供高级编码开发环境的细粒度控制。
- 运行时，环境能有效地进行编码工作并简化编码开发。为了简化计算过程，需要更多的时间和资源。因此，为了减少时间和降低使用难度，开发人员利用 R 开发了 HPC。
- R 框架的设计灵感来自于 20 世纪 90 年代，它使用单线程执行模式。基于此，R 语言的规范和实现不能使用现代的计算机基础设施，如并行协处理器、多核或多节点计算集群。因此，必须使 R 语言具有 HPC。

在 R 中使用 HPC 的主要目的是扩大 R 语言的处理范围，使其有效地实现并行计算，减少计算时间。

小练习

1. 你对并行计算的理解是什么？

答：并行计算是一种使用多个资源解决复杂问题的计算，它将一个问题分解为独立的部分，每一部分又可以进一步分解为一系列指令。

2. 并行计算中使用的软件概念有哪些类型？

答：软件概念包括共享内存、Pthreads、开放多处理(OpenMP)、消息传递接口(MPI)、分布式内存和并行虚拟机(PVM)。

3. 为 R 语言提供高性能计算(HPC)的必要性是什么？

答：为 R 语言提供高性能计算的主要原因如下：

- 没有有效的软件包可以解决大数据的计算复杂性；
- 没有足够的计算资源；
- 基于 R 语言的设计和实现；
- 减少时间并有效利用资源；
- 无法利用类似并行协处理器这样的现代计算机基础设施。

12.3 HPC 中使用 R 的时机

目前，由于 HPC 在并行技术、分布式技术、网格技术和云计算技术中的不断发展，HPC 中已经有了很多可以使用 R 的方法。此外，不断增长的计算需求也促使人们开发新的技术，在商业分析中对 R 中的这些技术的有效利用也可以提供高性能计算。

R 语言使用可用的并行计算技术，下面将介绍单节点和多节点中的并行计算。

12.3.1 单节点中的并行计算

当多个处理单元，包括主机 CPU、线程或其他单元在一个计算机系统中同时执行时，这个计算系统就变成了一个单节点。单节点并行化是在一台计算机中执行的。在一台计算机中，多个处理单元（如主机 CPU、处理内核或协处理卡）共享内存以实现单节点并行化。为了在一个节点上实现并行处理，有以下两种方法：

- 在一个节点中增加 CPU 的个数；
- 使用附加的处理设备。

在以上两种方法中，开发人员更喜欢第一种方法。开发人员通过单节点中额外的套接字管理多个相同的 CPU。在一个节点的每个 CPU 中有多个读取和执行指令的处理内核或组件。此外，多个处理内核彼此独立。普通的商用计算机有 8～16 个内核，单节点可以根据多个 CPU 的能力扩展到 72 个处理内核。

第二种方法是在单个节点内使用附加处理设备（如加速卡）实现并行处理。这些加速卡协处理器包含许多低频运行的内核，以为每个芯片提供高性能计算。这些加速卡也可以用在集成（on-board）存储单元和处理单元中，它们可以直接从这个集成存储器中访问数据。例如，GPGPU（General-Purpose Computing on Graphic Processing Unit，通用图形处理器）是用作附加处理设备的一种显卡，该显卡使用向量计算对图形处理单元执行并行处理。

12.3.2 多节点的并行化支持

单节点的并行化很容易通过较低的成本实现，然而它在研究分析工作中的使用是有局限性的。为了克服这些局限性，多节点并行技术得到了发展。多节点并行使用多个计算机系统（称为集群）实现并行处理。与单节点并行一样，多节点并行也有两种方法：

- 使用传统的高性能计算集群；
- 使用 MapReduce 编程模式。

1. 消息传递接口

第一种方法使用传统的高性能计算集群实现并行处理。在这里，集群是一组相互连接的计算机，它们共享可用的资源，每台单独的计算机也称节点，它有自己的内存。在这些集群中，所有节点都通过一个以上的高性能交换机连接，这些交换机在两个节点之间提供高性能的通信。为了建立这种通信，最常用的方法是消息传递接口（message passing interface）。

消息传递接口是一种工作在不同类型的并行计算机上的可移植消息传递系统，该系统提供了一个通过传递消息程序并行运行和相互通信的环境。MPI 还遵循主-从系统或客户机-服务器系统的概念，主系统控制集群，从系统执行计算并响应主系统的请求。

MPI 还提供了在各种计算机编程语言中设计和实现消息传递程序的语法和语义的库例程，如 C、C++、Java 等。MPI 接口具有许多特性，如同步、虚拟拓扑、特定语言的语法以及映射到其他节点的一组进程之间的通信功能。为了执行并行计算，MPI 将代码发送到多个处理器。目前的计算机或笔记本计算机都具有多个共享内存的内核，每个内核都可以使用共享内存。

要想在系统上实现 MPI,则需要一些消息传递程序,这些程序被称为 mpirun/mpiexec,与进程(任务)一起工作,每个内核被分配给一个进程,这些内核通过使用启动 MPI 程序的代理程序获得最大性能。MPICH2 和 OpenMPI 是 MPI 开源实现的一些例子。OpenMPI 是一个开源的 MPI 程序,它用于分布式内存模型的实现,使用这些程序可以在单核计算机上执行多线程。

2. MapReduce 编程模式

MapReduce 编程模式是 Google 公司开发的一种新型编程模式,该编程模式是专门为大型数据集的并行分布式处理而设计的,以将大型的数据集划分为小型的常规大小的数据。并行或分布式处理系统是一个功能强大的框架,它可以处理任何大型数据。

该模式从不同的分布式节点中收集和存储数据,并在每个本地节点上执行计算。在每个本地节点上进行计算后,该模式将收集到的输出进行转换。简言之,该模式可以将大型数据集转换为一个元组集合,并将这些元组合并或减小为一个较小的元组集合。在 MapReduce 中,这些元组称为键-值对,可以收集、排序和处理。MapReduce 框架在这些键-值对上进行操作。

由于元组的尺寸小,因此它可以有效地处理任何大数据,并将数据分布(scale over)在多个节点上。这种伸缩特性可以将一个应用程序分布在集群中数千台计算机中执行。由于这种伸缩特性,MapReduce 模式已经成为大数据分析的流行模式。Hadoop 和 Spark 就是 MapReduce 编程实现的一些例子。下面介绍 Hadoop 中的 MapReduce 编程模式。

3. MapReduce 算法

Map 和 Reduce 是 MapReduce 编程中分别由 mapper 和 reducer 执行的两个主要步骤。Map 过程将输入看作为一组键-值对,Reduce 过程会产生一组键-值对作为输出。下面介绍 MapReduce 算法的每个步骤。

(1) Map 过程。在这一步中,分布式系统的主节点获取被表示为键-值对的输入数据,并将其划分为片段,分配给 Map 任务。现在,系统的每个计算集群都被分配给了一些 Map 任务,这些集群将这些 Map 任务分配在它们的节点中。在键-值对处理过程中还生成了一些中间键-值对,根据它们的键-值,对这些中间键-值对进行排序,在此之后,它们被进一步划分成一系列的片段。

在图 12.2 中,输入对被划分为不同的片段。Map 过程中的 map()函数为每个生成输出片段的输入对都分配一个 Map 任务。简言之,map()函数生成一个新的输出列表。

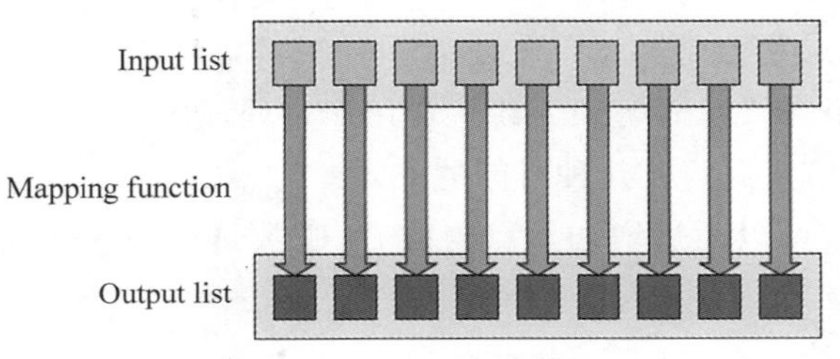

图 12.2 Map 过程

(2) Reduce过程。在这一步中,每个Reduce任务被分配给处理它的一个片段,并生成键-值对输出。和Map任务一样,Reduce任务也被分布到了集群中的每个节点中,最终的输出被传送到了系统的主节点中。

在图12.3中,Reduce过程将新的输出列表作为一个输入列表,并对其进行Reduce,产生一个聚合输出值。

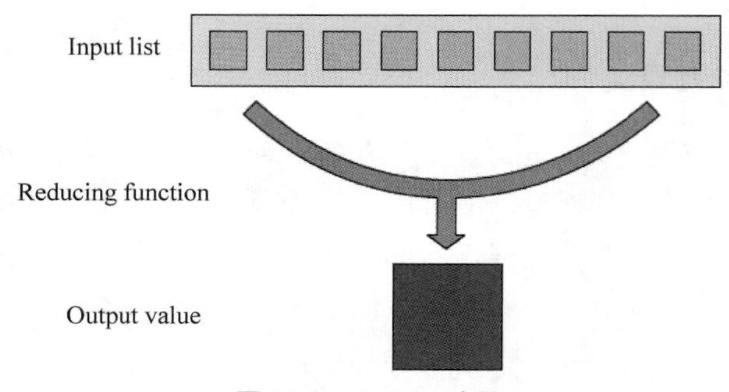

图12.3 Reduce过程

(3) MapReduce算法示例。假设有一个包含计算机系统大量信息的大型文件,下面给出该文件的一些信息。

"Computer is an electronic device. The input devices, output devices, and CPU are major parts of a computer system. Charles Babbage is the father of computers. The computer takes inputs from the input devices and generates the output on the output devices…"

MapReduce算法将使用以下步骤找出文件中特定词的出现次数。

① Map过程使用不同的映射函数循环每个词。例如,map()函数为词"computer"返回一个键-值。

② 类似地,不同的映射函数为文件中的真实词的每个键返回值,Reduce过程使用一个接收map()函数生成的键-值对形式的输出作为输入的reduce()函数。如reduce("computer">=3),("input">=2)。

③ reduce()函数为循环的每个增量加值,并为每个单词返回一个数字。在这里,它将为函数reduce("computer">=3)返回4,因为单词"computer"在给定行中出现了4次。

④ 对于所有给定的单词,reduce()函数返回文件中这些单词出现次数的一个数字。

小练习

1. 如何理解单节点并行化?

答:单节点并行化在一个计算机系统中使用多个处理内核。

2. R语言中的单节点并行有几种可能的方式?

答:在R语言中,可以通过增加节点内的CPU数量或使用附加处理设备实现单节点并行。

3. 消息库例程是什么?

答：消息库例程包含以各种计算机编程语言设计和实现消息传递程序的语法和语义，如 C、C++ 和 Java。

4. Map 过程是什么？

答：Map 过程是 MapReduce 的一部分，在这个过程中，分布式系统的主节点使用表示为键-值对形式的输入数据，并将其划分为片段分配给 Map 任务。

12.4　R 对并行化的支持

前面介绍了 R 中并行化的范围，下面介绍 R 语言是如何支持并行化的。为了支持并行化，R 语言提供了不同的包。下面介绍这些包。

12.4.1　R 中对单节点并行化执行的支持

单节点并行化是在单个计算机系统中使用多个处理内核，R 语言提供了支持单节点并行化的包，multicore 是第一个在系统上实现的 R 语言包。近年来，multicore 包已经被 parallel、doParallel 和 foreach 包代替，这些包也可以执行单节点并行化。下面给出这些包的介绍。

1. parallel 包

parallel 包被引入 R2.14.0 以代替 multicore 和 snow 包，引入该包的主要目的是执行随机数生成，它还可以执行其他并行应用，如向量/矩阵操作、引导程序(bootstrapping)、线性系统求解等。该包的另一个特征是可以执行 forking。forking 是用于创建运行在不同的处理内核上的附加处理线程及生成附加工作线程的方法。

如今，每个物理 CPU 都包含两个以上的处理内核，一些 CPU 使用其内置的多核执行并行计算。而一些操作系统，如 Windows 遵循逻辑 CPU 的概念，可以对内核数进行扩展。用户可以使用 detectCores()函数确定 CPU 中可用的内核数。

parallel 包的 mclapply()函数可以执行单节点并行化，它可以增加 CPU 中的内核数。如果不支持该函数，则可以使用 base 包中的 lapply()函数代替 mclapply()函数。mclapply()函数是 lapply()函数的并行化版本，它可以返回长度和 x 相等的一个列表，其中的每个元素都是将 FUN 应用到 x 中的相应元素的结果。

函数遵循 forking 的思想，因此，它在 Windows 操作系统上是不可用的，除非 mc.cores ＝1。mclapply()函数的基本语法为

```
mclapply(x, FUN, mc.cores,…)
```

其中，x 参数包含原子或列表向量，或表达式向量(用于类对象使用 as.list 转换对象)；FUN 参数定义了应用到 x 的每个元素的函数；mc.cores 是一个可选参数，定义了使用的内核数，即最多有几个子进程同时运行，其最小值是 1，而且并行化要求最少有 2 个内核；“…”定义了其他可选参数。

2. 使用 mclapply()函数对单节点进行并行化

在下面的例子中，DemoFunc()函数被应用于 mclapply()函数上，其中 x 是一个列表(1：5)，mc.cores＝1，Windows 操作系统不支持大于 1 的值。对于 UNIX 操作系统和 Linux 操作系统，mc.cores 的值可以大于 1，因为这两个操作系统支持 forking(如图 12.4 所示)。

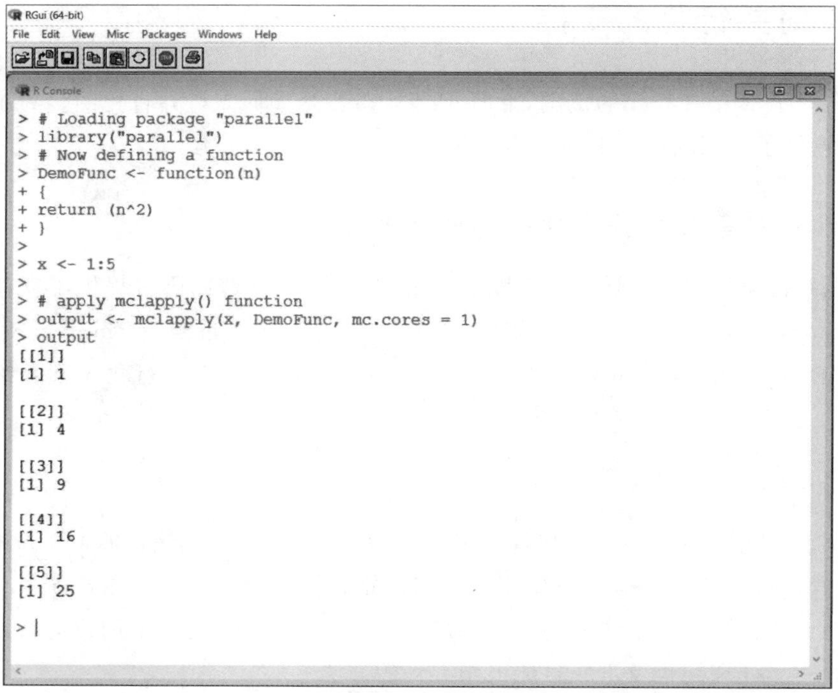

```
RGui (64-bit)
File Edit View Misc Packages Windows Help
R Console
> # Loading package "parallel"
> library("parallel")
> # Now defining a function
> DemoFunc <- function(n)
+ {
+ return (n^2)
+ }
>
> x <- 1:5
>
> # apply mclapply() function
> output <- mclapply(x, DemoFunc, mc.cores = 1)
> output
[[1]]
[1] 1

[[2]]
[1] 4

[[3]]
[1] 9

[[4]]
[1] 16

[[5]]
[1] 25

> |
```

图 12.4 parallel 包的使用

3. 使用集群在 Windows 操作系统中对单节点进行并行化

因为 Windows 操作系统不能工作在 forking 上，因此它不可能在 mclapply()函数的 mc.cores 参数中使用大于 1 的值。如果在 Windows 操作系统中其值大于 1，则会显示一个错误。图 12.5 给出了一个示例，其中 mc.cores＝8，其显示了一个错误。

在 Windows 操作系统中实现单节点并行化的选择有很多，在集群函数和 parLapply()函数的帮助下即可实现单节点的并行化。下面给出实现单节点并行化的步骤。

① 使用 makeCluster()函数创建子进程的集群。

② 在 parLapply()函数上载入必要的 R 包。

③ 将需要的 R 对象复制到集群中。

④ 使用 clusterExport()函数将工作分发到集群中。

⑤ 使用 stopCluster()函数停止集群。

按照以上步骤即可实现如 bootstrapping 或随机数生成等任何其他并行应用。

函数语法的详细说明见表 12.2。

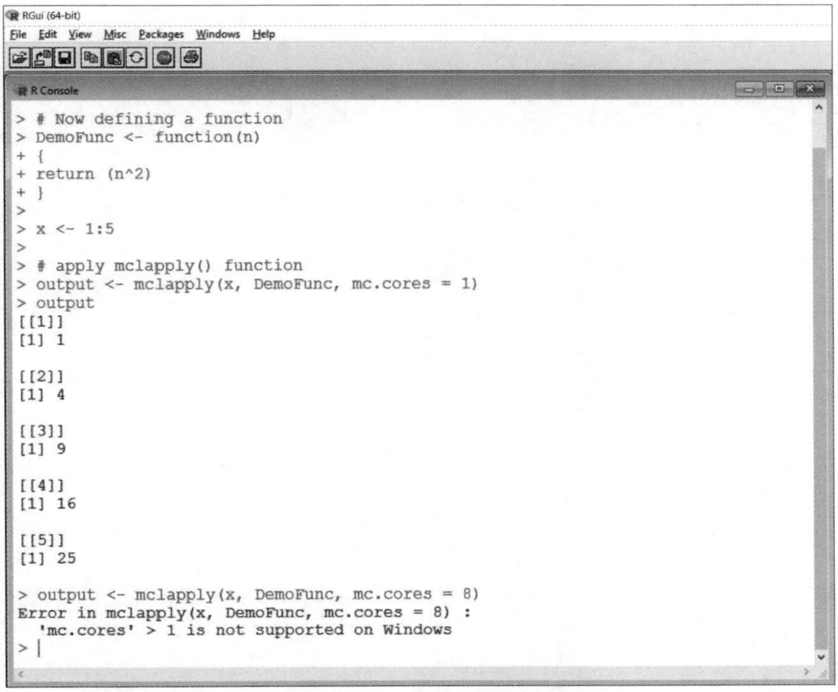

```
RGui (64-bit)
File Edit View Misc Packages Windows Help
R Console
> # Now defining a function
> DemoFunc <- function(n)
+ {
+ return (n^2)
+ }
>
> x <- 1:5
>
> # apply mclapply() function
> output <- mclapply(x, DemoFunc, mc.cores = 1)
> output
[[1]]
[1] 1

[[2]]
[1] 4

[[3]]
[1] 9

[[4]]
[1] 16

[[5]]
[1] 25

> output <- mclapply(x, DemoFunc, mc.cores = 8)
Error in mclapply(x, DemoFunc, mc.cores = 8) :
  'mc.cores' > 1 is not supported on Windows
> |
```

图 12.5　在 Windows 操作系统中尝试多核

表 12.2　函数语法详细说明

函 数 语 法	详 细 说 明
makeCluster(spec, type, …)	创建一个支持类型的集群，默认类型是 PSOCK，它调用 makePSOCKcluster，类型 Fork 调用 makeForkCluster，makeForkCluster 会通过 forking 创建一个集群，因此对于 Windows 操作系统而言是不可用
parLapply(cl = NULL, X, fun, …) 其中， cl 是一个 cluster 类的对象，若为 NULL，则使用注册的默认集群；X 是一个向量（原子或列表）；fun 是一个函数	lapply 的一个并行版本
clusterExport(cl = NULL, varlist, envir = .GlobalEnv) 其中， cl 是一个 cluster 类的对象，若为 NULL，则使用注册的默认集群；varlist 是一个要输出的对象的名称的字符向量；envir 是要输出的变量的环境	clusterExport 将 varlist 中命名的变量的主 R 进程上的值赋给每个节点的全局环境中具有相同名称的变量
stopCluster(cl = NULL) 其中，cl 是一个 cluster 类的对象	关闭集群

在图 12.6 中，makeCluster()函数创建了一个集群 cl，Matrix 包被加载到 parLapply()函数上并进行复制。然后使用 clusterExport()函数分发集群，使用 parLapply()函数进行

计算。最后停止集群工作。

```
RGui (64-bit)
File Edit View Misc Packages Windows Help
R Console
> # Single node parallelism in Windows
>
> ## Create a cluster of child processes
> cl <- makeCluster(4)
>
> ## Load the necessary R packages
> parl <- parLapply( cl, 1:length(cl),
+ function(n) {
+ library("Matrix")
+ })
>
> ## Distribute the necessary R objects
> clusterExport( cl, c('Demosquare', 'a'))
>
> ## Do the computation
> parresult <- parLapply(cl, 1:4,
+ function(n) {
+ return( Demosquare(n) + a)
+ })
>
> ## stop the cluster
> stopCluster(cl)
> parresult
[[1]]
2 x 2 Matrix of class "dgeMatrix"
     [,1] [,2]
[1,]    2    1
[2,]    1    2

[[2]]
```

图 12.6　Windows 操作系统中的单节点并行化

4. foreach 包

R 语言具有许多循环措施，如 foreach、while 等，用于执行需要重复多次的代码。foreach 包提供了新的循环功能并支持并行执行。简言之，foreach 包可以在单个节点或多个节点上的多个内核或处理器上执行重复操作。在实现单节点并行之前，下面首先强调一下 foreach 包的几个特点。

- foreach 包使用%do%或者%dopar%操作符重复执行代码。
- foreach 包提供了将列表转换成矩阵的组合功能。

为了使用 foreach 包实现单节点并行化，需要使用并行后端(backend)，如 doParallel、doMC 等，这些并行后端可以并行地执行 foreach 循环。要想使用并行后端，即使使用了%dopar%操作符，也需要进行注册。这个并行后端在 foreach 包和 parallel 包之间充当接口的角色。

makeCluster()函数和 stopCluster()函数还可以用于在并行后端定义内核数。

例 12.1

在这个例子中，执行函数 sqr()的并行计算以计算一个数的平方。在加载 foreach 包和 doParallel 包后，使用 registerDoParallel()函数注册 4 个 doParallel 包，然后，foreach()函数会并行执行该函数。默认情况下，foreach()函数返回一个列表形式的输出。通过使用选项.combine=c/cbind 可以将输出转换成列或一个矩阵(如图 12.7 所示)。

```
> library(foreach)
> library(doParallel)
>
> registerDoParallel(4)
>
> # Define the function
> sqr <- function(N) {
+ N ^ 2
+ }
>
> # Define foreach
> foreach(n = 1:5) %dopar% sqr(n)
[[1]]
[1] 1

[[2]]
[1] 4

[[3]]
[1] 9

[[4]]
[1] 16

[[5]]
[1] 25

> foreach(n = 1:5, .combine = 'c') %dopar% sqr(n)
[1]  1  4  9 16 25
> |
```

图 12.7　使用 foreach 包和 doParallel 包对单节点进行并行化

例 12.2

在这个例子中,执行函数 cube()的并行计算以计算一个数的立方。在加载 foreach 包和 doParallel 包后,makeCluster()函数创建了一个集群 cl,其包含 8 个集群;然后将其传递给 registerDoParallel()函数,foreach()函数会并行执行函数 cube()。在此之后,使用 stopCluster()函数停止集群(如图 12.8 所示)。

```
> library(foreach)
> library(doParallel)
>
> cl <- makeCluster(8)
> registerDoParallel(cl)
>
> cube <- function(N) {
+ N^3
+ }
>
> # apply foreach
> foreach(n = 1:5, .combine = 'c') %dopar% cube(n)
[1]   1   8  27  64 125
>
> stopCluster(cl)
> |
```

图 12.8　使用集群的 foreach 包和 doParallel 包

例 12.3

在这个例子中，使用%do%操作符顺序执行代码，然后使用%doPar%操作符并行执行代码，并比较执行时间(顺序执行和并行执行)。

步骤 1：加载 doParallel 包。

```
>library(doParallel)
Loading required package: foreach
foreach: simple, scalable parallel programming from Revolution Analytics
Use Revolution R for scalability, fault tolerance and more.
http://www.revolutionanalytics.com
Loading required package: iterators
Loading required package: parallel
```

步骤 2：顺序执行 foreach 循环。下面的代码计算了双曲正切函数的结果之和。

```
>system.time(foreach(i=1:10000) %do% sum(tanh(1:i)))
   user  system  elapsed
   6.13    0.02     6.99
```

步骤 3：将%do%改为%dopar%，以并行方式执行代码。

```
>system.time(foreach(i=1:10000) %dopar% sum(tanh(1:i)))
   user  system  elapsed
   6.09    0.00     6.13
Warning message:
executing %dopar% sequentially: no parallel backend registered
```

此时可能会出现一个警告消息，表示顺序运行循环。如果是第一次运行"%dopar%"，则会发生这种情况。为了解决这个问题，需要注册并行后端且并行运行代码，这次的执行时间就会短得多。如果不使用任何参数注册后端，则在默认情况下，它会在 Windows 操作系统和 UNIX 操作系统上创建 3 个工作进程，大约是内核数量的 1/2。

```
>registerDoParallel()
>system.time(foreach(i=1:10000) %dopar% sum(tanh(1:i)))
   user  system  elapsed
   2.31    0.06    11.62
```

步骤 4：使用 getDoParWorkers()函数检查工作进程数。

```
>getDoParWorkers()
[1] 3
```

步骤 5：顺序执行代码并观察执行时间。

```
>registerDoSEQ()
>getDoParWorkers()
[1] 1
>system.time(foreach(i=1:10000) %do% sum(tanh(1:i)))
   user  system  elapsed
   6.24    0.02     6.33
```

步骤 6：显式地设置工作进程数，并且并行地执行代码，观察执行时间。

```
>registerDoParallel(cores=2)
>getDoParWorkers()
[1] 2
>system.time(foreach(i=1:10000) %dopar% sum(tanh(1:i)))
   user  system  elapsed
   2.23    0.03    13.94
```

步骤 7：手动创建一个计算集群，一旦代码被执行，则通过调用 stopCluster()函数取消集群的注册。

```
>cl <-makeCluster(2)
>registerDoParallel(cl)
>system.time(foreach(i=1:10000) %dopar% sum(tanh(1:i)))
   user  system  elapsed
   2.12    0.01    13.98
>stopCluster(cl)
```

单进程和并行执行的比较如下。

使用 rbenchmark 包的 benchmark()函数可以比较 foreach 循环的单进程执行和并行执行的性能。benchmark()函数基于所有 system.time，可以评估任何表达式，它会将输出生成到一个数据框中，并返回许多值，如 replications、environment、elapsed 等。replication 定义了表达式需要评估的次数，environment 定义了表达式运行的环境，elapsed 定义了执行时间等。

图 12.9 比较了 foreach 包的两个表达式，第一个表达式是基于单个进程的执行，第二个表达式是基于多个进程的并行执行。对于单个进程的执行，包的 elapsed 时间为 0.53，而 5 个进程并行执行时的 elapsed 时间为 1.01，和单个进程的执行相比，并行执行所花费的时间更少。

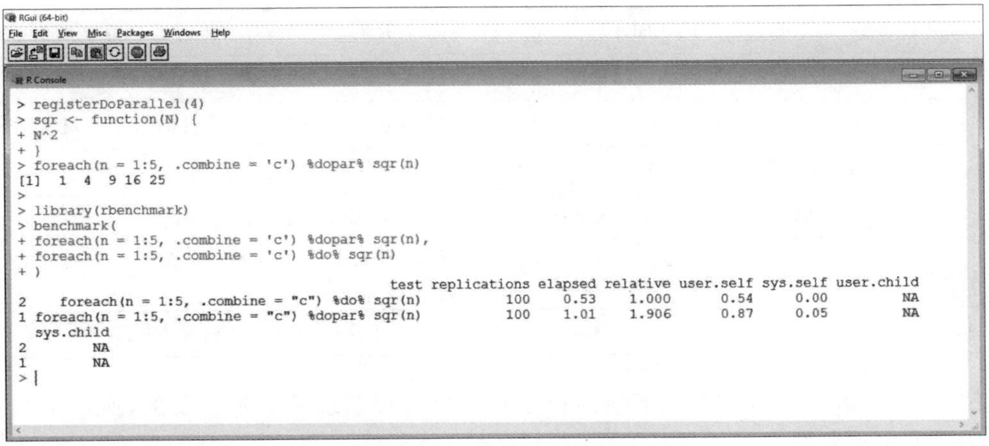

```
RGui (64-bit)
File Edit View Misc Packages Windows Help
R Console
> registerDoParallel(4)
> sqr <- function(N) {
+ N^2
+ }
> foreach(n = 1:5, .combine = 'c') %dopar% sqr(n)
[1]  1  4  9 16 25
>
> library(rbenchmark)
> benchmark(
+ foreach(n = 1:5, .combine = 'c') %dopar% sqr(n),
+ foreach(n = 1:5, .combine = 'c') %do% sqr(n)
+ )
                                            test replications elapsed relative user.self sys.self user.child
2    foreach(n = 1:5, .combine = "c") %do% sqr(n)          100    0.53    1.000      0.54     0.00         NA
1 foreach(n = 1:5, .combine = "c") %dopar% sqr(n)          100    1.01    1.906      0.87     0.05         NA
  sys.child
2        NA
1        NA
> |
```

图 12.9 benchmark()函数

12.4.2 使用消息传递接口对多个节点上的并行执行提供支持

多节点并行化使用计算集群实现并行计算。R语言使用MPI提供了支持多节点并行化的不同包。12.2节介绍了MPI的基本概念,MPI提供了使用高性能消息传递操作获取HPC的可移植接口。Rmpi、SNOW(Simple Network of Workstation,简单工作站网络)和pbdR是R中的一些通过MPI实现多节点并行化的包。

1. Rmpi包

Rmpi包是一个由用户开发的R语言并行包。实际上,Rmpi包是一个接口或包装器(wrapper),它通过R使用MPI进行并行计算,遵循主/从模式,Hao Yu开发了这个包,该包支持所有类型的操作系统。

Rmpi包支持OpenMPI或MPICH2消息传递程序。为了在单进程系统上执行并行处理,需要安装这两个消息传递程序,如果没有安装该程序,则不能在单机上进行并行执行。

Rmpi包包含许多函数,表12.3列出了Rmpi包中用于并行计算的一些重要函数。

表12.3 Rmpi包中的一些有用函数

函 数 名	函数描述
mpi.universe.size()	返回集群中可用的CPU总数
mpi.comm.size()	返回进程数
mpi.comm.rank()	返回进程的rank,默认情况下,master的rank是0,slave的rank是slave,数量为1
mpi.spawn.Rslaves(nslaves= mpi.universe.size(), root = 0)	产生R slaves
mpi.bcast.cmd(cmd = …)	从master到所有R slaves传送或执行命令
mpi.remote.exec(cmd = …)	远程在R slaves上执行命令,并将所有执行结果返回master
mpi.bcast.Robj2slave(obj,all= FALSE)	将一个R对象从master传送或广播到所有slaves
mpi.bcast.Rfunc2slave(obj)	将所有masters的函数传送到slaves
mpi.bcast.Robj(obj, root =0)	通过参数root收集指定成员的每个成员的对象
mpi.send.Robj(obj, destination, tag)	将对象发送到目标位置
mpi.recv.Robj(mpi.any.resource(), mpi.any.tag())	将对象发送到目标位置
mpi.close.Rslaves(dellog = FALSE)	关闭所有R slaves,而不会删除slaves当前的日志文件
mpi.exit()	终止MPI执行环境并分离库Rmpi

因为安装OpenMPI或其他类似的程序对于单进程系统是非常必要的,所以了解一些伪代码是非常重要的。

2. 创建 slaves 的伪代码

下面的示例代码设置了 4 个 slaves,并找出了系统中当前 slaves 的个数。

```
>#Loading library
>library(Rmpi)
>
>#Creating 4 slaves
>mpi.spawn.Rslaves(nslaves =4)
>
>#getting the number of slaves
>mpi.comm.size()
[1] 4
>
>#return the rank
>mpi.comm.rank()
[1] 0
>
>#terminate execution
>mpi.exit()
```

3. 消息传递伪代码

下面的示例代码定义了一个消息传递函数,其中一个 slave 将消息发送给另一个 slave。

```
msgmpi <-function() {

#find out the rank of first slave [Sender slave]
ranks <-mpi.comm.rank()

#find out the rank of second slave [receiver slave]
rankr <-(ranks +1) %%mpi.comm.rank()
rankr <-rankr +(rankr ==0)

#Now send a message to the receiver
mpi.send.Robj(paste ("Sender ---", ranks), dest =rankr, tag =
ranks)

#Now receiver is receiving the message
recv.msg <-mpi.recv.Robj(mpi.any.source(), mpi.any.tag())
recv.tag <-mpi.get.sourcetag()
paste(" Receiver received message----", "recv.msg", "recv.tag[1]",
sep ="")
}
```

4. SNOW 包

简单工作站网络或 SNOW 是另一个 R 包，提供了在工作站网络上进行简单并行计算的功能，该包将通信的细节隐藏了起来，并提供了一个抽象层。SNOW 包使用许多通信方法实现并行计算，如 sockets、MPI、使用 rpmv 包的并行虚拟机(PVM)和 NetWorkSpaces (NWS)。同 Rmpi 包一样，它可以给出最佳输出。

和 Rmpi 包一样，SNOW 包遵循 master/slave 模式。在该模式中，一个主(master)R 进程使用 makeCluster()函数开始工作进程的聚类，接着，它会使用一些函数，如使用 clusterApply()函数在工作进程上执行 R 代码并将返回的结果回送到 master 中。

SNOW 包提供了许多用于聚类、并行编程和随机数生成的函数，用户可以通过链接 https://cran.r-project.org/web/packages/SNOW/index.html 查看完整的 SNOW 包函数列表。

表 12.4 给出了该包中用于并行计算的一些重要函数，所有函数都需要用到一个集群对象 cl；x 参数定义了矩阵对象；X 参数定义了数组对象；fun 参数定义了这些函数中使用的函数的定义。

表 12.4 SNOW 包中用于并行计算的一些重要函数

函 数 名	函 数 描 述
makeCluster(n, …)	根据函数中给定的 n 值创建集群
makeCluster()	停止当前集群
clusterExport(cl, val,…)	在每个节点的全局环境中分配全局值
parLapply(cl, x, fun,…)	lapply()函数的并行版本，返回一个和 x 的长度相同的列表，其中的每个元素是将 fun 应用到 x 的相应元素的结果
parSapply(cl, X, fun,…)	sapply()函数的并行版本，可以返回一个向量
parAapply(cl, X, fun,…)	apply()函数的并行版本，可以在应用 fun 之后返回一个向量
parRapply(cl, x, fun,…)	给定矩阵的并行行应用函数
parCapply(cl, x, fun,…)	给定矩阵的并行列应用函数
parMM(cl, A, B…)	将给定的两个矩阵 A 和 B 相乘的并行矩阵乘法函数

下面的例子通过 makeCluster()函数创建了 4 个集群，函数 Demofunction 将传递到 clusterExport()函数中进行 3 个数相加的操作，然后将 a、b 和 c 的值分配到一个数据框 df 中，parRapply()函数对该函数执行并行计算并返回输出列表。注意：必须使用 stopCluster()函数停止集群(如图 12.10 所示)。

5. pbdR 包

pbdR 包是一系列包含许多其他单独包的 R 包，它通过高性能统计计算为大数据的数理统计计算提供了一个环境。pbdR 包遵循 MPI 通信的概念，在大数据分析中提供了一定的灵活性。pbdR 包含以下包。

• pbdMPI 包：该包用于 MPI 通信，提供了直接连接 MPI 的 S4 类，其支持单程序多数

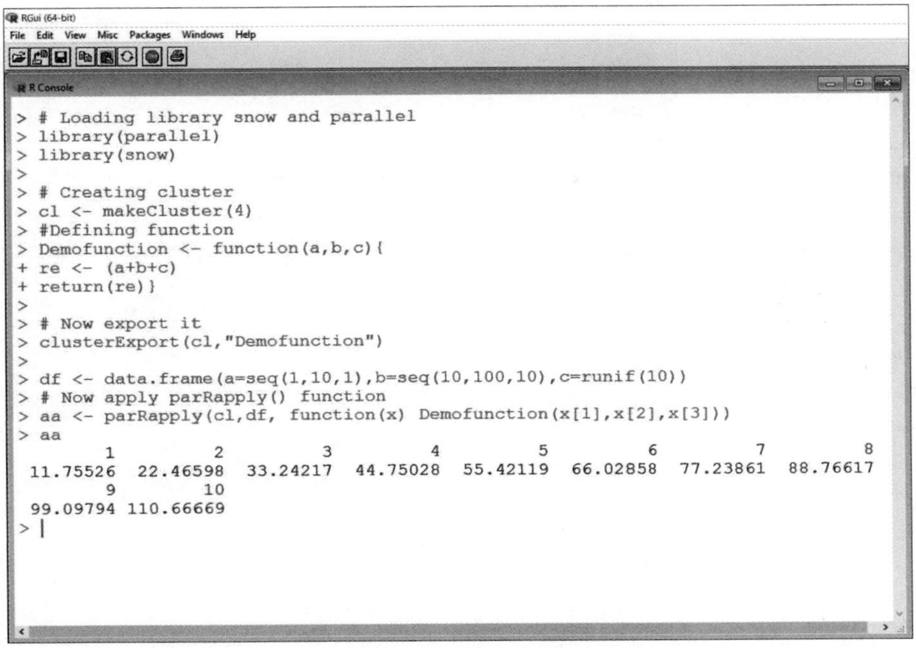

```
RGui (64-bit)
File Edit View Misc Packages Windows Help
R Console
> # Loading library snow and parallel
> library(parallel)
> library(snow)
>
> # Creating cluster
> cl <- makeCluster(4)
> #Defining function
> Demofunction <- function(a,b,c){
+ re <- (a+b+c)
+ return(re)}
>
> # Now export it
> clusterExport(cl,"Demofunction")
>
> df <- data.frame(a=seq(1,10,1),b=seq(10,100,10),c=runif(10))
> # Now apply parRapply() function
> aa <- parRapply(cl,df, function(x) Demofunction(x[1],x[2],x[3]))
> aa
        1         2         3         4         5         6         7         8
 11.75526  22.46598  33.24217  44.75028  55.42119  66.02858  77.23861  88.76617
        9        10
 99.09794 110.66669
> |
```

图 12.10　SNOW 包示例

据(Single Program Multiple Data,SPMD)计算。对于批处理的并行执行,它是最佳的选择。

- pbdSLAP 包：该包用于可伸缩的线性包,如 PBLAS、BLACS 和 ScaLAPAC。
- pbdBASE 包：该包为分布式数据类型提供了核心类和方法。
- pbdDMAT 包：该包为大数据编程的分布式稠密矩阵提供了类。
- pbdNCDF4 包：该包允许多个进程同时写同一个文件,而不需要任何手动同步,它支持 TB 大小的文件。

pbdMPI 包使用了两个函数,第一个函数是 comm.size(),它可以返回进程数;第二个函数是 comm.rank(),它可以返回进程的秩(rank)。与 SNOW 包和 Rmpi 包类似,该包也需要安装消息传递程序,如 OpenMPI 或其他类似的程序。

6. 多进程计算 pie 的伪代码

下面的示例代码是多进程计算 pie(π)。

```
>#Loading library
>library(pbdMPI)
>init()
>
>#initialize value
>np <-1000000
>
>#defining function
>Demopi <-function(n) {
```

```
>+as.integer ((n[, 1] ^ 2 +x [, 2] ^ 2) <=1)
>+}
>
>#function that calculates pi
>calp <-function(np) {
>+mt <-matrix(runif(np * 2), np, 2)
>+p <-Demopi(mt)
>+return (sum(p))
>+}
>
>#Now call the calp() for each process
>pr <-calp(np)
>
>#Now use reduce() to total across processes
>pr <-reduce(pr, op ="sum")
>api <-4 * pr / (comm.size() * np)
>
>#Release the memory
>finalize()
```

12.4.3 使用其他分布式系统的包

前面介绍的包都可以很好地处理数据并行问题，它还可以通过使用分布式程序在不同的数据子集上独立解决这样的问题。在分布式程序中，大数据被分解为不同的块，每个块以并行方式执行。分布式系统是分布着大量计算机，并且使用一个高速网络在这些计算机之间进行通信的系统。该系统按照分布式编程的概念并使用了一些编程模式。

MapReduce 是一种编程模式，已经在 12.2 节中对其进行了简要介绍。目前，Hadoop 和 Spark 是两个常见的用于大数据分析的分布式系统，它们就使用了 MapReduce 编程模式的概念。

云系统也是一种分布式系统，云也是一组使用互联网工作的通过高速网络连接的分布式计算机。该系统使用分布式处理进行计算，用户只需要根据其使用情况付费即可，这也是该系统最大的优势。不同的云服务提供商都会提供这些服务，Amazon 公司的 EC2 和 Google 公司的 Cloud 都是常见的系统。

在 R 语言中使用这样的系统分析大数据是非常有效的，它提高了处理大数据分析问题的吞吐量，CRAN 任务视图和其他存储库为此类系统定义了包。下面给出这些系统及其可用的包的简要介绍。

1. Hadoop

Hadoop 是一个在计算机集群上对大量数据进行分布式处理的开源分布式系统。2005 年，Doug Cutting 和 Mike Cafarella 根据 Apache 许可协议开发了 Hadoop。通过简单的编程模型，Hadoop 提供了一个跨计算机集群的分布式环境，它可以从单台服务器扩展到具有本地计算和存储的数千台服务器。Hadoop 的模块可以自动处理框架中单台机器的任何硬件故障。

Hadoop 的特性如下。

- Hadoop 最主要、功能最强大的特性是 Hadoop Streaming，其遵循 MapReduce 编程模式的概念，允许用户根据 mapper 和 reducer 分别创建和执行任何可执行脚本的 Map 和 Reduce 进程。为此，要求 mapper 和 reducer 都应该是可执行的。其中，mapper 可以从任何标准输入中读取输入，并可以将输出传送到任何标准输出中。
- Hadoop 系统具有高度可扩展的存储平台，其在数百个廉价的并行服务器上分发非常多的数据。正因如此，每个企业都试图利用这个系统获利。
- Hadoop 的可负担成本也吸引了一些机构。对于组织机构而言，以传统方式存储海量数据的成本是非常高的。通过使用 Hadoop，组织机构可以轻松地降低存储成本。
- Hadoop 的灵活性和可用性允许用户存储结构化和非结构化的数据。

基于这些特征，不仅是各个机构，还有其他领域，如研究领域也基于不同目的而使用着 Hadoop，例如日志处理、数据仓库、推荐系统、市场活动分析和欺诈检测等。Hadoop Streaming 特性可以用于报告生成，以找到任何历史查询的答案。

R 语言为 Hadoop 提供了许多包，如 RHIPE、RHadoop、toaster、HistrogramTools 和 RProtoBuf。

2. RHadoop 的 rmr2

Revolution analytics 开发了一组软件包，名为 RHadoop。RHadoop 是一个开源包，允许用户通过 Hadoop Streaming 使用 Hadoop 管理和分析数据，它包含以下包。

- rhdfs 包：该包提供了对 Hadoop 分布式文件系统(HDFS)的连接，用户可以从 R 中执行 HDFS 中的任何操作。
- rhbase 包：该包使用 Thrift 服务器提供到 HBASE 分布式数据库的连接，用户可以从 R 中执行 HBASE 中的任何操作。
- rmr2 包：该包通过 Hadoop 集群上的 Hadoop MapReduce 功能提供统计分析功能。
- plyrmr 包：该包提供了对常规数据的操作功能。
- ravro 包：该包提供了从本地和 HDFS 文件系统中读写 avro 文件的功能。

在所有包中，选择 rmr2 包在 Hadoop 系统中对大数据进行分析是较好的包，它具有灵活性，并允许在 R 环境中集成。mapreduce()函数是编写自定义 MapReduce 算法时使用的一个核心包函数。MapReduce 算法使用键-值对，其中 map()函数将键-值对作为输入，reduce()函数生成键-值对输出。

假设 k 和 v 分别表示键和值矩阵，rmr2 包提供了一个 keyval()函数，从输出键和值矩阵中生成一个列表。为此，键应该是一个具有一列且与值矩阵具有相同行数的矩阵。除此之外，键矩阵中的每个矩阵需要和值矩阵中的一行相匹配。map()函数或 reduce()函数的一般语法为

```
map =function (k, v)
{
    key =…
    val =…
```

```
    return(keyval(key, val))
}
```

为了执行该函数，Hadoop需要运行在当前系统上。下面是一个计算任意给定文本中的单词个数的mapreduce()函数的伪代码。对于该函数而言，输入应该是文本，输出应该是一个单词及其出现次数的列表。

```
mapreduce(
{
    in <-read.csv("Demo.csv"),
    out <-read.csv("DemoOut.csv"),
    map =function (k, v)
    {
        key =v
        n =dim(v)[1]
        val =matrix( data =1, nrow =n, ncol =1)
        return(keyval(key, val))
    }
    reduce =function ( k, v)
    {
        key =k[1, 1]
        val =sum(k[, 2])
        n =dim(v)[1]
        return(keyval(key, val))
    }
)
```

3. Spark

Spark或Apache Spark是继Hadoop后出现的另一个开源系统。Spark的集群计算框架简单、灵活(sophisticated)、易于使用。2009年，Spark首次在UC Berkeley的AMPLab中被开发出来。2010年，Spark成为了一个开源的Apache项目，它使用MapReduce技术进行大数据分析，和Hadoop相比，Spark的优势如下。

- Spark不使用Hadoop YARN运行，它可以使用自己的流API和独立的进程在非常短的时间间隔内进行连续的批处理。在某些情况下，Spark比Hadoop更快。Spark没有自己的分布式存储系统，大多数大数据分析都更加偏向于选择Spark，而不是Hadoop。
- Spark和Hadoop的主要区别是Spark运行在集群的内存中，不需要Hadoop中的两个阶段的MapReduce模式。基于该内存特性，Spark能以较快的速度重复访问相同的数据。Spark还能运行在standalone模式或Hadoop集群上，从而直接访问数据。Spark的内存特性为机器学习算法提供了较好的性能。
- Spark的流特征使得大数据分析处理变得非常简单，它允许用户通过各种软件函数传递数据，从而给出实例数据以分析输出。基于此，开发人员将其用于图处理，可以很容易地对不同现实世界实体之间的关系进行映射。

- 对于普通数据的处理，Spark 是最好的选择，因为它支持不同的机器学习算法和图处理。Spark 允许用户使用一个单一的平台处理所有事情，而不是将其划分成许多任务。与 Hadoop 相比，Spark 的成本更高，这是因为 Hadoop 具有提供服务(service-offering)的特性。

Spark 的一些其他特性还包括大数据查询延迟优化(lazy optimisation)和更高级的 API，和其他大数据技术相比，Spark 优化了数据处理的步骤，表现出了更好的性能。

4. SparkR

R 语言提供了在 Spark 和 R 之间建立联系的 SparkR 包。SparkR 包是一个轻量级的前端或 R API，可以帮助用户在 R 语言中使用 Apache Spark。Spark1.4 引入了具有 SparkDataFrame 的 R API。SparkDataFrame 类似于关系型数据库中的一个表或 R 中的一个数据框，数据按照命名列进行组织。Spark 包的特征如下。

- 该包提供了分布式数据框的实现，支持在大型数据集上的许多操作，如选择、分组、聚集、过滤和其他统计或分析操作。
- 用户可以从本地 R 数据框或其他 Spark 数据源，如 HDFS、JSON、Hive 或 Parquet 中创建 SparkR 数据框。
- 该包支持混合式(mixing-in)SQL 查询，并可以将这些查询输出转换成数据框或从数据框转换成输出。

对于运行 SparkR 包的不同函数而言，必须在现有系统中安装和设置适当的 Spark 环境。表 12.5 列出了 SparkR 包中的一些用于创建一个数据框并启动一个与 Spark 的会话(session)的主要函数。用户可以通过链接 https://spark.apache.org/docs/1.6.0/api/R/查看 SparkR 包中的完整函数列表。

表 12.5 SparkR 的主要函数

函　　数	描　　述
sparkR.session()	该函数可以创建一个 SparkR 会话，其 R 程序连接到一个 Spark 集群，用户可以在该函数中传递应用程序名和 Spark 包依赖项
sparkR.init()	该函数可以创建一个 SparkR 上下文，该上下文也将 R 程序连接到一个 Spark 集群
createDataFrame(sqlcontext, data,…) as.DataFrame(sqlcontext, data,…) 其中， sqlcontext 是任意 SQL 数据库对象，data 是任意数据集	该函数可以将 R 数据框或列表转换成数据框
read.df()	该函数可以从数据源中创建 Spark 数据框

下面给出一段示例代码(不可执行)，SparkR 包在 R 中启动了一个与 Spark 的会话，它将数据集转换成一个数据框，并创建一个新的数据框。

```
>#Starting a session with Spark
```

```
>sc1 <-sparkR.init()
>
>#Creating session with SQL
>sqlcontext1 <-sparkRSQL.init()
>
>#Converting a dataset into data frame
>df <-as.DataFrame(sqlContext, dataset)
>
>#Creating a new data frame
>ddf <-createDataFrame(sqlContext, dataset)
>
>#Closing a session
>End()
```

5. Google Cloud

Google Cloud 是一个著名的存储大型非结构型数据的云计算平台，Google 公司于 2011 年开发了该平台。该云平台遵循分布式处理的概念，因为该云平台是一组通过高速网络连接的计算机。Google Cloud 的一些主要特征如下。

- 云存储允许在任何时间在全球范围内存储和检索大量数据。除了存储以外，它还提供服务，如服务网站内容、分发大量数据、存储档案数据和灾难恢复、直接下载数据。
- Google Cloud 突出的网络性能吸引了不同的机构。值得注意的是，Google Cloud 使用自己的光纤网络，而不是公共网络。在 Google Cloud 中，每个实例都连接到一个跨越所有区域的网络，而不使用虚拟专用网络或任何网关。
- 通过提供 BigQuery 和 Google Cloud Dataflow，Google Cloud 在大数据分析中提供了不同的大数据解决方案，用户可以在大量数据上使用 BigQuery 运行 SQL 查询，可以使用 Google Cloud Dataflow 从数据处理管道中创建、监视和收集数据。
- 另一个主要工具 Cloud Debugger 允许用户评估和调试开发中的代码，它将在代码开发过程中有助于开发人员，开发人员可以在某一行代码上设置一个点，在任何时候，服务器请求都会执行该行代码。

基于 Google Cloud 的不同特性，它在大数据分析和数据挖掘应用中扮演着重要的角色，商业分析在研究工作过程中使用 Google Cloud 获得高性能的输出，为此，他们还使用了 Google Cloud 平台的各种工具。

6. googleCloudStorageR

R 语言提供了 googleCloudStorageR 包以支持在 R 语言中和 Google Cloud Storage API 的交互，该接口是 cloudyr 项目的一部分。要想使用 Google Cloud Storage，用户需要在 Google 云平台上开设一个付费账户并授予认证。在这里，这个账户称为存储桶(bucket)。

如果用户开通了一个存储桶，则用户将收到一个访问密钥 ID 和工作的秘密访问密钥。cloudyr 项目的所有包都需要环境变量中的密钥 ID 和秘密访问密钥。此外，用户需要使用 Sys.setenv()函数或其他函数设置环境。

表 12.6 介绍了 googleCloudStorageR 包中用于创建数据框并启动一个 Spark 会话的主要函数。用户可以通过链接 https://cran.r-project.org/web/packages/googleCloudStorageR/index.html 查看 googleCloudStorageR 包的完整函数列表。

表 12.6　googleCloudStorageR 包的主要函数

函　数	描　述
gcs_auth(new_user = FALSE, no_auto = FALSE) 其中, new_user 定义了用户名,如果为 TRUE,则通过 Google 登录屏幕重新认证;no_auto 是一个可选参数,当它是 TRUE 时,忽略自动身份验证设置	该函数利用 R 使用 Google 云存储验证每一个会话
gcs_create_bucket(name, projectID, …) 其中, name 参数定义了存储桶的名称;projectID 参数定义了 Google 项目的有效 ID	该函数在当前项目中创建一个新的存储桶
gcs_get_bucket(name, …) 其中, name 参数定义了存储桶的名称	该函数会返回给定存储桶的信息
gcs_get_global_bucket(name, …) 其中, name 参数定义了存储桶的名称	该函数会返回全局存储桶的信息
gcs_list_buckets(projectID, …) 其中, projectID 参数定义了需要列出的存储桶的项目名称	该函数会返回一个特定的项目的存储桶列表
gcs_upload(file, ….) 其中, file 参数包含将要上传的文件的名称	该函数可以在 Google 云存储平台上上传任意文件,文件大小应该小于 5MB

下面给出一段示例代码(不可执行),googleCloudStorageR 包在 R 中启动了一个和 Google Cloud Storage 的会话,同时举例说明了一些函数。

```
>#Setting system environment
>Sys.setenv("GCS_ClIENT_ID" ="Demokey",
           "GCS_ClIENT_SECRET" ="DemoSecretkey",
           "GCS_DEFALULT_BUCKET" ="DefaultBucket",
           "GCS_AUTH_FILE =" …/ file name")
>
>#loading package
>library(googleCloudStorageR)
>
>#Getting authentication
```

```
>gcs_auth()
>
>#checking default bucket
>gcs_get_global_bucket()
[1] "DefaultBucket"
>
>#Uploading a file onto cloud
>write.csv(dataset, file =filename)
>gcs_upload(filename)
```

7. Amazon EC2

Amazon EC2 或 Amazon Elastic Compute Cloud 是 Web 服务中的一种，具有在 Amazon Web Services(AWS)云中的分布式计算能力，它是专门为实现云计算而设计的。云计算是一种利用高速网络连接不同计算机的分布式计算，它利用互联网提供服务。"根据使用付费"是云服务最重要的特征，通过云服务，大数据分析将变得非常流行。下面是 Amazon EC2 的一些特性。

- 简单的 Web 接口允许用户获取、配置和控制计算资源，并在 Amazon 的计算环境上运行。它提供了许多服务，如简单邮件服务、内容传递网络服务等。基于此，它已经成为云计算市场中的领导者，内容传递网络服务在 Google Cloud 中是不可用的。
- 免费的 Usage Tier 允许在 Amazon 中使用微窗口(micro-windows)实例，这在 Google Cloud 中是不可用的。它在几分钟内便可以获取和启动任何新的服务器实例，可以节省时间。
- 定制的网络设备和相应的协议允许开发人员建立故障弹性应用程序，开发人员通过 Amazon EC2 将它们与常见故障区分开来。

和 Google Cloud 相比，Amazon EC2 具有更好的性能。Google Cloud 是一个公共云，它有时会产生一些问题。而和 Google Cloud 相比，Amazon EC2 提供了更多高质量的服务，形成了和 Google Cloud 之间激烈的竞争。用于媒体转码和流媒体、远程 Windows 桌面、托管目录服务、关系数据库和 NoSQL 数据库的特定工具是 amazon EC2 独家服务的一些例子。

8. segue 包

R 语言提供了一个 segue 包，该包可以在 Amazon EC2 上实现并行处理。segue 包可以运行在 Mac 或 Linux 操作系统上，但是不能运行在 Windows 操作系统上。可以将 segue 读作"seg-gwey"或"seg-wey"。

segue 包包含一个主函数 lapply()，用于 Elastic Map Reduce(EMR)的并行处理，称为 emrlapply()函数。segue 包使用 Hadoop Streaming 实现简单并行计算，并可以在 Amazon 的 EMR 上进行快速、简单的设置。要想使用 segue 包，必须在 Amazon Web Services 上拥有一个账户和一个已经激活的 Elastic Map Reduce 服务。

小练习

1. 请列出用于单节点并行化的一些可用的 R 包的名称。

答：用于单节点并行化的一些可用的 R 包的名称如下：

- parallel；
- Foreach with doParallel。

2. 什么是 forking？

答：forking 是用于创建附加处理线程的一种方法，并可以生成运行在不同处理内核上的附加工作线程。

3. foreach 包使用了几种操作符？

答：foreach 包使用了%do%或%dopar%二元操作符，用来重复执行代码。

4. makeCluster()函数的作用是什么？

答：makeCluster()函数可以根据函数中的给定值 n 创建集群。

5. 什么是 Hadoop？

答：Hadoop 是一个开源的分布式系统，可以在计算机集群上对大量数据执行分布式处理。2005 年，Doug Cutting 和 Mike Cafarella 根据 Apache License 协议开发了 Hadoop。

12.5 R 中并行包的比较

12.4 节介绍了 R 语言的一些并行包，每个包都有特定的特征并具有特定的目的。容错性定义了一些在 slaves 失败时连续的操作。负载平衡是一个参数，它将任务的负载分配到不同的资源中，以获得最佳的资源利用率。只有 snowFT 和 biopara 支持容错，而 Rmpi、snow、snowFT 和 biopara 只支持负载平衡。

可用性是另一个描述如何轻松部署软件以获得一个目标的特性。例如，foreach、snow、pbdMPI、Rmpi、googleCloudStorageR、spark 都有完整的 API 列表，而 rmr 或 segue 则没有完整的 API。

软件包的性能取决于设计和有效的实现、技术或硬件因素。因此，基准(benchmark)被用于评估使用不同指标的并行包的性能。为此，R 语言提供了一个 rbenchmark 包。rbenchmark 包只包含一个 benchmark()函数，用于评估 R 中并行包的性能。表 12.7 给出了 R 中的一些主要的并行包之间的比较。

表 12.7 R 中的并行包

包名	版本	特 点	技术	下载链接/文档链接
parallel	NA	• 取代了 multicore 和 snow • 简单并行处理 • 高效且容易使用	聚类	https://stat. ethz. ch/R-manual/R-devel/library/parallel/doc/parallel.pdf
foreach	1.4.3	• 使用循环进行并行处理 • 增强了 doMC、doParallel、RUnit • 高效且容易使用	循环结构	https://cran. r-project. org/web/packages/foreach/index.html
doparallel	1.0.10	• 增强了 RUnit • foreach 并行适配器	并行处理	https://cran. r-project. org/web/packages/doParallel/index.html

续表

包名	版本	特　点	技术	下载链接/文档链接
Rmpi	0.6-6	• MPI API 的接口 • 不是很高效，低错误提供令人满意的输出 • 高度开发的	MPI 实现	https://cran. r-project. org/web/packages/Rmpi/index.html
snow	0.4-1	• 定义了简单并行处理 • 高效，与其他包兼容，低错误 • 提供令人满意的输出，高度开发的。	MPI 实现	https://cran. r-project. org/web/packages/snow/index.html
pbdMPI	0.3-2	• 基于 SPMD 的 MPI 接口 • 简单但不够高效 • 提供令人满意的输出和开发	MPI 实现	https://cran. r-project. org/web/packages/pbdMPI/index.html

小练习

1. 什么是容错性?

答：容错性定义了一些在 slaves 失败时的连续操作。

2. 什么是 rbenchmark?

答：rbenchmark 是 R 语言的一个包，提供了 benchmark()函数。

案例研究：销售预测

如今，家用产品大多通过开展销售预测和活动、展出、推销等进行销售的，零售商使用位置详细信息影响供应链。但是，有时候零售商想要处理需求链并非那么简单，在这种情况下，他们会聘请专业人士，通过使用历史数据帮助他们预测销售额或根据客户所在地预测客户的认知行为。为了保证即使在市场不景气的情况下也有良好的销售额，零售商店网络也需要了解市场状况。销售预测是让顾客满意的过程，从本地市场到电子商务，也有许多公司使用这一技术。现在，大多数公司借助大数据使用并行计算。Hadoop、MapReduce、Spark、机器学习和认知智能(计算)等是多数公司使用的一些技术。

Hadoop、MapReduce 和 Spark 是用于处理这类问题的最新软件，然而，有一些新的技术也被用于最小化在计算销售预测结果中所做的工作。零售市场主要依靠未来销售趋势增加收入，并使顾客满意。如今，人们可以使用这些技术预测每 10～15 天的销售额，其准确率接近 98%。

在这个案例研究中，读者将了解过去两年在市场上使用 Spark 的情况，Spark 是用于并行计算的最有用的优化工具。Spark 引擎运行在 Hadoop、Mesos、Standalone 或云环境中。根据数据库的大小，可以在 HDFS、Cassandra、HBase 和 EC3 上执行 Spark。Spark 的最大优点是它对 Java、Python 和 R 包的容错特性。

为了预测销售额并理解顾客的认知本质，许多公司使用了一系列技术。下面给出一个例子。

```
###Input from UX/UI includes:
  #if "Nearest neighbor clustering" is selected, cluster.
  method="single"
  #if "Fathest neighbor clustering" is selected, cluster.
  method="complete"
  #if "Average clustering" is selected, cluster.
  method="average"
  #only one of the three options can be, and must be, selected
  #Here, as an example, suppose "Average clustering" is selected,
  I set cluster.method="average"
  #This needs to be changed, depending on the selection
  from UX/UI

  cluster.method="average"

  png("test.png",width=800,height=600)

  options(bitmapType="cairo")
  require("XLConnect")
  wb <-loadWorkbook("example_data.xlsx")
  df1 <-readWorksheet(wb, sheet ="sheet1")

  #extracting ID
  id=df1[,1]
  df1=df1[,-1,drop=FALSE]

  #keep only numeric columns
  #categorical columns will be ingnored
  df1 <-df1[sapply(df1,is.numeric)]

  n.col=ncol(df1)
  if (n.col<2) plot(0,pch="",ylab="",xlab="",axes=FALSE,main
  ="Error: at least 2 numeric variables are required.")

  if (n.col>1)
  {
      df1=as.matrix(df1)
      rownames(df1)=id
      d <-dist(df1, method ="euclidean")
      fit <-hclust(d, method=cluster.method)
      plot(fit,ylab="Distance",xlab="Sample ID",sub="")
  }

  dev.off()
```

输出取决于用户要使用的文件。大数据提供了许多令人兴奋的机会，可以使用非常规的方式发现关于这项任务的知识。然而，它也提出了重要的理论和方法问题。在理论方面，现在已知的数据对现在(短时预报)可能发生的情况或几个月甚至几年后可能发生的情况(预测)的价值可能存在疑问。在方法方面，需要避免得出不可靠的结论，并设法降低大数据中信息的维度，使其能够转化为有意义的知识。

现在，很多公司甚至电子商务网站都使用图论，他们根据用户喜欢或不喜欢的选择实现用户信息的基础，这也有助于他们了解市场的新趋势，他们需要为客户提供销售和折扣，以了解客户的兴趣。实现图挖掘可以帮助零售商维持他们最重要的客户，这也有助于他们通过最短路径接近新顾客。许多国际银行通过获取用户的信息，根据用户的需要提供不同种类的信用卡和政策。

实现以上技术的是贝叶斯技术：卡尔曼滤波、spike-and-slab 回归、模型平均(model averaging)、显著性检验(正向和反向逐步回归)、信息准则(information criteria)、主成分和因子模型(如 Stock 和 Watson)及 Lasso、岭回归(ridge regression)和其他惩罚回归模型。

另一个重要的方法是定向算法文本分析(directed algorithmic text analysis，DATA)，该方法基于在文本数据库中搜索特定的词，文本数据本质上更具有比较性，包括相互索引和将信息引用到另一个节点。然而，与计量经济学方法相反，这种方法基于人类认知理论，每个人的行为变化是不确定的，搜索工作是以理论为指导的。这个方向极大地降低了图形搜索引擎的搜索维数，因为他们期望寻找最短路径以获得客户有价值的洞察信息，发现合适的客户以实现他们在市场上的需求。

本章小节

- 并行计算的简单理解是将一个问题划分为离散的部分，每一部分又可以进一步划分为一系列指令。
- 不同情况的图像建模(如天气、星系形成、气候变化等)、数据挖掘应用、大数据分析、数据库应用是一些应用并行计算的主要应用。
- 不同的硬件工具，如多处理器和在一台机器上包含多个处理元素的多核计算机(分布式计算机)被用于并行计算，这种多核计算机可以是同构或异构的。
- CRAN 或 Comprehensive R Archive Network(CRAN)是 R 语言的一个存储库，它在任务视图中定义了不同的高性能计算包组。
- 赋予 R 语言以高性能计算(HPC)能力的主要动机是：对于大数据的计算复杂性而言，缺少有效的软件包、计算资源不足、R 语言的设计和实现减少了时间与资源的有效利用，无法利用并行协处理器这样的现代计算机基础设施。
- 当多个处理单元，包括主机 CPU、线程或其他单元在一个计算机系统中同时执行时，该计算机系统就变成了单个节点。
- MPI 或消息传递接口是一个可移植的消息传递系统，可以工作在不同类型的并行计算机上。系统提供了一种并行执行程序，它们彼此之间通过传递消息进行通信。
- 消息库例程包含语法和语义，可以在各种计算机编程语言(如 C、C++、Java 和其他)中设计和实现消息传递程序。
- MapReduce 编程模式是由 Google 公司开发的一种新型编程模式，该编程模式是为了将大型数据集并行处理或分布式处理成小型的常规大小的数据而专门设计的。

- Parallel 和 foreach with doParallel 是用于单节点并行化的一些可用的 R 包的名称。
- Rmpi、SNOW、pbdR 是用于多节点并行化的一些可用的 R 包的名称。
- forking 是用于创建附加的处理线程,并生成运行在不同处理内核上的附加工作线程的一种方法。
- detectCores()函数可以发现当前 CPU 可用的内核的个数。
- parallel 包的 mclapply()函数执行单节点并行化,该函数可以增加 CPU 中的内核数。
- foreach 是 R 语言的一个包,提供了新的循环功能,并支持并行执行。
- foreach 包使用%do%或%dopar%二元操作符,以重复执行代码。
- foreach 包提供了.combine 功能,可以将列表转换成矩阵。
- registerDoParallel()函数可以在 R 环境中注册 doParallel 包。
- SNOW(Simple Network of Workstations)是一个 R 包,提供了在工作站网络上进行简单并行计算的功能。
- pbdR 是一个 R 包系列,包含许多单独软件包,它通过高性能统计计算对大数据提供了一个进行数理统计计算的环境。
- Hadoop 是一个用于在计算机集群上对海量数据进行分布式处理的开源分布式系统。Doug Cutting 和 Mike Cafarella 于 2005 年根据 Apache 许可协议的条款开发了 Hadoop。
- RHadoop 是一个开源软件包,允许用户使用 Hadoop Streaming 管理和分析数据。
- RHadoop 包含 rhdfs、rhbase、rmr2、plyrmr 和 ravro 包。
- mapreduce()函数是 rmr2 包中的一个主要函数,用于编写自定义 MapReduce 算法。
- Spark 或 Apache Spark 是一个具有集群计算框架的开源系统。
- SparkDataFrame 类似于关系型数据库中的表格或 R 中的数据框,数据被组织成指定的列。
- R 语言提供了用 R 语言与 Google Cloud Storage API 进行交互的 googleCloudStorageR 包。
- Amazon EC2 是一种 Web 服务,其提供了在 Amazon Web Services(AWS)云中进行分布式计算的功能。
- R 语言提供了一个 segue 包,可以实现在 Amazon EC2 上的并行处理,segue 包可以运行在 Mac 或 Linux 操作系统上,但是不能运行在 Windows 操作系统上。
- 可用性是描述如何更容易地部署软件以达成目标的一种特性。
- 基准(benchmark)使用不同的标准评价并行包的性能。

关键术语

- Amazon EC2:一种 Web 服务,提供了在 Amazon Web Services(AWS)云中进行分布式计算的能力。
- 基准(benchmark):使用不同的标准评估并行包的性能。
- 大数据(big data):一种数据,其包含海量信息,是一个包含已安装包的目录。

- 云(cloud)：一组通过高速网络连接的分布式计算机。
- 云计算(cloud computing)：一种分布式计算，其中的计算机是通过高速网络连接的。
- 集群(cluster)：一组相互连接的计算机，可以共享可用的资源。
- CRAN：CRAN或Comprehensive R Archive Network(CRAN)是R语言的一个存储库，在它们的任务视图中定义了用于高性能计算的不同包组。
- 分布式计算(distributed computing)：一种计算，其中的计算机是通过高速网络连接的，并且可以共享资源。
- 容错性(fault tolerance)：定义了连续操作，即使当一些slaves出现故障时也是如此。
- 谷歌云(Google cloud)：一个著名的云计算平台，可以存储大型非结构化数据。
- 网格计算(grid computing)：一种分布式计算，其中的多台计算机可以共享资源。
- Hadoop：一个开源分布式系统，用于在计算机集群上对海量数据进行分布式处理。
- 高性能计算(high-performance computing)：高性能计算是一种支持并行处理的计算，可以获得有效、可信的输出。
- 负载平衡(load balancing)：一个参数，它将任务的负载分散到不同的资源中，以获得最佳的资源利用率。
- Map：一个将输入数据表示为键-值对，并将其划分为片段分配给Map任务的过程。
- MapReduce：由Google公司开发的一个新型编程模式，它将大型数据集划分成小型的常规大小的数据。
- MPI：即消息传递接口，是一个可移植的消息传递系统，可以工作在不同类型的并行计算机上。
- OpenMPI：一个用于实现MPI的消息传递程序。
- 并行计算(parallel computing)：将一个问题划分为离散的部分，每一部分又可以进一步划分为一系列指令。
- rbenchmark：一个R语言包，提供了benchmark()函数。
- Reduce：一个在分组后将输出生成为键-值对的过程。
- Spark：Spark或Apache Spark是一个具有集群计算框架的开源系统。
- SparkDataFrame：类似于关系型数据库中的表格或R中的数据框，数据被组织成指定的列。
- 可用性(usability)：描述如何更容易地部署软件以达成目标的一种特性。

巩固练习

一、单项选择题

1. 以下选项中，哪个与其他三项不同？

   (a) 多处理器(multi-processors)　(b) 多核计算机(multi-core computers)

   (c) Pthreads　(d) CPU

2. 以下选项中，哪个与其他三项不同？
   (a) 共享内存(shared memory)　(b) MPI
   (c) Pthreads　(d) CPU
3. 以下选项中，哪个包用于显式并行中？
   (a) SNOW　(b) Pnmath　(c) Romp　(d) Rdsm
4. 以下选项中，哪个包用于隐式并行中？
   (a) Rhpc　(b) pdbMPI　(c) foreach　(d) Rmpi
5. 以下选项中，哪个包用于网格计算？
   (a) SNOW　(b) multiR　(c) Rmpi　(d) Rdsm
6. 以下选项中，哪个包用于 Hadoop？
   (a) Rmpi　(b) pdbR　(c) foreach　(d) RHIPE
7. 以下选项中，哪个包支持单节点并行？
   (a) parallel　(b) sparkR　(c) Rmpi　(d) rmr2
8. 以下选项中，哪个包是为 Amazon EC2 定义的？
   (a) segue　(b) sparkR
   (c) googleCloudStorageR　(d) RHIPE
9. 以下选项中，哪个包中包含二元操作符？
   (a) parallel　(b) sparkR　(c) foreach　(d) rmr2
10. 以下选项中，哪个包中包含 mclapply()函数？
    (a) segue　(b) SNOW　(c) parallel　(d) RHIPE
11. 以下选项中，哪个函数可以返回进程数？
    (a) comm.size()　(b) comm.rank()
    (c) makeCluster()　(d) install.packages()
12. 以下选项中，哪个包中包含 comm.rank()函数？
    (a) Rmpi　(b) pdbR　(c) foreach　(d) SNOW
13. 以下选项中，哪个包中包含 parMM()函数？
    (a) Rmpi　(b) pdbR　(c) foreach　(d) SNOW
14. 以下选项中，哪个包中包含函数.combine 功能？
    (a) Rmpi　(b) pdbR　(c) foreach　(d) SNOW
15. 以下选项中，哪个包中包含 read.df()函数？
    (a) Rmpi　(b) sparkR　(c) segue　(d) rmr2
16. 以下选项中，哪个包中包含 gcs_auth()函数？
    (a) segue　(b) rmr2
    (c) googleCloudStorage2　(d) Rmpi

二、简答题

1. 并行处理的优点和应用是什么？
2. 在并行处理中使用的硬件工具和软件概念有什么？
3. 对 R 授权使用高性能计算的原因是什么？

4. 单节点并行化和多节点并行化的区别是什么?
5. 单节点并行和多节点并行在 R 中是如何实现的?
6. Map 和 Reduce 过程的区别是什么?
7. 在 Windows 操作系统中如何实现单节点并行?

三、论述题

1. 请描述消息传递接口的工作机制。
2. 请描述 MapReduce 编程模式。
3. 为什么 Windows 操作系统不支持 forking? 请解释原因。
4. 请描述 Rmpi 包及其函数。
5. 请描述 SNOW 包的函数。使用 SNOW 包如何实现并行处理? 请举例说明。
6. pbdR 包和 rmr2 包是什么?
7. 请写出一个关于 sparkR 包功能的注解。
8. googleCloudStorageR 包是什么?
9. 请写出关于 googleCloudStorageR 包的函数。
10. 请描述比较 R 包的一些性能标准。

实战练习

1. 以下语法的输出是什么?

```
lapply( 2:5, function(x) c(x, x^2, x^3))
```

解答:

```
>lapply(2:5, function(x) c(x, x^2, x^3))
[[1]]
[1] 2 4 8

[[2]]
[1] 3 9 27

[[3]]
[1] 4 16 64

[[4]]
[1] 5 25 125
```

2. 以下函数的输出是什么?

```
lapply(1:3/2, round, digits =3)
```

解答:

```
>lapply(1:3/2, round, digits=3)
```

```
[[1]]
[1] 0.5

[[2]]
[1] 1

[[3]]
[1] 1.5
```

3. 确定系统中的内核数(提示：使用 detectCores()函数)，使用它创建一个集群(提示：使用 makeCluster()函数)。运行以下代码后的输出是什么？

```
library(parallel)
#calculate the number of cores
no_cores <-detectCores() -1
cl <-makeCluster(no_cores)
#call the parallel version of lapply(), parLapply
parLapply(cl, 2:4, function(exponent) 2^ exponent)
```

解答：

```
>library(parallel)
>#Calculate the number of cores
>no_cores <-detectCores() -1
>no_cores
[1] 1
>#Initiate cluster
>cl <-makeCluster(no_cores)
>cl
socket cluster with 1 nodes on host 'localhost'
>#call the parallel version of lapply(), parLapply
>parLapply(cl, 2:4,
+function(exponent)
+2^exponent)
[[1]]
[1] 4

[[2]]
[1] 8

[[3]]
[1] 16

>#stop the cluster
>stopCluster(cl)
```

4. 以下代码的输出是什么？

```
library(doParallel)
no_cores <-detectCores() -1
cl <-makeCluster(no_cores)
registerDoParallel(cl)
base <-3
foreach(exponent =2:4, .combine =c) %dopar%base^exponent
foreach(exponent =2:4, .combine =rbind) %dopar%base^exponent
foreach(exponent =2:4, .combine =list, .multicombine =TRUE)
%dopar%base^exponent
```

解答：

```
>library(doParallel)
Loading required package: iterators
Loading required package: parallel
>no_cores <-detectCores() -1
>cl<-makeCluster(no_cores)
>registerDoParallel(cl)

>base <-3
>foreach(exponent =2:4,
+.combine =c) %dopar%
+base^exponent
[1] 9 27 81

>foreach(exponent =2:4,
+.combine =rbind) %dopar%
+base^exponent
[,1]
result.1 9
result.2 27
result.3 81

>foreach(exponent =2:4,
+.combine =list,
+.multicombine =TRUE) %dopar%
+base^exponent
[[1]]
[1] 9

[[2]]
[1] 27

[[3]]
[1] 81
```

5. 以下代码的输出是什么？

```
x <-1:100
x
y =Map({function(a) a * 3}, x)
unlist(y)
x =seq(1,20,2)
x
Reduce(function(x , y) x+y, x)
```

解答：

```
>x <-1:100
>x
[1] 1 2 3 4 5 6 7 8 9 10 11 12 13 14 15 16 17 18
[19] 19 20 21 22 23 24 25 26 27 28 29 30 31 32 33 34 35 36
[37] 37 38 39 40 41 42 43 44 45 46 47 48 49 50 51 52 53 54
[55] 55 56 57 58 59 60 61 62 63 64 65 66 67 68 69 70 71 72
[73] 73 74 75 76 77 78 79 80 81 82 83 84 85 86 87 88 89 90
[91] 91 92 93 94 95 96 97 98 99 100
>y =Map({function(a) a * 3}, x)
>unlist(y)
[1]  3    6   9  12 15 18 21 24 27 30 33 36 39 42 45 48  51  54
[19] 57 60 63 66 69 72 75 78 81 84 87 90 93 96 99 102 105 108
[37] 111 114 117 120 123 126 129 132 135 138 141 144 147 150 153 156 159 162
[55] 165 168 171 174 177 180 183 186 189 192 195 198 201 207 207 210 213 216
[73] 219 222 225 228 231 234 237 240 243 246 249 252 255 258 261 264 267 270
[91] 273 276 279 282 285 288 291 294 297 300
>x =seq(1,20,2)
>x
[1]  1   3   5   7   9   11   13   15   17   19
>Reduce(function(x, y) x+y, x)
[1] 100
```

单项选择题参考答案

1. (c)　2. (d)　3. (a)　4. (a)　5. (b)　6. (d)　7. (a)　8. (a)　9. (c)　10. (c)
11. (a)　12. (b)　13. (d)　14. (c)　15. (b)　16. (c)

图书资源支持

感谢您一直以来对清华版图书的支持和爱护。为了配合本书的使用，本书提供配套的资源，有需求的读者请扫描下方的“书圈”微信公众号二维码，在图书专区下载，也可以拨打电话或发送电子邮件咨询。

如果您在使用本书的过程中遇到了什么问题，或者有相关图书出版计划，也请您发邮件告诉我们，以便我们更好地为您服务。

资源下载、样书申请

书圈

我们的联系方式：

地　　址：北京市海淀区双清路学研大厦A座701

邮　　编：100084

电　　话：010-83470236　010-83470237

资源下载：http://www.tup.com.cn

客服邮箱：2301891038@qq.com

QQ：2301891038（请写明您的单位和姓名）

扫一扫，获取最新目录

课程直播

用微信扫一扫右边的二维码，即可关注清华大学出版社公众号“书圈”。